Holzfrei

Nr. 37 1954
S. 8271—8498 15. September

Chemisches Zentralblatt

Vollständiges Repertorium für alle Zweige der reinen und angewandten Chemie

1830 gegründet. 1897—1945 von der Deutschen Chemischen Gesellschaft fortgeführt.
Im Auftrage der Deutschen Akademie der Wissenschaften zu Berlin, der Chemischen Gesellschaft in der Deutschen Demokratischen Republik, der Akademie der Wissenschaften zu Göttingen und der Gesellschaft Deutscher Chemiker
herausgegeben von Prof. Dr. **Maximilian Pflücke**

125. Jahrgang

1954

Chefredakteure: Dr. Eugen Klever und Prof. Dr. Maximilian Pflücke

Akademie-Verlag GmbH., Berlin — Verlag Chemie, GmbH., Weinheim/Bergstr.

Inhalt

Namenregister

Chemisches Zentralblatt

1954 Nr. 37 15. September

Geschichte. Unterricht.

Wilhelm Neumann, *Georg Lockemann zum 80. Geburtstag.* LOCKEMANN (geb. 17/10. 1871 in Hollenstedt), ehemals Leiter der Chem. Abt. am ROBERT-KOCH-Inst., ist bes. bekannt durch die Verfeinerung des As-Nachw. wie auch durch seine chemiehistor. Arbeiten. (Naturwissenschaften **38.** 485—86. Nov. 1951. Würzburg, Univ., Pharmakol. Inst.) ZAUNICK. 1

S. I. Tomkeieff, *Prof. D. S. Beljankin.* Kurzer Nachruf auf den bekannten russ. Mineralogen DMITRI STEPANOWITSCH BELJANKIN (geb. 23/8. 1876, gest. 20/6. 1953.) (Nature [London] **173.** 472. 13/3. 1954.) KLEVER. 1

Eleanor R. Webster, *Bericht über einige unveröffentlichte Briefe von Dumas.* Kurzer Bericht über den Inhalt von 31 Briefen, die DUMAS an den belg. Chemiker J.-S. STAS gerichtet hat. Von diesen Briefen betrafen 13 die Tätigkeit der Internationalen Kommission für Maße u. Gewichte, 6 weitere die PROUTsche Hypothese u. andere wissenschaftliche Themen. (Bull. Cl. Sci., Acad. roy. Belgique [5] **38.** 397—400. 1952.) KIRSCHSTEIN. 1

W. K. Ssementschenko, *D. W. Gibbs und seine grundlegenden Arbeiten zur Thermodynamik und statistischen Mechanik.* Würdigung der Arbeiten von D. W. GIBBS (geb. 11/2. 1839, gest. 28/4. 1903) anläßlich des 50. Todestages. (Успехи Химии [Fortschr. Chem.] **22.** 1278—84. 1953.) LEBTAG. 1

I. I. Baryschnikow, *Pawel Fedorowitsch Gorjaninow als Pharmakologe.* Der Naturforscher P. F. GORJANINOW (1796—1865), in Rußland als ein Vorgänger DARWINs angesehen, ist bes. auch als Vf. einer 2bändigen systemat. Pharmakodynamik (1850 bis 1853) bekanntgeworden. (Фармакология и Токсикология [Pharmakol. u. Toxikol.] **16.** Nr. 3. 54—58. Mai/Juni 1953. Militärmed. Kirow-Akad.) RENTZ. 1

Th. Sabalitschka, *J. van't Hoff, Gast des Thoms'schen Pharmazeutischen Instituts der Universität Berlin. (Beitrag zur Geschichte des Instituts.)* (Pharmaz. Ztg. verein. Apotheker-Ztg. **90.** 304—05. 15/4. 1954.) BARZ. 1

A. W. Toptschijew, *Der Beitrag von D. I. Mendelejew zur Erdölwissenschaft.* An Hand von 38 Arbeiten D. I. MENDELEJEWs werden dessen wissenschaftliche u. technolog. Verdienste um die Entw. der Erdölverarbeitung gewürdigt. (Успехи Химии [Fortschr. Chem.] **22.** 1169—87. 1953.) LEBTAG. 1

Eberhard Buchwald, *Über Ostwalds Farbenlehre. (Zu seinem 100. Geburtstag am 2. September 1953.)* Übersicht über OSTWALDs Arbeiten zur Farbenlehre u. Würdigung seiner Persönlichkeit. Vf. stellt OSTWALDs Ansichten zur Farbenordnung GOETHEs Anschauungen gegenüber. Die von OSTWALD eingeführten Größen zur Systematik seiner Farbenlehre werden krit. besprochen: Grauleiter, Vollfarbe, Vollfarbenanteil, Farbkreis, farbtongleiches Dreieck, Farbkörper u. Farbenharmonie. (Farbe **2.** 69—90. Nov. 1953. Jena.) DOSSMANN. 1

Wyndham Miles, *Benjamin Rush, Chemiker (1746 bis 1813).* Ausführliche Beschreibung seines Werdeganges (geb. bei Philadelphia, Ausbldg. in Edinburgh usw.) u. seiner Tätigkeit als Chemieprofessor (neben ärztlicher) an der Medical School of the College of Philadelphia (20 Jahre lang).(Chymia [Philadelphia] **4.** 37—77. 1953. Camden, N. J.) BLUMRICH. 1

Desmond Reilly, *Beiträge von Maxwell Simpson (1815 bis 1902) zur aliphatisch-chemischen Synthese.* Leben (geb. in Beech Hill, Irland; London, Marburg, Heidelberg, Paris usw.; Professor in Cork) u. Arbeiten über verbesserte Bestimmungen von *N* u. *Harnstoff,* Struktur mehrwertiger Alkohole, Synth. aliphat. Halogenide, *Bernstein-, Tricarballyl-, Milchsäure* usw. (Chymia [Philadelphia] **4.** 159—70. 1953. Kansas City, Mo., Midwest Res. Inst.) BLUMRICH. 1

R. J. Forbes, *Über den Ursprung der Alchemie.* Begründung der Ansicht, daß das von BOLOS DEMOKRITOS (um 200 v. Chr.) u. a. in Alexandria codifizierte alchemist. (u. astrolog.) Wissen weniger aus Ägypten als aus Vorderasien (Sumerer, Babylonier, pers. Magi) stammt, bes. durch den Nachw. vieler handwerklicher, technolog. u. myst.

Angaben in aufgefundenen Keilschriften u. der Übermittlung dieses Wissens an die Griechen. (Chymia [Philadelphia] **4.** 1—11. 1953. Amsterdam, Gem.-Univ.) BLUMRICH. 2

W. Ganzenmueller, *Zukunftsaufgaben der Geschichte der Alchemie.* Anregungen für einen internationalen Arbeitsplan: Katalogisierung alchemist. Handschriften u. Bilder, Sachwörterbuch, Bibliographie, Forschungen über Ursprung u. Entw. der Alchemie unter Behandeln ihres chem., philosoph. u. religiösen Gehaltes. (Chymia [Philadelphia] **4.** 31—36. 1953. Tübingen.) BLUMRICH. 2

F. A. Paneth, *Die Entwicklung der anorganischen und physikalischen Chemie seit 1850.* Vortrag über den allmählichen Ausbau der Atomtheorie u. über die Entdeckung der im Period. Syst. ausgedrückten Gesetzmäßigkeiten. (Advancement of Sci. **8.** 397 bis 405. März 1952.) KIRSCHSTEIN. 2

Marcel Delépine, *Über das Wort „Alkaloid" und die Anwesenheit von Stickstoff in den Alkaloiden.* Das Wort „Alkaloid" ist 1819 von MEISSNER u. nicht, wie in der zeitgenöss. französ. Literatur irrtümlich angegeben, von BRANDES (BRANDE) geprägt worden. Es wurde in der französ. Literatur zuerst von RECLUZ gebraucht, konnte sich dort aber nur schwer durchsetzen. Über die Bedeutung des N-Geh. in den Alkaloiden hat zuerst GAY-LUSSAC zutreffende Vorstellungen geäußert, die aber erst seit WURTZ u. HOFMANN fundierter u. präziser geworden sind. (Ann. pharmac. franç. **11.** 208—17. März 1953.) v. GIZYCKI. 2

Sanborn C. Brown, *Entdeckung des Differentialthermometers.* Geschichtliche Darst. des Streits zwischen JOHN LESLIE u. RUMFORD über die Priorität der Erfindung des Differentialthermometers. (Amer. J. Physics **22.** 13—17. Jan. 1954. Cambridge, Mass., Massachusetts Inst. of Technol.) v. HARLEM. 2

Wilhelm Geilmann und **Hans Jenemann,** *Der Phosphorgehalt alter Gläser und seine Bedeutung für die Geschichte der Schmelztechnik.* Oriental., im wesentlichen ägypt. Gläser zeigen einen Geh. an P_2O_5 zwischen 0,2 u. 0,4%, in röm. Gläsern schwankt er zwischen 0,1 u. 0,2%, während er in fränk. bis 0,3% ansteigt. Deutsche Gläser aus dem 9. u. 10. Jahrh. haben zwischen 2 u. 4%, während im 19. Jahrh. eine Verminderung auf $^1/_{20}$ dieses Wertes eintritt. Aus der Höhe des P-Geh. ergibt sich gegebenenfalls eine Möglichkeit zur genauen Datierung u. Lokalisierung von Funden. (Glastechn. Ber. **26.** 259—63. Sept. 1953.) KÜHNERT. 2

Peter Koenig, *Die Stahlherstellung im Mittelalter, eine zeitgenössische Darstellung von Vanuccio Biringuccio (1540).* (Giesserei **40.** 533—35. 1/10. 1953. Zürich.) HOCHSTEIN. 2

Ss. R. Ssergijenko, *Vorläufer der Erdölverarbeitung in Rußland und die Anfangsperiode ihrer Entwicklung.* (Известия Академии Наук СССР, Отделение Технических Наук [Nachr. Akad. Wiss. UdSSR, Abt. techn. Wiss.] **1953.** 1649—59. Nov.) LEBTAG. 2

L. A. Zwetkow, *Chemische Unterrichtsversuche über Kautschuk und Erdöl.* Behandelt werden Nachw. von *S* im vulkanisierten Kautschuk, Verh. von Kautschuk u. Gummi gegenüber Lösungsmitteln, Depolymerisation u. Ungesättigtheit des Kautschuks, ferner Flüchtigkeit u. Brennbarkeit der Erdölprodd., ihre Dest. mit W. u. das Cracken von Erdöl. (Химия в Школе [Chem. Schule] **1953.** Nr. 6. 47—53. Nov./Dez.) LEBTAG. 6

Heinrich Rheinboldt, Chemische Unterrichtsversuche. Ausgewählte Beispiele für den Gebrauch an Hochschulen und höheren Lehranstalten. Neu hrsg. von **Otto Schmitz-Du Mont.** 4. verb. Aufl. Dresden u. Leipzig: Steinkopff. 1953. (XX + 352 S. m. 122 Abb.) DM 13,—.

A. Allgemeine und physikalische Chemie.

Edward Wichers, *Bericht des Atomgewichts-Komitees der American Chemical Society.* (Vgl. C. **1953.** 3346.) Auf seiner Tagung in Stockholm im Juli 1953 hat der Rat der INTERNATIONALEN UNION FÜR CHEMIE die Empfehlungen der INTERNATIONALEN ATOMGEWICHTSKOMMISSION angenommen u. die At.-Gewichte der folgenden 10 Elemente neu festgesetzt: *C*: 12,011 statt bisher 12,010; *Au*: 197,0 statt 197,2; *Ir*: 192,2 statt 193,1; *Mn*: 54,94 statt 54,93; *Na*: 22,991 statt 22,997; *Ru*: 101,1 statt 101,70; *Ta*: 180,95 statt 180,88; *Tb*: 158,93 statt 159,2; *Th*: 232,05 statt 232,12; *Tm*: 168,94 statt 169,4. — Für stöchiometr. Rechnungen mit Gemischen bekannter isotop. Zus. aus *H* u. *D* wird die Benutzung folgender chem. Isotopengewichte empfohlen: H: 1,0079; D: 2,0142. (J. Amer. chem. Soc. **76.** 2033—35. 20/4. 1954.) B. REUTER. 10

Robert B. Sosman, *Temperaturskalen und Silicatforschung.* Im Geophysical Labor wurde seit 1912 eine Temperaturskala von 300° bis zum F. des Platins (1755°) benutzt, die auf dem Stickstoffthermometer von DAY u. SOSMAN beruhte. Die 1. internationale Temperaturskala war eine thermodynam. Skala. Ihre Verbesserung bringt den Hochtemperaturteil näher an die geophysikal. Skala heran. (Amer. J. Sci. **1952**. Bowen Vol. Part 2. 517—28. New Brunswick, N. J., Rudgers Univ.) HILLER. 10

Emilio Moreno Alcaniz, Física General. Décima edición. Zaragoza: Imp. Heraldo de Aragón. 1953. (VIII + 387 S. m. Abb.) ptas. 45,—.

Guiseppina Aliverti, Esercitazioni di fisica pratica. 6a edizione riveduta e ampliata. Milano: U. Hoepli. 1953. (XII + 319 S. m. Abb.) L. 850,—.

Henry Emmett Brown and Edward C. Schwachtgen, Physics; the story of energy. 2nd. ed. Boston: Heath. 1954. (607 S. m. Abb., Mappen, Diagr.) $ 3,80.

José Gassiot Llorens, Ejercicios y problemas de Física. Barcelona: Alma Mater. 1953. (309 S. m. Abb.) ptas 80,—.

A$_1$. Kernphysik und Kernchemie.

Herbert E. Ives, *Der Ursprung der Frage „Gibt es einen Äther?“.* (Vgl. DIRAC, C. **1952.** 5037.) Vf. bestreitet, daß die These von der Nichtexistenz eines Äthers eine notwendige Folgerung aus dem MICHELSON-Vers. sei u. begründet seine Zweifel an der EINSTEINschen Hypothese über den Ätherbegriff. Die Existenz eines Äthers braucht somit von DIRAC nicht neu bewiesen zu werden. (J. opt. Soc. America **43.** 217—18. März 1953. Upper Montclair, N. J.) KIRSCHSTEIN. 80

N. L. Balazs, *Über den Energie–Impuls-Tensor des elektromagnetischen Feldes innerhalb der Materie.* Sitzungsbericht zu der C. **1954.** 6159 referierten Arbeit. (Physic. Rev. [2] **91.** 240. 1/7. 1953. Dublin, Inst. for Advanced Stud.) GOTTFRIED. 80

N. H. March, *Das Virialtheorem für die Dirac-Gleichung.* Vf. diskutiert die Form des Viraltheorems bei Erfüllung der DIRAC-Gleichung. Das Ergebnis reduziert sich auf die von FOCK gefundene Gleichung, wenn — wie im Fall des H-Atoms — die Wellenfunktion zu Null bei Unendlichkeit neigt. (Physic. Rev. [2] **92.** 481—82. 15/10. 1953. Sheffield, Univ., Dep. of Phys.) GERHARD SCHMIDT. 80

Robert L. Pease und **Jane S. Pease,** *Exakte Wechselwirkung skalarer und elektrostatischer Felder.* (Sitzungsbericht.) Die nichtlinearen Gleichungen in Wechselwrkg. stehender skalarer u. elektromagnet. Felder werden für den sphär. symm., stat. Fall mit einer Singularität in dem ursprünglich angenommenen skalaren Feld behandelt. Vff. schlagen ein spinloses, stat., sphär. symm. Modell des Protons vor. Folgende stark approximativen Ergebnisse werden erhalten: 1. Der Radius des Syst. ist von der Größenordnung $3 \cdot 10^{-13}$ cm, 2. der nichtsinguläre Teil der Feldenergie ist von der Größenordnung 1 MeV u. 3. die Abweichung von der Punktförmigkeit der sich ergebenden Ladungsverteilung (Proton) trägt in der Größenordnung von 1 MHz zur LAMB-Verschiebung in *H* bei. (Physic. Rev. [2] **90.** 371. 15/4. 1953. Rand Corp.) GERHARD SCHMIDT. 90

Glenn H. Peebles, *Vernichtung von γ-Strahlen.* 1. Mitt. *Die Durchlässigkeit endlicher Platten von Blei, Eisen und die Compton-Streuer.* Vf. behandelt theoret. die Durchgangswahrscheinlichkeit von Photonen durch Platten unendlicher Ausdehnung, aber endlicher Dicke. Die Verteilung der Intensität u. Energie der durchdringenden Photonen wird auf Grund der Wahrscheinlichkeit berechnet, mit der Photonen nach ein- u. mehrmaliger Streuung die Platten durchqueren können. Die Rechnung wird auf den Durchtritt senkrecht einfallender Photonen von 1—20 mc^2 Energie durch Pb- u. Fe-Platten einer Dicke von 0—20 mittleren freien Weglängen angewendet. Die Ableitungen werden ausgedehnt auf die Durchlässigkeit von Stoffen, in denen nur COMPTON-Streuung auftritt. (J. appl. Physics **24.** 1272—87. Okt. 1953. Santa Monica, Calif., Rand Corp.) GÜNTHER HERRMANN. 90

H. Janzen, *Die Absorption von Röntgenstrahlen hoher Energie in verschiedenen Substanzen.* Vf. bestimmt die effektiven Absorptionsquerschnitte für solche γ-Quanten, die die Rk. ^{63}Cu(γ, n)^{62}Cu auslösen. Als Absorber dienten *B, C, Al, Cu, Cd, Sn, W, Pb* u. *U*. Die prozentuale Durchlässigkeit als Funktion der Absorberdicke ist in allen untersuchten Fällen linear, der Abfall der Durchlässigkeitskurve mit wachsender Absorberdicke erfolgt um so steiler, je größer Z ist. Die Wirkungsquerschnitte liegen unter den theoret. Erwartungswerten; die Abweichung ist in 1. Näherung proportional Z^2, sie beträgt für Pb ca. 10%. Mit Pb-Absorbern werden die effektiven γ-Anregungsenergien für die Rkk. ^{12}C(γ, n)^{11}C, ^{92}*Mo*(γ, n)^{91}Mo u. ^{107}*Ag*(γ, n)^{106}Ag zu 26,0 ± 1,4, 17,0 ± 1,0 bzw. 16,1 ± 0,9 MeV gefunden. (Physic. Rev. [2] **88.** 653—54. 1/11. 1952. Kingston, Ontario, Queens Univ., Synchrotron Labor.) WEIGEL. 90

J. J. Kraushaar und **M. Goldhaber,** *Richtungs- und Polarisationskorrelationen sukzessiver γ-Strahlen.* Es werden 2 verschied. Anordnungen aus Absorbern u. NaJ-

Scintillationszählern zur Messung von Richtungs- u. Polarisationskorrelationen beschrieben. Richtungskorrelationen werden für ^{60}*Co*, ^{106}*Rh*, ^{124}*Sb*, ^{76}*As* u. ^{194}*Ir*, Richtungs-Polarisationskorrelationen für ^{60}Co, ^{106}Rh u. *ThC''* bestimmt. Die Ergebnisse werden unter Heranziehung der Daten über die Spinsystematik der Anregungszustände von gg-Kernen diskutiert. Einige Beispiele für das gemischte Auftreten magnet. Dipol- u. elektr. Quadrupolstrahlung bei Richtungskorrelationsverss. werden zusammengestellt. (Physic. Rev. [2] **89**. 1081—89. 1/3. 1953. Upton, N. Y., Brookhaven Nat. Labor.) WEIGEL. 90

W. G. Davey, *Die elastische Streuung von 1,33 MeV- und 2,76 MeV-γ-Strahlen durch Blei*. Der Wirkungsquerschnitt für elast. Streuung an Pb wurde für γ-Strahlen von ^{60}*Co* (1,33 MeV) bei Winkeln von 40, 60, 75 u. 120° u. für γ-Strahlen von ^{24}*Na* (2,76 MeV) bei Winkeln von 40, 60, 85 u. 109° bestimmt. Als Strahlungsquelle diente ein Co-Zylinder von 1,2 cm Durchmesser u. 1,2 cm Höhe, der im Meiler auf 100 mC gebracht worden war, bzw. eine 100 mC ^{24}Na-Quelle, die mit dem 60 in. Cyclotron hergestellt worden war. Auffänger war ein NaJ (Tl)-Scintillationsanalysator mit Photomultiplier u. Einkanal-Impulshöhenanalysator. Die Ergebnisse liegen oberhalb einer Kurve gleicher Form wie die von FRANZ (Z. Physik **98**. [1935.] 314) nicht relativist. abgeleitete. Die 2,76 MeV-Werte liegen etwas höher als die von BETHE als Summe der für K-Elektronen gefundenen Werte u. der nach FRANZ berechneten Kurve. Ursache dieser Abweichungen von den theoret., nur unter Berücksichtigung der RAYLEIGH- u. der THOMSON-Kernstreuung entwickelten Werte können Sekundäreffekte oder der Einfl. der DELBRÜCK-Streuung (Z. Physik **84**. [1933.] 144) sein. (Proc. physic. Soc., Sect. A **66**. 1059—63. 1/11. 1953. Birmingham, Univ., Dep. of Phys.) NELKOWSKI. 90

Julian Keilson, *Zur Diffusion zerfallender Teilchen in einem radialen elektrischen Feld*. In einer Punktquelle P entstehende positiv geladene Teilchen der Halbwertzeit τ diffundieren in das Feld einer elektr. Punktladung, die sich am Orte O befindet, u. werden absorbiert, wenn sie sich ihr auf die Entfernung r_0 genähert haben ($r_0 < P—O$). Der Anteil der absorbierten Teilchen γ wird mit Hilfe von Differentialgleichungen, die denen einer Diffusion nicht zerfallender Teilchen im gleichen Felde ähneln, berechnet. (J. appl. Physics **24**. 1397—1400. Nov. 1953. Cambridge, Mass., MIT.) NELKOWSKI. 90

Julien Verhaeghe und **Joseph Allewaert**, *Experimentelle Untersuchung der Streuung von β-Strahlen in Metallfolien*. Die β-Strahlung von UX_2 wurde durch Folien aus Cu, Au oder Graphit geführt. In einer WILSON-Kammer wurde die Winkelverteilung der gestreuten β-Teilchen sowie die Krümmung der Bahnen in einem Magnetfeld gemessen. Die Winkelverteilung läßt sich in Form einer GAUSSschen Kurve darstellen, die im Fuß eine Verbreiterung nach großen Winkelablenkungen hin zeigt. Die Meßwerte stimmen mit den theoret. Ansätzen nur überein, solange die mittlere Ablenkung 15° nicht überschreitet. (C. R. hebd. Séances Acad. Sci. **231**. 135—37. 10/7. 1950.) REUSSE. 90

R. E. Bell und **R. L. Graham**, *Zeitverteilung der Positronenvernichtung in Flüssigkeiten und Festkörpern*. (Vgl. C. **1953**. 329 u. **1954**. 6415.) Mit Hilfe der Meth. der verzögerten Koinzidenzen wird die Zeitverteilung der bei der Absorption von schnellen Positronen in Festkörpern u. Fll. auftretenden Vernichtungsstrahlung gemessen. Die mittlere Lebensdauer von Positronen in Metallen wird, fast unabhängig von dem untersuchten Metall, zu $1{,}5 \cdot 10^{-10}$ Sek. gefunden. Einige einfache Kristalle verhalten sich ähnlich, feste, amorphe u. fl. Substanzen hingegen zeigen eine komplexe Verteilung, wobei ca. $^2/_3$ der Positronen mit $\tau \sim 10^{-10}$ Sek. zerfallen, das restliche Drittel mit $\tau = 0{,}45 \cdot 10^{-9}$ Sek. bis $3{,}5 \cdot 10^{-9}$ Sek. je nach der verwendeten Substanz. Dieser größere τ-Wert nimmt ganz allg. bei Abkühlung des Untersuchungspräp. ab, schwache elektr. u. magnet. Felder sind ohne Einfluß. Die langlebige Komponente ist in Energie u. Winkelverteilung ähnlich der kurzlebigen. Es wird versucht, das Ergebnis theoret. zu deuten. (Physic. Rev. [2] **90**. 644—54. 15/5. 1953. Chalk River, Ontario, Chalk River Labor., A. E. of Can. Ltd., Phys. Div.) WEIGEL. 90

C. B. A. McCusker und **F. C. Roesler**, *Deutung von Sternen des O + xp-Typs in photographischen Emulsionen*. Vers. einer Deutung von Sternen, die durch ein schnelles, einfach geladenes Teilchen hervorgerufen werden, u. bei denen in den entstehenden Schauern keine schweren Teilchen auftreten. Die Deutung solcher Ereignisse als Nucleon-Nucleon-Wechselwrkg. wird in Frage gestellt u. die Möglichkeit eines Kaskadenprozesses erwogen. (Physic. Rev. [2] **91**. 769. 1/8. 1953. Dublin, Inst. for Adv. Stud.) EICHHOFF. 90

Behram Kurşunoğlu, *Ableitung und Renormalisierung der Tamm-Dancoff-Gleichungen*. Vf. zeigt, daß die Ableitung der TAMM-DANCOFF-Gleichungen für 2 Nucleonen ebenso wie für Meson–Nucleon-Streuung aus der kovarianten BETHE-SALPETER-

Gleichung wesentlich vereinfacht werden kann, u. daß die Renormalisierungen in der TAMM-DANCOFF-Meth. in konvarianter Weise ohne die bei der ursprünglichen TAMM-DANCOFF-Meth. auftretenden Schwierigkeiten durchgeführt werden können. (Physic. Rev. [2] **92.** 1069—70. 15/11. 1953. Ithaca, N. Y., Cornell Univ., Labor. for Nucl. Stud.) GERHARD SCHMIDT. 90

B. A. Jacobsohn, *Eine Prüfung der Ladungsunabhängigkeit bei energiereicher Nucleon–Nucleon-Streuung.* Theoret. Bemerkungen zu einer von CHAMBERLAIN, SEGRÈ u. WIEGAND (vgl. C. **1952.** 3933) aufgestellten Ungleichung. (Physic. Rev. [2] **89.** 881—82. 15/2. 1953. Seattle, Wash., Univ. of Washington. Dep. of Phys.) KIRSCHSTEIN. 90

R. Huby und **H. C. Newns,** *Unelastische Streuung von Deuteronen.* Es wird angenommen, daß nur ein Teilchen, z. B. das Neutron, mit dem Kern in Wechselwrkg. tritt u. ihn anregt, ehe es zurückprallt, so daß das Deuteron eine unelast. Streuung erfährt. Die Winkelabhängigkeit dieser Streuung wird in BORNscher Näherung berechnet. Sie ist abhängig von Spin u. Parität. Der Vgl. von experimentellen mit berechneten Werten des 1,38 MeV-Zustandes von ^{24}Mg zeigt gute Übereinstimmung u. liefert $l = 1$, Spin $= 1$, 2 oder 3 u. gerade Parität für diesen 1. angeregten Zustand. Aus den experimentellen Werten für ^{20}Ne erhält man $l = 1$, Spin $= 0$, 1 oder 2, ungerade Parität für den 1,66 MeV-Zustand. (Philos. Mag. [7] **42.** 1442—45. Dez. 1951. Liverpool, Univ., Dep. of Theoret. Phys.) NELKOWSKI. 90

R. E. Garrett, F. L. Hereford und **B. W. Sloope,** *Unelastische Streuung von D–D-Neutronen.* (Sitzungsbericht.) Vff. untersuchen die unelast. Streuung von D–D-Neutronen an verschied. Elementen durch Messung der γ-Strahlung, die von den abklingenden Restkernen emittiert wird. Zum γ-Nachw. diente ein NaJ(Tl)-Scintillator (1 in. dick, 1 in. Durchmesser) in Koinzidenz mit einem Stilbenwürfel von 1 in. Kantenlänge zum Neutronennachweis. Sämtliche mit dieser Anordnung gemessenen Koinzidenzen werden einer Impulshöhenanalyse unterworfen u. liefern auf diese Weise das mit den gestreuten Neutronen verbundene γ-Energiespektrum. Der Neutronenzähler wurde mittels BF_3-Zähler geeicht; er war mit 4 in. Paraffin gegen D-Target u. NaJ-Kristall abgeschirmt. Folgende Niveaus wurden beobachtet bei den angegebenen Targetkernen (E in MeV): *Mg* 1,40; *Al* 0,84, 1,02, 2,2; *Fe* 0,82, 1,45, 2,2; *Cu* 1,1 1,52, 2,14. (Physic. Rev. [2] **91.** 441. 15/7. 1953. Univ. of Virginia.) WEIGEL. 90

A. L. Mathur und **K. M. Gatha,** *Jastrows Kernmodell für energiereiche Elektronenstreuung.* (Vgl. Proc. physic. Soc., Sect. A. **66.** [1953.] 773.) Parameterdarstellung der Kernstreuung von Nucleonen nach dem von JASTROW (vgl. C. **1952. 7766** u. **1953.** 1916) vorgeschlagenen Kernmodell. (Proc. physic. Soc., Sect. A **66.** 1075—76. 1/11. 1953. Navrangpura, Ahmedabad, Physic. Res. Labor., M. G. Science Inst.) GERHARD SCHMIDT. 95

Igal Talmi, *Die Abschätzung der Energiematrix der Tensorkräfte.* Bei Vorhandensein eines kurzreichweitigen Potentials der Tensorkräfte ist die Niveaufolge in $(d_5/_2)^n$-Konfigurationen die gleiche wie bei Zentralkräften kurzer Reichweite. (Physic. Rev. [2] **89.** 1065—71. 1/3. 1953. Jerusalem, Hebrew Univ.) KIRSCHSTEIN. 95

J. Hope, *Die Tensorwechselwirkung zwischen einer bis auf eine Freistelle abgeschlossenen Schale und einem äußeren Nucleon.* Vf. behandelt die Wechselwrkg. zwischen zwei Konfigurationen, die beide je eine Gruppe von $4(2l_1+1)-1$ äquivalenten Nucleonen u. beide ein äußeres Nucleon umfassen; diesem werden in den beiden Konfigurationen verschied. Bahndrehimpulse zugeordnet. (Physic. Rev. [2] **89.** 884—85. 15/2. 1953. Southampton, Univ., Dep. of Math.) KIRSCHSTEIN. 95

Bernard Kwal, *Die verallgemeinerten Potentiale in der Theorie der Teilchen vom Spin 1 in Gegenwart von Quellen und die Hauptschwierigkeit der Mesonentheorie.* In die Theorie der Teilchen vom Spin 1 werden verallgemeinerte Potentiale eingeführt u. die Beziehung zwischen Potentialen u. Feldern diskutiert. Es ergeben sich analoge Formeln wie in der MAXWELL-LORENTZ-Theorie. Die Potentiale zeigen Singularitäten in r^{-1} u. nicht in r^{-3}, Vf. hält es für möglich, durch diese Gesichtspunkte eine der Hauptschwierigkeiten der Mesonentheorie u. der Theorie der Kernkräfte zu beseitigen. (C. R. hebd. Séances Acad. Sci. **232.** 37—38. 3/1. 1951.) WIEDEMANN. 95

Victor F. Weisskopf, *Kernstruktur und Kernkräfte.* Übersicht über die verschied. Theorien der Kernstruktur u. Kernkräfte. (Z. Physik **133.** 276—85. 1952. Boston, MIT.) v. HARLEM. 95

P. G. Wakely, *Berechnung der Bindungsenergie von ^4He mit Einteilchen-Wellenfunktionen.* Auf der Grundlage des Kernschalenmodells wird unter Berücksichtigung der Mischungen der Nucleonenkonfigurationen der Beitrag zur Bindungsenergie von ^{4}He zu 20,84 MeV berechnet. (Physic. Rev. [2] **90.** 724—25. 15/5. 1953. Berichtigung: [2] **93.** 1434. 15/3. 1954. Southampton, Univ. of Southampton, Dep. of Math.) KIRSCHSTEIN. 95

B. Bleaney, J. M. Daniels, M. A. Grace, H. Halban, N. Kurti, F. N. H. Robinson und **F. E. Simon,** *Versuche über Kernorientierung bei sehr tiefen Temperaturen.* 1. Mitt. *Entwicklung einer Methode zur Kernausrichtung und ihre Anwendung auf Cobalt 60.* Die Methoden der Kernorientierung werden wie folgt definiert: 1. „Außenfeld-Polarisation“ für die Aufspaltung der Energieniveaus durch Wechselwrkg. des magnet. Kernmomentes mit einem starken Magnetfeld (ca. 100 kGauß), 2. „magnet. Hyperfeinstruktur-Polarisation“, wenn statt des äußeren Magnetfeldes das Feld der nicht abgeschlossenen Schalen paramagnet. Ionen wirkt, 3. „elektr. Hyperfeinstruktur-Ausrichtung“, wenn die Wechselwrkg. zwischen einem Kernquadrupolmoment u. einem sehr inhomogenen elektr. Feld erfolgt, u. 4. „magnet. Hyperfeinstruktur-Ausrichtung“, wenn die magnet. Wechselwrkg. zwischen den Elektronen u. dem Kern anisotrop ist. Sämtliche Effekte sind nur bei Tempp. von $\leq 0{,}01^0$ K zu erwarten. Die magnet. Ausrichtung wurde bei Einkristallen der Zus. (1% Co, 12% Cu, 87% Zn) $Rb_2(SO_4)_2 \cdot 6\,H_2O$, die adiabat. auf $0{,}01^0$ K abgekühlt waren, durchgeführt. Die Kristalle enthielten geringe Mengen radioakt. ^{60}Co. Die anisotrope Verteilung der ^{60}Co-γ-Strahlen wurde mit Geiger-Zählern gemessen. Die größte Anisotropie betrug 33%, ihre Änderung bei der Erwärmung des Kristalls auf 1^0 K wurde in Übereinstimmung mit der theoret. Kurve gebracht. Das magnet. Moment von ^{60}Co wurde $3{,}5 \pm 0{,}5$ Kernmagnetonen bestimmt. (Proc. Roy. Soc. [London], Ser. A **221.** 170—88. 21/1. 1954. Oxford, Univ., Clarendon Labor.) Nelkowski. 95

B. T. Feld, *Kernmomente.* Übersetzung eines Fortschrittsberichts, der in Annu. Rev. Nucl. Sci. **2.** [1953.] 239 veröffentlicht worden ist. — 178 Literaturzitate. (Успехи Физических Наук [Fortschr. physik. Wiss.] **50.** 601—26. Aug. 1953.) Kirschstein. 95

H. E. Weaver jr., *Die magnetischen Momente von ^{29}Si, ^{33}S, ^{67}Zn, ^{75}As, ^{77}Se, ^{123}Te und ^{125}Te.* Mit einer ausführlich beschriebenen Meßapp., die nach dem Prinzip der Kerninduktion arbeitete, wurden folgende magnet. Kernmomente gemessen: ^{29}Si $-0{,}55492 \pm 0{,}00004$, ^{33}S $+0{,}64292 \pm 0{,}00014$, ^{67}Zn $+0{,}87378 \pm 0{,}00013$, ^{75}As $+1{,}4347 \pm 0{,}0003$, ^{77}Se $+0{,}53326 \pm 0{,}00005$, ^{123}Te $-0{,}73188 \pm 0{,}00004$, ^{125}Te $-0{,}88235 \pm 0{,}00004$. Die Ergebnisse werden eingehend diskutiert u. mit Literaturdaten verglichen. (Physic. Rev. [2] **89.** 923—30. 1/3. 1953. Stanford, Calif., Stanford Univ.) Kirschstein. 95

John H. Reynolds, *Die isotopische Zusammensetzung von Silicium, Germanium und Hafnium.* (Vgl. C. **1954.** 4570.) Mit einem einfach fokussierenden 60^0-Massenspektrometer wurde die isotop. Zus. von Si, Ge u. Hf untersucht, wobei zur Häufigkeitsbest. jedesmal das durch Elektronenbeschuß des Tetrafluorids entstandene Trifluorid benutzt wurde. Die für Si gefundenen Häufigkeiten ^{28}Si $92{,}18 \pm 0{,}03$, ^{29}Si $4{,}71 \pm 0{,}02$ u. ^{30}Si $3{,}12 \pm 0{,}02$ stimmen gut mit früheren Bestimmungen, dagegen weniger gut mit neuen von Bainbridge u. Nier (nicht veröffentlicht) gegebenen Mittelwerten überein. Während die Werte für ^{70}Ge $20{,}52 \pm 0{,}17$, ^{72}Ge $27{,}43 \pm 0{,}21$, ^{73}Ge $7{,}76 \pm 0{,}08$, ^{74}Ge $36{,}54 \pm 0{,}23$ u. ^{76}Ge $7{,}76 \pm 0{,}08$ kaum von den Literaturwerten abweichen, zeigen die bei Hf gefundenen Häufigkeiten ^{174}Hf $0{,}199^{+0{,}003}_{-0{,}010}$, ^{176}Hf $5{,}23 \pm 0{,}05$, ^{177}Hf $18{,}55 \pm 0{,}17$, ^{178}Hf $27{,}23 \pm 0{,}22$, ^{179}Hf $13{,}73 \pm 0{,}13$ u. ^{180}Hf $35{,}07 \pm 0{,}24$ teilweise sytemat. Abweichungen von früheren Messungen. Diese werden mit einer bei der Abtrennung des Hf von Zr möglichen Isotopenfraktionierung erklärt. (Physic. Rev. [2] **90.** 1047—49. 15/6. 1953. Berkeley, Calif., Univ. of California, Dep. of Phys.) Conrad. 95

Robert Delhez, *Die Frage der Actiniden.* Vf. vergleicht die Lanthanidenelemente mit den Actinidenelementen. Es werden Fragen der Valenz, des Paramagnetismus, der Absorptionsspektren, der chem. Eigg., vor allem der auf der Lanthaniden- bzw. Actinidenkontraktion beruhenden, diskutiert. Das Auftreten stabiler höherer Wertigkeiten bei *U, Np, Pu* wird auf den großen Kernabstand des 5f-Niveaus zurückgeführt. Wenngleich die Elektronenstruktur der Actinidenelemente noch nicht völlig gesichert erscheint, hält es Vf. für notwendig, den Elementen Ac bis Cf im Period. Syst. eine, den Lanthaniden entsprechende Stellung zuzuordnen. (Ind. chim. belge **18.** 1189—97. Nov. 1953. Liège, Univ.) Nöth. 95

R. Fleischmann, *Zur Entdeckungsgeschichte der künstlichen Kern-γ-Strahlung.* Histor. Übersicht u. heutiger Stand der 1930 von Bothe u. Becker entdeckten künstlichen Kern-γ-Strahlung (Kernanregung von *B, Li, F* u. *Be*). — Aufführliches Literaturverzeichnis. (Naturwissenschaften **38.** 465—67. Okt. 1951. Hamburg, Physik. Staatsinst.) Gerhard Schmidt. 103

D. R. Bates, H. S. W. Massey und **A. L. Stewart,** *Unelastische Zusammenstöße zwischen Atomen.* 1. Mitt. *Allgemeine theoretische Betrachtungen.* Vff. untersuchen theoret. die Wahrscheinlichkeit langsamer unelast. Zusammenstöße zweier Atomsysteme nach der Meth. des gestörten stationären Zustandes, nach der die kinet. Energie der relativen Bewegung als die für die Übergänge verantwortliche Störung behandelt wird. Die Meth. wird auf Fälle ausgedehnt, in denen Resonanzentartung auftritt u. der betreffende Übergang eine Änderung der axialen Komponente des Drehimpulses einschließt. Der Verlauf u. die Begrenzungen der Meth. werden mit denen der BORNschen Approximation verglichen. (Proc. Roy. Soc. [London], Ser. A **216.** 437–58. 24/2. 1953. London, Univ. Coll.) GERHARD SCHMIDT. 103

Lise Meitner, *Die Anwendung des Rückstoßes bei Atomkernprozessen.* Vf. gibt eine Übersicht über die experimentellen Unterss., denen die Ausnutzung des bei Atomkernprozessen auftretenden α-, β-, γ-Rückstoßes des umgewandelten Kerns zugrunde liegt. (Z. Physik **133.** 140–52. 1952. Stockholm, Kgl. TH, Labor. Meitner.) v. HARLEM. 103

O. Kofoed-Hansen, *Rückstoßeffekte bei erlaubten β-Übergängen.* Die Rückstoßkorrekturen für die FERMI-Verteilung des β-Spektr. werden durch Lösung der DIRACschen Gleichung berechnet. Sie können meist vernachlässigt werden, da sie nur 0,5% für ein Neutron, 0,2% bei ^{6}He u. ~0,6% bei ^{8}Li betragen. Ferner wird gezeigt, daß die pseudoskalare Kopplung bei der β-Emission des Neutrons zu Widersprüchen mit dem Experiment führt. Die alleinige Berücksichtigung von v/c abhängigen Gliedern reicht demnach nicht aus. (Philos. Mag. [7] **42.** 1411–16. Dez. 1951. Kopenhagen, Univ., Inst. for Theoret. Phys.) NELKOWSKI. 103

Brice M. Rustad und **Stanley L. Ruby,** *Beziehung zwischen Elektron und Rückstoßkern beim ^{6}He-Zerfall.* Die Abhängigkeit der Koinzidenzhäufigkeit vom Winkel zwischen Elektron u. Rückstoßkern sowie von der β-Energie spricht dafür, daß beim Zerfall von ^{6}He die Tensorwechselwrkg. vorherrscht. Der Erzeugung von ^{6}He aus $Be(OH)_2$ durch Neutronenbeschuß sowie die Meßapp. werden beschrieben. (Physic. Rev. [2] **89.** 880–81. 15/2. 1953. New York, Columbia Univ.; Upton, N. Y., Brookhaven Nat. Labor.) KIRSCHSTEIN. 103

Brice M. Rustad und **Stanley L. Ruby,** *β-Rückstoß-Korrelation beim ^{6}He-Zerfall.* (Sitzungsbericht.) Vgl. vorst. Referat. (Physic. Rev. [2] **90.** 370. 15/4. 1953.) KIRSCHSTEIN. 103

J. J. Kraushaar, Elizabeth D. Wilson und **Kenneth T. Bainbridge,** *Vergleich der Werte der Zerfallskonstante von ^{7}Be in Be, BeO und BeF_2.* Es wird der Unterschied der Zerfallskonstanten von ^{7}Be in Abhängigkeit von der Hüllelektronendichte u. damit der chem. Bindung an Präpp. von ^{7}Be (Be-Metall, BeO u. BeF_2) unter Verwendung einer Differentialionisationskammer untersucht. Folgende Differenzen werden gemessen: $\lambda(Be) - \lambda(BeF_2) = (7{,}41 \pm 0{,}47)\cdot 10^{-4}\lambda$, $\lambda(BeO) - \lambda(BeF_2) = (6{,}09 \pm 0{,}55)\cdot 10^{-4}\lambda$ u. $\lambda(Be) - \lambda(BeO) = (1{,}31 \pm 0{,}51)\cdot 10^{-4}\lambda$. Die benötigten ^{7}Be-Quellen wurden wie folgt dargestellt: Li-Metall wird mit 8,5 MeV-Cyclotronprotonen bestrahlt, nach radioautograph. Lokalisierung der gebildeten ^{7}Be-Aktivität diese abgekratzt, in verd. HCl gelöst, 0,3nHCl sauer gemacht u. je 50 mg Fe, Ni, Co, Cu, Zn u. Cd als Träger zugefügt. Die so vorbereitete Lsg. wird mit H_2S gefällt u. im Filtrat des H_2S-Nd. nach dem Vertreiben des H_2S ^{7}Be mit NH_3 an $Fe(OH)_3$-Träger abgeschieden. Nach dreimaligem Umfällen wird das $Fe(OH)_3$ in HCl gelöst, auf 7,8nHCl eingestellt u. Fe mit Isopropyläther extrahiert. Nach dem Verdampfen des Ae. wird die wss. Phase mit 62 mg Be als $Be(NO_3)_2\cdot 3\,H_2O$ versetzt, $Be(OH)_2$ mit NH_3 gefällt, mit W. gewaschen, in Eisessig gelöst u. mehrmals zur Trockne gedampft. Das gebildete bas. Be-Acetat wird mit Chlf. extrahiert, die Chlf.-Lsg. mit W. gewaschen u. mit 10 ml HNO_3 aufgenommen. Die HNO_3-Lsg. wird fast zur Trockne gedampft u. mit W. aufgefüllt. Aus dieser Stammlsg. werden aliquote Teile auf die untersuchten Einzelverbb. wie folgt verarbeitet: BeO, Fällung von $Be(OH)_2$, im Pt-Tiegel bei 1000° verglühen; BeF_2, $Be(OH)_2$ fällen, waschen, trocknen, getrocknetes $Be(OH)_2$ wird in einem Pt-Schiffschen im Monelrohr 16 Std. im HF-Strom auf 200° erhitzt, dann im gleichen Gas 5 Std. bei 500° gesintert; Be-Metall, durch Erhitzen eines Gemisches von BeO u. Zr-Pulver im Vakuum in einem Ta-Tiegel mit Induktionsheizung auf 1300°, das abdestillierende Be wird an einem Kühlfinger kondensiert. (Physic. Rev. [2] **90.** 610–14. 15/5. 1953. Upton, N. Y., Brookhaven Nat. Labor.) WEIGEL. 103

Fay Ajzenberg und **W. W. Buechner,** *Neutronen aus dem Protonenbeschuß von ^{9}Be.* Eine dünne Be-Folie wurde mit von einem VAN DE GRAAFF-Generator erzeugten 6,59 MeV-Protonen beschossen, die entstehenden Neutronen mit ILFORD C 2-Emulsionen untersucht. Neben einem Neutronenkontinuum wurde ein ausgeprägter Anregungszustand bei 2,37 ± 0,04 MeV festgestellt. (Physic. Rev. [2] **91.** 674–75. 1/8. 1953. Cambridge, Mass., MIT, Phys. Dep. u. Labor. for Nucl. Sci.) HEINSOHN. 103

W. A. Fowler und **R. G. Thomas,** *Analyse der $^{15}N(p, \alpha)^{10}C$-Anregungsfunktion.* (Sitzungsbericht.) Es wird eine Analyse der $^{15}N(p, \alpha)^{10}C$-Anregungsfunktion mit Hilfe der Zweikanal-Formel von WIGNER (C. **1946.** I. 576) beschrieben, wobei äußere COULOMB-Wechselwirkungen berücksichtigt werden. Zwei Niveaus mit den Resonanzparametern E = 0,335, γ_p^2 = 1,3, γ_α^2 = 0,07 bzw. E = 1,035 MeV, γ_p^2 = 1,8 u. γ_α^2 = 0,04·10^{-13} MeV·cm genügen für eine befriedigende Wiedergabe von σ(E) von 0,20—1,4 MeV. Die sich aus der Analyse ergebenden Sternquerschnitte stimmen mit den theoret. Voraussagen von SCHARDT u. Mitarbeitern (C. **1953.** 3672) überein. (Physic. Rev. [2] **91.** 473. 15/7. 1953. Los Alamos, Calif., Inst. of Technol., Sci. Labor.) WEIGEL. 103

L. Koester, H. Maier-Leibnitz, T. Mayer-Kuckuk, K. Schmeiser und **G. Schulze-Pillot,** *Die Zerfallsenergie von ^{51}Ti.* Der Zerfall von ^{51}Ti wird mit Absorption der β-Strahlen, β-Spektrometer, Scintillationsmessung der γ-Strahlung u. mit Koinzidenzmessungen untersucht. Eine γ-Strahlung von 0,32 MeV wird gefunden. Im Mittel wird 1 γ-Quant pro β-Zerfall ausgesandt. Die γ-Energie pro Zerfall ist 0,35 MeV. Das β-Spektr. ist komplex. Das härteste Teilspektr. ist nicht mit γ-Strahlung gekoppelt u. hat eine Maximalenergie von 2,2 MeV mit einem möglichen Fehler von ± 0,1 MeV. Diese Zerfallsenergie ist eine Bestätigung der mag. Zahl 28. (Z. Physik **133.** 319—24. 1952. Heidelberg, Max-Planck-Inst. für Med. Forsch., Inst. für Phys.) v. HARLEM. 103

Rosalie M. Bartholomew, R. C. Hawkings, W. F. Merritt und **L. Yaffe,** *Einfangquerschnitt von ^{23}Na und ^{55}Mn für thermische Neutronen.* Vff. bestimmen nach der Aktivierungsmeth. die Einfangquerschnitte von ^{23}Na u. ^{55}Mn für therm. Neutronen zu 0,53 ± 0,03 bzw. 12,7 ± 0,03 barn, auf σ(^{197}Au) = 93 barn bezogen. Diese Werte stimmen mit neueren Meiler-Oscillatorwerten überein. Die Aktivitätsmessungen erfolgten mit 4π-Zählern. Die Halbwertszeit für ^{56}Mn ergab sich aus diesen Messungen zu 2,576 ± 0,002 Stunden. (Canad. J. Chem. **31.** 204—06. März 1953. Chalk River, Ontario, A. E. of Canada Ltd., Chem. and Phys. Branch.) GERHARD SCHMIDT. 103

D. M. Van Patter und **W. W. Buechner,** *Untersuchung der (d,p)- und (d,α)-Reaktionen der Siliciumisotope.* Mit Hilfe eines Magnetspektrographen hoher Auflösung werden die Rkk. ^{29}*Si*(d, α)^{27}*Al*, ^{29}Si(d,p)^{30}Si u. ^{30}Si(d,p)^{31}Si untersucht. Die Teilchenspektren werden unter 90° zum auftreffenden Deuteronenbündel beobachtet; als Targets dienen Proben von angereichertem $^{29}SiO_2$ (64% ^{29}Si) u. $^{30}SiO_2$ (57% ^{30}Si); die so erhaltenen Spektren werden mit dem Spektr. aus natürlichem SiO_2 verglichen. Für die Grundzustandsübergänge werden Q-Werte von 5,994 ± 0,011, 8,388 ± 0,013 u. 4,364 ± 0,007 MeV gemessen, folgende Niveauwerte werden gefunden: ^{27}Al 0,84 u. 1,01 MeV, ^{30}Si 2,24, 3,51 u. 3,79 MeV; ^{31}Si 0,757, 1,699, 2,319, 2,751, 3,140, 3,539 u. 4,384 MeV. Bei der Rk. ^{28}Si(d,p)^{29}Si werden nach niedrigem E_p hin folgende Niveaus in ^{29}Si gefunden: 5,946, 6,105 u. 6,380 MeV. Das Niveauschema von ^{29}Si wird aufgestellt. (Physic. Rev. [2] **87.** 51—59. 1/7. 1952. Cambridge, Mass., MIT, Phys. Dep., u. Labor. for Nucl. Sci. and Engng.) WEIGEL. 103

L. M. Langer, N. H. Lazar und **R. J. D. Moffat,** *Der Zerfall von ^{124}Sb.* Mit Hilfe eines großen Magnetspektrometers u. der Scintillationszählertechnik wird an $^{124}Sb_2S_3$-Strahlenquellen der Zerfall von ^{124}Sb untersucht. Es werden K- u. L-Photoelektronen beobachtet, die γ-Quanten von 0,603, 0,641, 0,716, 1,68 u. 2,09 MeV entsprechen. Die gekrümmte Kurve des FERMI-Diagramms für die β-Gruppe größter Energie läßt sich durch einen Korrekturfaktor für einen einfach verbotenen Übergang richten, der einer allg. Skalar-Tensor-Pseudoskalar-β-Wechselwrkg. mit ΔJ = 1 entspricht. Eine unter dieser Annahme ausgeführte Analyse der experimentellen Daten liefert folgende β-Energien (Intensität in %) 2,317 MeV (21), 1,602 (7), 0,966 (9), 0,61 (49) u. 0,24 (14). Die 0,603 MeV-γ-Strahlung wird als elektr. Quadrupolstrahlung identifiziert. Ein Zerfallsschema wird vorgeschlagen, das durch γ-γ- u. β-γ-Koinzidenzen gestützt wird. (Physic. Rev. [2] **91.** 338—41. 15/7. 1953. Bloomington, Ind., Indiana Univ., Phys. Dep.) WEIGEL. 103

N. Marty, H. Langevin und **M. P. Hubert,** *Untersuchung der von ^{126}J emittierten Strahlungen.* Ausführliche Darst. der C. **1953.** 9380 referierten Arbeit. (J. Physique Radium **14.** 663—71. Dez. 1953. Paris, Coll. de France, Labor. de Chim. nucl., Ivry, Labor. de Synth. atomique.) EICHHOFF. 103

Clyde Kimball und **Bernard Hamermesh,** *Mit Antimon–Beryllium-Photoneutronen gemessene Aktivierungsquerschnitte.* 2. Mitt. (1. vgl. C. **1952.** 480.) Nach dem l. c. angegebenen Verf. werden weitere Messungen der Aktivierungsquerschnitte unter Verwendung von Sb–Be-Photoneutronen (Energie ≅ 25 keV) durchgeführt. Bezogen auf den SERENschen therm. Wirkungsquerschnitt betragen die Aktivierungsquerschnitte für ^{60}Co, ^{64}Cu, ^{75}Ge, ^{139}Ba u. ^{187}W 7,7, 85, 14, 35 bzw. 119 mbarn mit einem wahrscheinlichen Fehler zwischen 10 u. 30%. (Physic. Rev. [2] **89.** 1306. 15/3. 1953. Lemont, Ill., Argonne Nat. Labor.) GERHARD SCHMIDT. 103

C. C. McMullen und **M. W. Johns,** *Der Zerfall von ^{188}Re und die Lebensdauer von ^{186m}Os und ^{188m}Os.* Vff. bestimmen das γ-Spektr. von ^{188}Re mit einem doppeltfokussierenden β-Spektrometer (Auflösungsvermögen 0,7%). Die γ-Strahlen fallen auf einen 19 mg·cm^{-2} Pb-Konverter, die Energie wird durch Vgl. mit den γ-Energien von ThB, ^{137}Cs u. ^{60}Co bestimmt. Gefunden werden folgende γ-Energien (relative Intensität): 155,3 ± 0,5 (~130), 478,2 ± 0,6 (10), 633,1 ± 0,7 (15), 673,6 ± 1,0 (1), 827,8 ± 1,0 (5), 931,0 ± 1,1 (6), 1132,4 ± 1,7 (1) u. 1607,8 ± 1,9 (2). Die Lebensdauer des 0,155 MeV-Zustandes von ^{188}Re wird mittels verzögerter Koinzidenzen zu (1,7 ± 0,4)·10^{-9} Sek. gemessen, diejenige des 0,137 MeV-Zustandes von ^{186}Os nach dem Abklingen von ^{188}Re zu (1,8 ± 0,4)·10^{-9} Sek. bestimmt. Dieser Wert differiert stark von dem von McGowan (C. **1951.** II. 2981) gemessenen, verbessert jedoch die Übereinstimmung mit der Formel von Weisskopf. Den ersten Anregungszuständen in ^{186}Os u. ^{188}Os ist demnach der Spin 2 zuzordnen; beide Übergänge sind vom E 2-Typ. (Physic. Rev. [2] **91.** 418—19. 15/7. 1953. Hamilton, Can., McMaster Univ.) Weigel. 103

R. D. Hill und **J. W. Mihelich,** *Die wahrscheinliche Existenz einer E 3 + M 4-Mischung bei einem Isomerenübergang.* Es werden die einzelnen Faktoren untersucht, die zu einer Diskrepanz zwischen der theoret. Deutung u. dem experimetellen Befund bei dem Isomerenübergang $^{191m}Os \rightarrow {}^{191}$Os (Grundzustand) geführt haben. Vff. zeigen, daß sich die Intensitäten der beobachteten K- u. L-Konversionslinien am besten mit der Annahme einer Mischung 0,73(E3) + 0,27(M4) vertragen. (Physic. Rev. [2] **89.** 323—24. 1/1. 1953. Upton, N. Y., Brookhaven Nat. Labor.) Weigel. 103

J. Kendall Thornton und **William J. Houghton,** *Eine Einflußfunktion für die β-Aktivität der Zerfallsprodukte von Uran 235.* Unter Berücksichtigung der auftretenden Ketten-Rkk. wird die totale β-Aktivität, die bei der Spaltung von ^{235}U mit langsamen Neutronen auftritt, als Funktion der Zeit (t) für den Zeitraum von 0,1 Sek. bis 10 Jahre berechnet. Die mit experimentellen Werten übereinstimmende Kurve kann auf ±10% genau durch $\beta(t) = 0{,}43\ t^{-1,036}$ β-Teilchen/Min./^{235}U-Spaltung dargestellt werden. Für das gleiche Zeitintervall werden die zugehörige integrale u. differentielle Aktivität für den Sonderfall, daß die Reaktionsprodd. flüchtig sind (*Br, Kr, Te, J, Xe*) u. laufend von einem Gasstrom fortgeleitet werden, graph. wiedergegeben. (J. appl. Physics **24.** 1374—78. Nov. 1953. Downey, Calif., North Amer. Aviat., Inc., A. E. Res. Dep.) Nelkowski. 103

Norris Nereson, *Das Spektrum der Spaltungsneutronen von ^{239}Pu.* (Vgl. C. **1952.** 7605.) Die l. c. beschriebene Anordnung wurde zur Messung (Kernplattenmeth.) der Energieverteilung der während u. nach der Spaltung von ^{239}Pu durch therm. Neutronen emittierten Neutronen benutzt. Die Neutronenintensität hat ein Maximum bei 0,6 bis 0,8 MeV u. nimmt nach größeren Energien hin exponentiell ab. (Physic. Rev. [2] **88.** 823—24. 15/11. 1952. Los Alamos, N. Mex., Univ. of California, Los Alamos Scient. Labor.) Kirschstein. 103

Erwin David, *Isotopentrennung mit kontinuierlich arbeitenden Trennrohren.* Der ausführlich beschriebenen Anlage liegt das Prinzip zugrunde, dem Trennrohr an jeder Stelle die günstigste Dimension durch Radiusänderung zu geben. Nach Darlegung der Berechnungsmethoden wird als Beispiel die Trennung $Ne—CH_4$ durchgerechnet. Die Vorteile des Verf. sind: leichte Erreichbarkeit hoher Endkonzz., geringe Anlaufzeit, hoher Nutzeffekt auch bei kleinen Anlagen u. einfache Berechnungsweise. (Z. Physik **134.** 377—96. 1953. Hamburg, Physikal. Staatsinst.) Kirschstein. 104

H. Barker, *Radiokohlenstoffaltersangaben: Darstellung großer Mengen von Acetylen aus organischem Material.* Die Darst. von ^{14}C-markiertem Acetylen für die Alterbest. aus organ. Material wird beschrieben. Die zu untersuchende Probe wird im O_2-Strom bei n. Druck in einem Quarzofen besonderer Bauart verbrannt, das CO_2 durch Abkühlen auf —78° von W. u. anderen kondensierbaren Verunreinigungen befreit u. bei der Temp. des fl. O_2 ausgefroren. Nach beendigter Verbrennung werden nichtkondensierbare Gase abgepumpt u. das CO_2 in Vorratskolben expandiert. Das so erhaltene CO_2 wird in einem Ofen aus rostfreiem Stahl der von Arrol u. Glascock beschriebenen Art (C. **1947.** 1078) mit 50% überschüssigem Li-Metall umgesetzt u. das gebildete Li_2C_2 mit CO_2-freiem dest. W. zu Acetylen hydrolysiert, das durch Abkühlen auf —78° von kondensierbaren (H_2O) u. durch Abpumpen bei der Temp. des fl. O_2 von nichtkondensierbaren Verunreinigungen (H_2) befreit u. durch wiederholtes Überleiten über feste Absorbentien endgültig gereinigt wird. (Nature [London] **172.** 631—32. 3/10. 1953. London, Brit. Museum, Res. Labor.) Weigel. 106

J. Labeyrie und **M. Pellé,** *Apparatur zur Registrierung radioaktiver Aerosole. (Typ E.A.R. 101).* Beschreibung einer App. zur kontinuierlichen Registrierung der α-, β- u. γ-Aktivität durch Aerosole in der Atmosphäre. Die Aerosole werden durch Ansaugen auf einem kontinuierlich abrollenden Spezial-Filterpapier niedergeschlagen

u. mit einem Proportionalzählrohr, das sich direkt über der Ansaugstelle befindet, gemessen. Die Empfindlichkeit der Anordnung reicht aus zur Erkennnng von *Pu*- u. *Ra*-Gehh., die unter der Toleranzdosis (5α/Min./m^3) liegen, sowie zur Messung des natürlichen Geh. von Zerfallsprodd. des *Rn* der Atmosphäre. (J. Physique Radium **14.** 477—80. Juli/Sept. 1953. Saclay, Centre d'Études nucl., Commiss. à l'Énergie atomique.) Eichoff. 112

Enus Moraschinelli, *Zerfall der durch Ausflußentladung gewonnenen radioaktiven Substanzen der Luft.* Vf. beschreibt eine Anordnung zur Aufnahme der Zerfallskurven der aus dem *Rn*-Geh. der Luft gebildeten Prodd. (*RaA*, *RaB*, *RaC*). Die von den ausgesandten α-Teilchen erzeugten Ionen werden durch ein Potential von 800—1000 V auf der Zentralelektrode gesammelt, die mit dem Gitter der unmittelbar unter der Kammer angeordneten Verstärkerröhre verbunden ist, u. die ausgelesenen Impulse von gewünschter Höhe über ein elektromagnet. Relais einer Registriervorr. vom Telegraphentyp zugeführt. Die Auswertung der erhaltenen Kurven wird beschrieben. (Rend. Ist. lombardo Sci. Lettere, Cl. Sci. mat. nature. **84.** 293—99. 1951. Pavia, Ist. di Fis. A. Volta.) R. K. Müller. 112

C. J. Hochanadel und **J. A. Ghormley,** *Eine calorimetrische Eichung von γ-Strahlaktinometern.* Unter Verwendung einer 300 Curie-^{60}Co-Quelle mit Intensitäten von 25 u. 75 r/sec sowie einer 1500 Curie-Quelle mit 225 r/sec wird die durch die γ-Strahlabsorption in einem Wasservol. entwickelte Wärmemenge mittels adiabat. Calorimeters gemessen u. mit der der Strahlung entsprechenden, in einer luftgesättigten 0,4 mol. H_2SO_4-Lsg. von $FeSO_4$ oxydierten Fe^{3+}-Ionenmenge verglichen. Aus den Messungen folgt eine Oxydationsausbeute von 15,6 $\pm$ 0,3 Fe^{3+}-Ionen pro 100 eV absorbierter γ-Strahlung. Der aus Vgl. ermittelte Reduktionsgrad in $Ce(SO_4)_2$-Lsgg. ergibt 2,52 $\pm$ 0,05 Ce^{4+}-Ionen pro 100 eV. Der Einfl. verschied. Faktoren auf die Ausbeute, wie organ. Verunreinigungen (aus Polystyrolgefäßen), Konz. der Lsg., O_2-Konz. usw. wird untersucht. (J. chem. Physics **21.** 880—85. Mai 1953. Oak Ridge, Tenn., Nat. Labor., Chem. Div.) Rudolph. 112

M. Langevin, G. Allard und **G. Corbé,** *Ein Scintillationsspektrometer für Koinzidenzuntersuchungen.* Beschreibung eines Scintillationsspektrometers zur Messung von γ-Strahlung, das einen Linearverstärker u. einen Impulsanalysator mit variabler Bandbreite enthält. Koinzidenz-Impulsspektren können durch eine Blockierung des Verstärkers oder durch einen klass. Koinzidenzverstärker ($5 \cdot 10^{-7}$ sec), welcher die Impulse von dem Analysator empfängt, erhalten werden. Angabe der Schaltpläne für Netzteil, Amplitudenselektor u. Linearverstärker. (J. Physique Radium **14.** 691—94. Dez. 1953. Paris, Coll. de France, Labor. de Chim. nucl.) Eichhoff. 112

I. Pelchowitch, *Ein Massenspektrometer hoher Auflösung mit Meßstromkreisen für veränderliche Bandweite.* Beschreibung eines 60°-Massenspektrometers hoher Auflösung vom Nierschen Typ mit magnet. Ablenkung, das elektron. Regulier- u. Stabilisiervorrichtungen besitzt (zahlreiche Schaltskizzen). Die Beobachtungszeit kann unter Beibehaltung der hohen Empfindlivhkeit variiert werden. Das Instrument ist für stat. u. dynam. Betrieb eingerichtet. Die Ionenströme werden über einen speziellen Breitband-Elektrometerverstärker mit einem Frequenzbereich von 0—1000 Hz u. wählbarer Bandweite einer Oscillographenanordnung zugeführt. Die Ionenbeschleunigungsspannung kann innerhalb eines Bereiches von 500—2000 V variiert werden. Die Ionenquelle nach Nier besitzt einen Raumladungs-Emissionsregler. (Philips Res. Rep. **9.** 1—41. Febr. 1954. Eindhoven.) Conrad. 112

François Bertein, *Über eine elektrische Methode zur Verbesserung des Trennvermögens gewisser Meßverfahren; ihre Anwendung auf die Massenspektrometrie.* Mathemat. Diskussion der Möglichkeit, die Trennschärfe bei der elektr. Registrierung eines Massenspektrogramms durch passende Abstimmung der Verstärkerkreise zu erhöhen. (C. R. hebd. Séances Acad. Sci. **237.** 389—91. 3/8. 1953.) Conrad. 112

A. H. Morrish, *Die Korndichte in den Bahnspuren von 117 und 222 MeV-π^--Mesonen in Emulsionen.* Messung der Korndichte an im Synchrocyclotron erzeugten π^--Bahnspuren in 400 μ dicken Ilford G5-Emulsionen. Die Ergebnisse werden mit anderen Messungen u. den Berechnungen von Schönberg sowie von Halpern u. Hall im Gebiet des relativist. Wiederanstiegs der Korndichte verglichen. (Physic. Rev. [2] **91.** 423—24. 15/7. 1953. Montreal, Can., McGill Univ., Radiation Labor.) Eichhoff. 112

J. Rasch, *Ein verbessertes Verfahren der Kontaktradiographie.* Angabe einer Arbeitstechnik, bei welcher hart arbeitende Kollodiumemulsionen nach Aufbringen einer Zwischenschicht aus Kautschuk für Autoradiographien benutzt werden. Bei einer Dicke der Zwischenschicht von 0,6 μ u. einer Schichtdicke der Kollodiumemulsion von 4 μ läßt sich ein Auflösungsvermögen von 1 μ erreichen. (Experientia [Basel] **9.** 149. 15/4. 1953. Mainz, Max-Planck-Inst. für Chem., Chem. Abt.) Eichhoff. 112

John R. Horan, *Ungleichmäßige Bahnspurschrumpfung in Kernemulsionen.* ^{210}Po-α-Bahnspuren wurden in EASTMAN NTA- u. NTB-Kernplatten gemessen u. mit dem experimentell bestimmten Schrumpffaktor 2,7 ± 0,3 korrigiert. Bei beiden Plattentypen ergibt sich eine Abhängigkeit der Bahnspurlänge von dem Neigungswinkel (Θ) der Bahnspuren in der Emulsion. Der auf $\Theta = 0$ extrapolierte Wert beträgt 21,3 μ. Das übliche Verf. der Korrektur durch Multiplikation der vertikalen Bahnspurprojektion mit einem Schrumpffaktor sollte nur bis $\Theta = 6^0$ für stark ionisierende Teilchen angewendet werden, wenn der Fehler $< \pm 2\%$ bleiben soll. (Physic. Rev. [2] **90.** 717. 15/5. 1953. Idaho Falls, Idaho A. E. Div., Amer. Cyanamid Comp.) EICHHOFF. 112

J. P. Lonchamp, *Über die induzierte Entwicklung längs der Kernbahnspuren in der photographischen Emulsion.* Übersicht über die Arbeiten, welche sich mit der „Zuspitzlänge" der Bahnspuren von Teilchen mit höherer Ladung in Kernemulsionen befassen. Es wird eine Theorie angegeben u. durch experimentelle Werte belegt, nach welcher die Zuspitzung der Bahnspuren schwerer Teilchen durch die Abnahme der Dichte der δ-Strahlen geringer Reichweite hervorgerufen wird. Durch Vgl. der Bahnspuren von Prodd. der U-Spaltung u. α-Teilchen wird der Einfl. des spezif. Energieverlustes dahingehend präzisiert, daß die verschied. Menge des als latentes Bild vorliegenden Ag das Ausmaß der Entw. in ähnlicher Weise bestimmt wie eine Veränderung der Entwicklungsdauer. (J. Physique Radium **14.** 433—38. Juli/Sept. 1953. Strasbourg, Inst. de Phys.) EICHHOFF. 112

Vitezslav Kment und **Arno Kuhn,** Das Geiger-Müller-Zählrohr. Aufbau, Schaltung und Handhabung. Leipzig: Geest & Portig. 1953. (59 S. m. 37 Abb.) = Technisch-physikal. Monographien. Bd. 6. DM 6,50.
Norman F. Ramsey, Nuclear moments. New York: Wiley. 1953. (179 S.) $ 5,—.

A₂. Optisches Verhalten der Materie.

Pierre St. Amand und **D. R. Williams,** *Ein möglicher Zusammenhang zwischen der Ionosphäre und dem Nachtleuchten.* (Sitzungsbericht.) Die nächtliche Veränderung der Strahlung der Linien 6300 u. 6364 Å (*OI*) ähnelt der Veränderung der Anzahl der Ionen im F-Gebiet der Ionosphäre. Die Möglichkeit, daß diese beiden Phänomene zusammenhängen, wird diskutiert. (Physic. Rev. [2] **92.** 534. 15/10. 1953. Inyokern, Calif., U. S. Naval Ordnance Test Stat.) GUDZENT. 113

K. Wurm, *Die Temperatur des Crabnebel-Zentralsternes.* Der Crabnebel der Milchstraße ist als Post-Super-Nova (Typ I) zu identifizieren, der anregende Zentralstern besitzt nach MINKOWSKI eine Oberflächentemp. von 500000° u. einen Radius von 0,02 Sonnenradien. Neben einer amorphen Nebelmasse mit kontinuierlichem Spektr., deren Helligkeit sich nach der Nebelmitte hin verstärkt, zeigt sich ein über den ganzen Nebel verbreitetes Filamentensyst., welches monochromat. Emission besitzt (H_α, Ionenlinien von *O, S, N, He*). Das Spektralkontinuum dagegen wird von MINKOWSKI auf eine frei–frei plus frei-gebundene Strahlung zurückgeführt. Vf. nimmt eine Ionisation von ca. 1000 eV u. Elektronentempp. von einigen 100000° darin an. (Naturwissenschaften **38.** 496—501. Nov. 1951. Hamburg-Bergedorf, Hamburger Sternwarte.) D. HAHN. 113

Charles F. Cameron, *Ultraviolettes Licht oder schwarzes Licht.* Allg. Behandlung des Sehvorganges, der Natur des Lichts, des elektromagnet. Spektr., der Lichtemission von Atomen, von Lichtquellen für das UV, von Luminescenz u. fluorescierenden Materialien sowie der Anwendungen der Fluorescenzanalyse. (Oklahoma Engng. Exp. Stat. Publ. **19.** Nr. 1. 1—12. Nov. 1951. Stillwater, Okla., Agricult. and Mechan. Coll.) EICHHOFF. 114

Hermann Kober, *Die Absorption in einem Elektronen–Gas-Gemisch.* Theoret. Unters. über die Polarisation eines unter der Wrkg. eines elektr. Wechselfeldes stehenden Elektronen–Gas-Gemisches. Die bisherigen Theorien versagen für große Feldstärken, weil für diese die vereinfachenden Annahmen über die Stoßwahrscheinlichkeiten für die Stöße von Elektronen an Gasmoll. nicht mehr zulässig sind. Krit. Revision dieser Annahmen führt auf eine Formel für die Polarisation, welche außer dem in der Feldstärke E linearen Glied auch nichtlineare Glieder in E^3 enthält. (Ann. Physik [6] **11.** 1—11. 1952. Frechen-Buschbell.) LENZ. 118

W. B. Kunkel, *Ein kurzes Nachleuchten in Stickstoff.* (Sitzungsbericht.) Durch eine kräftige Radiofrequenzentladung konnte ein intensives Nachleuchten von N von 0,1 Sek. Dauer erzielt werden. Sein Spektr. bestand aus der ersten positiven Gruppe, die auch in der Entladung selber erscheint, u. aus Banden mol. Ionen. Für die Erklärung der Strahlung nimmt Vf. an, daß Übergänge von metastabilen Singulettzuständen verantwortlich sind für die Anhäufung vom $\beta^3\Pi_g$-Zustand. Darüber hinaus wurde eine starke ununterbrochene Selbstionisation des Gases beobachtet, die hervorgerufen wird durch Zusammenstöße zwischen angeregten Teilchen, die möglicherweise dem $\alpha^1\Pi_g$-Zustand angehören. (Physic. Rev. [2] **92.** 534. 15/10. 1953. Berkeley, Calif., Univ. of California.) GUDZENT. 118

C. G. Matland, *Die Auslöschung der Quecksilberresonanzstrahlung (2537 Å) durch Stickstoff.* Inhaltlich ident. mit dem C. **1954.** 2959 referierten Sitzungsbericht. (Physic. Rev. [2] **92.** 637—41. 1/11. 1953. East Pittsburgh, Pa., Westinghouse Res. Labors.) D. HAHN. 118

Fritz Rössler, *Über eine Struktur in der kontinuierlichen Strahlung der Quecksilberhochdruckentladung.* (Vgl. C. **1952.** 641.) Die spektrale Verteilung der kontinuierlichen Strahlung der Hg-Hochdruckentladung kann plausibel gemacht u. eine beobachtete Struktur eingeordnet werden. Dabei werden neue Auffassungen über den Ursprung dieser kontinuierlichen Strahlung verwandt, nach der diese teils durch Quasimoll., teils durch Atomrekombination bedingt ist. Der Begriff des Quasimol. wird genauer festgelegt. (Z. Physik. **133.** 80—93. 1952. Weil a. Rh., Forschungsinst.) V. HARLEM. 118

K. Watanabe, Edward C. Y. Inn und **Murray Zelikoff,** *Absorptionskoeffizienten von Sauerstoff im Vakuum-Ultraviolett.* Ausführliche Mitt. des C. **1954.** 7117 referierten Sitzungsberichtes. (J. chem. Physics **21.** 1026—30. Juni 1953. Cambridge, Mass., Air Res. and Developm., Command, Res. Centre, Geophys. Res. Directorate.) RUDOLPH. 118

H. Sun und **G. L. Weissler,** *Die Absorptionskoeffizienten von NO und NH_3 im Vakuum-Ultraviolett.* (Sitzungsbericht.) Zwischen 370 u. 1300 Å ist die NO-Absorption aus ein oder mehreren kontinuierlichen Bereichen, die von Banden überlagert sind, zusammengesetzt. Bei 920 Å mit dem Koeff. $k_\nu = 850\ cm^{-1}$ u. bei 620 Å mit $k_\nu = 920\ cm^{-1}$ treten Maxima auf. In der Nähe von 1200 Å mit $k_\nu \leq 50\ cm^{-1}$ verläuft ein Absorptionsminimum. Banden- u. kontinuierliche Absorption konnten nicht voneinander getrennt werden. Daher sind die Ionisationskontinua von TANAKA nicht mit diesen Messungen zu vergleichen. (NH_3 zeigt im selben Bereich eine nahezu kontinuierliche Absorption mit einem breiten Maximum von etwa $k_\nu = 1000\ cm^{-1}$ bei 770 Å.) (Physic. Rev. [2] **92.** 545. 15/10. 1953. Univ. of Southern California.) D. HAHN. 118

Michael Kestigian, Paul Colodny und **Richard S. Stein,** *Eine Untersuchung der Lichtstreuung an Polymolybdaten.* Das Mol.-Gew. M einer Reihe von Natriummolybdatlsgg. bei verschied. p_H (6,5—7,5 u. 2,5—4,0) wird bestimmt durch Messung der Änderung der Lichtschwächung infolge Streuung (turbidity) als Funktion der Konz. der Lösungen. Die Messungen bestätigen die in den JANDERschen Arbeiten festgestellte Aggregation der MoO_4-Ionen mit abnehmendem p_H-Wert. Die aus der Lichtstreuung ermittelten M-Werte sind um den Faktor 2—3 größer als die aus Diffusionsmessungen stammenden JANDERschen Werte. (J. chem. Physics **21.** 952—53. Mai 1953. Amherst, Mass., Univ., Dep. of Chem.) RUDOLPH. 119

Mino Green und **Paul H. Robinson,** *Der Brechungsindex von Germaniumwasserstoff.* Der Brechungsindex von GeH_4 bei 0° u. 1 at wird für 5484 Å zu $1{,}0009095 \pm 2{,}3 \cdot 10^{-6}$, für 5893 Å zu $1{,}0008940 \pm 1{,}6 \cdot 10^{-6}$ bestimmt. Die Mol.-Refr. von GeH_4 für die Na–D-Linie beträgt $13{,}35 \pm 0{,}04\ cm^3$. Mit diesen Daten errechnen sich folgende Werte für die Atom- bzw. Mol.-Refrr. in cm^3: *Ge* $8{,}95 \pm 0{,}04$; *Tetraäthylgermanium* 8,97; *$GeCl_4$* 7,60. (J. physic. Chem. **57.** 938. Dez. 1953. Cambridge, Mass., MIT, Lincoln Labor.; Brooklyn, N. Y., Dep. of Chem., Polytechnic Inst. of Brooklyn.) EICHHOFF. 119

A. D. Caunt, L. N. Short und **L. A. Woodward,** *Das Raman- und Ultrarotspektrum von Germaniumtetrafluorid.* Es wird das vollständige (vgl. C. **1952.** **3443**) RAMAN- u. Ultrarot-Spektr. von gasförmigem Germaniumtetrafluorid mitgeteilt. Es wurden die Frequenzen der vier Grundschwingungen ermittelt u. daraus nach verschied. Verff. die Kraftkonstanten berechnet ($k_{GeF} = 5{,}09 \cdot 10^5$ dyn/cm). (Trans. Faraday Soc. **48.** 873—77. Okt. 1952. Oxford, Univ., Inorg. and Phys. Chem. Labor.) GOUBEAU. 120

A. M. Portis, A. F. Kip, C. Kittel und **W. H. Brattain,** *Elektronenspinresonanz in einem Silicium-Halbleiter.* Die Unters. der Elektronenspin-Resonanzabsorption von polykristallinem, n-leitendem Si mit $1—2 \cdot 10^{18}$ P-Atomen/cm^3 im 9000 MHz-Bereich zwischen 4 u. 300° K ergibt eine Zunahme der Linienhalbwertsbreite mit der Temp. T entsprechend der LORENTZschen Form. Die Spin-Gitter-Relaxationszeit bei 4° K wird zu weniger als $\sim 10^{-3}$ sec abgeschätzt. Der Verlauf der reziproken magnet. Susceptibilität ($1/\chi$) mit T ist eine Gerade, deren Neigung eine Konz. freier Elektronen sprechend der P-Konz. ergibt. Aus den χ-Werten ergibt sich eine Elektronenentartungstemp. $T_0 = 38^0$K. Die Messungen geben keine Andeutung des Vorhandenseins diskreter Störstellenterme unterhalb des L-Bandrandes in Übereinstimmung mit den experimentellen Befunden. In hochohmigem Si ($\sim 8\ \Omega\cdot$cm) wird bei Raumtemp. keine Resonanz beobachtet. Die dielektr. Verluste variieren in ungewöhnlicher, theoret. jedoch verständlicher Weise mit dem spezif. Widerstand. (Physic. Rev. [2] **90.** 988—89. 1/6. 1953. Berkeley, Calif., Univ. of California, Dep. of Phys., u. Murray Hill, N. J., Bell Telephone Labors.) RUDOLPH. 121

G. Birnbaum und **A. A. Maryott,** *Veränderung im Inversionsspektrum des ND_3 von der Resonanzabsorption zur resonanzfreien Absorption.* (Vgl. C. **1954.** 1407.) In Übereinstimmung mit der Theorie von MARGENAU erfolgt die Verminderung der Inversionsfrequenz im Spektr. des ND_3 mit zunehmendem Druck bei 15mal geringeren Drucken als beim NH_3. Die Inversionsfrequenz wird nach den Messungen der Vff., die das Inversionsspektr. zwischen 1100 u. 2600 MHz im Druckbereich von 0,3—80 cm Hg untersuchen, bei 9 cm Hg Null. Im Druckbereich der resonanzfreien Absorption berechnet sich ein Stoßdurchmesser von 6,9 Å, bei niedrigen Drucken (Resonanzabsorption) hingegen 13 Å. (Physic. Rev. [2] **92.** 270—73. 15/10. 1953. Washington, D. C., Nat. Bur. of Standards.) HARTMANN. 121

Leonard I. Grossweiner, *Eine Bemerkung zur Analyse von Glow-Kurven erster Ordnung.* Aus der RANDALL-WILKINSschen Glow-Kurvengleichung wird zur Berechnung der Haftstellentiefe E aus der Temp. des Glow-Maximums T u. der der halben Höhe des Anstiegs T' die vereinfachte (auf weite Bereiche mit 5% genaue) Beziehung $E = 1{,}51\,k\,T\cdot T'/(T - T')$ abgeleitet, die nicht explizit vom Frequenzfaktor s u. der Erwärmungsgeschwindigkeit β abhängt. Dabei kann s nach $J = Cns\cdot\exp(-E/kT)$ mit Hilfe der mittleren Lebensdauer für das Abklingen im Glow-Maximum $-n/(dn/dT) = 2T\cdot(T - T')/3\cdot T'\beta$ ermittelt werden. Es ergibt sich gute Übereinstimmung mit den Meßdaten, wie die Auswertung der Glow-Kurve von durch Röntgenstrahlen erregtem Eis (vgl. AVERY u. GROSSWEINER, C. **1954.** 12) zeigt. (J. appl. Physics **24.** 1306—07. Okt. 1953. Lemont, Ill., Argonne Nat. Labor., Chem. Div.)
RUDOLPH. 125

Clifford C. Klick, *Emission und Absorption in Luminescenzzentren bei tiefen Temperaturen.* Die Breite der Emissions- u. Absorptionsbanden in Leuchtstoffen nimmt bei höheren Tempp. mit der Wurzel aus der absol. Temp. ab (Theorie von MOTT u. GURNEY); bei tiefen Tempp. jedoch wird die Breite konstant (u. nur manchmal lösen sie sich in schmale Banden auf). Oft ist kaum eine Abhängigkeit der Halbwertsbreite von der Zentrenkonz. zu beobachten. Dies ist nach dem einfachen Zentrenmodell zu verstehen, das für Grund- u. Anregungszustand zwei gegeneinander verschobene Potentialkurven benutzt. Für die konstante Tiefsttemp.-Bandenbreite ist die Nullpunktsenergie des angeregten Zustandes verantwortlich, weil sie bei genügender Verschiebung beider Potentialkurven für Überdeckung eines endlichen Energieintervalles der Grundzustandskurve sorgt. Die Quadratwurzelabhängigkeit bei höheren Tempp. ist eine Folge der quasiparabol. Gestalt der Potentialkurven. Die Aufspaltung oder Nichtaufspaltung in Linien ist eine Frage der Lokalisierung der Ladungsdichte des Leuchtions u. damit der Wechselwrkg. mit der Umgebung (WILLIAMS). (J. physic. Chem. **57.** 776—79. Nov. 1953. Washington, D. C., Naval Res. Labor., Metallurg. Div., Chem. Branch.) BRAUER. 125

F. S. Dainton und **J. Rowbottom,** *Kinetik der Verfärbung und Luminescenz von Quarzglas, hervorgerufen durch Einstrahlung mit Röntgen- und γ-Strahlen, sowie Beobachtungen verwandter Phänomene.* Quarzglas wird mit 200 kV-Röntgenstrahlen u. mit γ-Strahlen einer ^{60}Co-Quelle bestrahlt, wodurch Absorptionsmaxima bei 220, 300 u. 545 mμ entstehen. Diese „Verfärbung" strebt einer Sättigung bei zunehmender Einstrahlzeit zu. Bestrahlung, z. B. mit Licht von ca. 300 mμ Wellenlänge, läßt das Absorptionsmaximum bei 300 mμ „ausbleichen", ohne die anderen Maxima wesentlich anzugreifen. Die Luminescenz bei Röntgenbestrahlung klingt hyperbol. ab, ihr Spektr. ist reicher an UV als die Spektren der Thermoluminescenz. Es werden Analogien der Absorptionsmaxima in Quarz mit den Farbzentren der Alkalihalogenide aufgezeigt (eine Verfärbung durch Mn- u. Fe-Verunreinigungen wird ausgeschlossen), während die Luminescenz u. Phosphorescenz Verunreinigungen durch Pb zugeschrieben wird. (Trans. Faraday Soc. **50.** 480—93. Mai 1954. Leeds, Univ.) D. HAHN. 125

Ferd E. Williams, *Theorie der Luminescenz von fremdaktivierten Ionenkristallen.* Für das Spektr. von *KCl·Tl* sind $1\,S_0 \rightleftarrows 3\,P_1{}^0$-Übergänge des Tl^+ verantwortlich. Mit Hilfe der für die Zustände des Tl^+ nach HARTREE berechneten radialen Elektronendichten können deren Polarisierbarkeit, Radius u. Kompressibilität bei Wechselwrkg. mit den umgebenden Cl^- berechnet werden, weiter die Energien des im Wirtsgitter eingebauten Tl^+ u. schließlich — mit Hilfe eines Kreisprozesses — dessen Ionisierungsarbeiten u. damit die relative Lage der Terme im Bänderschema. Bei Zugrundelegung verschied. Tl^+–C^--Abstände ergeben sich punktweise die Potentialkurven für Grund- u. Anregungszustand. Aus diesen wiederum wird klass. oder quantenmechan. Absorptions- u. Emissionsspektr. berechnet. Eine weitere Verbesserung läßt sich durch Berücksichtigung der nicht sphär., sondern hantelförmigen Elektronendichteverteilung von Tl^+ $3P_1{}^0$ erreichen, wenn deren Längsachse in Richtung (1 1 0) im Kristall angenommen wird. Dann ist auch zu verstehen, warum das Minimum der Potentialkurve des angeregten Zustandes bei k l e i n e r e m Tl^+–Cl^--Abstand liegt als das des Grundzustandes. — Die Abweichung von der Kugelsymmetrie ist noch bedeutungsvoller beim KCl. Eine weitere Verbesserung wurde erreicht durch Berücksichtigung des Umstandes, daß das COULOMB-Feld des Kristalles für den Ort der Ladung des Tl^+ $3P_1{}^0$ längs der Längsachse der p-Wellenfunktion nach EWALD berechnet wurde. (J. physic. Chem. **57.** 780—84. Nov. 1953. Schenectady, N. Y., Gen. Electr. Res. Labor.)

BRAUER. 125

J. T. Anderson und **R. S. Wells**, *Luminescierende Barium- und Magnesiumhalophosphate.* Mit *U* aktiviertes Mg- u. Ba-Halophosphat hat eine helle gelbgrüne Luminescenz (Bariumchlorophosphat mit U: 5300 Å) bei Erregung mit kurz- oder langwelligem Ultraviolett. Zahlreiche Einzelheiten über wechselnde Zus., Präparation, Emission u. Absorption (Reflexion) im Original. (J. electrochem. Soc. **98.** 414—16. Okt. 1951. Rugby, England, British Thomson-Houston Co. Ltd., Res. Labor.)

BRAUER. 125

H. C. Froelich und **J. M. Margolis**, *Calciumphosphat–Phosphor, mit Ce und Mn aktiviert.* $Ca_3(PO_4)_2$·Ce–Mn hat eine starke tiefrote Emissionsbande bei 6500 Å, die dem Mn^{2+} zugehört, u. eine UV-Bande bei 3600 Å. Die Erregungsverteilung, bestehend aus zwei sich überlappenden breiten Banden, erstreckt sich bis gegen 3600 Å. Ohne Ce ist der Phosphor gegen das Kurzwellige bis 2300 Å durchsichtig, so daß es sich um eine durch Ce-Einbau erzeugte Absorption handelt. Die Ce-Konz. ist 10—100 mal größer als die des „Emitters" Mn. Wird Ca teilweise durch andere Elemente (*Na, K, Li, Zn, Al, Mg, Ba, Sr*) ersetzt, so verschiebt sich die Emission etwas nach kürzeren Wellen. Das tritt auch bei wachsender Temp. ein. Auch verringert sich die Temperaturlöschung, bes. bei Na (optimal, wenn Na/Ce = 1/2 entsprechend Ladungskompensation). (J. electrochem. Soc. **98.** 400—05. Okt. 1951. Nela Park, Cleveland, O., General Electric Co., Lamp Developm. Labor.) BRAUER. 125

Jerome S. Prener, *Ein arsenaktivierter Zinksulfidphosphor.* ZnS läßt sich durch As aktivieren u. zeigt bei UV- oder Kathodenstrahlerregung außer der blauen Bande (4650 Å) des eigenaktivierten ZnS noch zwei weitere bei 5200 u. 6200 Å. Die relative Intensität der Banden hängt von der As-Konz. (längstwellige Bande optimal bei 0,1 As, wenn in H_2 geglüht), Präparationsatmosphäre, Erregungsart bzw. -dichte u. Erregungstemp. ab. (J. electrochem. Soc. **98.** 406—08. Okt. 1951. Schenectady, N. Y., General Electric Res. Labor.) BRAUER. 125

Esther W. Claffy und **James H. Schulman**, *Kupferaktivierte Aluminiumsilicatphosphore.* Leuchtstoffe der Zus. $x(yM^I{}_2O, zM^{II}O)\cdot p\text{-}Al_2O_3\cdot q\,SiO_2$, worin M^I für *Na, K* oder *Li*, hingegen M^{II} für *Be, Ca, Mg, Sr, Ba, Zn* oder *Cd* steht, u. die außerdem 0,0005—0,01 Mol *CuO* enthalten, ähneln in ihrem Emissionsspektr. dem $CaWO_4$. Die x, y, z, p u. q können in weiten Grenzen geändert werden. Das Haupterregungsgebiet liegt bei 2600 Å. Die Ausbeute ist absol. etwa nur ein Drittel derjenigen des $CaWO_4$, aber kaum temperaturabhängig bis 150°. So kommt es, daß bei 115° beide Leuchtstoffe gleiche Ausbeute haben. (J. electrochem. Soc. **98.** 409—13. Okt. 1951. Washington, D. C., Naval Res. Labor., Crystal Branch, Metallurgy Div.) BRAUER. 125

David B. Medved, *Die optischen Eigenschaften von natürlichem und synthetischem Hackmanit.* Ebenso wie natürlicher Hackmanit der Zus. $Na_6Al_6Si_6O_{24}\cdot 2\,NaCl$ zeigt ein synthet. Sodalith, der durch Glühen einer stöchiometr. Mischung von Al_2O_3, NaCl, SiO_2 u. NaOH bei 1060° in reduzierender H_2-Atmosphäre oder im Graphittiegel bei beschränktem Luftzutritt hergestellt wurde, bei Einstrahlung von UV (2537 Å) Aufbau einer breiten Farbbande im Sichtbaren (Maximum 5300 Å) u. reversible Entfärbung durch Lichteinstrahlung in die Farbbande. Die Empfindlichkeit gegenüber langwelligem UV (3600 Å) u. die bei der Verfärbung auftretende lachsfarbene Luminescenz sind schwächer als beim natürlichen Material. An Luft geglühte Prodd. zeigen Verfärbbarkeit durch UV nicht, jedoch durch Röntgenstrahlen. Das Verh. wird mit einem Modell erklärt, daß U-Zentren in Form von H^--Ionen oder möglicherweise C^--Ionen an Cl^--Gitterplätzen annimmt, aus denen durch UV Elektronen auf F-Zentrenniveaus angeregt werden können. (J. chem. Physics **21.** 1309—10. Juli 1953. Philadelphia, Pa., Philco Corp., Res. Div.) RUDOLPH. 125

A_3. Elektrizität. Magnetismus. Elektrochemie.

M. F. Schirokow, *Zur Theorie der Straten in der Gasentladung.* Übersicht über die verschied. Theorien, die für die in der positiven Säule der elektr. Gasentladung beobachtbaren Leuchtstreifenerscheinungen (Straten) entwickelt wurden. Die Theorie von LOGUNOW (C. **1951.** I. 965) zeigt größte Übereinstimmung mit den beobachteten Werten. (Доклады Академии Наук СССР [Ber. Akad. Wiss. UdSSR] [N. S.] **89.** 837–40. 11/4. 1953. Moskau, Lomonossow-Univ.) A. KUNZE. 131

John S. Foster jr., E. O. Lawrence und **E. J. Lofgren,** *Eine Ionisationshochvakuumpumpe hoher Geschwindigkeit.* (Sitzungsbericht.) Die Wirkungsweise der entwickelten Hochvakuumpumpe beruht darauf, daß die ionisierten Gasteilchen nach Durchlaufen eines schraubenförmig gewundenen u. von elektr. Strom (5 kA) durchflossenen Abschnittes auf Anodenpotential, durch dessen axiales Magnetfeld (1300 Gauß) gebündelt, in den Entladungsraum eintreten, durch den n. Plasmagradienten zur Kathode (heiße *W*-Kathode u. kalte Reflexionskathode) transportiert, hier entladen u. durch eine Pumpe abgesaugt werden. Bei Volumendurchflüssen bis zu 0,02 cm^3/Sek. ist mit Ausnahme der Edelgase diese Pumpe nicht erforderlich. Volumendurchflüsse von 3000–7000 Liter/Sek. u. ein Druck von 10^{-6} mm wurden erreicht. Das Vorvakuum darf 10^{-2} mm nicht überschreiten. Die automat. arbeitende Pumpe wurde in zweiwöchigem Dauerbetrieb erprobt. (Physic. Rev. [2] **89.** 338–39. 1/1. 1953. Univ. of California.) WERNER SCHULZ. 131

I. Pelchowitch, *Eine Untersuchung der Verdampfungsprodukte von Erdalkalioxyden.* Das C. **1954.** 8280 beschriebene Massenspektrometer wurde zur Unters. der Verdampfungserscheinungen an auf elektr. erhitzten Metallbändern aufgetragenen Erdalkalioxyden benutzt. Folgende Systeme wurden untersucht: *BaO* auf Pt, BaO auf Ni, BaO u. *SrO* auf Pt, BaO u. *CaO* auf Pt, BaO u. SrO u. CaO auf Pt, BaO auf Ta, SrO auf Pt, CaO auf Pt u. Ni allein. BaO verdampft auf Pt u. Ni in Form des Oxyds, bei hohen Tempp. zum Teil als Ba_2O_2, auf Ta hauptsächlich als Ba, begleitet von BaO. Ebenso ist bei CaO–Pt u. SrO–Pt Hauptverdampfungsprod. das freie Element. Die Kurven der Verdampfungsgeschwindigkeiten (log I gegen 1/T) von BaO auf Pt u. Ta zeigen bei 1250° K einen Übergangs- oder Knickpunkt. Im Syst. BaO–Ni ist dieser Knick verschwunden, hier verdampft Ni durch die poröse BaO-Schicht hindurch. In der Kurve für verdampfendes freies Sr wurde ein Übergangs- oder Knickpunkt bei 1600° K gefunden; die Kurve ist reversibel. Bei Widerstandsmessungen an gepreßtem BaO u. SrO zeigten sich bei den den Knickpunkten der Verdampfungskurven entsprechenden Tempp. Abweichungen von der Linearität. (Philips Res. Rep. **9.** 42–79. Febr. 1954.) CONRAD. 131

W. F. G. Swann, *Der Fall einer Verteilung der Ladungsdichte gegen die semipermanente Polarisation als Basis für das Elektretverhalten.* (Sitzungsbericht.) Theoret. Betrachtungen. Zur Deutung der zeitlichen Änderung der Volumen- u. Oberflächenladungen in einem Elektret muß angenommen werden, daß dessen Verh. auf dem Vorliegen einer semipermanenten Polarisation, die unabhängig von der Leitfähigkeit des Elektreten abfällt, beruht. (Physic. Rev. [2] **91.** 447. 15/7. 1953. Bartol Res. Found.) FUCHS. 132

Julian H. Gibbs, *Ferroelektrizität in Seignettesalz.* (Sitzungsbericht.) Das Vorliegen von Ferroelektrizität im Seignettesalz zwischen den beiden CURIE-Tempp. wird auf den Einfl. der mit steigender Temp. zuerst zunehmenden u. dann fallenden Polarisierbarkeit der H-Brücken zurückgeführt (Rechnungen auf klass. u. quantenmechan. Basis). (Physic. Rev. [2] **91.** 447. 15/7. 1953. Gen. Electric Res. Labor.) FUCHS. 132

Jack R. Tessman, *Antiferroelektrika in einem äußeren Feld.* (Sitzungsbericht.) Das von TAKAGI (vgl. C. **1953.** 5977) erhaltene Ergebnis, daß die elektr. Susceptibilität eines antiferroelektr. Stoffes unterhalb der Übergangstemp. durch ein äußeres elektr. Feld ansteigt, wird auch auf Grund der von KITTEL (vgl. C. **1952.** 643) ausgeführten Rechnungen erhalten. (Physic. Rev. [2] **91.** 447. 15/7. 1953. Pennsylvania State Coll.) FUCHS. 132

Shoichiro Nomura und **Shozo Sawada,** *Über die anomalen dielektrischen Eigenschaften von Mischungen von Bleititanat und Strontiumtitanat.* $PbTiO_3$- u. $SrTiO_3$-Pulver werden bei 1200° zusammengepreßt. Die Mischung mit je 50% zeigt zwei Anomalien. Die Durchlässigkeit ist beim oberen CURIE-Punkt (218°) 2,6 mal größer als bei Zimmertemperatur. Der untere CURIE-Punkt liegt bei 35°. Bei Variation des Mischungsverhältnisses verschiebt sich der obere CURIE-Punkt mit abnehmendem Pb-Geh. nach niederen Tempp., der untere umgekehrt. Bei 30% $PbTiO_3$-Geh. fallen beide annähernd zusammen. Hysteresis u. therm. Anomalien treten auf. (J. physic. Soc. Japan **5.** 279–80. Juli/Aug. 1950. Tokyo, Univ., Inst. of Sci. and Technol. [Orig.: engl.]) K. L. WOLF. 132

Malcolm McQuarrie, *Zeiteffekte bei der Hysteresisschleife polykristallinen Bariumtitanats.* Im Rahmen der Unters. der zeitlichen Kapazitätsänderungen an polykristallinem $BaTiO_3$ werden zeitliche Änderungen der Form der Hysteresisschleife festgestellt, insofern, als die n. Hysteresisform von $BaTiO_3$ unmittelbar nach dessen Abkühlung von einer Temp. oberhalb der CURIE-Temp. T_c durch längere Lagerung bei Raumtemp. in eine propellerartige Form umgewandelt wird. Durch Anwendung starker elektr. Felder (einige Min.) oder durch Erwärmen bis nahe T_c kann der Effekt teilweise, durch Erwärmen über T_c völlig aufgehoben werden. Die Ursache für das Verh. wird in einer zeitlichen Umbildung der Domänenstruktur gesehen. (J. appl. Physics **24.** 1334—35. Okt. 1953. North Adams, Mass., Sprague Electr. Comp.) RUDOLPH. 132

J. P. Barbour, W. W. Dolan, J. K. Trolan, E. E. Martin und **W. P. Dyke,** *Raumladungseffekte bei der Feldemission.* Von der Theorie abweichende Feldemissionsstromdichten oberhalb 10^7 A/cm² werden auf Raumladungserscheinungen zurückgeführt. Durch Kombination der FOWLER-NORDHEIMschen Feldemissionsgleichung mit der POISSONschen Gleichung wird eine Stromdichte–Feldstärke–Elektronenaustrittsarbeit-Funktion erhalten, die mit Messungen an mit Ba bedeckten W-Spitzen übereinstimmt. Einige Merkmale von Feldelektronenmikroskopbildern werden auf Raumladungseffekte zurückgeführt. (Physic. Rev. [2] **92.** 45—51. 1/10. 1953. Mc Minnville, Ore., Linfield Coll., Phys. Dep.) M. DRECHSLER. 134

Georges Couchet, *Beitrag zur Untersuchung der Emission positiver Ionen durch Dreifachsalze vom Typ $Li_2O \cdot Al_2O_3 \cdot 4SiO_2$.* Durch Schmelzen von Li_2CO_3, Al_2O_3 u. SiO_2 wird ein dem natürlichen β-Spodumen entsprechendes Silicat der Zus. $Li_2O \cdot Al_2O_3 \cdot 4SiO_2$ erhalten, dessen Alkaliionenemission bei den Tempp. 1050, 1180 u. 1250° als Funktion der angelegten Spannung (200—2000 V) gemessen wird (Pt-Trägeranode, Vakuum 10^{-5} Torr). Die in der Größenordnung 10^{-4} bis 10^{-3} liegenden Ionenströme unterliegen Raumladungsbegrenzungen. (C. R. hebd. Séances Acad. Sci. **233.** 1013—15. 29/10. 1951.) RUDOLPH. 134

H. Friedman, T. Chubb und **D. A. Patterson,** *Photoelektrische Schwellenwerte in Photonenzählern mit elektronegativem Löschgas.* (Sitzungsbericht.) Der Zusatz von Spuren eines elektronegativen Gases erhöht die photoelektr. Ansprechenergie etwa um den Faktor 2 gegenüber dem Vakuum. Gleichzeitig verschiebt sich der Schwellenwert in Richtung auf kürzere Wellenlängen. (Physic. Rev. [2] **85.** 705—06. 15/2. 1952; Bull. Amer. physic. Soc. **26.** Nr. 6. 9. 24/10. 1951. U. S. Naval Res. Labor.) PIEPLOW. 134

J. A. Krumhansl und **N. Schwartz,** *Die Berechnung der Energieniveaus von F-Zentren.* Bei Berechnung der Tiefe der Potentialmulde für ein F-Elektron ist zu unterscheiden, ob die Polarisation der Umgebung der Bewegung des F-Elektrons folgt oder nicht. Da die charakterist. Fundamentalfrequenzen größer als die eines F-Elektrons sind, ist die erste Möglichkeit anzunehmen, was bedeutet, daß der Polarisationsbeitrag zum „Potential" der Mulde (eigentlich zur Entfernungsarbeit des Elektrons aus der Mulde) $\frac{1}{2}\varphi$ ist (φ = Beitrag der Polarisation der Umgebung am Ort der Kationenlücke). Dadurch vertieft sich der s-Zustand des F-Elektrons mehr als der p-Zustand. Die damit berechneten Energien sind in Übereinstimmung mit der Erfahrung. (Physic. Rev. [2] **89.** 1154—55. 1/3. 1953. Ithaca, N. Y., Cornell Univ.) BRAUER. 135

J. Eck, *Untersuchung der zufälligen Änderungen der Grenzleitfähigkeit flüssiger Halbleiter.* Die Leitfähigkeit fl. Halbleiter ändert sich mit der Zeit. Die Intensität des Stromes, der sie durchfließt, verringert sich innerhalb mehrerer Std. oder Wochen u. erreicht einen Endwert, der im allg. nicht dem OHMschen Gesetz folgt. Dieser Endwert kann noch beträchtliche Änderungen erfahren, entweder durch Temperaturänderungen oder durch Anlegung eines kurzzeitig wirkenden starken Feldes oder infolge von Schwingungen der Elektroden. Kurze Beschreibung der einzelnen Effekte. (J. Physique Radium **12.** 48 S—49 S. Juni 1951.) v. HARLEM. 135

J. Lagrenaudie, *Halbleitereigenschaften des Zinkphosphids (Zn_3P_2).* Dünne, durch Verdampfen im Vakuum hergestellte, rötlich transparente Filme von Zn_3P_2 besitzen Halbleitercharakter, eine photoelektr. Empfindlichkeit von 0,38—1,1 μ (Maximum 0,8 μ) u. eine Absorptionskante auch bei 1,1 μ. Preß- u. Sinterkörper von Zn_3P_2 verhalten sich ähnlich. Die Leitfähigkeitsgeraden zeigen Neigungen entsprechend Aktivierungsenergien von 0,04 bis zu einem möglicherweise der Eigenleitung entsprechenden Wert von 1,24 eV. An Sinterkörpern mit Punktkontakt werden Gleichrichtereffekte festgestellt. Ähnliches Verh. ist bei Cd_3P_2, Zn_3As_2 u. Mg_3Sb_2 zu erwarten. (J. Chim. physique Physico-Chim. biol. **50.** 545—47. Okt. 1953. E. N. S. Labor. de Phys.) RUDOLPH. 135

W. J. Deshotels und **A. H. Weber,** *Der Einfluß von starken elektrostatischen Feldern auf den Widerstand von Wolframdrähten.* (Sitzungsbericht.) Der elektr. Widerstand R von W-Drähten im Hochvakuum von 0,004 u. 0,00045 in. Durchmesser fällt beim Einschalten von sehr starken radialen elektrostat. Feldern der Stärke E = 9,0 · 10^6 bzw. 1,4 · 10^6 V/cm plötzlich steil ab, steigt bei konstantem E wieder etwas an u. springt beim Abschalten des Feldes fast wieder auf den vorherigen Wert. Die Änderung von R beträgt $\Delta R = 0{,}46 \sqrt{E}$ (E in 10^6 V/cm). Eine Erklärung des Effektes kann noch nicht gegeben werden. (Physic. Rev. [2] **91.** 448. 15/7. 1953. St. Louis, Univ.) FUCHS. 136

H. L. Glick, F. C. Brooks, W. F. Witzig und **W. E. Johnson,** *Der Widerstand von Cu_3Au während der Neutronenbestrahlung.* Cu_3Au-Proben im geordneten (I) bzw. ungeordneten Zustand (II) wurden bei einer Temp. von 80 ± 5° mit Neutronen bestrahlt; die Neutronendichte β betrug 0—6,5 · 10^{19} Neutronen/cm². Gemessen wurde die Abhängigkeit des elektr. Widerstandes R von I u. II von β. R von I fällt zuerst mit steigendem β ab, geht bei β = 0,4 · 10^{19} durch ein Minimum, das um 3% tiefer als der Ausgangs-R-Wert liegt, u. steigt dann etwa linear an; der höchstgemessene R-Wert bei β = 6,5 · 10^{19} liegt um 23% höher als der Ausgangswert. R von II fällt kontinuierlich mit wachsendem β ab u. erreicht ab ca. β = 4 · 10^{19} einen Grenzwert (7% unterhalb des Ausgangswertes). Aus den Verss. folgt, daß die Neutronen den Ordnungszustand in den Proben sowohl verbessern als auch verschlechtern können. Durch die Neutroneneinw. wurde jedes 200. Au-Atom in Hg umgewandelt. (Physic. Rev. [2] **87.** 1074. 15/9. 1952. Pittsburgh, Pa., Westinghouse Electric Corp.) FUCHS. 136

Hellmut J. Juretschke, *Austauschpotential in dem Oberflächengebiet eines Metalls mit freien Elektronen.* Die gewogene mittlere Austauschladung u. das mittlere Austauschpotential nach SLATER wurde explizit in dem Oberflächengebiet eines „freien Elektronengases" mit unendlichen Grenzen dargestellt. Das Austauschpotential über der Oberfläche ist im wesentlichen das, das durch ein stationär in der Oberflächenregion befindliches Austauschloch hervorgerufen wird. Dies erklärt, warum die statist. Näherung für das Austauschpotential bei kleiner Elektronendichte versagt. Bei großer D. ist die statist. Näherung in guter Übereinstimmung mit dem mittleren Austauschpotential. Im Oberflächengebiet wird das n. sphär. symm. Austauschloch verformt. Die Austauschoberflächenenergie dieses Modells einer Metalloberfläche beträgt 96 erg/cm² für eine innere D. entsprechend der des Na. (Physic. Rev. [2] **92.** 1140—44. 1/12. 1953. Brooklyn, N. Y., Polytechn. Inst. of Brooklyn.) V. HARLEM. 136

R. Stratton, *Die freie Oberflächenenergie eines Metalls.* 1. Mitt. *Normalzustand.* Vf. berechnet die Oberflächenenergie eines Metalls im Normalzustand mit Hilfe des Modells eines freien Elektronengases in einer endlichen Potentialmulde, wobei scharf unterschieden wird zwischen der Gitteroberfläche u. der Oberfläche der Potentialmulde. Eine frühere Berechnung von HUNTINGTON (C. **1953.** 652) für die von der kinet. Energie der Elektronen abhängigen Terme wird in abgewandelter Form wiederholt; bei Annahme einer oberflächenabhängigen D. lassen sich die Summen durch Integrale ersetzen. Eine frühere Berechnung von HUANG u. WYLLIE (Proc. physic. Soc., Sect. A **62.** [1949.] 180) wird krit. mit den vorliegenden Ergebnissen verglichen. Ferner wird eine Abschätzung der elektrostat. Energie der Doppelschicht an der Oberfläche angegeben. (Philos. Mag. [7] **44.** 1236—46. Nov. 1953. Manchester, Univ.) R. STEIN. 136

R. Stratton, *Die freie Oberflächenenergie eines Metalls.* 2. Mitt. *Supraleitender Zustand.* (1. vgl. vorst. Ref.) Vf. berechnet mit Hilfe der von BETHE (Handb. d. Physik, Band 24/2. [1939.] 509) angegebenen Meth. die Matrixelemente der Elektron–Gitter-Wechselwrkg. für eine Platte endlicher Dicke, die dann zur Berechnung der Energie des supraleitenden Zustands nach FRÖHLICH (C. **1951.** I. 3301) dienen. Frühere Berechnungen werden durch Einführung oberflächenabhängiger Ausdrücke erweitert, wobei wiederum die Meth. der Einführung von Integralen mit oberflächenabhängigen Dichten an Stelle von Summen benutzt wurde. Abschließend vergleicht Vf. seine Berechnungen mit experimentellen Ergebnissen anderer Autoren. (Philos. Mag. [7] **44.** 1247—58. Nov. 1953.) R. STEIN. 136

Simon Foner, *Hall-Effekt in reinem Titan, Vanadium und Chrom.* (Sitzungsbericht.) Unter Verwendung einer Gleichstrommeth. (Feldstärke bis zu 30 kGauß) wurde der HALL-Koeff. H bei Zimmertemp. (je in Einheiten von 10^{-13} V · cm/A · Gauß) von reinem polykristallinem Ti, V u. Cr bestimmt zu + 0,95 bzw. 8,13 bzw. 35,5. H ist sehr empfindlich gegen Verunreinigungen; z. B. ist H von Handels-Ti negativ. (Physic. Rev. [2] **91.** 447. 15/7. 1953. Carnegie Inst. of Technol.) FUCHS. 137

R. Becker, *Eine Bemerkung zur Massenträgheit der Bloch-Wand.* Bei Betrachtungen der Vorgänge, welche sich bei der Verschiebung einer BLOCH-Wand (Trennwand zwischen um 90 bzw. 180° entgegengesetzt magnetisierten Elementarbereichen) durch ein äußeres Feld abspielen, ergibt sich, daß bei Abwesenheit von Reibung nicht die Geschwindigkeit, sondern die Beschleunigung der Wand dem Feld proportional ist. Daraus folgt eine neue Ableitung der bekannten Massenträgheit der Wand. (Z. Physik **133.** 134—39. 1952. Göttingen, Univ., Inst. für theoret. Phys.) v. Harlem. 137

André J. P. Meyer und **Pierre Taglang,** *Legierungen zwischen ferromagnetischen und diamagnetischen Metallen; Einfluß der Struktur und des ferromagnetischen Metalls auf das mittlere Moment.* Vff. bestimmten das mittlere magnet. Moment pro Atom in Bohrschen Magnetonen in Abhängigkeit von der mittleren Elektronenzahl folgender bin. Legierungen: *Co–Cu, (FeNi)–Cu, Ni–Cu, Ni–Zn, Ni–Al, Co–Zn, Fe–Au.* Die Neigung der Geraden, die die Abhängigkeit der ferromagnet. Momente in Abhängigkeit von der Elektronenzahl darstellt, ist in den verschied. Gittern verschieden. Die Größe des Moments für gegebene Elektronenkonz. u. gegebenes Gitter ist ferner abhängig von dem Momentträger in der Legierung. Die aus der Unters. der Ni-Legierungen gezogenen Schlußfolgerungen können nicht auf die Fe- u. Co-Legierungen übertragen werden. (J. Physique Radium **12.** 54 S—55 S. Juni 1951. Strasbourg, Inst. de Phys.) v. Harlem. 137

G. W. Rathenau, J. Smit und **A. L. Stuyts,** *Ferromagnetische Eigenschaften von hexagonalen Eisenoxydverbindungen mit und ohne Vorzugsrichtung.* Die Magnetisierung von hexagonalen Eisenoxydverbb., bes. von $BaFe_{12}O_{19}$, wird in Abhängigkeit von der Feldstärke behandelt. Es ergibt sich danach, daß bei der Bldg. von Bloch-Wänden Unregelmäßigkeiten im Kristallbau mitspielen müssen. Bei regelloser Kristallverteilung u. einer Kristallgröße oberhalb einer krit. kann Ummagnetisierung durch Wandverschiebung schon bei positiven Feldstärken von ungefähr 4π J. auftreten. Durch Orientierung der Kristalle dieser Eisenoxydverbb., die den Handelsnamen Ferroxdure erhalten haben, werden $(BH)_{max}$-Werte von $3 \cdot 10^6$ Gauß·Oe erreicht. Durch Kornvergrößerung ergibt sich eine starke Verbesserung der Textur, die gedeutet wird. (Z. Physik **133.** 250—60. 1952. Eindhoven, N. V. Philips' Gloeilampenfabrieken, Philips' Res. Labor.) v. Harlem. 137

Takesi Nagata, *Selbstumkehr der thermoremanenten Magnetisierung von Eruptivgesteinen.* (Vgl. C. **1953.** 492; **1954.** 7815.) Die ferromagnet. Mineralkörner von den Haruna-Gesteinen können magnet. in drei Gruppen eingeteilt werden: In Körner mit einem Curie-Punkt zwischen 500 u. 530° (A-Konstituenten), in solche mit einem Curie-Punkt unterhalb 300° (B-Konstituenten) u. solche, die aus beiden Kristallarten zusammengesetzt sind (AB). Die Konz. der A- u. B-Konstituenten in den AB-Körnern variiert über ein weites Gebiet. Nur die AB-Körner ergeben Selbstumkehr der thermoremanenten Magnetisierung. Die Bedingungen hierfür werden an Hand der Theorie von Néel näher dargelegt. Das Problem der Selbstumkehr der Magnetisierung kann auf folgende zwei Hauptpunkte red. werden: Wie sind die magnet. u. kristallinen Strukturen der A- u. B-Konstituenten, wie stehen diese in den AB-Körnern in Wechselwirkung? Um den ersten Punkt zu klären, wurden chem. u. Röntgenunterss. an den Haruna-Gesteinen durchgeführt. Die A-Konstituenten sind kub., die B-Konstituenten rhomboedr., AB zeigen beide Strukturen. Die B-Konstituenten sind wahrscheinlich ferrimagnetisch. Die Frage, wie die Selbstumkehr der Magnetisierung zustande kommt, kann auf Grund dieser Unterss. jedoch noch nicht mit Sicherheit gesagt werden. Über Einzelheiten vgl. das Original. (Nature [London] **172.** 850—52. 7/11. 1953. Tokyo, Univ., Geophys. Inst.) v. Harlem. 137

A. Bose und **S. C. Mitra,** *Der vergleichsweise Einfluß elektrischer Kristallfelder mit kurzer und langer Reichweite auf das magnetische Verhalten der paramagnetischen Salze der Eisengruppe der Elemente.* 2. Mitt. (1. vgl. C. **1954.** 5014.) In der ersten Hälfte der Fe-Gruppe der Elemente zwischen Ti^{3+} bis Fe^{3+} sind die Beiträge der Bahnbewegung zu den magnet. Momenten klein oder fehlen vollständig, u. die Salze gehorchen angenähert dem Curieschen Gesetz. Ein Einfl. von Feldern langer Reichweite ist daher schwer zu entdecken. Eine nähere Unters. ergibt jedoch, daß die Moment–Temp.-Kurven für diese Ionen von Salz zu Salz verschieden sind u. merkbar vom Curieschen Gesetz abweichen, was auf eine Wrkg. der Felder langer Reichweite u. auch auf den Einfl. von Gliedern höherer Ordnung, die zumeist bei den Diskussionen vernachlässigt werden, schließen läßt. Der Gesichtspunkt des Theorems von Jahn-Teller wird diskutiert u. auf das ganze Kristallgitter ausgedehnt. Es wird dargelegt, daß dann der Jahn-Teller-Mechanismus mit dem gesamten Kristallfeldeffekt ident. ist u. daß kein weiterer Mechanismus notwendig wird, um den Einfl. entfernterer Atome auf das paramagnet. Ion zu erklären. (Indian J. Physics Proc. Indian Assoc. Cultivat. Sci. **26.** 543—62. Nov. 1952. Calcutta, Indian Assoc. for the Cult. of Sci., Dep. of X-Rays and Magnetism.) v. Harlem. 137

A. Bose und **S. C. Mitra,** *Der vergleichsweise Einfluß elektrischer Felder mit kurzer und langer Reichweite bei den Salzen der Eisengruppe der Elemente.* 3. Mitt. (2. vgl. vorst. Ref.) Es wurde dargelegt, daß mehrere Beispiele für das Vorhandensein des Einfl. des Feldes mit langer Reichweite bei den paramagnet. Salzen der ersten Hälfte der Elemente der Fe-Gruppe vorliegen, obwohl die Bedingungen für solche Beobachtungen ungünstig sind. In der zweiten Hälfte der Fe-Gruppe ist die Unterdrückung der Bahnentartung durch das kub. Feld in der ersten Näherung weniger vollständig. Infolgedessen tritt eine JAHN-TELLER-Störung durch das ganze Kristallgitter auf, wodurch Abweichungen vom kub. Feld u. dadurch weitere Unterdrückung der Bahnentartung u. in gewissem Ausmaße auch der Spinentartung auftritt. Die Spin–Bahn-Kopplung stellt einen Teil des Bahnmomentes wieder her u. bewirkt gleichzeitig eine Einschränkung der Spinausrichtung. Dies führt auch zu einer JAHN-TELLER-Störung durch das Kristallgitter u. zu einer Stabilisierung der STARK-Energieniveaus. Es folgt daraus, daß die endgültige Stabilisierung der paramagnet. Salze abhängig ist von den Feldern mit langer Reichweite, bes. wenn die Unterdrückung der Bahnentartung durch das kub. Feld unvollkommen ist. Klarer Nachw. hierfür ist das Verh. der Salze der Fe^{2+}-, Co^{2+}- u. (nicht ganz so deutlich) der Ni^{2+}-Ionen. Bei den Cu^{2+}-Ionen ist der Nachw. aus verschied. Gründen nicht so überzeugend. (Indian J. Physics Proc. Indian Assoc. Cultivat. Sci. **27.** 95—108. Febr. 1953.)
V. HARLEM. 137

Georges-Jean Béné, Pierre-Maurice Denis und **Richard-Charles Extermann,** *Beobachtung kernmagnetischer Resonanz ohne ständiges Überstreichen.* Die Verff. zur Beobachtung kernmagnet. Resonanz erfordern ein ständiges Überstreichen der Resonanzbedingung $\omega = \gamma H^*$ (γ gyromagnet. Verhältnis) durch eine Modulation der Feldstärke H des konstanten Magnetfeldes oder der Frequenz ω des hochfrequenten Magnetfeldes. Dabei können Störungen durch Überlagerung des ausgesandten u. des empfangenen Signals auftreten. Vff. entwickelten ein Verf., bei der das Magnetfeld H die Resonanzfeldstärke nur einmal von einem Wert H′ ein wenig unterhalb zu einem Wert H″ ein wenig oberhalb von H* überstreicht. (C. R. hebd. Séances Acad. Sci. **231.** 1294. 6/12. 1950.) G. HERRMANN. 137

Henri Benoit und **Maurice Buyle-Bodin,** *Über die Quadrupolresonanz im festen Zustand des Jods und des Bromoforms.* Vff. untersuchten die Resonanz des ^{127}J in J_2 in Abhängigkeit von der Temp. im Bereich 77—293° K für den Übergang ($|m| = 1/2 \rightarrow |m| = 3/2$). In der Gegend von 332 MHz verschiebt sich die Resonanzfrequenz nach der Formel $(1/\nu)(d\nu/dT) = -(4{,}0 \pm 0{,}4) \cdot 10^{-5}$. Für $CHBr_3$ wurden folgende Resonanzen gefunden: ^{79}Br 300 u. 302 MHz, ^{81}Br bei 251 u. 252,5 MHz, gemessen bei 77° K. Für das Verhältnis der Kernquadrupolmomente ergibt sich daraus $Q(^{79}Br)/Q(^{81}Br) = 1{,}1955 \pm 0{,}002$, sehr nahe dem Wert 1,1970, gefunden am CH_3Br. Auf Grund der Ähnlichkeit der Feinstruktur wird geschlossen, daß $CHBr_3$ u. $CHCl_3$ die gleiche Kristallstruktur haben. Am $CHBr_3$ wurde noch folgendes beobachtet: Nach plötzlichem Einfrieren von 293 auf 77° K ergibt sich keine Resonanz bei 77° K, was auf das Vorhandensein einer metastabilen Form I unterhalb 93° K zurückgeführt wird. Wenn CH_3Br, das zunächst eine Woche auf 195° K gehalten wurde, auf 77° K abgekühlt wird, so ergeben sich die obenerwähnten Resonanzen, es liegt danach die stabile Form II vor, die sich bei 195° K bildet. Bei 195° K wird jedoch keine Resonanz gefunden. Es wird daraus geschlossen, daß für die Form II das Verschwinden der Resonanz bei steigender Temp. auf eine Semirotation der CBr_3-Gruppe zurückzuführen ist (wie auch im Fall des $CHCl_3$); das Verschwinden der Resonanz bei der metastabilen Form kann nicht erklärt werden. (C. R. hebd. Séances Acad. Sci. **238.** 671—73. 8/2. 1954.)
V. HARLEM. 137

A. Kastler, *Ein neuer Zweig der Magnetooptik: der Photomagnetismus.* Vf. behandelt die Änderung der magnet. Eigg. durch die Entstehung angeregter Niveaus infolge Bestrahlung u. die Möglichkeit, diese Änderung experimentell zu bestimmen. (J. Physique Radium **12.** 36 S—37 S. Juni 1951. E. N. S. Labor. de Phys.) V. HARLEM. 137

R. J. Gillespie und **S. Wasif,** *Lösungen in Schwefelsäure.* 13. Mitt. *Die elektrische Leitfähigkeit von Hydrogendisulfatlösungen und die Selbstdissoziation der Schwefelsäure.* (12. vgl. C. **1954.** 18.) Aus Messungen der Leitfähigkeit von Lsgg. von $(NH_4)_2SO_4$ u. K_2SO_4 in verd. Oleum läßt sich in Verbindung mit anderen Leitfähigkeitsunterss. an Lsgg. von Hydrogendisulfaten, wie Vff. zeigen, der Wert für die Autoprotolysenkonstante der H_2SO_4 bei 25° zu $2{,}9 \cdot 10^{-4}$ berechnen, während sich aus kryoskop. Messungen bei 10,4° (vgl. C. **1953.** 9395) ein solcher von $1{,}7 \cdot 10^{-4}$ ergibt. Die Werte werden diskutiert u. mit von anderen Autoren abgeschätzten verglichen. (J. chem. Soc. [London] **1953.** 964—70. März. London, Univ. Coll., William Ramsay and Ralph Forster Labors.)
NIEMITZ. 138

A. C. Chatterji und **M. C. Rastogi,** *Konduktometrische Bestimmung der Kationenkonzentration verschiedener schwerlöslicher Salze bei Fällung in Gegenwart von Gelatine.* Die Kationenkonz. von $Ag_3Fe(CN)_6$, $Ag_4Fe(CN)_6$, $Cu_2Fe(CN)_6$, $AgJO_3$ u. CuB_4O_7 bei Fällung in Gelatinelsg. wurde konduktometr. bestimmt. Aus den Leitfähigkeiten der Lsgg. der einzelnen Komponenten wurde die Leitfähigkeit des schwerlösl. Salzes berechnet. Dabei zeigte sich, daß die beobachtete Leitfähigkeit in allen Fällen viel kleiner ist, als sie beim Vorliegen des schwerlösl. Salzes im dissoziierten Zustand sein müßte. Da bei den meisten der untersuchten schwerlösl. Salze der dissoziierte Anteil gering ist, schließen Vff. daraus, daß diese Salze in einem anderen als dem dissoziierten Zustand vorliegen. Bestätigung der Ergebnisse durch die früher von Vff. erhaltenen EMK.-Werte. (Z. anorg. allg. Chem. **275.** 98—105. Febr. 1954. Lucknow, Indien, Univ., Chem. Inst.) PETSCH. 138

Frances Dunkle Coffin und **Sidney L. Simon,** *Die an einem kriechenden Zinkkristall auftretende elektromotorische Kraft.* Nach einem früher beschriebenen Verf. (vgl. C. **1954.** 2348) hergestellte Zn-Einkristalle zeigen erhöhte Kriechgeschwindigkeit, wenn sie während der Belastung elektrolyt. poliert werden. Messungen der EMK. in einer elektrolyt. Zelle Zn-Einkristall–$ZnSO_4$–polykrist. Zn ergeben, daß bei einsetzender Dehnungsbelastung (94 g/mm²) ein plötzlicher EMK.-Anstieg mit folgendem, über mehrere Std. dauerndem Abfall auf einen von der EMK. der unbelasteten Probe verschied. Endwert erfolgt. Bei Belastung wird der Zn-Einkristall negativer. Der EMK.-Anstieg bei Belastung ist offenbar mehr eine Folge der plast. Verformung als einer Änderung der Oberflächenbeschaffenheit. (J. appl. Physics **24.** 1333—34. Okt. 1953. Cleveland, O., Nat. Advis. Comm. for Aeronaut., Lewis Flight Propuls. Labor.) RUDOLPH. 140

G. Schwarzenbach und **G. Anderegg,** *Über die Normalpotentiale des Quecksilbers und die Disproportionierung:* $2Hg^{I} \rightleftarrows Hg^{0} + Hg^{II}$. Mit Hilfe von EMK.-Messungen wird die scheinbare Gleichgewichtskonstante der Rk. $Hg_{fl} + Hg^{2+} = Hg_2^{2+}$ in Lsgg. verschied. Ionenstärke im Temperaturbereich von 0—40° bestimmt. Hieraus ergibt sich durch Extrapolation der thermodynam. Wert dieser Konstante zu 84,8 ± 2 (20°), was in guter Übereinstimmung mit den in der Literatur angegebenen Werten steht. Für ΔF wurden —2583 ± 15 cal, für ΔH —820 ± 100 cal u. für ΔS 6,0 cal/Grad (jeweils für 20°) gefunden. (Helv. chim. Acta **37.** 1289—97. 15/6. 1954. Zürich, Univ., Chem. Inst.) R. LEVI. 140

N. Ibl, *Zur Kenntnis der elektrolytischen Abscheidung von Metallpulvern.* 4. Mitt. *Die quantitativen Zusammenhänge mit den Transportvorgängen bei natürlicher Konvektion.* (3. vgl. C. **1954.** 2768.) Die Abscheidung von Cu-Pulver aus 0,01—1 mol. $CuSO_4$-Lsg. wurde an vertikalen Elektroden bei natürlicher Konvektion untersucht. Die Stromdichte, bei der die Pulverbldg. beginnt, wurde durch Messung des Scheinwiderstands des abgeschiedenen Metalls mit Hilfe einer Wechselstrombrücke bestimmt, da bei Übergang von der kompakten zur pulverförmigen Abscheidung ein starker Rückgang der Doppelschicht- u. Polarisationsimpedanz auftritt. Es wird bewiesen, daß die Stromdichte, bei der die Pulverbldg. beginnt, gleich der Grenzstromdichte ist. Letztere ist theoret. bei natürlicher Konvektion proportional $c^{5/4}$. Die Stromdichte der beginnenden Pulverabscheidung wurde bei abgeschirmter Elektrode proportional $c^{1,24}$ u. bei nicht abgeschirmter Elektrode proportional $c^{1,20}$ gefunden. Auch der Vgl. mit dem absol. Wert der Grenzstromdichte, der sich rechner. aus der Viscosität, der Konz., dem Proportionalitätsfaktor zwischen Konz. u. D., dem Diffusionskoeff. u. der Überführungszahl ergibt, ist befriedigend. Mit Hilfe einer zusammengesetzten Elektrode wurde die Pulverabscheidung in verschied. Höhen der Elektrode untersucht. Sie tritt immer zuerst an den oberen Teilen der Elektrode auf, was auf eine Konzentrationsverringerung in diesen Teilen infolge von Konvektionsströmungen zurückgeführt wird. Die Anwendungsmöglichkeit der Ergebnisse auf techn. Probleme sowie auf die Pulverbldg. bei der Abscheidung von Ag, Zn u. Cd werden diskutiert. (Helv. chim. Acta **37.** 1149—63. 15/6. 1954. Zürich, ETH, Labor. für physikal. Chem. u. Elektrochem.) R. LEVI. 141

R. Brdička und **J. Koutecký,** *Notiz über die Theorie der Kinetik polarographischer Elektrodenprozesse.* Vff. geben eine kurze Zusammenfassung der diesbzgl. Arbeiten der tschech. Schule u. vgl. damit die Ergebnisse von DELAHAY u. Mitarbeitern. Daraus ergibt sich, daß die exaktere Lsg. unter Berücksichtigung des Tropfenwachstums sowohl für die Rekombination schwacher Säuren als auch für Reaktionsgeschwindigkeitsströme allg. von KOUTECKÝ gegeben wurde, wodurch gute Übereinstimmung mit dem Experiment erreicht ist. Dagegen enthalten nach Ansicht der Vff. die vereinfachten Ableitungen DELAHAYS falsche Vorstellungen über die Dicke der Reaktionsschicht an der Elektrodenoberfläche. Das Problem des langsamen Elektrodenüberganges u. der entsprechenden Form irreversibler Stufen, für welche durch DELAHAY nützliche Kriterien ermittelt wurden, ist letzthin ebenfalls durch KOUTECKÝ einer endgültigen Lösung näher gebracht worden. (J. Amer. chem. Soc. **76.** 907—08. 5/2. 1954. Prag, Tschechoslowak. Akad. der Wiss., Labor. für Phys. Chem.) BERG. 142

A. N. Frumkin und **Ss. I. Shdanow,** *Über die Reduktion des Nitrations an der Quecksilbertropfkathode.* Bei der Red. des Nitrations an der Hg-Tropfelektrode beobachtet man in Ggw. von *La* u. *Cr* 2 Anomalien: Potentialsprung bei einem bestimmten Potential u. Hysterese. Unterss. über die Abhängigkeit der Lage u. Form der Nitrationenwelle von der Wertigkeit des Kations des Fremdelektrolyten ergaben, daß die Red. des Nitrations um so leichter erfolgt, je höher die Wertigkeit des Kations ist. In Ggw. von La^{3+} treten Potentialsprung u. Hysterese ein, nicht jedoch in Ggw. von $N(CH_3)_4^+$ u. Ca^{2+}. Wird bei dem dem Potentialsprung entsprechenden Kathodenpotential kräftig umgerührt, sinkt die Stromstärke bis zum ursprünglichen geringen Wert, ein Beweis dafür, daß Hysterese u. Potentialsprung durch die Anreicherung von Reaktionsprodd. in Kathodennähe verursacht werden. Aus dem Verh. der Nitrationenwelle bei Ansäuerung oder Alkalischmachen (Verschiebung nach negativeren Potentialen bei Ansäuerung u. entgegengesetzte Wrkg. im 2. Falle) geht hervor, daß die Red. des Nitrations an der Hg-Tropfelektrode autokatalyt. verläuft u. durch din auftretenden Hydroxylionen beschleunigt wird. Der Befund von MEITES (C. **1952.** 4572), wonach die der Red. des Nitrations zugeschriebene Welle in Wirklichkeit einer katalyt. Red. von W. oder H^+ entspricht, ist als irrig abzulehnen. (Доклады Акадеемии Наук СССР [Ber. Akad. Wiss. UdSSR] [N. S.] **92.** 629—32. 21/9. 1953.) LEBTAG 142

M. M. Kurtepow und **G. W. Akimow,** *Korrosionseigenschaften rostfreier Stähle in oxydierenden Lösungen. Der Einfluß von Oxydationsmitteln auf die Elektrodenpotentiale und die Kinetik der Elektrodenprozesse.* Ein Zusatz von $K_2Cr_2O_7$ (I, 0,1—2 n) zu HNO_3 (2,5—10 n) verschiebt das Anfangspotential (P_a) an 18-8-Stahl mit Mo u. Nb bei 18° nach der positiven Seite um 300—500 mV. Mit steigender Temp. wird P_a ebenfalls nach positiveren Werten verschoben. P_a beträgt bei 18-8-Stahl mit Nb bei 100° in 30 bzw. 60%ig. HNO_3 971 bzw. 1163 mV; Zusätze von Oxydationsmitteln erhöhen sowohl P_a als auch das Endprotential (P_e), am stärksten I (P_e 1350 mV), schwächer NH_3VO_3 (P_e 1230 mV) u. KJO_3 (P_e 1200 mV). Die kathod. u. anod. Polarisation in 60%ig. HNO_3 wird durch I-Zusatz herabgesetzt; dieser beschleunigt also den Kathoden- u. Anodenprozeß, während Temperaturerhöhung von 20 auf 100° den Kathodenprozeß bevorzugt erleichtert. (Доклады Академии Наук СССР [Ber. Akad. Wiss. UdSSR] [N. S.] **87.** 1005—07. 21/12. 1952. Inst. für physikal. Chem. der Akad. der Wiss. der UdSSR.) R. K. MÜLLER. 142

Harry F. Weisberg, Water electrolyte and acid-base balance. London: T. & C. Bailliere. 1954. (245 S., Diagr.) 38 s. 6 d.

A_4. Thermodynamik. Thermochemie.

Kyrille Popoff, *Über die Thermodynamik der irreversiblen Prozesse.* 2. Mitt. (1. vgl. C. **1953.** 1928.) Der Tensor der L_{ik} ist, wenn man die Glieder von drittem u. höherem Grade von ΔS berücksichtigt, nicht mehr vollständig symm.; die Größenordnung der Differenzen $L_{ik} - L_{ki}$ wird abgeschätzt. (Z. angew. Math. Physik [Basel] **3.** 440—48. 15/11. 1952.) KIRSCHSTEIN. 146

K. S. Krishnan und **P. G. Klemens,** *Die Temperaturabhängigkeit des thermodynamischen Potentials eines entarteten Elektronengases.* (Philos. Mag. [7] **43.** 1224—25. Nov. 1952. New Delhi, Nat. Phys. Labor. of India; Sydney, Commonwealth Sci. and Ind. Res. Organiz., Div. Phys.) KIRSCHSTEIN. 146

A. van Itterbeek, L. de Greve und **H. Myncke,** *Die Anlage für flüssiges Helium im physikalischen Laboratorium der Universität Louvain.* Beschreibung der 1951 errichteten Anlage, bei der das He, um die Verluste gering zu halten, in einem geschlossenen Strom durch die verschied. Stufen geleitet wird; es wird auf 150 at komprimiert u. mit fl. Luft vorgekühlt. (Appl. sci. Res. A **3.** 429—32. 1953.) KIRSCHSTEIN. 149

Earl Long und **Lothar Meyer,** *Der ungesättigte Heliumfilm.* (Vgl. C. **1953.** 4491.) Übersichtsbericht über die Dicke, die spezif. Wärme u. die Superfluidität von ungesätt. He-Filmen auf verschied. Materialien mit besonderer Betonung der noch vorhandenen Widersprüche u. unerklärbaren Beobachtungstatsachen. (Advances in Physics **2.** Nr. 5. 1—27. Jan. 1953. Chicago, Ill., Univ. of Chicago, Inst. for the Study of Metals.) KIRSCHSTEIN. 149

Gerald S. Picus, *Die Transportgeschwindigkeit des flüssigen Helium II-Films bei fast verschwindender Niveaudifferenz.* In einen Pyrexbecher, in dem He II bis zu demselben Niveau stand wie in dem umgebenden Bad, wurde langsam ($5{,}512 \cdot 10^{-4}$ cm/sec) ein

Tauchkörper aus Lucit eingetaucht, so daß innerhalb des Beckens der He II-Spiegel steigen mußte. Das Überfließen des He-Films aus dem Becher heraus setzte erst 20 Sek. nach dem Eintauchen, u. zwar offensichtlich in einzelnen Sprüngen, ein. Nach dem Anhalten des Tauchkörpers war noch ein gedämpftes Einschwingen des He II-Spiegels in die Gleichgewichtslage zu beobachten. (Physic. Rev. [2] **90.** 719—20. 15/5. 1953. Chicago, Ill., Univ. of Chicago, Inst. for the Study of Metals.) KIRSCHSTEIN. 149

O. K. Rice, *Theorie der irreversiblen Prozesse, angewendet auf Helium II und den Knudsen-Effekt in Gasen.* Die Druckdifferenz an einer von He II durchströmten Capillare wird durch die Gleichung $dp/dT = Q/TV$ beherrscht. Vf. stellt eingehende Überlegungen über die Bedeutung des Faktors Q an, schätzt ihn dann ähnlich wie LONDON ab u. stellt in einer krit. Diskussion zusammen, welche Vorstellungen man sich vom Zustand des He in der Capillare sowie im ROLLIN-Film zu machen hat. (Physic. Rev. [2] **89.** 793—99. 15/2. 1953. Chapel Hill, N. C., Univ., Dep. of Chem.) KIRSCHSTEIN. 149

W. K. Ssementschenko, *Pseudokritische Punkte und transkritische Übergänge.* Um größere Klarheit in die Vorstellungen vom Wesen der krit. Erscheinungen u. der Phasenübergänge 2. Art zu bringen, wird der Begriff der krit. Punkte schärfer gefaßt. Es wird gezeigt, daß es im Gebiet der stabilen Zustände, wo $\partial X_1/\partial x_1)_{x_1} \lesseqgtr 0$, eine Kurve geben muß, die der geometr. Ort der Punkte $(\partial^2 X_1/\partial x_1^2)_{x_1} = 0$ ist u. als Kurve der pseudokrit. Punkte bezeichnet werden kann. Viele der sogenannten Phasenübergänge 2. Art entsprechen pseudokrit. Punkten. Der physikal. Sinn der pseudokrit. Punkte im transkrit. Gebiet besteht darin, daß beim kontinuierlichen Phasenübergang über dem krit. Punkt eine bestimmte Arbeit u. Wärmemenge zur Strukturänderung des Syst. aufgewandt werden muß, wobei diese Änderung kontinuierlich erfolgt. (Доклады Академии Наук СССР [Ber. Akad. Wiss. UdSSR] [N. S.] **92.** 625—27. 21/9. 1953.) LEBTAG. 150

S. Waldron und **Melvin A. Herlin,** *Messung der thermischen Diffusionsfähigkeit von Magnesium bei tiefen Temperaturen durch eine variable Zustandstechnik.* (Sitzungsbericht.) Unter der „therm. Diffusionsfähigkeit" D verstehen Vff. das Verhältnis von therm. Leitfähigkeit a zur spezif. Wärme c. Aus der Messung von D (sinusförmiges Heizen des zu untersuchenden Metallstabes) u. aus dem bekannten c bei tiefen Tempp. ergibt sich so der Temperaturverlauf von a. Anwendung auf sehr reines *Mg* (I) u. eine *Mn*-haltige Mg-Probe (II). a von I ändert sich bei tiefer Temp. linear mit T, a von II nicht linear; bei höheren Tempp. zeigen I u. II ein charakterist. Maximum. (Physic. Rev. [2] **91.** 447. 15/7. 1953. MIT.) FUCHS. 158

J. L. Olsen und **H. M. Rosenberg,** *Die Wärmeleitfähigkeit von Metallen bei tiefen Temperaturen.* Ausführlicher Bericht über die Entw. der Berechnungs- u. Beobachtungsmethoden mit umfassender Übersicht über das Beobachtungsmaterial an Metallen u. Legierungen im n. u. supraleitenden Zustand. (Advances in Physics **2.** Nr. 5. 28—66. Jan. 1953. Oxford, Clarendon Labor.) KIRSCHSTEIN. 158

J. Meixner, *Die thermodynamische Theorie der Relaxationserscheinungen und ihr Zusammenhang mit der Nachwirkungstheorie.* Vf. entwickelt den Formalismus u. die allg. Gesetze der thermodynam. Theorie für die Druck- u. Volumenrelaxationsvorgänge unter der Voraussetzung, daß die Abweichungen vom thermodynam. Gleichgewicht hinreichend klein bleiben, um Anwendbarkeit der Thermodynamik der irreversiblen Prozesse u. Gültigkeit des Superpositionsprinzipes zu gewährleisten. Ferner werden nur homogene Systeme u. ihr Verh. bei äußeren Einww., aber ohne ausgesprochene Transportphänomene betrachtet. Die thermodynam. Theorie der Relaxationsvorgänge wird eingehend entwickelt für Systeme mit einer inneren Umwandlung, mit endlich vielen u. mit unendlich vielen inneren Umwandlungsmechanismen. Eine Reihe von allg. Gesetzmäßigkeiten wird angegeben, u. viele Spezialfälle werden diskutiert. Durch Eliminierung der inneren Parameter entstehen die dynam. Zustandsgleichungen, die in differentieller u. integraler Form angegeben werden. Außer den thermodynam. Funktionen für das fiktiv gehemmte Gleichgewicht, die aus der statist. Mechanik gewonnen werden, gehen in die Theorie phänomenolog. Koeffizienten ein, die Übergangswahrscheinlichkeiten zwischen verschied. Argumentwerten der Verteilungsfunktion bedeuten u. nur aus kinet. Überlegungen meist quantenmechan. Art zu gewinnen sind. Vf. untersucht die Frage, inwieweit Äquivalenz der thermodynam. Theorie mit der Nachwirkungstheorie der Relaxationserscheinungen besteht. Hierbei wird der Weg aufgezeigt zu einer Verallgemeinerung der Thermodynamik der irreversiblen Prozesse, die dem Formalismus der Nachwirkungstheorie in einem umfassenderen Bereich äquivalent ist u. ihn präzisiert. Ergänzend wird auf ein Beispiel zur dielektr. Relaxation u. auf den Zusammenhang zwischen der thermodynam. Relaxationstheorie eines

Syst. mit unendlich vielen inneren Umwandlungen u. seiner linearisierten Fundamentalgleichung hingewiesen. (Kolloid-Z. **134.** 3—14. Dez. 1953. Aachen, TH, Inst. für theoret. Phys.) PETER. 159

H. O. Kneser, *Mechanische Relaxation einfacher Systeme.* Bei hinreichend kleinen Spannungen σ u. Verformungen ε zeigen prakt. alle fluiden Medien die Eigg. eines einfachen Relaxationskörpers, der durch das Auftreten nur einer Relaxationszeit charakterisiert ist. Mathemat. wird er beschrieben durch die Beziehung $\varepsilon + \tau\varepsilon = (1/M_0)(\sigma + M_0\tau\sigma/M_\infty)$ (wobei M_0 u. M_∞ die elast. Moduln für unendlich langsam bzw. unendlich schnell veränderliche Spannungen u. τ die Relaxationszeit bei konstant gehaltener Spannung bedeuten), die sich auch aus einer von MEIXNER thermodynam. begründeten dynam. Zustandsgleichung ableiten läßt, wenn man diese auf eine durch allseitigen Druck bewirkte Ähnlichkeitsverformung spezialisiert u. Konstanz der Entropie annimmt. Unter Ausschluß von mechan. irreversibel verlaufenden Vorgängen beschreibt die Gleichung Relaxationsmechanismen, bei denen die den Spannungsverformungsvorgang bestimmenden mol. Prozesse statist. Ausgleichsvorgänge sind wie Platzwechselvorgänge, Umordnung nachgeordneter Bereiche oder Anregungen von Molekularschwingungen. Ihr Gesamtverh. kann als Rk. beschrieben werden, deren Gleichgewicht durch die angelegte Spannung verschoben wird. Nach Art der zugrunde liegenden Rk. unterscheidet Vf. 3 Kategorien: A) Anregungs- oder Temperaturrelaxation, B) Struktur- oder Druckrelaxation, C) Orientierungs- oder Entropierelaxation. Bei der Erörterung des experimentellen Zuganges zu den Relaxationsphänomenen diskutiert Vf. eingehend die Methoden, bei denen period. Spannungen u. Verformungen verwendet werden. Indem die experimentell zugänglichen Größen durch eine dimensionslose Größe ausgedrückt werden, ergeben sich Ausdrücke für die Phasengeschwindigkeit einer ebenen Schallwelle, für das logarithm. Dekrement u. für den Absorptionskoeff. der Intensität der Schallwelle. Schallabsorption u. -dispersion werden in ihrer Frequenzabhängigkeit untersucht. Der Zusammenhang zwischen Spannung u. Verformung wird in einem Zeigerdiagramm dargestellt, in dem die Ortskurve bei nur einer Relaxationszeit als Halbkreis erscheint. Bei einem Kontinuum von Relaxationszeiten ergeben sich flachere Kreisbögen. Bei einer Temperaturabhängigkeit der Relaxationseffekte werden die Verhältnisse komplizierter u. lassen kaum mehr als qualitative Schlüsse zu. Es folgen dann experimentelle Ergebnisse an Gasen, Fll. u. festen Körpern mit Zusammenstellungen von typ. Absorptionskurven, deren Diskussion zeigt, ob u. wie die entsprechenden Relaxationserscheinungen sich dem gegebenen Einteilungsprinzip einfügen. (Kolloid-Z. **134.** 20—29. Dez. 1953. Stuttgart, TH, Physikal. Inst.) PETER. 159

Kurt Altenburg, *Zur Frage des Einflusses von Ultraschall auf Platzwechselvorgänge in Flüssigkeiten.* Experimentelle Unters. über Einw. von Ultraschall auf Eigg., die mit Platzwechselvorgängen im Zusammenhang stehen, zeigen infolge sek. Wrkg. des Ultraschalles Diskrepanzen. Vf. gibt eine Abschätzung unter Zugrundelegung der Platzwechseltheorie in Flüssigkeiten. Für die Zahl der Platzwechsel pro Sek. gilt: $j = j_0 \exp.(-q/kT)$, wo j_0 die Stoßzahl, q die Aktivierungsenergie, k die BOLTZMANN-Konstante u. T die absol. Temp. bedeuten. Dabei sind j_0, q u. T Funktionen des Druckes. Durch Entw. bis zu Größen zweiter Ordnung u. Einführung des Schallwechseldruckes ergeben sich bei einer Intensität von 2 W/cm^2, einer Schallgeschwindigkeit von 1000 m/sec u. eine D. von 1 g/cm^3, entsprechend einem Schallwechseldruck von ca. 2 at, Änderungen der Platzwechselzahl durch ein frequenzkonstantes Glied der Größenordnung 10^{-6} u. ein mit der Schallfrequenz period. Glied der Größenordnung 10^{-3}, falls mit Ultraschallfrequenzen von ca. 1 MHz gerechnet wird. Das Wechselglied stimmt größenordnungsmäßig etwa mit der von FOX u. Mitarbeitern (C. **1946.** I. 575) gemessenen period. Leitfähigkeitsänderung in Elektrolyten unter Einw. von Ultraschall überein. (Naturwissenschaften **40.** 289—90. Mai 1953. Berlin-Adlershof, Labor. für Kunststoffe der Dtsch. Akad. der Wiss.) H. JACOB. 159

J. M. M. Pinkerton, *Über die Interpretation von Messungen der Ultraschallabsorption in Flüssigkeiten.* Vf. gibt eine kurze Übersicht über die bekannten Tatsachen u. Theorien der Ultraschallabsorption in Fll. u. bin. Gemischen u. nimmt krit. zu ihnen Stellung. Die Unzulänglichkeiten liegen zur Zeit in theoret. Hinsicht im Fehlen allgemeingültiger Vorstellungen über die Relaxationszeit u. in experimenteller im Fehlen von Messungen über hinreichend weite Frequenz- u. Temperaturgebiete für viele Flüssigkeiten. Einige neue Messungen an *Äthylacetat* zwischen 7,5 u. 67,5 MHz u. —60 bis +60° werden mitgeteilt, die eine schwache Dispersion zwischen 2 u. 40 MHz u. —20 u. +60° ergeben. (Kon. vlaamse Acad. Wetensch. Letteren schone Kunsten België, Colloquium ultrasonore Trillingen **1951.** 117—29. London, Belsize Park.) H. JACOB. 159

C. E. Mulders, *Schallfeld und Grenzbedingungen in gewöhnlichen Flüssigkeiten.* Das Schallfeld in begrenzten Flüssigkeitsvoll. besteht neben den gewöhnlichen Kompressionswellen in einer dünnen Schicht in Wandnähe auch aus den sogenannten Viscositäts- u. Wärmewellen. Nach Aufstellen der Wellengleichungen u. der Randbedingungen für die beiden letzteren Wellentypen wird die Möglichkeit ihres Auftretens u. Einfl. auf die Kompressionswellen diskutiert. (Kon. vlaamse Acad. Wetensch. Letteren schone Kunsten België, Colloquium ultrasonore Trillingen **1951.** 146—52.) H. JACOB. 159

A_5. Kolloidchemie. Grenzschichtforschung.

A. Chevet, *Vorläufige Untersuchungen über die infraroten Absorptionsspektren von Kieselsäuregelen.* Unters. der Veränderung der OH-Banden bei Erhitzung von Kieselsäuregelen mit verschied. Geh. an absorbiertem W. durch Messung der Infrarotabsorption im Gebiet von 3—6 μ. Zur Vermeidung unkontrollierbarer Wasseraufnahme wird die Untersuchungssubstanz im Vakuum erhitzt u. durch Imprägnierung mit CCl_4 fixiert. Es wurden 2 Banden beobachtet, von denen die eine bei 3450 cm^{-1}, welche sich wie die Bande bei 1620 cm^{-1} verhält, dem assoziierten OH, die andere bei 3770 cm^{-1} dem freien OH zugeordnet werden kann. Letztere Bande, welche für Bentonit bei 3650 cm^{-1} beobachtet wurde, zeigt eine starke Abhängigkeit der Lage von der Art der Wasserbindung. (J. Physique Radium **14.** 493—94. Juli/Sept. 1953. Rennes, Fac. des Sci.) EICHHOFF. 162

Hugo Fricke, *Die Maxwell-Wagnersche Dispersion in einer Suspension von ellipsoidförmigen Teilchen.* Es werden die Dispersionsgleichungen für die Leitfähigkeit u. DK. einer Suspension ellipsoider Teilchen mit äußerst geringer Mol.-Konz. abgeleitet; hierbei werden die Komponenten durch Leitfähigkeit u. DK. gek., indem die in einer früheren Abhandlung (Physic. Rev. [2] **24.** [1924.] 575) für reine Leiter gemachten Ausführungen erweitert werden. Es zeigt sich, daß bei beliebiger Orientierung der Ellipsoidachsen die Suspension einem einfachen, aus Widerstand u. Kapazität bestehenden, Stromkreis elektr. äquivalent ist, durch drei Dispersionsgebiete gek. wird u. sich innerhalb eines jeden wie ein Dipolsyst. nach DEBYE verhält. Diese Behandlung wird anschließend auf Grund der früheren allg. Leitfähigkeitsgleichung auf konzentriertere Suspensionen ausgedehnt. (J. physic. Chem. **57.** 934—37. Dez. 1953. Cold Spring Harbor, N. Y., Biol. Labor.) HENTSCHEL. 162

Frederick M. Fowkes, *Rolle der oberflächenaktiven Reagentien beim Benetzen.* Am Beispiel des hydrophoben *Baumwollgarns* (**I**) werden die geschwindigkeitsbestimmenden Faktoren beim Benetzen von wss. Lsgg. oberflächenakt. Verbb. (**II**) untersucht, d. h. das Problem des Eindringens von Fll. in poröse, hydrophobe feste Substanzen. Dies ist von dem cos des advancing-Benetzungswinkels abhängig, wenn **I** in eine Lsg. von **II** getaucht wird. Da dieser cos eine lineare Funktion der Oberflächenspannung γ' für eine große Anzahl von **II** ist, kann γ' den Werten für cos v gleichgesetzt werden; auf dieser Basis läßt sich folgende Gleichung ableiten, um die Zeit t_s vorauszusagen, nach der das Garn bei verschied. Benetzungstests sinken wird: $\lg t_0 = A + B\gamma'$. Durch Messungen mit *Aerosol OT* u. *MA* sowie *Tergitd 4* wird dies bewiesen. Die Benetzungsgeschwindigkeit ist ferner von der Größe der Adsorption u. Diffusion, die am meisten ausschlaggebend ist, abhängig. Die Werte der Diffusionskonstanten D scheinen von $4 \cdot 10^{-6}$ cm^2/sec in verd. Lsgg. bis auf $1{,}5 \cdot 10^{-6}$ cm^2/sec in konz. Lsgg., die hauptsächlich aus Micellen bestehen, abzusinken. Aus der Diffusion u. Oberflächenspannung lassen sich die Benetzungsgeschwindigkeiten für eine große Anzahl von oberflächenakt. Reagentien voraussagen. (J. physic. Chem. **57.** 98—103. Jan. 1953. Emeryville, Calif., Shell Developm. Co.) E. JÄGER. 166

Suzanne Cordier, Roger Marignan und **Jean Salvinien,** *Über den Einfluß eines Fremdelektrolyten auf die Diffusion verschiedener Phosphatanionen in einem Gelatinegel.* Vff. berichten über Messungen der wahren Diffusionskoeffizienten D mittels radioakt. Isotope von H_3PO_4, sowie von einigen Salzen wie Na_2HPO_4, NaH_2PO_4 u. K_2HPO_4 in $^1/_{10}$ u. $^1/_{10000}$ mol. Lsgg., die sie in Ggw. von Fremdelektrolyten in 10%ig. Gelatine bei 20° erhalten haben. Es wird gezeigt, daß D für verschied. Phosphate langsam mit der Beweglichkeit des Fremdkations zunimmt. Sind dagegen die beiden Elektrolytkonzz. gleich, so wächst D auch mit dem zum PO_4^{3-} gehörigen Kation. Bei Anwesenheit von Spuren diffundiert das PO_4^{3-} langsamer als in Ggw. des Grundelektrolyten. (C. R. hebd. Séances Acad. Sci. **238.** 1710—11. 26/4. 1954.) SURAWSKI. 171

Reginald Mills und **Joseph W. Kennedy,** *Die Selbstdiffusionskoeffizienten von Jodid-, Kalium- und Rubidiumionen in wässerigen Lösungen.* Vff. berichten über Messungen der Selbstdiffusionskoeffizienten der Ionen J^-, K^+ u. Rb^+ bei 25° mittels der von ihnen verbesserten Meth. mit offenen Capillaren an Lsgg. von KJ u. RbJ mit ^{42}K, ^{86}Rb u. ^{131}J bei verschied. mäßigen bis hohen Konzentrationen. Wegen erheblicher Differenzen zwischen den früher nach dieser Meth. gemessenen Werten u. den nach der Diaphragmazellenmeth. erhaltenen Werten wird eine genaue Unters. der möglichen Fehlerquellen durchgeführt, worauf sich die Verbesserungen der Meth. gründen. Die Selbstdiffusionskoeffizienten der großen kaum hydratisierten Ionen liefern bis zu vergleichsweise hohen Konzz. eine lineare Beziehung zwischen $\sqrt{c}$ u. ihrem Prod. mit der spezif. Viscosität. Es wird versucht, zwischen den Neigungen der verschied. Geraden dadurch eine Korrelation herzustellen, daß die mittlere Annäherungsdistanz der Ionen u. ihr Einfl. auf das Energiepotential des Ions in seiner Ionenatmosphäre in Rechnung gestellt wird, woraus sich ein einfaches Bild für den Mechanismus des Selbstdiffusionsprozesses für unhydratisierte Ionen ergibt, das zur Diskussion gestellt wird. (J. Amer. chem. Soc. **75.** 5696—5701. 20/11. 1953. St. Louis, Mo., Washington Univ., Dep. of Chem.) NIEMITZ. 171

Melvin A. Rosenfeld und **John C. Griffiths,** *Ein Experimentaltest für die visuelle Vergleichstechnik bei der Schätzung zweidimensionaler Kugelform und Abrundung von Quarzkörnern.* Es werden ausführlich die Abhängigkeiten untersucht, die bei der Schätzung der Kugelform u. Abrundung von Quarzkörnern auftreten. Die Schätzungen sind beeinflußt von dem Ausführenden, von der Zeit u. den Präparaten. Als Vergleichsobjekt wurden Reproduktionen von verschied. Standardprodd. benutzt. (Amer. J. Sci. **251.** 553—85. Aug. 1953. State College, Pa., State Coll., School of Mineral Ind.) HILLER. 175

G. W. Zitzischwili und **D. N. Barnabischwili,** *Über den Einfluß der Säurebehandlung auf die Eigenschaften von Bleichtonen.* Durch Unters. der Sorption u. Desorption von Benzoldämpfen an *Gumbrin* (I) voru. nach der Behandlung mit verschieden konz. H_2SO_4 (II) wurde gezeigt, daß natürlicher u. aktivierter I (auch die übrigen grusin. Bleicherden) ein Sorbent mit Mischporosität ist, bei dem Poren von 20—60 Å vorherrschen. Durch die Behandlung mit II wird das Vol. der genannten Poren stark erhöht, während das Vol. der größeren Poren unverändert bleibt. Die *Benzol*-Sorption von I wird durch die II-Behandlung stark erhöht. Das gleiche gilt für das Bleichvermögen. Die Arbeit der Benzolentfernung von der Oberfläche von aktiviertem I beträgt das Vielfache des Wertes beim natürlichen I. (Доклады Академии Наук СССР [Ber. Akad. Wiss. UdSSR] [N. S.] **92.** 633—35. 21/9. 1953. Melikischwili-Inst. für Chem. der Akad. der Wiss. der GrusSSR.) LEBTAG. 176

A. K. Ganguly, *Basenaustauschfähigkeit von Kieselsäure und Silicatmineralien.* (Vgl. C. **1951.** II. 2703.) Die Basenaustauschfähigkeit in bezug auf die Kristallchemie wird bei *Quarz, Silicagel, Kaolinit, Glimmer* u. *Montmorillonit* untersucht. Die Zunahme dieser Eig. bei gemahlenem Material hängt mit den verschied. akt. austauschfähigen Stellen in der Gitteroberfläche der Tonmineralien zusammen, was sich aus Messungen der Austauschkapazität bei Veränderungen der Versuchsbedingungen ergibt. Die Bindungsenergien werden mehr oder weniger von der Natur ebenso wie von dem Ort der Atome im Gitter bestimmt: H-Atome in OH-Gruppen, die an Li, Al u. Mg gebunden sind, zeigen abnehmende Säurestärke in genannter Reihenfolge der Atome, an die sie gebunden sind. Die relative Stellung dieser Atome im Gitterbau ist auch noch ausschlaggebend für die Haftfähigkeit der H-Ionen. (J. physic. Colloid Chem. **55.** 1417—28. Dez. 1951. Calcutta, India, Univ., Coll. of Sci. and Techn.) E. JÄGER. 176

A. K. Ganguly und **S. K. Mukherjee,** *Kationenaustauschverhalten von heteroionischen und homoionischen Tonen und Silicatmineralien.* (Vgl. vorst. Ref.) Vff. verfolgen den Austausch bei „*Heterobentoniten*" u. stellen dabei 2 verschied. am Austausch teilnehmende Kationen fest. Das zuerst ausgetauschte Kation wird stärker festgehalten als das nächste; bei einem 1wertigen Kation ist der Unterschied nicht bemerkenswert, wenn dieses nicht mehr als 30% des bin. Syst. ausmacht, für ein 2wertiges Kation beträgt dieses Verhältnis ca. 50%. Der Hystereseeffekt, der oft bei Austausch-Rkk. gefunden wird, wird auf schwach u. stark gebundene Kationenarten zurückgeführt, ebenso wie oft auftretende Besonderheiten der Austauscher. Austauschisothermen über einen großen Bereich der Elektrolytkonzz. von einer Anzahl Homogentone, aus Bentonit, *Glimmer* u. *Kaolinit* hergestellt, wurden aufgestellt, die durch gut definierte Maxima charakterisiert sind: Kaolinite haben 2, Glimmer u. Bentonite 3. Dies liegt in der verschied. Art der Bindungsenergien von den Austauschstellen begründet: nach der Kristallstruktur besitzen Kaolinite 2 austauschfähige Stellen, während Glimmer u. Bentonite 3 haben. Daraus folgt, daß die Basenaustauschformeln ungültig werden, was durch Anwendung der experimentellen Werte auf 2 von ihnen gezeigt wurde. (J. physic. Colloid Chem. **55.** 1429—46. Dez. 1951.) E. JÄGER. 176

D. Tollenaar, *Flüssigkeitsaustausch zwischen Papierporen.* Um die Erscheinungen bei der Papierchromatographie besser deuten zu können, führt Vf. eine Verteilungsfunktion $\varphi(r)$ für die Radien der Capillaren ein. Die Druckverhältnisse zwischen den Capillaren mit verschied. Radien werden quantitativ erfaßt. $\varphi(r)$ ist eine GAUSSsche Funktion von der Form $n_0 \exp[-\alpha (r - r_0)^2]$; die Konstanten ergeben sich für *Methan* zu $r_0 = 2{,}12 \cdot 10^{-4}$ cm, $\alpha = 1{,}55 \cdot 10^8$ u. $n_0 = 3{,}08 \cdot 10^{10}$. (Appl. sci. Res. A **3.** 451—61. 1953. Amsterdam, Res. Inst. for the graphic and allied Ind. T. N. O.)
KIRSCHSTEIN. 177

Chester T. O'Konski und **Henry C. Thacher jr.,** *Die Verzerrung von Aerosoltröpfchen durch ein elektrisches Feld.* Zur Best. der Verzerrung, die ein Aerosoltröpfchen in einem parallelen elektr. Feld erfährt, wird eine Gleichung abgeleitet, die sich für prakt. Fälle noch vereinfachen läßt u. mit deren Hilfe zahlenmäßige Werte für die Verzerrung von *Wasser-* u. *Dioctylphthalat*-Tröpfchen für verschied. Tropfengröße u. Feldstärke berechnet werden. Unabhängig von dem Unterschied in der DK. zwischen Tröpfchen u. seiner Umgebung wird das Tröpfchen in Richtung des (stat.) elektr. Feldes zu einem Rotationsellipsoid gestreckt. Für kleine Tröpfchen ($< 10\ \mu$) ist die Exzentrizität jedoch sehr gering. Die Theorie dieser Erscheinungen erlaubt Voraussagen über den Effekt der elektr. Doppelbrechung u. die Streuung der elektromagnet. Strahlung in Aerosolen. Auf weitere Anwendungen bei meteorolog. Unterss. u. bei sehr genauen Messungen der dynam. Oberflächenspannung wird hingewiesen. (J. physic. Chem. **57.** 955—58. Dez. 1953. Berkeley, Calif., Univ. of California, Dep. of Chem., u. Bloomington, Ind., Univ., Dep. of Chem.) HENTSCHEL. 180

A₆. Strukturforschung.

J. M. Cowley und **A. L. G. Rees,** *Die Konstruktion einer hochauflösenden Elektronenbeugungskamera.* Beschreibung einer Elektronenbeugungskamera. Diskussion der zur Erzielung eines hohen Auflösungsvermögens erforderlichen Eigenschaften. Während für die Aufnahme scharfer Beugungsringe vor allem eine sehr kleine Ausdehnung der Strahlquelle (ca. 1 μ) gefordert werden muß, ist zur Beobachtung der Feinstruktur einzelner Reflexe außerdem noch eine sehr kleine Bestrahlungsapertur notwendig (10^{-4}). Außer diesen Eigg. des Strahlerzeugers werden auch die an die Leistung des übrigen Instruments zu stellenden Forderungen (Konstanz von Beschleunigungsspannung u. Linsenströmen, Vakuum, Zentrierung, Auflösungsvermögen der Photoplatte, mechan. Stabilität, Abschirmung störender Streufelder) diskutiert. (J. sci. Instruments **30.** 33—38. Febr. 1953. Melbourne, Commonwealth Sci. and Ind. Res. Organizat., Div. of Ind. Chem., Chem. Phys. Sect.) LENZ. 181

H. Bethge, *Konstruktive Besonderheiten eines elektrostatischen Laboratoriummikroskopes.* Die Objektverstellung u. Stereokippung geschieht ohne Vakuumdurchführungen. Die Objektpatrone ist zwischen zwei vakuumdichten Tombakfederkörpern angebracht. Die Glühkathode des Strahlerzeugers kann während des Betriebes axial verschoben u. zentriert werden, was ebenfalls ohne Vakuumdurchführungen durch einen Tombakfederkörper erreicht wird. (Optik **10.** 137—42. 1953. Halle, Univ., Inst. für exp. Physik.) LENZ. 181

W. Lippert und **W. Pohlit,** *Zur Kenntnis der elektronenoptischen Eigenschaften elektrostatischer Linsen.* 2. Mitt. (1. vgl. C. **1953.** 7243.) Erweiterung der Unterss. von Einzellinsen auf den Öffnungsfehler u. die Farbabhängigkeit der paraxialen Kenngrößen elektrostat. Elektronenlinsen. (Optik **10.** 447—54. 1953. Frankfurt/M., Max-Planck-Inst. für Biophysik.) LENZ. 181

L. Leisegang, *Zum Astigmatismus von Elektronenlinsen.* Durch die Ausmessung der Kaustikfläche einer Elektronenlinse kann der axiale Astigmatismus derselben bestimmt werden. In einem Elektronenmikroskop werden im nahezu teleskop. Strahlengang Kaustikquerschnitte bei zwei- u. dreizähliger Asymmetrie aufgenommen u. mit den Theorien von GLASER u. REGENSTREIF verglichen. Die Anwendung auf die Prüfung der Wirkungsweise eines Stigmators wird diskutiert. (Optik **10.** 5—14. 1953. Berlin, Siemens & Halske AG., Abt. Elektronenoptik.) LENZ. 181

B. v. Borries, F. Lenz und **G. Opfer,** *Über die Remanenz in Weicheisenkreisen magnetischer Elektronenlinsen.* Für magnet. Polschuhlinsen stimmen die berechneten Brennweiten nicht mit den gemessenen überein, weil die der Amperewindungszahl entsprechende magnet. Spannung nicht ganz am Linsenspalt liegt, sondern zum Teil im Weicheisenmantel verlorengeht. Dieser Spannungsabfall im Eisenkreis ist stark von der magnet. Vorgeschichte abhängig, welche bes. bei geringen Linsenstärken die Linsenbrennweite u. damit die Vergrößerung relativ stark beeinflußt. (Optik **10.** 132—36. 1953. Düsseldorf, Rheinisch-Westfälisches Inst. für Übermikroskopie.)
LENZ. 181

Wilhelm Scheffels, Max Hahn und **Friedrich Lenz,** *Eine Methode zur direkten Ausmessung der Kaustikflächen von Elektronenlinsen.* Eine elektronenmkr. Objektfolie wird so in die Nähe der hinteren Brennebene einer Elektronenlinse gebracht, daß sie von der Hüllfläche der ausfallenden Elektronenstrahlen (der Kaustik) durchsetzt wird. Kohlenstoffverunreinigungen, welche sich bevorzugt an den Stellen hoher Strahlungsintensität niederschlagen, zeichnen dann das Bild des Kaustikquerschnitts deutlich auf der Folie ab. Aus solchen Bildern können die Werte der für das Auflösungsvermögen der Linse (Öffnungsfehler Astigmatismus) maßgebenden Bildfehlerkoeffizienten entnommen werden. (Optik **10.** 455—58. 1953. Düsseldorf, Rhein.-Westfäl. Inst. für Übermikroskopie.) Lenz. 181

G. Möllenstedt und **H. Düker,** *Emissionsmikroskopische Oberflächenabbildung mit Elektronen, die durch schrägen Ionenbeschuß ausgelöst wurden.* Beschreibung eines neuen Verf. zur unmittelbaren Abb. von Metalloberflächen mit von Ionen ausgelösten Elektronen. Die Ionen werden in einem besonderen Entladungsrohr erzeugt u. unter einem Winkel von 30° auf die abzubildende Oberfläche geschossen, welche als Kathode eines Immersionsobjektivs dient. Zur Verbesserung des Auflösungsvermögens (einige Zehntel μ) wird im Objektivbrennpunkt eine feine Blende angeordnet. (Optik **10.** 192—205. 1953. Mosbach, Süddeutsche Laborr., u. Tübingen, Univ., Physikal. Inst.) Lenz. 181

L. Wegmann, *Objektveränderungen und Beleuchtungssystem im Elektronenmikroskop.* Die Energiedichte, welche vom Einschalten des Strahls bis zur photograph. Aufnahme durch ein elektronenmkr. Objekt auftritt, beträgt beim üblichen Mikroskopieren mindestens 10 kWs/cm². Dies ist im Hinblick auf die Objektbelastung oft schon zu viel. Man kann dadurch, daß man das Scharfstellen nicht an der aufzunehmenden, sondern einer benachbarten Stelle vornimmt u. dann unmittelbar vor der Aufnahme die Objektverstellung betätigt, ohne neu scharfzustellen, mit 2 kWs/cm² auskommen, wenn man mit einem Strahlerzeuger arbeitet, der nur einen sehr kleinen Objektbereich ausleuchtet. An Bildern von metallbedampfter Cellulose werden die Objektveränderungen unter dem Elektronenstrahl demonstriert. (Optik **10.** 44—59. 1953. Zürich, Labor. für Elektronengeräte der Fa. Trüb, Täuber & Co.) Lenz. 181

A. E. Ennos, *Der Ursprung der Objektverunreinigung im Elektronenmikroskop.* Experimentelle Unters. der C-Verunreinigungen, welche sich auf elektronenmkr. Objekten unter dem Elektronenbeschuß niederschlagen. Die Verunreinigungen bilden sich dadurch, daß organ. Moll., die an den von Elektronen getroffenen Oberflächen adsorbiert sind, dort von den Elektronen zerschlagen werden. Diese Verunreinigungen können durch Erhitzen der bombardierten Fläche oder durch Kühlung ihrer Umgebung vermieden werden. (Brit. J. appl. Physics **4.** 101—06. April 1953. Aldermaston, Berks., AEI Ltd., Res. Labor.) Lenz. 181

H. Westermann und **G. Pfefferkorn,** *Ausgedehnte Interferenzschlieren auf elektronenmikroskopischen Bildern organischer Substanzen.* Elektronenmkr. Bilder aufgetrockneter elektrolythaltiger Eiweißstoffe (z. B. Rinderserumalbumin, Edestin oder Clupein) zeigen Interferenzschlieren der bei anorgan. Einkristallen bekannten Art. Da bei höherer Vergrößerung zu sehen ist, daß sich die Reflexbänder aus vielen Einzelreflexen mosaikartig zusammensetzen u. daß das zugehörige Beugungsdiagramm neben schwachen Pulverringen des Elektrolyten ein starkes Punktdiagramm zeigt, wird geschlossen, daß das Präp. eine große Zahl feiner durchstrahlbarer Salzkriställchen gemeinsamer Orientierung enthält. (Optik **10.** 60—63. 1953. Münster/Westf., Univ., Hyg.-Inst., Staatsinst. für Staublungenforschung u. Gewerbehyg.) Lenz. 181

T. H. Rogers, *Erzeugung monochromatischer Röntgenstrahlung für die Mikroradiographie durch Anregung charakteristischer Fluorescenzstrahlung.* Eingangs wird auf die Bedeutung der Verwendung der monochromat. Fluorescenzröntgenstrahlung bei der histochem. u. mikrochem. Analyse mittels Röntgenstrahlabsorptionsspektroskopie hingewiesen, die bes. durch die neu entwickelten Be-Fensterröntgenstrahlröhren mit großer Primärenergie gefördert worden ist. Mit Hilfe einer besonderen Anordnung zur Erzeugung von Fluorescenzstrahlung wird die Intensität der Sekundärstrahlung verschied. Materialien (*Mo, Zr, Cu, Fe, Cr, Ti*) als Funktion der Spannung der Erregerröhre, die mit den Antikathodenmaterialien W, Mo, Cu, Cr u. Fe arbeitete, gemessen u. der Grad der monochromat. Reinheit der Fluorescenzstrahlung bes. beim Ti geprüft. Es ergibt sich, daß eine erheblich größere Reinheit bei der Fluorescenzmeth. erreicht wird als bei der Direktstrahlung u. daß die erreichbaren Intensitäten für mikroradiograph. Zwecke ausreichend sind. (J. appl. Physics **23.** 881—87. Aug. 1952. Springdale, Conn., Machlett Labor., Inc.) Rudolph. 181

E. Votava, *Orientierte Aufwachsung von Platin auf Muskovit.* Auf Muskovitspaltflächen wuchs Pt nach (1 1 1) orientiert auf. Die Abweichung der aufeinanderliegenden

Gitterabstände beträgt 6%. Die Orientierung der hexagonalen Pt-Kriställchen auf dem Glimmer ist nicht überall die gleiche, vermutlich weil dieser aus leicht gegeneinander gedrehten Bereichen aufgebaut ist. (Naturwissenschaften **40.** 290—91. Mai 1953. Gent, Belgien, Univ., Geol. Inst., Labor. voor Kristallografie.) H. C. WOLF. 190

Tunezô Saitô und **Yasuji Kawai,** *Diffusion von Schwefel in geschmolzene $CaO-SiO_2-Al_2O_3$-Schlacke.* Zur Kinetik der Entschwefelung des Fe durch Schlacke wurde die Diffusion von S in geschmolzene $CaO-SiO_2-Al_2O_3$-Schlacke mit Hilfe von radioakt. ^{35}S bestimmt. Der Diffusionskoeff. D in geschmolzener, bas. Schlacke wurde zu $D = 1,4 \cdot \exp(-49000/RT)$ bestimmt. Bei 1440° war der D in saurer Schlacke fast gleich dem der bas., während bei höheren Tempp. Gasbldg. durch die Rk. $SiO_2 + 2\,C = Si + 2\,CO$ eintrat u. daher eine Messung nicht mehr möglich war. (Sci. Rep. Res. Inst. Tôhoku Univ., Ser. A **5.** 460—68. Aug. 1953. Res. Inst. of Mineral Dressing and Metallurgy. [Orig.: engl.]) K. SEIDEL. 190

H. Junghanss und **H. Staude,** *Dichten und Fehlordnung bei Bromsilbereinkristallen mit Zusätzen.* Mit Hilfe von Dichtemessungen an völlig durchsichtigen AgBr-Kristallen, die bis zu 10^{-4} Geh. an *Cd* besitzen, wird nachgewiesen, daß SCHOTTKYsche Fehlordnung vorhanden ist. Danach entsteht für jedes eingebaute Cd^{2+} eine Lücke im Kationengitter, während das Anionengitter völlig erhalten bleibt. (Z. Elektrochem., Ber. Bunsenges. physik. Chem. **57.** 391—93. 1953. Leipzig, Univ., Phys.-Chem. Inst.) HEINSOHN. 195

V. Luzzati, *Kristallstruktur der Salpetersäure mit einem Molekül Wasser.* (Vgl. C. **1953.** 6205.) $HNO_3 \cdot H_2O$ (F. — 37,7°) krist. in rhomb. Nadeln, Raumgruppe C_{2v}^9 — P n a. Die Elementarzelle enthält 4 Moll.; ihre Dimensionen sind: a = 5,44; b = 8,69; c = 6,31 Å. Die Struktur wird aus Projektionen der Elektronendichte bestimmt. Das Mol. HNO_3 ist eben, pseudohexagonal; die HNO_3-Moll. sind in pseudohexagonaler Anordnung über den O des H_2O durch H-Bindung verknüpft; man hat ein gewelltes zweidimensionales Gebilde, das senkrecht zur kristallograph. c-Achse angeordnet ist. (Acta crystallogr. [London] **4.** 239—44. Mai 1951. Paris, Serv. Chim. de l'Etat, Labor. Central.) W. FABER. 195

J. V. Smith, *Einkristallmessungen an Paracelsian.* Die Zelldimensionen u. Raumgruppe von Paracelsian wurden bestimmt u. mit denen von *Topas* u. *Danburit* verglichen. Es ergibt sich eine nahe Verwandtschaft mit letzterem, so daß die Struktur des Paracelsian der des Danburit ähnlich erscheint mit Ersatz von Ca durch Ba u. B durch Al. Die Unterschiede in den Gitterkonstanten entsprechen den verschied. Ionenradien. Gitterkonstanten des Paracelsian: a = 9,58, b = 9,08, c = 8,58 Å, Raumgruppe P b n m (pseudo), Z = 4. (Amer. J. Sci. **1952.** Bowen Vol., Part 2. 513—15. Washington, D. C., Carnegie Inst., Geophysical Labor.) HILLER. 195

I. R. Beattie, *Struktur von Chabasitformen nach Ionenaustausch.* Vf. diskutiert die von WYART (Bull. Soc. franç. Minéralog. **56.** [1933.] 81) vorgeschlagene Struktur für Chabasit mit Ca^{2+} im Gitter. Aus der Diskussion ergibt sich, daß die 4 einwertigen Ionen in der Elementarzelle sich offenbar in 4 der 6 Gitterpunkte (0,25; 0,25; 0,75) befinden können, ohne daß eine „Defektstruktur" resultiert. Bei Ersatz der einwertigen durch zweiwertige Ionen ist es möglich, daß gewisse Verschiebungen im Gitter vor sich gehen. In komplexen Strukturen dieses Typs sind allg. nach Ansicht des Vf. COULOMBsche Kation–Kation-Abstoßungskräfte von großer Bedeutung für die Festlegung der Gleichgewichtslagen im Gitter. (Nature [London] **172.** 999—1000. 28/11. 1953. Sheffield, Univ., Chem. Dep.) R. STEIN. 195

Félix Bertaut, *Die elektrostatische Energie von Gittern mit Leerstellen. Anwendung auf Pyrrhotin Fe_7S_8.* Vf. zeigt, daß in einem Gitter mit Leerstellen eine geordnete Anordnung der Leerstellen das Gitter nicht nur stabilisieren kann, sondern daß hierbei auch, wie an einem konkreten Beispiel gezeigt wird, sehr große Stabilisierungsenergien auftreten, die größenordnungsmäßig 500—1000mal größer sind als die bekannten Energien der Umwandlungen geordnet–regellos. In einem Gitter wie $Fe_{1-\varepsilon}X$ (X = O, S, Se, Te) entspricht ein Paar Fe^{3+}-Ionen jeder Leerstelle L, was durch die folgende Gleichung dargestellt wird: $L_\varepsilon Fe_{2\varepsilon}{}^{3+}Fe_{1-3\varepsilon}{}^{2+}X^{2-} = Fe_{1-\varepsilon}X$. Im vollkommen regellosen Zustand trägt jede Punktlage eines Kations im Mittel 2 positive Ladungen. Auftreten einer Leerstelle u. ein Paar dreiwertige Ionen in Punktlagen, die 2 positive Ladungen besitzen, bedingt ein Heranschaffen zweier negativer Ladungen aus dem Unendlichen auf die Plätze der Leerstellen u. eine positive Ladung auf jede der Fe^{3+}-Punktlagen. Der Überschuß der Ordnungsenergie über die Energie der regellosen Verteilung, d. h. die Stabilisierungsenergie ist dann gleich der eines fiktiven Gitters, in dem die Leerstellen 2 negative Ladungen u. die Punktlagen des Fe^{3+} eine positive Ladung tragen. Hieraus kann geschlossen werden, daß die Leerstellen die Tendenz haben, zwischen sich selbst einen möglichst großen Abstand zu haben u. sich in möglichst kleinem Abstand mit

Fe^{3+} zu umgeben, was röntgenograph. auch für Pyrrhotin nachgewiesen werden konnte. Die weiteren Betrachtungen führten zu dem Ergebnis, daß in den Strukturen mit Leerstellen, wie Pyrrhotin, γ-Fe_2O_3, γ-Al_2O_3, die Leerstellen im allg. geordnet sind. Die Tatsache, daß dies röntgenograph. bisher noch nicht nachgewiesen werden konnte, beruht darauf, daß die Reflexionen, die von der Überstruktur der Leerstellen herrühren, zu schwach auf den Diagrammen sind. (J. Physique Radium **13**. 372—73. Juni 1952. Grenoble, Inst. Fourier, Labor. d'Électrostat. et de la Phys. du Métal.) GOTTFRIED. 195

D. B. Langmuir, *Eine Deutung der Erscheinung des Ätzens mit Gleichstrom („DC etch“).* (Sitzungsbericht.) Beim Erhitzen eines 0,001 in. dicken *Ta*-Streifens mit Gleichstrom wird eine Seite nur an passend orientierten Kristallkörnern „geätzt“ (Verstärkung schwacher, von vornherein vorhandener Fehlstellen), u. zwar an der positiven Seite die (2 1 1)-Flächen, an der negativen dagegen die (1 0 0)-, (3 1 0)- u. (1 1 0)-Flächen. Die gleiche Erscheinung wird durch einen Temperaturgradienten im Ta erzeugt, wobei die höhere Temp. der positiven Seite entspricht. Der Verstärkung der Fehlstellen wirkt ein Abbau derselben durch Oberflächenspannungseffekte entgegen. (Physic. Rev. [2] **91**. 447—48. 15/7. 1953. Atomic Energy of Canada Ltd.) FUCHS. 196

Paul Russell, *Eine Untersuchung aufgedampfter BaO-Filme durch Elektronenbeugung.* (Sitzungsbericht.) In einer abgeschmolzenen Röhre mit weniger als 10^{-8} mm Hg fällt ein Elektronenstrahl streifend auf eine hochglanzpolierte, heizbare Ni-Elektrode, auf die das BaO aufgedampft wird. Die Beugungsbilder ergeben eine wesentliche Vorz ugsorientierung für die ersten Molekülschichtdicken bei 800° K; bei 1200° K ändern sich die Beugungsbilder bei gleichzeitiger erheblicher Red. der therm. Emission. Bei dickeren Schichten verschwindet die Vorzugsorientierung. (Physic. Rev. [2] **85**. 705. 15/2. 1952; Bull. Amer. physic. Soc. **26**. Nr. 6. 9. 24/10. 1951. Univ. of Missouri.) PIEPLOW. 196

Noboru Takahashi, *Über die Struktur von Kupferfilmen, die elektrolytisch auf elektrolytisch polierten Einkristallen von β-Messing abgeschieden wurden.* Dünne Cu-Filme wurden elektrolyt. auf einer Einkristallfläche von elektrolyt. poliertem β-Messing (Ms) abgeschieden u. mit Elektronenbeugung untersucht. Die ca. 30 Å dicken Cu-Schichten waren orientiert mit (1 1 1) Cu parallel (1 1 0) β-Ms u. [1 1 0] Cu parallel [1 1 1] β-Ms. In sehr dünnen Schichten wächst Cu auch hexagonal auf, mit $a = 2{,}55$ Å, $c/a = 1{,}63$, (0 0 0 1) Cu parallel (1 1 0) β-Ms u. [1 1 $\bar{2}$ 0] Cu parallel [1 1 1] β-Ms. (C. R. hebd. Séances Acad. Sci. **234**. 1619—21. 16/4. 1952.) H. C. WOLF. 196

P. Conjeaud, *Elektronenbeugungsuntersuchung der Entwicklung von dünnen Schichten von Antimon, Arsen und Wismut.* Inhaltlich ident. mit der C. **1953**. 8793 referierten Arbeit. (J. Physique Radium **14**. 18 S—19 S. Mai 1953. Bellevue, Seine-et-Oise, Centre Nat. Rech. sci., Labor. de Rayons X.) LENZ. 196

K. Schubert und **M. Kluge,** *Über den Bindungszustand bei Fe_2Al_5 und $MnAl_6$.* In Weiterverfolgung der Unterss. von SCHUBERT (vgl. hierzu C. **1954**. 3641 u. 3878) über die Ortskorrelation der Elektronen in Gittern intermetall. Phasen stellen Vff. zunächst fest, daß die Verb. Fe_2Al_5 mit der $CuAl_2$-Phase deutlich verwandt ist. Die aus Analogiegründen zu fordernde Zahl der Elektronenplätze von 72 pro Zelle ist im Fe_2Al_5 auf 64 red. (Fe 8 u. Al 3 Elektronen), da 8 Plätze von Al-Atomen zugedeckt werden, so daß wiederum eine vollständige Besetzung der verfügbaren Elektronenplätze resultiert. Die Elektronenebenen liegen senkrecht zur c-Achse derart, daß ein Fe-Atom 6 u. ein Al-Atom 8 + 4 nächste Elektronenplätze erhält. Auch die dem Fe_2Al_5 homöotype Phase $MnAl_6$ kann auf diese Weise gedeutet werden. (Z. Naturforsch. **8a**. 755—56. Nov. 1953. Stuttgart, Max-Planck-Inst. für Metallforsch.) HEUMANN. 197

Ernst Jenckel, *Zur Verwendung von Modellen für das plastisch-elastische Verhalten.* Das plast.-elast. Verh. der Stoffe bei mechan. Beanspruchung wird übersichtlicher, wenn Modellvorstellungen der Anschauung zu Hilfe kommen. Bauelemente der Modelle sind Federn, deren Direktionskräfte bzw. Schubmoduli das elast. Verh. bestimmen, u. in einem Zylinder mit Reibung gleitende Kolben, die den viscosen Anteil verkörpern u. die Relaxationszeit bzw. Viscosität zur Anschauung bringen. Federn u. Kolben können hintereinander zum MAXWELLschen Modell geschaltet werden oder parallel zum VOIGTschen Modell. Nur durch Kombination mehrerer Einzelmodelle kann das wirkliche Verh. der Stoffe wiedergegeben werden. Vf. untersucht die einfachen u. doppelten Modelle nach MAXWELL u. VOIGT für einige ausgewählte Versuchsbedingungen, nämlich für den Entspannungsvers. (konstante Verformung), den Verformungsvers. (konstante Spannung), für die Dämpfung freier Schwingungen u. die Verlustarbeit erzwungener Schwingungen unter Herleitung der entsprechenden Gleichungssysteme u. Berücksichtigung spezieller Fälle (z. B. eineinhalbfacher

MAXWELL). Auch höhere Modelle werden diskutiert u. bzgl. ihrer Brauchbarkeit untersucht. Experimentelle Ergebnisse werden dadurch ausgewertet, daß man die beobachteten Kurven mit den aus entsprechenden Modellen erhaltenen Kurven vergleicht. Die bei konstanter Temp. erhaltenen Kurven erscheinen geeignet, die Verschmierung von Relaxationszeiten festzustellen. Aus der Unters. bei verschied. Tempp. erhält man Angaben darüber, wieviel Bindungsmechanismen im Material vorliegen, d. h. von welchem Typ das zugrundeliegende Modell sein muß. Die MAXWELLschen Modelle scheinen im allg. das plast.-elast. Verh. in umfassenderer Weise wiederzugeben als die VOIGTschen Modelle. (Kolloid-Z. **134.** 47—59. Dez. 1953. Aachen, TH, Inst. für theoret. Hüttenkunde u. physikal. Chem.) PETER. 200

P. Marck und **L. Taurel,** *Versuch einer molekularen Erklärung der elastooptischen Eigenschaften von Natriumchlorid.* Es wird die Änderung der Polarisierbarkeit der Ionen in einem NaCl-Kristall errechnet, wenn der Kristall eine stat. Deformation erfährt. Gerechnet wird mit den elastoopt. Konstanten von POCKELS, einmal bei einer Deformation, die die kub. Symmetrie erhält, dann bei einer Dilatation in einer Richtung. (J. Physique Radium **14.** 8—13. Jan. 1953. Nancy, Fac. des Sci., Centre d'Études crist.) H. C. WOLF. 200

A₇. Gleichgewichte. Kinetik.

Walter Wittenberger, *Graphische Ermittlung von Näherungswerten der Eutektika von Isomerengemischen.* Vf. beschreibt ein Diagramm, mit dessen Hilfe Schmelzkurven bin. u. tern. Gemische festgelegt werden können, u. zwar von Stoffpaaren mit einfachem Eutektikum. Auf der Ordinate wird die Temp., auf der Abszisse der log der Mol-% u. eine kcal-Skala aufgetragen. (Chemiker-Ztg. **77.** 536—37. 20/8. 1953. Offenbach.) MOSLÉ. 221

Cecil E. Vanderzee und **Harold J. Dawson jr.,** *Die Stabilitätskonstanten von Cadmiumchloridkomplexen. Abhängigkeit von der Temperatur und der Ionenstärke.* Vff. bestimmten potentiometr. die Gleichgewichtskonstanten (K_n) für das Gleichgewicht $Cd^{2+} + n\,Cl^- \rightleftharpoons CdCl_n^{+2-n}$ ($n = 1, 2, 3, 4$) (Gleichung 1) in Abhängigkeit von der Temp. u. der Ionenstärke (μ). Bei 0° ändert sich beim Übergang von $\mu = 1$ auf $\mu = 3$ K_1 von 23 auf 35,4, K_2 von 58 auf 151 u. K_3 von 19 auf 150. Unterss. bei 0, 25 u. 45° ergaben mit steigender Temp. auch einen Anstieg von K_n. Bei $\mu = 1$ u. 0° ist $K_1 = 23$, $K_2 = 58$, $K_3 = 19$, bei 45° ist $K_1 = 24{,}2$, $K_2 = 65$ u. $K_3 = 40$. Die der Bldg. von $CdCl_4^{2-}$ entsprechende Konstante konnte auf Grund der zur Komplexbldg. notwendigen hohen Cl^--Konz. nicht mehr sicher erhalten werden. In Ggw. von NO_3^- muß bei den gefundenen K_n-Werten die Gleichgewichtskonstante K' für die Rk. $Cd^{2+} + NO_3^- \rightleftharpoons CdNO_3^+$ berücksichtigt werden. Für K' wurde der Wert $0{,}7 \pm 0{,}3$ durch Vgl. mit anderen Messungen erhalten. Die Bldg. der Komplexe nach Gleichung 1 erfolgt endotherm. ΔH steigt in der Reihenfolge der Komplexe mit $n = 1, 2, 3$ ($\mu = 0$ u. 25°) von 600 ± 50, 1200 ± 600 auf 3850 ± 600 an. Mit steigendem μ verringert sich ΔH u. nimmt im Falle der $CdCl^+$-Bldg. sogar einen negativen Wert, —45 bei $\mu = 3$, an. Die ΔS-Werte fallen mit steigendem μ ($\mu = 0$ auf 1) stark, bleiben etwa gleich von $\mu = 1—2$ u. steigen dann beim Übergang auf $\mu = 3$ wieder schwach an. (J. Amer. chem. Soc. **75.** 5659—63. 20/11. 1953. Lincoln, Nebr., Univ. of Nebraska, Avery Labor. of Chem.) PLUST. 223

P. A. Laurent und **M. J. Duhamel,** *Beitrag zur Untersuchung der Entmischungsisothermen bestimmter ternärer Systeme.* Bestimmt werden die Entmischungsisothermen bei 25° folgender Systeme: *NaOH* (**I**)-*W.* (**II**)-*Pyridin* (**III**); **I-II**-*Dioxan* (**IV**); **I-II**-*Aceton* (**V**); *KOH* (**VI**)-**II-III**; **VI-II-IV**; **VI-II-V**; *LiOH* (**VII**)-**II-III**; **VII-II-IV**; **VII-II-V**. Die Ergebnisse sind zum Teil unerwartet u. können vorläufig nicht erklärt werden. (Bull. Soc. chim. France, Mém. [5] **20.** 157—61. Febr. 1953. Hanoi, Univ., Labor. de Chim. et de Math.). v. SCHIESZL. 224

M. J. Duhamel und **P. A. Laurent,** *Untersuchung eines einfachen Gesetzes, welches linear die Isothermen bestimmter ternärer Entmischungssysteme darstellt (mit einer Anwendung auf die Prüfung von χ^2).* Die Entmischungsisothermen der in vorst. Ref. untersuchten Systeme können durch eine Gerade wiedergegeben werden, deren Neigung nur von der Natur des Alkaliatoms abhängt u. nicht von dem organ. Lösungsmittel. Das Prod. aus Neigung u. Löslichkeit (in Mol/100 g gesätt. Lsg.) ist eine Konstante, die unabhängig von der Natur des Alkalis u. der des Lösungsm. ist. Bei den Unterss. werden 7 von FRANKFORTER [1915] gemessene Systeme mit einbezogen (außer den Alkalien KF, Na_2CO_3 u. K_2CO_3, außer den genannten Lösungsmitteln *Propyl-*, *Isopropyl-* u. *Allylalkohol*). Die Fehler der Meth. werden mathemat. genauer untersucht. (Bull. Soc. chim. France, Mém. [5] **20.** 162—67. Febr. 1953.) v. SCHIESZL. 224

F. Goodridge, *Kinetische Untersuchungen an Gas–Flüssigkeits-Systemen.* 1. Mitt. *Eine Diaphragmamethode zur Verfolgung anfänglicher Absorptionsgeschwindigkeiten.* Beim freien Fall eines Flüssigkeitstropfens durch eine stat. Gasatmosphäre treten als Folge der Absorption Druckänderungen in der Größenordnung von 10^{-1} mm Hg auf bei Berührungszeiten der beiden Phasen von weniger als 0,3 Sekunden. Vf. beschreibt eine Meßanordnung, die die Messung von Druckänderungen von 10^{-3} mm Hg in 10^{-2} Sek. mit hoher Genauigkeit u. Reproduzierbarkeit ermöglicht. Das Prinzip dieser Anordnung ist die Änderung der Kapazität einer empfindlichen Membran (als Folge der Druckänderungen). Die durch die Bewegungen der Membran modulierte Spannung eines 4 MHz-Oscillators wird nach Gleichrichtung verstärkt u. auf die Vertikalplatten einer Kathodenstrahlröhre gegeben; die Horizontalplatten erhalten eine geeignete Zeitablenkung. Mit dieser Anordnung wurde das Syst. konz. 2-Aminoäthylalkohol–CO_2 untersucht. Die Best. der absorbierten Mengen erfolgte mit einer durchschnittlichen Genauigkeit von 9%. Vf. erläutert den Einfl. der folgenden Fehlermöglichkeiten: a) verschied. Oberflächenentw. des Tropfens; b) vorhergehende Absorption am Tropfen u. c) Absorptionswärme. Unter Berücksichtigung dieser Faktoren ergibt sich ein systemat. Fehler dieser Meßanordnung von 11%. Die experimentellen Ergebnisse werden auf der Grundlage von Diffusionsvorgängen unter Vernachlässigung von Konvektionsströmen diskutiert. (Trans. Faraday Soc. **49.** 1324—32. Nov. 1953. Middlesbrough, Constantine Techn. Coll., Dep. of Sci. and Metallurgy.) WOELK. 224

Georg-Maria Schwab und **Konstantin Polydoropoulos,** *Zur Alkalifällung von Schwermetallgemischen.* Vff. verfolgen potentiometr. die Fällung von m/10 Lsgg. verschied. Schwermetallsalze mit n/10 NaOH. Die Unterss. wurden durchgeführt, um Aufschluß über die Herst. u. Zus. von geeigneten Mischkatalysatoren zu erhalten. — 5—10 ml der Metallsalzlsg. wurden mit 200 ml W. verd., mit NaOH-Lsg. titriert u. der p_H-Wert kontinuierlich aufgenommen. Der p_H-Wert u. die Löslichkeitsprodd. folgender Salze werden mitgeteilt: $ZnSO_4$: 7,3; $4 \cdot 10^{-17}$, $NiSO_4$ u. $Ni(NO_3)_2$: 8,4; 10^{-14}, $NiCl_2$: 8,25; $0,4 \cdot 10^{-14}$ (punktweise aufgenommen 7,75; $3 \cdot 10^{-16}$), $Cu(NO_3)_2$: 6,4; 10^{-18}. Bei der Titration von $KCr(SO_4)_2$-Lsgg. konnte die Hydrolyse $Cr^{3+} \rightarrow [Cr(OH)]^{2+} \rightarrow [Cr(OH)_2]^+ \rightarrow Cr(OH)_3$ verfolgt werden. Bas. Cu-Salze konnten neben dem Hydroxyd aus $Cu(NO_3)_2 + H_2SO_4$ bzw. aus $CuSO_4$-Lsgg. als $Cu_4(OH)_6SO_4 \cdot x\,H_2O$ bzw. aus $Cu(NO_3)_2$-haltigen Lsgg. mit Nitratüberschuß als $Cu_2(OH)_3NO_3 \cdot x\,H_2O$ erhalten werden. Die Bldg. eines $Cu_2(OH)_3Cl \cdot x\,H_2O$ kann nur durch längeres Stehen der Lsgg. erreicht werden. Ebenfalls konnten aus $>4,8 \cdot 10^{-3}$ mol. Zn-Salzlsgg. bas. Zn-Salze erhalten u. zwischen 2,5 u. 0,25 mol. Ni^{2+}-Lsgg. bas. Ni-Salze mit Hydroxyd gefällt werden. Unterss. von Lsgg., die mehr als 1 Schwermetall enthielten, ergaben: Aus Lsgg., die ein Zn : Cr-Verhältnis $<1,5$ aufweisen, fallen die Hydroxyde gemeinsam in atomarer Verteilung aus. Das gleiche gilt für Ni^{2+}–Cr^{3+}–OH^-. Im Syst. Ni^{2+}–Cu^{2+}–NO_3^-–OH^- bildet sich bei p_H 6,1—6,8 ein Ni-haltiges $Cu(OH)_2$ u. ab $p_H > 8$ reines $Ni(OH)_2$. Das $Ni(OH)_2$ wird anscheinend in das $Cu(OH)_2$-Gitter eingebaut. Bei der Fällung der Sulfate werden bei p_H 5,5 bas. Cu-Sulfate u. bei p_H 6,3 $Ni(OH)_2$ erhalten. Das bas. Cu-Sulfat baut kein Ni ein. Die Alterung der Cu–Ni–OH-Ndd. wird untersucht. Im Syst. Fe^{3+}–Cu^{2+}–OH^- fällt bei p_H 3,2—3,3 $Fe(OH)_3$ aus u. bei 6,4 $Cu(OH)_2$. Tabellar. werden die Löslichkeitsprodd. u. der p_H der halben Ausfällung aus $2,5 \cdot 10^{-3}$ mol. Lsgg. der untersuchten Salz- u. Salzgemischlsgg. mitgeteilt. (Z. anorg. allg. Chem. **274.** 234—49. Dez. 1953. Athen, TH, Labor. für physikal. Chem.; München, Univ., Physikal.-chem. Inst.) MOSLÉ. 224

Gabriel Valensi, *Versuch einer Koordinierung der Methoden zur Deutung der Reaktionen vom Typ A fest + B Gas → C fest.* Zusammenstellung der bisher gegebenen Theorien u. Vers. einer Zusammenfassung. — 44 Literaturzitate. (J. Chim. physique Physico-Chim. biol. **47.** 489—505. Mai/Juni 1950. Poitiers, Fac. des Sci., Labor. de Chim. Min.) M. SCHENK. 225

J. E. Verschaffelt, *Über die durch Molekülumwandlung zerstreute Energie.* Allg. Überlegungen über Reaktionsgeschwindigkeiten u. Wärmetönungen, wobei die Rkk. zwischen O_2 u. O_3 sowie zwischen C u. O_2 als Beispiele angeführt werden. (Bull. Cl. Sci., Acad. roy. Belgique [5] **39.** 463—73. 1953.) KIRSCHSTEIN. 225

E. G. Adams und **N. T. Simmons,** *Einfluß einiger Verunreinigungen, besonders von Kalium, auf die Reaktivität von Jodpentoxyd gegen Kohlenmonoxyd.* Die Reaktivität von J_2O_5 gegenüber CO wird durch Verunreinigung mit K stark herabgesetzt, wobei KJO_3 bzw. KJO_4 „Analar" die Reaktivität sofort beträchtlich herabsetzen, während durch Zusatz von frisch bereitetem KJO_3 die Reaktivität des J_2O_5 erst nach gewisser Zeit absinkt. Zusätze von $NaJO_3$ u. $Ba(JO_3)_2$ bewirken auch nach Wochen keine Verminderung der Reaktivität. (Nature [London] **172.** 1104—05. 12/12. 1953. Hengoed Glam, Ystrad Mynach, Nat. Coal Board, Sci. Dep., South-Western Div.) M. SCHENK. 225

O. Glemser und **G. Butenuth,** *Veränderungen von Kaliumpermanganat im Elektroneustrahl im Vergleich zur thermischen Zersetzung.* Eine auf eine V 4 A-Platte präparierte $KMnO_4$-Schicht wurde in der Bildebene eines Elektronenmikroskops mit Elektronen von 5—6 kV Strahlspannung beschossen. In Bereichen verschied. Strahlintensität wurden verschied. Zersetzungsprodd. nachgewiesen, u. zwarin der Mitte der Platte (höchste Intensität) K_2MnO_4 u. MnO_2, weiter außen K_3MnO_4 u. MnO_2 u. ganz außen das unveränderte $KMnO_4$. Da sich die Schicht unter dem Elektronenbeschuß nicht merklich erwärmte, handelt es sich sicher nicht um therm. Zersetzung. Ferner wurde die Veränderung von $KMnO_4$ unter dem Elektronenstrahl untersucht, indem es auf eine elektronenmkr. Objektträgerfolie präpariert u. im üblichen Beugungsstrahlengang durchstrahlt wurde. Der Übergang von einem zunächst diffusen Beugungsbild zu dem scharfen Ringdiagramm des MnO wurde beobachtet. (Optik **10.** 42—43. 1953. Aachen, TH, Inst. für anorgan. Chem. u. Elektrochem.; Düsseldorf, Rhein.-Westf. Inst. für Übermikroskopie.) Lenz. 226

Lawrence Suchow und **Seymour L. Hersh,** *Photothermische Zersetzung von gemischtem Silber- und Quecksilber(I)-oxalat.* Zusammen ausgefällte Ndd. von $Ag_2C_2O_4$ u. $Hg_2C_2O_4$ werden als Gelatinesuspension auf Glasplättchen aufgetragen u. getrocknet. Die Plättchen werden belichtet u. anschließend 1 Min. lang auf 120° erwärmt. Die phototherm. Zersetzungsgeschwindigkeit wird sensitometr. bestimmt. Ndd. mit 50 bis 60 Mol-% $Hg_2C_2O_4$ weisen eine viel höhere phototherm. Zersetzungsgeschwindigkeit als die reinen Komponenten auf; dagegen liegt die Zersetzungsgeschwindigkeit physikal. Mischungen der Oxalate zwischen denen der Komponenten. Röntgenaufnahmen der zusammen ausgefällten Oxalat-Ndd. geben keinen Hinweis auf das Vorhandensein einer Verb. oder festen Lösung. Es wird ein katalyt. Mechanismus der Zers. angenommen. Die therm. Zers. des $Ag_2C_2O_4$ erfolgt an katalyt. wirksamen Hg-Zentren, die aus dem lichtempfindlichen $Hg_2C_2O_4$ photochem. gebildet werden; daneben läuft die phototherm. Zers. beider Oxalate ab. Bei Anwesenheit von $K_2C_2O_4$ wird die Geschwindigkeit der Photolyse beider Oxalate sowie ihrer Mischungen erhöht, während Stickoxyde hemmend wirken. (J. physic. Chem. **57.** 437—39. April 1953. Fort Monmouth, N. J., Signal Corps Engng. Labors.) Krönert. 226

Niels Hofman-Bang, *Die Jod–Azid-Reaktion.* 4. Mitt. *Kettenlänge der durch Kohlenstoffdisulfid katalysierten Reaktion.* (3. vgl. C. **1953.** 8534.) Vf. untersucht den katalyt. Einfl. von Azidodithiocarbonationen auf verd. Lsgg. von J_2 u. NaN_3 u. findet, daß es sich bei der Rk. um eine Ketten-Rk. mit einer Kettenlänge (verbrauchte Atome J pro zugegebenem Mol. Natriumazidodithiocarbonat) von ~17 bei Raumtemp. handelt. Ein Reaktionsmechanismus wird vorgeschlagen, bei welchem Azidodithiocarbonationen der Kettenträger sind. Die Kettenlänge ist unabhängig von der N_3^-- u. der J-Konzentration. Sie ist ebenfalls unabhängig oder nur schwach abhängig von der Temperatur. Es wird ferner gezeigt, daß Tetra- u. Pentathionationen mit Azidionen unter Bldg. eines Prod. reagieren, welches augenblickliche Jod–Azid-Rk. gibt. (Acta chem. scand. **4.** 856—60. 1950. Copenhagen, Techn. Univ. of Denmark, Chem. Dep. A.) Gedschold. 227

G. K. Boresskow, M. G. Slinko und **Je. I. Wolkowa,** *Katalytische Aktivität von Metallen und Platin–Gold-Legierungen in bezug auf die Oxydationsreaktion von Schwefeldioxydgas.* Bei 420—580° haben von den untersuchten Metallen (Cr, Rh, Pd, Ag, W, Pt, Au) nur Pt, Au u. ihre Legierungen genügende Beständigkeit, um als Katalysatoren für die SO_2-Oxydation verwendet werden zu können. Ag überzieht sich mit Ag_2SO_4, Cr mit einer grünen, Rh mit einer dunklen, W mit einer gelben Oxydhaut, Pd mit einer grünlichen Oxyd–Sulfat-Haut. Pt ist bei 560° ca. 100mal aktiver als Au, schon geringe Au-Zusätze (5%) setzen seine Aktivität stark herab. Die Aktivität u. Aktivierungsenergie aller Pt–Au-Legierungen ist wenig verschieden von Au. (Доклады Академии Наук СССР [Ber. Akad. Wiss. UdSSR] [N. S.] **92.** 109—10. 1/9. 1953.) R. K. Müller. 227

L. Ch. Freidlin und **K. G. Rudnewa,** *Untersuchung der Natur der Aktivität des Eisenskelettkatalysators.* (Vgl. C. **1954.** 5029.) Zur Herst. des *Fe-Skelettkatalysators* (**I**) wird Al mit Armco-Fe (Späne) unter Verwendung von $NaCl + KCl + BaCl_2$ als Flußmittel geschmolzen, die Schmelze in eine Fe-Pfanne ausgegossen, nach Abkühlung auf ca. 600° mit W. abgelöscht, gemahlen, in 20%ig. NaOH bei 60—80° eingetragen u. nach Abkühlung mit dest. W. bis auf Reaktionsfreiheit gegen Phenolphthalein gewaschen (beides in H_2-Atmosphäre). Unter absol. A. behält **I** seine Aktivität u. erleidet keine oberflächliche Verfärbung wie unter Wasser. Mit *Benzochinon* (**II**) wird ein H_2-Geh. bis zu 73 cm^3/g festgestellt. Mit dem Al-Geh. der Ausgangslegierung nimmt die Aktivität des **I** zu, zweckmäßig werden 66% Al angewandt. Nach H_2-Entzug mit **II** ist der **I** inakt.; schon 3 Min. Behandlung mit 3%ig. **II**-Lsg. in Dioxan genügen zur Desaktivierung (über die therm. Desaktivierung, l. c.). H_2 ist im I weniger fest gebunden als in RANEY-Ni. Deshalb muß die Auslaugung unter 100° erfolgen, u. die Regeneration mit H_2 nach therm. Desaktivierung bei 300° gelingt bei 200° nur eben merklich. (Доклады Академии Наук СССР [Ber. Akad. Wiss. UdSSR] [N. S.] **91.** 1171–74. 11/8. 1953.) R. K. MÜLLER. 227

L. Ch. Freidlin und **K. G. Rudnewa,** *Wiederherstellung der Metall–Wasserstoff-Zusammensetzung der aktiven Oberfläche eines Nickelskelettkatalysators.* (Vgl. vorst. Ref.) Erschöpftes RANEY-Ni läßt sich durch erneute Laugebehandlung nur so lange regenerieren, als noch unausgelaugte Legierungsreste vorhanden sind. Dagegen kann der Katalysator, wenn seine Oberfläche nicht durch nichtreduzierbare Stoffe blockiert oder ihre physikal. Struktur verändert ist, seine volle Aktivität wiedererlangen, wenn man ihn bei 300–400° 2 Std. im H_2-Strom behandelt. Vff. nehmen an, daß eine solche Regeneration auch laufend während der Verwendung des Katalysators in Hydrierungs- u. Dehydrierungsprozessen im H_2-Strom erfolgt. (Доклады Академии Наук СССР [Ber. Akad. Wiss. UdSSR] [N. S.] **91.** 1349–52. 21/8. 1953.) R. K. MÜLLER. 227

E. H. Baker, *Autoxydation von Zinnlösungen: Die Wirkung von Inhibitoren.* Mit der von MACKENZIE u. TOMPKINS beschriebenen Meth. hat Vf. die Wrkg. verschied. organ. Inhibitoren auf die Oxydation von Sn(II)-Lsgg. untersucht. Die aromat. Amine, *m-* u. *p-Phenylendiamin, p-Toluidin* u. *p-Aminophenol* zeigen als techn. Prodd. erhebliche Verzögerung der Autoxydation der Sn(II)-Lsgg. (0,2 mol. in 0,8 mol. HCl). Aus der Tatsache, daß die Inhibitorwrkg. der reinen Substanzen wesentlich geringer ist, schließt Vf. auf die Wirksamkeit der in den techn. Prodd. vorhandenen Oxydationsprodd. der BANDROWSKI-Base (I) u. der BARSILOWSKI-Base (II). Diese beiden Substanzen wurden präparativ hergestellt u. ihre Inhibitorwrkg. in Abhängigkeit von der Konz. studiert.

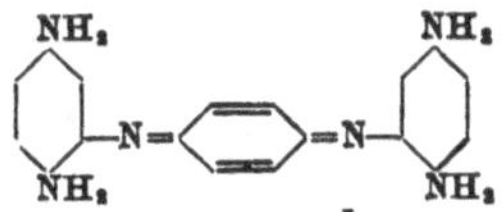

I

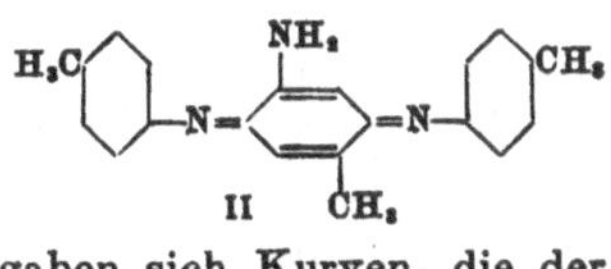

II

Es ergaben sich Kurven, die der Gleichung $r = 0{,}46/(0{,}0046 + c)$ gehorchen (c = Konz. des Inhibitors zwischen 0 u. 0,86 mMol/Liter) u. auf einen Kettenmechanismus der Inhibitorwrkg. deuten. Auch die Unters. der Wrkg. von *Kresolsulfonsäure* u. *Na-Phenol-p-sulfonat* auf die Autoxydation von Sn(II) in 0,4 mol. H_2SO_4 ergibt die gleichen Unterschiede für die techn. u. die gereinigten Produkte. Die Autoxydation von Sn(II)-Acetatlsgg. steigt rasch mit der CH_3COOH-Konz. an, geringe Mengen an Fe^{2+} u. Fe^{3+}-Salzen üben im Gegensatz zu Co- u. Ni-Salzen eine deutliche Inhibitorwrkg. aus. Dies steht im Gegensatz zu der Beschleunigung der Oxydation von $SnCl_2$-Lsgg. durch Fe-Salze. Vf. führt diesen Unterschied auf das Fehlen von Sn-Komplexen in der Acetatlsg. u. die Rk. des Komplexions $HSnCl_4^-$ mit Fe^{3+} in HCl-Lsg. zurück. Es wird ein Kettenmechanismus für diese Rkk. diskutiert, der die unterschiedliche Wrkg. der Fe-Salze erklärt. (J. appl. Chem. **3.** 323–28. Juli 1953. London, Imp. Coll. of Sci. and Technol., Dep. of Phys. and Inorg. Chem.) WOELK. 227

B. Anorganische Chemie.

Francis Owen Rice, Rita Potocki und **Kenneth Gosselin,** *Die Darstellung und die Eigenschaften von braunem Phosphor.* Das Mol. des weißen P ist P_4. Nach PAULING besteht roter P aus langen Ketten, deren Glieder aus P_4-Einheiten (zwei gleichseitige Dreiecke mit gemeinsamer Basis) bestehen. Sein abnorm hoher Dampfdruck ist nach MELVILLE u. GRAY (Proc. Faraday Soc. **32.** [1936.] 271. 1026) verständlich, wenn man annimmt, daß zunächst P_2-Moll. verdampfen, die dann zu P_4 assoziieren. Vff. gehen vom Dampf des weißen P_4 aus (45°, Dampfdruck: 0,2 mm), leiten ihn durch einen Ofen u. kondensieren auf einem mit fl. N_2 gekühlten Finger. Bei einer Ofentemp. unter 600° besteht das Kondensat aus weißem P (weil das Gleichgewicht von $2\,P_2 \rightleftarrows P_4$ ganz nach rechts verschoben ist); bei 1000° u. mehr ist aber das Kondensat dunkelbraun. Bei Erwärmung auf über ca. –100° setzt es sich in eine Mischung von 80% der weißen u. 20% der roten Modifikation um. Brauner P ist unlösl. in Propan, Äthylen u. CS_2 (bei –103°) u. nicht paramagnetisch. — Verdampfen von rotem statt weißem P führt zu dem gleichen Resultat. — Brauner P bildet sich auch aus weißem durch Bestrahlen mit einer Quarzquecksilberlampe bei –190°. — Brauner P ist P_2. (J. Amer. chem. Soc. **75.** 2003–04. 20/4. 1953. Washington, D. C., Catholic Univ., Dep. of Chem.) BRAUER. 264

Robert Klement und **Otto Koch,** *Phosphoroxytriamid und Phosphorthiotriamid.* Die Darst. u. Eigg. von $OP(NH_2)_3$ (I) u. $SP(NH_2)_3$ (II) werden beschrieben. Sie sind an trockener Luft beständige Nichtelektrolyte. In feuchter Luft geht I in *NH_4HPO_3·(NH_2)* (III) u. II in *$(NH_4)_2HPO_3S$* (IV) über. Beim Erwärmen mit verd. NaOH entsteht aus I *$NaPO_2(NH_2)_2 \cdot 4\,H_2O$* (V), aus II *$NaPOS(NH_2)_2 \cdot 4\,H_2O$* (VI). Ausgehend von $POCl_3$ bzw. $PSCl_3$ u. NH_3 lassen sich also alle 3 Amidoderivv. I, V u. III der H_3PO_4 u. von den entsprechenden Thioverbb. mindestens II u. VI verhältnismäßig einfach u. auf rein anorgan. Wege darstellen. I kann als Ligand in Komplexverbb. fungieren, wie das Beispiel des *$[\{OP(NH_2)_3\}Ag]NO_3$* (VII) erkennen läßt.

Versuche: *Phosphoroxytriamid* (I), $OP(NH_2)_3$, zu einer Lsg. von ca. 34 g durch festes NaOH getrocknetem NH_3-Gas in 750 cm³ über $CaCl_2$ getrocknetem Chlf. läßt man bei —10° unter Rühren eine Lsg. von 30 g frisch dest. $POCl_3$ in 80 cm³ trockenem Chlf. eintropfen. Dabei Durchleiten von NH_3 durch das Reaktionsgemisch. Nach 1½ Std. Absaugen u. Trocknen im Vakuum. Suspendieren des Reaktionsprod. (ca. 50 g) in 150 cm³ Chlf. u. Versetzen mit 80 g wasserfreiem Diäthylamin. 3—4 Std. Kochen unter Rückfluß. Das gebildete Diäthylammoniumchlorid bleibt in Chlf. gelöst, fast halogenfreies I wird abgesaugt, mit Chlf. gewaschen u. im Vakuum getrocknet. Umkristallisieren aus 100 cm³ Methanol. — *Ammoniumhydrogenmonoamidophosphat* (III), $NH_4HPO_3(NH_2)$, aus I durch mehrwöchiges Stehenlassen an der freien Luft. Die wss. Lsg. von III wird mit A. versetzt. Die ausgefällten Kristalle werden abgesaugt u. getrocknet. Unter 60° gekreuzte Nadeln. — *Natriumdiamidophosphat* (V), $NaPO_2(NH_2)_2 \cdot 4\,H_2O$, Erhitzen von 810 mg I mit 15 cm³ 2nNaOH auf dem Wasserbad. Nach ½ Std. kein NH_3-Geruch mehr. Durch Zugabe von 80—100 cm³ Aceton zu der filtrierten Lsg. Fällung von V. Kristallnadeln. Lösen des Nd. in W. u. Umfällen mit Aceton. Trocknen im Exsiccator über NaOH. — *Diamidophosphorsäure* fällt aus der mit 6 cm³ 50%ig. Essigsäure versetzten Lsg. von 430 mg V in 8 cm³ W. in farblosen Nadeln aus. Auflösen in W. u. Umfällen mit A., Waschen mit A. u. Aceton; 90%ig. Ausbeute. — *Komplexes Silberphosphoroxytriamidonitrat* (VII), $[\{OP(NH_2)_3\} \cdot Ag]NO_3$, langsame Zugabe einer Lsg. von 5,86 g $AgNO_3$ in 400 cm³ Methanol zu einer Lsg. von 1,09 g I in 150 cm³ Methanol. Seidenglänzender Nd. von Kristallblättchen, der nach 15 Min. abgesaugt u. mit heißem Methanol gewaschen wird. In Methanol etwas löslich. — Quecksilberamidoverb. *$Hg_5[OP(NH)_3]_2(NO_3)_4$*, weißer flockiger Nd. durch Vermischen wss. Lsgg. von I u. $Hg(NO_3)_2$. — *Phosphorthiotriamid* (II), $SP(NH_2)_3$, Darst. analog I. Zur Zers. des NH_4Cl werden nur 50 g Diäthylamin benötigt. Rohausbeute 90%. Umkristallisieren aus heißem Methanol. — *Diammoniumhydrogenmonothiophosphat* (IV), $(NH_4)_2HPO_3S$, aus II durch mehrwöchiges Stehenlassen an der freien Luft. Röntgenograph. Identifizierung durch Vgl. mit IV aus freier H_3PO_3S u. NH_4OH. — *Natriumdiamidomonothiophosphat* (VI), $NaPOS(NH_2)_2 \cdot 4\,H_2O$, Erwärmen von 1,5 g II mit 50 cm³ 2nNaOH auf 50° für 1 Std.; aus der filtrierten, etwas grünlichen Lsg. krist. auf Zusatz von 50 cm³ absol. A. VI in farblosen Nadeln. Absaugen, Waschen mit A., Umfällen u. über NaOH Trocknen. (Chem. Ber. **87.** 333—40. 1954. Regensburg, Philosoph.-Theolog. Hochsch., Inst. für anorgan. u. analyt. Chem.)

B. REUTER. 264

Denise Laforgue-Kantzer, *Beitrag zur Kenntnis der Konstitution und der Kettenbildung von Poly- und Metaphosphaten.* Vf. zeigt, daß der Dehydratationsprozeß von NaH_2PO_4 viel komplizierter ist als das Schema $NaH_2PO_4 \rightarrow Na_2H_2P_2O_7 \rightarrow NaPO_3$ besagt, u. versucht, die Umwandlung u. den Mechanismus aufzuklären u. über die Strukturen u. Verkettungen der Phosphate Klarheit zu schaffen. Die Zers. des Orthophosphates geschah in Spezialöfen. Um die Umwandlung genau in Abhängigkeit der Temp. zu erfassen, wurde nach einer Registriermeth. gearbeitet, u. die Umwandlungsprodd. wurden durch DEBYE-SCHERRER-Diagramme identifiziert sowie durch Infrarotabsorption geprüft. Hierbei wurde gefunden, daß die Dehydratation von Pyrophosphaten zuerst zu einem dimeren lösl. Metaphosphat führt, das den Ausgangspunkt des unlösl. MADRELLschen Salzes bildet. Weiter gelang es nach der Meth. von KNORRE zur Herst. von Trimetaphosphaten, das dimere Metaphosphat rein darzustellen, ohne daß dabei andere Meta- oder Polyphosphate in Erscheinung traten. Der Mechanismus dieser Rk. wurde weitgehend aufgeklärt. Es wurden die von FLEITMANN u. HENNEBERG beschriebenen Deka- u. Tetraphosphate wiedergefunden, aber als nichtdefinierte Verbb. erkannt. (Ann. Chimie [12] **5.** 819—81. Nov./Dez. 1950. Sorbonne, Labor. de Chim. gén.)

KRAJEWSKI. 264

W. I. Michejewa und **W. Ju. Ssurss,** *Über die Reaktion von Magnesiumborid mit Wasser.* Durch Glühen von B_2O_3 mit Mg (1 : 2,2) oder durch Sintern von B mit Mg (2 : 3) erhaltenes Mg_3B_2 entwickelt mit W. 3,5 bzw. 2,4mal so viel H_2 als mit Säure; die angesäuerte Lsg. verbraucht 15,2 bzw. 359 cm³ 0,1n J_2-Lösung. Bei Behandlung des wss. Extraktes mit KOH, Abfiltrieren des $Mg(OH)_2$, Eindampfen im H_2-Strom bei Ölpumpenvakuum u. Umkristallisieren werden feine gelbliche Kristalle erhalten, die nicht hygroskop. sind, an der Luft haltbar, sehr leicht lösl. in W., unlösl. in A. u. Ae., im Polarisationsmikroskop Anisotropie zeigen u. beim Erhitzen erst bei 120° H_2 entwickeln; bei Best. von B durch Titration mit Lauge in Ggw. von Mannit, von K als K_2SO_4 u. von H durch Hydrolyse („akt. H") u. durch Glühen im O_2-Strom ergibt sich die Zus. *KBH(OH)*$_3$. Im Hinblick auf die Fähigkeit des B, Komplexe $MeBX_4$ (X = H, Halogen, OH) zu bilden, wird angenommen, daß dem Hydrolyseprod. die Formel $K\left[B{H \atop (OH)_3}\right]$ als unvollständiges Hydrolyseprod. von KBH_4 zugeschrieben werden kann. (Доклады Академии Наук СССР [Ber. Akad. Wiss. UdSSR] [N. S.] **91.** 1133—35. 11/8. 1953.) R. K. MÜLLER. 282

Helmut Hartmann und **Heinz Narten**, *Die Darstellung von reinem Magnesiumcyanamid und seine thermische Zersetzung.* Aus MgO, das durch Verglühen von Mg-Oxalat bei 600° erhalten wurde, läßt sich beim Überleiten von HCN bei 730° prakt. 100%ig. Magnesiumcyanamid (I), $MgCN_2$, gewinnen. I ist rein weiß, feinkristallin, hat die D. 2,170 u. ist an trockener Luft beständig. Mit Wasserdampf erfolgt langsame Verseifung. Durch therm. Zers. von I lassen sich die Carbide MgC_2 u. Mg_2C_3 nicht erhalten, da eine merkliche I-Zers. erst bei 1200° beginnt u. MgC_2 bereits oberhalb 500° nach $2\,MgC_2 = Mg_2C_3 + C$ zerfällt. Oberhalb 600° zerfällt dann auch das Mg_2C_3 in die Elemente. (Z. anorg. allg. Chem. **267.** 37—38. Dez. 1951. Braunschweig, TH, Anorgan.-chem. Inst.) PLUST. 282

W. Stricks und **I. M. Kolthoff**, *Reaktionen zwischen Quecksilber(II) und Cystein und Glutathion. Scheinbare Dissoziationskonstanten, Bildungswärmen und -entropien der verschiedenen Arten von Quecksilber(II)-mercaptocystein und -glutathion.* Vff. berichten über polarograph. Unterss. der Rkk. zwischen *Cystein* (I) u. *red. Glutathion* (II) einerseits u. Hg(II) andererseits bei verschied. p_H-Werten. In Abwesenheit von Cl^--Ionen u. im p_H-Bereich von 3—9 können I u. II mindestens 3 Verbb. mit Hg der Formeln $Hg(RS)_2$, $Hg_2(RS)_2$ u. $Hg_3(RS)_2$ bilden, in denen das Hg fest als Mercaptid gebunden ist. In Ggw. von viel Cl^--Ionen wird die Bldg. der beiden letztgenannten Verbb. unterdrückt infolge der $HgCl_4^{2-}$-Komplexbildung. Die Bldg. von Verbb. des Typs RSHgCl kann polarograph. nicht bestätigt werden. Die scheinbaren Dissoziationskonstanten der 3 Mercaptide des I u. II werden aus EMK.-Messungen des Hg(II) im Gleichgewicht mit Lsgg. der Mercaptide im gesamten p_H-Bereich in Ggw. eines großen Überschusses an I bzw. an II berechnet. Die Konstanten der Mercaptidarten mit 2 geladenen Aminogruppen ergeben sich für I u. II als von der gleichen Größenordnung, während die Konstanten anderer Arten größere Abweichungen voneinander aufweisen. Aus den Werten für die Dissoziationskonstanten bei 12 u. 25° werden die Bildungswärmen u. -entropien berechnet. (J. Amer. chem. Soc. **75.** 5673—81. 20/11. 1953. Minneapolis, Minn., Univ., School of Chem.) NIEMITZ. 290

Franz Runge, Wolfgang Zimmermann, Harald Pfeiffer und **Irmtraud Pfeiffer**, *Indiumorganische Verbindungen.* Vff. stellten mit Hilfe von GRIGNARD-Rkk. in Ae.-Lsg. verschied. organ. In-Verbb. dar. Die Verbb. nehmen in ihren Eigg. eine Mittelstellung zwischen denen entsprechender Ga- u. Tl-Verbb. ein. So bildet nur noch das *Trimethylindium* (I) ein destillierbares Ätherat. Es entstanden nach GRIGNARD ohne weiteres die Trialkylverbb., während es nicht gelang, entsprechend die Triphenyl- u. Trinaphthylverb. zu erhalten. Statt dessen wurden *Diphenyl-* (III) bzw. *Di-α-naphthylindiumhalogenide* (IV) isoliert. Indiummethylat ist bei 250° noch nicht geschmolzen, zeigt andererseits aber eine nicht unbeträchtliche Löslichkeit in Benzol. Die Oxydierbarkeit der Trialkyl-In-Verbb. ist so groß, daß diese sich bereits bei Berührung mit der Luft entzünden. Den Analysen u. kryoskop. Messungen in Bzl. nach hat das I-Ätherat die Zus. $2\,In(CH_3)_3\cdot(C_2H_5)_2O$. Bzgl. der Konst. wird angenommen, daß die beiden freien Elektronenpaare des Äthersauerstoffs die Oktettlücken der In-Atome füllen. *Triäthylindium* (II) zers. sich mit W. u. Säure nach $In(C_2H_5)_3 \xrightarrow[+\,H_2O]{15^0} C_2H_6 + In(C_2H_5)_2\cdot OH\downarrow$ u. $In(C_2H_5)_2OH \xrightarrow[+\,2H_2O]{90^0} 2\,C_2H_6 + In(OH)_3$. Mit warmem absol. A. reagiert II nach $In(C_2H_5)_3 + C_2H_5OH \rightarrow C_2H_6 + In{<}{(C_2H_5)_2 \atop OC_2H_5}$ unter Abscheidung eines weißen Pulvers. Das III- u. IV-Bromid zeigt bis 315° keinen Schmelzpunkt. Benzyl-MgCl reagiert mit $InCl_3$ gemäß $2\,C_6H_5CH_2MgCl + InCl_3 \rightarrow$ *$(C_6H_5CH_2)_2InCl$* (VI) $+ 2\,MgCl_2$ u. VI $\rightarrow C_6H_5CH_2\cdot CH_2C_6H_5 + InCl$, wobei VI nicht isoliert werden konnte. Zum Schluß wird die bei den Verss. verwendete App. beschrieben. Entgegen anderen Angaben in der Literatur lösen sich $InCl_3$ u. $InBr_3$ nach Vff. in absol. Ae. nur spurenweise.

Versuche (alle Rkk. unter Luft- u. Feuchtigkeitsausschluß): *Trimethylindiumätherat*, $2\,In(CH_3)_3\cdot O(C_2H_5)_2$, aus $InCl_3$ u. Methyl-MgCl in Ae. u. anschließende

Dest.; Ausbeute 50%; F. —15°, Kp.$_{15}$ 56°, Kp.$_{70}$ 73°, Kp.$_{760}$ 139°; D.$^{20}_{4}$ 1,241, n_D^{20} 1,480. — *Triäthylindium* (II), $(C_2H_5)_3In$, analog I-Ätherat; Ausbeute 70%; F. —32°, Kp.$_{18}$ 92°, Kp.$_{38}$ 118°, Kp.$_{760}$ 144°; D.$^{20}_{4}$ 1,260, n_D^{20} 1,538. — *Tripropylindium*, $(C_3H_7)_3In$, analog I-Ätherat; Ausbeute 70%; F. —51°, Kp.$_{12}$ 103°, Kp.$_{70}$ 121°, Kp.$_{760}$ 178°; D.$^{20}_{4}$ 1187, n_D^{20} 1,501. — *Trinonylindium* (V), $(C_9H_{29})_3In$, Grignardierung wie I. Dann wird der Ae. durch Bzl. ersetzt. Nach Versetzen mit Dioxan u. Abdunsten wird V in 60%ig. Ausbeute als gelber Sirup erhalten. Nicht destillierbar. Bei 150° Zers.; n_D^{20} 1,4632. — *Diphenylindiumbromid* (III), $(C_6H_5)_2InBr$, nach Grignardierung aus Bzl. mit Ae. in 28%ig. Ausbeute, F. 315°; n_D^{20} 1,562. — *Di-α-naphthylindiumbromid* (IV), $(C_{10}H_7)_2InBr$, wie III; aus Bzl. sternförmige Kristalle, die kaum luftempfindlich sind; n_D^{20} 1,61. — *Indiumtrimethylat*, $(CH_3O)_3In$, aus Na-Methylatlsg. mit $InCl_3$ als weiße durchscheinende Kristalle; Ausbeute 82%; in Methanol leicht lösl.; F. 250°; n_D^{20} 1,535. (Z. anorg. allg. Chem. **267**. 39—48. Dez. 1951. Halle/Saale, Martin-Luther-Univ., Inst. für techn. Chem.) Plust. 296

Mateja Šugović, *Über die Chloreinwirkung auf Uranverbindungen in Erzen.* U- u. Th-haltige Erzproben wurden der direkten Einw. von gasförmigem Cl_2 bei Tempp. von 200—1000° (in Abstufungen von 100°) unterworfen. Es zeigte sich, daß bis 650° keine Rk. zu beobachten war, von da ab jedoch begann die Einw., die bei 1000° (in Quarzröhren) zu einer vollständigen Zerlegung führte; zers. wurden alle UO_2-Verbb. sowie Fe; hinzu kamen die flüchtigen Chloride. Die unzers. Rückstände enthielten neben den unangegriffenen Bestandteilen alles Th sowie die nicht flüchtigen Chloride. Die Chlorierung wurde 4 Std. fortgesetzt. Die Best. der radioakt. Bestandteile erfolgte mit einem Geiger-Müller-Zähler. UO_2 wurde außerdem nach Treadwell-Lühy-Rheiner mit Cd red. u. mit 0,1 n $KMnO_4$ titriert. (Гласник Хемиског Друштва Београд [Ber. chem. Ges. Belgrad] **17**. 113—18. 1952. Belgrad, Inst. für Unters. der Struktur der Materie, Chem. Labor.) v. Wilpert. 339

George W. Watt und **Peggy I. Mayfield**, *Pentamminiridium(0).* In fl. NH_3 wird Bromopentamminiridium(III)-bromid (I) durch K bei —33,5° zu einem fahlgelben, krist. Prod., das sich bei 92—93° in Ir u. NH_3 zers., reduziert. Die Red. erfolgt nach $[Ir(NH_3)_5Br]^{2+} + 2\,Br^- + 3\,K^+ + 3\,e^- \rightarrow [Ir(NH_3)_5]^0 + 3\,KBr$ unter Bldg. von Pentamminiridium(0) (II). Das I-Ion ist oktaedr. mit $d^2\,sp^3$-Bindungen. Vollständige Entfernung des Br aus I führt zu $[Ir(NH_3)_5]^{3+}$, das sich vom I-Kation durch eine unbesetzte 6 p-Bahn unterscheidet. Bei der Red. müssen daher 2 Elektronen in die 6 p- u. 1 Elektron in die 7 s-Bahn unter Ausbildung einer neutralen, nach Pauling beständigen Kombination eingebaut werden. Mit KNH_2 reagiert I hauptsächlich nach $I + 3\,KNH_2 \rightarrow Ir(NH_2)_3 \cdot NH_3 + 3\,KBr + 4\,NH_3$ zu citronengelbem Iridium(III)-amidammoniakat (III). In fl. NH_3 vermuten Vff. den Ablauf einer Rk. von III mit weiterem KNH_2 nach $In(NH_2)_3 \cdot NH_3 + 3\,KNH_2 \rightarrow K_3[Ir(NH_2)_6]$ (IV) + NH_3. IV ist in fl. NH_3 mit rotbrauner Farbe lösl., konnte jedoch nicht isoliert werden. Das bei Zers. von II erhaltene Ir wirkt katalyt. auf die Olefinhydrierung. (J. Amer. chem. Soc. **75**. 6178—80. 20/12. 1953. Austin, Tex., Univ. of Texas, Dep. of Chem.) Plust. 367

George W. Watt, M. T. Walling jr. und **Peggy I. Mayfield**, *Nachweis der Existenz eines Platin(0)-ammins.* Bei Red. des Tetramminplatin(II)-bromids (I) mit K in fl. NH_3 bei —33,5° fällt ein gelbweißer voluminöser Nd. aus, der die KNH_2-Bldg. nicht katalysiert u. bei 25° der therm. Zers. in NH_3 u. Pt unterliegt. Auf Grund konduktometr. u. potentiometr. Messungen vermuten Vff., daß bei dieser Red. nach $[Pt \cdot (NH_3)_4]^{2+} + 2\,Br^- + 2\,K^+ + 2\,e^- \rightarrow 2\,KBr + [Pt(NH_3)_4]^0$ Tetramminplatin(0) (II) gebildet wird. Die Bldg. erklärt sich nach Vff. so, daß das planare I-Ion vom $d\,s\,p^2$-Typ noch 2 Elektronen in die freien Plätze der 6 p-Bahn einbaut u. damit Edelgaskonfiguration erreicht. Ähnliche Verss. mit trans-Dibromodiamminplatin(II) zeigten, daß dieses sich unter den Versuchsbedingungen langsam in I umwandelt u. dann der genannten Reduktions-Rk. unterliegt. Die Rk. von I mit KNH_2 verläuft nach $Pt \cdot (NH_3)_4Br_2 + 2\,KNH_2 \rightarrow Pt(NH_2)_2 \cdot 2\,NH_3 + 2\,KBr + 2\,NH_3$ unter Bldg. des bisher unbekannten Diammoniakats des Platin(II)-amids. Dieses gibt bei 130—140° die $2\,NH_3$ ab u. zers. sich bei 180—190° vollständig nach $3\,Pt(NH_2)_2 \rightarrow 3\,Pt + 4\,NH_3 + N_2$. Das durch Zers. von II erhaltene Pt katalysiert die Alkaliamidbldg. u. die Olefinhydrierung. (J. Amer. chem. Soc. **75**. 6175—77. 20/12. 1953. Austin, Tex., Univ. of Texas, Dep. of Chem.) Plust. 368

C. Mineralogische und geologische Chemie.

George Tunell, *Der Winkel zwischen der a-Achse und der Spur des rhombischen Schnitts auf dem (0 1 0)-Pinacoid bei den Plagioklasen.* Der Winkel σ zwischen der a-Achse u. der Spur des rhomb. Schnitts auf (0 1 0) wird als Ausdruck des Winkels γ zwischen der a- u. der b-Achse durch folgende Formel wiedergegeben: cot σ = cos [(0 0 1) $\wedge$ (0 1 0)]/cot γ. Die Berechnungen weichen von früheren, die auf einer unkorrekten Formel beruhten, etwas ab. (Amer. J. Sci. **1952**. Bowen Vol., Part 2. 547—51. Los Angeles, Calif., Univ., Dep. of Geol.) Hiller. 372

Wm. Scott MacKenzie, *Der Einfluß der Temperatur auf die Symmetrie natronreicher Hochtemperaturfeldspäte.* An Röntgendiagrammen u. opt. Bestimmungen zeigt sich, daß natürlicher *Anorthoklas* u. synthet. Na-reicher Feldspat, die bei Zimmertemp. triklin sind, durch Erhitzen monoklin werden. Beim Abkühlen geht derselbe Prozeß vor sich. Unterschiede in der Inversionstemp. zeigten sich für die Plagioklase u. auch für die Alkalifeldspäte in Abhängigkeit von der Kristallisation. Für hydrothermal bei 800° krist. Feldspäte stiegen die Inversionstempp. von $Or_{30}Ab_{70}$ bei Abnahme des Or-Anteils um je 5% von 175° über 300, 460, 615, 710, 970 bis 1180°. Für $Ab_{90}An_{10}$ war die Temp. 1270°, $Ab_{80}An_{20}$ über 1500°, für $Or_{10}Ab_{80}An_{10}$ 1230°, $Or_{10}Ab_{70}An_{20}$ 1370°, $Or_{20}Ab_{70}An_{10}$ 675°. Die Inversionstempp. von natürlichen Anorthoklasen können als geolog. Thermometer benutzt werden. (Amer. J. Sci. **1952**. Bowen Vol., Part 2. 319—42. Washington, D. C., Carnegie Inst., Geophys. Labor.; Cambridge, England, Univ.) Hiller. 372

Mitsue Koizumi und **Satoru Hosomi,** *Über Verknisterungserscheinungen bei Quarz.* In den meisten Fällen haben die Decrepigramme von Quarz 3 Umkehrpunkte, wo die Häufigkeit der Verknisterung stark zunimmt. Aus der mkr. Beobachtung erklärt sich, daß der 1. Gipfel (unter 300°) durch das Ausbrechen von Flüssigkeitseinschlüssen verursacht wird, der 3. Gipfel (700—800°) durch Bersten der Kristalle infolge Spaltung, Volumänderungen, Anisotropie der Wärmeleitung u. -ausdehnung, Ggw. fester Einschlüsse oder Gitterunregelmäßigkeiten. Der 2. Gipfel ist meist eine Überlagerung der beiden Geräuschursachen. Danach läßt sich das Decrepigramm benutzen, um die Bildungstemp. der Einschlüsse zu messen (an Stelle des Verf. mit Heizmikroskop). Unsicherheit nur bei fehlenden Einschlüssen oder zu schwachen Geräuschen. (J. geol. Soc. Japan **59**. 478—86. Okt. 1953. Osaka Univ. [Orig.: japan.; Auszug: engl.]) Schuler. 378

F. Heide und **W. Christ,** *Zur Geochemie des Strontiums und Bariums.* Die Sr- u. Ba-Gehh. der Profile durch den oberen Muschelkalk bis zum unteren Röt der Zementwerke Steudnitz u. Göschwitz (Mergelgrube) in der Nähe von Jena liegen bei den Kalksteinen des Muschelkalkes zwischen 608 g Sr/t u. 1,2 g Ba/t, bei den schwach tonigen Kalksteinen zwischen 760 g Sr/t u. 10,3 g Ba/t u. bei den Tongesteinen des Röt zwischen 227 g Sr/t u. 513 g Ba/t. Reine Kalke des Muschelkalkes der gemischt organ. u. anorgan. Entstehung enthalten infolge der Aragonitkristallstruktur des $CaCO_3$ in den Schalen u. Gerüsten der Meerestiere, die mehr Sr in das Kristallgitter aufnehmen kann als die Calcitstruktur des anorgan. $CaCO_3$, höhere Gehh. an Sr. Die Anreicherung von Ba in den tonigen Gesteinen ist durch dessen frühere Ausfällung im Schweb bedingt, der beim Zusammentreffen von Süß- u. Meereswasser küstennah entsteht. Die Cölestinbänke sind wahrscheinlich an diesem Wasserhorizont durch Ausfällung von Sr u. Ba der die überstehenden Schichten auslaugenden Sickerwässer entstanden. (Chem. d. Erde **16**. 327—30. 1953. Jena, Mineralog. Inst.) Löffler. 378

Jan Kutina, *Geochemische Bemerkungen zu den Zinkblenden aus dem Erzgebiet von Kutná Hora (Kuttenberg) in der Tschechoslowakei.* Die *Zinkblende* (I) von Kutná Hora (Kuttenberg), Grube Turkansk, Rejsy Zug, enthält 52,1% Zn, 13,77% Fe, 0,44% Mn, 0,32% Cd, 0,2% Cu, 33,86% S neben spektroskop. nachgewiesenem Si, Sn, Pb, Ag, In, Ga, Co, Ni, As, Ti, Al(?). Der Geh. an Ga u. In beträgt 0,00213% bzw. 0,0110%. I von Sv. Antonin Paduansky (St. Anton von Padua) enthält 0,00713 % Ga u. 0,0110% In. I beider Fundorte ist mesothermaler Entstehung aus Lsgg. mit unterschiedlicher Schwefelkonzentration. Geringer S-Geh. läßt Fe als FeS in das ZnS-Gitter ein- u. daneben FeS als Magnetkies auftreten; höherer S-Geh. gibt FeS_2 als Pyrit neben Fe-armer I. (Chem. d. Erde **16**. 316—26. 1953. Prag, Karlsuniv., Lehrstuhl für Geochem., Mineralog. u. Kristallograph.) Löffler. 378

Bronson Stringham, *Granitisation und hydrothermale Veränderung bei Bingham, Utah.* Die Gesteine der Kupferlagerstätte von Bingham, Ut., werden beschrieben. Der Granitporphyr u. Biotitquarzporphyr sind magmat., während der Granit u. Aktinolith-Syenit durch Granitisation gebildet wurden. Letztere Ansicht wird ausführlich begründet. Die hydrothermale Aktivität, die die Erzbldg. veranlaßte, fand in 7 Abschnitten nach der Bldg. der magmat. aussehenden Gesteine statt: 1. Bldg. von *Kaolinit* u. *Illit*; 2. verbreitete Bldg. von hydrothermalem *Biotit* u. *Sericit*; 3. Bldg. von *Chlorit* u. hydrothermalem Biotit in einzelnen Bezirken; 4. verbreitete Bldg. von *Quarz* u. Sericit; 5. Absatz von Quarz in offenen Spalten; 6. Sulfidbldg.;

7. Bldg. von Sericit u. *Allophan* in offenen Spalten. (Bull. geol. Soc. America **64.** 945—91. Aug. 1953. Salte Lake City, Ut., Univ., Dep. of Mineral.) HILLER. 378

Charles Edward Weaver, *Eine Klassifikation der 2 : 1-Tonminerale.* Vf. gibt eine Klassifikation der 2 : 1-Tonminerale, bei der der 1. Unterteilungsgesichtspunkt der Totalersatz in den Oktaeder- u. Tetraederschichten ist. Die weitere Unterteilung beruht auf dem Grad der Quellbarkeit u. der Natur der äußeren Kationen. (Amer. Mineralogist **38.** 698—706. Juli/Aug. 1953. State College, Pa., Pennsylvania State Coll.) HILLER. 380

O. F. Tuttle, *Optische Untersuchungen an Alkalifeldspäten.* Opt. Unterss. an Alkalifeldspäten von Spencer zusammen mit den neuen Beobachtungen des Vf. an Einkristallen aus Ergußgesteinen ergeben eine Einteilung dieser Feldspäte in 4 Gruppen: 1. Mikroklin-Kryptoperthit. 2. Orthoklas-Kryptoperthit. 3. Sanidin-Anorthoklas-Kryptoperthit. 4. Hochsanidin-Hochalbit. Wenn die Zus. eines Alkalifeldspats bekannt ist, ist es möglich, durch Best. des opt. Achsenwinkels u. der Lage der opt. Achsenebene ihn in eine der 4 Gruppen einzureihen. (Amer. J. Sci. **1952.** Bowen Vol., Part 2. 553—67. Washington, D. C., Carnegie Inst., Geophys. Labor.) HILLER. 380

A. W. Wylie, *Zusammensetzung einiger australischer Monazite.* Die Zus. der Monazite Australiens schwankt nur innerhalb geringer Grenzen mit Ausnahme des ThO_2-Gehalts. Sie enthalten 12,6—19,5 La_2O_3, 21,9—28,6 Ce_2O_3, 2,76—3,37 Pr_2O_3, 9,9—12,2 Nd_2O_3, 1,99—2,72 Sm_2O_3 u. 0,18—19,4 ThO_2. Durch spektrophotometr. Messungen wurde versucht, die relative Menge der Seltenen Erden der Cerit- u. der Yttriumgruppe zu bestimmen. (Austral. J. appl. Sci. **1.** 164—71. Juni 1950.) ENSSLIN. 380

Harrison Schmitt, *Bemerkungen zu den „porphyrischen" Kupferlagerstätten.* Betrachtungen zur Entstehung der Lagerstätten. (Econ. Geol. **48.** 416—17. Aug. 1953. Silver City, N. Mex.) ENSSLIN. 380

R. G. Holles, *Neue Entwicklungsmöglichkeiten für das Aufsuchen von Uranerzen, St. Mary's Channel, Saskatchewan.* Durch die Entdeckung des Uranerzkörpers von Gunnar, welcher an Granite u. Gneise gebunden ist, eröffnen sich neue Gesichtspunkte zur Auffindung nutzbarer Lagerstätten auch in diesen Gesteinen. Die *Pechblende* tritt zusammen mit *Hämatit* in Gängen u. Spalten auf. (Canad. Mining J. **74.** 83—86. Mai 1953.) ENSSLIN. 380

O. F. Tuttle und **M. L. Keith,** *Das Granitproblem: Beweismaterial aus dem Quarz und Feldspat eines tertiären Granits.* Aus der Inversionstemp. der Quarze u. dem opt. Verh. sowie der röntgenograph. Unters. der Feldspäte lassen sich häufig Schlüsse ziehen, ob das granit. Magma prim. Natur war oder ob es sich um eine sek. Bldg. durch Metamorphose von Sedimenten handelt. (Geol. Mag. **91.** 61—72. Jan./Febr. 1954.) ENSSLIN. 385

Peter Aubrey Sabine, *Die Petrographie und die geologische Bedeutung der postkambrischen jüngeren Intrusionen von Assynt und den anschließenden Gebieten von Nordwest-Schottland.* Beschreibung der Gänge u. Stöcke von Groruditen, Porphyren, Hornblendeporphyriten, Nordmarkiten, Vogesiten u. Ledmoriten, welche durch vulkan. Tätigkeit in die kambr. Gneise, Sandsteine u. Sedimente eingedrungen sind. (Quart. J. geol. Soc. London **109.** 137—72. 11/12. 1953.) ENSSLIN. 386

Paul Niggli, *Die Chemie der Keweenaw-Laven.* Die Analysen der Keweenaw-Laven werden in NIGGLI-Werte umgerechnet u. graph. dargestellt, um Differentiationsvorgänge in diesen bas. Magmen zu klären. Es zeigt sich, daß die Bldg. der sogenannten Pegmatitschichten als erstes Anzeichen einer Differentiation von spilit. zu keratophyr. Zus. betrachtet werden kann. (Amer. J. Sci. Bowen Vol. 1952 Part 2. 381—412. Zürich, ETH, Mineralog.-petrograph. Inst.) HILLER. 386

Garth L. Putnam, *Der Goldgehalt des Meerwassers.* Nach einem zusammenfassenden Überblick (35 Literaturangaben) über die bisherigen Unterss. bzgl. des Au-Geh. des Meerwassers berichtet Vf. über eigene Verss. in dieser Richtung, aus denen sich schließen läßt, daß der mittlere Au-Geh. in Übereinstimmung mit früheren Beobachtern sicher unter 0,5 mg Au pro m^3 W. liegt. Jedoch liegen experimentelle Anzeichen dafür vor, daß der Au-Geh. starken Schwankungen unterworfen ist, die von 0,003 bis mindestens 44 mg pro m^3 angegeben werden; Werte, die auch für andere Schwermetallkonzz. im Meerwasser bekannt sind u. die durch Meeresströmungsüberlagerungen zu erklären sind. (J. chem. Educat. **30.** 576—79. Nov. 1953. Seattle, Wash., Univ.) NIEMITZ. 393

D. Organische Chemie.

D_1. Allgemeine und theoretische organische Chemie.

Carl Moser, *Über die „self-consistent-field"-Funktionen im Fall des trans-Butadiens.* (Vgl. auch POPLE, Trans. Faraday Soc. **49.** [1953.] 1375.) Vf. vergleicht seine, nach der empir. Meth. mit Hilfe von „self-consistent-field"-Eigenfunktionen erhaltenen Energiewerte für *trans-Butadien* mit den nach nichtempir. Meth. gewonnenen von PARR u. MULLIKEN (C. **1951.** II. 30), der Vgl. fällt allg. zugunsten der empir. Meth. aus. (C. R. hebd. Séances Acad. Sci. **238.** 1585—87. 12/4. 1954.) KRESZE. D 10

Raymond P. Mariella und **Richard R. Raube,** *Ultraviolettabsorptionsspektren von alicyclischen Verbindungen* 4. Mitt. *4-Phenylbutadien-(1.3)-ylcyclopropylketon.* (3. vgl. C. **1953.** 2251.) *4-Phenylbutadien-(1.3)-ylcyclopropylketon* (I) u. *-n-propylketon* (II) wurden dargestellt, ihre UV-Absorptionsspektren gemessen. Die Ähnlichkeit der beiden Spektren zeigt, daß die Wrkg. des Cyclopropylringes auf die Konjugation minimal ist. Ein polares Lösungsm. wie A. verschiebt die langwellige Absorptionsbande von I oder II gegenüber der Lage in Isooctan um 9 mμ zu längeren Wellen. In der Reihe $C_6H_5\cdot(CH{=}CH)_nCO$-Cyclopropyl wird mit wachsendem n (n = 0, 1, 2) die Hauptbande zu längeren Wellen u. höheren Intensitäten verschoben.

V e r s u c h e: *4-Phenylbutadien-(1.3)-ylcyclopropylketon* (I), $C_{14}H_{14}O$, F. 101,5 bis 102,5° (A.), aus Methylcyclopropylketon u. Zimtaldehyd (III) mit wss. NaOH; 38% [Ausbeute]; λ_{max} in Isooctan 314 mμ, 230 mμ; log ε 4,51 bzw. 4,03. *2.4-Dinitrophenylhydrazon,* $C_{20}H_{18}O_4N_4$, F. 211—212°. *p-Nitrophenylhydrazon,* $C_{20}H_{19}O_2N_3$, F. 148°. *Hexabromderiv.,* $C_{14}H_{14}OBr_6$, F. 147°. — *4-Phenylbutadien-(1.3)-yl-n-propylketon* (II) $Kp._{70}$ 128—132°, aus Methyl-n-propylketon u. III; 60%; n_D^{25} 1,6258; λ_{max} 313 mμ, 224 mμ; log ε 4,42 bzw. 3,93. *2.4-Dinitrophenylhydrazon,* $C_{20}H_{20}O_4N_4$, F. 194°; *p-Nitrophenylhydrazon,* $C_{20}H_{21}O_2N_3$, F. 141°. — Methylcyclohexyl- u. -cyclobutylketon gaben mit III keine I-analogen Kondensationsprodukte. (J. org. Chemistry **18.** 282—87. März 1953. Chicago, Ill., Loyola Univ., Dep. of Chem. u. Northwestern Univ., Chem. Labor.) D. BRÜCK. D 118

R. C. Merrill und **R. W. Spencer,** *Änderungen im Spektrum von Pinacyanolchlorid in Natriumsilicat-Salzlösungen.* Zusätze von 0,1 mol. Lsgg. von Natriumfluorid, -sulfat, -chlorid, -orthophosphat, -pyrophosphat, -carbonat, -bromid u. jodid verstärken in dieser Reihenfolge immer mehr die Absorptionsbanden von Pinacyanolchlorid (I) in W. ($1\cdot10^{-5}$Mol). Die Purpurfarbe des I mit 0,01 mol. $Na_2O\cdot3{,}3\ SiO_2$-Lsg. wird dagegen geschwächt von Natriumchlorid, -fluorid, -jodid, -sulfat, -carbonat, -bromid, -phosphat u. -pyrophosphat. Li-, Na- u. K-Chloride wirken ähnlich in W., verschieden in Silicatlösung. Organ., zur Micellenbldg. fähige Salze wie Cetyltrimethylammoniumbromid u. Natriumlaurylsulfat verstärken sehr die α-Bande bei 600 mμ, während die Einw. auf die kurzwelligeren β- u. γ-Banden gering ist. (J. Amer. chem. Soc. **72.** 2894—99. Juli 1950. Philadelphia, Pa., Philadelphia Quartz Comp.) A. REUTER. D 118

D. C. Biswas, *Das Raman-Spektrum des 1.1.1- und 1.1.2-Trichloräthans im festen Zustand bei —180°.* Die RAMAN-Spektren von *1.1.1-* (I) u. *1.1.2-Trichloräthan* (II) wurden im festen Zustand bei —180° aufgenommen u. mit den Spektren im fl. Zustand verglichen. Während bei I auch fest alle wichtigen Linien beobachtet werden, verschwinden bei II einige starke Linien. Dagegen treten in beiden Fällen im niederen Frequenzgebiet neue Linien auf (13 u. 60 cm^{-1}). Die möglichen Gründe für diese Änderungen werden diskutiert. (Indian J. Physics Proc. Indian Assoc. Cultivat. Sci. **27/36.** 379—83. Juli 1953. Calcutta, Ind. Assoc. Cult. Sci., Opt. Dep.) GOUBEAU. D 120

J. Rud Nielsen, H. H. Claassen und **D. C. Smith,** *Ultrarot- und Raman-Spektren von fluorierten Äthylenen.* 5. Mitt. *Hexafluorpropen.* (4. vgl. C. **1954.** 2787.) Von *Hexafluorpropen* wurde das Ultrarotspektr. von 2—38 μ gasförmig u. das RAMAN-Spektr. mit Depolarisationsgraden fl. u. gasförmig neu vermessen. Die Spektren werden ausführlich diskutiert u. von den 21 Grundschwingungen 17 sicher u. 4 wahrscheinlich zugeordnet. (J. chem. Physics **20.** 1916—19. Dez. 1952. Norman, Okla., Univ. of Oklahoma, Dep. of Phys., u. Washington, D.C., Naval Res. Labor.) GOUBEAU. D 120

Salvador M. Ferigle, Forrest F. Cleveland und **Arnold G. Meister,** *Raman- und Ultrarotspektren von Dimethyldiacetylen und ihre Zuordnung.* Von *Dimethyldiacetylen* werden das RAMAN-Spektr. in CCl_4- u. C_6H_6-Lsg. mit Depolarisationsfaktoren u. das Ultrarotspektr. von 400—1000 cm^{-1} neu vermessen. Diese Ergebnisse erfordern gegenüber früher eine andersartige Zuordnung. (J. chem. Physics **20.** 1928—31. Dez. 1952. Chicago, Ill., Illinois Inst. of Technol., Dep. of Phys., Spectroscop. Labor.) GOUBEAU. D 120

Paolo Chiorboli und **Piero Manaresi**, *Quantenmechanische Betrachtungen über einige Carbonylderivate des Pyrrols.* 2. Mitt. (1. vgl. Atti. Accad. naz. Lincei, Rend., Cl. Sci. fisiche mat. natur. [8] **12.** [1952.] 713.) Unter bestimmten Näherungen berechnen die Autoren aus den COULOMB- u. Austauschintegralen die Carbonylfrequenzen von *α-Pyrrolaldehyd, α-* u. *N-Acetylpyrrol.* Der Vgl. mit den experimentellen Daten zeigt, daß das in dieser Arbeit angewandte Näherungsverf. schlechtere Übereinstimmung ergibt als das Rechenverf. der 1. Mitt. (l. c.). (Gazz. chim. ital. **83.** 114—26. Febr. 1953. Bologna, Univ., Ist. chim. „G. Ciamician"; Centro Studi Chim.-fis. del C. N. R.)
GOUBEAU. D 120

Nelson J. Leonard, Richard C. Fox, Michinori Oki und **Stefano Chiavarelli**, *Cyclische Aminoacyloine. Beschränkung einer transannularen Wechselwirkung zwischen N und $C_{(CO)}$ durch die Ringgröße.* Vff. bestätigen die Vermutung, daß die niedrige Lage der C=O-Valenzfrequenz, die in den Infrarotspektren einiger Alkaloide beobachtet wurde, welche 9- oder 10gliedrige Ringe enthalten, auf einer transannularen (über den

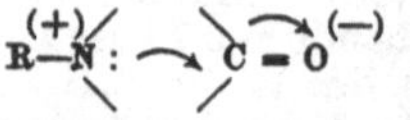

Ring hinweg verlaufenden) Wechselwrkg. zwischen N u. Carbonylgruppe beruht (vgl. ANET, BAILEY u. ROBINSON, Chem. and Ind. **1953.** 944); innerhalb des großen Ringes entsteht unter Ausbildung einer amidartigen Bindung ein 5- oder 6-Ring. Von den von Vff. dargestellten *1-Alkyl-1-azacycloalkanolonen* (durch Acyloinkondensation der entsprechenden Aminodiester, welche ihrerseits aus einem prim. Amin u. 2 Molen ω-Halogenester erhalten wurden) besitzen diejenigen mit 7, 11, 13, 15, 17, 19 u. 23 Ringgliedern eine n. CO-Absorption bei 1700—1713 cm^{-1}, während die beiden neungliedrigen Ringe Maxima bei 1666 bzw. 1671 cm^{-1} haben. Ähnliches gilt für das Perchlorat des 9-Rings; dasjenige des 11-Rings zeigt dagegen n. CO- u. O—H/N—H-Absorption. *1-Methyl-1-azacyclooctanon-(5)*, eine Verb. mit 8-Ring, zeigt CO-Absorption bei 1683 u. überhaupt keine Absorption oberhalb 3000 cm^{-1}; sein pK_a'-Wert ist in W. (8,75) kleiner als in 66%ig. Dimethylformamid (9,75). Gleiches gilt für das 9gliedrige Azaacyloin (9,2 bzw. 10,6); in diesen beiden Verbb. scheint sich demnach das Proton nicht am tert. N, sondern an einem neutralen O-Atom zu befinden, im Gegensatz zum 11gliedrigen Azaacyloin (pK_a' 7,8 in Dimethylformamid, 9,1 in W.).

V e r s u c h e: *1-Methyl-1-azacyclononanol-(5)-on-(6)*, $C_9H_{17}O_2N$, F. 95—97°, durch Acyloin-Rk. von γ.γ'-Methylimino-bis-[buttersäureäthylester] (I) mit Na in Xylol; 53% (Ausbeute). *Perchlorat*, $C_9H_{18}O_6NCl$, hygroskop. Glas. — *1-Äthyl-1-azacyclononanol-(5)-on-(6)*, $C_{10}H_{19}O_2N$, $Kp._{0,15}$ 64—65°, aus γ.γ'-Äthylimino-bis-[buttersäureäthylester]; n_D^{20} 1,4999; 60%. *Perchlorat*, $C_{10}H_{20}O_6NCl$, hygroskop. Glas. — *1-Methyl-1-azacycloundecanol-(6)-on-(7)*, $C_{11}H_{21}O_2N$, $Kp._{0,2}$ 85—86°, aus δ.δ'-Methylimino-bis-[valeriansäureäthylester]; n_D^{20} 1,4926; 47%. *Perchlorat*, $C_{11}H_{22}O_6NCl$, hygroskop. Glas. — *1-Äthyl-1-azacycloundecanol-(6)-on-(7)*, $C_{12}H_{23}O_2N$, $Kp._{0,02}$ 65°, aus δ.δ'-Äthylimino-bis-[valeriansäureäthylester]; n_D^{20} 1,4907; 64%. — *1-Methyl-1-azacyclooctanon-(5)*, durch DIECKMANN-Kondensation von I in Xylol mit K-tert.-Butylat, Hydrolyse u. Decarboxylierung; 20%; gereinigt über das *Pikrat*, $C_{14}H_{18}O_8N_4$, F. ca. 300° (Zers.). *Perchlorat*, $C_8H_{16}O_5NCl$, F. 260—261° (Zers.). (J. Amer. chem. Soc. **76.** 630—31. 20/1. 1954. Urbana, Ill., Univ., Noyes Chem. Labor.) J. ROTHE. D 120

S. A. Barker, E. J. Bourne, M. Stacey und **D. H. Whiffen**, *Infrarotspektren von Kohlenhydraten.* 1. Mitt. *Einige Derivate der D-Glucopyranose.* In dem Frequenzbereich von 730—960 cm^{-1} wurden zunächst die folgenden, von der α- bzw. β-D-Glucopyranose abgeleiteten Monosaccharide in Nujolsuspension untersucht: *α-D-Glucopyranose* (I), *3-O-Methyl-, 6-O-Methyl-, 3.4-Di-O-methyl-, 2.3.6-* u. *2.4.6-Tri-O-methyl-, 2.3.4.6-Tetra-O-methyl-α-D-glucopyranose, 2-Amino-2-desoxy-α-D-glucopyranose-Hydrochlorid, 2-Acetamido-2-desoxy-α-D-glucopyranose, 2-Amino-2-desoxy-3-O-methyl-α-D-glucopyranose-Hydrochlorid, Methyl-α-D-glucopyranosid* (II), *-2-O-methyl-, -2.3-di-O-methyl-, -2-acetamido-2-desoxy-, -2-acetamido-2-desoxy-3-O-methyl-, -2-acetamido-2-desoxy-3.4.6-tri-O-methyl-α-D-glucopyranosid, β-D-Glucopyranose* (III), *2-O-Methyl-, 2.3-Di-O-methyl-β-D-glucopyranose, 2-Amino-2-desoxy-3.4.6-tri-O-methyl-β-D-glucopyranose-Hydrochlorid, Methyl-β-D-glucopyranosid* (IV), *-4-O-* u. *-6-O-methyl-, -3.4-* u. *-4.6-di-O-methyl-, -2.3.4-tri-O-methyl-, -2.3.4.6-tetra-O-methyl-, -2-acetamido-2-desoxy-, -2-acetamido-2-desoxy-4.6-di-O-methyl-, -2-acetamido-2-desoxy-3.4.6-tri-O-methyl-β-D-glucopyranosid.* Von höheren von I abgeleiteten Sacchariden wurden untersucht: *β-Maltose, Maltotriose, Maltotetraose, Amylose* (Kartoffel), *Amylopektin* (Kartoffel), *Glykogene* verschied. Herkunft, *β-Dextrin* (Kartoffel), *Cyclomaltohexaose, Cyclomaltoheptaose, α-Panose, Isomaltose, Isomaltotetraose*, verschied. *Dextrane, Nigerose, Trisaccharidfraktion* von *Nigeran, Oligosaccharidfraktion* von *Nigeran* u. *Nigeran* (*Mycodextran*). Von der III abgeleitete höhere Saccharide: *β-Cellobiose, α-Cellotriose, β-Cellotetraose, Cellulose,*

Methyl-β-cellobiosid, Gentiobiose, Luteose, α-Laminaribiose, Laminaritetraose, Laminarin, Hefeglucan, α-Sophorose, β.β-Trehalose u. *α.β-Trehalose*. Auffallend bei allen Spektren von I u. II u. ihren Derivv. ist ein Absorptionsmaximum mittlerer oder starker Intensität bei **844** ± 8 cm^{-1}, was daher auf das Auftreten von I in den Verbb. hindeutet. Im Gegensatz hierzu tritt bei III u. IV u. ihren Derivv. das entsprechende Maximum bei 891 ± 7 cm^{-1} auf. Es ist demnach möglich, mit Hilfe dieser beiden Maxima die α- u. β-Anomeren zu unterscheiden. Weiter lassen sich aus den Spektren die Stellungen der glycosid. Bindungen in einem Polyglucosan mit einer gewissen Sicherheit angeben. Diskutiert werden noch die für die Absorption in dem untersuchten Gebiet verantwortlichen Formen der Schwingungen. (J. chem. Soc. [London] **1954**. 171—76. Jan. Birmingham, Univ., Chem. Dep.) GOTTFRIED. D 120

Charles W. Craven, Kurt R. Reissmann und **Herman I. Chinn**, *Infrarotabsorptionsspektren von Porphyrinen*. Es wurden die Infrarotabsorptionsspektren der folgenden Verbb. mit CCl_4 als Lösungsm. untersucht: *Bilirubin* (II), ein Gemisch von *Gallenfarbstoffen* u. *Protoporphyrin, Koproporphyrin I* u. *III* u. *Deuteroporphyrin* (I). Die Hauptabsorptionsbanden lagen in allen Fällen zwischen 3,35 u. 3,45 μ mit sek. Banden zwischen 3,45 u. 3,60 μ u. einer Bande bei 6,8 μ. Diese Banden sind wahrscheinlich den CH_3-Gruppen zuzuordnen, die in allen untersuchten Verbb. auftreten. Starke Absorption wurde ferner zwischen 5,7 u. 5,8 μ u. bei 8,5 μ (mit Ausnahme von I) beobachtet. Für II allein waren Banden bei 7,9 u. 10,7 μ charakteristisch. Zwischen den beiden Koproporphyrinen konnte ein Unterschied in den Spektren nicht nachgewiesen werden. Es wurde ferner die Durchlässigkeit von verschieden konz. Lsgg. von Koproporphyrin III in CCl_4 bei 5,72 μ gemessen. In dem untersuchten Konzentrationsbereich besteht eine lineare Beziehung zwischen der Konz. u. dem log der Durchlässigkeit. (Analytic. Chem. **24**. 1214—16. Juli 1952. Randolf Field, Tex., USAF School of Aviation Med.) GOTTFRIED. D 120

Marie-Louise Josien und **Nelson Fuson**, *Beitrag zur Untersuchung des Einflusses eines Propanringes durch Infrarotspektrographie*. Unters. der Infrarotabsorption von *Cholestenon* (I) u. *Isocholestan-6-on* (II) in CS_2-Lösung. I zeigt eine sehr starke Bande bei 5,95 μ u. eine von mittlerer Intensität bei 6,20 μ, II nur eine sehr starke bei 5,90 μ. Die Spektren beider Verbb. als Kristallpulver in Paraffinöl zeigen deutlich nur eine Bande bei 5,96 μ für I u. 5,94 μ für II, welche der C=O-Schwingung entspricht. Die nahezu gleiche Lage dieser Bande für II wird auf die Nachbarschaft eines Propanringes, der die C-Atome 3 u. 5 verbindet u. den gleichen Effekt wie eine konjugierte Doppelbindung hervorruft, zurückgeführt. Eine Unterscheidung der n- u. Isosteroide ist nur durch die Bande bei 6,20 μ möglich, welche der durch die konjugierte C=O-Bindung verstärkten C=C-Bindung zuzuschreiben ist. (C. R. hebd. Séances Acad. Sci. **231**. 1511. 18/12. 1950.) EICHHOFF. D 120

Børge Bak, Lise Hansen und **John Rastrup-Anderson**, *Mikrowellenspektrum von Pyridin*. (Vgl. BAK u. RASTRUP-ANDERSON, C. **1954**. 4354.) Vff. korrigieren ihre früher veröffentlichten Ergebnisse (l. c.) über das Mikrowellenspektr. von *Pyridin* (I) dahingehend, daß als Asymmetrieparameter jetzt k = 0,85 angenommen wird. Die aus den von MCCULLOH u. POLLNOW (C. **1954**. 6449) gefundenen Rotationskonstanten berechneten Frequenzen werden den von Vff. früher experimentell bestimmten Werten gegenübergestellt. Es besteht gute Übereinstimmung zwischen berechneten u. beobachteten Daten. Vff. weisen bes. auf den Übergang $1_{10} \rightarrow 2_{11}$ hin, dessen Frequenz (20373,8 MHz) sich einfach ergibt zu 3 B + C. Messungen der STARK-Verschiebungen dieser Linie bestätigen die von MCCULLOH u. POLLNOW (l. c.) angewandten Auswahlregeln. Es ist nach Vff. als sicher anzunehmen, daß das Dipolmoment von I, welches in der N—H(4)-Achse liegt, mit der Achse des kleinsten Trägheitsmomentes zusammenfällt. Im Gegensatz zu Fluorbenzol bleibt in I für die 5 C- u. 5 H-Atome das C—H-Kernskelett von Bzl. nicht erhalten; I erscheint eindeutig schmaler („slim") als Benzol. (J. chem. Physics **22**. 565. März 1954. Kopenhagen, Univ., Chem. Labor.) G. WINKLER. D 121

Krishnaji und **Prem Swarup**, *Dielektrisches Verhalten von Methylbromid im 3 cm-Gebiet*. Vff. untersuchen im 3 cm-Gebiet das dielektr. Verh. des symm. Kreiselmol. *Methylbromid* (I) im Gaszustand bei niedrigen Drucken. Die Absorption von I im untersuchten Gebiet ist allein zuzuschreiben der Diversion des Mol. im Grundschwingungszustand; der Beitrag der Resonanzlinien bei 0,63 cm^{-1} ist zu vernachlässigen, Vff. vergleichen die experimentell gefundenen Werte des Absorptionskoeff. α in Abhängigkeit vom Druck mit den nach der DEBYE-Gleichung $\alpha/\bar{\nu}^2 = 2\pi\,J p \cdot [(\Delta\nu)_{Av}/\Delta\bar{\nu}^2 + \bar{\nu}^2]$ (für Resonanzfrequenz $\bar{\nu}_0 = 0$) berechneten Daten. Für Drucke bis 35 cm Hg ergibt sich aus den Versuchsergebnissen eine Beziehung $\alpha/\bar{\nu}^2 = \text{Const} \cdot p^2$

[Const = 1,22·10^{-6} cm/(cm Hg)^2]. Die aus α berechneten Werte der dielektr. Verlustfaktoren bei verschied. Drucken werden tabellar. wiedergegeben. Die experimentellen Werte der elektr. Susceptibilität ($\varepsilon-1$) in Abhängigkeit vom Druck ergeben eine Gerade. Die bei 1 at gefundenen Werte für α u. $\varepsilon-1$ stimmen mit den von WALTER u. HERSHBERGER (C. **1947.** 436) ermittelten Daten überein. Vff. berechnen aus dem Linienbreitenparameter den Stoßdurchmesser zu 9 Å (vgl. BLEANEY u. LOUBSER, C. **1951.** I. 2541), für die komplexe DK. bei 3,3 cm, 1 at u. Zimmertemp. gilt ε = 1,0095 —j (0,00023). (J. chem. Physics **22.** 568—69. März 1954. Allahabad, India, Univ., Dep. of Phys.) G. WINKLER. D 132

J. L. Farrands, *Dielektrische Eigenschaften einiger symmetrischer Monoketone bei Raumtemperatur.* Vf. maß bei Raumtemp. u. Frequenzen zwischen 100 u. 6,8·10^7 **Hz** die relativen Durchlässigkeiten [in ()] u. dielektr. Verluste folgender Verbb.: *Paraffin* $C_{18}H_{38}$ (2,25); *Diheptylketon* (2,53); *Dinonylketon* (2,49); *Diundecylketon* (2,46); *Stearon* [*Diheptadecylketon*] (2,44). Die relativen Durchlässigkeiten sind im untersuchten Bereich frequenzunabhängig, zeigen aber einen linearen Anstieg mit der reziproken Kettenlänge der Ketone. Dies widerspricht den theoret. Voraussagen SZIGETIs (vgl. z. B. C. **1954.** **8313**). Vf. schlägt eine andere Hypothese zur Erklärung vor, die auf einem Modell basiert, in dem das Mol. sich quasi-starr im Potentialfeld seiner nächsten Nachbarn befindet. — Die dielektr. Verluste sind im untersuchten Frequenzbereich gering; sie wachsen jedoch deutlich bei Frequenzen oberhalb 10^7 Hz u. scheinen bei 6·10^7 (λ = 5 mm) ein Maximum zu besitzen. (Trans. Faraday Soc. **50.** 493—501. Mai 1954. London, Imp. Coll. of Sci. and Technol., Electr. Engng. Dep.)
J. ROTHE. D 132

Ernst Berliner und **Elizabeth A. Blommers,** *Die Dissoziationskonstanten substituierter Diphenyl-4-carbonsäuren.* Zur Unters. des Einfl. von Substituenten in den beiden Kernen des Diphenylsyst. (vgl. LEFÈVRE u. Mitarbeiter, J. chem. Soc. [London] **1928.** 245) werden die relativen Dissoziationskonstanten 10 verschied. Diphenylcarbonsäuren vom Typ **A** potentiometr. in einer gleichteiligen Mischung von Butylglykol u. 0,1 mol. LiCl-Lsg. gemessen u. mit den Dissoziationskonstanten von 6 substituierten Benzoesäuren verglichen. — Die Darst. der Säuren erfolgte im allg. durch Oxydation der entsprechenden Methylketone mit Na-Hypochlorit bzw. Na-Hypobromit (vgl. z. B. JOHNSON, GUTSCHE u. OFFENHAUER, J. Amer. chem. Soc. **68.** [1946.] 1648).

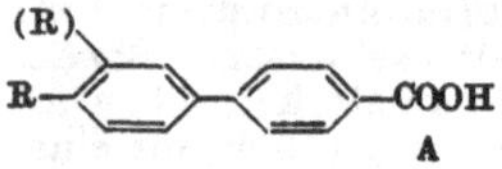

A

Folgende Diphenyl-4-carbonsäuren wurden untersucht: *p-Phenylbenzoesäure* [pK_{25} 5,66], F. 224,7—225,8°, Nadeln, aus p-Phenylacetophenon (**III**). — *4-Methoxy-* [pK_{25} 5,75], F. 245—247° (Eisessig). — *4-Brom-* [pK_{25} 5,47], F. 303,2—303,5° (Eisessig). — *4-Chlor-* [pK_{25} 5,47], F. 289,8 bis 290,8° (Eisessig). — *4-Nitro-* [pK_{25} 5,25], F. 336,2—339,2° (Eisessig); *Äthylester* F. 112,2—112,5° (A. u. Ligroin). — *4-Amino-* [pK_{25} 6,00], F. 227—236° (A.); 95%. — *4-Methyl-* [pK_{25} 5,69], F. 243—245° (Eisessig). — *3-Bromdiphenyl-4'-carbonsäure* [pK_{25} 5,49], $C_{13}H_9O_2Br$, F. 252,9—254,4° (Eisessig). *Äthylester,* $C_{15}H_{13}O_2Br$, F. **69**,3 bis 70,1°, aus PAe. Täfelchen. — *3-Nitrobiphenyl-4'-carbonsäure* [pK_{25} 5,35], $C_{13}H_9O_4N$, F. 313—315,1° (korr.; Eisessig). *Äthylester,* $C_{15}H_{13}O_4N$, F. 113,7—114,4° (A.). — Die pK_{25}-Werte bilden in Abhängigkeit von den HAMMETTschen σ-Werten eine Linie, woraus geschlossen werden kann, daß die Substituenten qualitativ ihre Wrkg. durch das Diphenylsyst. fortsetzen, im Verhältnis zu den entsprechenden Benzoesäuren aber nur zu ca. $^1/_3$; es scheint daher, daß Diphenyl ein schlechtes Leitsyst. ist. Der σ-Wert der Diphenylcarbonsäuren (+0,37) ist kleiner als der der Benzoesäuren (1), Phenylessigsäuren (+0,47) u. Zimtsäuren (+0,466), aber größer als der der Phenylpropionsäuren (+0,212). Dieser niedrige Wert wird teilweise auf die Notwendigkeit der koplanaren Stellung der Benzolringe für eine Konjugation zurückzuführen sein. — *3-Nitro-4'-acetobiphenyl* (**I**), $C_{14}H_{11}O_3N$, F. 109—110°, aus 3-Nitrobiphenyl u. Acetylchlorid mit $AlCl_3$ in sd. CS_2, aus A. gelbe Nadeln; 56%. *2.4-Dinitrophenylhydrazon,* $C_{20}H_{15}O_6N_5$, F. 234,7—236,3°, aus A. + Chlf. rote Prismen. — *3-Amino-4'-acetobiphenyl* (**II**), $C_{14}H_{13}ON$, F. 147,4—150,5°, durch Red. von **I** mit Sn + HCl in A., gelbe Tafeln. — *3-Brom-4'-acetobiphenyl,* $C_{14}H_{11}OBr$, F. 40,3—40,9°, aus 3-Brombiphenyl u. Acetylchlorid in sd. CS_2 mit $AlCl_3$, oder aus **II** nach SANDMEYER; 50%. *2.4-Dinitrophenylhydrazon,* $C_{20}H_{15}O_4N_4Br$, F. 234,7—236,5°, aus A. u. Chlf. rote Tafeln. — Desaminierung von **II** führt zu **III**, F. 120—121° (PAe.). (J. Amer. chem. Soc. **73.** 2479—83. Juni 1951. Bryn Mawr, Pa., Coll., Marion Edwards Park Labor.) GOLD. D 139

J. S. F. Gill und **M. J. Thornton,** *Die Hydrate der β-Naphthalinsulfonsäure.* Das Phasendiagramm des Syst. *β-Naphthalinsulfonsäure–W.* wird angegeben. Nachgewiesen werden Mono-, Tri-, Penta- u. Oktahydrat. Die Abhängigkeit des Dampfdruckes von der Temp. u. der Konz. wird experimentell genau bestimmt u. thermodynam.

gedeutet. (J. chem. Soc. [London] **1953.** 914—21. März. Manchester, Imp. Chem. Ind. Ltd., Res. Labor.) v. SCHIESZL. D 150

J. L. Franklin, *Berechnung der Bildungswärmen gasförmiger freier Radikale und Ionen.* Es wird eine einfache Meth. zur Berechnung der Bildungswärmen gasförmiger freier Radikale u. Carboniumionen angegeben; eine Anzahl von Beispielen zeigt gute Übereinstimmung der berechneten Werte mit den experimentellen Befunden. Vf. zeigt, daß eine fertige Berechnung der Bindungsenergien in alicycl. Verbb. sowie des Ionisationspotentials von Olefinen, Aromaten u. anderen ungesätt. Verbb. möglich ist. Die Meth. ist jedoch nicht direkt für die Berechnung des Ionisationspotentials von gesätt. Verbb. anwendbar. (J. chem. Physics **21.** 2029—33. Nov. 1953. Baytown, Tex., Humble Oil and Refining Co.) MINSINGER. D 156

W. H. Slabaugh und **J. L. Culbertson,** *Der Einfluß von verschiedenen Reagentien auf die Eigenschaften von kolloidem Bentonit.* 2. Mitt. *Organische Amine.* (1. vgl. C. **1952.** 2472.) Vff. untersuchen die Reaktionen von *Bentonit* mit organ. Aminen durch viscosimetr. u. elektrophoret. Messungen. Monoamine dehydratisieren die Bentonitmicellen u. machen das Syst. hydrophob. Bifunktionelle Amine geben Viscositäts–Konz.-Kurven mit einem Minimum u. Maximum, die durch die Theorie der Komplexbldg. gedeutet werden können. Da sich *Aminosäuren* mit benachbarten u. nichtbenachbarten NH_2- u. COOH-Gruppen durch die Form der gebildeten rheolog. Strukturen unterscheiden, ist eine Best. der relativen Stellung dieser Gruppen in Moll. auf diesem Wege möglich. — Die Unterss. wurden durchgeführt an *Methylamin, Anilin, p-Oxyanilin, p-Toluidin, p-Phenylendiamin, o-, m-* u. *p-Aminobenzoesäure, Sulfanilsäure* u. *ε-Aminocapronsäure.* (J. physic. Colloid Chem. **55.** 1131—39. Okt. 1951. Pullman, Wash., State Coll., Dep. of Chem.) MOLL. D 168

B. Szigeti, *Torsionsschwingungen langer Kettenmoleküle.* 3. Mitt. *Einflüsse der Kettenenden.* (1. u. 2. vgl. C. **1952.** 5421 bzw. **1953.** 3538.) Vf. berechnete in der 2. Mitt. die Polarisierbarkeit langkettiger *Ketone,* die aus inneren Torsionen resultiert. In der 3. Mitt. wird weiter mit einer gestreckten Konfiguration unter Vernachlässigung intermol. Wechselwirkungen die Amplitude der Torsionsschwingungen der CO-Gruppe berechnet, wobei jetzt der Einfl. der Kettenenden berücksichtigt wird. Dieser Einfl. nimmt mit wachsender Kettenlänge nicht ab. Auch bei Ketonen, deren CO-Gruppe nahe der Kettenmitte liegt, sind diese Einflüsse sehr verschieden, je nachdem ob L (Anzahl der C-Atome) gerade oder ungerade ist. Für ungerades L sind sie verschieden bei einer CO-Gruppe, die auf der gleichen Seite wie die Endgruppe liegt, u. einer entgegengesetzt liegenden CO-Gruppe. — Für die in der 2. Mitt. berechneten durchschnittlichen Torsionsschwingungen ist jedoch keine Änderung erforderlich. (Trans. Faraday Soc. **49.** 132—40. Febr. 1953. Liverpool, Univ., Dep. of Theoret. Phys.) MEYERHOFF. D 182

Vera Daniel, *Die Physik langkettiger Kristalle.* Zusammenfassender Überblick an Hand der Literatur. Bes. eingegangen wird auf die Ergebnisse bei langkettigen Paraffinen, als Eigg. werden Mol.-Struktur, Kristallstruktur, Spaltbarkeit u. Kompressibilität der Kristalle sowie Eigg. der Verbb. in fl. Phase u. an Oberflächen, außerdem das Verh., was auf ungeordnete Zustände schließen läßt (Polymorphie, DK.- u. Verlustmessungen), behandelt. (Advances in Physics **2.** 450—93. Okt. 1953. London, Electr. Res. Assoc.) GOTTFRIED. D 190

T. T. Harding und **S. C. Wallwork,** *Die Strukturen von Molekularverbindungen mit Polarisationsbindung.* 1. Mitt. *Allgemeine Einleitung und die Kristallstruktur von Phenochinon.* Der Begriff „Polarisationsbindung" wurde von MCKEOWN u. Mitarbeitern (vgl. C. **1953.** 6213) zur Beschreibung der Wechselwrkg. zwischen polarisierenden u. polarisierbaren Moll. eingeführt. Nach den bisher vorliegenden Unterss. an kristallinen Molekularverbb., die durch Nitroverbb. u. Chinone mit aromat. KW-stoffen, Aminen u. Phenolen gebildet werden, beruht diese Wechselwrkg. eher auf der ungewöhnlichen Ebene-auf-Ebene-Packung der Moll. als auf einer Verkürzung der VAN DER WAALSschen Abstände. Zur weiteren Unters. dieser Wechselwrkg. wurde die Struktur des Phenochinons, $(C_6H_5OH)_2 \cdot C_6H_4O_2$, untersucht. Die Verb., dargestellt durch Mischen warmer gesätt. Lsgg. von p-Benzochinon u. Phenol in PAe., bildet gelbe lattenähnliche Kriställchen. Die monokline Zelle hat die Dimensionen $a = 11{,}16$ Å; $b = 5{,}97$ Å; $c = 11{,}48$ Å; $\beta = 100^0$. Raumgruppe ist $P\,2_1/c$; $Z = 2$ $(C_6H_4O_2 \cdot 2C_6H_5 \cdot OH)$. Auf Grund der opt. Daten u. einer vorläufigen FOURIER-Synth. wurde festgestellt, daß die Komplexe in Säulen parallel der Richtung [2 0 1] angeordnet sind. Zur Verfeinerung durchgeführte FOURIER-Synthesen ergaben für eine asymm. Einheit die Parameter: O: (x =) 0,090; (y =) —0,357; (z =) 0,125; C_1: 0,050; —0,207; 0,073; CH_1: 0,015; 0,015; —0,115; CH_2: 0,060; —0,164; —0,054; OH: 0,238; 0,368; 0,039;

C_3: 0,283; 0,185; 0,103; CH_3: 0,272; 0,165; 0,222; CH_4: 0,320; —0,022; 0,281; CH_5: 0,383; —0,185; 0,233; CH_6: 0,395; —0,165; 0,115; CH_7: 0,348; 0,022; 0,048. In diesem Gitter bildet die Projektion der O–O-Achse des Chinonmol. auf die bc'-Ebene (c' = c sin β' mit β' = 109° dem Winkel zwischen [2 0 1] u. c) senkrecht zu [2 0 1] einen Winkel von 22° mit der b-Achse. Die O–O-Achse selbst ist aus der bc'-Ebene um 31° herausgedreht. Eine zweite Mol.-Achse in der Ebene des Ringes, senkrecht zu der ersten, liegt in der bc'-Ebene. Die Ebene jedes Phenolmol. liegt parallel zu dem angrenzenden Chinonmol., u. die Achse, welche OH mit dem entgegengesetzten Punkt des Benzolrings verbindet, liegt parallel zu der O–O-Achse des Chinons. Die Struktur ist demnach aus Gruppen von 3 Mol. aufgebaut, wobei jede Gruppe aus einem Chinonmol. u. 2 zentrosymm. angeordneten Phenolmoll. besteht. Innerhalb der Gruppe haben alle Moll. die gleiche Orientierung u. sind Ebene-auf-Ebene gepackt mit dem Chinonmol. zwischen den beiden Phenolmolekülen. Die Gruppen selbst sind in Säulen parallel zu der Richtung [2 0 1] angeordnet. Aneinanderstoßende Moll. sind durch H-Bindungen zwischen jeder phenol. OH-Gruppe u. einem O-Atom eines Chinonmol. in der nächsten Säule verknüpft; die Länge dieser Bindung beträgt 2,64 Å. Auf Grund einer ausführlichen Diskussion kommen die Vff. zu dem Ergebnis, daß sich die Polarisationsbindung in Komplexen des beschriebenen Typs als partielle mol. π-Bindung erklären läßt. (Acta crystallogr. [Copenhagen] **6.** 791—96. 10/10. 1953. Nottingham Univ., Dep. of Chem.) GOTTFRIED. D 195

W. T. Eeles, *Kristallographische Daten gewisser Alkaloide.* 2. Mitt. *Einige gemischte Alkaloide.* (1. vgl. GRIFFITHS, Acta crystallogr. [London] **5.** [1952.] 290.) *Brucin,* $C_{23}H_{26}O_4N_2 \cdot 4H_2O$, krist. aus wss. A. in farblosen nach [1 0 0] gestreckten Nadeln. Die rhomb. Zelle hat die Dimensionen a = 7,6 Å; b = 11,6 Å; c = 26,6 Å; Raumgruppe ist P 2_1 2_1 2_1; Z = 4. — *Brucinsulfat,* $[C_{23}H_{26}O_4N_2]_2H_2SO_4 \cdot 7H_2O$, erhält man aus W. in Form farbloser, nach der [1 0 0]-Richtung gestreckter Balken. Die Verb. ist rhomb. mit a = 12,3 Å; b = 14,4 Å; c = 26,9 Å; Raumgruppe ist C 2 2 2_1; Z = 4. Im Gitter muß jedes Sulfation auf einer zweizähligen Achse liegen. — *Gelseminhydrochlorid,* $C_{20}H_{22}O_2N_2 \cdot HCl$, bildet, aus W. umkrist., sehr kleine durchsichtige Balken. Die rhomb. Zelle hat die Dimensionen a = 7,3 Å; b = 9,0 Å; c = 26,4 Å; Raumgruppe ist P 2_1 2_1 2_1; Z = 4. — *α-Lobelinhydrochlorid,* $C_{22}H_{27}O_2N \cdot HCl \cdot H_2O$, krist. aus W. in durchsichtigen Nadeln. Die Verb. ist rhomb. mit a = 8,1 Å; b = 14,2 Å; c = 18,0 Å; Raumgruppe ist P 2_1 2_1 2_1; Z = 4. — *Pilocarpinhydrochlorid,* $C_{11}H_{16}O_2N_2 \cdot HCl$, krist. monoklin mit den Dimensionen a = 6,7 Å; b = 9,2 Å; c = 10,8 Å; β = 105½°; Z = 2. — *Pilocarpinhydrobromid,* $C_{11}H_{16}O_2N_2 \cdot HBr$, wurde aus wss. HBr teils in Form lang, spitz zulaufender Nadeln, teils in quadrat. Plättchen erhalten. Beide Formen sind rötlichbraun u. geben ident. Diagramme. Die Verb. erwies sich als tetragonal mit a = 6,9 Å; c = 37,6 Å; Raumgruppe ist P 4_1; Z = 8. (Acta crystallogr. [Copenhagen] **6.** 809—10. 10/10. 1953. Cardiff, Univ. Coll., Viriamu Jones Labor.)

GOTTFRIED. D 195

F. M. Lovell, *Kristallographische Daten gewisser Alkaloide.* 3. Mitt. (2. vgl. vorst. Ref.) Schwenkaufnahmen an *Ephedrin,* $C_{10}H_{15}ON \cdot {}^1/_2H_2O$, ergeben rhomb. Symmetrie. Die Elementarzelle hat a = 7,41 Å; b = 11,40 Å; c = 24,1 Å; Raumgruppe ist C2 2 2_1; Z = 8. — Gute Kristalle von *Hordeninsulfat,* $(C_{10}H_{15}ON)_2 \cdot H_2SO_4 \cdot H_2O$, wurden aus Methylalkohol erhalten. Die Verb. ist monoklin u. hat a = 24,1 Å; b = 8,29 Å; c = 11,75 Å; β = 103°. Raumgruppe ist P 2_1/a; Z = 4. — Kristalle von *Homatropin,* $C_{16}H_{21}O_3N$, erwiesen sich als monoklin mit den Zelldimensionen a = 14,5 Å; b = 15,1 Å; c = 6,97 Å; β = 100°. Raumgruppe ist P 2_1/c; Z = 4. — *Homatropinhydrobromid,* $C_{16}H_{21}O_3N \cdot HBr$, wurde aus W. umkristallisiert. Schwenk- u. WEISSENBERG-Aufnahmen ergaben die Raumgruppe P c a b u. die Dimensionen a = 10,3 Å; b = 16,4 Å; c = 19,25 Å; Z = 8. — Aus A. wurden plättchenförmige Kristalle von *Physostigmin,* $C_{15}H_{21}O_2N_3$, erhalten. Die Verb. krist. rhomb. mit a = 7,24 Å; b = 14,25 Å; c = 14,50 Å; Raumgruppe ist P 2_1 2_1 2_1; Z = 4. — In langen Nadeln krist. *Narcotin,* $C_{22}H_{27}O_7N$, aus Äthylalkohol. Die Raumgruppe ergab sich zu P 2_1 2_1 2_1; die Zelle hat a = 7,90 Å; b = 15,4 Å; c = 32,6 Å; Z = 8. — *Chinidinbenzolat,* $C_{20}H_{24}ON \cdot {}^1/_4C_6H_6$, wurde aus einer Lsg. von Chinidin in Bzl. erhalten. Die von GROTH angegebene Formel mit ${}^1/_3C_6H_6$ ist mit der vorliegenden Unters. nicht vereinbar. Die rhomb. Zelle hat a = 9,42 Å; b = 12,8 Å; c = 15,85 Å; a:b:c = 0,735:1:1,24. Auch dieses Verhältnis stimmt mit dem von GROTH nicht überein. Raumgruppe ist P$2_1$$2_1$$2_1$; Z = 4. (Acta crystallogr. [Copenhagen] **6.** 869. 10/11. 1953.) GOTTFRIED. D 195

J. D. Dunitz, *Die Kristallstruktur des Chloramphenicols und Bromamphenicols. Chloramphenicol* (I) krist. aus W. in gelblich weißen Nadeln. Die Kristalle sind orthorhomb. mit a = 17,6 Å, b = 7,35 Å, c = 22,3 Å; 8 Mol. pro Elementarzelle, wahrscheinliche Raumgruppe D^2_5 — C 2 2 2_1, D .1,49 g/cm³, negativ doppelbrechend. Der kleinste Brechungsindex ist in Richtung der b-Achse. — *Bromamphenicol* (**II**) ist isomorph zu **I**, a = 17,9 Å, b = 7,4 Å, c = 22,1 Å, D. 1,87 g/cm³, 8 Mol. pro Elementarzelle. Die durch chem. Synthesen geforderte Struktur von **I** u. **II** wurde bestätigt, bes. der Charakter der asymm. C-Atome (Threosederiv.). Die Kette des Mol. ist räumlich gewunden u. wird durch Wasserstoffbrücken so gehalten. Anhaltspunkte für eine Erklärung des antibiot. Charakters (akt. Gruppen nach außen, in für Proteine geeigneten Abständen) werden angegeben. (J. Amer. chem. Soc. **74**. 995—99. 20/2. 1952. Pasadena, Calif., Inst. of Technol., Gates and Crellin Labors.) DORNBERGER. D 195

John A. Biles, Norman F. Witt und **Charles F. Poe**, *Die optisch-kristallographischen Eigenschaften der Hydrolyseprodukte der Nucleinsäuren. 2. Mitt. Die Eigenschaften einiger natürlicher und synthetischer Nucleoside.* (1. vgl. Mikrochemie **38.** [1951.] 591.) Es wurden die opt. u. kristallograph. Eigg. der folgenden Verbb. untersucht: *1-[d-2.3.4-Triacetylxylosyl]-1.2-dihydro-2-oxo-4-äthoxypyrimidin* (**I**), *1-[d-2.3.4.6-Tetraacetylglucosyl]-1.2-dihydro-2-oxo-4-äthoxypyrimidin* (**II**), *1-[d-2.3.4-Triacetylarabinosyl]-1.2-dihydro-2-oxy-4-äthoxy-5-methylpyrimidin* (**III**), *1-d-Xylosyluracil* (**IV**), *1-d-Glucosyluracil* (**V**), *1-d-* u. *1-dl-Arabinosylthymin* (**VI** u. **VII**), *1-d-Galaktosylcytosinhydrochlorid* (**VIII**), *Cytidin* (**IX**), *1-d-Glucosylcytosinhydrochlorid* (**X**), *Uridin* (**XI**), *1-d-Galaktosyluracil* (**XII**), *Guanosin* (**XIII**) u. *Adenosin* (**XIV**). Ergebnisse (Brechungsindices bei 25 ± 1°, Genauigkeit ± 0,002): **I**: monokline Säulchen; α = 1,446; β = 1,526; γ = 1,577; 2V = 73°; opt. negativ; Achsendispersion r > v; Auslöschung Y ∥ b; Z:c = 25°; **II**: monokline Säulchen; α = 1,472; β = 1,527; γ = —1,542; 2V = 53°; opt. negativ; Achsendispersion r > v; Auslöschung Y ∥ b; Z:c = 39°; **III**: monokline Säulchen; α = 1,507; β = 1,528; γ = 1,532; 2V = 46°; opt. negativ; starke gekreuzte Dispersion v > r; Auslöschung Y ∥ b; Z:c = 28°; **IV**: rhomb. Säulen; α = 1,531; β = 1,561; γ = 1,705; 2V = 53°; opt. positiv; **V**: hexagonale Lamellen; ε = 1,594; ω = 1,566; opt. positiv; **VI**: rhomb. Säulen; α = 1,561; β = 1,568; γ = 1,687; 2V = 29°; opt. positiv; Achsendispersion r > v; **VII**: monokline Säulen; α = 1,483; β = 1,586; γ = 1,708; 2V = 87°; opt. positiv; Achsendispersion r > v; Auslöschung Y ∥ b; Z:c = 38°; **VIII**: rhomb. Tafeln; α = 1,489; β = 1,591; γ = 1,672; 2V = 88°; opt. negativ; Achsendispersion v < r; **IX**: monokline Säulchen; α = 1,578; β = 1,600; γ = 1,697; 2V = 53°; opt. positiv; Achsendispersion r > v; Auslöschung Y ∥ b; Z:c = 38°; **X**: monokline Tafeln; α = 1,510; β = 1,614; γ = 1,710; 2V = 82°; opt. negativ; Achsendispersion v > r; Auslöschung Y ∥ b; Z:c = 14°; **XI**: monokline Nadeln; α = 1,539; β = 1,646; γ = 1,657; 2V = 34°; opt. negativ; stark geneigte Dispersion v > r; Auslöschung Y ∥ b; Z:c = 43°; **XII**: monokline Tafeln; α = 1,486; β = 1,650; γ = 1,662; 2V = 28°; opt. negativ; horizontale Dispersion v > r; Auslöschung Y ∥ b; Z:c = 44°; **XIII**: monokline Lamellen; α = 1,484; β = 1,664; γ = 1,708; 2V = 47°; opt. negativ; Auslöschung Y ∥ b; Z:c = 14°; **XIV**: monokline Säulen; α = 1,502; β = 1,699; γ = 1,719; 2V = 32°; opt. negativ; Achsendispersion v > r; Auslöschung Y ∥ b; Z:c = 37°. (J. Amer. pharmac. Assoc., sci. Edit. **42.** 53—56. Jan. 1953. Boulder, Col., Univ., Coll. of Pharm.) GOTTFRIED. D 195

D. C. Carpenter, *Die Reaktion von Formaldehyd mit* D-*Threonin.* Die Rk. von Aminosäuren mit Formaldehyd (**I**) führt bei sehr langsamem Verlauf allg. zu Methylolaminoverbb. des Typs AF, mit überschüssigem **I** werden Verbb. anderer Zus. gebildet. Vf. untersucht die Umsetzung von **I** mit D-*Threonin* {**II**, $[\alpha]_D^{20}$ +28,37° (5%, in W.), R_F 0,49 (Phenol/W.), R_F 0,16 (Pyridin/Isoamylalkohol), aus der DL-Verb. über das Brucinsalz des p-Nitrobenzoylderiv.}. Hier steht die AF-Verb. (**III**) bei Ggw. eines Überschusses von **I** im Gleichgewicht mit einer Verb. des Typs A_2F_3 (**IV**); beide Verbb. konnten in Substanz nicht aus der Lsg. isoliert werden, ihre Existenz wurde durch Beobachtung der opt. Drehung u. der Veränderung des p_H-Wertes bei verschied. Konzz. von **I** erschlossen. Unter der Annahme, daß **II** prakt. die gleichen Dissoziationskonstanten wie Serin hat (pK_s 2,21; pK_b 9,15), wurde die Dissoziation einer 0,4 mol. Lsg. von **II** mit der äquivalenten Menge NaOH errechnet (90% **II** als Anion, 10% **II** als Zwitterion). Bei Zugabe von **I** tritt eine Verschiebung des Gleichgewichtes Anion/Zwitterion ein bis zum Verhältnis **I**:**II** = 1, bei dem die Konz. an Zwitterion Null wird. Erst wenn das Verhältnis **I**:**II** den Wert 1 überschreitet, kann freier Aldehyd mit Dimedon nachgewiesen werden. Dem entspricht eine plötzliche Änderung des p_H-Wertes mit der Konz. von **I**. — Die Gleichgewichtskonstante für die Rk. 2 **III** + **I** ⇌ **IV** bei 20° berechnet sich zu 0,023 14, bei höheren Konzz. von **I** scheint das Massenwirkungsgesetz zu versagen. Der berechnete Drehwert für **III** ist +5,60°, für **IV** +9,65°. Bindung der 2 Mol. Threoninmethylolverb. durch 1 Mol. **I** in **IV** kann durch Rk. an den Methylolgruppen, an den Iminogruppen oder durch Rk. mit den alkoh

OH-Gruppen der Seitenkette erfolgt sein. (Vgl. auch Ind. Engng. Chem. **34.** [1942.] 759.) (J. Franklin Inst. **255.** 209—14. März 1953. Geneva, N. Y., State Exp. Stat.)
JUTZ. D 221

B. R. Brown, D. Ll. Hammick und **S. G. Heritage,** *Die Tautomerie von 5-Amino-1-aryl-1.2.3-triazolen.* Die Geschwindigkeit der Gleichgewichtseinstellung von 5-Amino-1-aryl-1.2.3-triazol-4-carbonsäureäthylestern mit 5-Anilino-1.2.3-triazol-4-carbonsäureäthylestern wird in A. bei 50—70° gemessen. Bei niedrigeren H^+-Konzz. als 10^{-4} Mol/Liter ist die Geschwindigkeit der Rk. = k[Triazol]·[H^+]. Bei allen höheren H^+-Konzz. ist sie nur der Triazol-Konz. proportional. Elektronenanziehende Gruppen in p-Stellung der 1-Phenylgruppe erhöhen die Geschwindigkeit der Vorwärts-Rk., während die Geschwindigkeit der Rückwärts-Rk. vermindert wird. Elektronenabstoßende Substituenten haben die entgegengesetzte Wirkung. Der Mechanismus der Rk. wird diskutiert, angenommen wird intermediär Ringspaltung u. Umlagerung über ein Amidinkation.

Versuche: Hergestellt wurden die untersuchten 5-Amino-1-aryl-1.2.3-triazol-4-carbonsäureester aus äquivalenten Mengen des aromat. Azids u. von Cyanessigsäureester durch Erwärmen mit Na-Äthylat in A., 3std. Stehenlassen bei Raumtemp., Zugabe von W. u. Umkristallisieren des Triazols aus Alkohol. p-Substituent im Arylring = *H*: für ($k_1 + k_2$) E (cal/Mol) = 22500, $\log_{10}$PZ 16,5. Gleichgewichtskonstante bei 50° 2,90; bei 60° 4,55; 10^6 k_1 bei 50° 11,2 [sec^{-1}], bei 60° 37,5. — *CH_3*, $C_{12}H_{14}O_2N_4$, F. 147,5°; 52% (Ausbeute), 22600, 16,5, 1,06, 1,59; 5,7, 22,7. — *NO_2*, $C_{11}H_{11}O_4N_5$, F. 156°, gelbe Nadeln; 63%; die Verb. ist das saure Isomere, welches sich vollständig in so rascher Rk. bildet, daß keine Messung der Reaktionsgeschwindigkeit möglich ist. — *Br*, $C_{11}H_{11}O_2N_4Br$, F. 166°; 81%; 22300, 16,5, 14, 26; 21, 69. — *OCH_3*, $C_{12}H_{14}O_3N_4$, F. 147°; 72%; 22800, 16,5, 0,51, 0,67; 3,3, 11,5. — *$COOC_2H_5$*, $C_{14}H_{16}O_4N_4$, F. 166°; 57%; 22100, 16,8, 55, 83; 57, 188. (J. chem. Soc. [London] **1953.** 3820—25. Dez. Oxford, Dyson Perrins Labor.)
J. MATTNER. D 221

J. Marechal, *Untersuchungen über konzentrierte Lösungen. Beitrag zur Thermodynamik von Kohlenwasserstoffmischungen mit Molekeln verschiedener Dimensionen.* Es werden die Oberflächenspannungen u. das Mischungsvol. einiger KW-stofflsgg. mit Moll. verschied. Dimensionen bestimmt. Untersucht wurden Lsgg. in Bzl. von *Diphenyl, Dibenzyl, Tolan* (I) u. *1.8-Diphenyloctan.* Der Sättigungsdampfdruck von I in Bzl. wird zwischen 40,5 u. 60° bestimmt, wobei geringe positive Abweichungen von RAOULTschen Gesetz beobachtet wurden. Die beobachteten Aktivitätskoeffizienten werden mit der theoret. Gleichung von GUGGENHEIM verglichen. Die Mischungsenergie für das Syst. I-Bzl. wird zu 119 ± 1 cal/Mol berechnet. (Bull. Soc. chim. belges **61.** 149—66. 15/5. 1952. Bruxelles, Univ. Libre.) W. KAUFMANN. D 224

Henry Gilman, G. E. Dunn und **G. S. Hammond,** *Ein außergewöhnlicher Isotopieeffekt.* Im Zusammenhang mit der Unters. des Mechanismus der Hydrolyse von *Triphenylsilan* (I) in feuchtem Piperidin (vgl. C. **1954.** 2800) beobachteten Vff. einen außergewöhnlichen Isotopieeffekt. Sie verglichen die Geschwindigkeit der Hydrolyse von I u. *Triphenyldeuterosilan* (II). Im Gegensatz zu den Erwartungen reagierte II 6mal schneller als I. Folge dieser Beobachtung ist eine Unsicherheit bei der Deutung kinet. Unterss. wie der angeführten, wenn die Nullpunktsenergien des Ausgangs- u. des Übergangszustandes zufällig ähnlich sind. Im vorgegebenen Fall läßt sich der anomale Effekt wahrscheinlich dadurch erklären, daß die Rk. die Abtrennung eines $H^{(-)}$ einschließt. (J. Amer. chem. Soc. **73.** 4499—4500. Sept. 1951. Ames, Io., Iowa State Coll., Chem. Labor.) BRÜCKNER. D 225

E. C. Kooyman und **E. Farenhorst,** *Die relativen Reaktivitäten von polycyclischen Aromaten gegen Trichlormethylradikale.* Da polycycl. Aromaten als Inhibitoren auf freie Radikalketten-Rkk. wirken können (vgl. Recueil Trav. chim. Pays-Bas **70.** [1951.] 867), wurden die relativen Reaktivitäten verschiedener solcher Verbb. gegen CCl_3-Radikale auf Grund ihrer Hemmwrkg. auf die durch Benzoylperoxyd gestarteten Rkk.: CCl_4 + n-Hexadecen-(1) (I) (1) u. $BrCCl_3$ + Styrol (2) bei 91° bestimmt. Für die kinet. Behandlung mußten die Rkk. CCl_3 + Hemmsubstanz $\xrightarrow{k_r}$ stabilisiertes Radikal (das die Ketten-Rk. nicht fortsetzen kann) u. $CCl_3 + I \xrightarrow{k_a} CCl_3 \cdot CH_2$—CH—$C_{14}H_{29}$ u. analog für Syst. (2) berücksichtigt werden. Als Maß der relativen Reaktivitäten dienten $K_r = \frac{1}{2}(k_r/k_a)$ für Syst. (1) u. $K_B = \frac{1}{2}(k_r/k_a)$ für Syst. (2). Es wurden folgende $K_r \cdot 10^2$-Werte vom Syst. (1) erhalten: *Bzl.* <0,1; *Diphenyl* [F. 69 bis 70° (absol. A.)] 0,28; *Phenanthren* [F. 97,5—98,5° (A.)] 1,6; *Naphthalin* [F. 79,5 bis 80° (absol. A.)] 4,0; *Chrysen* [F. 257—258° (Bzl.)] 6,6; *Stilben* (**II**) [F. 124° (absol. A.)] 98; *Pyren* (**III**) [F. 150,5—151° (absol. A.)] 132; *Anthracen* (**IV**) [F. 216,5—217,5° (Bzl.)] u. *1.2-Benzanthracen* (**V**) [F. 176—178°] ≈ vollständige Hemmung der Rk.,

9.10-Benzophenanthren (*Triphenylen*) $\approx <3$, sowie die K_R-Werte vom Syst. (2): III 0,041; II 0,039; *1.2*; *5.6-Dibenzanthracen* (F. 263°) 0,15; *Naphthacen* (F. 346°) 4,2; *9.10-Dihydroanthracen* $\approx$0,13; IV 0,9; V 1,24 u. *3.4-Benzopyren* (F. 177—178°) 2,85. Die Hemm-Rk. der Aromaten scheint eher ihren Grund in einer Addition der CCl_3-Radikale an die Verbb., als in einer Abspaltung eines H-Atoms aus ihnen zu haben. — Die Unters., ob eine Parallele besteht zwischen der Reaktivität der untersuchten Verbb. u. ihrer maximalen freien Valenzzahl F_{max}, die nach der M.O.-Meth. berechnet worden war, ergab ein befriedigendes Resultat. Ebenso konnte eine entsprechende Beziehung zu den Polarisationsenergien (berechnet nach der M.O.-Meth.) der Verbb. gefunden werden. Die Bedeutung dieser Beziehungen wird diskutiert. — *Bromtrichlormethan*, Kp. 103,5°, n_D^{20} 1,5068. (Trans. Faraday Soc. **49**. 58—67. Jan. 1953. Amsterdam, Koninklijke/Shell-Labor.) L. FISCHER. D 225

K. Schmid, W. Haegele und **H. Schmid**, *Über den Mechanismus der para-Claisen-Umlagerung.* Der Mechanismus der therm. p-CLAISEN-Umlagerung wurde am ^{14}C-markierten *2.6-Diallylphenylallyläther* (I) untersucht. Während bei I der durch Ozonisierung abgespaltene u. als Dimedonverb. isolierte Formaldehyd nur 7,3% Aktivität besaß, war der aus dem Umlagerungsprod. *2.4.6-Triallylphenol* (II) gewonnene zu 30% aktiv. Daraus wird geschlossen, daß auch die Allylgruppe in o-Stellung unter Inversion in die p-Stellung wandern kann. Es sind deshalb die Verbb. III u. IV als

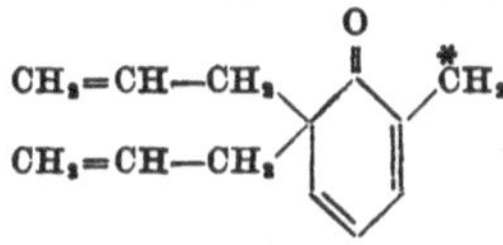
III

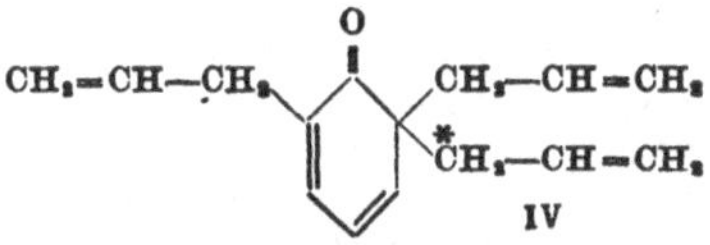
IV

Zwischenprodd. der Umlagerung anzunehmen, unter Berücksichtigung eines 5%ig. Isotopieeffektes sollte das CH_2O dann in Übereinstimmung mit dem Experiment 23,7% Aktivität haben. Der durch Methylierung u. Oxydation von II gewonnene *Anisol-2.4.6-tricarbonsäuretrimethylester* besaß 70,2% Aktivität. Die Umlagerung von I in III bzw. IV u. weiter in II soll in jeder Stufe über einen 6gliedrigen cycl. Zwischenzustand jeweils unter Inversion verlaufen (vgl. HURD u. POLLACK, J. org. Chemistry **3**. [1939.] 550), so daß die vollständige p-Umlagerung keine Inversion aufzeigt, was mit den Befunden früherer Arbeiten in Einklang steht. (Experientia [Basel] **9**. 414—15. 15/11. 1953. Zürich, Univ., Chem. Inst.) LOHAUS. D 225

Viktor Wolf, *Modellversuche zur Theorie der Osazonbildung.* Werden freie Arylacetonylamine (A.) in säurefreier alkoh. Lsg. mit p-Nitrophenylhydrazin (Nph.) umgesetzt, so erhält man selbst bei großem Überschuß von Nph. die entsprechenden p-Nitrophenylhydrazone (B.). Isoliert wurden: *Acetonylanilin-p-nitrophenylhydrazon*, $C_{15}H_{16}O_2N_4$, F. 146—147° (75% A.); 54,5% (Ausbeute); *Acetonyl-p-toluidin-p-nitrophenylhydrazon*, $C_{16}H_{18}O_2N_4$, F. 158,25° (75% A.); 91,2%; *p-Acetonylaminobenzoesäureäthylester-p-nitrophenylhydrazon*, $C_{18}H_{20}O_4N_4$, F. 200—201° (A.); *p-Acetonylaminobenzoesäure-p-nitrophenylhydrazon*, $C_{16}H_{16}O_4N_4$, F. 158° (A.), geringe Ausbeute. Bei Zugabe von äquivalenten Mengen Nph. zu den A. in verd. Essigsäure dagegen entstehen in fast quantitativer Ausbeute das *p-Nitrophenylosazon des Methylglyoxals* [I, F. 276—277° (Zers.)], das entsprechende Anilinderiv. u. Ammoniak. Arbeitet man in 50%ig. Essigsäure, so geht ein Teil des Nph. verloren, u. die Ausbeute an Osazon beträgt 66%. — Beim Arbeiten in 50%ig. Essigsäure ohne Zusatz von Nph. durchlaufen die B. nicht die nächsten Stufen der Osazonbldg., sondern unterliegen zunächst solange einer quantitativ verfolgbaren Hydrolyse unter Rückbldg. der Ausgangsprodd., bis soviel Nph. geliefert worden ist, daß die Osazonbldg. n. verlaufen kann. Diese Rk. erfolgt also nach dem Schema: $2\,II \xrightarrow{\text{Essigsäure}} 2\,I + 2\,Nph.$; $II + 2\,Nph. \rightarrow III + H_2N\cdot C_6H_4\cdot NO_2 + RC_6H_4NH_2 + NH_3$. Die Reaktionsfolge wird als Modell für die Osazonbldg. der Arylisohexosamine nach WEYGAND (Ber. dtsch. chem. Ges. **73**. [1940.] 1284) angesehen. (Chem. Ber. **86**. 840—45. 1953. Hamburg, Univ., Chem. Staatsinst.) ROSSOW. D 225

B. Dahlerup-Petersen, *Geschwindigkeit des Ringschlusses bei der Edman-Methode.* Bei der EDMAN-Meth. zum schrittweisen Abbau von Peptiden nach R·NH·CS·NH·CHR'—CO·NHR'' → 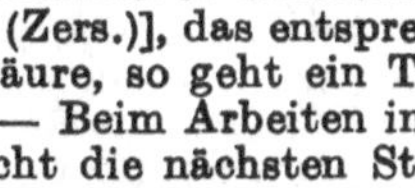 + NH_2R'' wurde die Geschwindigkeit des Ringschlusses durch quantitative Extraktion des gebildeten Thiohydantoins mit Bzl. (vgl. C. **1954**. 4830) ermittelt. Für die obige Rk. wurden bei 70° (± 1°), p_H 4,5 (bei 20°),

0,05nCitratpuffer u. einer 0,02mol. Konz. der Thioharnstoffverb. folgende monomol. Geschwindigkeitskonstanten erhalten (für R = *Methyl-*, *p-Methoxyphenyl-*, *α-Naphthyl-*, *Phenyl-* [I], *p-Nitrophenyl-* [II], *m-Nitrophenyl-* [III], *o-Nitrophenyl-* [IV], R' = CH_3 u. R'' = $CH_2CONHCH_2COOH$): 0,09; 0,13; 0,18; 0,19; 0,18; 0,76; 0,36 u. (für R = I, II, III, IV, R' = *H* u. R'' = CH_2COOH): 0,11; 0,15; 0,25; 0,21. (Acta chem. scand. 7. 1013. 1953. Kopenhagen, Carlsberg Labor., Chem. Dep.) WINTER. D 225

Jack Hine, E. L. Pollitzer und **Hans Wagner,** *Die Dehydratation von Alkoholen in Gegenwart von Haloform und Alkali.* Quantitative Unters. der Olefinbldg. bei der Einw. von Haloformen, bes. *Chlf.* u. *Bromoform* (I) auf verschied. Alkohole in Ggw. von Alkali oder dem entsprechenden Alkalialkoholat. Im einzelnen entstehen mit Chlf. aus *A.* 7,5% Olefin, aus *n-Propyl-* 8,3%, aus *sek.-Butyl-* 34%, aus *Isobutyl-* 8—11%, aus *Isopropyl-* (II) 28%, aus *tert.-Butyl-* 32—35%, aus *n-Butylalkohol* 8,9% u. aus *Cyclohexanol* 14%: das Olefin wird dabei aus dem Alkohol — vielleicht über ein Zwischenprod. H—C—C—O—$\overset{(-)}{C}$—Cl — gebildet. I gibt bei der Rk. von II 30% mehr Propylen als Chlf. oder $CHCl_2Br$. In der Hauptmenge entsteht Kohlenmonoxyd. Das aus K-tert.-Amylat u. Chlf. entstehende Olefin enthält 80% *2-Methylbuten-(1)* 20% *2-Methylbuten-(2)*, die Orientierung folgt also der HOFMANNschen Regel. (J. Amer. chem. Soc. **75.** 5607—09. 20/11. 1953. Atlanta, Ga., Inst. of Technol.) EBERHARDT. D 225

Jacob Bigeleisen, *Eine theoretische Bestimmung des Stickstoffisotopeneffekts bei der thermischen Ammoniakabspaltung aus Phthalamid.* Die experimentellen Ergebnisse von STACEY u. Mitarbeitern (C. **1953.** 5477) über die Wrkg. des N-Ersatzes durch N-Isotope auf die Geschwindigkeit der Umsetzung Phthalamid → Phthalimid + NH_3 werden durch eine theoret. Analyse bestätigt. (Canad. J. Chem. **30.** 443—47. Mai 1952. Long Island, N. Y., Upton, Brookhaven Nat. Labor., Dep. of Chem.)
R. MATTNER. D 225

Karl Gaede und **Rolf Grüttner,** *Photometrische Bestimmung der Umwandlung von Kreatin in Kreatinin. Kreatinin* (I), das Anhydrid des *Kreatins* (II), besitzt eine p_H-abhängige Absorptionsbande bei 234 mμ (mol. Extinktionskoeff. $\varepsilon = 0{,}742 \cdot 10^4$) außerhalb des Kreatinspektrums. Durch Absorptionsmessungen kann I neben II oder II nach Überführung in das I bestimmt werden. Die durch H^+-Ionen katalysierte Anhydrisierung ist eine reversible Rk. 1. Ordnung. Die mit der H-Konz. abnehmenden Reaktionsgeschwindigkeiten, photometr. gemessen bei verschied. HCl-Konzz., stimmen mit den berechneten Werten überein. (Naturwissenschaften **39.** 63—64. 1. Februarheft 1952. Hamburg, Univ., Physiolog.-Chem. Inst.) RUDOLPH. D 225

Peter E. Yankwich, Edward C. Stivers und **Robert F. Nystrom,** *Isotopeneffekte bei der Decarboxylierung von Malonsäuren.* (Sitzungsbericht.) Ident. mit der C. **1953.** 3380 referierten Arbeit. (Physic. Rev. [2] **85.** 753. 15/2. 1952; Bull. Amer. physic. Soc. **26.** Nr. 8. 5. 27/12. 1951. Urbana, Ill., Univ. of Illinois, Dep. of Chem. and Radiocarbon Labor.) WEIGEL. D 225

Gus A. Ropp und **Vernon F. Raaen,** *Ein Vergleich der Größen der intermolekularen Isotopeneffekte bei der Decarboxylierung von* $^{14}C_{(1)}$*-Malonsäure und* $^{14}C_{(2)}$*-Malonsäure bei 154°.* Vff. untersuchten die Decarboxylierung von unmarkierter u. ^{14}C-markierter *Malonsäure* (I) bei 154°. Als Mittelwert für $2\,k_{12} \cdot 10^2$ fanden sie 6,45 ± 0,31 min^{-1}. Die Isotopeneffekte k_{14}/k_{12} wurden ermittelt durch Verfolgung der spezif. Aktivität der noch unzers. I, bei $^{14}C_{(1)}$-I auch auf Grund der Strahlung des entwickelten CO_2; es ergaben sich 0,939 (für $^{14}C_{(1)}$-I) bzw. 0,929 (für $^{14}C_{(2)}$-I). Die Ergebnisse werden diskutiert; da die Schwingungsfrequenzen im I-Mol. sowie der Charakter der Bindungen des markierten C-Atoms weitgehend unbekannt sind, sind theoret. Abschätzungen des Isotopeneffekts sehr unsicher. — Beispiele. (J. Amer. chem. Soc. **74.** 4992—94. 20/10. 1952. Oak Ridge, Tenn., Oak Ridge Nat. Labor., Chem. Div.) J. ROTHE. D 225

M. Page, H. O. Pritchard und **A. F. Trotman-Dickenson,** *Die thermische Zersetzung von Azomethan.* Die therm. Zers. von strömendem Azomethan (I) wird im Temperaturbereich von 390—450° unter Verwendung von Toluol (II) als Trägergas gemessen. Der II-Druck in dem Syst. betrug 11—16 mm, das Verhältnis von II : I betrug 10—30. Die Kontaktzeit wurde auf 1,2—1,4 Sek. eingestellt. Die Menge des zers. I pro Vers. betrug 10—50%. Die Geschwindigkeitskonstante k der Rk. wird durch die Gleichung $k = 10^{14} \cdot e^{-46\,000/RT} \cdot sec^{-1}$ wiedergegeben. Der 1. Schritt der Zers. besteht in der Abspaltung eines Methylradikals. Die erhaltenen Ergebnisse stehen im Gegensatz zu denen, die bei nicht strömenden Systemen erhalten worden waren. Bindungsfestigkeiten im I werden diskutiert. (J. chem. Soc. [London] **1953.** 3878—81. Dez. Manchester, Univ., Chem. Dep.) J. MATTNER. D 225

D. Ll. Hammick, A. M. Roe, F. W. Weston und **K. D. E. Whiting,** *Der Mechanismus der Decarboxylierung.* 7. Mitt. *Die Decarboxylierung von α-Aminosäuren in Benz-*

aldehyd. (6. vgl. C. **1952.** 2648.) Beim STRECKERschen Abbau von α-Aminosäuren ist als Zwischenprod., aus der prim. gebildeten SCHIFFschen Base entstanden, ein mesomeres Anion (**A**) R'CH=N—$CH^{(-)}$—R → R'$CH^{(-)}$—N=CHR anzunehmen (vgl. auch BADDAR, C. **1953.** 8317). Auftreten von **A**-analogen Säuren ist nun auch bei einfachen Decarboxylierungen nachgewiesen, als „Abfang-Rk." verwendeten Vff. dort Umsetzung mit Aldehyden, die sich an die Anionen unter Bldg. von Alkoholen addieren. Bei dem Abbau von α-Aminosäuren ist dann die Bldg. zweier verschied. Aminoalkohole möglich (s. nebenst. Formel).

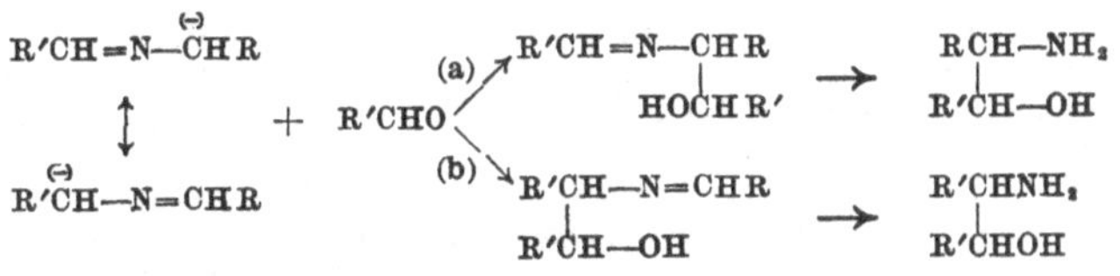

Nach den Ergebnissen der Vff. bei der Rk. verschied. α-Aminosäuren (0,1 Mol) in Benzaldehyd (**II**) (1 Mol) bei 120° ist nur Weg (b) verwirklicht, es entstehen die Stereoisomeren des *2-Oxy-1.2-diphenyläthylamins* (**I**), u. zwar bei *Glycin* in 5%, *Alanin* in 8,4%, *α-Aminoisobuttersäure* in 5%, *Tyrosin* in 21%, *Norleucin* in 34%, *Methionin* in 18% u. *Glutaminsäure* in 22% Gesamtausbeute. Mit aromat. Ketonen u. anderen aromat. Aldehyden außer **II** konnte keine Umsetzung erzielt werden. — **I**, $C_{14}H_{15}ON$, wird durch Behandlung mit Ae. in seine Komponenten zerlegt, das *Isoamin* (aus W., F. 128°, *N-Benzoylderiv.*, aus PAe., [Kp. 60—80°], F. 221 bis 222°) ist darin viel leichter lösl. als das *n-Isomere* (aus Bzl., F. 163—164°, *N-Acetylderiv.*, aus A., F. 196°). (J. chem. Soc. [London] **1953.** 3825—27. Dez. Oxford, Dyson Perrins Labor.) KRESZE. D 225

L. Ponticorvo und **D. Rittenberg,** *^{18}O-Austauschreaktionen zwischen Anhydriden und Carbonsäuren.* Vff. beobachteten einen ^{18}O-Austausch von ^{18}O-markiertem *Phenylalanin* (**I**) oder *Benzoesäure* (**II**, F. 121,6—122°, aus Benzotrichlorid u. $H_2{}^{18}O$) zu *Acet-* (**III**) oder *Benzoesäureanhydrid* (**IV**). Die Rk. fand beim Erhitzen von **I** oder **II** in **III** oder **IV** statt, das bei der Zers. von **I** oder **II** in Pyridin mit **III** oder **IV** (DAKIN-WEST-Rk.) erhaltene CO_2 wies fast kein ^{18}O auf. (J. Amer. chem. Soc. **76.** 1705—06. 20/3. 1954. New York, N. Y., Columbia Univ., Coll. of Physic. and Surg., Dep. of Biochem.) L. FISCHER. D 225

Matthew T. Gladstone, *Die Zersetzung des Benzoylperoxyds in Eisessig.* Die Zers. von 48,4 g Benzoylperoxyd in 440 g Eisessig bei 75°, in Analogie zu Verss. von GELISSEN u. HERMANS durchgeführt (Ber. dtsch. chem. Ges. **58.** [1925.] 770) [Werte in Klammern bei 90°], führte zu folgenden Prodd.: 3,3 g [1,3 g] *Homoterephthalsäure* (**I**; F. 234—236°); 2,5 g *Homophthalsäure* (**II**; F. 175—177°); 2,9 g [3,4 g] *Benzoesäure*; 4,2 g [0,63 g] *p-Phenylbenzoesäure* (F. 215—218°); 8,4 g [9,2 g] CO_2; 5,5 g [6,6 g] Bzl.; 0,34 g [0,1 g] *Biphenyl*; 6,7 g [24 g] Rückstand. — Die Ergebnisse werden mit denen von KHARASCH u. Mitarbeitern (C. **1946.** I. 319) beim Acetylperoxyd verglichen, zwischen den Bildungsmöglichkeiten für **I** u. **II**, durch Rk. prim. gebildeter ·CH_2COOH u. C_6H_5COO·-Radikale oder auch durch direkte bimol. Umsetzung der Ausgangsstoffe, kann noch nicht entschieden werden. (J. Amer. chem. Soc. **76.** 1581—83. 20/3. 1954. Schenectady, N. Y., Gen. Electr. Comp., Knolls Res. Labor.) JOHN. D 225

Richard A. Holroyd und **W. Albert Noyes jr.,** *Die Quantenausbeuten bei der Quecksilberdimethylzersetzung.* Bei der photochem. Zers. (λ = 2600 ± 200 Å) von $Hg(CH_3)_2$ bei einer Konz. von 6,9·10^{17} Moll./cm^3 wurden folgende Quantenausbeuten gefunden: bei 30° $\Phi_{C_2H_6}$ = 1,14 ± 0,16, Φ_{CH_4} zu vernachlässigen u. bei 750° $\Phi_{C_2H_6}$ = 1,10 ± 0,12 u. Φ_{CH_4} in Abhängigkeit von der Intensität für (119—10,1)·10^{10} absorbierte Quanten/cm^3/sec 0,35—1,0. Aus diesen u. weiteren Literaturdaten konnte keine 2. Bildung-Rk. für C_2H_6 außer CH_3. + CH_3. = C_2H_6 abgeleitet werden. Ferner konnte gefolgert werden, daß Beweise für oder gegen die Bldg. „heißer" Methylradikale nur unter außergewöhnlichen Umständen u. mit Daten höchster Genauigkeit aus diesem Syst. erhalten werden könnten. (J. Amer. chem. Soc. **76.** 1583—84. 20/3. 1954. Rochester, Univ., Dep. of Chem.) L. FISCHER. D 226

J. A. A. Ketelaar, P. F. van Velden, G. H. J. Broers und **H. R. Gersmann,** *Photochemische Reaktionen zwischen Brom und 1.2-Dichloräthylen. Die Beziehung zwischen Addition und Isomerisierung.* Vff. untersuchen die photochem. Rkk. zwischen Br_2 u. *cis-* (Kp.$_{760}$ 60,5°; D^{25}_4 1,2737, ε^{25} 9,28, $n_D{}^{25}$ 1,4461$_5$) bzw. *trans-1.2-Dichloräthylen* (Kp.$_{760}$ 47,7°; D^{25}_4 1,2463, ε^{25} 2,14, $n_D{}^{25}$ 1,4425$_5$) in der fl. Phase bei 25° unter Verwendung der grünen Hg-Linie (5461 Å). Die Geschwindigkeit der Isomerisierung wird durch Messung der DK. verfolgt u. diejenige der Addition durch Messung der Änderung der vom Br_2 hervorgerufenen Lichtabsorption als Funktion der Zeit. Es werden keine Lösungsmittel verwendet. Vff. zeigen, daß eine enge Beziehung zwischen den beiden möglichen Prozessen Isomerisierung u. Addition besteht, u. daß diese Beziehung von O_2-Geh. des Reaktionsgemisches unabhängig ist, obgleich sowohl die Isomerisierung als auch die Addition jede für sich durch kleine Mengen dieser Verunreinigung stark beeinflußt werden. Vff. schlagen Reaktionssysteme vor, die die beobachtete Beziehung erklären. Mögliche Erklärungen des O_2-Einfl. basieren auf dem experimentell beobachteten Zusammenhang der Reaktionsgeschwindigkeiten mit der ersten Potenz der Lichtintensität u. werden durch die Art der wahrscheinlich auftretenden Kettenabbruchs-Rkk. begründet. (J. physic. Colloid Chem. **55.** 987—1012. Juni 1951. Amsterdam, Univ., Labor. of Gen. and Inorg. Chem.) FREIWALD. D 226

Richard Kuhn und **Hans Martin Weitz,** *Photochemie des Triphenylformazans.* Wenn eine rote Lsg. des *Triphenylformazans* [I; F. 156—157° (Bzl.)] in Toluol bei ca. 0° durch Bestrahlung mit sichtbarem Licht gelb u. beim Stehen im Dunkeln wieder rot wird, spielt sich ein Kreisprozeß ab, der mindestens 3 Licht-Rkk. ($h\nu$) u. mindestens 3 Dunkel-Rkk. (D) umfaßt. Bei diesen Vorgängen, die spektroskop. verfolgt wurden, finden nur ster. Umlagerungen an den —N=N— (cis–trans-Umlagerungen) u. >C=N-Bindungen (syn–anti-Umlagerung) von **I** statt. Der stabilen roten Form **Ia** von **I** wurde dabei die trans–syn-Anordnung zugeschrieben. **Ia** geht in einer Licht-Rk. zunächst in eine gelbe Form **Ib** u. diese im Dunkeln nach einigen Min. in eine gelbe Form **Ib'** über, aus der durch Belichtung wieder **Ib** entsteht. Für die weitere Dunkel-Rk. **Ib'** → **Ia** wurde ein Zeitgesetz 1. Ordnung mit der Halbwertszeit τ = 350000 Sek. (5°), der Aktivierungsenergie A = 4,6 kcal/Mol u. eine starke Empfindlichkeit gegen Spuren von Säuren oder Basen, die die Rk. katalysierten, gefunden. Die Rk. **Ib** → **Ib'** ist 1. Ordnung mit τ = 90 Sek., A = 10 kcal/Mol, der Aktionskonstanten $k_l = 6 \cdot 10^6$ sec^{-1} u. geringer Empfindlichkeit gegen Katalysatoren. Wurde **Ia** 1 Min. mit Hg-Licht (λ = 435 mμ) belichtet, so zeigte sich bei einem Meßlicht von λ = 495 mμ ein kurzer Anstieg der Extinktion sofort nach dem Aussetzen des Erregerlichtes mit τ = 6—30 Sek. (0°). Aller Wahrscheinlichkeit nach handelt es sich um das von HAUSSER u. WEGNER (C. **1953.** 3863) aus der Treffertheorie gefolgerte kurzlebige Zwischenprod., das die 4. von der Stereochemie geforderte Form von **I** (rote Form **Ia'**) darstellt. Nach krit. Überprüfung, sowie vergleichender Unters. der cis–trans-Umlagerung von 1-Benzolazo-2-phenylaminonaphthalin bei Belichtung wurde folgende stereochem. Zuordnung vorgeschlagen: **Ia** trans–syn (λ_{max} 495 mμ), **Ia'** cis–syn (λ_{max} unsicher), **Ib** cis–anti (λ_{max} 406 mμ) u. **Ib'** trans–anti (λ_{max} 406 mμ). Der photochem. Kreisprozeß durchläuft danach die Teil-Rkk.: **Ia** $\underset{D}{\overset{h\nu}{\rightleftharpoons}}$ **Ia** (Eintreffervorgang), **Ia'** $\xrightarrow{h\nu}$ **Ib** (Eintreffervorgang), **Ib** $\underset{D}{\overset{h\nu}{\rightleftharpoons}}$ **Ib'** u. **Ib'** $\xrightarrow{D}$ **Ia.** (Chem. Ber. **86.** 1199—1212. 9/10. 1953. Heidelberg, Max-Planck-Inst. für Med. Forsch., Inst. für Chem.) L. FISCHER. D 226

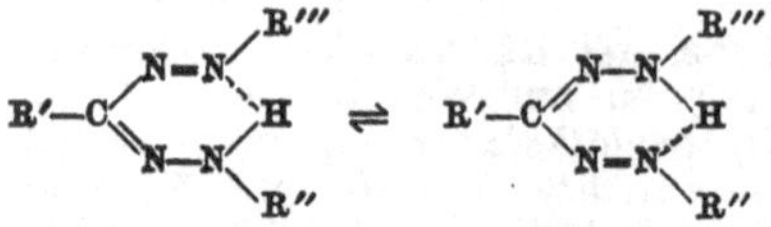

I R' = R'' = R''' = C_6H_5

Moïse Haïssinsky und **Marc Lefort,** *Verschiedenheit der Reaktionsfähigkeiten von durch ionisierende Strahlen gebildeten H- und OH-Radikalen bei Oxydations- und Reduktionsprozessen.* Zur Erklärung der beobachteten verschied. starken Reaktionsfähigkeit der bes. durch α-Strahlen-Ionisation gebildeten OH- u. H-Radikale (vgl. **1950.** I. 1560) diskutieren Vff. die möglichen Rkk. der Radikale miteinander bzw. mit Lösungsmittelbestandteilen u. zeigen, daß die Oxydationswrkg. u. unter Umständen auch die Reduktionswrkg. der OH-Radikale, wie experimentell gefunden, sich auch aus theoret. Überlegungen als wesentlich größer ergibt als die Reduktionswrkg. der H-Radikale. Desgleichen werden die infolge sek. Rkk. etwas anders gelagerten Verhältnisse bei der Bldg. der Radikale durch Röntgenstrahl-Ionisation diskutiert. Auf die wahrscheinlichen Ursachen für die verschied. starken Wirkungen der H- u. OH-Radikale, nämlich Verschiedenheit der Massen u. bes. der Wertigkeit von H u. O wird hingewiesen. (C. R. hebd. Séances Acad. Sci. **230.** 1156—58. 20/3. 1950.) NIEMITZ. D 226

Jean Loiseleur, *Die chemischen Synthesen nach Einwirkung physikalischer Agentien mit Peroxydasewirkung* (*Röntgenstrahlen, ultraviolette Strahlen oder Ultraschall*). Durch gewisse peroxydaseartig wirkende physikal. Mittel — Röntgenstrahlen, UV-Licht u. in geringerem Maße Ultraschall — lassen sich bei einfachen organ. Moll. von niedrigem Mol.-Gew., wenn O_2 in aktivierbarer Form zugegen ist, auf dem Weg über die unbeständigen Peroxyde Kondensationen u. Synthesen in wss. Medium erreichen, die ohne Peroxydbldg. nicht möglich wären. Bei der Wrkg. der Röntgenstrahlen sind 2 Phasen deutlich zu unterscheiden: prim. Oxydation u. Kondensation, während bei UV diese

Phasen ineinander übergehen. Beispiele: Ein Gemisch gleicher Voll. α-Naphthol u. Dimethyl-p-phenylendiamin (I) (m/100 Lsg. in m/10 HCl in Ggw. von 250 γ/cm³ $CuSO_4$) gibt beim Bestrahlen in wenigen Min. *Indophenolblau*; analog entsteht aus I u. m-Toluylendiamin *Toluylenblau*. Mit Ultraschall wird aus p-Phenylendiamin u. H_2S *Lauthsches Violett* erhalten, aber mit viel schwächerer Wirkung. Die Energiebilanz, ausgedrückt durch das Verhältnis zwischen aufgewendeter Energie u. Intensität der Synthese-Rk. ist bei UV günstiger als mit Röntgenstrahlen. — Die beobachtete Wrkg. könnte zur Erklärung der biochem. Genese durch UV u. kosm. Strahlung beitragen. (C. R. hebd. Séances Acad. Sci. **237**. 461—62. 17/8. 1953.) v. Dechend. D 226

A. W. Toptschijew, B. A. Krenzel und **L. N. Andrejew,** *Alkylierung von Benzol durch Isopropylchlorid in Gegenwart des Komplexes des Aluminiumchlorids mit Schwefelsäure und Isomerisierung von normalem Propylchlorid.* Bei der Alkylierung von *Bzl.* (I) mit *Isopropylchlorid* (II) in Ggw. von $AlCl_2 \cdot HSO_4$ (20—80°) nimmt die Ausbeute an *Isopropylbenzol* mit dem I-Überschuß stark zu, mit der Katalysatormenge weniger, mit der Reaktionsdauer nimmt sie etwas ab. Die bei I:II = 1:1 in der Menge dem Monoderiv. etwa gleiche Menge an Dialkylverb. nimmt mit steigendem I-Überschuß ab, weniger mit zunehmender Katalysatormenge, von der Reaktionsdauer ist sie prakt. unabhängig. — Die Isomerisierung von n-Propylchlorid zu II gelingt mit $AlCl_2 \cdot HSO_4$ nicht, mit 10% $AlCl_3$ erfolgt sie schon in 5 Min. prakt. vollständig u. irreversibel bei 30°; gleichzeitig entstehen je nach Katalysatormenge u. Reaktionsdauer 4—22% Polymere. (Доклады Академии Наук СССР [Ber. Akad. Wiss. UdSSR] [N. S.] **92**. 781—84. 1/10. 1953.) R. K. Müller. D 227

A. W. Toptschijew, M. W. Kuraschew und **Ja. M. Pauschkin,** *Über die Alkylierung von Benzol mit Propylen mit Katalysatoren des Systems* $H_2O \cdot BF_3$*–*$H_3PO_4 \cdot BF_3$. Bei Einführung von BF_3 (I) in H_3PO_4 (II) entstehen I-Monohydrat u. ein I—II-Komplex $nH_2O \cdot BF_3 + mH_3PO_4 \cdot BF_3$. Die an 100 g P%ig. II angelagerte I-Menge ergibt sich zu G = 0,694 P + 3,778 (100-P). Für P = 0—100 wird G, $D.^{20}{}_4$ u. die elektr. Leitfähigkeit des entstehenden Komplexes u. für 0—90° $D.^t{}_4$ u. die Viscosität tabellar. mitgeteilt. — Mit einem bei P = 88,7 hergestellten Katalysator wird die Umsetzung von Propylen mit Bzl. untersucht. Mit steigender Katalysatormenge (5—35% des Bzl.) nimmt die Ausbeute an der Fraktion vom Kp. 120—170° u. der daraus dest. Fraktion vom Kp. 152—153° (*Isopropylbenzol*, III) zu, bei zunehmender Geschwindigkeit der C_3H_6-Zufuhr erreicht sie ein Maximum u. nimmt dann wieder ab; mit zunehmendem Benzolüberschuß nimmt sie zu, bei steigender Temp. wird bei 50° ein Maximum erreicht, das auch bei 80° prakt. unverändert bleibt. Bei 15% Katalysator (bezogen auf Bzl.), 10 Liter C_3H_6/Std., C_3H_6:Bzl. = 1:8 u. 50° beträgt die Ausbeute an III 86% d. Th.; neben III werden in geringerer Menge *o-* u. *p-Diisopropylbenzol* gefunden. Die bis 170° sd. Fraktionen enthalten keine ungesätt. Verbindungen. (Доклады Академии Наук СССР [Ber. Akad. Wiss. UdSSR] [N. S.] **93**. 839—42. 11/12. 1953.) R. K. Müller. D 227

N. I. Schuikin, A. B. Kutschkarew und **N. A. Posdnjak,** *Dampfphasenalkylierung von Benzol mit Alkoholen und Äthern.* Mit $ZnCl_2$ auf Al_2O_3 (80 cm³ 50%ig. $ZnCl_2$-Lsg. auf 200 cm³ Al_2O_3) wird die Alkylierung von *Bzl.* u. *Toluol* mit *Methanol, A., Propanol-(1)* u. *-(2), Butanol-(1), Diäthyl-, Diisopropyl-* u. *Dibutyläther* untersucht. Mit zunehmendem Mol.-Gew. des Alkohols bzw. Äthers nimmt die Ausbeute an Alkylierungsprod. im allg. zu. Auf den Alkohol bzw. Äther bezogen ist die Ausbeute an Isopropylbenzol (Reaktionstemp. 175—200°) 54%, an Butylbenzol (optimal bei 250°) 38% aus den Alkoholen, aus den Äthern 48% (250°, neben 20% Dialkylderiv.) bzw. 30% (250—300°), an Methyl- u. Äthylderivv. sind die Ausbeuten ca. 10% u. weniger. (Доклады Академии Наук СССР [Ber. Akad. Wiss. UdSSR] [N. S.] **92**. 785—88. 1/10. 1953. Inst. für organ. Chem. der Akad. der Wiss. der UdSSR.) R. K. Müller. D 227

D₂. Präparative organische Chemie. Naturstoffe.

A. F. LeC. Holding und **W. A. Ross,** *Die versuchte Darstellung von optisch-aktivem β.γ-Dideuterobutyrophenon.* *α-Allylbenzylalkohol* (I) wurde in das *Hydrogen-3-nitrophthalat* (II) übergeführt, welches sich in Chlf. in 2 isomere Formen trennen läßt. Die Messung der Dissoziationskonstanten ergab, daß das höherschm. Isomere (**II a**) die stärkere Säure u. daher nach Ingold der l-Ester ist. II wurde über das Strychninsalz in die opt. Antipoden gespalten. (—)-II wurde mit D_2 zu (—)-*3.4-Dideutero-1-phenylbutylhydrogen-3-nitrophthalat* red., welches anschließend hydrolysiert u. oxydiert wurde. Das erhaltene *β.γ-Dideuterobutyrophenon* ist innerhalb der Fehlergrenze opt. inaktiv. Vff. führen dieses negative Ergebnis auf die ähnlichen Löslichkeiten der diastereomeren Ester zurück.

V e r s u c h e: *Rac. α-Allylbenzylalkohol* (I), $C_{10}H_{12}O$, $Kp._3$ 88—90°, nach Klimenko [1911]; $n_D^{21,5}$ 1,5289; 87% (Ausbeute). *3.5-Dinitrobenzoat*, $C_{17}H_{14}O_6N_2$, F. 90

bis 91° (wss. A.), hellgelbe Plättchen. Red. von I ergibt *1-Phenylbutanol* (*Hydrogenphthalat*, F. 90—91°). (+)-I, durch Hydrolyse von 3 g (+)-II mit NaOH u. Dampfdest.; $n_D^{22,5}$ 1,5253, $[\alpha]_D^{18}$ +48,3° (c = 6,74 in Bzl.); 1,2 g. (—)-I, $n_D^{22,5}$ 1,5250, $[\alpha]_D^{20}$ —50,5° (c = 5,50 in Bzl.). — *rac. α-Allylbenzylhydrogen-3-nitrophthalat* (II), $C_{18}H_{15}O_6N$, durch 2std. Erwärmen von I mit 3-Nitrophthalsäureanhydrid in Pyridin auf 110—115°, nach 24 Std. Zugabe von Aceton, Zers. mit HCl u. Eis. Aus dem Rohprod. (94%) **II b**, F. 155—156° (Bzl.), gelbe, körnige Substanz, in Chlf. unlösl., 33% des Rohprod.; u. **II a**, F. 166—167° (Bzl.), Nadeln, in Chlf. lösl.; 66%. Misch-F. von **II a**+**II b** 140°. (—)-II, F. 126—127° (Bzl.-PAe.) aus 92 g **II b** (durch **II a** verunreinigt) über das (—)-*Strychninsalz* [F. 199—200°, gelbe Prismen aus Methanol/Chlf., $[\alpha]_D^{23}$ —1,73° (c = 7,28 in Chlf.)]; hellgelbe Prismen, $[\alpha]_D^{20}$ —17,3° (c = 5,74 in Chlf.); 26,8 g. (+)-II, F. 126—127° (Bzl.-PAe.), aus den Mutterlaugen von (—)-II, weitere Trennung über das (+)-*Cinchoninsalz* [F. 192—193°, Nadeln aus Methanol, $[\alpha]_D^{18}$ +178,5° (c = 5,80 in Chlf.)]; Plättchen, $[\alpha]_D^{18}$ +17,9° (c = 5,76 in Chlf.); 12,7 g. — (—)-*1-Phenylbutylhydrogen-3-nitrophthalat*, F. 131—132° (Bzl.-PAe.), durch Hydrierung von 3,3 g (—)-II in Ggw. von Pt; Nadeln, $[\alpha]_D^{18}$ —53,2° (c = 6,81 in Chlf.), $[\alpha]_D^{20}$ —24,3 (c = 6,81 in Ae.); 3 g. — (—)-*1-Phenylbutanol*, F. 46—47°, Kp.₂ 90—92°, durch Hydrogenolyse vorst. Verb. (3,0 g) mit $LiAlH_4$; lange Nadeln, $[\alpha]_D^{20}$ —44,7° (c = 5,13 in Bzl.); 0,7 g. — (—)-*3.4-Dideutero-1-phenylbutylhydrogen-3-nitrophthalat*, F. 131—132° (Bzl.-PAe.), durch Deuterierung von 11,6 g(—)-I in Äthylacetat in Ggw. von Pt bei 40—45° oder in Ae. bei Zimmertemp.; hellgelbe Nadeln, $[\alpha]_D^{20}$ —54,1° (c = 5,82 in Chlf.); 11,6 g (roh). — (—)-*3.4-Dideutero-1-phenylbutanol*, F. 45—46°, durch Hydrolyse vorst. Verb. u. Dampfdest.; $[\alpha]_D^{20}$ —44,7° (c = 5,17 in Bzl.), $[\alpha]_D^{20}$ —49,3° (c = 5,13 in Chlf.). — *β.γ-Dideuterobutyrophenon*, hellgelbe Fl., durch Oxydation von 2,7 g vorst. Verb. mit CrO_3 in Essigsäure bei 40—45°, nach Neutralisierung Dampfdest.; Reinigung über das *Semicarbazon* [F. 188—190° (wss. A.), Plättchen]; $n_D^{18,5}$ 1,5162. (J. chem. Soc. [London] **1954**. 145—47. Jan. London, Chelsea Polytechn.) JOHN. 480

A. R. P. Paterson und **S. H. Zbarsky**, *Darstellung von* $^{14}C_{(2)}$*-Adenin*. $^{14}C_{(2)}$*-Adenin* wurde nach dem Verf. von SHAW (C. **1951**. I. 1002) aus 4-Aminoimidazol-5-carboxamidindihydrochlorid (I) dargestellt, wobei zur Ersparnis von $H^{14}COOK$ in wss. Lsg. gearbeitet wurde.

V e r s u c h e: *Adenin*, $C_5H_5N_5$, durch 4std. Kochen von I in 20%ig. HCOOH mit HCOOK; die entstandene *Formamidoverb.* wurde nicht isoliert, sondern durch Kochen mit $KHCO_3$ cyclisiert; Reinigung durch Sublimation bei 220°/1 mm; 61% Ausbeute. *Pikrat*, F. 286—287° (Zers.). — $^{14}C_{(2)}$*-Adenin*, wie vorst. mit $H^{14}COOK$. (J. Amer. chem. Soc. **75**. 5753. 20/11. 1953. Vancouver, Brit. Columbia, Can., Univ., Dep. of Biochem.) GOMPPER. 480

Ralph C. Huston und **Henry Lewis van Dyke**, *Spaltung tertiärer aliphatischer Alkohole bei der Kondensation mit Benzol in Gegenwart von Aluminiumchlorid*. 3.Mitt. (2. vgl. C. **1946**. I. 175.) Es wird über die Kondensation mit Bzl. u. Spaltung von 5 stark verzweigten Alkoholen berichtet: 2.3-Dimethylbutanol-(2) (**I**), 2.3-Dimethylpentanol-(2) (**II**), 2.3.3-Trimethylbutanol-(2) (**III**), 2.2.3-Trimethylpentanol-(3) (**IV**) u. 2.3.3-Trimethylpentanol-(2) (**V**). Die Kondensation von I mit Bzl. in Ggw. von $AlCl_3$ ergab *2.3-Dimethyl-2-phenylbutan* [Kp.₄₇₀ 206—208°, $D.^{20}_4$ 0,8814, n_D^{20} 1,4980; 40% (Ausbeute)]. Daneben entstanden *2-Chlor-2.3-dimethylbutan* (Kp.₇₄₀ 108—110°, $D.^{20}_4$ 0,8772, n_D^{20} 1,4298; 18%), *2.3-Dimethylbuten-(1)* (Kp.₇₅₀ 54—56°, $D.^{20}_4$ 0,6824, n_D^{20} 1,3915; 15%), *2.3-Dimethylbuten-(2)* (Kp.₇₅₀ 72—74°, $D.^{20}_4$ 0,7076; 4%), *2.3-Dimethylbutan* (Kp.₇₅₀ 58—60°, $D.^{20}_4$ 0,6619, n_D^{20} 1,3760; 3%) u. *2-Methyl-2-phenylpropan* (**VI**; Kp.₇₅₀ 166—169°, $D.^{20}_4$ 0,8632, n_D^{20} 1,4910). Aus **II** entstanden: *2.3-Dimethyl-2-phenylpentan*(**VII**; Kp.₇₄₀ 219—221°, $D.^{20}_4$ 0,8801, n_D^{20} 1,4958; 42%), **VI** (1%), *2-Chlor-2.3-dimethylpentan* (Kp.₇₄₀ 135—137°, Kp.₁₈ 39—40°, $D.^{20}_4$ 0,8788, n_D^{25} 1,4278; 14%), *2.3-Dimethylpenten-(1)* (Kp.₇₅₀ 83—85°, $D.^{20}_4$ 0,7095, n_D^{20} 1,4025; 10%), *2.3-Dimethylpentan* (Kp.₇₅₀ 88—91°, $D.^{20}_4$ 0,6950, n_D^{20} 1,3912; 4%) u. *2.3-Dimethylpenten-(2)* (Kp.₇₅₀ 95—98°, $D.^{20}_4$ 0,7304, n_D^{20} 1,4205; 3%). Außerdem ist die Bldg. einer kleinen Menge *2-Phenyl-3-methylpenten-(2)* (Kp. 204°) wahrscheinlich. — Die Kondensation u. Spaltung von **III** bei der Rk. mit Bzl. in Ggw. von $AlCl_3$ lieferte die bereits l. c. beschriebenen Produkte. — Die Rk. von **IV** mit Bzl. ergab *2.2.3-Trimethyl-3-phenylpentan* (Kp.₇₄₅ 230—233°, $D.^{20}_4$ 0,8901, n_D^{20} 1,5031; 10%; *α-Naphthylurethan des p-Oxyderiv.*, F. 110—114°) u. durch Spaltung *CH_4* (1%), CH_3Cl (Kp.₇₄₀ —24 bis —22°, n_D^{25} 1,3480; 1,5%), *3-Chlor-2.2.3-trimethylpentan* (Kp.₇₄₅ 158—160°, $D.^{20}_4$ 0,8840, n_D^{20} 1,4609; 10%), *2-Chlorbutan* (Kp.₇₆₀ 68—70°, $D.^{20}_4$ 0,8712, n_D^{20} 1,3969; 1%), *2-Methylpropan* (Kp.₇₄₅ —11 bis —10°, n_D^{25} 1,3516; 1%) u. **VI** (10%). Durch Wasserabspaltung entstand aus **IV** ein Gemisch von *C_8H_{16}-KW-stoffen* (Kp.$_{750}$ 110—112°, D.$^{20}_4$ 0,7282, n_D^{20} 1,4232; 10%). Methylabspaltung mit nachfolgender Kondensation ergab *2.3-Dimethyl-3-phenylpentan* (Kp.$_{750}$ 223—225°, D.$^{20}_4$ 0,8820, n_D^{20} 1,5012; 4%; *α-Naphthylurethan von 2.3-Dimethyl-3-p-oxyphenylpentan*, F. 110—112°) u. ein Gemisch von *2-Methyl-3-phenylpenten* u. *3-Methyl-3-phenylpentan* (Kp.$_{750}$ 200—206°; 13%; identifiziert als *Propiophenondinitrophenylhydrazon*, F. 196°, bzw. *3-[p-Benzoxyphenyl]-3-methylpentan*, F. 77—78°). — Kondensations- u. Spaltungsprodd. von **V** waren: *2.3.3-Trimethyl-2-phenylpentan* (Kp.$_{740}$ 230—233°, D.$^{20}_4$ 0,8868, n_D^{20} 1,5011; 10%), *2-Methylbutan* (Kp.$_{750}$ 27—29°, n_D^{25} 1,3581; 10%), *2-Methyl-2-phenylbutan* (Kp.$_{741}$ 189—192°, D.$^{20}_4$ 0,8735, n_D^{20} 1,4931; 2%), *2.3.3-Trimethylpentan* (Kp.$_{750}$ 113—115°, D.$^{20}_4$ 0,7265, n_D^{20} 1,4081; 3%), *2.3.3-Trimethylpenten-(1)* (Kp.$_{744}$ 107—109°, D.$^{20}_4$ 0,7366, n_D^{20} 1,4185; 10%), *2-Chlor-2.3.3-trimethylpentan* (Kp.$_{740}$ 156—159°, D.$^{20}_4$ 0,8845 n_D^{20} 1,4629; 15%); **VII** (5%), *3-Methyl-2-phenylpenten* + *2-Methyl-2-phenylpentan* Kp.$_{750}$ 200—206°; 12%; identifiziert als *α-Naphthylurethan von 3-Methyl-2-p-oxyphenylpentan*, F. 100—102°, bzw. *von 2-Methyl-2-p-oxyphenylpentan*, F. 126—127°), **VI** (10%), CH_4 (0,9%), CH_3Cl (1,5%) u. *2-Chlorpropan* (Kp.$_{750}$ 35—37°; 1%; *2-Methylpropionanilid*, F. 105—107°). — **I**, Kp.$_{740}$ 118—120°, aus CH_3MgJ u. Methylisopropylketon. — **II**, Kp.$_{750}$ 129—131°, aus sek.-Butyl-MgBr u. Aceton. — **III**, Kp.$_{750}$ 129 bis 130°, aus CH_3MgBr u. Pinakolin. — **IV**, Kp.$_{750}$ 148—150°, aus Pinakolin u. C_2H_5·MgBr. — **V**, Kp.$_{750}$ 155—157°, aus CH_3MgBr u. Methyl-tert.-amylketon oder aus tert.-Amyl-MgCl mit CO_2 (→ *2.2-Dimethylbutansäure*) u. Umsetzung mit CH_3MgBr. (J. org. Chemistry **18**. 620—28. Juni 1953. East Lansing, Mich., State Coll., Kedzie Chem. Labor., u. Montgomery, Ala., State Coll.) BOLLINGER. 560

Hellmut Bredereck und **Erich Bäder** (unter Mitarbeit von **A. Wohnhas, K. Holoch** und **H. G. Wulz**), *Darstellung von α-Oxy- und α-Aminosulfonen sowie von sulfinsauren Salzen organischer Basen.* 1. Mitt. *über Polymerisationen und Polymerisationskatalysatoren.* Durch Rk. von Sulfinsäuren mit Aldehyden, auch ungesätt. unter Erhaltung der C=C-Doppelbindung, entstehen *α-Oxysulfone.* Die Stabilität dieser Verbb. hat ein Maximum bei den *Oxymethylsulfonen* der aromat. Sulfinsäuren, ein Minimum bei den *α-Oxyäthylsulfonen.* Mit wachsender C-Zahl des Aldehyds nimmt die Stabilität wieder zu. Beim Zerfall spaltet sich der Aldehyd ab. Die Oxymethylsulfone reagieren mit N-haltigen Verbb. unter Wasseraustritt, u. zwar mit prim. aliphat. bzw. alicycl. Monoaminen unter Ersatz beider, mit prim. aromat. Aminen unter Ersatz eines H-Atoms am N. Hydrazin u. Harnstoff können 2 Sulfonreste einbauen, Äthylendiamin 2 oder 4. Mit sek. aliphat. Aminen bilden sich unter Abspaltung von CH_2O nur sulfinsaure Salze. Die α-Aminosulfone sind stabiler als die entsprechenden α-Oxysulfone, bes., wenn die SO_2-Gruppe sich an einem aromat. Kern befindet. Es wurde ferner eine Reihe von Salzen aus Sulfinsäuren u. organ. Basen dargestellt.

Versuche: *Benzolsulfinsäure* (**I**), durch Red. des Sulfochlorids mit Na_2SO_3 bei 60—80°; 60% (Ausbeute). — *p-Toluolsulfinsäure* (**II**), analog; 80%. — *Isoamyl-, n-Hexyl-* (**V**), *n-Heptyl-* u. *n-Octylsulfinsäure* (**VI**) wurden analog dargestellt u. als schwerlösl. Mg-Salze abgefangen; 65—85%. — *n-Dodecylsulfinsäure* (**III**), F. 32°. — *p-Tolyloxymethylsulfon* (**IV**), F. 95°, nach v. MEYER [1901.]; 80%. — *p-Chlorphenyloxymethylsulfon*, F. 111—112°, analog. — *p-Bromphenyloxymethylsulfon*, F. 121 bis 122°. — *Phenyloxymethylsulfon*, $C_7H_8O_3S$, F. 57—60° (Bzl.), durch Lösen von **I** in Formalin u. Abkühlen. — *p-Acetamidophenyloxymethylsulfon*, $C_9H_{11}O_4NS$, F. 175°, durch Lösen von p-Acetamidobenzolsulfinsäure in A. unter Erwärmen u. Zugabe von Formalin. — *n-Dodecyloxymethylsulfon*, F. 64—66°, durch Zutropfen von halbkonz. H_2SO_4 zu **III**-Mg-Salz in Formalin bei 40°. — *p-Tolyl-α-oxy-n-heptylsulfon*, F. 58—68°, durch $^1/_2$std. Kochen von **II** u. Önanthaldehyd in Ae., Einengen u. Kühlen. — Analog wurden dargestellt: *Phenyl-α-oxyäthylsulfon*, F. 52°. — *p-Tolyl-α-oxyäthylsulfon*, F. 52 bis 72°. — *p-Tolyl-α-oxy-n-butylsulfon*, F. ca. 78°. — *p-Tolyl-α-oxyisobutylsulfon*. — *p-Tolyl-α-oxybuten-(2)-ylsulfon*, F. 68—82°. — *p-Tolyl-α-oxy-n-octylsulfon*, F. 67—69°. — *p-Tolyl-α-oxynonylsulfon*, F. 72—73°. — *p-Tolyl-α-oxydecylsulfon*, F. 75°. — *p-Tolyl-α-oxyundecylsulfon*, F. 79°. — *p-Tolyl-α-oxydodecylsulfon*, F. 82°. — *p-Tolyl-α-oxy-o-nitrobenzylsulfon*, F. 76°. — *p-Tolyl-α-oxy-m-nitrobenzylsulfon*, F. 110°. — *p-Tolyl-α-oxy-p-nitrobenzylsulfon*, F. 116°. — *α.γ-Bis-[p-tolylsulfonyl]-α-oxy-γ-phenylpropan*, F. ca. 126°. — *p-Acetamidophenyl-α-oxy-n-butylsulfon*, F. 118°. — *n-Propyl-α-oxy-n-decylsulfon*, F. 60—66°. — *n-Propyl-α-oxy-n-dodecylsulfon*, F. 66—69°. — *n-Butyl-α-oxy-n-butylsulfon*, F. 52—58°. — *n-Butyl-α-oxy-n-octylsulfon*, F. 62—67°. — *n-Butyl-α-oxy-n-decylsulfon*, F. 64—68°. — *n-Butyl-α-oxy-n-dodecylsulfon*, F. 66—72°. — *Isoamyloxymethylsulfon*, ölig. — *n-Hexyloxymethylsulfon*, ölig. — *n-Hexyl-α-oxy-n-butylsulfon*, F. 60—65°. — *n-Hexyl-α-oxy-n-octylsulfon*, F. 78—79°. — *n-Hexyl-α-oxy-n-decylsulfon*, F. 80—82°. — *n-Hexyl-α-oxy-n-dodecylsulfon*, F. 81—84°. —

n-Heptyloxymethylsulfon, F. 25—30°. — *n-Heptyl-α-oxy-n-octylsulfon*, F. 81—84°. — *n-Heptyl-α-oxy-n-decylsulfon*, F. 84—86°. — *n-Heptyl-α-oxy-n-dodecylsulfon*, F. 85 bis 87°. — *n-Octyloxymethylsulfon*, F. 46—52°. — *n-Octyl-α-oxy-n-butylsulfon*, F. 64—67°. — *n-Octyl-α-oxy-n-octylsulfon*, F. 82—85°. — *n-Octyl-α-oxy-n-decylsulfon*, F. 85—88°. — *n-Octyl-α-oxy-n-dodecylsulfon*, F. 87—89°. — *n-Dodecyl-α-oxy-n-butylsulfon*, F. 68 bis 72°. — *n-Dodecyl-α-oxy-n-octylsulfon*, F. 83—86°. — *n-Dodecyl-α-oxy-n-decylsulfon*, F. 88—90°. — *n-Dodecyl-α-oxy-n-dodecylsulfon*, F. 92—94°. — *n-Dodecyl-α-oxy-o-nitrobenzylsulfon*, F. 73°. — *n-Dodecyl-α-oxy-ω-phenylpropen-(2)-ylsulfon*, F. 98°. — *n-Dodecyl-α-oxyfurfurylsulfon*, F. 93°. —*Bis-[p-tolylsulfonylmethyl]-amin*, F. 173° (Dioxan), durch Lösen von **IV** in Methanol, Versetzen mit 20% ig. NH_4OH, Kühlen, mit 15% ig. HCOOH Neutralisieren u. mit konz. HCOOH auf p_H 2—3 Ansäuern; 84%. — *N-Methyl-bis-[p-tolylsulfonylmethyl]-amin*, $C_{17}H_{21}O_4NS_2$, F. 166—168° (Dioxan). **IV** bei 30° in Methanol lösen, kühlen, 33% ig. Monomethylaminlsg. zugeben (p_H 8—9), mit 10% ig. Essigsäure neutralisieren, mit konz. HCOOH bis p_H 3 ansäuern; 70%. — *Bis-[phenylsulfonylmethyl]-amin*, F. 164°; analog. — *N-Methyl-bis-[phenylsulfonylmethyl]-amin*, F. 115°. — *N-Äthyl-bis-[p-tolylsulfonylmethyl]-amin*, $C_{18}H_{23}O_4NS_2$, F. 114—115°, aus **IV** u. wss. Monoäthylamin. — *N-β-Oxyäthyl-bis-[p-tolylsulfonylmethyl]-amin*, $C_{18}H_{23}O_5NS_2$, F. 99°, aus **IV** u. Monoäthanolamin. — *N-Phenyl-p-tolylsulfonylmethylamin*, F. 137°. — *N-Phenyl-N-methyl-p-tolylsulfonylmethylamin*, F. 95°. — *N-Phenyl-N-äthyl-p-tolylsulfonylmethylamin*, $C_{16}H_{19}O_2NS$, F. 105°. — *N-p-Tolyl-N-methyl-p-tolylsulfonylmethylamin*, $C_{16}H_{19}O_2NS$, F. 112°. — *Tetrakis-[p-tolylsulfonylmethyl]-äthylendiamin*, $C_{34}H_{40}O_8N_2S_4$, F. 173° (Zers.). **IV** (gesätt. Lsg. in Ae.) mit Äthylendiamin in Methanol versetzen, dann weiter festes **IV** zugeben u. kühlen. — *Bis-[p-tolylsulfonylmethyl]-äthylendiamin*, $C_{18}H_{24}O_4N_2S_2$, F. 120°, wie vorst. mit äquimol. Mengen. — *Bis-[p-tolylsulfonylmethyl]-hydrazin*, $C_{16}H_{20}O_4N_2S_2$, F. 156° (Zers.), aus **IV** in Methanol bei 18° mit wss. Hydrazinhydrat. — *symm.-Bis-[p-tolylsulfonylmethyl]-harnstoff*, $C_{17}H_{20}O_5N_2S_2$, F. 183°, durch 1/2 std. Kochen von **IV** mit Harnstoff in Methanol u. etwas Pyridin. — *Bis-[isoamylsulfonylmethyl]-amin*, F. 112—116°. — *N-Methyl-bis-[isoamylsulfonylmethyl]-amin*, F. 90—92°. — *N-Cyclohexyl-bis-[isoamylsulfonylmethyl]-amin*, F. 88°. — *N-Phenylisoamylsulfonylmethylamin*, F. 80°. — *Bis-[n-hexylsulfonylmethyl]-amin*, F. 120—122°. — *N-Methyl-bis-[n-hexylsulfonylmethyl]-amin*, F. 91—92°. — *N-Äthyl-bis-[n-hexylsulfonylmethyl]-amin*, F. 45—47°. — *N-Cyclohexyl-bis-[n-hexylsulfonylmethyl]-amin*, F. 87—88°. — *N-Phenyl-n-hexylsulfonylmethylamin*, F. 84°. — *Bis-[n-heptylsulfonylmethyl]-amin*, F. 125°. — *N-Methyl-bis-[n-heptylsulfonylmethyl]-amin*, F. 100—102°. — *N-Äthyl-bis-[n-heptylsulfonylmethyl]-amin*, F. 46—47°. — *N-Cyclohexyl-bis-[n-heptylsulfonylmethyl]-amin*, F. 82°. — *N-p-Tolyl-n-heptylsulfonylmethylamin*, F. 87°. —*Bis-[n-octylsulfonylmethyl]-amin*, F. 140°. — *N-Methyl-bis-[n-octylsulfonylmethyl]-amin*, F. 103—104°. — *N-Cyclohexyl-bis-[n-octylsulfonylmethyl]-amin*, F. 80—81°. —*N-Methyl-bis-[n-dodecylsulfonylmethyl]-amin*, F. 114°. — *N-Äthyl-bis-[n-dodecylsulfonylmethyl]-amin*, F. 65°. — Die Salze der Sulfinsäuren wurden in Ae. dargestellt. Salze von **I** mit: *Mono-n-hexylamin*, F. 116°; *Benzylamin*, F. 153°; *Diäthylamin*; *Di-n-hexylamin*, F. 76°; *Dicyclohexylamin*, F. 155—159°; *Tri-n-butylamin*, F. 30—33°; *Anilin*, F. 132°; *p-Toluidin*, F. 123—125°; *Phenylhydrazin*, F. 122—130°; *Monoäthylamin*, *Triäthylamin*, *Monoäthylanilin*, *Dimethylanilin* u. *Chinolin*, ölig. — Salze von **II** mit: *Benzylamin*, F. 152°; *Cyclohexylamin*, F. 194—197°; *Diäthylamin*, hygroskop.; *Dibutylamin*, F. 104—106°; *Dihexylamin*, F. 119°; *Piperidin*, hygroskop.; *Triäthylamin*, fl.; *Tri-n-butylamin*, F. 40—43°; *Anilin*, F. 118°; *p-Toluidin*, F. 130°; *Dimethylanilin*, fl.; *Chinolin*, fl.; *Phenylhydrazin*, F. 158°. — Salze von **V** mit: *Benzylamin*, 132—134°; *Anilin*, F. 250°; *Phenylhydrazin*, F. 237°. — Salze von **VI** mit: *Benzylamin*, F. 122—124°; *Dicyclohexylamin*. F. ca. 255°; *Anilin*. F. 150°; *Chinolin*, F. 93—97°; *Phenylhydrazin*, F. 255°. (Chem. Ber. **87**. 129—39. 1954. Stuttgart, TH, Inst. für Organ. Chem. u. Organ.-chem. Technol.) Brod. 600

H. J. Backer, *Spontane Zersetzung von Bis-[methylsulfonyl]-isonitrosomethan*. (*Die Eigenschaften der Sulfonylgruppe*. 11. Mitt.) (10. vgl. Recueil Trav. chim. Pays-Bas **69**. [1950.] 610.) Bei längerem Stehen an der Luft zers. sich Bis-[methylsulfonyl]-isonitrosomethan (**I**) unter Bldg. von CO_2, HCOOH, *Methansulfinsäure* (**II**), *Ammoniummethansulfonat* (**III**), *Methylmethanthiolsulfonat* (**IV**), Dimethyldisulfon (**VII**) u. *3.4-Bis-[methylsulfonyl]-1.2.5-oxadiazolidin* (**VI**). Es wird angenommen, daß diese Prodd. durch mehrere Zersetzungs-Rkk. entstehen. Verläuft die Rk. unter Hydrolyse von **I**, so kann eine Spaltung des entstehenden Ketons oder dessen Hydrats zu CO_2 u. **II** oder zu HCOOH, **II** u. Methansulfonsäure führen. **III** kann aus **II**-Hydroxylaminsalz, **IV** aus **II** entstehen. Da **VII** weder aus Dimethyldisulfid noch aus dem Disulfoxyd dargestellt werden kann, wird angenommen, daß es aus 2 Mol **I** durch Abspaltung von 2 Methylsulfonylradikalen neben *Bis-[methylsulfonyl]-glyoxaldioxim* (**V**) gebildet wird. **V** wird vermutlich durch **II** zu dem entsprechenden Hydroxylamin red., das sich zu **VI** cyclisieren kann.

V e r s u c h e (mit **H. Bos**): I wurde mehrere Wochen an der Luft aufbewahrt, wobei Verflüssigung u. CO_2-Entw. auftraten. Das Prod. wurde in W. aufgenommen u. hinterließ einen unlösl. Rückstand: *Dimethyldisulfon*(**VII**), $C_2H_6O_4S_2$, F. 167—168° (A.), Nadeln. Eindampfen der wss. Lsg. lieferte HCOOH. Aufnehmen des sirupösen Rückstands in absol. A. u. Zugabe von Ae. ergab *Ammoniummethansulfonat* (**III**). Nach Eindampfen der alkoh.-äther. Lsg., Aufnehmen in W. (Lsg. B), Extraktion mit Ae., Entfernung des Ae. im Vakuum u. Zugabe von W. wurden ein Öl u. eine wss. Lsg. (C) erhalten. Das Öl lieferte *Methylmethanthiolsulfonat* (**IV**), n_D^{20} 1,509. *Methylmercapto-bis-[methylsulfonyl]-methan*, F. 199°, aus **IV** u. Na-Bis-[methylsulfonyl]-methan. *Methansulfinsäure* (**II**), aus Lsg. C. *3.4-Bis-[methylsulfonyl]-1.2.5-oxadiazolidin*(**VI**), $C_4H_{10}O_5N_2S_2$, F. 157—158°, aus der Lsg. B. — *1.2-Bis-[methylsulfonyl]-1.2-bis-[hydroxylamino]-äthan, Ba-Salz*, $C_4H_{10}O_6N_2S_2Ba$, durch Zugabe von ca. 2 Mol $Ba(OH)_2$ zu 1 Mol **VI**, Neutralisation mit H_2SO_4 nach Stehen über Nacht u. Eindampfen des Filtrats. (Recueil Trav. chim. Pays-Bas **69**. 1127—32. Sept./Okt. Berichtigung: **69**. 1589. Dez. 1950. Groningue, Univ., Labor. de chim. organ.) HILDEGARD BAGANZ. 600

H. J. Backer, *Die Wirkung von Diazomethan auf Bis-[methylsulfonyl]-isonitrosomethan.* (*Die Eigenschaften der Sulfonylgruppe.* 12. Mitt.) (11. vgl. vorst. Ref.) Rk. von CH_2N_2 mit Bis-[methylsulfonyl]-isonitrosomethan(**IV**) führte zunächst zu *Bis-[methylsulfonyl]-methoximinomethan* (**I**) u. einer isomeren Verb., die auf Grund ihres chem. Verh. als *1-Oxy-2.2-bis-[methylsulfonyl]-azacyclopropan* (**II**) angesehen wird. **II** wird bei gewöhnlicher Temp. langsam, bei 100° schnell hydrolysiert unter Bldg. von CO_2 u. *Methansulfinsäure*, die als *Benzylmethylsulfon* charakterisiert wurde. Entsprechend verlief die Hydrolyse in $Ba(OH)_2$. Erhitzen von **II** führte zu *Dimethyldisulfon*. Während **II** weder mit $(CH_3)_2SO_4$ noch mit CH_2N_2 reagiert, liefert **I** mit CH_2N_2 *1-Methoxy-5.5-bis-[methylsulfonyl]-1.2.3-triazolin* (**III**). Erhitzen von **III** führte unter N_2-Entw. zu *1-Methoxy-2.2-bis-[methylsulfonyl]-azacyclopropan*, das auch direkt aus **IV** u. CH_2N_2 erhalten werden konnte. **III** stabilisierte sich außerdem durch Abspaltung von Methansulfinsäure u. Bldg. von *1-Methoxy-5-methylsulfonyl-1.2.3-triazol.* Diese Rk. gelang auch in Ggw. von Piperidin bei 0°.

V e r s u c h e: (mit **H. Bos**): *Bis-[methylsulfonyl]-methoximinomethan* (**I**), $C_4H_9O_5NS_2$, F. 125—126° (A. oder CH_3OH), durch Einleiten von CH_2N_2 in die Lsg. von **IV** in Dioxan, Essigester u. W. bei 0°, Abtrennen von **II** u. Eindampfen des Filtrats im Vakuum; lange Nadeln; 41% (Ausbeute). — *1-Oxy-2.2-bis-[methylsulfonyl]-azacyclopropan* (**II**), $C_4H_9O_5NS_2$, Zers. bei 143°, wie vorst. in wasserfreiem Medium; Nadeln; 35%. — *Dimethyldisulfon*, $C_2H_6O_4S_2$, F. 167—168° (A.), durch 5std. Kochen von **II** in Äther. — *Methansulfonsäure, Ba-Salz*, $C_2H_6O_6S_2Ba \cdot 1^1/_2\ H_2O$, durch Waschen der vorst. Ätherlsg. mit W., Eindampfen der wss. Lsg. im Vakuum, Erhitzen mit $Ba(OH)_2$ (NH_3-Entw.), Neutralisation mit H_2SO_4 u. Eindampfen des Filtrats; aus 90%ig. A. Kristalle. — Lösen von **II** in sd. W., 1std. Kochen im N_2-Strom (CO_2-Entw.; 82%), Neutralisation mit NaOH, Eindampfen u. Erhitzen mit alkoh. Benzylchlorid ergab *Benzylmethylsulfon*, F. 125—125,5° (W.). Entsprechend wurde nach 3—6tägigem Stehen bei Raumtemp. ein Gemisch von Methansulfin- u. Methansulfonsäure erhalten. — Stehenlassen von **II** in $Ba(OH)_2$, Neutralisation der Lsg. mit H_2SO_4 u. Ausäthern lieferte eine wss. Lsg., die ammoniakal. Ag_2O-Lsg. reduziert. Wurde **II** mit $Ba(OH)_2$ gekocht, so trat NH_3-Entw. auf. Nach Neutralisation wurden in der wss. Lsg. methansulfin- u. -sulfonsaures Ba nachgewiesen. — *1-Methoxy-5.5-bis-[methylsulfonyl]-1.2.3-triazolin* (**III**), $C_5H_{11}O_5N_3S_2$, F. 82° (Zers.), durch Zugabe von CH_2N_2 in Ae. zu **I** in Dioxan–Essigester, Eindampfen im Vakuum bei 20° u. Zugabe von W.; 87%. — *1-Methoxy-2.2-bis-[methylsulfonyl]-azacyclopropan*, $C_5H_{11}O_5NS_2$, F. 126,5—127,5° (A. oder CH_3OH), a) durch Zutropfen von äther. CH_2N_2 zu **IV** in Dioxan-Essigester bei 0° u. Eindampfen des Filtrats im Vakuum; durchscheinende Blättchen; b) durch Erhitzen von **III** mit A.; 84%. — *1-Methoxy-5-methylsulfonyl-1.2.3-triazol*, $C_4H_7O_3N_3S$, F. 68°, a) durch Zugabe von äther. CH_2N_2 zu **IV** in Dioxan unter Eiskühlung, Entfernung der Lösungsmittel im Vakuum, Aufnehmen in A. u. Zugabe von W.; aus A. Prismen; 53%; b) durch Zugabe von Piperidin zu **III** in Dioxan-Essigester, Abtrennen des Piperidinmethansulfinats, Eindampfen des Filtrats u. Animpfen. (Recueil Trav. chim. Pays-Bas **69**. 1223—32. Sept./Okt. 1950.) HILDEGARD BAGANZ. 600

Maurice Naudet und **Pierre Desnuelle,** *Über die Entstehung von Diensystemen während der Dehydratation der Dioxystearinsäure und ihres Methylesters.* Erhitzen von *cis-* u. *trans-9.10-Dioxystearinsäure* u. dem *trans-Methylester* in Ggw. von 0,5% p-Toluolsulfonsäure auf 290° bei 200 mm u. Dest. des Reaktionsprod. bei 1 mm lieferte ein Gemisch von Verbb., das in bezug auf JZ., Geh. an OH-Gruppen, Dienen (UV-Spektr.),

Dioxyketo- u. Epoxystearinsäuren untersucht wurde. Bei einem zweiten Vers. wurde das Reaktionsgemisch nach 5 Min. langem Erhitzen plötzlich abgekühlt. Es wurde beobachtet, daß stark ungesätt. Verbb. entstanden waren, jedoch nur die Hälfte der Doppelbindungen in konjugierter Form vorlagen. (C. R. hebd. Séances Acad. Sci. **231.** 776—77. 16/10. 1950.) HORST BAGANZ. 850

K. Schmidt und **P. Kollek-Bös,** *Einige Alkylthiocarbamate, dargestellt aus Alkylthiocyanaten durch Riemschneider-Reaktion.* Aus n-$C_{13}H_{27}$-, n-$C_{15}H_{31}$-, n-$C_{17}H_{35}$- u. n-$C_{19}H_{39}$SCN wurden nach RIEMSCHNEIDER (C. **1953.** 6661) die entsprechenden *Alkylthiocarbamate* dargestellt, deren FF. mit den von RIEMSCHNEIDER (C. **1954.** 61) vorausgesagten übereinstimmen. — *n-$C_{13}H_{27}SCONH_2$*, F. 109,5—110°. — *n-$C_{15}H_{31}$·$SCONH_2$*, F. 111,5°. — *n-$C_{17}H_{35}SCONH_2$*, F. 111—112°. — *n-$C_{19}H_{39}SCONH_2$*, F. 113,5°. (J. Amer. chem. Soc. **75.** 6067. 5/12. 1953. Wien, Biochem. Inst.) EBERHARDT. 880

Ss. I. Lurje und **Je. Ss. Tschaman,** *Untersuchung auf dem Gebiet der Aminosäuren.* 1. Mitt. *Synthese von β-Alanin.* Es gelang, über die durch Einw. von HCl auf Acrylnitril gewonnene *β-Chlorpropionsäure* (I) durch Behandeln mit wss. NH_3 *β-Alanin* (II) darzustellen. Nebenprod. ist *β-Iminodipropionsäure* (III), aus der beim Schmelzen mit Phthalsäureanhydrid *β-Phthaloylaminopropionsäure* entsteht, die nach Verseifen II gibt; insgesamt werden 50—56% II erhalten.

Versuche: *β-Alanin* (II), $C_3H_7O_2N$, F. 195—197°; 200 g I (Darst. nach A. P. 1 851 040 u. F. P. 715 893 mit 82—85%ig. Ausbeute) in 4 Liter 22%ig. NH_3 10 bis 12 Tage bei Zimmertemp.; zur Trockne eingedampft, Rückstand mit 500 cm³ konz. HCl 30 Min. gekocht, 2mal mit W. abgedampft, über P_2O_5 getrocknet; mit 500 cm³ 96%ig. A. extrahiert, das beim Abkühlen ausfallende NH_4Cl mit 350 cm³ A. ausgekocht; alkoh. Filtrate mit 103 g Diäthylamin (IV) bis zum p_H 7,6 versetzt, wobei 71 g II auskristallisieren. Mutterlauge auf 200 cm³ eingeengt, nach Abtrennung von IV-Hydrochlorid zur Trockne; Rückstand mit 1,2 Liter Chlf. angerührt; das ungelöst bleibende gelbliche Öl (34 g) enthält III; die Mutterlauge enthält noch etwas II; insgesamt werden 76,5 g II erhalten. *β-Iminodipropionsäurediäthylester*, Kp.$_{15}$ 145—147°; aus dem vorst. erhaltenen III-haltigem Öl mit HCl-Gas in absol. Alkohol. *Hydrochlorid*, $C_{10}H_{20}O_4NCl$, F. 78—79°; aus Essigester Kristalle. — *β-Phthaloylaminopropionsäure*, $C_{11}H_9O_4N$, F. 150—151° (aus 60%ig. Methanol); durch Erhitzen des III-haltigen Öles mit Phthalsäureanhydrid auf 180—200°. (Журнал Общей Химии [J. allg. Chem.] **22** (**84**). 1631—33. Sept. 1952. Inst. für Biol. u. Med. Chem. der Akad. der Med. Wiss. der UdSSR.) HENSEL. 950

S. G. Waley und **J. Watson,** *Einige Peptide des Lysins.* Zur Identifikation der bei der enzymat. Hydrolyse von Polylysin entstehenden Lysin-Peptide werden *Di-*, *Tri-*, *Tetra-* u. *Pentalysin* (durchweg die L-Verbb.) stufenweise, vom α.ε-Bis-[carbobenzoxy(Cbo)]-L-lysin (I) ausgehend, durch Verknüpfung mit ε-Cbo-L-lysinmethylester (II) bzw. -benzylester, vorwiegend nach der Meth. der gemischten Anhydride mit Benzoesäure (vgl. WIELAND u. SEHRING, Liebigs Ann. Chem. **569.** [1950.] 122), aufgebaut. Die alkal. Verseifung des *Tetrakis-[N-Cbo]-trilysinmethylesters* (V) u. *Pentakis-[N-Cbo]-tetralysinmethylesters* (VIII) gab neben den entsprechenden Säuren (VII bzw. IX) *substituierte Harnstoffe Cbo·NH·$(CH_2)_4$·CH(COOH)·NH·CO·{NH·CH[$(CH_2)_4$NH·Cbo]·CO·}$_n$OH* (X, n = 2 bzw. 3), die durch größere Löslichkeit in schwach alkal. Lsg. abgetrennt werden können. Die Peptide wurden als krist. hygroskop. Hydrochloride isoliert, chromatographiert u. in 0,083 mol. Lsg. in Ggw. von KCl mit der Glaselektrode potentiometr. titriert: pK-Werte der α-Aminogruppe für *Dilysin* 7,56, *Trilysin* 7,26, *Tetralysin* 7,15, *Pentalysin* 7,07. Die R_F-Werte von Di- bis Heptalysin (Hexa- u. Heptalysin wurden durch Säurehydrolyse von Polylysin gewonnen) wurden in n-Butanol–Essigsäure–Pyridin–W. (30:6:20:24) bestimmt, sie erfüllen die von PARDEE (C. **1952.** 3338) aufgestellte Beziehung zwischen dem R_F-Wert eines Peptids u. dem R'_F-Wert der zugrundeliegenden Aminosäure. Die quantitative Best. kann durch Chromatographie auf WHATMAN 1 u. Colorimetrieren der Ninhydrinfärbung nach FOWDEN (C. **1952.** 1881) erfolgen.

Versuche: *Tris-[N-Cbo]-dilysinmethylester* (III), $C_{37}H_{46}O_9N_4$, F. 123° (Essigester), a) durch Überführen von I mit PCl_5 in das Säurechlorid u. dessen Umsetzung mit II in Essigester; $[\alpha]_D^{20}$ —8,1° (c = 4,45 in A.); 56% (Ausbeute); b) aus I, Benzoylchlorid u. N-Äthylpiperidin in Benzonitril bei 0° u. Zugeben zu II in Essigester u. 1,4 n $KHCO_3$-Lsg. unter Rühren; 62%. — *Tris-[N-Cbo]-dilysin* (IV), $C_{36}H_{44}O_9N_4$, F. 145 bis 147° (Essigester), aus III in Aceton mit n-NaOH (1 Std.), Neutralisieren mit 2,47 n HCl u. Abdest. des Acetons; $[\alpha]_D^{20}$ —1,5° (c = 4,98 in Eisessig); 86%. — *Dilysin*, aus IV in Methanol u. 0,98 n HCl durch Hydrierung mit Pd-Kohle; *Direineckat*, $C_{20}H_{40}O_3N_{16}$·S_8Cr_2·3H_2O, aus W. rosa Plättchen; *Diflavianat*, $C_{32}H_{38}O_{19}N_8S_2$·3H_2O, F. 209° (Zers.; 80%ig. A.); gelbe Prismen. — *Tris-[N-Cbo]-dilysinhydrazid*, $C_{36}H_{46}O_8N_6$, F. 190—191°

(W.–A.), aus **III** u. Hydrazin in Methanol in einigen Tagen; 72%. — *Tetrakis-[N-Cbo]-trilysinmethylester* (**V**), $C_{51}H_{64}O_{12}N_6$, F. 164—165,5°, a) aus vorst. Verb. durch Überführen in das Azid u. Kondensation mit **II**; $[\alpha]_D^{20}$ —10,4° (c = 5 in Eisessig); b) wie **III** nach b) aus **IV** in Tetrahydrofuran (bei Verwendung von Benzonitril weniger reines Prod.); 58%. — *Tetrakis-[N-Cbo]-trilysinbenzylester* (**VI**), $C_{57}H_{68}O_{12}N_6$, F. 161—162°, aus **IV** über das gemischte Anhydrid durch Kondensation mit ε-Cbo-lysinbenzylester; 50%. — *Tetrakis-[N-Cbo]-trilysin* (**VII**), $C_{50}H_{62}O_{12}N_2$, F. 173—174°(Methyläthylketon–Ae.), aus **V** mit 0,6nNaOH in Aceton (1½ Std.), Filtrat mit W. verd. u. mit CO_2 sättigen, Nd. mit W. waschen, in warmem Aceton lösen u. 3nHCl zufügen. Beim Ansäuern des Filtrates Fällung von **X** (n = 2), $C_{43}H_{56}O_{12}N_6$, F. 153—155° (Zers.; Methyläthylketon–Ae.). — *$N^{\alpha'}$-[Lysin-$N^{\alpha''}$-carbonyl]-dilysin* (krist. aus Methanol–A.), aus **X** (n = 2) durch Hydrieren mit 10%ig. Pd-Kohle in 85%ig. Eisessig u. 0,98nHCl (2½ Std.). — *Trilysin*, durch Hydrieren von **VI** mit Pd-Kohle. — *Pentakis-[N-Cbo]-tetralysinmethylester* (**VIII**), $C_{65}H_{82}O_{15}N_8$, F. 156—157° (Methanol); aus **VII** nach der Anhydridmeth.; 62%. — *Pentakis-[N-Cbo]-tetralysinbenzylester*, $C_{71}H_{86}O_{15}N_8$, F. 170 bis 172° (95%ig. A.), analog; 48%. — *Tetralysin*, aus vorst. Verb. durch Hydrieren mit Pd-Kohle. — *Pentakis-[N-Cbo]-tetralysin* (**IX**), $C_{64}H_{80}O_{15}N_8$, F. 162—163° (Methyläthylketon), aus **VIII** in heißem Aceton mit 1,02nNaOH unter Erwärmen u. wiederholter Zugabe von Lauge. Trennung von **X** (n = 3), das nicht rein isoliert wurde, wie bei **VII**. — *Hexakis-[N-Cbo]-pentalysinbenzylester*, $C_{85}H_{104}O_{18}N_{10}$, F. 177—178° (A.), aus **IX** in Benzonitril über das gemischte Anhydrid mit Benzoesäure. — *Pentalysin*, aus vorst. Verb. durch Hydrieren mit Pd-Kohlen, Fällen aus Methanol mit A.–Äther. (J.chem. Soc. [London] **1953**. 475—79. Febr. Maidenhead, Berkshire, Courtaulds Res. Labor.) Jutz. 950

G. W. Kenner, H. G. Khorana und **R. J. Stedman**, *Peptide*. 4. Mitt. *Selektive Abtrennung der C-Endgruppe als Thiohydantoin. Die Verwendung von Diphenylphosphorisothiocyanatidat.* (3. vgl. C. **1953**.4190.) *Diphenylphosphorisothiocyanatidat* [**I**; $(C_6H_5O)_2$·PO·NCS, Begründung der Nomenklatur vgl. Original] wurde aus Tetraphenylpyrophosphat (**II**) oder Diphenylphosphorchloridat (Diphenylchlorphosphonat) u. KSCN erhalten. **I** reagiert mit den Triäthylammoniumsalzen von N-Acylpeptiden unter Anionenaustausch u. Bldg. eines Acylphosphats nach **R**·CO·NH·CHR'·CO_2^- + **I** → R·CO·NH·CHR'·CO·OPO$(OC_6H_5)_2$+ SCN^-, das seinerseits $(C_6H_5O)_2PO·O^-$ gegen SCN^- austauscht; das gebildete Acylisothiocyanat R·CO·NH·CHR'·CO·NCS isomerisiert sich zum 1-Acyl-2-thiohydantoin, das nach Waley u. Watson (C. **1952**. 5397) hydrolysiert werden kann, wobei der abgespaltene Acylrest um den die freie Carboxylgruppe enthaltenden Aminosäurerest („C-Endgruppe") ärmer ist als das ursprüngliche N-Acylpeptid. Bei den N-Acylpeptiden mit Glycin als C-Endgruppe treten bei der Rk. Verfärbungen auf, vermutlich infolge Kondensationen an der akt. CH_2-Gruppe. Die alkal. Hydrolyse der 1-Acyl-2-thiohydantoine kann spektroskop. verfolgt werden an der Zunahme des Verhältnisses zwischen der Absorption bei 262 u. 278 mμ. Nach schnellem Erreichen eines Maximums nimmt das Verhältnis wieder ab, da der Thiohydantoinring durch Alkali angegriffen wird.

Versuche: *Diphenylphosphorisothiocyanatidat* (**I**), $C_{13}H_{10}O_3NSP$, Kp.$_{0,1}$ 210° (Bad), a) aus 50,1 g Diphenylchlorphosphonat u. 19,3 g KSCN in Acetonitril; n_D^{20} 1,5851, $D.^{14}_4$ 1,2877°; 43,5 g (Ausbeute); b) aus **II** (F. 42—47°) u. KSCN in Acetonitril — *N-Diphenoxyphosphinyl-N'-cyclohexylthioharnstoff*, $C_{19}H_{23}O_3N_2SP$, F. 129,5—130,5° (A.–W., Prismen), aus Cyclohexylamin u. **I** in Acetonitril unter Wärmeentw.; nach 1 Tag aus der eingedampften Lsg. durch Verteilung zwischen Essigester u. 3nHCl u. zwischen wss. $NaHCO_3$-Lsg. u. W. als neutraler Anteil. — *5-Benzyl-2-thio-1-toluol-p-sulfonylglycylhydantoin* (**IV**), $C_{19}H_{19}O_4N_3S$, F. 166—169° (W.–A., Prismen), a) aus Essigsäureanhydrid, Eisessig, NH_4SCN u. Toluol-p-sulfonylglycyl-DL-phenylalanin (**III**) (1 g), 30 Min. auf 100° erhitzen, tiefbraune Lsg. in W. geben u. mit $NaHCO_3$ behandeln, mit Essigester extrahiertes braunes Harz (1,34 g) in Bzl. aufnehmen, daraus **IV** als Solvat, $C_{19}H_{19}O_4N_3S_2·C_6H_6$, F. 72° (nach vorherigem Erweichen); 0,26 g; b) **III** (0,376 g), Triäthylamin u. **I** in Acetonitril 110 Std. stehenlassen, nach Verdampfen des Lösungsm. Rückstand durch Verteilung zwischen Essigester u. n-HCl in neutrale u. saure Anteile trennen; aus der Essigesterlsg. 0,441 g **IV**. Aus der angesäuerten wss. Lsg. durch Extraktion mit Essigester *Diphenylhydrogenphosphat* (**V**); 0,279 g. c) Aus der Lsg. von **II**, **III** (0,752 g), Triäthylamin u. KSCN in Acetonitril Nd. von *K-Diphenylphosphat*; nach 24 Std. 0,706 g **V** u. 0,795 g **IV**. — Nach Meth. b) nachst. 2-Thiohydantoine: *1-Benzoylglycyl-*, $C_{12}H_{11}O_3N_3S$, F. 210—215° (Zers.); 95% (roh). — *1-Benzoylglycyl-5-isopropyl-*(**VII**), $C_{15}H_{17}O_3N_3S$, F. 186—189°; 90%. — *1-Benzoylglycyl-5-isobutyl-*(**VI**), $C_{16}H_{19}O_3N_3S$, F. 185—186°; 87%; in Dimethylformamid als Lösungsm. 90%. — *1-Benzoyl-DL-alanyl-*, $C_{13}H_{13}O_3N_3S$, F. 187—188°; 100%. — *1-Benzoyl-DL-leucyl-*,

$C_{16}H_{19}O_3N_3S$, F. 171—172°; 93%. — Alkal. Hydrolyse von **VI** mit 0,01 n NaOH in 30 Min. lieferte *5-Isobutyl-2-thiohydantoin*, F. 165—168 (roh; aus Bzl.) u. *Hippursäure* (**VIII**). Analog aus **VII** u. **IV** *5-Isopropyl-2-thiohydantoin* + **VIII** bzw. *5-Benzyl-2-thiohydantoin* (F. 175—182°) u. *Toluol-p-sulfonylglycin* (F. 147—148°). (J. chem. Soc. [London] **1953**. 673—78. Febr. Cambridge, Univ., Chem. Labor.) JUTZ. 950

V. F. Cooke, W. Gerrard und **W. J. Green**, *Darstellung von Alkyl- und Acylphosphonsäuren*. Die Hydrolyse von Alkyl- oder Acylphosphonsäureestern mit trockenem Halogenwasserstoff ergibt *Alkyl-* oder *Acylphosphonsäuren* u. Alkylhalogenide. Die Rk. wird zweckmäßig bei 100° ausgeführt.

Versuche: *n-Octylphosphonsäure*, $C_8H_{19}O_3P$, F. 99—100° (Heptan), aus Diäthyl-n-octylphosphonat a) mit HCl bei 100° (16 Std.); roh 100% (Ausbeute); daneben 81% *Äthylchlorid*; b) mit HCl bei 25° (48 Std.), daneben unveränderter Diester u. *n-Octylphosphonsäuremonoäthylester* (Kp.$_{0,05}$ 170°, n_D^{20} 1,4436); c) mit HBr bei 90° (8,5 Std.); 80%; daneben 92% *Äthylbromid*; d) mit HJ bei 20° (9 Std.); 78%; daneben 98% *Äthyljodid*. — *1-Phenyläthylphosphonsäure*, $C_8H_{11}O_3P$, aus Diäthyl-1-phenyläthylphosphonat mit HBr bei 95° (7 Std.); 98%; oder mit HJ bei 20° (8 Std.) — *Acetylphosphonsäure*, $C_2H_5O_4P$, F. 108—114°, glasige M., aus Diäthylacetylphosphonat (C_6H_{13}·O_4P, Kp.$_{17}$ 111—112°, n_D^{17} 1,4230) mit HBr bei 95° (3½ Std.); 93%. — *Benzoylphosphonsäure*, $C_7H_7O_4P$, hygroskop. M. aus Diäthylbenzoylphosphonat ($C_{11}H_{15}O_4P$, Kp.$_{0,05}$ 103°, n_D^{18} 1,5108) mit HBr bei 100° (21,5 Std.). (Chem. and Ind. **1953**. 351 bis 352. 11/4. London, Northern Polytechn.) EBERHARDT. 980

W. L. Lenneman, R. D. Hites und **V. I. Komarewsky**, *Durch Schwefelsäure katalysierte Alkylierung von Benzol mit 1-Alkenen von hohem Molekulargewicht*. Bzl. wurde in Ggw. von H_2SO_4 u. bei sorgfältig kontrollierter niedriger Temp. mit reinem Octen-(1), Decen-(1), Dodecen-(1), Tetradecen-(1), Hexadecen-(1) u. Octadecen-(1) umgesetzt. Die Monoalkylierungsprodd. (I) wurden in 70—90%ig. Ausbeute erhalten u. mittels ihrer Infrarotspektren als 2-Phenylalkane identifiziert.

Versuche: Bei 3—4° wurde während 45—100 Min. das Olefin zu einem Bzl.-96%ig. H_2SO_4-Gemisch zugetropft. Die I wurden durch Dest. bei 1 mm von den höher alkylierten Prodd. getrennt. — *Octen-(1)*, Kp.$_{747}$ 121,5—123°, n_D^{20} 1,4098. — *Decen-(1)*, Kp.$_{745}$ 170,8—171,5°, n_D^{20} 1,4218. — *Dodecen-(1)*, Kp.$_{15}$ 97,1—97,5°, n_D^{20} 1,4302. — *Tetradecen-(1)*, Kp.$_{15}$ 125—125,5°, n_D^{20} 1,4362. — *Hexadecen-(1)*, Kp.$_{15}$ 152,0—153°, n_D^{20} 1,4414. — *Octadecen-(1)*, Kp.$_{15}$ 177—178°, n_D^{20} 1,4452. — *2-Phenyloctan*, Kp.$_{746}$ 241 bis 243°, Kp.$_1$ 69—71°, n_D^{20} 1,4849; 91,9% (Ausbeute). — *2-Phenyldecan*, Kp.$_{746}$ 270 bis 272°, Kp.$_1$ 94—96°, n_D^{20} 1,4828; 90,2%. — *2-Phenyldodecan*, Kp.$_{746}$ 296—298°, Kp.$_1$ 119—122°, n_D^{20} 1,4814; 80,5%. — *2-Phenyltetradecan*, Kp.$_{746}$ 326—328°, Kp.$_1$ 137 bis 142°, n_D^{20} 1,4809; 70,4%. — *2-Phenylhexadecan*, Kp.$_{746}$ 353—355°, Kp.$_1$ 159—163°, n_D^{20} 1,4799; 75,1%. — *2-Phenyloctadecan*, Kp.$_1$ 175—180°, n_D^{20} 1,4793; 70,4%. (J. org. Chemistry **19**. 463—68. März 1954. Chicago, Ill., Inst. of Technol., Catalysis Labor.) J. ROTHE. 1010

Lamar Field und **John W. McFarland**, *Grignard-Reagentien von Sulfonen*. 2. Mitt. *Reaktionen mit Carbonylverbindungen*. (1. vgl. C. **1953**. 5323.) p-Tolylsulfonylmethyl-MgBr (I) lagert sich an Acetaldehyd (**II**) u. Diisopropylketon (**III**) n. an. Konkurrenz-Rk. von Phenylsulfonylmethyl-MgBr (**IV**) u. Phenyl-MgBr (**V**) mit Benzaldehyd (**VIII**) ergab, daß beide nahezu gleich schnell reagieren, jedoch ist zu bemerken, daß beim Mischen von **IV** u. **V** offenbar Komplexbldg. eintritt, die eine andere Reaktionsfähigkeit ergeben kann, als wenn beide Verbb. unabhängig voneinander reagieren würden. Die Wrkg. der α-Substitution im GRIGNARD-Reagens wurde an α-[p-Tolylsulfonyl]-äthyl-MgBr (**VI**) u. α-[p-Tolylsulfonyl]-isopropyl-MgBr (**VII**) untersucht. Sie reagierten mit **VIII** u. Aceton (**IX**) normal. **VII** reagierte mit **III** weder unter Addition noch unter Red. von **III**. Benzhydrylphenylsulfon (**X**) ließ sich nicht in ein GRIGNARD-Reagens überführen. Das aliphat. Dimethylsulfon bildet ein Mono- u. ein Di-GRIGNARD-Deriv. (**XI** u. **XII**), die mit **VIII** u. **IX** Additionsprodd. liefern; die Ausbeuten sind jedoch relativ gering. Für **XII** sind 2 Strukturen möglich: $(BrMgCH_2)_2SO_2$ u. $(BrMg)_2CHSO_2CH_3$, von denen die erstere die wahrscheinlichere ist. Die Bestätigung der Struktur der Additionsprodd. erbrachten die Absorptionsspektren u. der positive Cerinitrattest.

Versuche (FF. korr.): *β-Oxy-n-propyl-p-tolylsulfon*, $C_{10}H_{14}O_3S$, F. 77—78°, aus **I** in Ae.-Bzl. u. **II** in Bzl. bei 0—5°; aus Bzl.—PAe. (1 : 2) kurze Nadeln; 86% (Ausbeute). *Acetat*, F. 93,5—95°; 90%. — *p-Tolylsulfonylaceton*, F. 50—51°, durch Oxydation vorst. Verb. mit CrO_3; aus Bzl.-PAe. (1 : 1) Nadeln; 65%. — *1-[p-Tolylsulfonyl]-propen-(1)*, F. 98—100°, aus vorvorst. Verb. in trockenem Pyridin u. Bzl. mit $SOCl_2$; aus Bzl.-PAe. (1 : 2); 20%. — *γ-Methyl-β-isopropyl-β-oxy-n-butyl-p-tolylsulfon*,

$C_{15}H_{24}O_3S$, F. 57—58°, aus I u. III; aus A. + W. (1 : 1) kurze Nadeln; 55% (roh). — Bei Einw. von **VIII** in Ae. auf ein Gemisch aus **IV** (aus Äthyl-MgBr in Ae. u. Methylphenylsulfon in Bzl.) u. **V** in Ae. wurden isoliert: *β-Phenyl-β-oxyäthylphenylsulfon* (**XIII** 29%), *Benzhydrol* (33%) u. *Methylphenylsulfon* (23%). — **XIII**, F. 82—95°, aus **IV** u. **VIII**; 64%. — *α-[p-Tolylsulfonyl]-propiophenon*, $C_{16}H_{16}O_3S$, F. 99,5—100,5°, a) aus **VI** u. **VIII** [→ Gemisch der diastereoisomeren *α-Methyl-β-phenyl-β-oxyäthyl-p-tolylsulfone*, $C_{16}H_{18}O_3S$, konnte durch Behandeln mit CCl_4 u. Ausfrieren in 2 Isomere zerlegt werden; 22% vom F. 99—100,5° (A. + W. 1 : 1) u. 77% eines gelben Öles, das nach Dest. bei 250°/0,3 mm glasig wurde] u. Oxydation mit CrO_3; aus A. + W. (2 : 1) u. CCl_4; 72%; b) aus p-toluolsulfinsaurem Na u. α-Brompropiophenon in A. durch 17std. Kochen; 94%. *2.4-Dinitrophenylhydrazone*, $C_{22}H_{20}O_6N_4S$, F. 210—211° (A.) u. F. 241 bis 242° (Essigester). — *α.β-Dimethyl-β-oxy-n-propyl-p-tolylsulfon*, $C_{12}H_{18}O_3S$, $Kp._{0,3-0,4}$ 205—215°, aus **VI** u. **IX**; n_D^{25} 1,5307; 92%. — *α.α-Dimethyl-β-phenyl-β-oxyäthyl-p-tolylsulfon*, $C_{17}H_{20}O_3S$, F. 164,5—165,5°, aus **VII** u. **VIII**; aus CCl_4 Tafeln; 74%. — *α.α.β-Trimethyl-β-oxy-n-propyl-p-tolylsulfon*, $C_{13}H_{20}O_3S$, F. 65,5—67°, aus **VII** u. **IX**; aus PAe.; 47%. — **VII** u. **III** lieferten das Ausgangssulfon (*Isopropyl-p-tolylsulfon*) zurück neben einer geringen Menge eines Öles, das $KMnO_4$ nicht reduzierte. — Eine Lsg. von **X** in Bzl. verfärbte sich mit C_2H_5MgBr in Ae. beim Erhitzen auf 70° rot unter Abscheidung einer klebrigen M.; bei der Hydrolyse wurden nur 6% **X** zurückerhalten. — *Methyl-β-phenyl-β-oxyäthylsulfon*, $C_9H_{12}O_3S$, F. 105,5—106,5°, aus **XI** u. **VIII**; aus $CHCl_3$-CCl_4; 33%; oder aus ω-Methylsulfonylacetophenon (F. 109—110°) durch katalyt. Red.; 59%. — Aus **XII** u. **IX** bildete sich $[(CH_3)_2C(OH)CH_2]_2SO_2$ oder $[(CH_3)_2 \cdot C(OH)]_2CHSO_2CH_3$, $C_8H_{18}O_4S$, F. 107,5—109°, aus $CHCl_3$-CCl_4 (1 : 2) Täfelchen; 17%. Daneben ein dunkles Öl, das bei 120°/3 mm überging, wahrscheinlich unreines $CH_3SO_2 \cdot CH_2COH(CH_3)_2$, $C_5H_{12}O_3S$, n_D^{25} 1,4670. (J. Amer. chem. Soc. **75**. 5582—84. 20/11. 1953. Nashville, Tenn., Vanderbilt Univ., Dep. of Chem.) ROCH. 1090

H. J. Backer und **J. Groot**, *Intramolekulare Umlagerungen von Nitrophenylsulfonylharnstoffen.* (*Die Eigenschaften der Sulfonylgruppe.* 13. Mitt.) (12. vgl. C. **1954**. 8325.) p-Nitrophenylsulfonylharnstoff (**XIII**) lieferte mit Alkalien *p-Nitrophenylharnstoff*. Durch Umsetzung von Alkylderivv. von **XIII** konnte gezeigt werden, daß die Rk. durch Austausch der Nitrophenylgruppe gegen ein H-Atom der entferntesten Aminogruppe u. anschließende SO_2-Abspaltung stattfindet. Die gebildeten p-Nitrophenylharnstoffe können unter Einfl. des Alkalis in *p-Nitrophenylamine* übergehen. N'.N'-dialkylierte N-Nitrophenylsulfonylharnstoffe werden durch Alkalien nicht umgelagert. Die aus o-Nitrophenylsulfonylharnstoffen erhaltenen *o-Nitrophenylharnstoffe* können in *o-Nitrophenylamine* oder auch in *Benzo-1.2.4-triazine* übergehen. m-Nitrophenylsulfonylharnstoffe sind gegen Alkali stabil. Aus den p- u. o-Nitrophenylsulfonylalkylisoharnstoffen wurden über die Nitrophenylalkylisoharnstoffe Nitrophenylharnstoffe erhalten. p- u. o-Nitrophenylsulfonyl-S-methylthioharnstoff (**XXI** bzw. **XX**) ergaben SO_2, Methylmercaptan (I) u. *p-* bzw. *o-Nitrophenylmercaptomethan*. Es wird angenommen, daß zunächst eine Abspaltung von **I** unter Bldg. von Nitrophenylsulfonylcyanamid stattfindet. **I** kann dann mit **XXI** bzw. **XX** unter Aufspaltung der S—C-Bindung reagieren. Für diese Rk. spricht die Tatsache, daß aus der m-Verb. (**XXII**) *m-Nitrophenylsulfonylcyanamid* isoliert werden u. in *m-Nitrophenylsulfonylharnstoff* (**XXIII**) übergeführt werden konnte. — Die aus den Nitrophenylsulfonylharnstoffen abgespaltene Menge SO_2 wurde zur Best. der Reaktionsgeschwindigkeit benutzt. Die Umlagerungsgeschwindigkeiten der dargestellten Verbb. wurden miteinander verglichen. Auf Grund von elektronentheoret. Überlegungen wird es für möglich gehalten, daß die Umlagerung über ein Thiadiazolidinderiv. verläuft. Der Einfl. verschied. Substituenten auf die Aktivierungsenergie wurde bestimmt.

V e r s u c h e : P h e n y l s u l f o n y l h a r n s t o f f e : *p-Nitro-* (**XIII**), $C_7H_7O_5 \cdot N_3S$, F. 196°, nach MOED (Recueil Trav. chim. Pays-Bas **66**. [1947.] 689) aus p-Nitrophenylsulfonylcyanamid u. Wasser. — *o-Nitro-* (**XI**), $C_7H_7O_5N_3S$, F. 172°, durch Rk. von o-Nitrobenzolsulfonylchlorid (**III**) u. Cyanamid-Na, Einengen u. Kochen mit konz. HCl; 72% (Ausbeute). — *m-Nitro-* (**XXIII**), $C_7H_7O_5N_3S$, F. 179—179,5°, a) wie vorst.; 90%; b) durch Kochen von **XXIV** mit 2nNaOH u. Ansäuern. — N' - M e t h y l h a r n s t o f f e : *N-p-Nitrophenylsulfonyl-* (**II**), $C_8H_9O_5N_3S$, F. 214—215°, durch Kochen von p-Nitrophenylsulfonamid-Na in Nitrobenzol mit Methylisocyanat; feine Nadeln; 87%. — *N-o-Nitrophenylsulfonyl-* (**XII**), $C_8H_9O_5N_3S$, F. 214°, kleine Nadeln; 69%. — *N-m-Nitrophenylsulfonyl-*, $C_8H_9O_5N_3S$, F. 210—211°; 52,5%. — N'.N' - D i m e t h y l h a r n s t o f f e : *N-p-Nitrophenylsulfonyl-*, *Monohydrat*, $C_9H_{11}O_5N_3S \cdot H_2O$, F. 88,5° (Zers.), a) durch Erwärmen von **XVIII** mit HCl auf 45°; 84%; b) durch Kochen von **XVIII** mit 2nNaOH u. Ansäuern. — *N-o-Nitrophenylsulfonyl-*, $C_9H_{11}O_5N_3S$, F. 181 bis 182°, kleine Nadeln aus CH_3COOH, a) aus **XIX** u. HCl; 88%; b) aus **XIX** u. 2nNaOH

— *N-m-Nitrophenylsulfonyl-*, $C_9H_{11}O_5N_3S$, F. 191—192°, wie vorst. a); 95%; oder b). — N'-Phenylharnstoffe: *N-p-Nitrophenylsulfonyl-* (**VI**), $C_{13}H_{11}O_5N_3S$, F. 173°, durch mehrstd. Kochen von p-Nitrobenzolsulfonamid-Na mit Phenylisocyanat in Nitrobenzol; 89%. — *N-o-Nitrophenylsulfonyl-* (**VIII**), $C_{13}H_{11}O_5N_3S$, F. 152—153°; 64%. — *N-m-Nitrophenylsulfonyl-* (**X**), $C_{13}H_{11}O_5N_3S$, F. 157,5°; 72%. — N.N'-Dimethylharnstoffe: *N-p-Nitrophenylsulfonyl-* (**XIV**), $C_9H_{11}O_5N_3S$, F. 125 bis 126° (A.), aus **II** u. CH_2N_2; 59%. — *N-o-Nitrophenylsulfonyl-* (**XV**), $C_9H_{11}O_5N_3S$, F. 121—122° (A.); 59%. — O-Methylisoharnstoffe: *N-p-Nitrophenylsulfonyl-*, $C_8H_9O_5N_3S$, F. 203—204° (CH_3COOH), aus p-Nitrophenylsulfonylcyanamid u. CH_3OH; 74%. — *N-o-Nitrophenylsulfonyl-* (**XVII**), $C_8H_9O_5N_3S$, F. 115—116° (CH_3COOH), aus **III** u. O-Methylisoharnstoff in Ggw. von NaOH; 66%. — *N-m-Nitrophenylsulfonyl-* (**XXIV**), $C_8H_9O_5N_3S$, F. 155—156°, a) aus m-Nitrophenylsulfonylcyanamid u. CH_3OH in Ggw. von HCl; 66%; b) aus O-Methylisoharnstoff u. m-Nitrobenzolsulfonylchlorid in Ggw. von NaOH; 71%. — *N-p-Nitrophenylsulfonyl-O.N'-dimethylisoharnstoff* (**XVI**), $C_9H_{11}O_5N_3S$, F. 162—162,5° (CH_3OH), aus p-Nitrobenzolsulfochlorid (**IV**), O.N-Dimethylisoharnstoff u. NaOH; 31%. Liefert mit HCl **II**. — O.N'.N'-Trimethylisoharnstoffe: *N-p-Nitrophenylsulfonyl-* (**XVIII**), $C_{10}H_{13}O_5 \cdot N_3S$, F. 112,5—113° ($CH_3COOH$), aus **IV** u. O.N.N-Trimethylisoharnstoff in Aceton in Ggw. von NaOH; Nadeln; 72%. — *N-o-Nitrophenylsulfonyl-* (**XIX**), $C_{10}H_{13}O_5N_3S$, F. 109—110° (CH_3COOH); 51%. — *N-m-Nitrophenylsulfonyl-*, $C_{10}H_{13}O_5N_3S$, F. 101 bis 102° (CH_3COOH); 64%. — O-Äthyl-N'-phenylisoharnstoffe: *N-p-Nitrophenylsulfonyl-* (**V**), $C_{15}H_{15}O_5N_3S$, F. 149°, aus **IV** u. O-Äthyl-N-phenylisoharnstoff; blaßgelbe Nadeln. Daneben *p-Nitrobenzolsulfonanilid*, F. 170,5—171,5°; Nadeln. Hydrolyse von **V** mit HCl ergab Äthylchlorid, **VI**, Anilin u. p-Nitrobenzolsulfonamid (F. 180—181°). — *N-o-Nitrophenylsulfonyl-* (**VII**), $C_{15}H_{15}O_5N_3S$, F. 108,5—109,5°, blaßgelbe Kristalle. Daneben *o-Nitrobenzolsulfonanilid*, F. 115°. Hydrolyse von **VII** ergab **VIII** u. o-Nitrobenzolsulfonamid. — *N-m-Nitrophenylsulfonyl-* (**IX**), $C_{15}H_{15}O_5 \cdot N_3S$, F. 86—87°. Daneben *m-Nitrobenzolsulfonanilid*, F. 123—124°. Durch Hydrolyse von **IX** wurden **X**, m-Nitrobenzolsulfonamid u. Anilin erhalten. — S-Methylisothioharnstoffe: N-p-Nitrophenylsulfonyl- (**XXI**), $C_8H_9O_4N_3S_2$, F. 174,5—175° (CH_3COOH), aus **IV**, S-Methylisothioharnstoff u. wasserfreier Soda in Aceton; durchscheinende Platten; 77%. — *N-o-Nitrophenylsulfonyl-* (**XX**), $C_8H_9O_4N_3S_2$, F. 133,5 bis 134,5° (CH_3OH); 94%. — *N-m-Nitrophenylsulfonyl-* (**XXII**), $C_8H_9O_4N_3S_2$, F. 152 bis 152,5° (CH_3OH); 44%. — *p-Nitrophenylharnstoff*, F. 235°, a) durch kurzes Kochen von **XIII** mit 2nNaOH; nach Ansäuern der Lsg. SO_2-Entw.; b) aus **XIV** u. Alkalien. — *o-Nitrophenylharnstoff*, $C_7H_7O_3N_3$, aus **XI** u. NaOH durch Kochen, Abkühlen u. Abtrennen des *o-Nitranilins* (F. 70—71°); blaßgelbe Nadeln. — *1-Oxo-3-oxybenzo-1.2.4-triazin*, $C_7H_5O_2N_3$, F. 218—219° (W.), durch Ansäuern der vorst. Lsg., Abtrennen von **XI** u. Einengen des Filtrats. — *N-p-Nitrophenyl-N-methylharnstoff*, $C_8H_9O_3N_3$, F. 214,5—215,5° (W.), aus **II** u. NaOH. — *p-Nitro-N-methylanilin*, F. 153° (verd. A.), a) durch 2std. Kochen der vorst. Verb. mit konz. HCl; tiefgelbe Kristalle; b) aus **XIV** u. 2nNaOH; c) aus **XVI**. *Nitrosamin*, F. 100,5°. — *N-o-Nitrophenyl-N-methylharnstoff*, $C_8H_9O_3N_3$, F. 152°, durch Kochen von **XII** mit 0,1nNaOH, Ansäuern, Neutralisation des Filtrats u. Eindampfen; aus A. kleine gelbe Nadeln. — **XIV** u. **XV** waren gegen NaOH stabil. — *N-p-Nitrophenyl-N-phenylharnstoff*, $C_{13}H_{11}O_3N_3$, F. 174—174,5° (CH_3COOH), a) aus **VI** u. 0,1nNaOH; b) durch Kochen von **V** mit 2nNaOH, Aufnehmen des viscosen Prod. in CH_3COOH u. Einengen. *p-Nitrodiphenylamin*, $C_{12}H_{10} \cdot O_2N_2$, F. 136°, durch saure oder bas. Hydrolyse der vorst. Verb.; orangerote Blättchen. — *N-o-Nitrophenyl-N-phenylharnstoff*, $C_{13}H_{11}O_3N_3$, F. 184,5—185° (A.), a) aus **VIII** u. 2nNaOH; gelbe Kristalle; b) durch Kochen von **VII** mit 2nNaOH u. Aufnehmen des viscosen Prod. in CH_3COOH. *o-Nitrodiphenylamin*, F. 75,5° aus vorst. Verb. durch saure oder alkal. Hydrolyse. — *p-Nitrobenzolsulfonmethylamid*, $C_7H_8O_4N_2S$, F. 110°, aus **IV** u. CH_3NH_2. — *o-Nitrobenzolsulfonmethylamid*, $C_7H_8O_4N_2S$, F. 112—113°, durch Lösen von **XV** in sd. 2nNaOH u. Ansäuern. — *o-Nitrophenylcyanamid*, $C_7H_5O_2N_3$, F. 152° (W.), aus **XVII** u. 2nNaOH u. Ansäuern; gelbe Kristalle. — *p-Nitrophenylmercaptomethan*, $C_7H_7O_2NS$, F. 72°, aus **XXI** u. 2nNaOH; aus PAe. durchscheinende Platten. — *o-Nitrophenylmercaptomethan*, $C_7H_7O_2NS$, F. 64° (PAe.), wie vorst. aus **XX**; kleine gelbe Nadeln. — Kochen von **XXII** mit 2nNaOH ergab *Na-Methylmercaptid* u. nach Ansäuern, Eindampfen u. Kochen des Rückstandes mit konz. HCl **XXIII**. (Recueil Trav. chim. Pays-Bas **69**. 1323—47. Sept./Okt. 1950.) HILDEGARD BAGANZ. 1090

Melvin S. Newman und **Philip F. Beal III**, *Eine neue Synthese von α-Alkoxyketonen.* Es wird gezeigt, daß der Abbau der α-Diazoketone auch durch Säuren katalysiert wird, die kein Proton tragen. Während in äther. u. benzol. Lsg. mit BF_3-Ätherat zwar N_2-Entw. stattfindet, aber nur teerige Reaktionsprodd. erhalten werden, bilden sich in Ggw. von prim., sek. u. tert. Alkoholen die entsprechenden *Alkoxyketone*, womit für diese eine neue allg. Darstellungsmeth. gegeben ist. Bei Verwendung von tert.-Butanol wird je nach den Reaktionsbedingungen der tert.-Butyläther mehr oder weniger gespalten; aus *α-tert.-Butoxyacetophenon* entsteht z. B. *Phenacylalkohol*. — Beim Vers. der Darst. von β-Tetralon aus β-Phenyläthyldiazomethylketon u. äther. H_2SO_4 wurde *Bis-[4-phenyl-2-ketobutyl]-sulfat* erhalten.

Versuche: Darst. der Diazoketone vgl. C. **1950.** I. 971. Alle Rkk. werden in einem Dreihalskolben durchgeführt, der mit einem Azotometer verbunden ist. Nach Auffangen von etwa der theoret. Menge H_2 wird das Lösungsm. im Vakuum verdampft u. der Rückstand in Ae.–Bzl. aufgenommen u. im Vakuum destilliert. An Stelle von BF_3-Ätherat können auch $AlCl_3$ u. $SnCl_4$ unter den gleichen Reaktionsbedingungen verwendet werden, ebenso ein fester Phosphorsäurekatalysator. — *α-Methoxyacetophenon*, $Kp._{19}$ 124—126°, durch Zufügen von BF_3-Ätherat zu Diazoacetophenon in Methanol bei 25°; 79% (Ausbeute). *Semicarbazon*, F. 128—129°. — *α-Äthoxyacetophenon*, $Kp._{11}$ 125—127°, ebenso in A.–Ae.; 81%. *Semicarbazon*, F. 127—128°. — *α-Isopropoxyacetophenon*, $Kp._2$ 87°, ebenso in Isopropanol; 75 Min. bei 55°; 69%. *2.4-Dinitrophenylhydrazon*, $C_{17}H_{18}O_5N_4$, F. 165,6—166,8°. — *α-tert.-Butoxyacetophenon*, $C_{12}H_{16}O_2$, im Gemisch mit ca. 20% Phenacylalkohol durch Rk. von 5 g Diazoketon in tert.-Butanol bei 70°; 4,9 g. *2.4-Dinitrophenylhydrazon*, $C_{18}H_{20}O_5N_4$, F. 185—187°. Mit mehr BF_3-Ätherat wird fast reiner *Phenacylalkohol*, $C_8H_8O_2$, erhalten; F. 85—86° (PAe.); 86%. — *α.4-Dimethoxyacetophenon*, F. 39,2—40,2° (PAe.), aus α-Diazo-p-methoxyacetophenon in Methanol–Ae. bei 25°; 67%. — *α-tert-Butoxy-p-methoxyacetophenon*, $C_{13}H_{18}O_3$, F. 71,8—72,6°, $Kp._5$ 147°, ebenso mit tert.-Butanol bei 65°; 57%. *2.4-Dinitrophenylhydrazon*, $C_{19}H_{22}O_6N_4$, F. 202—204°. — *α-Methoxypropiophenon*, $Kp._4$ 89—95°, aus α-Diazopropiophenon in CH_3OH bei 25°; 60%. *2.4-Dinitrophenylhydrazon*, $C_{16}H_{16}O_5N_4$, F. 159,5—160,5°. — *α-Methoxypinakolin*, $Kp._{48}$ 81—83°, aus α-Diazopinakolin in Methanol bei 25°; 59%; auch aus Methoxyacetonitril u. tert.-Butyl-MgBr; 2%. *2.4-Dinitrophenylhydrazon*, $C_{13}H_{18}O_5N_4$, F. 188—189,2°. — *Bis-[4-phenyl-2-ketobutyl]-sulfat*, $C_{20}H_{22}O_6S$: β-Phenyläthyldiazomethylketon, erhalten aus dem Säurechlorid als viscoses gelbes Öl (97%), wird in absol. Ae. tropfenweise mit konz. H_2SO_4 versetzt; Aufarbeitung wie oben; aus Bzl.–PAe. Nadeln; F. 51—52°. (J. Amer. chem. Soc. **72.** 5161—63. Nov. 1950. Columbus, O., Ohio State Univ., Chem. Labor.) Brückner. 1180

Guido Machek, *Über die 2.4-Dinitrobenzoesäure. 2.4-Dinitrobenzoesäure* (**I**, $C_7H_4O_6N_2$, F. 181—182°), läßt sich aus 2.4-Dinitrotoluol (**II**) oder aus 2.4-Dinitroanilin nur in schlechter Ausbeute oder auf umständliche Weise darstellen. Bei der Oxydation von **II** mittels freier Chromsäure oder Alkalidichromats fällt **I** als stark rötlich-gelb gefärbtes Prod. an, das durch Ausfällen aus der sodaalkal. Lsg. bei bestimmtem p_H gereinigt werden kann: Durch Säurezusatz (H_2SO_4, HCl) lassen sich bei p_H 2 die färbenden Verunreinigungen abscheiden; nach dem Abgießen u. Behandeln mit Aktivkohle wird die reine **I** aus dem gekühlten Filtrat durch weiteren Säurezusatz (von p_H 1,6 an) ausgefällt. — Nach Brown u. Campbell (J. chem. Soc. [London] **1937.** 1699) soll **I** durch Nitrierung von Phenylessigsäure mit rauchender HNO_3 entstehen. Vf. zeigt, daß dabei nicht **I**, sondern *2.4-Dinitrophenylessigsäure* ($C_8H_6O_6N_2$, F. 181—182° [verd. Methanol, A. oder W.]) entsteht, die zufällig den gleichen F. wie **I** aufweist. — Das aus **I** mittels $SOCl_2$ erhältliche *2.4-Dinitrobenzoylchlorid* zers. sich bei ca. 195—200° explosionsartig, weshalb nur unter 10 mm dest. werden darf. (Österr. Chemiker-Ztg. **54.** 182—83. Juni 1953. Kundl, Biochem.) Fechter. 1210

A. W. Kirssanow und **N. L. Jegorowa,** *Trimesinsäuretrianilid. Trimesinsäuretrianilid* (I) wurde durch Einw. von $N^1.N^2$-Diphenylsulfondiamid (II) auf Trimesinsäure (III) erhalten. Der von Curtius (J. prakt. Chem. [2] **91.** [1915.] 89) für **I** angegebene F. 118—120° (Zers.) ist offenbar unrichtig u. muß in 320—321° (korr.) abgeändert werden.

Versuche: *Trimesinsäuretrianilid* (I), $C_{27}H_{21}O_3N_3$, F. 320—321° (korr; Berl-Kuhlmann-Block); durch 4std. Erhitzen von 1,05 g **III** mit 3,72 g **II** in 7,5 ml Pyridin auf 115° (Badtemp.); aus viel A. oder Eisessig Kristalle; 91% (Ausbeute). (Журнал Общей Химии [J. allg. Chem.] **22** (**84**). 1614—15. Sept. 1952. Dnepropetrowsk, Metallurg. Stalin-Inst., Lehrstuhl für organ. Chem.) Hensel. 1230

Yvette Maroni-Barnaud und **Jacques-Émile Dubois,** *Kondensation des Phenylessigsäureäthylesters mit Ketonen unter der Einwirkung von Isopropylmagnesiumchlorid. Darstellung von β-Oxyestern.* In Ggw. von Isopropyl-MgCl tritt bei Phenylessigsäureäthylester (**I**) Claisen-Kondensation zu *α.γ-Diphenylacetessigester* (**II**), Ausbeute 93%, ein. Bei Zugabe einer Mischung von 0,2 Mol **I** u. 0,3 Mol eines Ketons zu der Organo-

Mg-Verb. (0,5 Mol) erfolgt bei genügend reakt. Ketonen eine Rk. vom Aldoltyp, so entsteht aus I u. Heptanon-(4) *2-Phenyl-3-oxy-3-n-propyl-n-hexansäureäthylester* (F. 76 bis 77°) zu 68% u. aus I u. Cyclohexanon *α-[1-Oxycyclohexyl-(1)]-phenylessigsäureäthylester* (F. 62—63°) zu 62%. Bei Aceton u. Acetophenon werden die Ausbeuten an β-Oxyester durch Ketolisierung, bei Benzophenon (III) durch Red. des Ketons herabgedrückt, hier werden *α-Phenyl-β-oxyisovaleriansäureäthylester* u. *α.β-Diphenyl-β-oxybuttersäureäthylester* nur in 11 bzw. 14%ig. Ausbeute erhalten, bei III wurde kein Reaktionsprod. isoliert. Ebenfalls bleibt die Kondensation bei dem wenig reakt. Diisobutylketon aus. — Vff. weisen auf die Möglichkeit hin, durch Wahl des Kondensationsmittels u. der Reagentien die Keton–Ester-Kondensationen in eine bestimmte Richtung zu lenken. — Keine experimentellen Einzelheiten. (C. R. hebd. Séances Acad. Sci. **238**. 1711—13. 26/4. 1954.) KRESZE. 1250

A. F. McKay und **W. G. Hatton**, *N-Bis-[β-N-arylcarbamyloxyäthyl]-arylamine*. Einige neue *N.N-Bis-[β-N-arylcarbamyloxyäthyl]-arylamine* wurden dargestellt durch Rk. von Arylisocyanaten mit N.N-Bis-[β-oxyäthyl]-arylaminen.

Versuche: *N.N-Bis-[β-oxyäthyl]-benzylamin*, $Kp._{0,5}$ 140—142°, aus Benzylamin u. Äthylenoxyd; $n_D^{24,8}$ 1,5355; 95% Ausbeute. — *N.N-Bis-[β-oxyäthyl]-p-anisidin*, F. 72,5°, aus p-Anisidin in sd. Methanol durch Einleiten von Äthylenoxyd während 8 Std.; 99%. — *N.N-Bis-[β-arylcarbamyloxyäthyl]-arylamine*, $R-N[CH_2CH_2OC(O)\cdot NHR']_2$, aus 2 Mol Arylisocyanat u. 1 Mol N.N-Bis-[β-oxyäthyl]-arylamin in trockenem Bzl., es wird erwärmt u. aus 95% ig. A. krist.; fast quantitative Ausbeute: *R = p-Methoxyphenyl*: *R' = p-Chlorphenyl*, F. 144,5—145°. *R' = p-Tolyl*, F. 140—140,5°. *R' = Phenyl*, F. 102—102,5°. *R' = Benzyl*, F. 86—86,5°. — *R = Benzyl*, *R' = p-Chlorphenyl*, F. 112—112,2°. (Canad. J. Chem. **31**. 772—73. Aug. 1953. Ottawa, Ontario, Can., Defense Res. Chem. Labors.) FECHTER. 1280

Simon W. Kantor und **Charles R. Hauser**, *Umlagerungen des Benzyltrimethylammoniumions und verwandter quaternärer Ammoniumionen durch Natriumamid unter Wanderung in den Kern. Benzyltrimethylammoniumjodid* (I) erfährt unter der Einw. von $NaNH_2$ in fl. NH_3 nicht die STEVENSEN-Umlagerung, sondern eine Kernumlagerung zu *2-Methylbenzyldimethylamin* (II) (vgl. auch WITTIG, MANGOLD u. FELLETSCHIN, Liebigs Ann. Chem. **560**. [1948.] 116); seine Konst. ergab sich aus einer unabhängigen Synth. aus o-Xylylbromid u. Hexamethylentetramin. Unter den gleichen Bedingungen ging *Dibenzyldimethylammoniumchlorid* (III) in *2-Methylbenzhydryldimethylamin* (IV) über, dessen Konst. sich aus einer unabhängigen Synth. aus o-Methylbenzhydrylchlorid (XX) u. Dimethylamin ergab; *Benzhydryltrimethylammoniumjodid* (V) lieferte hierbei *2-Benzylbenzyldimethylamin* (VI). Dieser Umlagerung in den Ring wird durch einen aromat. „*nucleophilen*" Mechanismus, in dem der Benzolring als Elektronenacceptor dient, Rechnung getragen; für die Umlagerung von III in IV wird das Ion VII als Zwischenstufe angenommen. Durch weitere Quaternierung u. Umlagerung von II

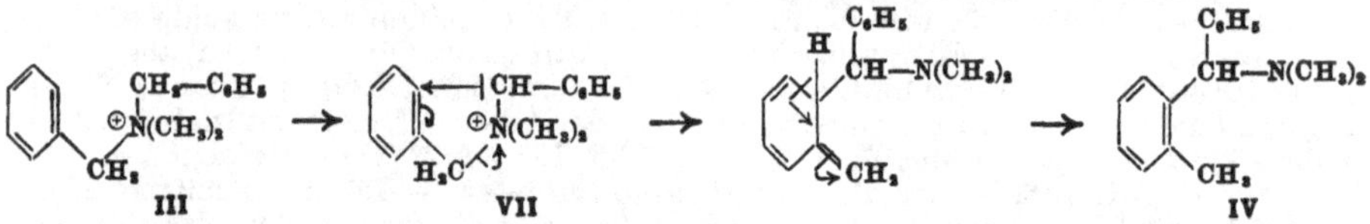

III VII IV

nach dem gleichen Schema konnten *2.3-Dimethylbenzyldimethylamin* (VIII), *2.3.4-Trimethylbenzyl-* (IX), *2.3.4.5-Tetramethylbenzyl-* (X) u. schließlich *2.3.4.5.6-Pentamethylbenzyldimethylamin* (XI) in geringerer Ausbeute erhalten werden. Dieser Substitutionsverlauf beweist die Gültigkeit des angenommenen nucleophilen Mechanismus. Die Abnahme der Ausbeute, namentlich in nicht zu stark verd. Lsgg., geht zugunsten von Dimerisations- u. Trimerisationsreaktionen. So entstehen aus dem Jodmethylat von II in geringer Ausbeute *2.2'-Dimethylstilben* (XII) u. *α-[2-Methylbenzyl]-2.2'-dimethylstilben* (XIII) u. die beiden Amine XIV u. XV. Die Bldg. dieser Verbb. erfolgt aus dem Anion XVI (aus II), das sich mit einem zweiten Ammoniumion unter Eliminierung von Trimethylamin zu einem „dimeren" Ammoniumion (XVII) umsetzt, das unter β-Eliminierung von Trimethylamin in XII oder unter Umlagerung in XIV übergeht. Nach dem gleichen Schema liefert die Alkylierung von XVI mit XVII das „trimere" Ammoniumion XVIII, das bei der β-Eliminierung von Trimethylamin XIII u. bei der Umlagerung XV bildet. Ähnliche Dimere u. Trimere sind aus den Jodmethylaten von VIII (XXI), IX u. X zu erwarten. In sehr geringer Ausbeute entstand ferner o-Xylol aus II; aus VIII, IX u. X bildeten sich gleichfalls die entsprechenden Methylbenzole. Das 2.4.6-Trimethylbenzyltrimethylammoniumion, das keine Umlagerungsmöglichkeiten besitzt, lieferte mit $NaNH_2$ *Isodurol* neben viel Formaldehyd. — Die Einführung

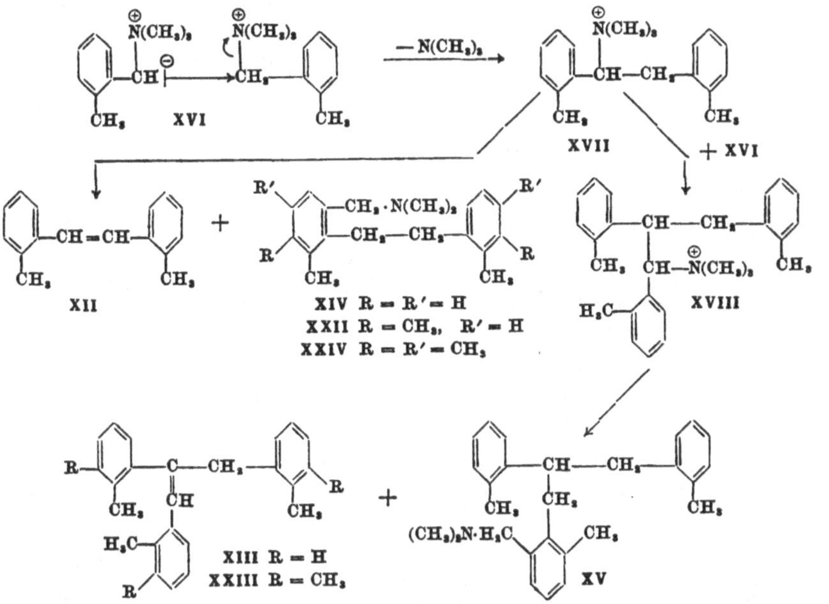

einer o-Methylgruppe in Benzylchlorid über die GRIGNARD-Verb. mittels Formaldehyds (vgl. REICHSTEIN u. Mitarbeiter, Helv. chim. Acta **19.** [1936.] 412) verläuft offenbar nach einem elektrophilen Mechanismus (vgl. auch NEWMAN, J. Amer. chem. Soc. **62.** [1940.] 2295, u. SMITH u. SPILLANE, J. Amer. chem. Soc. **62.** [1940.] 2639). Sie ist weniger bequem u. verläuft langsamer als die Umlagerung der Benzyltrimethylammoniumionen mit $NaNH_2$.

V e r s u c h e: *Benzyltrimethylammoniumjodid* (**I**), F. 178–179° (A.), aus Benzyldimethylamin (Kp. 177–178°) mit CH_3J in sd. A. als Nd.; 99% (Ausbeute). — *2-Methylbenzyldimethylamin* (**II**), $C_{10}H_{15}N$, Kp. 197–198°, Kp.$_{14}$ 80–80,2°, durch portionsweise Zugabe von **I** zu einer Suspension von $NaNH_2$ in fl. NH_3 (3 Std.), Eindampfen u. Extrahieren mit Ae.; 96%, oder nach SOMMELET u. GUIOTH (C. R. hebd. Séances Acad. Sci. **174.** [1922.] 687) aus o-Xylylbromid u. Hexamethylentetramin in sd. Chlf. u. Zers. des *Bromids* (F. 179–182°) mit sd. 50%ig. Ameisensäure. *Pikrat,* $C_{16}H_{18}O_7N_4$, F. 112,5–113° (A.). Liefert bei der $KMnO_4$-Oxydation *o-Toluylsäure,* F. 103,5–104°. — *Dibenzyldimethylammoniumchlorid* (**III**), F. 94–95° (A. + Essigester), wie **I** mit Benzylchlorid in Bzl. (4–5 Tage) bei Zimmertemp.; 92%. — *2-Methylbenzhydrol* (**XIX**), F. 90,5–91°, aus o-Tolyl-MgBr u. Benzaldehyd; 82%. — *2-Methylbenzhydrylchlorid* (**XX**), F. 38,5–39,5°, aus **XIX** mit HCl in Bzl.; 92%. — *2-Methylbenzhydryldimethylamin* (**IV**), $C_{16}H_{19}N$, F. 48–49° (wss. A. oder PAe.), aus **III** wie **II**; 95%; oder aus **XX** u. Dimethylamin in A.; 60%. *Pikrat,* $C_{22}H_{22}O_7N_4$, F. 177–178° (A.). Liefert bei der $KMnO_4$-Oxydation *2-Methylbenzophenon* (*2.4-Dinitrophenylhydrazon,* F. 184–189° [Methanol]); hieraus durch Red. **XIX**, F. 88,5–90° (PAe.). — *Benzhydryldimethylamin,* F. 69–70°, aus Benzhydrylchlorid u. Dimethylamin in A. bei Zimmertemp. (4½ Tage) u. Reinigen über das Chlorid; 83%. — *Benzhydryltrimethylammoniumjodid* (**V**), $C_{16}H_{20}NJ$, F. 174–175° (A.), aus dem Vorst. wie **I**. — *2-Benzylbenzyldimethylamin* (**VI**), Kp.$_{33}$ 189–191°, aus **V** wie **II**; 88%. *Jodmethylat,* F. 214,5–215° (A.). *Pikrat,* $C_{22}H_{22}O_7N_4$, F. 151,5–152° (A.). Liefert bei der $KMnO_4$-Oxydation *o-Benzylbenzoesäure,* F. 116–117° (wss. A.), bzw. *o-Benzoylbenzoesäure,* F. 126–127° (*Hydrat,* F. 93–95° [wss. A.]). — *Benzyltri-n-propylammoniumbromid* (**XXVII**), $C_{16}H_{28}NBr$, F. 187,5–188° (A. + Essigester), aus Benzylbromid u. Tri-n-propylamin. — *Benzyltri-n-butylammoniumbromid,* F. 174,5–175° (A. + Essigester), analog mit Tri-n-butylamin. — *Benzyldi-n-propylamin,* $C_{13}H_{21}N$, Kp. 240–248°, aus **XXVII** mit $NaNH_2$ wie **II**; 92%. *Pikrat,* F. 121–122°. — *Benzyldi-n-butylamin,* $C_{15}H_{25}N$, Kp.$_{10}$ 134–136°, analog; 85%. Liefert bei der $KMnO_4$-Oxydation Benzoesäure u. ein *Amin* (*Pikrat,* $C_{21}H_{28}O_7N_4$, F. 90° [A., teilweise bei 75–76°]). — *2-Methylbenzyltrimethylammoniumjodid,* $C_{11}H_{18}NJ$, F. 211–211,5° (A., Zers.), aus **II** u. CH_3J in A. wie **I**; 98–99%. — *2.3-Dimethylbenzyldimethylamin* (**VIII**), $C_{11}H_{17}N$, Kp.$_{15}$ 101–102°, durch portionsweise Zugabe bzw. schnelle Zugabe des Vorst. zu $NaNH_2$ in fl. NH_4, Zers. mit NH_4Cl, Abdampfen des NH_3 u. Extrahieren mit Ae. + wss. HCl. Aus dem HCl-sauren Extrakt mit 50% ig. NaOH, Extrahieren mit Ae. u. Fraktionieren des Rückstandes aus der äther. Lsg. als 1. Fraktion vom Kp.$_{14}$ 99—101°, Kp. 285—286°; 63 bzw. 30%, oder aus 2.3-Dimethylbenzylchlorid über das *Hexamethylentetraminsalz* (F. 189—192°) nach SOMMELET u. GUIOTH (l. c.) wie **II**. *Pikrat*, $C_{17}H_{20}O_7N_4$, F. 124,5—125° (A.). — *Dimeres Amin* **XIV**, $C_{19}H_{25}N$, Kp.$_3$ 164—164,5°, neben **VIII** als 2. Fraktion vom Kp.$_7$ 183—188°; 7%. — *Trimeres Amin* **XV**, $C_{27}H_{33}N$, Kp.$_{2,5}$ 221—223°, neben **VIII** als 3. Fraktion vom Kp.$_3$ 223—225°, Kp.$_7$ 245°; 6%. — Als neutrale Bestandteile der vorst. beschriebenen Rk. wurden aus der äther. Lsg. des Reaktionsprod. isoliert: *o-Xylol*, Kp. 143—145°, 0,6%, *2.2'-Dimethylstilben* (**XII**), Kp.$_8$ 175—180° (Methanol), 6% bzw. 22%, u. *Trimeres Olefin* **XIII**, $C_{24}H_{24}$, Kp.$_3$ 231—232°, 5%. — *2.3-Dimethylbenzoesäure*, F. 142—143° (wss. A.), aus **VIII** durch Oxydation mit alkal. $KMnO_4$ bei Zimmertemp. (10 Std.). — *Benzoltricarbonsäure-(1.2.3)*, F. 188,5—189,5° (Dihydrat), aus **VIII** mit sd. wss. $KMnO_4$ (16 Std.); 75%. *Trimethylester*, F. 99—100°; 75%. — *2.3-Dimethylbenzyltrimethylammoniumjodid* (**XXI**), $C_{12}H_{20}NJ$, F. 234—236° (Zers., A.), aus **VIII** u. 1,5 Mol Jodmethyl in absol. A.; 98—99%. — *2.3.4-Trimethylbenzyldimethylamin* (**IX**), $C_{12}H_{19}N$, Kp.$_{14}$ 120,6—120,8°, aus **XXI** u. $NaNH_2$ wie **VIII** u. Fraktionieren der bas. Prodd. als 1. Fraktion vom Kp.$_{16}$ 124—125°, Kp.$_{14}$ 120—121°; 42 bzw. 32%. *Pikrat*, $C_{18}H_{22}O_7N_4$, F. 152—153° (A.). — *Dimeres Amin* **XXII**, $C_{21}H_{29}N$, Kp.$_7$ 204—205°, neben **IX** als 2. Fraktion vom Kp.$_6$ 203—210°, Kp.$_2$ 180—195°; 14%. — Als neutrale Bestandteile der vorst. Rk. wurden isoliert: **XXV** vom Kp.$_{15}$ 63—64° (*Trinitroderiv.*, F. 207,5—208°), *trans (?)-2.2'.3.3'-Tetramethylstilben*, $C_{18}H_{20}$, F. 144,5—145° (Methanol), aus der 2. u. 3. Fraktion vom Kp.$_7$ 187—197° u. Kp.$_7$ 197—229°, 4—7%, u. *Trimeres Olefin* **XXIII**, $C_{27}H_{30}$, Kp.$_2$ 241—242°, als 4. Fraktion; 4%. — *2.3.4-Trimethylbenzoesäure*, F. 166 bis 166,5° (A., W. u. Ligroin), durch $KMnO_4$-Oxydation von **IX** bei Zimmertemperatur. *Benzoltetracarbonsäure-(1.2.3.4)*, F. 237—240°, durch Oxydation von **IX** mit sd. wss. $KMnO_4$ u. Isolieren als Ba-Salz; 39%. *Tetramethylester*, F. 129,5—130°, aus dem Ag-Salz mit Jodmethyl bei 130°. — *2.3.4-Trimethylbenzyltrimethylammoniumjodid*, $C_{13}H_{22}NJ$, F. 245—246° (Zers., A.), aus **IX** u. Jodmethyl. —*2.3.4.5-Tetramethylbenzyldimethylamin* (**X**), $C_{13}H_{21}N$, Kp.$_{16}$ 140—140,5°, aus dem Vorst. wie **VIII** u. Fraktionieren der bas. Prodd. als 1. Fraktion vom Kp.$_{15,5}$ 139—142°; 47%. *Pikrat*, $C_{19}H_{24}O_7N_4$, F. 147—147,5° (A.). — *Dimeres Amin* **XXIV**, $C_{23}H_{33}N$, Kp.$_2$ 195—197°, als 2. Fraktion; 10%. — Als neutrale Bestandteile der vorst. Rk. wurden isoliert: *1.2.3.4-Tetramethylbenzol*, Kp.$_{14}$ 85—86°; 2,7%. *Dinitroderiv.*, F. 175—176°. — *2.2'.3.3'.4.4'-Hexamethylstilben (?)*, F. 139—144° (Methanol), aus der 2. u. 3. Fraktion vom Kp.$_2$ 184—205° u. Kp.$_2$ 205—234°; 1,7%. — *2.3.4.5-Tetramethylbenzoesäure*, F. 167—168,5° (A.), durch $KMnO_4$-Oxydation von **X** bei Zimmertemperatur. — *2.3.4.5-Tetramethylbenzyltrimethylammoniumjodid*, $C_{14}H_{22}NJ$, F. 238—240° (Zers., A.), aus **X** u. Jodmethyl; 94%. — *2.3.4.5.6-Pentamethylbenzyldimethylamin* (**XI**), $C_{14}H_{23}N$, F. 41—42° (Methanol), aus dem Vorst. wie **VIII** u. Fraktionieren der bas. Prodd. als 1. Fraktion vom Kp.$_{15}$ 157 bis 161°; 62%. *Pikrat*, $C_{20}H_{26}O_7N_4$, F. 198—199° (A.). — *Ein dimeres Amin*, Kp.$_3$ 223 bis 233°, als 2. Fraktion; 9%. — Als neutrale Bestandteile der vorst. Rk. wurden isoliert: *Pentamethylbenzol*, Kp.$_{13}$ 103—104°, F. 52—53° (Methanol); 2,2%. — *Dimeres Olefin*, Kp.$_2$ 185—235°, F. 146—147°; 0,6%. — *2.3.4.5.6-Pentamethylbenzyltrimethylammoniumjodid*, $C_{15}H_{26}NJ$, F. 220—221° (Zers., A.), aus **XI** u. Jodmethyl; 98%. — *Hexamethylbenzol*, F. 163,5—164,5° (A.), aus dem Vorst. mit 5% ig. Na-Amalgam in W. nach EMDE [1909]; 99%. — *2.4.6-Trimethylbenzyldimethylamin*, $C_{12}H_{19}N$, Kp.$_{13}$ 112 bis 113°, aus 2.4.6- Trimethylbenzylchlorid u. Hexamethylentetramin nach SOMMELET u. GUIOTH (l. c.) wie **II**; 80%. *Pikrat*, $C_{18}H_{22}O_7N_4$, F. 149—150°. — *2.4.6-Trimethylbenzyltrimethylammoniumjodid*, $C_{13}H_{22}NJ$, F. 196—197° (Zers., A.), aus dem Vorst. u. Jodmethyl; 98%. *Isodurol*, Kp.$_{14}$ 81—82°, n_D^{25} 1,5108, aus dem Vorst. mit $NaNH_2$ in fl. NH_3, wie für **II** beschrieben; 63% (*Dinitroderiv.*, F. 179,5—181°); neben geringen Mengen eines höhersd. *Prod.*, Kp.$_3$ 135—200° (Zers.). —*Hemimellitol* (**XXV**), Kp. 174°, n_D^{25} 1,5137, durch Red. von **XXI** nach EMDE mit Na-Amalgam u. W. auf dem Wasserbad; 90%. — *2-Methylbenzylalkohol*, Kp.$_{14}$ 109—110°, durch Red. von o-Toluylsäure mit $LiAlH_4$ nach NYSTROM u. BROWN (C. **1948**. II. 819); 97%. — *2-Methylbenzylchlorid*, Kp.$_{13}$ 81—82°, aus dem Vorst. in PAe. mit HCl; 89%. — *2.3-Dimethylbenzylalkohol* (**XXVI**), Kp.$_{13}$ 124—129°, F. 63,5—64°, a) aus 2-Methylbenzyl-MgCl mit überschüssigem Trioxymethylen nach REICHSTEIN (l. c.); 50%; b) durch Zers. von 2.3-Dimethylbenzyltrimethylammoniumhydroxyd [erhalten aus **XXI** mit Ag_2O]. — *o-Xylol*, Kp.$_{23}$ 40°, 5%, *2.2'-Dimethyldibenzyl*, Kp.$_{16}$ 190—200°, F. 60,5—63°, 5%, u. ein *Prod.* vom Kp.$_{16}$ 235—255° als Nebenprodd. nach a). **XXVI** liefert bei der $KMnO_4$-Oxydation 71% 2.3-Dimethylbenzoesäure. — *2.3-Dimethylbenzylchlorid*,

$Kp._{12}$ 102—103°, aus **XXVI** in PAe. mit HCl; 89%. — *2.3.4-Trimethylbenzylalkohol*, $Kp._2$ 106—110°, F. 49—50°, aus 2.3-Dimethylbenzyl-MgCl u. Trioxymethylen nach REICHSTEIN (l. c.); 20%, neben 37% **XXV** u. 17% *2.2'.3.3'-Tetramethyldibenzyl*. Liefert bei der $KMnO_4$-Oxydation 73% *2.3.4-Trimethylbenzoesäure*, F. 166—167°. (J. Amer. chem. Soc. **73**. 4122—31. Sept. 1951. Durham, N. C., Duke Univ., Dep. of Chem.) GOLD. 1310

Thomas L. Jacobs und **Willard R. Scott jr.**, *Acetylenäther*. 6. Mitt. *Phenylalkoxyacetylene*. (5. vgl. C. **1950**. II. 57.) *Phenylmethoxyacetylen* (**I**) wurde aus Brommethoxystyrol (**II**; vgl. nachst. Ref). durch HBr-Abspaltung mit KOH (andere bas. Reagentien waren weniger geeignet) dargestellt. Die Trennung von dem bei der Umsetzung gleichzeitig gebildeten *Methylphenylacetat* (**III**) gelang durch selektive Verseifung mit 0,5n methanol. KOH u. anschließende Dest. im Vakuum. **I** gibt bei der Hydrierung über Pt- oder Pd-Katalysatoren unter Hydrogenolyse *Methylalkohol* u. *Äthylbenzol*, über RANEY-Ni dagegen *Methyl-β-phenyläthyläther*. **I** läßt sich durch Kochen mit verd. methanol. H_2SO_4 leicht hydratisieren, wobei **III** u. *Phenylessigsäure* entstehen, während beim Kochen mit wss. Dioxan keine Hydratation, sondern lediglich Polymerisation von **I** beobachtet wurde. Reines **I** ist nach einwöchigem Stehen bei Raumtemp. vollständig polymerisiert. Es konnten neben einem amorphen Rückstand krist. Dimeres u. Trimeres von **I** isoliert werden, von denen das letztere vermutlich *1.3.5-Trimethoxy-2.4.6-triphenylbenzol* ist. Vff. unternahmen weiterhin orientierende Verss., aus Bromäthoxy- u. Brombutoxystyrol die entsprechenden Acetylenäther zu synthetisieren. Es gelang jedoch nicht, aus den Gemischen mit den gebildeten Alkylphenylacetaten die Alkoxyacetylene in reiner Form zu gewinnen.

Versuche: *Phenylmethoxyacetylen* (**I**), C_9H_8O, $Kp._1$ 55—58°, aus 25 g **II** u. 85%ig. KOH zunächst bei n. Druck, dann bei 130°/5 mm, nach 30 Min. Abtreiben der flüchtigen Reaktionsprodd. bei 1 mm; nach Aufnehmen in Ae. wurden 3—4 g Destillat vom $Kp._1$ 50—70° u. 4 g **II** erhalten; aus dem Rückstand ließen sich weitere 0,5 g **II** zurückgewinnen. Redest. lieferte ein Destillat vom $Kp._1$ 49—51° mit 70—80% **I** u. 30—20% **III** (bestimmt durch Hydrierung u. Verseifung), von dem 11 g (aus mehreren Ansätzen) 20 Min. mit 0,5n methanol. KOH gekocht wurden; nach Gießen in Eiswasser u. Extraktion mit PAe. wurden 5,7 g **I** erhalten; n_D^{25} 1,5481, $D.^{25}_4$ 1,0149. *Dimeres* **I**, F. 134—135° (Methylalkohol); *trimeres* **I**, F. 165—166° (PAe.). — *Phenyläthoxyacetylen* (**IV**). Analog **I** wurde eine Fraktion vom $Kp._{0,5}$ 49—50° (n_D^{25} 1,5421) erhalten, die nach den Analysenwerten noch ca. 11% *Äthylphenylacetat* enthält. Aus dem Rückstand der Dest. trimeres **IV**, $(C_{10}H_{10}O)_3$, F. 170—170,5° (Methylalkohol). — Rk. von 9,5 g Brombutoxystyrol mit $NaNH_2$ in fl. NH_3, nach 10 Min. Zusatz von NH_4NO_3 u. W. u. Extraktion mit Ae. ergab 1,6 g *Benzylcyanid* [$Kp._{12}$ 100°, n_D^{25} 1,5210; Hydrolyse → *Phenylessigsäure*, F. 74—75° (roh)] u. etwas *Butylalkohol* (*Phenylurethan*, F. u. Misch-F. 61—62°). (J. Amer. chem. Soc. **75**. 5497—5500. 20/11. 1953. Los Angeles, Calif., Univ., Dep. of Chem.) A. LORENZ. 1470

Thomas L. Jacobs und **Willard R. Scott jr.**, *Bromalkoxystyrole*. Phenylacetylen (**I**) wurde mit Alkoholaten zu *Alkoxystyrolen* umgesetzt. Die Addition von Br_2 führte zu Alkoxystyroldibromiden, die durch Entzug von HBr (am besten mit K-tert.-Butylat in tert.-Butanol) in *Bromalkoxystyrole* übergeführt wurden. Dabei können *cis-* u. *trans-β-Brom-β-alkoxystyrole* u. *cis-* u. *trans-α-Brom-β-alkoxystyrole* entstehen. Letztere bilden den Hauptbestandteil des erhaltenen Gemisches, da *Brommethoxystyrol* (**IV**) mit Trimethylenglykol + H_2SO_4 *2-[α-Brombenzyl]-1.3-dioxan*, aber kein 2-Benzyl-2-methoxy-1.3-dioxan lieferte. Die Trennung in die Stereoisomeren gelang bisher nicht. Bei Verwendung von Methanol oder A. als Lösungsm. bei der HBr-Abspaltung erfolgt vorwiegend Alkoholyse zum *Acetal* des *α-Bromphenylacetaldehyds* (**II**). Bei Bendlung von Methoxystyroldibromid (**III**) mit kalter $NaHCO_3$-Lsg. erhält man freien **II**. Die saure Hydrolyse von **IV** unter milden Bedingungen verläuft langsam u. unter Polymerisation zu Harzen. Die Umsetzung von **II** mit 2.4-Dinitrophenylhydrazin (**V**) unter den üblichen Bedingungen gab kein **II**-2.4-Dinitrophenylhydrazon, sondern *Phenylglyoxal-2.4-dinitrophenylosazon*, in methanol. oder alkoh. Lsg. bildeten sich wahrscheinlich die Derivv. der Alkoxyphenylacetaldehyde. Unreines **II**-2.4-Dinitrophenylhydrazon wurde dagegen wahrscheinlich in Chlf. erhalten.

Versuche: *β-Butoxystyrol*, $C_{12}H_{16}O$, $Kp._{19}$ 139—139,5°, aus **I** u. Na-Butylat in Butanol; $D.^{20}_4$ 0,940, n_D^{20} 1,5381; 74% (Ausbeute). Daneben *Phenylacetaldehyddibutylacetal*, $C_{16}H_{26}O_2$, $Kp._{1,5}$ 107—108°, $D.^{20}_4$ 0,929, n_D^{20} 1,4763. — Die *Alkoxystyroldibromide* wurden aus Alkoxystyrol u. Br_2 in Ae. bei —25 bis —15° dargestellt u. ohne Isolierung weiter verarbeitet. — *Brommethoxystyrol* (**IV**), C_9H_9OBr, $Kp._1$ 89—97°, aus **III** a) mit K-tert.-Butylat in tert.-Butanol bei 25°; n_D^{25} 1,585—1,590; 75%; b) mit KOH oder NaOH in Ae.; 60—72%; c) durch Pyrolyse, dabei bildet sich unter CH_3Br-

Abspaltung auch **II**. — *Bromäthoxystyrol*, $C_{10}H_{11}OBr$, Kp.$_1$ 85—95°, wie vorst. a); n_D^{25} 1,568; 63%; als Vorlauf 39% **II**. — *Brombutoxystyrol*, $C_{12}H_{15}OBr$, Kp.$_{1,5}$ 114,5 bis 115,5°, durch Pyrolyse von Butoxystyroldibromid unter N_2 u. erniedrigtem Druck; D.$^{20}_4$ 1,274, n_D^{20} 1,5672; 63%. — *α-Bromphenylacetaldehyddimethylacetal*, $C_{10}H_{13}O_2Br$, Kp.$_1$ 89—91°, aus **III** in Methanol u. wasserfreiem K_2CO_3; n_D^{25} 1,5409; 75%. — *α-Bromphenylacetaldehyd* (**II**), C_8H_7OBr, Kp.$_2$ 82—85°, a) aus Methoxystyrol u. Br_2 in Ae. bei —20°; n_D^{25} 1,5750; 48%; b) unrein durch Bromierung von Phenylacetaldehyd in $CHCl_3$. *2.4-Dinitrophenylhydrazon* (?), F. 115—117°. — *Äthoxyphenylacetaldehyd-2.4-dinitrophenylhydrazon* (?), $C_{16}H_{16}O_5N_4$, F. 135—136°, aus **II** u. **V** in C_2H_5OH. — *Methoxyphenylacetaldehyd-2.4-dinitrophenylhydrazon* (?), $C_{15}H_{14}O_5N_4$, F. 147—148°, aus **II** u. **V** in CH_3OH. — *Phenylglyoxal-2.4-dinitrophenylosazon*, $C_{20}H_{14}O_8N_8$, F. 297 bis 300°, durch Kochen von **II** mit **V** in A. in Ggw. von HCl. — *2-[α-Brombenzyl]-1.3-dioxan*, F. 47—48° (50%ig. A.), aus **IV** u. Trimethylenglykol in Dioxan u. wenig konz. H_2SO_4; Kp.$_1$ 120—125°; 47%. (J. Amer. chem. Soc. **75**. 5500—04. 20/11. 1953. Los Angeles, Calif., Univ., Dep. of Chem.) EBERHARDT. 1470

Alfred J. Kolka, Harold D. Orloff und **Margaret E. Griffing**, *Die partielle additive Chlorierung des Benzolrings*. 3. Mitt. *Pentachlorcyclohexen und Hexachlorcyclohexen*. 2. vgl. C. **1954**. **7400**.) Durch Photochlorierung von Monochlorbenzol in Ggw. von J_2 (erhielten Vff. neben anderen Prodd. *1.3.4.5.6-Pentachlorcyclohexene-(1)* (**I**), analog aus o-Dichlorbenzol (**VIII**) *1.2.3.4.5.6-Hexachlorcyclohexene-(1)* (**II**) neben einem Isomeren (**VII**) des *Oktachlorcyclohexans*. Mittels Verteilungschromatographie wurden aus **I** u. **II** je 4 Isomeren abgetrennt u. durch Infrarotspektren sowie teilweise durch oxydative Spaltung zu *Tetrachloradipinsäure* bzw. durch alkal. Dehydrochlorierung zu *Tri-* bzw. *Tetrachlorbenzolen* charakterisiert. γ- u. δ-**I** sowie α-, β- u. γ-**II** sind bereits früher (vgl. NAKAZIMA u. Mitarbeiter, Botyu-Kagaku **14**. [1949.] 10 u. **15**. [1950.] 97; CRISTOL u. Mitarbeiter, C. **1953**. 833) durch Dehydrochlorierung von Benzolhexachloriden bzw. Heptachlorcyclohexanen erhalten worden; danach wurden diesen Isomeren folgende Konfigurationen zugeordnet (= bezeichnet die Lage der Doppelbindung): γ-**I** =eeepp; δ-**I** =eeeee; α-**II** eeeeee; β-**II** ppeeee; γ-**II** ppeeee.

Versuche (FF. korr.): *1.3.4.5.6-Pentachlorcyclohexene-(1)* (**I**), Kp.$_4$ 114—125° (Gemisch); durch Einleiten von Cl_2 in Monochlorbenzol (J_2; 13,5 Std. bei 20—30°, Licht); 24 (% Ausbeute), daneben 34 *Dichlorbenzole*, 2 *Trichlorbenzole* (auf Cl_2 bezogen). γ-**I**, $C_6H_5Cl_5$, Kp.$_4$ 115—116°; n_D^{20} 1,5630; durch Rektifikation. Die übrigen Isomeren wurden aus den Chlorierungsprodd. des Bzl. (Fraktion Kp.$_8$ 133—145°; vgl. 2. Mitt. [l. c.]) isoliert. δ-**I**, F. 68,2—68,6° (Hexan), krist. beim Stehen. Verteilungschromatographie einer Fraktion Kp.$_8$ 143—145,5° an SiO_2 lieferte nacheinander *Tri-* u. *Tetrachlorbenzole*; γ-**I**; α-**I**, F. 58,2—58,5° (Hexan); δ-**I**; β-**I**, F. 70,5—71,3° (Hexan); γ- u. *ε-Benzoltetrachlorid*. — *Tetrachloradipinsäure* (*2.3.4.5-Tetrachlorhexandisäure*) $C_6H_6O_4Cl_4$, F. 269° (unkorr.; Zers.; Aceton); aus γ-**I** u. $KMnO_4$ in 50%ig. H_2SO_4; 37%. — Dehydrochlorierung der **I** mit äthanol. KOH: β-**I** → 74 (%) *1.2.4-* (**III**), 23 *1.2.3-* (**IV**), 33 *1.3.5-Trichlorbenzol* (**V**) (= 130% ? der Referent); γ-**I** → 84,9 **III**, 4,7 **IV**, 10,4 **V**; δ-**I** → 86,6 **III**, 5,7 **IV**, 7,7 **V**. — *1.2.3.4.5.6-Hexachlorcyclohexene-(1)* (**II**), ähnlich wie oben aus 3110 g **VIII** u. 1000 g Cl_2; nach Wasserdampfdest. (2750 g organ. Destillat) krist. 49 g *1.2.4.5-Tetrachlorbenzol* (**VI**), nach 14 tägigem Stehen bei 25° 101 g γ-**II**, $C_6H_4Cl_6$, F. 101,0—101,6° (Hexan). Verteilungschromatographie des restlichen Reaktionsprod. an SiO_2 gab nacheinander **VI** (F. 136,5—137,5°; Infrarotspektr.); ein öliges Gemisch, das nicht weiter untersucht wurde; (wahrscheinlich *1.1.2.2.3.4.5.6-*) *Oktachlorcyclohexan* (**VII**), F. 103,4—104,0°; α-**II**, F. 146,8—147,7° (hexagonale Platten aus Hexan), u. β-**II**, F. 124,5—125° (Nadeln aus Hexan), getrennt durch fraktionierte Kristallisation aus Hexan u. manuelle Auslese; δ-**II**, F. 139,8—140,4°. Gesamtausbeuten der Chlorierung von **VIII**: Trichlorbenzole 18 (%), Tetrachlorbenzole 10, **II** 36 **VII** 8 (auf Cl_2 bezogen). — Dehydrochlorierung: α-**II** → 65 (%) *1.2.3.4-* (**IX**), 35 *1.2.3.5-Tetrachlorbenzol* (**X**); β-**II** → 59 **IX**, 33 **X**, 8 **VI**; γ-**II** → 47,2 **IX**, 52,6 **X**, 0,2 **VI**; δ-**II** → 41 **IX**, 51 **X**, 8 **VI**. (J. Amer. chem. Soc. **76**. 1244—49. 5/3. 1954. Detroit, Mich., Ethyl Corp., Res. Labors.) J. ROTHE. 1810

I. W. Matschinskaja, *Reaktion von Aldehyden und Ketonen mit Acetanhydrid*. 1. Mitt. *Gewinnung von Δ^1-Cyclohexenylacetat und Cyclohexylidendiacetat aus Cyclohexanon*. Bei der Einw. von Acetanhydrid auf Cyclohexanon (**I**) in Ggw. von konz. H_2SO_4 wurde *Δ^1-Cyclohexenylacetat* (**II**), bei kürzerer Reaktionsdauer außerdem *Cyclohexylidendiacetat* (**III**) erhalten. Hierbei ist **III** Zwischenprod. bei der Bldg. von **II**, nicht aber umgekehrt. Beweisend hierfür ist, daß **III** in einem besonderen Vers. in Ggw. von Acetanhydrid + H_2SO_4 völlig in **II** überging, während **II** in Acetanhydrid + Eisessig + H_2SO_4 unangegriffen blieb. Die Annahme, daß **II** aus der Enolform von **I**

entsteht, wird als unwahrscheinlich angesehen, da nach Literaturangaben I nur sehr wenig enolisiert ist.

Versuche: *Δ^1-Cyclohexenylacetat* (II), $C_8H_{12}O_2$, Kp. 180—181°; aus 20 g I u. 62,5 g Acetanhydrid + 10 Tropfen konz. H_2SO_4, 9 Tage bei Zimmertemp.; man nimmt mit Eiswasser u. Ae. auf u. dest. im Vakuum (Kp.$_5$ 58—68°); D.$^{20}{}_4$ 1,0110; n_D^{20} 1,4580; Mol.-Refr. ([MR]$_D$) 37,83; 20 g (Ausbeute). — *Cyclohexylidendiacetat* (III), $C_{10}H_{16}O_4$, Kp.$_5$ 99—100°; aus 20 g I analog Vorst., aber bei nur 42 std. Einw. der Reaktionsteilnehmer; Fl. von schwachem Geruch; D.$^{20}{}_4$ 1,0749; n_D^{20} 1,4475; [MR]$_D$ 49,81; 4,5 g neben 10,5 g III u. viel wiedergewonnenem I. (Журнал Общей Химии [J. allg. Chem.] **22** (**84**). 1159—63. Juli 1952. Moskau, Chem.-Technol. Mendelejew-Inst., Labor. für organ. Chem.) R. KNOBLOCH. 1870

José Pascual und **Carlos Coll**, *Cis- und trans-4-Oxy-4-methylcyclohexancarbonsäure.* Bei der Rk. von CH_3MgJ mit 4-Ketocyclohexancarbonsäure (II; F. 56—62°) entsteht außer der bereits bekannten *4-Oxy-4-methylcyclohexancarbonsäure vom F. 153°* (**Ia**) das *geometr. Isomere vom F. 130°* (**Ib**). Da **Ia** durch Dest., Einw. von HCl oder beim Vers. der Acetylierung in das Lacton (**III**) übergeht, während **Ib** unter diesen Bedingungen entweder unverändert bleibt oder *1-Methylcyclohexen-4-carbonsäure* liefert, müssen COOH- u. OH-Gruppe in **Ia** in cis-, in **Ib** in trans-Stellung zueinander stehen. Die Bezeichnung von **Ia** als cis-Säure durch PERKIN [1904] ist demnach korrekt, während STEPHAN u. HELLE [1902.] **Ia** fälschlich als trans-Säure auffaßten. Unter drast. Bedingungen ist auch **Ib** in **III** überführbar; bei der alkal. Hydrolyse von **III** entsteht **Ia**.

Versuche: *cis-* (**Ia**; F. 153°) u. ***trans-4-Oxy-4-methylcyclohexancarbonsäure*** (**Ib**; $C_8H_{14}O_3$, F. 130,3—130,8° korr.), durch Zufügen von CH_3MgJ in Ae. zu **II** in Ae., Zers. mit NH_4Cl + Eis, Abtrennen der Ae.-Lsg. (daraus *trans-Terpin*, F. 149—154°), Ansäuern der wss. Lsg. mit HCl u. Aufnehmen in Ae., aus dem **Ia** krist.; aus der Mutterlauge wurde unveränderte **II** als *Semicarbazon* (F. 185—191°) abgetrennt, weitere **Ia** durch Dest. [200° (Bad)/17 mm] in **III** übergeführt u. **Ib** durch Sublimation (0,03—0,1 mm) gewonnen; aus Ae.–PAe. rhomb. Prismen. **Ia**-*Lacton* (**III**), F. 69—71°. **Ia**-*Methylester*, $C_9H_{16}O_3$, Kp.$_{17}$ 128—140°, Kristalle aus PAe., F. 65,2—66,1° (korr.). — **Ib**, *Cu-Salz*, grüne Kristalle. **Ib**-*Methylester*, $C_9H_{16}O_3$, Kp.$_{17}$ 153—165° (Bad.), F. 31,7 bis 32,9° (korr.). — *1-Methylcyclohexen-4-carbonsäure*, F. 98—100°. (An. Real Soc. españ. Física Quím., Ser. B. **49.** 547—52. Juli/Aug. 1953. Barcelona, Inst. „Alonso Barba".) ALTPETER. 2050

F. B. LaForge, Nathan Green und **M. S. Schechter**, *Allethrin. Spaltung von dl-Allethrolon und Synthese der vier optischen Isomeren von trans-Allethrin. dl-Allethrolon* (dl-**I**) wurde in seine d- u. l-Form gespalten durch Verestern mit *d-trans-Chrysanthemumsäure* (d-**II**; über das Säurechlorid), Bldg. u. fraktionierte Kristallisation der Semicarbazone der gemischten diastereoisomeren Ester, Methanolyse der Estersemicarbazone u. Gewinnung des reinen d-**I** aus seinem Semicarbazon. Reines *l*-**I** wurde durch Veresterung des rohen *l*-**I** mit *l*-**II** u. Aufarbeitung wie oben erhalten. d-**I** wurde ferner mit *l*-**II**, *l*-**I** mit d-**II** verestert, so daß insgesamt 4 der 8 möglichen opt.-akt. Isomeren des *Allethrins* (**III**) dargestellt wurden. Semicarbazone von **III**-Isomeren können ohne allzu starke Hydrolyse der Esterbindung zerlegt werden durch Behandeln mit 50%ig. wss. CH_3COOH, die 7—8% H_2SO_4 enthält; Dimeres wird dabei nicht gebildet, die Ausbeute an Ester ist ca. 60%. Das von SCHECHTER u. Mitarbeitern (J. Amer. chem. Soc. **73.** [1951.] 3541) erhaltene krist. **III**-Isomere ist eine rac. Verb. aus d-**I**-*l-trans-Chrysanthemumat* (d-l-**III**) u. *l*-**I**-*d-trans-Chrysanthemumat* (l-d-**III**).

Versuche (FF. korr.): „*d-d-trans-Allethrin*" (d-d-**III**, *d-Allethrolon-d-trans-chrysanthemumat*)-*Semicarbazon*, $C_{20}H_{29}O_3N_3$, F. 68—75° (Ae.–PAe.), aus 27,2 g dl-**I** (n_D^{25} 1,5168) u. 34 g d-**II**-Chlorid, Bldg. des Semicarbazons aus dem Ester (53 g; 18 Std.), Extraktion mit Ae. u. fraktionierte Kristallisation aus Ae.–PAe.; $[\alpha]_D^{25}$ —150° (Methanol, c = 4,5). — *d-Allethrolonsemicarbazon*, $C_{10}H_{15}O_2N_2$, F. 214—216° (A.), aus vorst. Verb., Na u. Methanol (5 Tage im Eisschrank); $[\alpha]_D^{25}$ —166° (Eisessig, c = 1,8). — *d-Allethrolon* (d-**I**), $C_9H_{12}O_2$, Kp.$_{0,15}$ 103—107°, aus vorst. Semicarbazon u. $KHSO_4$ in wss. Ae. (6 Std. Schütteln bei n. Temp.; bei längerer Behandlung erfolgt Racemisierung); n_D^{25} 1,5150; $[\alpha]_D^{25}$ + 7,3° (A., c = 13,5, l = 4), + 8,6° (ohne Lösungsm.). — „*l-l-trans-Allethrin*" (*l-l*-**III**), durch 5 tägiges Stehen der vereinigten Rückstände (75 g) des Ae.–PAe.-Filtrats der Darst. von d-d-**III**-Semicarbazon mit Na in Methanol, Isolierung u. Kristallisation des *l*-**I**-*Semicarbazons* ($[\alpha]_D^{25}$ + 49°, in Eisessig, c = 5,5) wie oben, Hydrolyse mit $KHSO_4$, Ausäthern u. Dest. des rohen *l*-**I** [Kp.$_{0,3}$ 120—125°, $[\alpha]_D^{25}$ —2,75° (ohne Lösungsm.); 14,3 g] u. Verestern mit *l*-**II**-Chlorid [aus *l*-**II**, $[\alpha]_D^{25}$ —20,1° (ohne Lösungsm.)]; 27,7 g. *Semicarbazon*, $C_{20}H_{29}O_3N_3$, aus Ae.—PAe.; $[\alpha]_D^{25}$ + 150° (Methanol, c = 8,0); 12,1 g. — *l-Allethrolonsemicarbazon*, $C_{10}H_{15}O_2N_3$, F. 215 bis 218° (Zers.), $[\alpha]_D^{25}$ + 167° (Eisessig, c = 1,8). — *l-Allethrolon* (*l*-**I**), $C_9H_{12}O_2$, Kp.$_{0,15}$

106—110°, n_D^{25} 1,5141; $[\alpha]_D^{25}$ —6,7° (A., c = 16), —8,7° (ohne Lösungsm.). — Opt.-akt. Ester von I mit II: *d-d*-III, Kp.$_{0,07}$ 130—135°, aus d-I u. d-II-Chlorid in Bzl.-Pyridin (18 Std. Stehenlassen); n_D^{25} 1,5050, $[\alpha]_D^{25}$ —22,3° [in Kerosin, c = 16]. — *l-d*-III, n_D^{25} 1,5047, $[\alpha]_D^{25}$ +22,4°. — *d-l*-III, n_D^{25} 1,5046, $[\alpha]_D^{25}$ —22,6°. — *l-l*-III, n_D^{25} 1,5034, $[\alpha]_D^{25}$ +20,9°. — *d-d*-III, auch aus dem Semicarbazon (8 g) durch 18std. Schütteln mit einer Mischung aus 45 g Eisessig, 50 cm³ W. u. 7 cm³ konz. H_2SO_4; 60%. — *l-l*-III, Kp.$_{0,05-0,1}$ 135—138°, analog aus 12 g des Semicarbazons; 5,2 g. — „α-dl-trans-Allethrin" (l. c.), F. 50,5—51° (PAe.), aus gleichen Teilen d-l-III u. l-d-III. (J. org. Chemistry **19**. 457—62. März 1954. Beltsville, Md., U. S. Dep. of Agric., Agric. Res. Serv., Bur. of Entomol. and Plant Quarantine.) J. ROTHE. 2070

G. Wilkinson, P. L. Pauson und F. A. Cotton, *Bis-cyclopentadienylverbindungen des Nickels und Kobalts.* Vff. stellten *Bis-cyclopentadienylnickel(II)* (I) u. *Bis-cyclopentadienylnickel(III)-Salze* dar u. untersuchten ihre chem. u. physikal. Eigenschaften. Die Bildungswärme von I $\Delta H^0_{F,298°}$ aus den Elementen wurde zu 62,8 ± 0,5 kcal/Mol bestimmt. Für die Darst. von *Bis-cyclopentadienylkobalt(II)* u. *-eisen(II)* wurden neue Verff. ausgearbeitet. Auf Grund des experimentellen Materials wurde eine Überprüfung der bisherigen theoret. Diskussionen der Bindungsverhältnisse in Bis-cyclopentadienyl-verbb. vorgenommen.

Versuche: *Bis-cyclopentadienylnickel(II)* (I), F. 171—173° (Vakuum), zur benzol. Lsg. von C_2H_5MgBr Cyclopentadien (II) zutropfen, bei ca. 0° benzol. Lsg. von Ni(II)-Acetylacetonat unter Rühren in N_2-Atmosphäre zugeben, dunkelgrüne Nadeln aus PAe., $\chi_{Mol}^{296°}$ + 3414·10⁻⁶, mittleres effektives magnet. Moment (Mo.) 2,88 ± 0,2 BM; 60% (Ausbeute). — *Bis-cyclopentadienylnickel(III)-pikrat,* $C_{16}H_{12}O_7N_3Ni$, aus I u. Pikrinsäure in Ae. durch Oxydation mit Luft, Umkristallisation aus W. ;$\chi_{Mol}^{295°}$ + 1293·10⁻⁶, Mo. 1,75 ± 0,1 BM. — *Bis-cyclopentadienyleisen(II),* aus $Fe(CO)_5$ u. II-Dampf in N_2-Atmosphäre bei 250°; 15%. — *Bis-cyclopentadienylkobalt(II),* F. 171—173°, analog vorst. Verb. aus Kobaltoktacarbonyldampf bei 300°, Reinigung durch Sublimation bei 40° u. 0,1 μ, schwarze Kristalle; 10%. (J. Amer. chem. Soc. **76**. 1970—74. 5/4. 1954. Cambridge, Mass., Harvard Univ., Dep. of Chem.) L. FISCHER. 2180

F. F. Blicke und Eu-Phang Tsao, *Reaktion gewisser Nitrile mit Grignard-Reagentien.* Vff. untersuchten die Einw. verschied. GRIGNARD-Verbb. auf Nitrile. An Hand eines Schemas wird der Verlauf der Rk. von Diphenylacetonitril (I) mit Äthyl-MgBr (II) wiedergegeben. Die Aufarbeitung mit wss. Säure führte zu *1.1-Diphenylbutanon-(2)*(III) u. *Diphenylmethan* (IV), mit CO_2 entstanden III u. *Diphenylmalonsäure* (V) neben *Diphenylessigsäure* (VI). Außerdem bildete sich *Propionitril,* das wegen der Schwierigkeit seiner Abtrennung zu *Propionsäure* (VII) hydrolysiert wurde. Methyl- u. Phenyl-MgBr sowie Isopropyl-MgCl führten zu ähnlichen Ergebnissen. Im Gegensatz zu BROWN u. Mitarbeitern (C. **1949**. E. 1211) u. WILSON (C. **1954**. 2386) erhielten Vff. bei der Einw. von II auf Phenyl-α-[β-dimethylaminoäthyl]-acetonitril (VIII) *1-Dimethylamino-3-phenylhexanon-(4).* Phenyl-bis-[β-diäthylaminoäthyl]-acetonitril (IX) gab mit II u. dann CO_2 keine Carbonsäure.

Versuche: 0,1 Mol I in Toluol wurde unter Rühren zu 0,3 Mol II in Ae. gegeben, der Ae. verdampft u. 6 Std. am Rückfluß erhitzt. Nach Zugabe von 3 n H_2SO_4 ergab die weitere Aufarbeitung 19,1 g eines bei 69—137°/1,5 mm übergehenden Destillats, daraus wurden gewonnen: 4 g *Diphenylessigsäure* (VI; F. 145—147°), 4,3 g Na-Salz der *Propionsäure* (VII; *p-Bromphenacylester,* F. 59,5—60,5°), *Diphenylmethan* (IV; F. 25—26°) u. 4,5 g *1.1-Diphenylbutanon-(2)* (III; Kp.$_2$ 135—141°; *Oxim,* F. 118,5—120°; *Semicarbazon,* F. 194—195°). Bei Aufarbeitung mit CO_2 wurden 14 g *Diphenylmalonsäure* (V; *Dimethylester,* $C_{17}H_{16}O_4$, F. 93,5—94,5°), 1,5 g I, 1,4 g VI, 1,2 g III u. 2,9 g VII erhalten. — Rk. von 19,3 g I mit Methyl-MgBr wie vorst. ergab 15,2 g VI, 1,3 g *Na-Acetat* (*p-Bromphenacylester,* F. 84,5—85,5°) sowie 0,3 g eines Stoffes, der wahrscheinlich *1.1-Diphenylaceton,* $C_{15}H_{14}O$, ist (F. 40°; *Oxim,* $C_{15}H_{15}ON$, F. 150—151°). Die Aufarbeitung mit CO_2 ergab 3,5 g V, 13,8 g VI u. 0,4 g 1.1-Diphenylaceton. — Rk. von 19,3 g I mit Isopropyl-MgCl gab 14,3 g VI, ein saures Destillat, das mit 0,002 Mol NaOH neutralisiert wurde, 0,6 g IV u. 2,7 g *Benzhydrylisopropylketon* [X, F. 73,5—75° (PAe.); *Semicarbazon,* F. 166—167,5°]. Mit CO_2 aufgearbeitet: 2 g V, 13,8 g I, 1,8 g VI u. 1,3 g X. — V, F. 143—143,5° (Zers.), aus VI, Isopropyl-MgCl u. CO_2; zers. sich beim F. zu VI. — *Phenylmalonsäure,* F. 152—153°, aus Phenylessigsäure, II u. CO_2; 40%. *Dimethylester,* F. 50—51°. — 19,3 g I in Toluol gaben mit Phenyl-MgBr (aus 47,1 g Brombenzol) 4 g *Benzhydrylphenylketon* [*Triphenylvinylalkohol,* F. 135—136,5° (A.); *Benzoylderiv.,* F. 152—153°], 1,7 g *Benzoesäure* (F. 121—122°), 12 g VI u. 6,5 g IV. — Rk. von Phenylacetonitril (11,7 g) in Toluol mit II (aus 43,6 g

Äthylbromid) ergab bei Aufarbeitung mit CO_2 2,5 g *Phenylmalonsäure* (→ durch Erhitzen unter CO_2-Abspaltung *Phenylessigsäure*, F. 76–77°), 0,5 g *1-Phenylbutanon-(2)* (*Semicarbazon*, F. 152–153°) u. 0,8 g einer oberhalb 157°/1 mm sd. Substanz. – Rk. von Diphenyl-β-dimethylaminoäthylacetonitril mit II ergab *4.4-Diphenyl-6-dimethylaminohexanon-(3)*, Kp.₁ 153,5–157°; 92,7%. *Hydrochlorid*, $C_{20}H_{26}ONCl$, F. 173 bis 174,5°. – Rk. von VIII mit II → *4-Phenyl-6-dimethylaminohexanon-(3)*, $Kp._{0,5}$ 90–92°; 51,2%. *Hydrochlorid*, $C_{14}H_{22}ONCl$, F. 139–140° (Methyläthylketon). *Hydrochlorid des Oxims*, $C_{14}H_{23}ON_2Cl$, F. 164–165,5° (Isopropylalkohol-Essigester). – *Phenyl-β-dimethylaminoäthylessigsäure*, $C_{12}H_{17}O_2N$, F. 183–184° (A.). – Rk. von IX mit II → *1-Phenyl-1.1-bis-[β-diäthylaminoäthyl]-butanon-(2)*, $Kp._{0,03}$ 124–127°; 71,3%. *Dihydrochlorid*, $C_{22}H_{40}ON_2Cl_2$, F. 135–236° (Methanol-Essigester). (J. Amer. chem. Soc. **75**. 5587–90. 20/11. 1953. Ann Arbor, Mich., Univ., Coll. of Pharm.)
ROCH. 2360

N. L. Wendler, *Umwandlungen über 6gliedrige cyclische Übergangszustände.* Im Gegensatz zur bisherigen Literatur (vgl. STÜHMER u. FREY, C. **1954**. 6480. 6482) wird für die β-Form des *1.3-Diphenyl-3-aminopropanols-(1)* die mesoide erythro-Konfiguration vorgeschlagen. Nur das N-Acetylderiv. der β-Form zeigt Acylwanderung vom Stickstoff an den Sauerstoff. Der für diese Rk. anzunehmende 6gliedrige cycl. Übergangszustand sollte mit einer diäquatorialen Anordnung der beiden Phenylgruppen bei der erythro-Form eine größere Stabilität haben als bei der polar-äquatorialen Anordnung bei der threo-Form, womit die unterschiedliche Reaktivität erklärt würde. Durch PCl_5 u. W. wird eine einseitige Umwandlung der α- in die β-Form bewirkt. Von den 4 Konfigurationen des für diese Rk. als Zwischenprod. anzunehmenden Oxazinderiv. weist nur eine der beiden sich von der threo-Form ableitenden ein Minimum an gegenseitiger Behinderung der Substituenten auf. Beide Beobachtungen sind in Einklang mit der vorgeschlagenen Konfiguration. (Experientia [Basel] **9**. 416. 15/11. 1953. Rahway, N. J., Merck & Co., Inc.) LOHAUS. 2520

William B. Wheatley, *Einige Reaktionen von ω-Dialkylamino-α.α-diphenylalkannitrilen.* 5-Dialkylamino-4.4-dimethyl-2.2-diphenylvaleronitrile benötigen zur Hydrolyse mit 90%ig. H_2SO_4 erheblich längere Zeit (ca. 16 Std.) als die geradkettigen ω-Dialkylamino-2.2-diphenylalkannitrile (3 Std.; vgl. CHENEY u. Mitarbeiter, J. org. Chemistry **17**. [1952.] 770) u. addieren unter den üblichen Bedingungen kein C_2H_5MgBr (I). Unter drast. Bedingungen wird mittels I aus 5-Dimethylamino-4.4-dimethyl-2.2-diphenylvaleronitril (II) die Cyangruppe abgespalten; es entsteht *4-Dimethylamino-3.3-dimethyl-1.1-diphenylbutan*, das aus II auch durch Kochen mit KOH in Triäthylenglykol erhältlich ist. Diese Ergebnisse zeigen, daß die beiden γ-Methylgruppen in Verbindung mit den beiden α-Phenylgruppen Rkk. an der Nitrilfunktion ster. hindern.

Versuche: Folgende *ω-Dialkylamino-2.2-diphenylalkannitrile* RN–R'–$C(C_6H_5)_2$–CN wurden mit 90%ig. H_2SO_4 auf dem Dampfbad erhitzt [vgl. CHENEY, l. c.; in ( ) Zeit in Std.], wobei nachst. Ausbeuten an den entsprechenden Amiden, sofern nicht anders angegeben, erhalten wurden: R = $(CH_3)_2$, R' = $-CH_2CH_2-$; 82% (2,5). – R = $(CH_3)_2$, R' = $-CH_2CH(CH_3)-$; 84% (3). – R = $(CH_3)_2$, R' = $-(CH_2)_3-$; 74% (2). – R = $(CH_3)_2$, R' = $-CH_2C(CH_3)_2CH_2-$ (II); 76% (17). – R = $(C_2H_5)_2$, R' = $-CH_2C(CH_3)_2CH_2-$; 47% Nitril zurück (3); 75% (16). – R = C_5H_{10}, R' = $-CH_2C(CH_3)_2CH_2-$ (III); 86% Nitril zurück (3); 69% (16). – R=R' = $-(CH_2)_4-$; 75% (3,5). – Rk. von III mit I (5 Std. Kochen in Xylol–Tetrahydrofuran–Ae., dann Hydrolyse mit NH_4Cl) lieferte 71% III (F. 65,0–66,0°, aus Methanol) zurück. – *4-Dimethylamino-3.3-dimethyl-1.1-diphenylbutan*, $C_{20}H_{27}N$, Kp.₁ 157°, $Kp._{0,5}$ 139 bis 145°, a) aus II (gewonnen aus 68 g Hydrochlorid) u. I (46 Std. Kochen in Ae.–Xylol, dann Hydrolyse mit NH_4Cl); n_D^{25} 1,5436; 38,6 g; b) aus 12,3 g II u. KOH in Triäthylenglykol (12 Std. Kochen); n_D^{25} 1,5422; 9,0 g. *Hydrochlorid*, $C_{20}H_{27}N \cdot HCl$, F. 184,5–186,5° (Methanol–Essigester). *Pikrat*, $C_{26}H_{30}O_7N_4$, F. 138,0–140,0° (Methanol). (J. org. Chemistry **19**. 434–38. März 1954. Syracuse, N. Y., Bristol Labors., Inc., Res. Div.)
J. ROTHE. 2550

Ernst D. Bergmann und **Jacob Szmuszkovicz,** *Eine neue Synthese von Acenaphthen.* *Acenaphthen* wird aus Naphthalsäuredimethylester über *1.8-Bis-[oxymethyl]-naphthalin* u. das *Dibromid* durch dessen Rk. mit C_6H_5Li in 53%ig. Ausbeute gewonnen; analog wurde *5-Bromacenaphthen* aus 4-Bromnaphthalsäuredimethylester in 41%ig. Ausbeute dargestellt.

Versuche: *Naphthalsäuredimethylester*, F. 100° (CH_3OH), durch Lösen von Naphthalsäureanhydrid in Alkali, Ansäuern u. Verestern der getrockneten Säure mit CH_2N_2. – *1.8-Bis-[oxymethyl]-naphthalin*, $C_{12}H_{12}O_2$, F. 153,5–155,5°, durch $LiAlH_4$-Red. vorst. Verb. in Ae. + Bzl.; aus W. lange Nadeln; 95% (Ausbeute). – *1.8-Bis-[brommethyl]-naphthalin*, $C_{12}H_{10}Br_2$, F. 130–131,5°, durch tropfenweise Zugabe von PBr_3 zu vorst. Verb. in Bzl. u. etwas Pyridin bei 70° u. 2std. Rk. bei 55°; aus Bzl.–PAe. Prismen; 81,4%. — *Acenaphthen*, F. 92—93° (Bzl. oder A.), durch Zugabe von C_6H_5Li-Lsg. unter N_2 zu vorst. Verb. in Bzl. u. 1std. Kochen; 69%. *Pikrat*, F. 160—161,5°. — *4-Bromnaphthalsäuredimethylester*, $C_{14}H_{11}O_4Br$, F. 109,5 bis 110,5° (CH_3OH), aus 4-Bromnaphthalsäureanhydrid (F. 214—216° [Nitrobenzol, dann Acetanhydrid, dann wieder Nitrobenzol]). — *4-Brom-1.8-bis-[oxymethyl]-naphthalin*, $C_{12}H_{11}O_2Br$, F. 162—163,5° (verd. CH_3OH). — *4-Brom-1.8-bis-[brommethyl]-naphthalin*, $C_{12}H_9Br_3$, F. 117,5—119° (Bzl.–PAe., dann PAe.); 75%. — *5-Bromacenaphthen*, F. 53—54°, fällt zunächst als Öl an, das in den *Trinitrobenzolkomplex*, $C_{18}H_{12}O_6N_3Br$, F. 144—146°, übergeführt wurde (aus A. lange, gelbe Stäbe; 55%), aus dem es durch Adsorption in Bzl. an Al_2O_3 u. Eluierung mit A. in Freiheit gesetzt wurde; aus CH_3OH Platten. (J. Amer. chem. Soc. **75.** 2760—61. 5/6. 1953. Tel-Aviv, Israel, Israeli Ministry of Defense, Scientific Dep.) NITZSCHKE. 2750

Henry J. Richter, *Acenaphthenyl-(5)-essigsäure.* Vf. stellt einheitliche *Acenaphthenyl-(5)-essigsäure* (I) durch Kondensation von Chloressigsäure mit Acenaphthen in Ggw. von Fe_2O_3 u. KBr als Katalysatoren dar u. verbessert damit die bisherigen ungenauen F.-Angaben. Die Konst. der Verb. wurde durch eindeutige Abbau-Rkk. sichergestellt.

V e r s u c h e (FF. korr.): *Acenaphthenyl-(5)-essigsäure* (I), $C_{14}H_{12}O_2$, F. 179,5 bis 181°, durch 24std. Kochen von Acenaphthen, Chloressigsäure u. katalyt. Mengen KBr u. Fe_2O_3, Ausziehen der M. mit warmer 10%ig. NaOH, Ansäuern, Lösen der rohen Säure in warmem A., Verdünnen des Filtrats mit W., Abdekantieren vom Öl, weiteres Verdünnen der Mutterlauge, erneutes Lösen des Öls in A. u. Wiederholung der Abtrennung; 28% (Ausbeute); Reinigen durch Lösen in heißer 5%ig. NaOH, Lösen des gefällten Na-Salzes in W. u. Fällen mit Säure; aus verd. A. Nadeln. *Amid*, $C_{14}H_{13}ON$, Nadeln aus n-Propanol, F. 236—237°. *Phenacylester*, $C_{22}H_{18}O_3$, aus A. feine Nadeln, F. 89—90°. Bei der Darst. von I wurden 42% des eingesetzten *Acenaphthens* zurückgewonnen; aus A. Nadeln, F. 95—96°. *Pikrat*, F. 161°. — *Acenaphthenyl-(5)-acetylchlorid*, Kp.$_{11}$ 185—195°, aus roher I, Bzl. u. $SOCl_2$ durch 2std. Kochen; 59%. — Nach 6std. Kochen vorst. Verb. mit NaN_3 in Bzl. u. 4std. Kochen des Filtrats mit konz. HCl entsteht *Acenaphthenyl-(5)-methylaminhydrochlorid* (III), $C_{13}H_{14}NCl$; 65%. *Benzoylverb.*, $C_{20}H_{17}ON$, aus verd. A. feine Nadeln, F. 182—184°. *Benzolsulfonylderiv*, $C_{19}H_{17}O_2NS$, aus A. feine Nadeln, F. 148 bis 149°. — *5-Oxymethylacenaphthen* (II), F. 156—157°, durch Rk. von III in sehr verd. HCl mit viel $NaNO_2$-Lsg.; aus Bzl. Nadeln. — *Acenaphthen-5-carbonsäure*, F. 220—221°, durch Rk. von 5-Bromacenaphthen in absol. Ae. mit n-Butyl-Li, Gießen auf festes CO_2 u. Ansäuern; 57%. Gibt bei $LiAlH_4$-Red. in Ae. II; 82%. *Acetat*, $C_{15}H_{14}O_2$, F. 60,5—61,5° (Hexan). (J. Amer. chem. Soc. **75.** 2274—75. 5/6. 1953. St. Paul, Minn., Hamline Univ., Dep. of Chem.) NITZSCHKE. 2750

Guy Rio, *Acetylenderivate des Anthracens: Hydratationsprodukte.* Durch Hydratation von 9.10-Bis-[phenyläthinyl]-anthracen (II) mit H_2SO_4 in CH_3COOH wurde *9.10-Bis-[phenylacetyl]-anthracen* (I; $C_{30}H_{22}O_2$, F. 212—213°) erhalten. I ist stark enolisiert (2 bewegliche H-Atome), die Carbonylgruppen sind reaktionsträge. I konnte auch durch Rk. von Benzyl-MgCl u. Anthracen-9.10-dicarbonsäuredichlorid dargestellt werden. Durch Oxydation mit SeO_2 konnte I in *9.10-Bis-[phenylglyoxylyl]-anthracen* ($C_{30}H_{18}O_4$, F. 224—225°) übergeführt werden. Wurde die Hydratation von II nur unvollständig durchgeführt, so wurde neben I u. II *9-Phenylacetyl-10-phenyläthinylanthracen* (IV; $C_{30}H_{20}O$, F. 191—192°) erhalten, das durch weitere Hydratation in I übergeführt werden konnte. Weiterhin wurde die Hydratation der früher (C. R. hebd. Séances Acad. Sci. **228.** [1949.] 690) beschriebenen Dihalogenverbb. $C_{30}H_{18}X_2$ untersucht. Während die dimorphe Chlorverb. (F. 152—153° u. 163—164°) nur ein Harz liefert, wurden aus der isomeren Verb. (F. 223—224°) u. aus der Bromverb. (F. 251—252°) Hydratationsprodd. vom F. 184—185° bzw. 199—200° (III) erhalten. Die Verbb. setzen aus NaJ–HCl kein Jod in Freiheit, was die Anwesenheit von Halogen in α-Stellung zum Carbonyl ausschließt. III, $C_{30}H_{20}OBr_2$, wurde durch Zn-Pulver u. A. in IV übergeführt. Diese Rkk. lassen es unwahrscheinlich erscheinen, daß den Halogenverbb. die früher (l. c.) vorgeschlagene Bis-allen-Struktur zukommt. Wahrscheinlicher ist die Formulierung als *9-[α.β-Dihalogenstyryl]-10-phenyläthinylanthracene.* (C. R. hebd. Séances Acad. Sci. **231.** 781—83. 16/10. 1950.) HORST BAGANZ. 2800

W. Lijinsky und **L. Zechmeister,** *Über die katalytische Hydrierung von 3.4-Benzpyren.* Die erschöpfende Hydrierung von 3.4-Benzpyren (I) mit PtO_2 als Katalysator liefert glatt unter Aufnahme von 10 Mol H_2 *Perhydrobenzpyren*, wahrscheinlich als Stereoisomerengemisch. Wird die Hydrierung nach Aufnahme von 2 Mol H_2 unterbrochen, so erhält man *1'.2'.3'.4'-Tetrahydro-3.4-benzpyren* (II) u. daneben ein *Dihydro-3.4-benzpyren* (III), wahrscheinlich die 6.7-Dihydroverbindung.

Versuche (FF. korr.): *Perhydro-3.4-benzpyren*, $C_{20}H_{32}$, F. 113—114°, durch 40std. Hydrierung von I (F. 177,5—178°) in Cyclohexan–Eisessig (1 : 1); das erhaltene Öl (79 mg) krist. nach Stehen bei 4°; aus Hexan–A. Prismen. — *1'.2'.3'.4'-Tetrahydro-3.4-benzpyren* (**II**), $C_{20}H_{16}$, F. 111—111,5°, aus 190 mg I wie vorst. in 2 Std., Chromatographie aus Hexan an Al_2O_3–$Ca(OH)_2$–Celite 545, Entw. mit Bzl.–Hexan (1 : 3) u. Elution mit Aceton–A. (3 : 1); 67—77 mg Ausbeute. *Trinitrobenzolkomplex*, F. 196 bis 197° (Bzl.–CH_3OH). — *6.7-Dihydro-3.4-benzpyren* (**III**), $C_{20}H_{14}$, F. 148,5—149° (Bzl. + CH_3OH), aus den oberen Zonen; 11 mg. *Trinitrobenzolkomplex*, F. 180—180,5°. — Die UV-Spektren von **II** u. **III** sind angegeben. (J. Amer. chem. Soc. **75.** 5495—97. 20/11. 1953. Pasadena, Calif., Inst. of Technol., Gates and Crellin Labors. of Chem.) EBERHARDT. 2950

Ss. A. Wardanjan, P. A. Sagoretz und **G. T. Tatewossjan**, *Synthese mehrkerniger hydroaromatischer Ketone*. 6. Mitt. *3-Keto-1.2.3.11.12.12a-hexahydro-6.7-acechrysen*. (5. vgl. C. **1952.** 6522.) Vff. hatten bei der Einw. von H_2SO_4 auf α-[*3*-Chlorcrotyl-(1)]-γ-[5-methoxynaphthyl-(1)]-buttersäure die Bldg. von 3-Keto-7-methoxy-1.2.3.11-12.12a-hexahydrochrysen, also eine o-Cyclisierung festgestellt, während FIESER u. PETERS (J. Amer. chem. Soc. **54.** [1932.] 4347) bei β-[Acenaphthoyl-(3)]-propionsäure durch $AlCl_3$-Schmelze eine peri-Cyclisierung erzielten. In vorliegender Arbeit wurde die Cyclisierung von *α-[3-Chlorcrotyl-(1)]-γ-[acenaphthyl-(3)]-buttersäure* (**I**) durchgeführt; diese lieferte bei der Einw. von H_2SO_4 eine *Verb.* $C_{20}H_{20}O_2$ (**II**) statt des erwarteten Ketons $C_{20}H_{18}O$. Die Annahme, daß es sich um ein Lacton handeln könnte, wurde dadurch widerlegt, daß bei der Einw. von NaOH kein Na-Salz, sondern durch intramol. Aldolkondensation ein *Keton* $C_{20}H_{18}O$ (**III**) erhalten wurde. Die Entscheidung, ob dieses *3-Keto-1.2.3.11.12.12a-hexahydro-6.7-acechrysen* ist oder einer Verb. entspricht, die in peri-Stellung des Acenaphthalinkerns einen 7gliedrigen Ring mit anelliertem, partiell dehydriertem Cyclohexanonring enthält, gelang durch Aufnahme des UV-Spektr. des Dehydrierungsproduktes. Im letzteren Falle mußte unter Verengerung des 7gliedrigen Ringes ein Methylsubstitutionsprod. von Acebenzanthren entstehen. Das UV-Spektr. deutet jedoch auf die Struktur eines *6.7-Acechrysens* hin. Damit ist der Beweis erbracht, daß **III** das vorst. genannte Acechrysenderiv. ist, die Cyclisierung also in o-Stellung erfolgte. Die Verb. **II** ist *1-Keto-2-[γ-ketobutyl]-1.2.3.4-tetrahydro-8.9-acephenanthren*. Demnach verläuft die Einw. von H_2SO_4 auf **I** anders als bei den früher untersuchten Fällen der Cyclisierung von α-[3-Chlorcrotyl-(1)]-γ-arylbuttersäuren; die Rk. bleibt auf der Stufe eines tetracycl. Diketons stehen, u. die Schließung des 5. Ringes erfolgt erst bei der Einw. von NaOH.

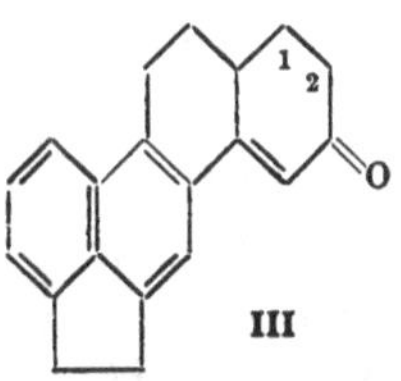

III

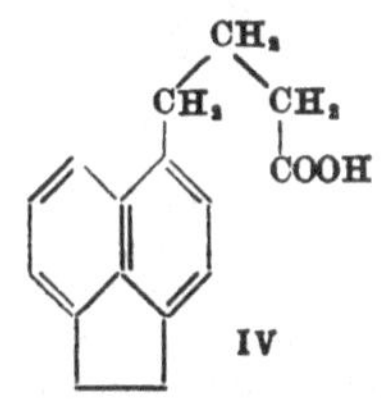

IV

Versuche: *γ-[Acenaphthyl-(3)]-buttersäure* (**IV**), F. 142—143°; aus β-[Acenaphthoyl-(3)]-propionsäure durch Red. mit amalgamiertem Zn u. HCl; 65,2% (Ausbeute). *Äthylester*, F. 39°; Kp.₃ 200—202°; ca. 91%. — *β-[Acenaphthyl-(3)]-äthylmalonsäurediäthylester*, $C_{21}H_{24}O_4$, Kp.₃ 216—218°; man setzt zu einer Suspension von C_2H_5·ONa (6,1 g Na; 12,6 g absol. A.) in Ae. allmählich eine Lsg. von 57 g Oxalsäurediäthylester in Ae., nach Beendigung der Rk. (½ Std.) eine Lsg. von 70 g vorst. Äthylesters in Ae. hinzu, kocht 20 Std. auf dem Wasserbad, säuert mit verd. H_2SO_4 an, verdampft die äther. Lsg., erhitzt den Rückstand bei 8—10 mm bis zum völligen Aufhören der CO-Entw. u. dest. im Vakuum; dicke Fl.; 60 g. — *{β-[Acenaphthyl-(3)]-äthyl}-[3-chlorcrotyl-(1)]-malonsäurediäthylester*, $C_{25}H_{29}O_4Cl$, F. 46—47°, Kp.₃ 230—232°, durch 6std. Kochen des Reaktionsprod. aus 170 g vorst. Verb. u. C_2H_5ONa-Lsg. (11,75 g Na) mit 75 g 1.3-Dichlorbuten-(2); aus A. Kristalle; 102 g. Hieraus durch Verseifen mit alkoh. NaOH die freie *Dicarbonsäure*, $C_{21}H_{21}O_4Cl$, F. 174—175°; Kristalle aus Bzl.; 95,2%. — *3α-[Chlorcrotyl-(1)]-γ-[acenaphthyl-(3)]-buttersäure* (**I**), $C_{20}H_{21}O_2Cl$, F. 114—115°, aus vorst. Dicarbonsäure durch Erhitzen bei vermindertem Druck; Kristalle aus CH_3OH; 75%. — *1-Keto-2-[γ-ketobutyl]-1.2.3.4-tetrahydro-8.9-acephenanthren* (**II**), $C_{20}H_{20}O_2$, F. 115—116°; 10 g **I** in 75 g H_2SO_4 (D. 1,76) werden 35—40 Min. im CO_2-Strom auf 50—55° erwärmt; nach 3 Std. bei Raumtemp. wird auf Eis gegossen; aus CH_3OH gelbliche Kristalle; 48,4%. — *3-Keto-1.2.3.11.12.12a-hexahydro-6.7-acechrysen* (**III**), $C_{20}H_{18}O$, F. 184—185°; aus **II** durch 4std. Kochen mit 20%ig. NaOH; hellgelbe Blättchen aus CH_3OH; 67,6%. *2.4-Dinitrophenylhydrazon*, $C_{26}H_{22}O_4N_4$, F. 171—172°; Kristalle aus Chlf. + Alkohol. — *6.7-Acechrysen*, $C_{20}H_{14}$, F. 238—239°; durch 4std. Dehydrierung von **III** mit 10%ig. Pd-Kohle bei 280—300° im CO_2-Strom; gelbliche Kristalle aus Bzl. + Alkohol. (Журнал Общей Химии [J. allg. Chem.] **23** (**85**). 829—34. Mai 1953. Chem. Inst. der Akad. der Wiss. der ArmSSR.) HENSEL. 2950

A. Ghosh und **C. R. Raha,** *Synthese von β.β-Dicarbäthoxytetrahydrofuran. β.β-Dicarbäthoxytetrahydrofuran* wurde an Stelle von α-Oxymethyl-α-carbäthoxy-γ-butyrolacton (I) erhalten u. interessiert nicht nur wegen der bevorzugten Bldg. des Äthers (gegenüber der Ester–Lacton-Bldg. bei I), sondern auch wegen seiner antibakteriellen Wirkung.

Versuche: *β.β-Dicarbäthoxytetrahydrofuran,* $C_{10}H_{16}O_5$, $Kp._{0,6}$ 152—153°. Zu dem Na-Salz aus Oxymethylmalonester u. C_2H_5ONa wird unter Schütteln Äthylenchlorhydrin gegeben u. 48 Std. auf 30° erhitzt oder 8 Std. gekocht; 33,3—44,9% Ausbeute. — *β-Carboxytetrahydrofuran,* $C_5H_8O_3$, F. 129—130° (W.), durch 30std. Hydrolyse vorst. Verb. mit 15%ig. HCl. (J. Amer. chem. Soc. **76.** 282. 5/1. 1954. Calcutta, Indien, Bose Res. Inst., Dep. of Chem.) FECHTER. 3061

Bernhard Witkop und **Arvid Ek,** *Zweifache Wagner–Meerwein-Umlagerungen.* 2. Mitt. (1. vgl. C. **1953.** 4686.) Bei Rk. von N-Methylisatin mit C_6H_5MgBr entsteht neben *3.3-Diphenyl-1-methylpseudooxindol*(III) nicht 2.3-Diphenyl-2.3-epoxy-1-methylindolin (vgl. KOHN u. OSTERSETZER [1913.]), sondern *N-Methyl-2.2-diphenylpseudoindoxyl* (I), das sich zu *2.2-Diphenyl-3-oxy-1-methylindolin* red. läßt, welches mit HCl eine WAGNER-MEERWEIN-Umlagerung eingeht unter Bldg. von *1-Methyl-2.3-diphenylindol* (II). Ebenso wird den bisher als N-Äthyl-2.3-diphenyl-2.3-epoxyindolin (vgl. MYERS u. LINDWALL, C. **1938.** II. 4232) bzw. 1.2.3-Triphenyl-2.3-epoxyindolin (vgl. STOLLÉ, C. **1933.** I. 1132, u. SUMPTER, C. **1943.** II. 1365) bezeichneten Verbb. die Konst. eines *N-Äthyl-2.2-diphenylpseudoindoxyls* bzw. *1.2.2-Triphenylpseudoindoxyls* zukommen. Für die Bldg. von I u. III wird ein Reaktionsmechanismus vorgeschlagen, wonach zunächst *N-Methyl-3-phenyldioxindol* entsteht, welches mit C_6H_5·MgBr zu einem Glykol weiterreagiert, das durch überschüssiges C_6H_5MgBr oder Säure zu I oder III umgelagert wird. III ist aus I sowohl mit C_6H_5MgBr als auch mit BF_3-Ätherat erhältlich, wofür ein Reaktionsmechanismus angegeben wird. — *2.2-Dibenzylpseudoindoxyl* (IV) wird mit BF_3-Ätherat zu *3.3-Dibenzylpseudooxindol* (V) umgelagert, das auch durch direkte Benzylierung von Oxindol zugänglich ist; im Gegensatz zu I gibt das nicht am N-Atom substituierte IV einen orangeroten Komplex mit CH_3MgJ u. wird auch durch Na in Isoamylalkohol zu V umgelagert. — Die Reaktionsmechanismen werden diskutiert u. mit denen bei ähnlichen Verbb. verglichen u. ihre Bedeutung für die Synth. von Alkaloiden aufgezeigt. — Die UV-Spektren von I u. IV u. die Infrarotspektren von I—V sind angegeben.

Versuche (FF. korr. u. auf dem KOFLER-Block bestimmt): *2.2-Diphenyl-1-methylpseudoindoxyl* (I), $C_{21}H_{17}ON$, F. 174—175°, durch Zugabe der warmen Lsg. von 8 g 1-Methylisatin in Bzl. zu C_6H_5MgBr in Ae. u. Bzl., 2std. Kochen, Zers. mit Eis u. H_2SO_4 u. Kristallisation der 6,6 g Rohprod. aus CH_3OH; sublimiert bei 140°. — *2.2-Diphenyl-3-oxy-1-methylindolin,* $C_{21}H_{19}ON$, F. 124—126° (PAe. u. wenig Bzl.), durch $LiAlH_4$-Red. von 1 g I; 0,96 g roh (Ausbeute); Reinigung durch Al_2O_3-Chromatographie in Ae.–Bzl. (8:2) u. Eluierung zuerst mit dem gleichen Gemisch, dann PAe.–Bzl. (1:1), schließlich Benzol. *Hydrochlorid,* $C_{21}H_{19}ON \cdot HCl$, instabil, F. 85—105°. — *2.3-Diphenyl-1-methylindol* (II), $C_{21}H_{17}N$, F. 137—138° (Essigester–A., 1:1), durch Rk. vorst. Verb. mit überschüssiger äther. HCl oder durch Eindampfen des vorst. Hydrochlorids in Alkohol. *Pikrat,* F. 160—161,5°, braunrote Nadeln aus Bzl., die bei 140° sublimieren. — *3.3-Diphenyl-1-methylpseudooxindol* (III), $C_{21}H_{17}ON$, F. 176 bis 177,5° (A.–Essigester), a) durch Dampfdest. der bei der Darst. von I gewonnenen Filtrate, Aufnehmen des Rückstandes in Bzl., Ausziehen mit 2nNaOH, Eindampfen, mehrfache Kristallisation der 8,3 g Rohprod. aus A., Bzl. u. Essigester, Chromatographie in PAe.–Bzl. (8:2) u. Eluierung mit Bzl.; sublimiert bei 145°; b) durch Zugabe von I in Bzl. zu C_6H_5MgBr in Ae., 4std. Kochen, Zers. mit NH_4Cl, Eindampfen der organ. Schicht u. Chromatographie der Kristalle; 0,343 g; c) durch 10 Min. Kochen von $^1/_2$ g I mit BF_3-Ätherat u. Eingießen in W.; Prismen u. dicke Nadeln; 0,44 g. — *3.3-Dibenzylpseudooxindol* (V), $C_{22}H_{19}ON$, F. 202—203°, a) durch $^3/_4$std. Kochen von $^1/_2$g IV mit BF_3-Ätherat, Gießen in W., Ausäthern, Aufnehmen der nach Abdampfen erhaltenen 0,47 g Öl in Bzl., Zugabe von Bzn., Chromatographie u. fraktionierte Eluierung mit Bzl.–Bzn., dann mit Bzl.–Ae. u. Sublimation bei 150—160° Badtemp./0,001 mm; aus Bzl.–Bzn. Stäbe, die bei 140° sublimieren; b) durch 8std. Kochen von 0,5 g IV mit Na in Isoamylalkohol unter N_2, Einengen im Vakuum, Ausäthern, Zugabe von Bzl., Eindampfen unter N_2, Kristallisation aus A. (0,1 g IV werden zurückerhalten), Einengen der Mutterlauge u. Chromatographie wie vorst.; 0,4 g roh; c) durch Zugabe von 1,3 g Oxindol in absol. A. zu Na in A., dann von 1,2 g Benzylbromid, $2^1/_2$std. Kochen, Einengen, Eingießen in W., Ausziehen mit Bzl., Filtration durch Al_2O_3, Eindampfen u. Zugabe von Bzl.; 0,82 g. (J. Amer. chem. Soc. **73.** 5664—69. Dez. 1951. Bethesda, Md., Harvard Univ., Converse Memorial Inst., u. Nat. Heart Inst.) NITZSCHKE. 3081

H. J. Backer und **R. Dijkstra,** *Umlagerung von p-Nitrophenylsulfonylaminobenzimidazol.* (*Eigenschaften der Sulfonylgruppe.* 14. Mitt.) (13. vgl. C. **1954.** 8329.) [p-Nitrophenylsulfonyl]-cyanamid (**I**) lieferte mit o-Phenylendiamin (**II**) in CH_3COOH nicht das erwartete *N-[p-Nitrophenylsulfonyl]-N'-[p-aminophenyl]-guanidin* (**III**), sondern *2-[p-Nitrophenylsulfonylamino]-benzimidazol* (**IV**). **III** konnte aus **I** u. **II** in Toluol bei 100° in Ggw. von wenig CH_3COOH erhalten werden u. lieferte nach Kochen mit $CH_3 \cdot COOH$ **IV**. p-Nitrophenylsulfonylharnstoff, dargestellt aus **I** mit HCl, reagierte mit **II**-Hydrochlorid in Toluol unter Bldg. von *N-[p-Nitrophenylsulfonyl]-N'-[o-aminophenyl]-harnstoff* (**VI**), der durch Erhitzen mit P_2O_5 in **IV** übergeführt werden konnte. Red. von **IV** mit Sn u. HCl ergab die entsprechende Aminoverbindung. Wurde **III** mit heißer verd. NaOH behandelt, so wurde an Stelle des erwarteten N-[p-Nitrophenyl]-N-[o-aminophenyl]-guanidins *p-Nitro-o'-aminodiphenylamin* (**V**) neben *Dicyandiamid* erhalten. **VI** lieferte mit verd. NaOH ebenfalls **V**. Aus **IV** wurde durch Erhitzen mit NaOH *1-[p-Nitrophenyl]-2-aminobenzimidazol* (**VII**) erhalten. **VII** wurde auch durch Rk. von **V** mit Guanidincarbonat dargestellt. Entsprechend wurde aus **V** u. Harnstoff *1-[p-Nitrophenyl]-2-oxybenzimidazol* erhalten.

V e r s u c h e: *N-[p-Nitrophenylsulfonyl]-N'-[o-aminophenyl]-guanidin* (**III**), $C_{13}H_{13}O_4N_5S$, F. 164° (Zers.), durch 2std. Erhitzen von **II** u. **I**-Na in Toluol u. wenig $CH_3 \cdot COOH$ auf 95—100°; bräunlichgelbe Blättchen aus A.; 76% (Ausbeute). — *2-[p-Nitrophenylsulfonylamino]-benzimidazol* (**IV**), $C_{13}H_{10}O_4N_4S$, Zers. bei 250°, a) durch 3std. Erhitzen von **II** u. **I**-Na in CH_3COOH auf 95—100°; aus A. citronengelbe Prismen; b) durch Erhitzen von **III** in CH_3COOH auf 100°; 63%. — *N-[p-Nitrophenylsulfonyl]-N'-[o-aminophenyl]-harnstoff* (**VI**), $C_{13}H_{12}O_5N_4S$, F. 175,5°, durch Einleiten von HCl in die Lsg. von **II** in heißem Toluol u. 1std. Kochen des **II**-Hydrochlorids mit p-Nitrophenylsulfonylharnstoff; 62%. Durch 1std. Erhitzen mit P_2O_5 auf 170° u. Kochen mit W. wurde **IV** erhalten. — *2-Sulfanilylaminobenzimidazol*, $C_{13}H_{12}O_4N_2S$, Zers. bei 322°, durch Zutropfen von konz. HCl zu **IV** u. granuliertem Sn in A. bei 80—90°, Aufnehmen in NaOH u. Ansäuern des Filtrats; aus W. feine Nadeln. — *p-Nitro-o'-aminodiphenylamin* (**V**), $C_{12}H_{11}O_2N_3$, F. 144°, a) durch kurzes Kochen von **III** mit n-NaOH; rote Nadeln aus verd. A.; 97%; b) durch Kochen von **VI** mit 2nNaOH. — *1-[p-Nitrophenyl]-2-aminobenzimidazol* (**VII**), $C_{13}H_{10}O_2N_4$, F. 270° (Zers.), a) durch Erhitzen von **IV** mit 2nNaOH auf 100°; aus A. gelbe Prismen; 79%; b) durch $1^1/_2$std. Erhitzen von **V** u. Guanidincarbonat auf 160°, Aufnehmen in verd. HCl u. Zugabe von NaOH zum Filtrat. *Hydrochlorid*, $C_{13}H_{10}O_2N_4 \cdot HCl$, F. 265°. — *1-[p-Nitrophenyl]-2-oxybenzimidazol*, $C_{13}H_9O_3N_3$, F. 306—307° (Zers.) durch Erhitzen von **V** u. Harnstoff auf 145°, Aufnehmen in 2nNaOH u. Ansäuern des Filtrats; Nadeln aus CH_3COOH. (Recueil Trav. chim. Pays-Bas **69**. 1348—54. Sept./Okt. 1950.) HILDEGARD BAGANZ. 3122

Toyoyuki Nagano, Motoko Itoh und **Konomu Matsumura,** *Darstellung einiger Derivate des Benzoxazols.* Zur Prüfung auf ihre therapeut. Eigg. stellen Vff. eine Reihe *2.5-disubstituierter Benzoxazole dar.*

V e r s u c h e: *2-Benzolazo-4-chlorphenol*, F. 110—111°, aus 9,3 g Anilin durch Diazotieren, langsame Zugabe der Diazoniumsalzlsg. zu 12,9 g p-Chlorphenol, NaOH u. Soda in 50%ig. A. bei —3 bis 0° u. Ansäuern mit Essigsäure; aus 60%ig. CH_3COOH orangefarbene prismat. Nadeln; 23 g (Ausbeute). — *2-Amino-4-chlorphenol*, C_6H_6ONCl, F. 140—141°, durch Red. vorst. Verb. in wss. A. mit Na-Dithionit; aus W. rhomb. Platten; 83%. *Diacetylderiv.*, $C_{10}H_{10}O_3NCl$, F. 173—175°, aus Bzl. Platten. *Hydrochlorid*, F. 258° (Zers.); aus A. Prismen. — *4-Oxy-3-benzolazobenzoesäurebutylester*, $C_{17}H_{18}O_3N_2$, F. 75°, durch Zugabe von Benzoldiazoniumchloridlsg. zu 4-Oxybenzoesäurebutylester u. wss. NaOH bei —5 bis —3° u. Ansäuern mit Essigsäure; aus A. orangegelbe Prismen; 77%. — *4-Oxy-3-aminobenzoesäurebutylester* (**I**), $C_{11}H_{15}O_3N$, aus vorst. Verb. mit Na-Dithionit; aus Chlf.–PAe. Nadeln, F. 72°; fast 100%; aus Eisessig fällt ein *Acetat*, $C_{11}H_{15}O_3N \cdot C_2H_4O_2$, F. 113° (Chlf.–PAe.). **I**-*Hydrochlorid*, F. 234° (Zers.). *Säure*, F. 202° (Zers.), durch 1std. Verseifung des Esters mit 20%ig. HCl; rhomb. Platten. *Hydrochlorid*, F. 250° (Zers.); rhomb. Prismen. — Folgende B e n z o x a z o l e wurden dargestellt: *2-Mercapto-5-chlor-*, C_7H_4ONClS, F. 268° (Zers.), durch 60std. Kochen des entsprechenden Aminophenols mit CS_2 in A.; aus 90%ig. A. Nadeln; 70%. — Ebenso *2-Mercapto-5-carbobutoxy-*, $C_{12}H_{13}O_3NS$, F. 134°, aus verd. A. Nadeln; 76%. — Ebenso *2-Mercapto-5-carboxy-*, $C_8H_5O_3NS$, F. 282° (Zers.), aus W. Prismen; 62%; bildet ein in flachen Nadeln kristallisierendes hygroskop. *Di-Na-Salz* u. ein in langen Säulen aus A. kristallisierendes *Mono-Na-Salz*. — *2-Oxy-5-chlor-*, $C_7H_4O_2NCl$, F. 189—190°, durch 2std. Schmelzen des entsprechenden Aminophenolhydrochlorids mit Harnstoff bei 140—150°; aus 80%ig. A. Nadeln; 92%. — Ebenso *2-Oxy-5-carbobutoxy-*, $C_{12}H_{13}O_4N$, F. 99—100°, Nadeln aus Bzl.–Bzn.; 90%. — Ebenso *2-Oxy-5-carboxy-*, $C_8H_5O_4N$, F. $>300°$, Nadeln aus W.; 70%. — *2-Amino-5-chlor-*,

$C_7H_5ON_2Cl$, F. 182—183°, aus dem entsprechenden Aminophenol durch 50std. Rk. mit äthanol. BrCN bei n. Temp.; Platten aus 50%ig. A.; 88%. *Hydrochlorid*, $C_7H_5ON_2Cl \cdot HCl \cdot H_2O$, Nadeln, F. 299° (Zers.); wird durch W. hydrolysiert. *Hydrobromid*, Platten, F. 240° (Zers.). — Analog *2-Amino-5-carbobutoxy-* (**II**), $C_{12}H_{14}O_3N_2$, F. 186°, aus Ae. Prismen; 74%. — Ebenso *2-Amino-5-carboxy-*, $C_8H_6O_3N_2$, F. 275° (Zers.), aus 90%ig. A. Nadeln; 60%. — *2-Guanidino-5-chlor-*, $C_8H_7ON_4Cl$, F. 228° (Zers.), aus dem Aminophenol u. Dicyandiamid in A.–HCl; aus Bzl. Platten; 40%. *Hydrochlorid*, F. 273° (W.), aus A. Nadeln. — Ebenso *2-Guanidino-5-carboxy-*, $C_9H_8O_3N_4$, F. 280° (Zers.), aus absol. A. Nadeln; 60%. *Hydrochlorid*, F. 280° (Zers.), aus A.–HCl Säulen; wird durch W. hydrolysiert. Das *Na-Salz* krist. aus W. in Platten u. ist in A. löslich. — Das **I**-Hydrochlorid gab nach 2std. Kochen mit Dicyandiamid in A. ein bei 175—180° schm. *Hydrochlorid*, aus dem nach Alkalisieren u. Kristallisation der Base aus A. u. aus Bzl. **II** gewonnen wurde. — Aus dem Na-Salz der entsprechenden Mercaptoverb. wurden durch Rk. mit 0,1 n J_2–KJ-Lsg. in W. in fast quantitativer Ausbeute folgende Bis-[benzoxazolyl-(2)]-disulfide gewonnen: *5.5'-Dichlor-*, $C_{14}H_6O_2N_2Cl_2S_2$, F. 141 bis 142°, aus Bzl. Prismen. — *5.5'-Dicarbobutoxy-*, $C_{24}H_{24}O_6N_2S_2$, F. 237—238° (Zers.); Prismen. — Werden 400 mg vorst. Verb. in der theoret. Menge Sodalsg. gelöst u. wird schnell mit HCl angesäuert, tritt heftige Entw. von SO_2 ein, wobei 300 mg Festprod. ausfallen, welches bei 265—271° unter Zers. schm.; durch Kristallisation aus 90%ig. A. kann es in das schwerer lösl. *5-Carboxybenzoxazolthion-(2)*, $C_8H_5O_3NS$, F. 280° (Zers.), prismat. Nadeln, 170 mg, u. das leichter lösl. *5-Carboxybenzoxazol*, $C_8H_5O_3N \cdot H_2O$, F. 248—249° (Zers.), prismat. Nadeln, 110 mg, getrennt werden. Letztere Verb. entsteht auch aus 3-Amino-4-oxybenzoesäure durch 3std. Kochen mit überschüssiger HCOOH u. 3std. Erhitzen des nach Abdampfen erhaltenen Rückstandes auf 170°; 94%. (J. Amer. chem. Soc. **75.** 2770—71. 5/6. 1953. Tokyo, Japan, Kitasato Inst., Chem. Labor.) NITZSCHKE. 3132

Robert M. Herbst und **Douglas F. Percival,** *Die Struktur alkylierter 1-Alkyl-5-aminotetrazole.* Alkylierung von 1-Alkyl-5-aminotetrazolen führt zu *1.4-Dialkyl-5-imino-4.5-dihydrotetrazolen* u. nicht, wie früher (C. **1953.** 3077) angenommen, zu 1-Alkyl-5-alkylaminotetrazolen. So ist *1-Methyl-4-äthyl-5-imino-4.5-dihydrotetrazol* [*Hydrochlorid*, F. 203° (Zers.); *Phenylthioharnstoffderiv.* (**PT.**; mit Phenylisothiocyanat), F. 148—149°] sowohl durch Äthylierung von 1-Methyl-5-aminotetrazol als auch durch Methylierung von 1-Äthyl-5-aminotetrazol erhältlich. Analog: *1-Äthyl-4-benzyl-*[*Hydrochlorid* (**I**), F. 225° (Zers.); **PT.**, F. 117—118°] u. *1-Äthyl-4-β-phenyläthyl-5-imino-4.5-dihydrotetrazol* (**PT.**, F. 80—81°). Ein weiterer Strukturbeweis ist die Hydrogenolyse von auf den beiden verschied. Wegen dargestelltem **I** (l. c.: „1-Benzyl-5-äthylaminotetrazol"-Hydrochlorid; in 85%ig. A. in Ggw. von Pd-Oxyd, 1½ Std.), die mit 78%ig. Ausbeute zu *1-Äthyl-5-aminotetrazol* (F. 147—148°, aus A.–Ae.) führt. Die große Basizität der Verbb. wird erklärt mit der Guanidinstruktur um das Ring-C-Atom u. mit der Stabilisierung des Guanidiniumions durch Resonanz. — (FF. korr.) (J. org. Chemistry **19.** 439—40. März 1954. East Lansing, Mich., Michigan State Coll., Kedzie Chem. Labor.) J. ROTHE. 3184

C. Ainsworth, *5-β-Aminoäthyltetrazol.* Die Darst. von *5-β-Aminoäthyltetrazol* erfolgt aus seinem Benzoylderiv., das seinerseits auf 3 verschied. Wegen erhalten wurde. Vorläufige pharmakol. Unterss. ergaben keine Histaminaktivität.

Versuche: *β-Benzamidopropionsäureimidoäthylesterhydrochlorid* (**I**), $C_{12}H_{16}O_2N_2 \cdot HCl$, F. 120—122°, aus *β*-Benzamidopropionitril (**II**), A. u. HCl in Dioxan durch 3tägiges Stehen bei 5°; 100% (Ausbeute). — *5-β-Benzamidoäthyltetrazol*, $C_{10}H_{11}ON_5$, F. 206° (W.), a) aus **I** u. alkoh. Hydrazin bei —20° bis —5°; der entstandene Nd. wird in A. gelöst u. mit Amylnitrit behandelt; 10%; b) aus **I** u. NaN_3 u. Essigsäure durch 24std. Kochen; 10%; c) aus **II** u. HN_3 in Xylol durch 4tägiges Kochen. — *5-β-Aminoäthyltetrazolhydrochlorid*, $C_3H_7N_5 \cdot HCl$, F. 128—129° (A.–Ae.), durch Verseifung vorst. Verb. mit verd. HCl u. Abfiltration der ausfallenden Benzoesäure; 100%. (J. Amer. chem. Soc. **75.** 5728—29. 20/11. 1953.) EBERHARDT. 3184

Gordon N. Walker, *Michael-Additionsprodukte von 2.3-Dimethoxyphenylpropiolsäurederivaten.* Die bekannte Kondensation von Phenylpropiolsäureestern mit Acetessigsäureäthylester (**I**) bzw. Acetylaceton (**II**) in Ggw. von Na-Äthylat (**III**) führt zu *4-Phenyl-α-pyronen.* Die Rk. besteht in der MICHAEL-Addition der Methylengruppe des Ketoesters oder Diketons an die dreifache Bindung des Propiolats, der eine Lactonisierung der Enolform des entstehenden Ketoesters folgt. Vf. untersuchte diese Rk. an verschied. Derivv. der 2.3-Dimethoxyphenylpropiolsäure (**IV**). Die Rk. des **IV**-Äthylesters (**V**) u. des 2.3-Dimethoxyphenylpropiolnitrils (**VI**) mit **I** ergibt in jedem Fall das erwartete *4-[2'.3'-Dimethoxyphenyl]-5-carbäthoxy-6-methyl-α-pyron* (**VII**). Bei Verwendung von **II** können jedoch keine Pyrone isoliert werden; es werden die nichtcycl.

Kondensationsprodd. *2-Oxy-3-acetyl-4-[2'.3'-dimethoxyphenyl]-5-carboxypentadien-(2.4)* (**VIII**) bzw. *2-Oxy-3-acetyl-4-[2'.3'-dimethoxyphenyl]-5-cyanpentadien-(2.4)* (**IX**) erhalten. Bei der Bldg. von **VIII** verlief die Kondensation nur langsam u. unter gleichzeitiger Verseifung der Estergruppe. Das Infrarotspektr. zeigt für **VIII** u. **IX** das Vorliegen der Enolform.

V e r s u c h e: *2.3-Dimethoxyzimtsäuremethylester* (**X**), $C_{12}H_{14}O_4$, F. 52—54°, Kp.$_{1,1}$ 147—148°, aus 2.3-Dimethoxyzimtsäure u. CH_3OH in Ggw. von Äthylendichlorid u. H_2SO_4 (10std. Erhitzen); 83% (Ausbeute). — *2.3-Dimethoxyphenylpropiolsäure* (**IV**): 70 g vorst. Verb. wurden in Ae. bei Eistemp. langsam mit 56 g Br_2 versetzt, die Lsg. ergab nach 2 Tagen 123 g *rohen Dibromester*; dieser wurde mit KOH in CH_3OH durch 3std. Erhitzen dehydrobromiert; Dampfdest. u. die zurückbleibende wss. Lsg. bei Eistemp. ansäuern; orangefarbenes Öl, das langsam krist.; 64,5 g (roh). — *2.3-Dimethoxyphenylpropiolamid* (**XI**), $C_{11}H_{11}O_3N$, F. 148 bis 151° (Äthylacetat), aus **IV** (roh) u. $SOCl_2$ über das rohe *Säurechlorid* (**XII**); dieses wird in Chlf. mit überschüssigem konz. NH_4OH behandelt; 44% (bezogen auf **X**). — **IV**-*Äthylester* (**V**), Kp.$_{1,0}$ 150—159°, aus **XII** (roh) in Chlf. durch langsames Zugeben von überschüssigem absol. A. bei Eistemp.; viscoses gelbes Öl, nicht kristallisierend. — **IV**-*Methylester*, Kp.$_{0,7}$ 135—142°, aus **IV** (roh) u. CH_3OH in Ggw. von Äthylendichlorid u. H_2SO_4 (4 Std.); viscoses gelbes Öl, nicht kristallisierend; 42%. — *2.3-Dimethoxyphenylpropiolnitril* (**VI**), $C_{11}H_9O_2N$, F. 52—55° (Hexan), Kp.$_{1-2}$ 126—153°, aus **XI** in Trimethylbenzol u. P_2O_5 (1½std. Erhitzen); 46%. — *4-[2'.3'-Dimethoxyphenyl]-5-carbäthoxy-6-methyl-α-pyron* (**VII**), $C_{17}H_{18}O_6$, F. 114—116° (CH_3OH), aus 2,4 g **V**, 2,0 g **I** u. **III**, 3½std. Erhitzen u. in kaltes W. geben; das Infrarotspektr. in Chlf. hat eine Spitze bei 5,8—5,85 μ; 2,2 g; entsteht auch aus 3,2 g **VI** u. 3,4 g **I** in Ggw. von **III** (16 Min. bei 100°); 0,5 g, daneben 3,5 g alkalilösl. rotes Öl, wahrscheinlich ein nichtcyclisiertes Additionsprod., aus dem zusätzliche Mengen **VII** gewonnen wurden. Die Kondensation von **XI** mit **I** u. **III** (20std. Erhitzen auf 100°) ergab alles **XI** zurück. — *2-Oxy-3-acetyl-4-[2'.3'-dimethoxyphenyl]-5-carboxypentadien-(2.4)* (**VIII**), $C_{16}H_{18}O_6$, F. 145,5—147°, aus 10,5 g **V**, 7,0 g **II** u. 1 g **III**, 7 Tage Erhitzen, dann Behandeln mit kaltem W. u. Ansäuern; Infrarotbande in Chlf. bei 3,1—3,3 μ, Spitze bei 5,92 μ; Nadeln aus Bzl.; 4,8 g. — *2-Oxy-3-acetyl-4-[2'.3'-dimethoxyphenyl]-5-cyanpentadien-(2.4)* (**IX**), $C_{16}H_{17}O_4N$, F. 91,5—92,5° (CH_3OH), aus 3,4 g **VI**, 2,7 g **II** u. 0,35 g **III**, 3std. Erhitzen auf 100°, Mischung mit kaltem W. behandeln u. ansäuern bei Eistemp.; Infrarotspektr. in Chlf.: Spitze bei 4,55 μ; 2,7 g. — (J. Amer. chem. Soc. **76**. 309—10. 5/1. 1954. Bethesda, Md., Nat. Inst. of Health, Nat. Heart Inst., Labor. of Chem. of Natural Prodd.) FECHTER. 3211

V. Boekelheide und **W. J. Linn**, *Umlagerungen von N-Oxyden. Eine neue Synthese von Pyridylcarbinolen und -aldehyden.* Bei dem Vers., die zuerst von KATADA (J. pharmac. Soc. Japan [Yakugakuzasshi] **67**. [1947.] 51) beobachtete Rk. von Pyridin-N-oxyd mit Säureanhydriden zu Pyridon-(2) auf das N-Oxyd des 2-Oxymethyl-4-[pyridyl-(2')]-butanols-(1) zu übertragen, erhielten Vff. mit Essigsäureanhydrid (**I**) nicht das erwartete Pyridonacetat, sondern *2-Acetoxymethyl-1.4-diacetoxy-4-[pyridyl-(2')]-butan*, das mit $KMnO_4$ zu Picolinsäure oxydiert wird. Sie untersuchen daher die Umlagerung alkylierter aromat. N-Oxyde mit **I**. Die N-Oxyde von α- u. γ-Picolin, 2-Äthylpyridin, 2-n-Butylpyridin, 2.6-Lutidin u. Chinaldin werden zu den entsprechenden Verbb. mit einer Acetoxygruppe in α-Stellung der Seitenkette umgesetzt, während aus β-Picolin-N-oxyd *2-Acetoxy-3-methylpyridin* u. durch anschließende Hydrolyse *3-Methylpyridon-(2)* entsteht. Demzufolge ist anzunehmen, daß die Einführung der Acetoxygruppe in die Alkylseitenketten auf Verbb. beschränkt ist, in welchen die Alkylgruppen sich in 2- oder 4-Stellung zur N-Oxydgruppe befinden, während im anderen Fall Rk. am Kern stattfindet. Durch nochmalige Umsetzung der aus α-(**II**) bzw. γ-Picolin-N-oxyd erhaltenen *Pyridyl-(2)*-(**III**) bzw. -*(4)-methanolacetate* (**V**) mit H_2O_2 u. **I** werden *2*- (**IV**) bzw. *4-Pyridinaldehyddiacetat* dargestellt, womit die bisher beste Meth. zur Gewinnung von Pyridin-2-aldehyd gegeben ist. Die Übertragung dieser Rk. auf das aus α.α'-Lutidin-N-oxyd erhaltene *6-Methylpyridyl-(2)-methanolacetat* führte nicht zu dem erwarteten 6-Methylpyridin-(2)-aldehyddiacetat, sondern zum *2.6-Bis-[acetoxymethyl]-pyridin* (**VI**), u. ebenso entsteht aus *2-[α-Acetoxyäthyl]-pyridin* (**VIII**) nicht Pyridyl-(2)-methylketondiacetat, sondern lediglich das intermediäre *2-[α-Acetoxyäthyl]-pyridin-N-oxyd* bzw. unter schärferen Bedingungen eine teerige, nicht identifizierte Masse. Zur vollständigen Aufklärung des Reaktionsmechanismus der Umwandlung aromat. N-Oxyde unter Erhitzen mit **I**, als deren erster Schritt Salzbldg. zwischen dem N-Oxyd u. **I** angenommen wird, wird jetzt die kinet. Unters. der Rk. von **II** mit **I** durchgeführt.

V e r s u c h e (FF. korr.): *2-Acetoxymethyl-1.4-diacetoxy-4-[pyridyl-(2')]-butan*, $C_{16}H_{21}O_6N$, Kp.$_{0,5}$ 171—173°, durch 3std. Erhitzen von 2-Oxymethyl-4-[pyridyl-(2')]-

butanol-(1) in Eisessig mit 30%ig. H_2O_2 auf 80—90°, nach Zugabe von weiterem H_2O_2 10std. Erhitzen, Abdest. von Essigsäure u. W. unter vermindertem Druck, 9std. Erhitzen des rohen N-Oxyds mit I auf 100° u. Dest.; n_D^{20} 1,4907; 58% (Ausbeute). — Durch Erhitzen vorst. Verb. mit wss. $KMnO_4$ auf dem Dampfbad, Einengen des Filtrats im Vakuum, Ansäuern mit konz. HCl gegen Kongorot, Eindampfen, Extrahieren mit A., Eindampfen, Abkühlen u. Sättigen mit trockenem HCl wird *Picolinsäurehydrochlorid,* F. 228—230° (Zers.), erhalten; 51%. — *α-Picolin-N-oxyd* (**II**), C_6H_7ON, Kp.$_{15}$ 123—124°, durch 3std. Erhitzen von α-Picolin, Eisessig u. 30%ig. H_2O_2 auf 70—80°, 9std. Erhitzen nach Zugabe von weiterem H_2O_2, Einengen, Zugabe von W., erneutes Einengen, Aufnehmen in Chlf., Schütteln mit wss. K_2CO_3-Paste bis zur Beendigung der CO_2-Entw., Einengen der Chloroformschicht im Vakuum u. Dest.; n_D^{20} 1,5918; 83%; entwässerte Proben krist. zu einer niedrigschm. M., die an der Luft wieder fl. wird. *Pikrat,* $C_{12}H_{10}O_8N_4$, F. 125—126,5°; aus A. gelbe Kristalle. — *Pyridyl-(2)-methanolacetat* (**III**), $C_8H_9O_2N$, Kp.$_{22}$ 115—118°, durch tropfenweise Zugabe von **II** zu sd. **I**, 15 Min. Kochen u. Dest.; n_D^{20} 1,4969; 78%. *Pikrat,* $C_{14}H_{12}O_9N_4$, F. 168 bis 168,5° (Zers.); aus A. gelbe Kristalle. — Durch 10std. Kochen vorst. Verb. mit konz. HCl, Eindampfen im Luftstrom, Aufnehmen in Chlf., Behandeln mit wss. K_2CO_3-Paste, Einengen u. Behandeln mit Pikrinsäure entsteht *Pyridyl-(2)-methanolpikrat,* F. 160,5—161°; aus A. goldene Platten. *p-Nitrobenzoat,* F. 90,5—92,5° (A.). — *Pyridin-(2)-aldehyddiacetat* (**IV**), $C_{10}H_{11}O_4N$, Kp.$_{15}$ 160—162,5°, aus **III** u. H_2O_2 in Eisessig analog **II**, Behandeln mit **I** analog **III** u. Dest.; n_D^{20} 1,4872; 46%. *Oxim,* F. 113 bis 116° (W.). *p-Nitrophenylhydrazon,* F. 242—245°; aus A. gelbe Kristalle. *2.4-Dinitrophenylhydrazon,* F. 236,5—237° (gelb). — *γ-Picolin-N-oxyd,* C_6H_7ON, F. 185 bis 186° (Bzl.), aus γ-Picolin analog **II**; 73%. *Pikrat,* $C_{12}H_{10}O_8N_4$, F. 158,7—159,7°, aus A. gelbe Kristalle. — *Pyridyl-(4)-methanolacetat* (**V**), $C_8H_9O_2N$, Kp.$_{0,3}$ 53—55°, durch 5std. Kochen vorst. Verb. mit **I** in Dioxan, Entfernen desselben, Gießen in Eiswasser mit etwas Pyridin, Alkalisieren mit festem K_2CO_3 u. Ausschütteln mit Ae.; n_D^{20} 1,5023; 42,5%. — Durch 3std. Kochen von **V** in konz. HCl, Eindampfen im Luftstrom, Aufnehmen in heißem n-Butanol u. Abkühlen in N_2-Atmosphäre entsteht hygroskop. *Pyridyl-(4)-methanolhydrochlorid,* F. 176—178°; aus n-Butanol Nadeln; 72%; wird auch durch Red. von Äthylisonicotinat mit $LiAlH_4$ über das Pyridyl-(4)-methanol, F. 57—60° (hygroskop.), erhalten. — *Pyridin-(4)-aldehyddiacetat,* Kp.$_{0,3}$ 105 bis 110°, analog **IV** aus 9,2 g **V**; 1,1 g. *Phenylhydrazon,* F. 178,5—179,5°, gelbe Nadeln; 52%. *p-Nitrophenylhydrazon,* F. 268,5—269,5° (Zers.); aus wss. A. gelbe Kristalle. — *α.α'-Lutidin-N-oxyd,* Kp.$_{18}$ 115—119°, aus α.α'-Lutidin; 75%; krist. wasserfrei zu niedrigschm. M.; an der Luft wieder flüssig. *Pikrat,* $C_{13}H_{12}O_8N_4$, F. 127,5 bis 129°; aus A. gelbe Kristalle. — *6-Methylpyridyl-(2)-methanolacetat,* $C_9H_{11}O_2N$, Kp.$_{15}$ 110—114°, durch Stehen vorst. Verb. mit **I** bei Raumtemp. bis zur Beendigung der anfänglich exothermen Rk., 10std. Erhitzen auf 100° u. Aufarbeiten; n_D^{20} 1,5043; 71%. *Pikrat,* $C_{15}H_{14}O_9N_4$, F. 114—115°; aus A. gelbe Kristalle. — *2.6-Bis-[acetoxymethyl]-pyridin* (**VI**), $C_{11}H_{13}O_4N$, Kp.$_{0,3}$ 135—139°, analog **IV** aus 12 g vorst. Verb.; 5 g. *Pikrolonat,* $C_{21}H_{21}O_9N_5$, F. 110,5—111° (A.). Bei einem in gleicher Weise durchgeführten Vers. wurde ein gelbes Öl gewonnen, Kp.$_{0,3}$ 130—133°, das nach einiger Zeit teilweise fest wurde; Aufnehmen in heißem Ae. u. Abkühlen gab *6-Methyl-2-acetoxymethylpyridin-N-oxyd,* $C_9H_{11}O_3N$, F. 94—94,5°; das isomere 2-Oxymethyl-6-acetoxymethylpyridin kann nicht vorliegen, da das Infrarotspektr. keine OH-Bande zeigt. — *2.6-Bis-[oxymethyl]-pyridin* (**VII**), F. 114—115°, durch 8std. Kochen von **VI** mit konz. HCl, Eindampfen, Aufnehmen in Methanol, Filtrieren über eine Ionenaustauschkolonne (Amberlite IRA-400) u. Einengen des Methanoleluates; aus Bzl. Nadeln; 87%. — *2-[α-Acetoxy-n-butyl]-pyridin,* $C_{11}H_{15}O_2N$, Kp.$_{15}$ 135—137°, durch Oxydation von 2-n-Butylpyridin zum N-Oxyd u. Behandeln mit **I**; n_D^{20} 1,4895; 91%. — Ebenso *2-[α-Acetoxyäthyl]-pyridin* (**VIII**), $C_9H_{11}O_2N$, Kp.$_{16}$ 109—111°, aus 2-Äthylpyridin; n_D^{20} 1,4937; 56%. *Pikrat,* $C_{15}H_{14}O_9N_4$, F. 112—113,5°; aus Hexan-Essigester gelbe Kristalle. — Bei der Behandlung von 12 g **VIII** mit H_2O_2 u. **I** unter den üblichen Bedingungen entstehen 10,7 g eines hellgelben, hygroskop. *Öls,* Kp.$_{0,7}$ 125 bis 126°; durch Hydrolyse mit wss. NaOH, Ansäuern, Einengen, Aufnehmen in Chlf., Schütteln mit wss. K_2CO_3-Paste u. Einengen entsteht *2-[α-Oxyäthyl]-pyridin-N-oxyd,* $C_7H_9O_2N$, F. 99—99,5°; 79%; entsteht auch durch 12std. Erhitzen von **VIII** mit Eisessig u. 30%ig. H_2O_2 auf 72°, Einengen im Vakuum, Lösen in konz. HCl, 4std. Kochen, Eindampfen im Vakuum, Aufnehmen in Methanol, Filtrieren über Ionenaustauschkolonne u. Einengen des Methanoleluates; 52%. Durch 7std. Kochen von **VIII**-N-Oxyd mit überschüssigem **I** entsteht eine nicht zu identifizierende, teerige Masse. — *Pyridyl-(2)-methanol-N-oxyd,* $C_6H_7O_2N$, F. 143—143,5° (Essigester), durch Behandeln von **III** mit H_2O_2 in Eisessig analog **II** u. Hydrolyse mit HCl; 60%; keine Bldg. von

2-Pyridinaldehyd. — *Chinolyl-(2)-methanolacetat*, $C_{12}H_{11}O_2N$, $Kp._{0,4}$ 118—122,5°, durch 3std. Erhitzen von frisch dest. Chinaldin u. 30%ig. H_2O_2 in Eisessig, 16std. Erhitzen nach weiterer Zugabe von H_2O_2, Einengen im Vakuum, Lösen in I, Stehen bei Raumtemp. bis zur Beendigung der exothermen Rk., 10std. Erhitzen auf 100° u. Dest.; n_D^{20} 1,5837; 56,5%. *Pikrat*, $C_{18}H_{14}O_9N_4$, F. 156,5—157,5° (A.). — Daraus durch 3std. Kochen mit HCl, Alkalisieren mit 10%ig. NaOH, Aufnehmen in Ae., Eindampfen u. Verreiben mit PAe. *Chinolyl-(2)-methanol*, F. 66—68° (Bzl.-PAe.); 88,5%. *Phenylurethan*, F. 129—130°. *Benzoat*, F. 50—51° (wss. Methanol). — Aus β-Picolin analog II *β-Picolin-N-oxyd*, $Kp._{15}$ 146—149°, als hygroskop. Öl; 77%; die wasserfreie Verb. krist. u. wird an Luft wieder flüssig. *Pikrat*, $C_{12}H_{10}O_8N_4$, F. 138—139° (A.). — *2-Acetoxy-3-methylpyridin*, $C_8H_9O_2N$, $Kp._{0,5}$ 61—62°, durch 5std. Kochen von 10 g vorst. Verb. mit I u. Dest.; n_D^{20} 1,4997; 4,1 g. — Durch saure Hydrolyse vorst. Verb. analog **VII** *3-Methylpyridon-(2)*, F. 138—140°; aus Bzl.-Hexan gelbbraune Kristalle, die Absorptionsmaxima des UV-Spektr. entsprechen denen des Pyridons-(2). (J. Amer. chem. Soc. **76**. 1286—91. 5/3. 1954. Rochester, N. Y., Univ. of Rochester, Dep. of Chem.) BUCHTA. 3231

B. L. Bastić und **V. B. Golubović**, *Über die Kondensationsprodukte von Pyridincarbonsäuren mit 2.3-Naphthylendiamin.* Aus Pyridinmono- u. -dicarbonsäuren werden durch Kondensation mit 2.3-Naphthylendiamin (I) mehrkernige Verbb. gewonnen, deren Konst. diskutiert wird.

V e r s u c h e: *2-[Naphtho-[2''.3'':4'.5']-imidazolyl-(2')]-pyridin* (II), $C_{16}H_{11}N_3$, F. 219 bis 220°; aus 0,3 g Picolinsäure u. 0,39 g I, 45 Min. im Bad bei 138—180°; Lösen in HCl u. Ausfällen mit NH_3; 0,28 g (Ausbeute). *3-[Naphtho-[2''.3'':4'.5']-imidazolyl-(2')]-pyridin*, $C_{16}H_{11}N_3$, F. 296—297°; aus 0,3 g Nicotinsäure u. 0,39 g I, 30 Min. im Luftbad bei 220—250°; 0,31 g. *Lactam* (III) der *2-[Naphtho-[2''.3'':4'.5']-imidazolyl-(2')]-pyridincarbonsäure-(3)*, $C_{17}H_9ON_3$, F. 320°; aus 1,1 g Chinolinsäureanhydrid u. 1 g I bei 136—180° (Prod. 5—10 Min. in Acetanhydrid sd.); 0,55 g; gelbe Kristalle. — *2-[Naphtho-[2''.3'':4'.5']-imidazolyl-(2')]-pyridincarbonsäure-(3)*, $C_{17}H_{11}O_2N_3$, F. 284°; aus **III** mit 25%ig. KOH; 40%. Geht bei 290° in **II** über. (Гласник Хемиског Друштва Београд [Ber. chem. Ges. Belgrad] **18**. Nr. 4. 235—41. 1953. Belgrad, Technolog. Fak., Inst. für organ. Chemie.) v. WILPERT. 3231

Borivoje Bastić, *Über das Lactam der 4-[Benzimidazolyl-(2')]-pyridincarbonsäure-(3) und einige Derivate dieser Säure.* Von LEKO u. BASTIĆ (Гласник Хемиског Дриштва Београд [Ber. chem. Ges. Belgrad] **16**. [1951.] 175) wurde das *Lactam* (I) der *4-[Benzimidazolyl-(2')]-pyridincarbonsäure-(3)* (II) aus Cinchomeronsäure (III) u. o-Phenylendiamin (IV) erhalten. In vorliegender Unters. wird gezeigt, daß I auch aus dem γ-Methylester sowie dem γ-Amid von III gewonnen werden kann; daher muß vorher eine Umwandlung dieser Verbb. in β-Ester u. β-Amid erfolgt sein. Aus dem Dimethylester von III wurde I dagegen nicht erhalten.

V e r s u c h e: *Lactam* (I) der *4-[Benzimidazolyl-(2')]-pyridincarbonsäure-(3)* (II), F. 208—209°; a) aus 1,81 g III-γ-Methylester u. 1 g IV im Bad bei 160°; Kristalle aus Acetanhydrid; b) aus 0,83 g III-γ-Amid u. 0,5 g IV bei 170°. — II-*Äthylamid*, $C_{15}H_{14}ON_4$, F. 226—227°; aus I u. Äthylamin. — II-*Hydrazid*, $C_{13}H_{11}ON_5$, F. 267—268°; aus I u. $NH_2NH_2 \cdot H_2O$. — *2-[Benzimidazolyl-(2')]-pyridincarbonsäure-(3)-äthylamid*, $C_{15}H_{14}ON_4$, F. 223—224°; aus dem Lactam der 2-[Benzimidazolyl-(2')]-pyridincarbonsäure-(3) analog Vorstehendem. *Hydrazid*, $C_{13}H_{11}ON_5$, F. 263—264°. — *2-[Benzimidazolyl-(2')]-benzoesäureäthylamid*, $C_{16}H_{15}ON_3$, F. 251—252°; aus der freien Säure u. Äthylamin. (Гласник Хемиског Друштва Београд [Ber. chem. Ges. Belgrad] **18**. Nr. 4. 253—58. 1953. Belgrad, Technol. Fak., Inst. für organ. Chem.) v. WILPERT. 3231

William S. Johnson und **William DeAcetis**, *Cyclisierung von N-[β-Cyanäthyl]-anilinen.* Das als Ausgangsprod. für das Malariamittel Chloroquine wichtige *4-Keto-7-chlor-1.2.3.4-tetrahydrochinolin* läßt sich zwar direkt durch Cyclisierung von m-Chlor-N-[β-cyanäthyl]-anilin gewinnen, doch verlaufen die Cyclisierungen von Cyanäthylanilinen leichter, wenn das N-Atom tert. ist. — Anilin u. m-Chloranilin liefern mit Acrylnitril nach dem Verf. von SMITH u. YU (C. **1953**. 374) die Bis-[cyanäthyl]-Verbb.; die des Anilins läßt sich in 72%ig. Ausbeute mit $AlCl_3$ monocyclisieren, wenn dieses im mol. Verhältnis 2,5:1 zugesetzt wird (vgl. MANN u. SMITH, C. **1953**. 7546). Die Chlorverb. (III) läßt sich unter gleichen Bedingungen nur in 6%ig. Ausbeute monocyclisieren, bei höherer Temp. entsteht *7-Chlor-1.6-diketojulolidin*. Die Cyanäthylgruppe im *N-[β-Cyanäthyl]-4-keto-1.2.3.4-tetrahydrochinolin* (II) wurde mit konz. HCl u. viel Acetanhydrid entfernt.

V e r s u c h e (FF. korr.): *N-[β-Cyanäthyl]-4-keto-1.2.3.4-tetrahydrochinolin* (II), $C_{12}H_{12}ON_2$, F. 79—79,5°, durch 6std. Erhitzen von 3 g N.N-Bis-[β-cyanäthyl]-anilin (F. 82—83,5°), 5,02 g $AlCl_3$, C_6H_5Cl u. wenig konz. HCl auf 140—145° Badtemp.,

Zugabe von W., Dampfdest., Ausziehen des Rückstands mit Chlf., Vakuumdest. (Kp.$_{0,01}$ 75—85°), Chromatographie an Al_2O_3 u. Eluierung mit Bzl.; aus Diisopropyläther blaßgelbe Platten; 72% roh (Ausbeute). *Oxim*, $C_{12}H_{13}ON_3$, F. 178—185° (Zers.), vielleicht ein Gemisch von syn- u. anti-Form; gelbe Prismen aus Bzl.-Petroläther. — *N.N-Bis-[β-cyanäthyl]-m-chloranilin* (**III**), $C_{12}H_{12}N_3Cl$, F. 98—99°, aus 102 g m-Chloranilin, 95,4 g Acrylnitril, Essigsäure u. CuCl, wie die nicht chlorierte Verb. (vgl. Smith u. Yu, l. c.); Lösen des rohen Öls in heißem A., Einengen des kalten Filtrats u. Kolonnendest., wobei zunächst *N-[β-Cyanäthyl]-m-chloranilin*, Kp.$_{0,02-0,03}$ 135—150°, F. 41—47°, übergeht (46,5 g), dann **III**; Kp.$_{0,02-0,03}$ 150—225°; aus A. Nadeln; 18,5 g. — *N-[β-Cyanäthyl]-4-keto-7-chlor-1.2.3.4-tetrahydrochinolin* (**I**), durch 7std. Erhitzen von 3 g **III**, 4,34 g $AlCl_3$, C_6H_5Cl u. HCl wie oben; das aus der Chloroformlsg. erhaltene Prod. gab durch Kristallisation aus A. 1,85 g **III** zurück; aus dem Filtrat wurde das **I**-*2.4-Dinitrophenylhydrazon*, $C_{18}H_{15}O_4N_6Cl$, F. 242—243° unter Zers., aus Essigester rote mkr. Kristalle, erhalten; 0,32 g. — *7-Chlor-1.6-diketojulolidin*, $C_{12}H_{10}O_2NCl$, F. 164—165°, durch Cyclisierung von 3 g **III** in o-Dichlorbenzol statt C_6H_5Cl (½ Std. bei 200°, 1½ Std. bei 175°); nach Sublimation u. Kristallisation aus A. gelbe Nadeln; 1,43 g. — *N-Acetyl-4-keto-1.2.3.4-tetrahydrochinolin* (**IV**), F. 91,5—92,5°, durch 4std. Kochen von **II** in konz. HCl + Acetanhydrid (1:4), Zugabe von W., Neutralisation mit Pottasche, Ausziehen mit Chlf. u. Einengen; es wird ein gelbes Öl erhalten, das aus Bzl.-PAe. in Prismen vom F. 150—155° krist.; die Konst. dieses Prod. ist nicht bekannt, es wird nach mehrtätigem Kontakt mit der Mutterlauge in Bzl. gelöst u. chromatographiert, wobei **IV** entsteht; aus CH_3OH kleine Prismen; 47%. (J. Amer. chem. Soc. **75**. 2766—68. 5/6. 1953. Madison, Wis., Univ. of Wisconsin, Labor. of Organ. Chem.) Nitzschke. 3231

William S. Emerson, Rudolph L. Heider, Raymond I. Longley jr. und **Theodore C. Shafer,** *Hydrogenolyse von 4-Phenyl-1.3-dioxanen.* Die mit Hilfe der Prins-Rk. (vgl. Shortridge, C. **1949**. II. 416) aus Styrolen u. HCHO erhältlichen *4-Phenyl-1.3-dioxane* lassen sich in Ggw. eines Cu-Chromitkatalysators zu *3-Arylalkanolen-(1)* hydrieren, womit eine allg. Synth. einiger prim. Alkohole aus Styrolen gegeben ist.

Versuche: *4-Phenyl-1.3-dioxan* (**I**), Kp.$_{10-15}$ 120—126°; n_D^{25} 1,5269—1,5276; 83—87% (Ausbeute). — *4-Methyl-4-phenyl-1.3-dioxan* (**II**), F. 33,0—38,5°; Kp.$_{14}$ 119°, aus α-Methylstyrol u. HCHO in Dioxan durch 7std. Kochen; 72%. — *3-Phenylpropanol-(1)*, $C_9H_{12}O$; **I** wurde in Ggw. von Cu-Chromit in A. bei 1500—2600 lbs./sq.in. u. 200—208° hydriert; Kp.$_{13}$ 115—116°; n_D^{25} 1,5242; 85%. *3.5-Dinitrobenzoat*, F. 88 bis 90° (A.). In wss. Lsg. fand keine Red. statt. — *3-Phenylbutanol-(1)* wurde analog aus **II** bei 225—230° u. 800—1600 lbs./sq.in. erhalten; Kp.$_{13}$ 121—123°; n_D^{25} 1,5165; 68%. (J. Amer. chem. Soc. **72**. 5314—15. Nov. 1950. Dayton, O., Monsanto Chem. Co., Central Res. Dep.) Faass. 3252

Hellmut Bredereck, Ingeborg Hennig, Wolfgang Pfleiderer und **Otto Deschler,** *Synthesen in der Purinreihe.* 4. Mitt. *Umsetzungen von Methylverbindungen des 4.5-Diaminouracils mit Säuren.* (3. vgl. C. **1953**. 6889.) Wurde 4.5-Diaminouracilsulfat (**III**) mit Dimethylsulfat (**I**) methyliert, entsteht, auch bei großem Überschuß an **I**, als höchst methylierte Verb. *4.5-Bis-[methylamino]-1.3-dimethyluracil* (**II**), welches mit Acetanhydrid *1.3.7.8-Tetramethylxanthin* bildet; wahrscheinlich tritt prim. Acetylierung ein, dann Umlagerung zur ringförmigen Verb. u. anschließend Abspaltung von CH_3OH zwischen $C_{(8)}$ u. $N_{(9)}$, CH_3OH konnte als Essigsäuremethylester nachgewiesen werden. Mit Formamid bildet **II** *Coffein*, wobei der gleiche Reaktionsmechanismus gelten wird. Uracile mit weniger als 4 Methylgruppen konnten mit **I** aus **III** nicht gewonnen werden. — Wird 4-Amino-5-acetamido-1.3-dimethyluracil (**IV**) oder die nichtacetylierte Verb. (**VIII**) mit verd. H_2SO_4 gekocht, entstehen *1.3.1'.3'-Tetramethyl-bis-alloxazin* (**V** oder **VI**), welches auch aus Dimethylalloxan u. Dimethyldiaminouracil zugänglich ist, u. *1.3.1'.3'-Tetramethylhydurilsäure* (**VII**); offenbar wird **IV** zuerst entacetyliert, dann werden beide NH_2-Gruppen hydrolyt. abgespalten unter Bldg. von 1.3-Dimethyldialursäure, von der ein Teil mit unverändertem **VIII** zur Dihydroverb. (**IX**) von **V** oder **VI** reagiert, ein anderer Teil durch Selbstkondensation 5-Oxytetramethylhydurilsäure (**X**) bildet; **IX** wird dann dehydriert, indem sie **X** zu **VII** reduziert. Sowohl bei

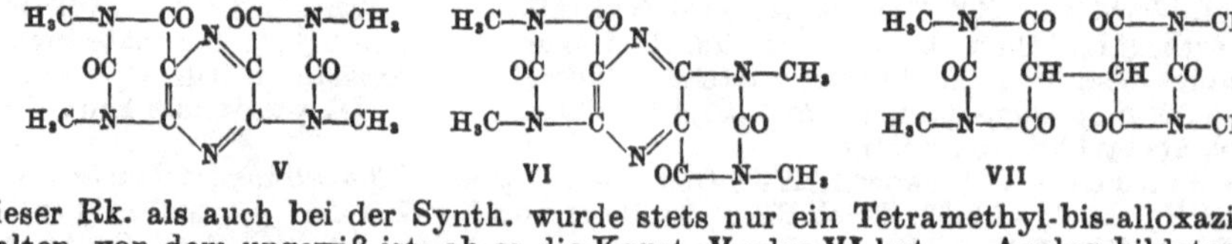

V VI VII

dieser Rk. als auch bei der Synth. wurde stets nur ein Tetramethyl-bis-alloxazin erhalten, von dem ungewiß ist, ob es die Konst. **V** oder **VI** hat. — Analog bildeten sich aus 4-Amino-5-acetamido-3-methyluracil mit verd. H_2SO_4 *3.3'-Dimethyl-bis-alloxazin* (**XI**) u. *symm.-Dimethylhydurilsäure* (**XII**). **XI** ließ sich nicht mit **I**, wohl jedoch mit CH_3J u. K_2CO_3 in Aceton zu **V** bzw. **VI** methylieren; diese Meth. versagte bei **XII**.

Versuche: *4.5-Bis-[methylamino]-1.3-dimethyluracil* (**II**), $C_8H_{14}O_2N_4$, F. 193° (A.), durch Zutropfen von **I** zu 8 g **III** in 2nNaOH bei 40°, wobei mit 2nNaOH bei p_H 8—8,5 gehalten wird, u. 8std. Chloroformextraktion; 5 g (Ausbeute). — *1.3.7.8-Tetramethylxanthin*, F. 210° (A.), durch $^1/_4$std. Kochen von 3 g **II** mit Acetanhydrid, wobei *Essigsäuremethylester* herausdest. werden kann; 2,5 g. — *1.3.1'.3'-Tetramethyl-bis-alloxazin* (**V** oder **VI**), $C_{12}H_{12}O_4N_6$, F. 390°, a) durch 3std. Kochen von 4 g **IV** oder **VIII** mit $2nH_2SO_4$, Behandeln des Reaktionsgemisches (3,3 g) mit warmem, verd. NH_4OH, Lösen des Filterrückstandes in konz. HCl u. Fällen mit W.; 1,6 g; b) durch 1std. Erhitzen von 5,1 g Dimethylalloxan mit 6,2 g Dimethyldiaminouracilhydrochlorid in W.; 6,3 g. — *1.3.1'.3'-Tetramethylhydurilsäure* (**VII**), $C_{12}H_{14}O_6N_4$, F. 263°, durch Lösen des Reaktionsgemisches aus **IV** bzw. **VIII** u. $2nH_2SO_4$ in NH_4OH u. Ansäuern des Filtrats mit HCl; 1,65 g. — *3.3'-Dimethyl-bis-alloxazin* (**XI**), $C_{10}H_8O_4N_6$, aus 8,5 g 4.5-Diamino-3-methyluracil u. $2nH_2SO_4$; 2,6 g. Daraus **V** oder **VI** durch 24std. Kochen von 0,65 g **XI** mit CH_3J u. K_2CO_3 in Aceton, Versetzen mit W., Einengen des Filtrats u. Ansäuern bis p_H 5 mit Essigsäure; 0,28 g. — *symm.-Dimethylhydurilsäure* (**XII**), $C_{10}H_{10}O_6N_4$, F. 220—230°, aus dem Filtrat von **XI** durch Einengen; 4,2 g; rein aus 5-Brom-5'-methoxy-1.1'-dimethylhydurilsäure nach BILTZ u. HEYN (1919); F. 306 bis 308° (Zers.). — Aus 10 g 4-Amino-5-acetamido-3-methyluracil entstehen nur 1,5 g **XI** u. 2,8 g rohe **XII**. (Chem. Ber. **86**. 845—50. 1953. Stuttgart, TH, Inst. für Organ. Chem. u. Organ.-Chem. Technol.) NITZSCHKE. 3272

Hellmut Bredereck, Ingeborg Hennig und **Otto Müller,** *Synthesen in der Purinreihe.* 5. Mitt. *Nachweisreaktionen in der Purinreihe.* (4. vgl. vorst. Ref.) In Übereinstimmung mit den in früheren Mitteilungen beschriebenen Ergebnissen, wonach die Acetylbest. nach FREUDENBERG (1923) — Erhitzen mit Toluolsulfonsäure (**II**) in CH_3OH — bei solchen *Acetaten des Diaminouracils* (**I**), die die n. Konst. haben, einwandfreie Werte ergibt, bei solchen jedoch, die Ringstruktur besitzen, ein um ca. ½ Acetylgruppe zu niedriger Wert gefunden wird, steht, daß bei den Substanzen, die den theoret. Acetylgeh. zeigen, die **II**-Verb. des betreffenden **I**-Deriv. isoliert werden kann, bei denjenigen, deren Acetylgeh. als zu niedrig gefunden wird, nebeneinander die **II**-Verb. des entsprechenden *8-Methylxanthin* (**III**)-*Deriv.* u. die des entsprechenden **I**-Deriv. erhalten wird. Bei der Rk. von **II** mit den Acetylverbb. handelt es sich um eine Umesterung; bei Rk. mit den ringförmigen Acetylverbb. wird bei einem Teil der Substanz sowohl die Acetylgruppe an $N_{(7)}$ als auch die bei der Ringspaltung frei werdende Acetylgruppe abgespalten, wobei an die an $C_{(5)}$ stehende NH_2-Gruppe ein **II**-Rest tritt, bei einem anderen Teil der Substanz wird zwischen $N_{(9)}$ u. $C_{(8)}$ W. abgespalten u. die Acetylgruppe an $N_{(7)}$ durch den **II**-Rest ersetzt. Die **II**-Verbb. sind gut krist. u. eignen sich zur Charakterisierung von **I**-Derivv., die selbst oft keinen charakterist. F. haben. **III** gab keine 7-Toluolsulfoverbindung. — Auch die *Perchlorate* können zur Charakterisierung von **I**- u. *Purinverbb.* herangezogen werden, wobei nur völlig reine Ausgangssubstanzen Perchlorate mit reproduzierbaren Zersetzungspunkten liefern u. 70%ig. $HClO_4$ verwendet werden muß, damit bei **I**-Acetylverbb. keine Verseifung der Acetylgruppen stattfindet; eine Umkristallisation der Perchlorate ist nicht möglich, u. durch W. tritt Hydrolyse ein. — Vff. untersuchen ferner das Verh. von **I**- u. Purinderivv. gegenüber konz. HNO_3, wobei folgendes festgestellt wird: **I**, *3-Methyl-* (**IX**) u. *1.3-Dimethyldiaminouracil* (**XI**) sowie ihre **II**-Derivv. lösen sich unter Gasentw. u. Rot- bzw. Violettfärbung, wobei in den ersten beiden Fällen innerhalb weniger Min. Farbumschlag über Orange nach Gelb eintritt; *4-Amino-5-acetamidouracil* (**V**), *4-Amino-5-acetamido-3-methyluracil* (**VIII**), *4-Amino-5-acetamido-1.3-dimethyluracil* (**X**) u. *8-Oxy-2.6-dioxo-8-methyl-7-acetylhexahydropurin* (**VI**) lösen sich unter Gasentw. ohne Farberscheinungen; **III**, *Coffein, Theobromin, Theophyllin, 3-Methyl-, 3.8-Dimethyl-, 1.3.8-Trimethyl-, 1.3.9-Trimethyl-* (*Isocoffein*) u. *1.3.7.8-Tetramethylxanthin* lösen sich ohne Gasentw.; *Harnsäure, Xanthin* (**IV**) u. *8-Acetoxy-2.6-dioxo-8-methyl-7-acetylhexahydropurin* (**VII**) lösen sich erst beim Erwärmen, wobei sich nur **IV** als Nitrat abscheidet. — Tabellar. wird für alle untersuchten Verbb. angegeben, wie sie sich durch Kombination der 3 Nachweisverff. (**II**-Deriv., Perchloratbldg., Verh. gegenüber HNO_3) rasch identifizieren lassen.

Versuche: *4-Amino-5-toluolsulfonylaminouracil*, $C_{11}H_{12}O_4N_4S \cdot 1\frac{1}{2} H_2O$, F. 266 bis 268° ($CH_3OH$), aus **V** oder **I**-Sulfat durch 3std. Kochen mit **II** in CH_3OH; gibt bei 45std. Trocknen im Vakuum bei 110° ½ H_2O ab; Erhitzen mit der 50fachen Menge W., Einengen u. Ansäuern liefert **I**-Sulfat. — *8-Methyl-7-toluolsulfoxanthin*, $C_{13}H_{12}O_4N_4S$, F. 287°, wie vorst. aus **VI** oder **VII**, bei fraktionierter Kristallisation aus CH_3OH als schwerer lösl. Verb.; Erhitzen mit der 50fachen Menge W. liefert *8-Methylxanthin* (**III**), $C_6H_6O_2N_4$. Als leichter lösl. Komponente erhält man vorst. Verbindung. — *4-Amino-5-toluolsulfonylamino-3-methyluracil*, $C_{12}H_{14}O_4N_4S \cdot 1\frac{1}{2} H_2O$, F. 264° ($CH_3OH$), aus **VIII** oder **IX**; gibt bei 110° im Vakuum $\frac{1}{2}$ H_2O ab. — *4-Amino-5-toluolsulfonylamino-1.3-dimethyluracil*, $C_{13}H_{16}O_4N_4S \cdot 1\frac{1}{2} H_2O$, F. 256—258° ($CH_3OH$), nach langem Trocknen bei 110° im Vakuum $C_{13}H_{16}O_4N_4S \cdot H_2O$, aus **X** oder **XI**. — Folgende Perchlorate wurde dargestellt: **I**-, Zers. bei 252—254°. — **IX**-, Zers. bei 246—248°. — **XI**-, Zers. bei 246—248°. — **V**-, Zers. bei 205—207° (vgl. dagegen BILTZ u. Mitarbeiter [1928 u. früher]). — **VIII**-, Zers. bei 215—217°. — **X**-, Zers. bei 220—222°. — **IV**-, Zers. bei 262—264°. — **III**-, Zers. bei 292—294°. — *3-Methylxanthin-*, Zers. bei 227 bis 229°. — *1.3-Dimethylxanthin-* (*Theophyllin-*), Zers. bei 248—250°. — *3.7-Dimethylxanthin-* (*Theobromin-*), Zers. bei 277—279°. — *3.8-Dimethylxanthin-*, Zers. bei 266 bis 268°. — *1.3.7-Trimethylxanthin-* (*Coffein-*), Zers. bei 89°. — *1.3.8-Trimethylxanthin-*, Zers. bei 105°. — *1.3.7.8-Tetramethylxanthin-*, Zers. bei 85°. — Von **VI** u. **VII** konnte kein Perchlorat erhalten werden. (Chem. Ber. **86**. 850—56. 1953.) NITZSCHKE. 3272

P. Karrer und **H. Feigl**, *Dimethylpteridinrot*. In analoger Weise wie Methylpteridinrot u. Pteridinrot (vgl. C. **1952**. 687. **1953**. 8367) wird aus 8-Methyl-2-amino-6-oxypteridin durch gemeinsame Oxydation mit 8.9-Dimethyl-2-amino-6-oxypteridin *Dimethylpteridinrot* (**I**) gewonnen. Es nimmt bei der Pt-Hydrierung 2 Mol H_2 auf, hat Absorptionsmaxima bei 325, 380 u. 340 mμ u. läßt sich zu *8-Methylisoxanthopterin* u. *2-Amino-6-oxy-8-methylpteridin-9-carbonsäure* spalten; letztere bildet bei $KMnO_4$-Oxydation *2-Amino-6-oxypteridin-8.9-dicarbonsäure*.

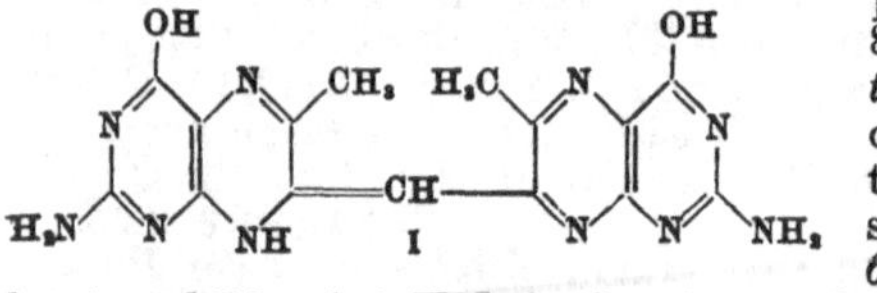

Versuche: *Dimethylpteridinrot* (**I**), $C_{15}H_{14}O_2N_{10} \cdot H_2O$, durch 40std. Erhitzen von 10 g 8.9-Dimethyl-2-amino-6-oxypteridin mit 9 g 8-Methyl-2-amino-6-oxypteridin in 25%ig. HCl unter Einleiten von O_2 u. Reinigen des Rohprod. (11,5 g [Ausbeute]) durch Ausziehen mit heißer 2nHCl u. Kristallisation aus 3nHCl; rote büschelförmige Nadeln. — Hydrierung von 410 mg **I** in reinster HCOOH mit Pt, Eindampfen des Filtrats bei 12 mm, Kochen in W. u. Abkühlen liefert 320 mg *Tetrahydroverb.*, $C_{15}H_{18}O_2N_{10} \cdot 2 H_2O$. — Nach 10std. Ozonisierung von **I** in HCOOH, Eindampfen im Vakuum, Aufnehmen in verd. HCl, 20 Min. Erwärmen mit Perhydrol, Auskochen des Rückstandes mit heißer HCl u. Abkühlen wird *8-Methylisoxanthopterin*, $C_7H_7O_2N_5$, erhalten, das durch Lösen in 0,2nNaOH, Eintragen in 2,5nHCl bei 90°, Kristallisation des Nd. u. Eintragen in 2nHCl gereinigt wurde. Aus dem ursprünglichen Filtrat wurde durch Einstellen auf p_H 6, Lösen des Nd. in 0,25nNaOH, 1std. Rk. mit $KMnO_4$ bei 70—80°, Einstellen des Filtrats auf p_H 2, Lösen des Nd. in 0,1nNaOH u. Verdünnen mit 10nNaOH, Lösen des in langen Nadeln ausgefallenen *Na-Salzes* in W. u. Einstellen auf p_H 2 *2-Amino-6-oxy-8-methylpteridin-9-carbonsäure*, $C_8H_7O_3N_5$, erhalten. Sie gibt in 0,25nNaOH durch 4std. Rk. mit $KMnO_4$ in der Siedehitze u. Einstellen auf p_H 2 *2-Amino-6-oxypteridin-8.9-dicarbonsäure*, $C_8H_5O_5N_5$, die über das Na-Salz gereinigt wurde. — Die Absorptionsspektren aller beschriebenen Verbb. werden graph. angegeben. (Helv. chim. Acta **34**. 2155—58. 1/12. 1951. Zürich, Univ., Chem. Inst.) NITZSCHKE. 3272

Tony Everett Jones und **Charles O. Wilson**, *Aminoalkoholester der Crotonsäure*. Es wurden die *Hydrochloride* des *β-Diäthylaminoäthyl-*, *Morpholinoäthyl-* u. *Piperidinoäthylesters* der *Crotonsäure* (**I**) dargestellt wegen ihrer möglichen lokalanästhet. Wrkg., die im Vorvers. jedoch nicht festgestellt werden konnte.

Versuche: *Crotonsäurechlorid* (**II**), aus **I** u. $SOCl_2$ nach AUWERS u. WISSEBACH [1923]; öIähnliche Fl., krist. bei 0°; Kp.$_{20}$ 42—45°; 37% (Ausbeute). — *Crotonsäure-2-diäthylaminoäthylesterhydrochlorid*, $C_{10}H_{20}O_2NCl$, F. 103—105°: Zu **II** in Bzl., eisgekühlt, langsam 2-Diäthylaminoäthanol in Bzl. zugeben, 2 Std. erhitzen; 51%; ist nach Kristallisation aus absol. A. + Ae. hygroskop., aus Bzl. stabil. — *2-Morpholinoäthanol*, aus Morpholin u. Äthylenchlorhydrin (**III**) in Bzl., 2std. Erhitzen, krist. Prod. lösen in mit KOH gesätt. A.; Kp.$_{30}$ 130—132°; bräunliche, öIähnliche Fl.; 52%. — *Crotonsäure-2-morpholinoäthylesterhydrochlorid*, $C_{10}H_{18}O_3NCl$, F. 144—146° (absol. A. u. absol. Ae.), aus **II** in Bzl. durch langsames Zugeben vorst. Verb. in Bzl. u. 1std. Erhitzen; 28%. — *2-Piperidinoäthanol*, aus Piperidin + **III** in Bzl., 2¼ Std. Erhitzen, krist. Prod. lösen in KOH/A.; Kp.$_{28}$ 140—145°; schwachbraune Fl.; 70% (roh); 54% rein. — *Crotonsäure-2-piperidinoäthylesterhydrochlorid*, $C_{11}H_{20}O_2NCl$, F. 140—142° (absol. A./Ae.); zu **II** in Bzl. vorst. Verb. in Bzl. zugeben; 26%. (J. Amer. pharmac. Assoc., sci. Edit. **42**. 340—41. Juni 1953. Austin, Tex., Univ. of Texas, Coll. of Pharm.) FECHTER. 3282

Tony Everett Jones und **Charles O. Wilson,** *Aminoalkoholester der Sorbinsäure.* Da die lokalanästhet. Wrkg. der Aminoalkylester einer längerkettigen ungesätt. Säure als Crotonsäure (vgl. vorst. Ref.) interessiert, wurden 3 neue *Ester der Sorbinsäure* (I), u. zwar der *Diäthylaminopropyl-*, der *Morpholinoäthyl-* u. der *Piperidinoäthylester*, ferner der schon früher synthetisierte *Diäthylaminoäthylester*, dargestellt. Die Verbb. sind, wie orientierende Verss. ergaben, lokalanästhet. nicht wirksam.

Versuche: *2-[Diäthylamino]-äthylchlorid* $Kp._{20}$ 52—58°, aus 2-Diäthylaminoäthanol u. $SOCl_2$ in trockenem Bzl., 2std. Erhitzen, Nd. mit wss. KOH behandeln; dicke, ölähnliche Fl.; 82% (Ausbeute). — *Sorbinsäure-2-diäthylaminoäthylesterhydrochlorid*, $C_{12}H_{22}O_2NCl$, F. 143—144° (absol. A.-absol. Ae.), aus vorst. Verb. u. I, beide in Bzl., 3std. Erhitzen, Nd. mit 30%ig. wss. KOH behandeln, mit Ae. extrahieren u. mit äther. HCl fällen; 20%. — *2-Morpholinoäthylchlorid*, aus 2-Morpholinoäthanol u. $SOCl_2$ in Bzl., 2std. Erhitzen; Nd. mit wss. KOH versetzen; dicke, ölähnliche Fl.; 68%. — *Sorbinsäure-2-morpholinoäthylesterpikrat*, $C_{18}H_{22}O_{10}N_4$, F. 138—139°, aus vorst. Verb. u. I in Bzl., 5std. Erhitzen; zur öligen freien Base in absol. A. wird tropfenweise Pikrinsäure in absol. A. gegeben; gelbe Kristalle aus absol. A.; 13%. Das *Hydrochlorid* ist hygroskopisch. — *Sorbinsäurechlorid* $Kp._{20}$ 80—84° (II): Zu I wurde langsam (innerhalb 2 Std.) $SOCl_2$ gegeben; 3 Std. stehenlassen; 56%. — *Sorbinsäure-3-diäthylaminopropylesterhydrochlorid*, $C_{13}H_{24}O_2NCl$, F. 124—126° (absol. A./Ae.), aus II u. 3-Diäthylaminopropanol in Bzl., 3std. Erhitzen; 42%. — *Sorbinsäure-2-piperidinoäthylesterhydrochlorid*, $C_{13}H_{22}O_2NCl$, F. 149—150° (Bzl.), aus II u. 2-Piperidinoäthanol in Bzl., 2std. Erhitzen; etwas hygroskop.; 7,5%. Das *Pikrat*, das *Hydrobromid* u. das *Methojodid* sind noch hygroskopischer als das Hydrochlorid. (J. Amer. pharmac. Assoc., sci. Edit. **42.** 342—43. Juni 1953.) FECHTER. 3282

M. L. Wolfrom, Max Schlamowitz und **A. Thompson,** *Beobachtungen über die kristallisierten Formen der Galaktose.* Bei dem Vers., *β-D-Galaktopyranose* nach HUDSON u. YANOVSKY (J. Amer. chem. Soc. **39.** [1917.] 1013) herzustellen, entsteht ein mit der α-Verb. verunreinigtes Präp. F. 143—145° (in manchen Fällen 147—150°), das bei weiterem langsamen Erhitzen allmählich in die *α-Form* (F. 168—170°) übergeht. — Aus gleichen Teilen α-D- u. α-L-Galaktopyranose entsteht ein opt.-inakt. Prod. F. 145 bis 148°, dessen Röntgendiagramm mit dem der α-D-Verb. ident. ist u. das ein mechan. Gemisch der α-D- u. α-L-Anomeren darstellt. (J. Amer. chem. Soc. **76.** 1198—99. 20/2. 1954. Columbus, O., State Univ., Dep. of Chem.) ROSSOW. 3400

Wm. Hach und **D. G. Benjamin,** *Herstellung von Salzen der Glucuronsäure. Natriumglucuronatmonohydrat*, $C_6H_9O_7Na \cdot H_2O$, u. *Kaliumglucuronatdihydrat*, $C_6H_9O_7K \cdot 2\,H_2O$, werden am günstigsten durch schnelles Vermischen von Glucuronolacton mit methanol. NaOH oder KOH bei Raumtemp. hergestellt, Kristallisation erfolgt sofort. *Ammoniumglucuronatmonohydrat*, $C_6H_9O_7NH_4 \cdot H_2O$, durch rasches Eintragen von krist. Glucuronsäure in wss. Ammoniaklösung. (J. Amer. chem. Soc. **76.** 917—18. 5/2. 1954. Argo, Ill., Corn Prod. Refining Comp., Res. Labor.) ROSSOW. 3400

Hellmut Bredereck, Günther Hagelloch und **Erich Hambsch,** *Notiz zur Darstellung der Oktamethylsaccharose.* Mit Dimethylsulfat bei p_H 10—11 anmethylierte Saccharose wird in absol. Ae. gelöst u. durch Einpressen von Na-Draht u. 5std. Erwärmen auf 40—50° in die *Na-Verb.* verwandelt, die mit Methyljodid oder Dimethylsulfat schnell u. vollständig unter Bldg. von *Oktamethylsaccharose* (I) reagiert. Die in der Literatur zur Darst. von I beschriebenen Verff. liefern nur unvollständig methylierte Produkte. — I, $Kp._{10^{-3}}$ 115°, $[\alpha]_D$ + 70,1° (CH_3OH), n_D^{20} 1,4560. (Chem. Ber. **87.** 35—37. 1954. Stuttgart, TH., Inst. für Organ. Chem. u. Organ.-chem. Technol.) ROSSOW. 3400

Hellmut Bredereck und **Erich Hambsch,** *Über Alkalimetallverbindungen der 2.3.4.6-Tetramethyl-d-glucopyranose und 1.3.4.6-Tetramethyl-d-fructofuranose und ihre Verwendung zu Glykosid- und Disaccharidsynthesen.* In 2.3.4.6-Tetramethyl-d-glucose (I) u. 1.3.4.6-Tetramethyl-d-fructose konnte der Wasserstoff des Lactolhydroxyls durch Alkalimetalle (Li, Na, K, Cs) ersetzt werden. Die Bildungsgeschwindigkeit der Metallverbb. nahm mit steigendem At.-Gew. des Metalls zu, ihre Reaktionsfähigkeit wurde durch Umsatz mit Methyljodid (mit dem die Li- u. Na-Verbb. nicht reagieren) u. Dimethylsulfat (mit dem alle Metallverbb. reagieren, u. zwar von den Li- zu den Cs-Verbb. mit wachsender Geschwindigkeit) geprüft. Die entstehende *Pentamethyl-d-glucose* [$C_{11}H_{22}O_6$, $Kp._{0,0005}$ 40—50°, $[\alpha]_D^{22}$ + 16,1° (CH_3OH)] besteht zu 80% aus der β-Form, Mutarotation tritt bereits bei der Bldg. der Metallverb. auf, die *Pentamethyl-d-fructose* ($C_{11}H_{22}O_6$, $Kp._{0,0005}$ 47—52°) zeigt wechselnde Drehwerte je nach dem Ausgangsprod. u. dem Methylierungsmittel. — Die K-Verb. von I reagiert mit α-1-Brom- (II), *β-1-Chlor-* (III) u. *α-1-Tosyl-2.3.4.6-tetramethyl-d-glucose* (IV) unter Bldg. von Disacchariden des Trehalosetyps; die beobachteten Drehwerte zeigen, daß dabei auf Seiten der Alkalimetallverb. überwiegend β-Konfiguration, auf seiten der Halogenose wahlweise α- oder β-Konfiguration auftritt. Die bisher noch nicht beschriebene *Oktamethyl-β.β-trehalose* wurde aus der Oktaacetylverb. gewonnen.

Versuche: *2.3.4.6-Tetramethyl-α-d-glucose* (I), F. 94° (PAe.), aus 97 g α-Methylglucosid über die *Pentamethyl-d-glucose* [$Kp._{0,01}$ 80°, $[\alpha]_D^{19}$ +153,9° (CH_3OH), n_D^{20} 1,4493], die nach der Vorschrift des vorst. Ref. erhalten wurde, durch Lösen in konz. HCl u. W. u. 1½std. Durchblasen von Wasserdampf, Sättigen mit Na_2SO_4 u. Extrahieren mit Chlf.; 32—39 g (Ausbeute). *Alkalimetallverbb.*, aus I in absol. Ae. durch Zugabe des entsprechenden Metalls (Weiterverarbeitung der Ae.-Lsg.). — *1-Brom-2.3.4.6-tetramethyl-α-d-glucose* (II), $C_{10}H_{19}O_5Br$, aus I durch Acetylierung mit Essigsäureanhydrid u. Perchlorsäure u. Zugabe von rotem P u. Br_2, nach dem Aufarbeiten Aufbewahrung bei Raumtemp. im Hochvakuum. — *1-Chlor-2.3.4.6-tetramethyl-β-d-glucose* (III), aus II mit AgCl in Ae., muß sofort weiterverarbeitet werden. — *1-Tosyl-2.3.4.6-tetramethyl-α-d-glucose* (IV), $C_{17}H_{26}O_8S$, F. 79—80° (Zers.; Nadeln aus Ae.), $[\alpha]_D^{22}$ +175,9° (Bzl.), aus II in absol. Ae. mit p-toluolsulfonsaurem Ag durch 30 Min. Kochen; 38%. — *Oktamethyltrehalose*, $C_{20}H_{38}O_{11}$, aus der K-Verb. von I in Ae. mit II durch 14tägiges Stehen in verschlossenem Kolben u. Fraktionieren im Hochvakuum; $[\alpha]_D^{20}$ —10,7° (CH_3OH), —3,1° (Chlf.), —2,4° (Bzl.); n_D^{20} 1,4590; 27%; oder aus III, gelbe Trübung nach 1 Min., Aufarbeiten wie vorst., $[\alpha]_D^{22}$ +35,6° (Chlf.), n_D^{20} 1,4620; oder aus IV, nach 1—2 Sek. orangegelber Nd., 12 Std. Stehen bei Raumtemp.; Lösungsm. im Vakuum abdest. u. kurze Zeit mit Toluol auf 90° erhitzen, aufarbeiten; $[\alpha]_D^{20}$ —9,6° (CH_3OH), —0,8° (Chlf.), n_D^{20} 1,4596; 50%. — *Oktamethyl-β.β-trehalose*, $C_{20}H_{38}O_{11}$, $Kp._{0,0005}$ 115—120°, $n_D^{19,5}$ 1,4583, $[\alpha]_D^{24}$ —39,2° (Bzl.), —39,7° (CH_3OH), aus Oktaacetyl-β.β-trehalose durch entacetylierende Methylierung in Aceton (p_H 9—10) u. Nachmethylierung über die Na-Verb. mit Dimethylsulfat; 24,2%. (Chem. Ber. **87**. 38—45. 1954.) Rossow. 3400

E. Hardegger und **H. Ott**, *Umsetzung von Norpseudotropin und Nortropin mit Aldehyden.* (Vgl. C. **1954**. 1495.) Aus Norpseudotropin (I) u. Chloral entsteht unter $CHCl_3$-Abspaltung das *N-Formylchloralderiv.* II, dessen Konst. durch sein Infrarotspektr. (Amidabsorption 6,18 μ) bewiesen wurde, u. das mit NaOH bei der Sublimation im Hochvakuum zu *N-Formylnorpseudotropin* abgebaut werden kann. I-Carbamat bildet mit Anisaldehyd ein *p-Methoxyphenyltetrahydrooxazin* V, das durch Luftfeuchtigkeit zers., mit methanol. Pikrinsäure (III) bzw. mit 0,1 n HCl in Aldehyd u. I-*Pikrat* bzw.

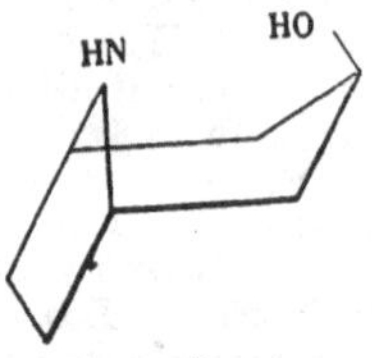

I

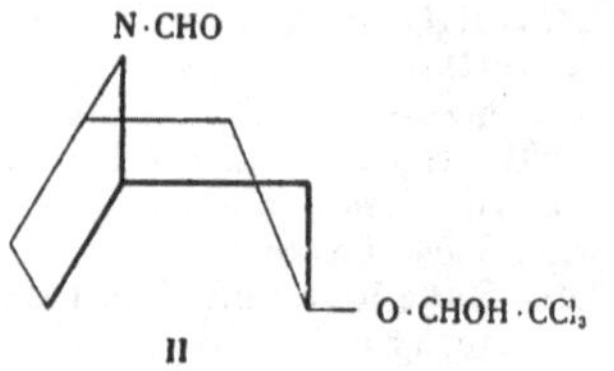

II

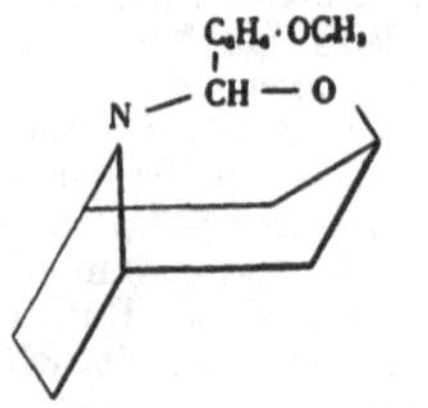

V

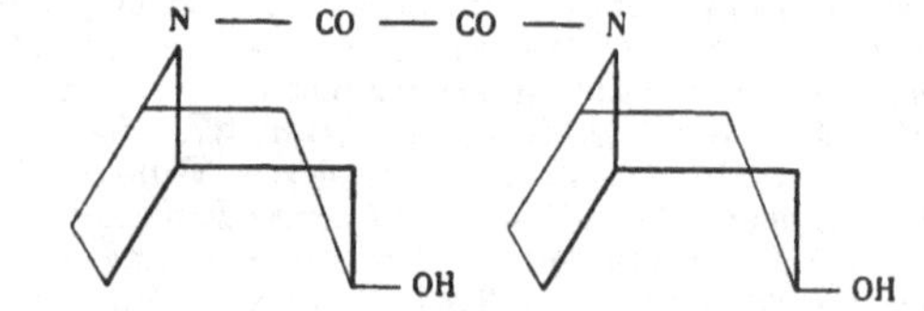

VI

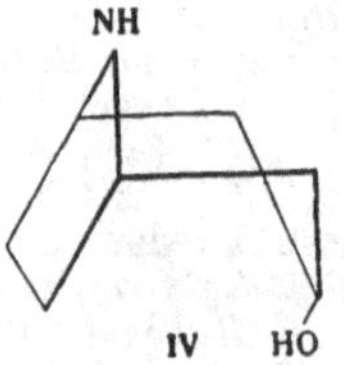

IV

I-*Hydrochlorid* gespalten wird, mit III in Methylenchlorid aber das *Pikrat* bildet. Das analog gebaute *p-Nitrophenyltetrahydroxazin* (V a; in der Formel V ·NO_2 statt ·OCH_3; vgl. l. c.) gibt die gleichen Rkk. u. wird von 0,1 n KOH nicht angegriffen; mit CH_3J entstehen aus V a bzw. aus dem entsprechenden *Phenyltetrahydrooxazin* salzartige, nicht näher untersuchte Verbb. (nicht die Methojodide!). Aus I u. Oxalylchlorid entstand das gegen Lackmus neutrale *Oxanid* VI (Infrarotspektr.). Aus I bzw. seinem Carbamat u. Formaldehyd, p-Dimethylaminobenzaldehyd, 2.4-Dinitrobenzaldehyd, Benzophenon u. Mesoxalsäureester konnten keine definierten Prodd. erhalten werden. — Nortropin kann aus ster. Gründen weder in der Wannen- noch in der Sesselform IV ein Tetrahydrooxazin bilden; aus den Prodd. der Rk. von IV mit p-Nitrobenzaldehyd wurden isoliert: *Nortropinium-p-nitrobenzoat* (ca. 20%; Infrarotspektr.), *N-p-Nitrobenzoylnortropin* (ca. 10%; besitzt den gleichen F. wie das „O-p-Nitrobenzoylnortropin“

von RABINOVICH u. Mitarbeitern, (Журнал Общей Химии [J. allg. Chem.] **9.** [1939.] 41, zeigt aber im Infrarotspektr. N–CO-Absorption bei 6,18 μ) u. eine nicht identifizierte Verb. vom F. 172° (3%).

Versuche (FF. korr.): *Norpseudotropin* (I), F. 136–137° (im evakuierten Rohr), durch therm. Zers. aus dem Carbamat. — *Nortropin* (IV), F. 164–165° (im evakuierten Rohr), analog. — *N-Formyl-O-[α-oxy-β.β.β-trichloräthyl]-norpseudotropin* (II), $C_{10}H_{14}O_3NCl_3$, F. 133–136°, Plättchen (Essigester), aus 1,8 g I u. 7,8 g Chloral; 2,4 g (Ausbeute). — *N-Formylnorpseudotropin*, $C_8H_{13}O_2N$, F. ca. 90–98°, Kp.$_{Hochvakuum}$ 115°, durch Schütteln von 900 mg II mit 40 cm³ Chlf. u. 35 cm³ 0,1 nNaOH; hygroskop. Öl; 400 mg. Beim Trocknen der Chloroformauszüge mit Na_2SO_4 entstehen nach wenigen Min. chlorhaltige Kristalle (F. 175–177°). — *p-Methoxyphenyltetrahydrooxazin* **V**, $C_{15}H_{19}O_2N$, Kp.$_{Hochvakuum}$ 95–100°, durch Erhitzen von 500 mg I-Carbamat u. 460 mg Anisaldehyd in Chlorbenzol; Öl; 810 mg. Zers. mit III in Methanol → *Norpseudotropinpikrat* (>60%). **V**-*Pikrat*, $C_{21}H_{22}O_9N_4$, F. 189–191°, durch Zusammengeben von CH_2Cl_2-Lsgg. von III u. **V** in der Kälte; 100%. — *Pikrat* des *p-Nitrophenyltetrahydrooxazins* **Va**, $C_{20}H_{19}O_{10}N_5$, F. ca. 160–165°, analog aus **Va**. — **Va**, bei 20° mit 0,1 nHCl u. Ae. geschüttelt, gibt 100% p-Nitrobenzaldehyd; ebenso mit 0,1 nKOH behandelt, bleibt **Va** (F. 99°) unverändert. 100 mg **Va** + CH_3J (½ Std. Kochen) → 134 mg gelbliche Kristalle vom F. 204° (A.). Aus dem analogen Phenyltetrahydrooxazin u. CH_3J (½ Std. Kochen) entstand ein Prod., F. >280° (A.), unlösl. in Bzl., Essigester, Dioxan, Pyridin, schwerlösl. in Aceton. — *N.N'-Oxalyl-bis-[norpseudotropin]* (VI), $C_{18}H_{24}O_4N_2$, F. 227°, sublimiert im Hochvakuum bei 230–240°, aus I u. Oxalylchlorid in Bzl.; das Bzl. wurde im Vakuum entfernt. — 800 mg IV-Carbamat u. 840 mg p-Nitrobenzaldehyd wurden in 30 cm³ Chlorbenzol 1 Std. zum Sieden erhitzt; aus dem Destillationsrückstand (1,62 g) krist. 320 mg (roh) *Nortropinium-p-nitrobenzoat*, $C_{14}H_{18}O_5N_2$, F. 243°. 380 mg des Kristallisationsrückstandes (1,3 g, Harz) wurden an Al_2O_3 chromatographiert u. mit Bzl., dann mit Ae., dann mit A. eluiert. Erhalten wurden: 60 mg p-Nitrobenzaldehyd (F. 107°); 9 mg Substanz vom F. 172°; 20 mg *N-p-Nitrobenzoylnortropin*, $C_{14}H_{16}O_4N_2$, F. 225°. (Helv. chim. Acta **37.** 685–90. 30/4. 1954. Zürich, ETH, organ.-chem. Labor.) J. ROTHE. 3500

Hans-G. Boit, *Über Imperialin.* 1. Mitt. *Imperialin* (I), das herzwirksame Alkaloid von *Fritillaria imperialis* L., wurde aus frischen Zwiebeln mit 0,05% Ausbeute gewonnen. I ist eine gesätt., tert. Oxyketobase ohne OCH_3- u. (N)CH_3-Gruppen u. hat wahrscheinlich die Zus. $C_{27}H_{43}O_3N$ (vgl. dagegen FRAGNER [1888]: $C_{35}H_{60}O_4N$ [!]). Katalyt. Hydrierung in saurer Lsg. oder Red. mit $LiAlH_4$ führt zu *Dihydroimperialin* (II), Red. mit Na u. A. zu *Isodihydroimperialin*; II reagiert nicht mit Hydroxylamin u. verändert sich bei der Behandlung mit Na u. A. nicht. I enthält mindestens 3 (C)CH_3-Gruppen u. gehört wahrscheinlich zur Gruppe der Steroidalkaloide; weder I noch seine Reduktionsprodd. bilden schwerlösl. Digitonide.

Versuche: *Imperialin* (I), $C_{27}H_{43}O_3N$, F. 267°, Prismen (A. oder Methanol oder viel Aceton); aus 5 kg frischen Zwiebeln durch erschöpfende Maceration mit A., Eindampfen, Extraktion der ammoniakal. Lsg. mit Chlf. (→ 8 g Alkaloidgemisch) u. Weglösen der anderen Alkaloide mit Methanol; $[\alpha]_D^{22}$ —38,5° (c = 1,50, in Chlf.); 2,5 g; mit konz. H_2SO_4 Gelbfärbung. *Rhodanid*, F. 267° (Harzigwerden bei 175 bis 185°, danach wieder fest), Tafeln u. Rhomboeder (W.). *Pikrat*, *Perchlorat* u. *Hydrojodid*, aus wss. Lsg. amorph. *Methojodid*, $C_{28}H_{46}O_3NJ$, F. 274—275° (Zers.), Prismen (W.), aus I u. CH_3J (2 Tage Kochen). *Methoperchlorat*, F. 293° (Zers.), Spieße (W.). *O-Acetylderiv.*, $C_{29}H_{45}O_4N$, F. 184—185°, Prismen (Aceton–Ae.). *Oxim*, $C_{27}H_{44}O_3N_2$, Prismen (W.-Aceton), die bei 155—165° verharzen, dann schaumig werden u. bei 227° eine klare Schmelze bilden. I bildet kein Semicarbazon. — *Dihydroimperialin* (II) $C_{27}H_{45}O_3N$, F. 200—202° (Zers.; Blättchen aus Methanol–W.), a) aus 0,13 g I u. H_2 in 0,5%ig. HCl oder 1—10%ig. CH_3COOH (PtO_2, 1 Std.) über das *Perchlorat* ($C_{27}H_{45}O_3N \cdot HClO_4$, rechteckige Tafeln, die bei ca. 175° sintern, bei 190—195° verharzen, gegen 265° braunrot-fl. werden; 0,18 g); b) aus 0,1 g I u. $LiAlH_4$ in Ae.-Tetrahydrofuran; 95 mg. *Hydrojodid*, rechteckige Tafeln, erweichen gegen 210°, werden bei 250° schaumig. *Methojodid*, F. 288° (Zers.; Prismen aus W. oder A.), a) aus II u. CH_3J (2 Tage kochen), b) durch Hydrieren von I-Methojodid (in A.). — *Isodihydroimperialin*, $C_{27}H_{45}O_3N$, F. 239—240°, Nadeln (Aceton), aus 0,2 g I u. Na in A.; 0,17 g. *Methojodid*, F. 280° (Zers.; Prismen aus W.). (Chem. Ber. **87.** 472—75. 1954. Berlin, Humboldt-Univ., Chem. Inst.) J. ROTHE. 3500

N. F. Prosskurnina und **N. M. Issmailow**, *Untersuchung der Alkaloide der Gattung Sternbergia.* In Sternbergia Fischeriana wurden *Lycorin* (I), ein neues Alkaloid, *Sternin* (II) u. ein ebenfalls neues, unbenanntes *Alkaloid* (III) gefunden. Aus Sternbergia lutea wurde ebenfalls I, außerdem ein neues Alkaloid, *Lutein* (IV), isoliert. II ist eine tert. Base u. enthält keine CH_3-Gruppe am N; 2 O-Atome befinden sich in der $\genfrac{}{}{0pt}{}{-O}{-O}\rangle CH_2$-Gruppe; die vorhandene OH-Gruppe hat nichtphenol. Charakter; die Bruttoformel kann in $C_{17}H_{18}N(OH)(CH_2O_2)$ aufgelöst werden. **III**, dessen Bruttoformel wegen der geringen, zur Verfügung stehenden Menge nicht ermittelt wurde, gibt kristalline Salze. **IV** ist eine tert. Base, enthält 2 OH-Gruppen, 1 CH_3O- u. 1 $\genfrac{}{}{0pt}{}{-O}{-O}\rangle CH_2$-Gruppe; die aufgelöste Bruttoformel ist $C_{15}H_{12}N(OH)_2(OCH_3)(CH_2O_2)$. Für **II** u. **IV** wird auf Grund des gemeinsamen Vork. mit **I** u. der ähnlichen UV-Absorptionsspektren Phenanthridin als Stammverb. vermutet.

Versuche: Isolierung der Alkaloide aus Sternbergia Fischeriana. 71 kg getrockneter u. gemahlener Zwiebeln der nach der Blüte gesammelten Pflanze werden mit 10%ig. NH_3 durchfeuchtet, mit $C_2H_4Cl_2$ extrahiert u. die Alkaloide in 10%ig. H_2SO_4 übergeführt; aus der Lsg. fällt NH_3 152 g **I**; die Mutterlauge wird mit K_2CO_3 gesätt., mit Chlf. extrahiert, die Chloroformlsg. stark eingedampft, der hierbei ausfallende harzige Nd. (33 g) abfiltriert u. die Mutterlauge zur Trockne verdampft; im Rückstand bleiben 52 g einer dicken Masse. Der harzige Nd. wird in 5%ig. H_2SO_4 gelöst u. die Lsg. mit $NaHCO_3$ fraktioniert gefällt; **II**, das etwas **I** als Verunreinigung enthält, befindet sich in den Mittelfraktionen u. wird mit Ae. aufgenommen; **I** bleibt beim Behandeln mit heißem W. ungelöst; aus der Lsg. fällt HBr **II**-*Hydrobromid* (3,2 g). Die Isolierung von **III** aus dem Verdampfungsrückstand der Chloroformlsg. beruht auf der fraktionierten Fällung der in HCl gelösten Basen mit $NaHCO_3$ u. Überführung der Fraktionen in die Pikrate, wobei nur die Mittelfraktionen reines **III**-*Pikrat* (3,7 g) geben. Isolierung der Alkaloide aus Sternbergia lutea. 8 kg der getrockneten u. gemahlenen Zwiebeln der zur Zeit der Blüte u. nach dem Abblühen gesammelten Pflanze werden nach Durchfeuchten mit NH_3 mit $C_2H_4Cl_2$ extrahiert u. die Alkaloide in 10%ig. H_2SO_4 übergeführt; auf NH_3-Zusatz fällt **I** aus, das in das *Hydrobromid* (3,15 g) übergeführt wird; die ammoniakal. Mutterlauge wird nach Sättigen mit K_2CO_3 mit Ae., dann Chlf. extrahiert; letzteres nimmt neben Harzen etwas **I** u. **IV** auf; die Hauptmenge an **IV** liefert der äther. Auszug, der beim Abdampfen des Lösungsm. 0,62 g **IV** direkt gibt; eine weitere Menge wird aus dem stark harzigen Mutterlaugenprod. durch Überführen in das *Perchlorat* (1,5 g) erhalten. — *Lycorin* (I), F. 264—265°. *Hydrobromid*, F. 209 bis 210°; $[\alpha]_D$ +37,3°. — *Sternin* (II), $C_{18}H_{21}O_3N$, F. 231—232°; aus Ae. Kristalle; $[\alpha]_D$ +12,5° (0,1018 g; 15 ml A.). *Hydrobromid*, $C_{18}H_{21}O_3N \cdot HBr \cdot H_2O$, F. 226—226,5°; aus W. Kristalle; $[\alpha]_D$ + 23,7° (0,1834 g; 15 ml W.). *Hydrochlorid*, F. 181—182°; Kristalle. *Chloroplatinat*, F. 192—193°. *Pikrat*, F. 227—228°; gelb, amorph. *Jodmethylat*, F. 202—203°; aus A. Kristalle. — *Alkaloid* III, F. 212—213°; opt.-inaktiv. *Hydrobromid*, F. 174—175°; aus A. Kristalle. *Pikrat*, F. 217—219°. — *Lutein* (IV), $C_{17}H_{19}O_5N$, F. 185—186°; aus Aceton Kristalle; $[\alpha]_D$ —18,4° (0,9976 g; 15 ml A.). *Perchlorat*, F. 122—123°; aus W. Kristalle. *Pikrat*, F. 201—202°; aus A. Kristalle. *Jodmethylat*, F. 195—197°; Kristalle. (Журнал Общей Химии [J. allg. Chem.] **23** (**85**). 2056—59. Dez. 1953. Moskau, Allunions Wiss. Chem.-Pharmaz. Ordshonikidse-Forschungsinst.) R. KNOBLOCH. 3500

Harry Schmidt, *Über cis- und trans-Sobrerol (optisch-aktives Pinolhydrat)*. Die Red. von Carvonhydrat mit Al-Isopropylat führt zu einem Gemisch von *cis*- u. *trans-Sobrerol* (**IV** u. **III**), das über die Benzoate getrennt wurde. Die Konfiguration der diastereomeren Sobrerole ergibt sich aus der Dehydratation zu den entsprechenden Carveolen, wobei dem natürlichen Sobrerol die trans-Konfiguration zukommt. Durch therm. Zers. der stereoisomeren Sobrerolaluminate wurde das opt.-akt. *Pinol* erhalten. Ein Mechanismus der Racemisierungsvorgänge der Limonenautoxydation wird diskutiert.

Versuche: (+)-*Carvonhydrat* (I), F. 41—42°. Carvon aus Kümmelöl wird mit 40%ig. H_2SO_4 70 Std. bei 0 bis —10° gerührt, mit KOH neutralisiert, mit W. verd., mit Bzl. extrahiert, mit NaOH ausgeschüttelt (Entfernung von Carvacrol) u. im Vakuum dest.; $D.^{20}_4$ 1,0430; n_D^{20} 1,5068; $[\alpha]_D$ +41,5—43°; 55—60% (Ausbeute). *Semicarbazon*, F. 175—176°. *Oxim*, F. 114°. — (—)-*Carvonhydrat* (II), F. 40—41°, analog aus Carvon aus Krauseminzöl; $[\alpha]_D$ —43°. — (+)-*trans-Sobrerol* [(+)-III], durch Erhitzen von 200 g I in Isopropanol mit 200 g Al-Isopropylat (24 Std.), Verdampfen des Isopropanols, Versetzen mit alkal. W., Wasserdampfdest. (Pinolentfernung), Filtrieren u. Rückstand mit Ae. extrahieren. Aus dem Filtrat nach Einengen 30 g reines (+)-*trans-Sobrerol* [(+)-III], F. 149°; $[\alpha]_D$ +150°; daneben 135 g eines Gemisches aus cis- u. trans-Sobrerol u. 15 g Ae.-Extrakt, die nach Vereinigung, Abdest. des Ae., Benzoylierung des erhaltenen Öles, Abtrennen des auskrist. trans-Sobrerolbenzoats

u. Verseifen des öligen cis-Benzoats 45 g (+)-*cis-Sobrerol* [(+)-IV], $C_{10}H_{18}O_2$, F. 108 bis 108,5° (Bzl.), $[\alpha]_D$ +15,5° ergeben. — Analog aus II: (—)-*cis-Sobrerol*, F. 106—108°, $[\alpha]_D$ —16°, u. (—)-*trans-Sobrerol*, F. 148—149°, $[\alpha]_D$ —150°. — Racemate aus III u. IV: (±)-*trans-Sobrerol*, F. 131—131,5° (*Benzoat*, F. 93—94°, *Phthalat*, F. 142,5—143,5°), u. (±)-*cis-Sobrerol*, F. 105—106°. — Derivv. von (+)-III: *Benzoat*, $C_{17}H_{22}O_3$, F. 117 bis 118° (Methanol); $[\alpha]_D$ +212°. *Monophthalat*, $C_{18}H_{22}O_5$, F. 123—124° (Methanol); $[\alpha]_D$ +112°. *Diacetat*, Öl; $[\alpha]_D$ +120°; gibt bei therm. Zers. bei 200 Torr u. nach alkoh. Verseifung *trans-Carveol*; $D._{15}$ 0,952; n_D^{20} 1,4954; $[\alpha]_D$ +91,5° (*Dinitrobenzoat*, F. 111 bis 114°; $[\alpha]_D$ +110°). Derivv. von (+)-IV: *Benzoat*, fl.; $[\alpha]_D$ —25°. *Phthalat*, fl.; $[\alpha]_D$ —12°. *Diacetat*, Öl; $[\alpha]_D$ +16°; therm. Zers. analog der trans-Verb. gibt *cis-Carveol*; $D._{15}$ 0,955; n_D^{20} 1,4962; $[\alpha]_D$ +13,5° (*Dinitrobenzoat*, F. 88—89°). — Oxydation von (+)-III u. (+)-IV mit CrO_3 führte zu weitgehend racemisiertem Carvonhydrat. — *Pinol*, $C_{10}H_{16}O$, $Kp._{760}$ 185—186°. Das Sobrerol–Aluminat-Gemisch aus der Darst. von (+)-III wird mit etwas NaOH versetzt u. mit Wasserdampf dest.; $D._{15}$ 0,9467; n_D^{20} 1.4694; $[\alpha]_D$ —22,5°. (Chem. Ber. **86**. 1437—44. 1953. Leipzig, VEB Schimmel, Labor.) H. ULRICH. 3600

Louis F. Fieser und **Guy Ourisson**, *Chromate tertiärer Alkohole.* Vff. geben eine Verbesserung der Darst. von *Chromsäureestern tert. Alkohole* durch Rk. des Alkohols mit $Na_2Cr_2O_7 \cdot 2H_2O$ in Eisessig; sek. Oxydations-Rkk. sind weitgehend zurückgedrängt. Die Chromsäureester sind in Eisessig nur wenig lösl. u. fallen entweder krist. oder ölig aus, der des tert.-Butanols ist im Reaktionsmedium löslich. In cis-1.8-Terpinhydrat [p-Menthan-cis-diol-(1.8)] reagieren beide OH-Gruppen, wobei polymere Chromate entstehen, von denen ein krist. Tetrameres isoliert wurde, was sicher dem von TIEMANN u. SCHMIDT [1895] beschriebenen „rotorangefarbenem Prod." entspricht. — Die Regeneration der Alkohole erfolgt außer durch die bereits bekannten Verff. auch fast quantitativ durch Behandlung mit 1. der äther. Lsg. von Hypophosphorsäure, 2. äther. H_2O_2-Lsg. in Ggw. von Eisessig, 3. wss. Essigsäure. Die Rk. von WIENHAUS [1914], bei der die Chromatbldg. als Nachweis-Rk. für die Anwesenheit tert. OH-Gruppen in Terpenen u. Sesquiterpenen dient, ist keine sichere Nachweis-Rk. für das Vorliegen von sek. oder tert. OH-Gruppen in Steroiden; von den untersuchten Verbb. mit sek. OH-Gruppen gaben die mit 11β-ständiger OH-Gruppe eine negative, die mit 4β- u. 17β-ständiger OH-Gruppe eine sehr schwache Rk., tert. Alkohole zeigten bei 9α- u. 14α-ständiger OH-Gruppe negative Rk.; ferner gibt die Rk. keinen Unterschied zwischen einem Epoxyd u. tert. Alkohol. Folgende Verbb. wurden untersucht (Tabelle): *Cholesterin, Epicholesterin, Δ⁵-Cholestendiol-(3β.4β)-acetat-(3), Δ⁴-Cholestenol-(6β)-on-(3), -(6α)-on-(3), Cholestandiol-(3β.7α)-carbäthoxylat-(3), 3β-Methoxy-3α.9α-epoxy-11β-oxycholansäuremethylester, Cortisonacetat, Hydrocortisonacetat, 20-Cyan-Δ¹⁷-pregnendiol-(11β.21)-acetat-(21), Desoxycholsäuremethylestercarbäthoxylat-(3), Dihydrotestosteron, Cholestantriol-(3β.5α.6α)-diacetat-(3.6), -(3β.5α.6β)-diacetat-(3.6)* (II), *Cholestandiol-(3β.5α)-on-(6)-acetat-(3)* (III), *-(3β.5β)-acetat-(3), -(3α.5β)-acetat-(3), Strophantidinacetat, Periplogeninacetat, Cholestantriol-(3β.7α.8α)-diacetat-(3.7), 22-Isoallospirostantriol-(3β.9α.11α)-diacetat-(3.11), 3α.9α.11β-Trioxycholansäureacetat-(3), -methylesteracetat-(3), 3β.9α.11β-Trioxycholansäuremethylesteracetat-(3), Digitoxigenin, 17-Iso-Δ⁴-pregnendiol-(3β·17β)-acetat-(3).*

Versuche: *Cedrylchromat* (I), $C_{30}H_{50}O_4Cr$, F. zwischen 110 u. 122° (Zers.; Ae.-Methanol), aus $Na_2Cr_2O_7 \cdot 2H_2O$ in Eisessig u. Cedrol (F. 86—87°) bei 25°; orangefarbene rechteckige Prismen aus Ae.; 95% (Ausbeute). — Rückgewinnung von Cedrol a) durch Verseifung von I in Dioxan mit 0,5%ig. alkoh. NaOH; 95%; b) durch Rk. von I in Dioxan mit äther. Hypophosphorsäure; 97%; c) durch Zugabe von äther. H_2O_2 zu 2 g I in Dioxan–Eisessig (5:1), Verdünnen u. Ausäthern; 1,6 g; d) durch Rk. von I in Ae. mit wss. CH_3COOH; 95%. I entsteht auch aus dem durch Zugabe von CrO_3 zu tert.-Butanol erhaltenen tert.-Butylchromat u. Cedrol in verd. Essigsäure; 79%. — *2-Methylbornylchromat*, F. ca. 105° (Zers.), durch langsame Zugabe von Campher in Ae. zu CH_3MgBr-Lsg., Zers. mit NH_4Cl-Lsg. nach mehreren Std., Eindampfen der äther. Lsg., Lösen in CH_3COOH u. Rk. mit $Na_2Cr_2O_7 \cdot 2H_2O$ wie bei I; 37%. Daraus *2-Methylborneol*, F. 154—155°, durch Verseifung oder Red. mit Hypophosphorsäure; 77 bzw. 68%. — *1-Octadecylcyclohexylchromat*, $C_{48}H_{94}O_4Cr$, F. 37—38°, aus 1-Octadecylcyclohexanol (F. 42—44°). — *trans-Dekalyl-(9)-chromat*, F. 74—76°, aus dem durch Autoxydation von Dekalin erhaltenen Dekalin-9-hydroperoxyd (F. 95 bis 96°) in Essigsäure durch Hydrierung mit Pd-Kohle bei n. Druck u. Rk. des Filtrats mit $Na_2Cr_2O_7 \cdot 2H_2O$ in CH_3COOH; gelbe Nadeln; ca. 80%; entsteht auch durch Red. des Peroxyds mit ADAMS-Katalysator in CH_3OH u. Rk. mit wss. Chromsäure. — *Chromat des cis-Terpinhydrats*, $(C_{10}H_{18}O_4Cr)_4$, Zers. bei 135°, durch Zugabe von CrO_3 in wenig verd. Essigsäure zu cis-Terpinhydrat bei 25°; 67%. — WIENHAUS-Farb-Rk.

1 mg Substanz wird in 0,5 ml Bzl. gelöst u. ein Kristall CrO_3 zugegeben; bei sofortigem Auftreten einer Gelb- oder Orangefärbung ist die Rk. positiv. — Die *Chromate von 1-Cetyl-, 1-Lauryl-* u. *1-Methylcyclohexanol* wurden nur als orangefarbene Öle erhalten; 1-Benzylcyclohexanol wird schnell zu *Benzaldehyd* oxydiert. Bei folgenden Alkoholen trat keine Abscheidung eines Chromats ein: *cis-Terpin-(1.4), Pinakon, Benzopinakon, Triphenylcarbinol, Tri-tert.-butylcarbinol, 1-Phenyl-* u. *1-[α-Naphthyl]-cyclohexanol*, II u. III. (Bull. Soc. chim. France, Mém. [5] **20**. 1152—55. Nov./Dez. 1953. Cambridge, Mass., Harvard Univ., Labor. de Chim.) EBERHARDT. 3600

Betty Y. T. Wu und **Lloyd M. Parks**, *Reduktion von Triterpensäuren mit Lithiumaluminiumhydrid.* Es wird eine bequeme Meth. zur Red. von *Ursolsäure, Oleanolsäure, Betulinsäure* mit $LiAlH_4$ zu den entsprechenden Diolen *Uvaol, Erythrodiol* u. *Betulin* beschrieben, die in fast quantitativer Ausbeute erhalten werden.

Versuche: *Ursolsäure*, F. 282,5—283°. — *Oleanolsäure*, F. 307—308°. — *Betulinsäure*, F. 316,5—318°. — Zu $LiAlH_4$ in absol. Ae. wurde langsam eine Lsg. der Triterpensäure in Tetrahydrofuran gegeben, 10—20 Std. erhitzt, mit verd. H_2SO_4 zers. u. der Rückstand der äther. Lsg. aus A.-Aceton (3:1) oder Isopropylalkohol umkristallisiert. Erhalten wurde aus Ursolsäure bzw. ihrem Methylester *Uvaol*, F. 227 bis 229°; $[\alpha]_D^{24}$ +68,46° ($CHCl_3$); 72 bzw. 86%. *Diacetat*, F. 150,5—152,5°. — Aus Oleanolsäure *Erythrodiol*, F. 232,5—234°; $[\alpha]_D^{20}$ +74,02° ($CHCl_3$); 86%. *Diacetat*, F. 185—185,5°. — Aus Betulinsäure *Betulin*, F. 251—252°; $[\alpha]_D^{15}$ +19,98° (Pyridin); 68%. *Diacetat*, F. 216—217°. (J. Amer. pharmac. Assoc., sci. Edit. **39**. 475—76. Aug. 1950. Madison, Wis., Univ., School of Pharm.) FAASS. 3600

A. Brossi und **O. Jeger**, *Zur Kenntnis der Diterpene.* 61. Mitt. *Über den Abbau der Dextropimarsäure zum trans-7.12-Dimethyl-7-äthyl-1.2.3.4.5.6.7.9.10.11.12.13-dodekahydrophenanthren.* (60. vgl. C. **1952**. 3167.) Analog zum Abbau der Dehydroabietinsäure (vgl. 60. Mitt. l. c.) führen Vff. Abbau-Rkk. im Ring A der *Dextropimarsäure* (I) durch u. kommen dabei zu *trans-1-Keto-7.12-dimethyl-7-äthyl-1.2.3.4.5.6.7.9.10.11.12.13-dodekahydrophenanthren* u. zu dem entsprechenden *KW-stoff*, der sich von dem aus Isodextropimarsäure erhältlichen nur in der Konfiguration des $C_{(7)}$ unterscheiden dürfte.

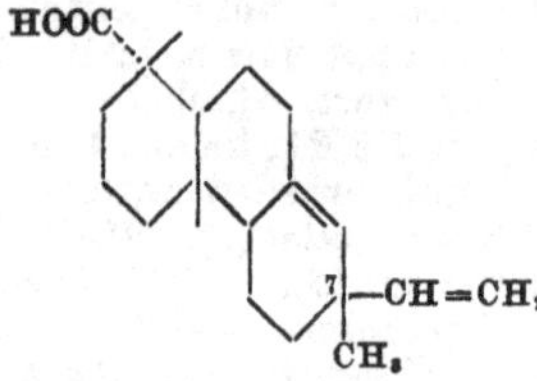

I

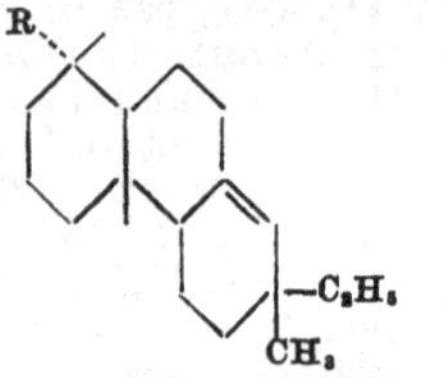

II R = COOH
III R = CH₂OH

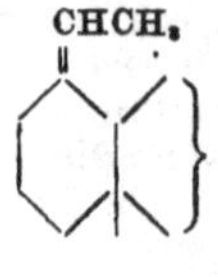

IV

Versuche (FF. korr. u. in einer evakuierten Capillare bestimmt; spezif. Drehungen in Chlf. im dm-Rohr): *Dihydrodextropimarol* (III), $C_{20}H_{34}O$, Kp.$_{0,07}$ 150—156° (Badtemp.), durch 6std. Kochen von 7,8 g Dihydrodextropimarsäure (II) mit $LiAlH_4$ in Ae.-Dioxan (1:1); $[\alpha]_D$ +40° (c = 3,85); 7,4 g (Ausbeute). *Dinitrobenzoat*, $C_{27}H_{36}\cdot O_6N_2$, F. 157—158° (Ae.-PAe.). — *Verb.* IV, $C_{20}H_{32}$, Kp.$_{0,08}$ 132—136° (Badtemp.), durch mehrstd. Rk. von 5,6 g III in PAe. mit 7 g PCl_5 bei 20° u. Chromatographie des Rohprod. in PAe. an Al_2O_3; n_D^{23} 1,526; $[\alpha]_D$ +131° (c = 2,11); 2,5 g; Isomerengemisch. — *trans-1-Keto-7.12-dimethyl-7-äthyl-1.2.3.4.5.6.7.9.10.11.12.13-dodekahydrophenanthren*, $C_{18}H_{28}O$, durch 3tägige Rk. von 1,5 g IV mit OsO_4 in Ae. im Dunkeln, Eindampfen, 6std. Erhitzen mit Na_2SO_3 u. A.-W. (1:1), Chromatographie des Rohprod., Eluierung des Diols (660 mg) mit Ae., 12std. Oxydation in Eisessig mit $(CH_3\cdot COO)_4Pb$, Zugabe von Ae., Abdest. der leichtflüchtigen Bestandteile (*Acetaldehyd*, nachgewiesen als *2.4-Dinitrophenylhydrazon*, F. 165°, aus CH_2Cl_2-CH_3OH Nadeln; 105 mg), Ausäthern, Behandeln mit GIRARD-Reagens T, Chromatographie u. Eluierung mit PAe.-Bzl. (4:1); zähfl. Öl, im Hochvakuum bei 115° destillierbar; $[\alpha]_D$ + 43° (c = 0,92); 410 mg. *2.4-Dinitrophenylhydrazon*, $C_{24}H_{32}O_4N_4$, F. 173—174° (Chlf.-CH_3OH). — *trans-7.12-Dimethyl-7-äthyl-1.2.3.4.5.6.7.9.10.11.12.13-dodekahydrophenanthren*, $C_{18}H_{30}$, Kp.$_{0,01}$ 94—96° (Badtemp.), durch 12std. Erhitzen von 170 mg vorst. Verb. mit Na in A. u. $N_2H_4\cdot H_2O$ im Rohr auf 220° u. Chromatographie des erhaltenen neutralen Öls in PAe.; n_D^{22} 1,516; $[\alpha]_D$ +39°; 100 mg. (Helv. chim. Acta **34**. 2446—49. 1/12. 1951. Zürich, ETH, Organ.-chem. Labor.) NITZSCHKE. 3600

José Pascual und **Carlos Coll**, *Die Konfiguration der Terpine.* (Vgl. C. **1954**. 8337.) *Cis-4-Oxy-4-methylcyclohexancarbonsäuremethylester* liefert mit CH_3MgJ das *gewöhnliche Terpin* (F. 117°), das demnach *cis*-Konfiguration hat; der trans-Ester gibt analog das bei 158° schm. *trans-Terpin*. Die Konfiguration der Terpine ist hierdurch erwiesen. (An. Real Soc. españ. Física Quím., Ser. B **49**. 553—55. Juli/Aug. 1953. Barcelona, Inst. „Alonso Barba".) ALTPETER. 3600

Martin Rubin und **Bernard H. Armbrecht**, *Die Reaktion von gesättigten Steroid-3-enolacetaten mit N-Bromsuccinimid*. N-Bromsuccinimid (I) reagiert mit 3-Acetoxy-Δ^2-cholesten (II) unter Bldg. von Δ^1- u. Δ^4-*Cholesten-3-on* (III u. IV) neben *2-Bromcholestan-3-on* (V). Die Ausbeute an **V** ist abhängig von der Reaktionsdauer u. geht auf Kosten von **III**. Aus 3-Acetoxy-Δ^3-koprosten (VI) u. **I** entstehen **IV** u. Δ^1-*Koprosten-3-on* (VIII).

Versuche: *3-Acetoxy-*Δ^2*-cholesten* (II), $C_{29}H_{48}O_2$, F. 95—97°. 20 g Cholestan-3-on in 100 cm³ Acetanhydrid wurden mit 40 cm³ Acetylchlorid 4 Std. gekocht, in 2%ig. kalte Sodalsg. gegossen u. der Nd. aus 450 cm³ Methanol–A.–Essigester (20:10:6) + 1 cm³ Pyridin u. anschließend aus A. umkrist.; $[\alpha]_D^{29}$ +54,4° (1% in Chlf.); 20 g (Ausbeute). Ozonisierung lieferte die *dibas. Säure* **IIIa**, F. 193—195°. —

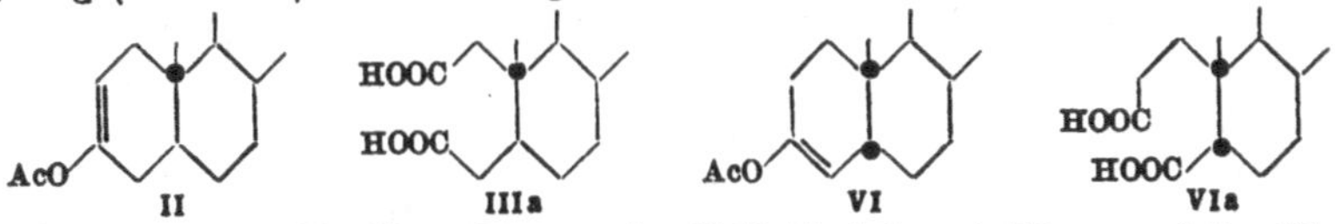

II IIIa VI VIa

2-Bromcholestan-3-on (V), F. 170°, aus A.–Chlf. Nadeln. a) Ein aus 2,5 g **II**, 0,53 g Na-Acetat u. 135 cm³ Essigsäure bestehendes Gemisch wurde bis zur Lsg. erwärmt u. bei 20° mit 6,38 cm³ 0,915mol. Br_2 in Essigsäure versetzt. Nach ³/₄std. Stehen wurde das Gemisch gekühlt u. mit W. versetzt; $[\alpha]_D^{29}$ +47,3° (1% in Chlf.); 2,51 g. b) Analog ohne Na-Acetat; 2,73 g aus 5 g **II**. — Von einer Lsg. von 5,0 g **II** in 120 cm³ CCl_4 wurden ca. 15 cm³ abdest., 2,47 g **I** zugesetzt, frei werdende HBr mit Pyridin neutralisiert, nach 8 Min. abgesaugt, Filtrat nach Waschen u. Trocknen im Vakuum eingeengt u. der Rückstand, in 250 cm³ PAe. gelöst, an 40 g Al_2O_3 chromatographiert. Die mit PAe. eluierte Fraktion (3,34 g) wurde mit CH_3OH versetzt u. der in CH_3OH unlösl. Anteil als **V**, F. 169—170°, identifiziert; die methanol. Lsg. wurde eingedampft u. der Rückstand in PAe. an Al_2O_3 rechromatographiert: **III**, F. 94—96°. Die aus dem ersten Chromatogramm mit PAe.–Bzl. (1:1) erhaltenen Eluate (1,3 g) gaben aus CH_3OH **III**, F. 99—101°; $[\alpha]_D^{25}$ +88,2° (1% in Chlf.). Die mit Bzl. u. Ae. eluierten Anteile (0,09 u. 0,15 g) wurden mit 2.4-Dinitrophenylhydrazin umgesetzt u. an Silicagel chromatographiert. Aus den Bzl.–Ae.-Eluaten wurden die *2.4-Dinitrophenylhydrazone* von **IV**, $\lambda_{max}^{Chlf.}$ 392 mμ, u. von *2-Brom-*Δ^1*-cholesten-3-on*, $\lambda_{max}^{Chlf.}$ 376 mμ, isoliert. — *3-Acetoxy-*Δ^3*-koprosten* (VI), $C_{29}H_{48}O_2$(Öl), aus Koprostan-3-on (VII) analog **II**; $[\alpha]_D^{25}$ +42,8° (0,53% in Chlf.). Ozonisierung lieferte die *dibas. Säure* **VIa**, F. 242 bis 244°. — Bromierung von **VI** mit **I** wie vorst.: Das Rohprod. wurde in PAe. an Al_2O_3 chromatographiert; die mit 20%ig. PAe.–Bzl. u. Bzl. eluierten Anteile lieferten **VII**, die mit Bzl.–Ae. (1:1) erhaltenen Eluate **VIII**, F. 84—86° (A.); $[\alpha]_D^{25}$ +106,8° (0,5 in Chlf.); $\lambda_{max}^{C_2H_5OH}$ 232 mμ. *Semicarbazon*, F. 208—211°; $\lambda_{max}^{C_2H_5OH}$ 272 mμ. Die weiteren mit Ae., A. u. Aceton erhaltenen öligen Fraktionen wurden rechromatographiert u. lieferten **IV**, F. 78—80°. — Partielle Hydrierung von $\Delta^{1,4}$-Cholestadien-3-on in A. an Pd–$CaCO_3$ in Ggw. von Chinolin gab nach Chromatographieren **VIII**, $C_{27}H_{44}O$, F. 85—87°; $[\alpha]_D^{25}$ +104,8° (0,5% in Chlf.). *Semicarbazon*, F. 207°. (J. Amer. chem. Soc. **75**. 3513—16. 20/7. 1953. Washington, D. C., Georgetown Univ., Chemo-Med. Res. Inst.) SCHORRE. 3700

G. Winston Barber und **Maximilian Ehrenstein**, *19-Oxy-11-desoxycorticosteron und 19-Oxyprogesteron*. Bei der Behandlung des Na-Salzes von 19-Acetoxy-3-oxo-Δ^4-ätiensäure (I, R_1 = CH_3CO, R_2 = OH) nacheinander mit Oxalylchlorid u. Diazomethan entstand *19-Acetoxy-21-diazoprogesteron* (I, R_1 = CH_3CO, R_2 = CHN_2). Daraus bildete sich beim Erhitzen mit Essigsäure *19-Oxy-11-desoxycorticosterondiacetat* [I, R_1 = CH_3CO, R_2 = CH_2OCOCH_3; F. 127°, $[\alpha]_D^{25}$ +210° (in Chlf.). Die Hydrolyse mit $KHCO_3$ lieferte daraus *19-Acetoxy-11-desoxycorticosteron* [I, R_1 = CH_3CO, R_2 = CH_2OH; F. 189 bis 190°, $[\alpha]_D^{25}$ +215° (Chlf.). Weitere Hydrolyse mit K_2CO_3 gab *19-Oxy-11-desoxycorticosteron* [I, R_1 = H, R_2 = CH_2OH; F. 163—165°, Sintern bei 153—158°, $[\alpha]_D^{25}$ +180° (Chlf.)]. Die

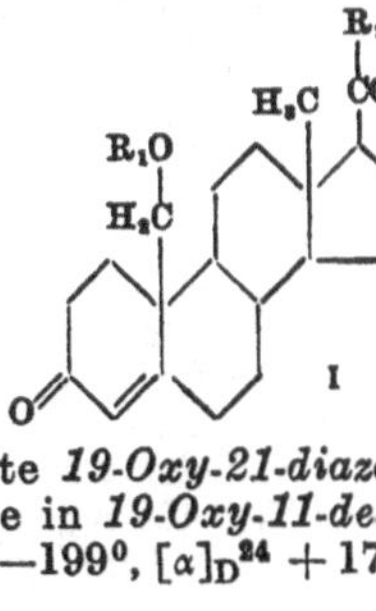

I

Hydrolyse von I (R_1 = CH_3CO, R_2 = CHN_2) mit $KHCO_3$ lieferte *19-Oxy-21-diazoprogesteron* [I, R_1 = H, R_2 = CHN_2; F. 166°], das mit Essigsäure in *19-Oxy-11-desoxycorticosteron-21-acetat* [I, R_1 = H, R_2 = CH_2OCOCH_3; F. 197—199°, $[\alpha]_D^{24}$ +178

(Chlf.)] überging. Die Einw. von 48% ig. HJ auf I (R_1 = H, R_2 = CHN_2) gab *19-Oxyprogesteron* [I, R_1 = H, R_2 = CH_3; F. 171—172°, $[\alpha]_D^{24}$ +185° (Chlf.)] u. nach Acetylierung *19-Acetoxyprogesteron* [I, R_1 = CH_3CO, R_2 = CH_3; F. 89—95° u. 125—126°, $[\alpha]_D^{25}$ +212° (Chlf.)]. — UV-Maxima vgl. Original. (J. Amer. chem. Soc. **76.** 2026—27. 5/4. 1954. Philadelphia, Pa., Univ., John Herr Musser Dep. of Res. Med., Div. of Steroid Res.) L. FISCHER. 3750

John H. Biel, *Die Reduktion von Östron und Östronestern.* Da die Red. von Östronestern mit Li–AlH_4 oder Ca-Hydrid selbst unter milden Bedingungen zur Spaltung in β-Östradiol (I) oder Östron führte, wurde mit dem zuerst von CHAIKIN u. BROWN (C. **1950.** I. 516) angewandten $NaBH_4$ red., wobei aus Östron u. zwei Östronestern I u. die entsprechenden aliphat. Ester von I erhalten wurden. Östronester, deren Seitenkette nicht verzweigt ist, wie beim Acetat, Propionat, Butyrat u. Benzoat, ergaben I oder ein Gemisch, aus dem I isoliert werden konnte.

Versuche: Die Östronester wurden nach MIESCHER u. SCHOLZ (Helv. chim. Acta **20.** [1937.] 263) dargestellt. — *β-Östradiol* (I), F. 172—174° (CH_3OH/W.), aus Östron in 20% ig. NaOH u. $NaBH_4$ in CH_3OH. Nach Abklingen der H_2-Entw. wurde in W. eingetragen u. mit verd. HCl neutralisiert; 90% (Ausbeute). — *Red. von Östrontrimethylacetat* (II): A) Mit $LiAlH_4$. II wurde in Ggw. des Hydrids in Ae. unter Rühren während 1 Std. red., dann gekühlt u. W. hinzugefügt. Der gebildete Nd. wurde mit eiskalter 10% ig. H_2SO_4 gelöst, die Ae.-Schicht im Vakuum eingedunstet, der Rückstand in 50% ig. wss. CH_3OH suspendiert u. filtriert: I, F. 175—177°; 100%. Bei Anwendung des Hydrids in stöchiometr. Verh. wurde 85% des Ausgangsmaterials zurückerhalten. B) Mit Ca-Hydrid. Das Gemisch des Hydrids mit II in 97% ig. wss. CH_3OH wurde nach Beendigung der H_2-Entw. filtriert u. das Filtrat mit gleichem Vol. W. versetzt: II, F. 165,5—166,5° (CH_3OH). Aus dem Filtrat scheidet sich beim Kühlen *Östron* aus, F. 254—256° (CH_3OH). — *β-Östradiol-3-trimethylacetat,* F. 179—181°, zu einer heißen CH_3OH-Lsg. von II u. $NaBH_4$ wurde nach Beendigung der H_2-Entw. (30 Min.) Rühren unter W. hinzugefügt; keine Rk. mit Diazosulfanilsäure. — *β-Östradiol-3-tert.-butylacetat,* F. 127—129°, wie vorst. aus dem entsprechenden Östronester; 70%. — Red. von Östronacetat mit $NaBH_4$ in CH_3OH-Lsg. Versetzen mit W. nach Beendigung der H_2-Entw. u. Filtrieren: I, F. 174—175° (CH_3OH/W..) (J. Amer. chem. Soc. **73.** 847—48. 15/2. 1951. Milwaukee, Wis., Lakeside Labors., Inc.) KOCK. 3750

A. Zinke und **K. Holzer,** *Über die Bitterstoffe der Zichorie (Cichorium intybus L.).* 1. kurze Mitt. *Lactucin und Lactucopikrin.* Aus dem Milchsaft der Zichorie konnten neben Oxalsäure, kautschukänlichen Stoffen u. dem schon von ZELLNER u. RICHLING (Mh. Chem. **47.** [1926.] 695) gefundenen Sterin *α-Lactucerol* zwei Bitterstoffe isoliert werden, nämlich das von SPÄTH u. Mitarbeitern (C. **1952.** 224) in *Lactuco virosa* gefundene *Lactucin* (I), Zers. bei 213—217°, aus A. Plättchen, u. *Lactucopikrin* (II), $C_{23}H_{22}O_7$, Zers. bei 148—151°, aus W. Blätter. Von den 7 Sauerstoffunktionen des II gehören 2 OH-Gruppen an (davon eine phenol.), 1 einer CO-Gruppe, 2 einer intermol. Ester- u. 2 einer Lactongruppe. Bei der pyrogenen Spaltung oder bei der Behandlung mit wss. Alkalien tritt *p-Oxyphenylessigsäure* auf; bei der hydrolyt. Spaltung des *Hexahydrolactucopikrins* daneben eine zweite Säure, die mit der aus Hexahydrolactucin isolierten *Hexahydrolactucinsäure,* $C_{15}H_{24}O_6$, ident. ist. Daraus ergibt sich, daß II der Oxyphenylessigsäuremonoester von I ist. (Mh. Chem. **84.** 212—14. 1953. Graz, Univ., Inst. für Organ. u. Pharmazeut. Chem.) ELSBETH FRANCK. 3950

Kuno Meyer, *Über herzaktive Krötengifte (Bufogenine).* 6. Mitt. *Telocinobufagin aus Bufo marinus (L.) Schneid. (= Bufo agua Seba) und einige Bemerkungen zur Konstitution des Marinobufagins.* (5. vgl. C. **1950.** II. 421.) Das Rohkristallisat aus Bufo marinus lieferte bei Chromatographie an Al_2O_3 etwa gleiche Mengen *Marinobufagin* (I) u. *Telocinobufagin* (II). I kann nach der Acetylbest. im Gegensatz zu der Annahme von SLOTTA u. NEISSER (Mem. Inst. Butantan [São Paulo] **11.** [1937.] 89) keine Acetyl- oder Propionylgruppe enthalten. Das I-*Acetat* hat wahrscheinlich die Zus. $C_{26}H_{36}O_6$; ob es sich um ein Diacetat oder ein Monoacetat handelt, konnte noch nicht entschieden werden, im letzteren Fall hätte I die Zus. $C_{24}H_{34}O_5$.

Versuche (FF. korr. u. auf dem KOFLER-Block bestimmt): Nach Lösen von 1,05 g Rohkristallisat aus Bufo marinus (F. 200—208°) in Chlf. u. CH_3OH, Eindampfen im Vakuum, Lösen in Chlf., Versetzen mit Bzl., Chromatographie an Al_2O_3, Eluieren mit Chlf.–Bzl. (2 : 3, dann 3 : 2, dann 4 : 1), Lösen des Prod. in wenig Aceton u. Zugabe von Ae. wurde *Marinobufagin* (I) isoliert; kurze, prismat. Kristalle, F. 224—225°; $[\alpha]_D^{16}$ +10,0 ±1° (c = 2,589, Chlf.); 495 mg (Ausbeute). Weiteres Eluieren mit Chlf. lieferte *Telocinobufagin* (II), F. 208—214° (Aceton–Ae.); $[\alpha]_D^{18}$ +5,0 ±2° (c = 1,394 in Chlf.); 455 mg. — I-*Acetat,* $C_{26}H_{36}O_6$, F. 194—220° (etwas Zers.), durch 16 std. Rk. von 85 mg I in Pyridin mit Acetanhydrid bei 35°, dann 24 Std. bei 20°; 95 mg roh;

Reinigung durch Chromatographie, wobei mit Bzl.–Chlf. (9 : 1, dann 4 : 1) eluiert wurde; aus Aceton–Ae. rhomb. Prismen; $[\alpha]_D^{17}$ +25,7 ±2° (c = 1,164 in Chlf.). — II-*Acetat*, F. 272—278°. (Helv. chim. Acta **34.** 2147—51. 1/12. 1951. Basel, Univ., Pharmazeut. Anst.) NITZSCHKE. 3950

D_3. Makromolekulare Chemie.

A. B. Bestul und **H. V. Belcher,** *Abbau von Polyisobutylenen durch Scherung in einer Lösung.* Von 10 Polyisobutylenen mit durchschnittlichen viscosimetr. Mol.-Geww. von 40000—2300000 wurden in einem MCKEE-Worker-Konsistometer (MCKEE u. WHITE, C. **1952.** 3595) durch Scherung mit dem Geschwindigkeitsgefälle 65000 sec^{-1} die Viscositätsabnahmen 5, 10 u. 15%ig. Lsgg. in o-Dichlorbenzol gemessen. Die Polymeren mit einem Mol.-Gew. über 500000 zeigten große Viscositätsabnahmen, die durch Zerbrechen der Ketten bei der Scherbeanspruchung erklärt werden. Die ursprüngliche Viscosität wurde durch eine Ruhepause nicht wiederhergestellt. Ein Vgl. der Viscositätszahlen vor u. nach dem Scheren ergab einen 30%ig. Abbau des Moleküls. Energiebetrachtungen zeigen, daß die für das Zerbrechen der Molekülketten erforderliche Energie erreicht wird, wenn ein Teil der aufgewendeten Scherenergie sich zeitweise als potentielle Energie in einzelnen Moll. aufspeichern kann. (J. appl. Physics **24.** 1011—14. Aug. 1953. Washington B. C., National Bureau of Standards.) J. PETER. 4010

Mary Jane Reiney, Max Tryon und **B. G. Achhammer,** *Untersuchung des Abbaus von Polystyrol mittels der Ultraviolettspektrophotometrie.* Vff. bestrahlen reines Polystyrol u. Polystyrol mit verschied. Geh. an Monomerem bei 60° mit UV-Strahlungsenergie u. bestimmen die eingetretene Zunahme der UV-Absorption zwischen 2800 u. 4000 Å spektralphotometrisch. Bei reinem Polystyrol nimmt die Absorption linear mit der Bestrahlungszeit zu, der größte Effekt tritt unterhalb 3000 Å auf. Lagerung nach der Bestrahlung bewirkt eine breite Absorptionsbande mit dem Maximum bei 3400 Å. Die Anwesenheit von Monomerem erhöht die Geschwindigkeit des Abbaus. Vff. diskutieren mögliche Mechanismen u. nehmen an, daß die Absorption möglicherweise durch ein relativ stabiles freies Radikal hervorgerufen wird. Diese Stabilität von Radikalen ist in festen Polymeren durchaus wahrscheinlich. (J. Res. nat. Bur. Standards **51.** 155 bis 165. Sept. 1953. Washington, Nat. Bureau of Standards.) CANTOW. 4010

Richard H. Wiley und **G. M. Brauer,** *Refraktometrische Bestimmung der Übergangstemperaturen zweiter Ordnung in Polymeren.* 6. Mitt. *Einfluß des Molekulargewichts auf die Übergangstemperatur.* (5. vgl. C. **1954.** 8360.) Die Einfriertempp. nichtfraktionierter Polyvinylacetate steigen von 17 auf 26° bzw. von 26 auf 28°, wenn das viscosimetr. Mol.-Gew. M_v von 15000 auf 104000 bzw. von 104000 auf 1120000 zunimmt. Die Einfriertemp. scheint sich linear mit $1/\sqrt{M_v}$ (entsprechend der Voraussage von TUCKETT, Trans. Faraday Soc. **39.** [1943.] 158) zu ändern. (J. Polymer Sci. **11.** 221—24. Sept. 1953. North Carolina, Univ., Venable Chem. Labor.) SCHÄFF. 4010

G. V. Schulz, *Über die Verdünnungsentropie der Lösungen von Fadenmolekülen.* 17. Mitt. *Über den Lösungszustand makromolekularer Stoffe.* (16. vgl. SCHULZ u. DOLL, Z. Elektrochem., Ber. Bunsenges. physik. Chem. **57.** [1953.] 841.) Vf. erörtert die Wechselwrkg. zwischen Polymerisat u. Lösungsm. u. prüft die aufgestellten Gleichungen experimentell nach. Die Unterss. wurden an *Polymethacrylsäuremethylester* (I, Mol.-Gew. 127000) u. *Polystyrol* (II, Mol.-Gew. 237000) in verschied. Lösungsmitteln durchgeführt. Aus der Konzentrationsabhängigkeit (c bis 30 g/Liter) des osmot. Drucks p in verschied. Lösungsmitteln ($p = Ac + Bc^2 + Cc^3$) werden die Virialkoeffizienten A, B u. C für diese Systeme abgeleitet, während sich aus der Temperaturabhängigkeit von p die thermodynam. Größen $\Delta \mu_1$ (Verdünnungsarbeit), Δh_1 (Verdünnungswärme) u. Δs_1 (Verdünnungsentropie) ergeben. A hängt entsprechend der Theorie u. dem experimentellen Befund nur vom Mol.-Gew. des gelösten Polymeren ab. Die von FLORY u. KRIGBAUM (C. **1951.** I. 1315) angenommene theoret. Beziehung zwischen B u. C wird durch die Verss. nicht bestätigt. B u. C werden in der Größe $\overline{B}$ (Maß für die „Güte" des Lösungsm.) zusammengefaßt. $\Delta \mu_1$ u. Δh_1 variieren bei I u. II in den verschied. Lösungsmitteln in sehr weiten Grenzen (Δh_1 von positiven bis negativen Werten). Δs_1 variiert dagegen nur relativ wenig. $\overline{B}$ wird in einen Energieterm $\overline{B}_H$ u. einen Entropieterm $\overline{B}_S$ aufgespalten u. $\overline{B}_S$ mit dem theoret. für atherm. Lsgg. berechneten B_{ath} verglichen. Im untersuchten Mol.-Gew.-Bereich (10^5—10^6) ist der für $\overline{B}_S$ experimentell bestimmte Wert ca. 5—10 mal kleiner als B_{ath}. Dies hängt sicher mit der geknäuelten Gestalt der Fadenmoll. zusammen; bei kleinen Mol.-Geww. nähert sich $\overline{B}$ dem theoret. Wert von B_{ath}, u. es ist wahrscheinlich, daß für Polymere mit nur einem statist. Fadenelement $\overline{B}_S = B_{ath}$ ist. (Makromolekulare Chem. **11.** 97—110. 1953. Mainz, Univ., Inst. für Physikal. Chem.) SCHÄFF. 4010

S. M. Crawford, *Die Beziehung zwischen Spannung, Dehnung und Doppelbrechung bei einigen Hochpolymeren.* Vf. mißt gleichzeitig die opt. Doppelbrechung Δ n, die Spannung σ u. die Dehnung ε an krist. u. amorphem *Terylen* (I), um den funktionellen Zusammenhang der Größen zu ermitteln. Die amorphe Form von I ist nur bis 80° beständig u. wird durch rasches Abkühlen der Schmelze dargestellt. Oberhalb 80° setzt Kristallisation ein. Die krist. Form (F. 264°) ist bei niedrigen Tempp. sehr spröde. Deshalb konnten die Messungen nicht an beiden Formen bei gleicher Temp. ausgeführt werden. Vf. findet, daß die von Filon u. Jessop (Philos Trans. Roy. Soc. London, Ser. A **223.** [1923.] 89) für Celluloid gefundene Beziehung $\Delta n + A\sigma + B\varepsilon$ auch für Terylen anwendbar ist (A u. B sind Konstanten). Trägt man graph. Δ n gegen ε auf, so findet man sowohl bei krist. wie amorphem I, daß ein Hysteresecyclus auftritt, der Kurvenverlauf also für Belastung u. Entlastung nicht ident. ist. Der Befund, daß Δ n für I eine Funktion von ε u n d σ ist, unterscheidet sich von den Ergebnissen von Crawford u. Kolsky (C. **1951.** II. 985) an Polyäthylen (II) u. von Kolsky (C. **1953.** 6115) an Perspex (III; plastifiziertes Polymethylmethacrylat). Für II u. III ist Δ n nur Funktion von ε. Vf. deutet die gefundenen Unterschiede durch die verschiedenartigen elast. Eigg. bei I, II u. III. (Proc. physic. Soc, Sect. B **66.** 884–86. 1/10. 1953. Welwyn, Herts., Imp. Chem. Ind. Ltd., Butterwick Res. Labor.) Cantow. 4010

Richard H. Wiley, G. M. Brauer und A. R. Bennett, *Refraktometrische Bestimmung der Übergangstemperaturen zweiter Ordnung in Polymeren.* 5. Mitt. *Bestimmung der Brechungsindices von Elastomeren bei Temperaturen von 25 bis –120°.* (4. vgl. C. **1948.** E. 922.) Vff. bestimmten die Brechungsindices bis –120° von Naturkautschuk (I) u. verschied. synthet. kautschukelast. Produkten. Der Knickpunkt der Brechungsindex/Temperaturkurven entspricht der Temp. des Übergangs 2. Ordnung. Eine Meth. zur Wärmeisolierung eines Standard-Abbé-Refraktometers, das mit Luft bis –120° gekühlt werden kann, ist angegeben. Folgende Übergangstempp. wurden ermittelt: I –75°, Chloropren –50°, Polybutadien –85°, GR–SX –387° [22% Styrol (II)] –67°, GR–SX –387 (extrahiert) –65°, GR–S (25,5% II) –61°, Polyacrylsäurebutylester –63°, GR–IY –25 [3% Isopren (III)] –75°, GR–IY–15 (2,5% III) –79°, GR–IR-2 (2% III) –80°, Vistanex –84°, Polyisobutylen (**IV**; Mol.-Gew. 233000) –77°, **IV** (Mol.-Gew. 11000) –77°, **IV** (Mol.-Gew. 4900) –78° u. **IV**; Mol.-Gew. 4300) –80,5°. (J. Polymer Sci. **5.** 609–14. Okt. 1950. North Carolina, Univ., Venable Chem. Labor.) Schäff. 4030

Charles E. Weir, *Die Temperaturabhängigkeit der Kompressibilität von mit Schwefel vulkanisiertem Naturkautschuk bei hohem Schwefelgehalt.* Vf. mißt nach der Kolbenverschiebungsmeth. mit einem früher von ihm beschriebenen App. (J. Res. nat. Bur. Standards **45.** [1950.] 468) die Kompressibilität von mit Schwefel vulkanisiertem Kautschuk im Temperaturbereich von 10° bis 81,5° bei Drucken von 1000–10000 at. Der S-Geh. variierte von 10–28%. Dichten wurden bei 21° bestimmt. Die Kompressibilität nimmt allg. mit steigendem S-Geh. ab u. wird bei hohem Geh. etwa konstant. Mit steigender Temp. nimmt die Kompressibilität zu. Die Ergebnisse des Vf. liegen in derselben Größenordnung wie die von Adams u. Gibson (J. Washington Acad. Sci. **20.** [1930.] 213) u. Bridgman (Proc. Amer. Acad. Arts Sci. **76.** [1945.] 9). Vf. gibt empir. Gleichungen für die isotherme Kompressibilität sowie für das isobare spezif. Vol. an. Daraus leitet er Zustandsgleichungen ab. Die gefundenen Beziehungen geben den experimentellen Befund im untersuchten Bereich gut wieder. (J. Res. nat. Bur. Standards **50.** 153–60. März 1953. Washington, National Bureau of Standards.) Cantow. 4030

Charles E. Weir, *Umwandlungen zweiter Ordnung von Kautschuken bei hohen Drucken.* (Vgl. vorst. Ref.) Vf. prüft an Hand seiner experimentellen Druck–Volumen–Temperatur-Daten an Vulkanisaten von Kautschuk mit Schwefel (l. c.) die Frage der Umwandlungen 2. Ordnung, oder Glasumwandlungen. Die Glasumwandlung T_g ist definiert durch eine Temp. oder einen Temperaturbereich, bei dem Hochpolymere u. Gläser markante Änderungen in ihren Eigg. aufweisen. Vf. zeigt, daß bei Kautschuk die Umwandlungstemp. sich nicht meßbar mit wachsendem Druck ändert u. keine Diskontinuität in der Kompressibilität auftritt. Es konnte kein Anhalt für eine isotherme Umwandlung durch Druck gefunden werden. Vf. berechnet, daß bei einer echten thermodynam. Umwandlung 2. Ordnung T_g stark druckabhängig sein muß. Da eine solche Abhängigkeit bei Kautschuk nicht gefunden wurde, verneint Vf. das Vorliegen einer solchen Umwandlung. Auch Messungen von Scott (J. Res. nat. Bur. Standards **14.** [1935.] 100) an Kautschuk u. von Tammann u. Jellinghaus (Ann. Physik **2.** [1929.] 264) an Gläsern sind nach der Diskussion des Vf. nicht geeignet, das Vorhandensein von Umwandlungen 2. Ordnung zu beweisen. (J. Res. nat. Bur. Standards **50.** 311–19. Juni 1953. Washington, National Bureau of Standards.) Cantow. 4030

Charles E. Weir, *Thermodynamik des Kautschuk–Schwefel-Systems bei hohen Drucken.* (Vgl. vorst. Reff.) Vf. berechnet aus seinen experimentellen Druck–Volumen–Temperatur-Daten (PVT) an Vulkanisaten von Kautschuk mit Schwefel (l. c.) die Kompressionsarbeit, die Kompressionswärme, die Änderung der Inneren Energie durch Kompression u. die Differenz der spezif. Wärmen bei konstantem Druck u. konstantem Volumen. Da sich diese Größen aus den vom Vf. aufgestellten empir. PVT-Gleichungen nicht unmittelbar berechnen lassen, wurden graph. Methoden angewandt. Die Kompressionsarbeit in einem Druckintervall von 1000 at liegt allg. in der Größenordnung 0,5 Joule g^{-1} u. nimmt mit steigendem S-Geh. ab. Oberhalb der Temp. der Glasumwandlung T_g (l. c.) nimmt die Kompressionswärme stark zu. Die Änderung der Inneren Energie nimmt durch Kompression anfangs ab, um bei höheren Drucken wieder anzusteigen. Dies Verh. ist qualitativ mit mol. Kräften erklärbar. Die spezif. Wärme bei konstantem Vol. ändert sich nicht diskontinuierlich bei T_g. (J. Res. nat. Bur. Standards **50.** 321—27. Juni 1953. Washington, National Bureau of Standards.) CANTOW. 4030

H. M. Leeper und Walter Schlesinger, *Guttapercha.* 2. Mitt. *Umwandlung der α- und β-Formen.* (1. vgl. C. **1952.** 1092.) Der aus Chickle (eingedickter Latex von Sapota achras) isolierte KW-stoff (I) ist strukturell ident. mit trans-Polyisopren aus Guttapercha (II) oder Balata (III), hat aber ein Mol.-Gew. von 16000—18000 gegenüber einem Mol.-Gew. von II u. III von 30000—32000. I zeigt ausgeprägte Kristallisationstendenz (Einkristalle bis 0,35 mm lang). Die α- u. β-Formen von I wurden dargestellt u. mittels Röntgenunterss. u. Schmelzeigg. (F. von α-I: 66—74°, von β-I: 53 bis 60°) charakterisiert. Der Kristallisationsgrad u. innere mol. Spannungen beeinflussen die FF. Wechselweise Umwandlung von α-I u. β-I wurden durch Wärmeeinw., Lsg. u. Fällung, Schmelzen u. Abschrecken oder durch Behandlung mit Nichtlösern bewirkt. Durch dilatometr. Messungen wurde die Änderung des spez. Vol. beim Übergang der β- in die α-Form bei stufenweiser Temperatursteigerung von 30 auf 80° (1°/Std.) verfolgt. Aus der dabei erhaltenen Kurve (spezif. Vol./Zeit) wurden folgende Phasen ermittelt: 30—36°, therm. Ausdehnung des β-I bei niedrigem Kristallisationsgrad; 36—52°, Zunahme des Kristallisationsgrades des β-I; 52—60°, Schmelzen des β-I; 60—64°, Umwandlung des β- zum α-I; 64—72°, Schmelzen des α-I; 72—80°, therm. Ausdehnung des geschmolzenen α-I. Geschmolzenes α-I zeigt eine Umwandlung oberhalb 72° in eine Form, deren Struktur noch nicht ermittelt werden konnte. Die Geschwindigkeit der Umwandlung des β- zum α-I bei Tempp., bei denen die α-Form beständig ist, scheint in Ggw. von bestimmten quellenden Fll., wie Methanol oder Aceton, beschleunigt zu werden. (J. Polymer Sci. **11.** 307—23. Okt. 1953. Chicago, Ill., Wm. Wrigley jr. Co.) SCHÄFF. 4030

F. A. Long, E. Bagley und J. Wilkens, *Anomale Diffusion von Aceton in Celluloseacetat.* Die anomale oder nicht-FICKsche Diffusion von kleinen Moll. in Polymere wurde bisher auf die anomalen Änderungen der Sorptionsgeschwindigkeit nach ca. der Hälfte der Zeit für die totale Adsorption zurückgeführt. Aus den Verss. der Vff. an dem Syst. *Aceton–Celluloseacetat* geht im Gegensatz dazu hervor, daß die hauptsächliche Anomalie bereits im Anfangsstadium des Sorptionsprozesses auftritt. Aus sorgfältigen Sorptions-Desorptions-Verss. scheint es wahrscheinlich, daß die Sorption im Anfangsstadium (später dann nicht mehr) dem FICKschen Gesetz gehorcht. Eine mögliche Erklärung dieser Ergebnisse sehen Vff. darin, daß die Diffusion im Anfangsstadium eine elast. Expansion ohne bemerkenswerte Zers. des Netzes des Polymeren hervorruft; in dem folgenden langsamen Stadium wird dann das Netz des Polymeren durch Verzerrung der Vernetzungsstellen deformiert. (J. chem. Physics **21.** 1412—13. Aug. 1953. Ithaca, N. Y., Cornell Univ., Dep. of Chem.) G. HEINRICH. 4050

M. Geldmacher-Mallinckrodt und F. May, *Elektrophorese von Galaktogen und Glykogen bei Gegenwart anderer Kohlenhydrate.* Vff. stellen fest, daß *Galaktogen* (I) aus frischen Eiern von Helix pomatia durch Elektrophorese von anderen Kohlenhydraten (*Xylose, Arabinose, Glucose, Galaktose, Mannose, Fructose, Oligo-* u. *Polysacchariden, Hefegummi* u. *Inulin*) getrennt werden kann, während z. B. Glykogen u. Glucose sich nicht trennen. Dabei wandert I zur Anode. Es wird angenommen, daß dieses abweichende Verh. von I mit der Ggw. elektr., nicht neutraler Komponenten im I-Mol. zusammenhängt, da *Glucosamin, Fucose* u. *Galakturonsäure* sich in gleicher Weise von den übrigen Kohlenhydraten trennen lassen. Ferner konnten auch die Hydrolysenprodd. von I durch Elektrophorese in 4 Komponenten mit unterschiedlicher, zur Anode gerichteter Beweglichkeit getrennt werden, wodurch die obige Annahme bestätigt wird. (Hoppe-Seyler's Z. physiol. Chem. **293.** 256—63. 9/10. 1953. Erlangen, Univ., Physiol.-chem. Inst.) FAHRNLAENDER. 4050

P. Andrews, L. Hough und J. K. N. Jones, *Mannose enthaltende Polysaccharide.* 2. Mitt. *Galaktomannan aus griechischem Heusamen* (*Trigonella foenum-graecum*).

(1. vgl. C. **1953.** 6266.) Das Galaktomannan ($[\alpha]_D^{20}$ $+70^0 \pm 10^0$, c = 0,22 in W.) aus dem Samen von *Trigonella foenum graecum* besteht aus *D-Galaktose* (F. 165°; $[\alpha]_D^{20}$ $+80^0$, c = 0,9 in W.) u. *D-Mannose* (F. 132°; $[\alpha]_D^{20}$ $+14^0$, c = 1,1 in W.) im Verhältnis 5:6. Die Hydrolyse des methylierten Polysaccharids ergab 5 Teile *2.3.4.6-Tetramethyl-D-galaktose* [identifiziert als *2.3.4.6-Tetramethyl-D-galaktoseanilid*, $C_{16}H_{25}O_5N$, F. 188°; $[\alpha]_D^{20}$ $-79^0 \rightarrow +39^0$ (c = 1,2 in Aceton)], 1 Teil *2.3.6-Trimethyl-D-mannose* [*2.3.6-Trimethyl-γ-D-mannonolacton*, $C_9H_{16}O_6$, F. 82—83°; $[\alpha]_D^{20}$ $+62^0 \rightarrow +58^0$ (40 Std.; c = 0,6 in W.), *2.3.6-Trimethyl-D-mannonsäurephenylhydrazid*, F. 131°] u. 5 Teile *2.3-Dimethyl-D-mannose* [*2.3-Dimethyl-γ-D-mannonolacton*, F. 110°; $[\alpha]_D^{20}$ $+59^0 \rightarrow +55^0$ (68 Std.; c = 0,8 in W.); *2.3-Dimethyl-D-mannonsäurephenylhydrazid*, F. 167°; $[\alpha]_D^{20}$ -22^0 (c = 0,9 in W.)]. — Die Struktur dieses Galaktomannans u. seine Beziehung zu anderen wird diskutiert. (J. chem. Soc. [London] **1952.** 2744—50. Juli. Bristol, Univ.)

ROSSOW. 4050

E. L. Hirst, E. G. V. Percival und **Clare B. Wylam,** *Untersuchungen über Schleime aus Pflanzensamen. 6. Mitt. Der Samenschleim von Plantago arenaria.* (5. vgl. LAIDLAW u. PERCIVAL, C. **1951.** I. 1164.) Der mit kaltem W. extrahierte Schleim von *Plantago arenaria*-Samen ist ein saures Polysaccharid (**I**), bestehend aus 80% Anhydropentose u. 7,2% Uronsäureanhydrid (vgl. 2. Mitt., C. **1942.** II. 1690). Die Hydrolyse von **I** mit Oxalsäure ergab: 62% *Xylose*, 17% *Arabinose*, 6% *Galaktose*, 13% einer *Aldobiuronsäure* u. 2% unlösl. Rückstand, anscheinend *Cellulose* u. *Lignin*. Die Aldobiuronsäure erwies sich nach Methylierung, Hydrolyse u. Identifizierung äquimol. Mengen von *2.3.4-Tri-O-methyl-D-galakturonsäure* u. *3.4-Di-O-methyl-L-rhamnose* als *2-O-[α-D-Galakturonosyl]-L-rhamnose*. Die Acetylierung von **I** gab eine lösl. Fraktion **Y** u. eine unlösl. Fraktion **Z**, aus denen nach desacetylierender Methylierung die Fraktionen **A, B, C, D** gewonnen wurden. Diese enthielten ein Gemisch von reduzierenden Zuckern, die durch Chromatographie über Cellulosesäulen getrennt wurden. Die Identifikation der Methylderivate ergab: *2.3.4-Tri-O-methyl-D-xylose* (**III**, 10 Teile), *2.3.5-Tri-O-methyl-L-arabinose* (1 Teil), *2.3.4.6-Tetra-O-methyl-D-galaktose* (**IV**, 2 Teile), *2.3-Di-O-methyl-D-xylose* (**VI**, 6 Teile), *2.4-Di-O-methyl-D-xylose* (3 Teile), *2-O-Methyl-D-xylose* (8 Teile), *2.5-Di-O-methyl-L-arabinose* (**V**, 2 Teile), *D-Xylose* (1 Teil) u. nichtidentifizierte Derivv. (2 Teile), möglicherweise eine *Dimethylgalaktose* oder *Monomethylpentose*. Im Gegensatz zu früheren Unterss. (vgl. 2 Mitt. l. c.) wurden keine 3.4-Dimethylxylose, auch keine Rhamnose- oder Galakturonsäurederivv. in den methylierten Hydrolyseprodd. gefunden. Die chem. Einheit des wegen seines hohen Monomethylpentosegeh. der Methylderivv. als stark verzweigt angenommenen **I**-Moleküls besteht aus 12 Teilen *Xylose*, 3 Teilen *Arabinose*, 1 Teil *Galaktose* u. 1 Teil *2-O-[α-D-Galakturonosyl]-L-rhamnose*. —

Versuche: 1 kg Samen wird 48 Std. in 16 Liter W. unter gelegentlichem Rühren aufgequollen, nach Filtrieren u. Waschen **I** mit alkoh. HCl gefällt, mit A. u. Ae. gewaschen u. im Vakuum getrocknet; Ausbeute ca. 3%. — **I** wird bei 95—100° mit 3%ig. Oxalsäure behandelt: $[\alpha]_D^{17}$ $+20^0$ (2 Std.) $\rightarrow +46^0$ (5 Std. konstant). In dem unlösl. Rückstand läßt sich durch Papierchromatographie Glucose nachweisen. Nach Neutralisieren des Filtrats mit $BaCO_3$ u. Abtrennung des Ba-Salzes (**II**) Eindampfen des Filtrats zum Sirup, in welchem papierchromatograph. 72,6% *Xylose*, 20,2% *Arabinose* u. 7,1% *Galaktose* gefunden wurden. — Aus **II** durch Erhitzen mit 2%ig. H_2SO_4 (7 Std. bei 95—100°), Fällen des Ba-Salzes u. weiteres Erhitzen mit H_2SO_4 (5 Std.) ein *Ba-Aldobiuronat* [$(C_{12}H_{19}O_{11})_2Ba$; $[\alpha]_D^{16}$ $+65^0$; c = 0,3 in H_2O]. Hieraus durch Hydrolyse (9%ig. H_2SO_4; 20 Std. bei 100°) u. Extraktion des Rückstands mit Methanol *Rhamnose*, aus dem Rückstand *Galakturonsäure*. Die Oxydation von **II** führte zur *Schleimsäure* (F. 215°) u. durch Neutralisieren der Mutterlauge mit Ag_2CO_3, Eindampfen u. Einw. von Phenylhydrazin zum *Rhamnonsäurephenylhydrazid*, F. 193°, $[\alpha]_D^{17}$ $+17^0$ (c = 1,1 in W.). Durch Methylierung von **II** mit HAWORTH Reagens schwachgelber Sirup, der bei 100° mit 2 n HCl hydrolysiert wurde. Aus dem Rückstand durch Extraktion mit Ae. u. Papierchromatographie *3.4-Di-O-methylrhamnose*, $[\alpha]_D^{16}$ $+19^0$ (c = 2,6 in W.), n_D^{16} 1,4728. Durch Oxydation mit Br_2–W. *3.4-Di-O-methyl-L-rhamnonolacton*, $Kp._{0,01}$ 140 bis 160°, $[\alpha]_D^{16}$ -148^0 (10 Min.) $\rightarrow -117^0$ (72 Std. konstant; c = 0,9 in W.). Die Oxydation des Ätherrückstands mit Br_2–W., Veresterung mit Methanol–HCl (80°, 14 Std.) u. Dest. ($Kp._{0,05}$ 140°, n_D^{17} 1,4545) gab nach Verreiben mit PAe. *2.3.4-Tri-O-methylschleimsäuredimethylester*, F. 100—101°, $[\alpha]_D^{17}$ $+28^0$ (c = 0,9 in W.). Die Acetylierung von **I** mit Pyridin u. Essigsäureanhydrid (3 Std. bei 95—100°, dann 48 Std. bei Raumtemp.) gab nach Gießen des Reaktionsgemisches auf Eis u. Extraktion mit Aceton–Chlf. (1:1) 20% einer lösl. Fraktion (**Y**) (CH_3CO 37,4%; $[\alpha]_D^{17}$ -195^0 in Chlf.; *Uronsäureanhydrid* 2,3%) u. 80% einer unlösl. Fraktion (**Z**) (CH_3CO 30,2%; *Uronsäureanhydrid* 3,9%). — Die Fraktionen **Y** u. **Z** wurden mit HAWORTH Reagens getrennt methyliert (vgl. l. c.) u. die in Chlf. gelösten Methylierungsprodd. mit PAe. fraktioniert gefällt (aus 12 g **Z** 3,8 g **A** u. 0,3 g **B**, aus 12 g **Y** 4,9 g **C** u. 0,4 g **D**). Die Hydrolyse von **A** lieferte mit Methanol–HCl u. Extraktion mit Methanol nichtreduzierenden Sirup, der durch Extraktion seiner wss. Lsg. mit PAe., dann mit Chlf. u. durch Eindampfen der wss. Phase in 3 Fraktionen (A_1—A_3) zerlegt wurde. Die Fraktion A_1 wurde wie A_2 mit 2%ig. HNO_3 bei 95—100° erhitzt, mit $BaCO_3$ neutralisiert, der Eindampfrückstand mit heißem Methanol extrahiert u. in Leichtpetroleum/Butanol (7:3) über eine Cellulosesäule durch Eluierung mit W. in verschied. Fraktionen zerlegt. Die Fraktion A_3 wurde nach gleicher Behandlung papierchromatograph. untersucht. Die Fraktion **C** lieferte nach 2 maliger Methylierung mit PURDIES Reagens die Fraktion **E**. Aus A_1 (3,39 g) wurden isoliert: *2.3.4-Tri-O-methyl-α-D-xylopyranose* (**III**), $C_8H_{16}O_5$, F. 90—92° (Ae.), $[\alpha]_D^{16}$ +67°→+19° (nach 3 Std. konstant; c = 0,6 in W.); 0,54 g. — *2.3.5-Tri-O-methyl-L-arabofuranose*, 0,94 g. *2.3.5-Tri-O-methyl-L-arabonolacton*, $C_8H_{14}O_5$, durch Oxydation des Sirups mit Br_2 bei Raumtemp.; $[\alpha]_D^{16}$ +7° (5 Min.) →13° (100 Std.; konstant; c = 1,0 in W.). *Amid*, F. 136° (Äthylacetat); daneben 0,06 g **III**. — *2.3.4.6-Tetra-O-methyl-D-galaktose* (**IV**), $C_{10}H_{20}O_6$, F. 70—72° (Leichtpetroleum); $[\alpha]_D^{16}$ +142° (5 Min.) → +117° (3 Std.; konstant; c = 1,1 in W.). *2.3.4.6-Tetra-O-methyl-N-phenyl-D-galaktosylamin*, $C_{16}H_{25}O_5N$, F. 193—194°, mit alkoh. Anilin; $[\alpha]_D^{17}$ +41,5° (c = 0,6 in Aceton). — 0,06 g *2.5-Di-O-methyl-L-arabinose* (**V**) u. 0,07 g *2.3-Di-O-methyl-D-xylose* (**VI**). *2.5-Di-O-methyl-L-arabonamid*, $C_7H_{15}O_5N$, F. 131—132° (A.), durch Oxydation des Gemisches mit Br_2–W. u. Behandlung mit methanol. NH_3. *N-Phenylderiv.*, F. 166—167°, aus A./Ae. Kristalle. — *2.4-Di-O-methyl-β-D-xylose*, $C_7H_{14}O_5$, F. 111°, aus Aceton/Leichtpetroleum (1:10) lange Nadeln; $[\alpha]_D^{17}$ —27,6° (5 Min.) → +21,5° (2 Std.; konstant; c = 0,5 in H_2O). — Ein Gemisch aus *2-O-Methylxylose* u. einem nichtidentifizierten Zucker (R_G 0,52). — Aus A_2 (3,33 g): Gemische aus **V** u. **VI**, aus **VI** u. *2.4-Di-O-methylxylose*, die durch Demethylierung *Arabinose* u. *Xylose* ergaben. — *2-O-Methyl-D-xylose*, $C_6H_{12}O_5$, F. 135—137°, aus n-Butanol Kristalle; $[\alpha]_D^{17}$ —17° (3 Min.) → +35° (100 Min.; konstant; c = 0,7 in H_2O). *2-O-Methyl-N-phenylxylosylamin*, $C_{12}H_{17}O_4N$, F. 124—125° (absol. A.); $[\alpha]_D^{16}$ +213° (c = 0,7 in Äthylacetat). — Aus A_3 (25 g) ein Gemisch aus *2-O-Methylxylose, Xylose* u. *Arabinose*. — Aus **E** (4,5 g): 0,53 g **III**, 0,90 g *Tri-O-methyl-L-arabofuranose*, 0,09 g *Tri-O-methylxylose* u. 0,08 g *Tetra-O-methylgalaktose*, 0,06 g **IV**, 0,024 **VI**, F. 79—80°; $[\alpha]_D^{16}$ +61° (7 Min.) → +22,6° (18 Std.; konstant; c = 0,6 in H_2O). — *2.4-Di-O-methyl-β-D-xylose*, F. 111°, $[\alpha]_D^{17}$ —26° (10 Min.) → +22° (2 Std.; konstant). — *2-O-Methyl-D-xylose*, F. 136° (n-Butanol); $[\alpha]_D^{17}$ —18° (2 Min.) → +36° (2 Std.; konstant; c = 1,4 in H_2O) u. Gemische unbekannter Zusammensetzung. (J. chem. Soc. [London] **1954**. 189—98. Jan. Edinburgh, Univ., Chem. Dep.) GENEST. 4050

E. Schauenstein und **M. Hochenegger**, *Ultraviolettspektrographische Studien über die Bildung eines Faserproteins*. 2. Mitt. (1. vgl. C. **1952**. 2681.) Fibrin (**III**) kann durch Cupriäthylendiamin in 2 Fraktionen (**I** u. **II**) zerlegt werden, wobei **I** ca. 76% von **III** ausmacht u. das gesamte Tyrosin (**IV**) enthält, während **II** ca. 15% von **III** ausmacht u. wahrscheinlich das gesamte Arginin enthält. Die bei Fibrinogen (**V**), ungedehntem u. gedehntem **III** gemessenen phenol. **IV**-Dissoziationskurven lassen eine Hemmung der Phenolatbldg. erkennen, die nach Abtrennung der Fraktion **II** verschwindet, woraus Vff. schließen, daß zwischen den **IV**-Gruppen der Fraktion **I** u. bisher nicht näher identifizierbaren Gruppen der Fraktion **II** vermutlich phenol. H-Brücken bestehen. Der blockierte Anteil der **IV**-Gruppen beträgt bei **V** ca. 15%, bei **II** ca. 80% u. bei gedehntem **III** ca. 100%. Bei p_H 11 tritt eine Spaltung der phenol. H-Brücken ein; bei **V**-Lsgg. vom p_H >11 tritt ein reversibler Zerfall des Mol. in 2 Fraktionen, **I'** u. **II'** ein. Vff. nehmen an, daß Teile der Fraktionen **I'** u. **II'** je an einem Ende des Mol. eingebaut sein dürften u. daß die phenol. H-Brücken bei der seitlichen u. der Längsassoziation der **V**-Teilchen eine wesentliche Rolle spielen. Ein hypothet. Modell für den Aufbau von **III** u. **V** wird zur Diskussion gestellt. Neben der Bldg. phenol. H-Brücken erfolgt beim Übergang **V** → **III** auch eine Bldg. zwischenmol. H-Brücken zwischen den Peptidgruppen. UV-Spektren der in Harnstoff gelösten Fraktion **I** zeigten im Gegensatz zu **III** keine Anzeichen einer Depolymerisation. (Z. Naturforsch. **8b**. 473—82. Sept. 1953. Graz, Univ., Inst. für theoret. u. physikal. Chemie.) NEHRING. 4070

Jean-Ernest Germain, Recherches de structure des carbures aliphatiques et cycliques simples. Paris: Presses documentaires. 1953. (28 S. m. Abb.)

C. S. Hudson and others, eds. Advances in carbohydrate chemistry. V. 8. New York: Academic Press. 1954. (423 S. m. Abb.) $ 10,—.

W. W. Korschak, I. A. Gribowa und **N. G. Matwejewa**, Fortschritte auf dem Gebiet der Synthese hochmolekularer Verbindungen. Berlin: Verl. Technik. 1953. (77 S.) = Schriftenreihe d. Verl. Technik. Bd. 99 = Chemische Technik. Beih. 5. DM 6,60.

E. Biologische Chemie. Physiologie. Medizin.

E_1. Allgemeine Biologie und Biochemie.

I. Je. Elpiner, *Über die biologische Wirkung von Ultraschallwellen.* Auf Grund der Literatur (48 Literaturhinweise) kommt Vf. zu der Schlußfolgerung, daß die Wrkg. des Ultraschalles auf den Mikroorganismus nicht nur in der Zerstörung der Zelle u. der Zellstruktur besteht, daß vielmehr auch innerhalb der Zelle starke Veränderungen vor sich gehen, ohne daß die Zellhaut zerstört wird. Die biol. Wrkg. des Ultraschalles beruht auf mechan. u. elektrochem. Prozessen. Bei Einw. auf den Makroorganismus werden sowohl die mechan. wie die chem. Prozesse wirksam. (Журнал Общей Биологии [J. allg. Biol.] **15.** 18—29. Jan./Febr. 1954.) Lebtag. 4100

Louis Gallien, *Die Entstehung ausschließlich männlicher Exemplare bei Molchen (Triton Pleurodelis Waltlii Michah). Untersuchung der Nachfolgegeneration von Tieren, bei denen nach Behandlung mit Östradiolbenzoat eine Geschlechtsinversion beobachtet wurde.* Durch Behandlung mit *Östradiolbenzoat* kann man bei männlichen Larven von *Pleurodelis Waltlii Michah* eine totale Geschlechtsinversion hervorrufen. Kreuzt man die auf diese Art erhaltenen weiblichen Tiere mit n. Männchen, so erhält man in der Nachfolgegeneration nur männliche Tiere. (C. R. hebd. Séances Acad. Sci. **238.** 402—04. 18/1. 1954.) Ursula Baumann. 4130

E. B. Skwirska und **O. P. Tschepinoga,** *Aus Anlaß der reaktionären Konzeption von Davidson von der Unveränderlichkeit der Desoxyribonucleinsäure im Zellkern.* Widerlegung der Konzeption von Davidson u. Mitarbeiter (vgl. C. **1951.** II. 2746) durch Literaturmaterial über den Geh. der *Desoxyribonucleinsäure* (I) im Gewebe der verschied. Tiere, in verschied. Organen u. bei verschied. Funktionszuständen. Danach ist die von Davidson behauptete Unveränderlichkeit von I abzulehnen u. ihr keine beherrschende Rolle bei der Zellteilung zuzusprechen. (Український Біохімічний Журнал [Ukrain. Biochem. J.] **25.** 117—21. 1953. Kiew, Akad. der Wiss. der Ukr. SSR, Inst. für Biochem.) Lebtag. 4150

E. Staten Wynne, Cora L. Gott, Leonard R. Ortega und **William O. Russell,** *Universelle serologische Reaktion bei neoplastischer Krankheit.* Überprüfung der universellen serolog. Rk. (Kahn, Amer. J. Clin. Pathol. **19.** [1949.] 347) an 198 Patienten mit malignen Neoplasmen, 27 mit gutartigen Geschwülsten, 53 mit nichtneoplast. Krankheiten u. 25 Gesunden. Die Rk. hat als Diagnose auf Neoplasmen keine Bedeutung. In $^2/_3$ der Fälle mit malignen Neoplasmen wird eine Parallelität zwischen der Höhe der Testwerte u. dem Zustand der Patienten gefunden. (Amer. J. clin. Pathol. **22.** 28—36. Jan. 1952. Houston, Tex., Anderson Hosp. for Cancer Res., Univ., Dep. of Pathol., Div. of Clin. and Exper. Pathol.) Reiss. 4160

Guido Giacomo Tedeschi, Amabilia Baldantoni und **Roberto De Luca,** *Biochemisches Verhalten der Homogenate normaler und neoplastischer Gewebe in Gegenwart von Pyridoxin-4.5-diphosphorsäure.* Lsgg. der Säure wurden mit Homogenaten von n. u. sarkomatösen Geweben von Ratten bei 37° 6 Std. bebrütet u. die Prodd. einer Verteilungschromatographie unterworfen. Es wird das Auftreten von Stoffen mit violetter Fluorescenz beobachtet, deren R_F mit denen einiger bekannter Pyridoxinderivv. nicht übereinstimmt. In Ggw. der Homogenate von Bindegeweben u. Muskeln entsteht ein Pyridoxinderiv. mit gelbgrüner Fluorescenz. Bei Inkubation des Diphosphorsäureesters des Pyridoxins in Ggw. eines Homogenates von sarkomatösem Gewebe erscheint eine andere Verb. mit verändertem R_F u. gleichartiger Fluorescenz. In Ggw. menschlicher Muskel- u. neoplast. Gewebe entstehen keine Stoffe mit gelbgrüner Fluorescenz. (Ricerca sci. **23.** 1214—21. Juli 1953.) Altpeter. 4160

Henry J. Tagnon, Phyllis Schulman, Willet F. Whitmore und **Louis A. Leone,** *Prostatafibrinolysin. Untersuchung eines dessen Rolle bei der hämorrhagischen Diathese von Prostatakrebs illustrierenden Falles.* Bei einem Patienten (58 Jahre) mit Prostatacarcinom, das mit osteoblast. Metastasen verbunden war, wurde bei mehreren Blutunterss. Fibrinolyse beobachtet, während der der *Plasmafibrinogen*(I)-Geh. absank u. die *Prothrombin* (II)-Zeit zunahm. Die gleichen Veränderungen waren in vitro durch Zusatz von Prostatacarcinomextrakt zu Plasma hervorrufbar, d. h. die beim Patienten beobachteten Veränderungen des Gerinnungsmechanismus wurden durch in den Blutkreislauf abgegebenes *Prostatafibrinolysin* ausgelöst. Die Verlängerung der II-Zeit beruhte auf einem Mangel an *Ac-Globulin* u. II. Östrogene Hormone brachten die Fibrinolyse zum Verschwinden u. beseitigten den Mangel an I u. II-Faktoren. *Testosteron* hatte den gegenteiligen Effekt. (Amer. J. Med. **15.** 875—84. Dez. 1953. New York, Memorial Center for the Treatment of Cancer and Allied Diseases, Dep. of Med.) K. Maier. 4160

Hans R. Schinz und **Hedi Fritz-Niggli**, *Die Wirkung der Röntgenstrahlen und des cancerogenen Stoffes „Styryl" auf die Embryonalentwicklung.* Vff. haben verschied. Entwicklungsstadien von Amphibien *Triton alpestris* (T. a.) u. *Xenopus laevis* (X. l.) mit cancerogenen Agentien behandelt, um etwaige morpholog. u. histolog. Verbildungen nachzuweisen. 1. Bestrahlung mit Röntgenstrahlen erfolgte mit einer Dosisleistung von 43,5 r/Min. (180 kV, 6 mA, Filter 2 mm Al + 1 mm Cu, Fokusabstand 30 cm). Alle Stadien T. a. bis zum Erreichen der mittleren Gastrula sind bes. strahlensensibel. Schon Dosen von 120 r stören die n. Entw., obwohl die Zellteilung nicht eingeschränkt ist. Weniger strahlenresistent ist X. l. Als Bestrahlungswrkg. treten auf: Wucherungen, Blasen, Ödeme, Augendefekte. 2. Die verschied. Entwicklungsstadien wurden mit einer 0,001—0,000025%ig. wss. Lsg. von *Styrol 430* (*Chinolinderivat*) behandelt. Bei Konz. oberhalb 0,0001% treten Mißbildungen auf, ähnlich den unter 1. beschriebenen. Die Versuchsergebnisse werden diskutiert, die Wrkg. der beiden Agentien wird in einem indirekt chem. Einfl. auf Enzyme gesehen (Cytochromoxydase). (Strahlentherapie **90**. 345—52. 1953. Zürich, Univ., Radiotherapeut. Klinik Strahlenbiolog. Labor.) REUSSE. 4160

R. Coliez, M. Tubiana, J. Dutreix und **J. Guelfi**, *Resultate der Behandlung von 43 Fällen von Schilddrüsenkrebs mit radioaktivem Jod.* Der Bericht der Vff. über die Therapie von Schilddrüsentumoren mit *Radiojod* umfaßt 43 Fälle. Vor der therapeut. Anwendung wird am Patienten mittels ^{131}J der Jodstoffwechsel untersucht. Diese Maßnahme ist erforderlich, da im Tumor eine Dosis von mindestens 3000 r wirksam werden muß, um eine Zerstörung des Gewebes mit Sicherheit zu garantieren, während das gesunde Gewebe bereits mit 300 r Schäden aufweist (bes. das hämatopoiet. Syst.). Die für bestimmte Befunde kennzeichnende Form der Ausscheidung der ^{131}J wird dargestellt. Ferner muß die Ablagerung im Blut u. in den Metastasen geprüft werden. Die daraus resultierende Indikation für eine ^{131}J-Behandlung u. die anzuwendenden Dosen werden angegeben. Die Statistik erweist, daß bes. in Verb. mit vorhergehenden chirurg. Maßnahmen gute Heilerfolge zu erwarten sind, wenn unter Beachtung der beschriebenen Vorprüfungen behandelt wird, (J. Radiol. Électrol. Arch. Électr. méd. **34**. 305—21. 1953. Hôpital Necker, Centre anticancéreux et Inst. Gustave Roussy.) REUSSE. 4160

P. F. Hahn, G. W. Hilliard und **E. L. Carothers**, *Die Verträglichkeit intrabronchial verabreichter, radioaktiver, versilberter Goldkolloide beim Menschen.* Es wird über die Technik u. die Verträglichkeit eines therapeut. Vers. bei Bronchialcarcinom mit einer intrabronchial verabreichten wss. Suspension aus versilberten, metall. ^{198}*Au-Kolloiden* bei 3 Fällen berichtet. Bei der großen Affinität des Ag zu den lymphat. Geweben u. der für die Therapie günstigen Strahlenqualität des ^{198}Au scheint die Voraussetzung zur Elektivbehandlung des Lungenparenchyms u. seiner Lymphwege bei malignen Erkrankungen gegeben. Die Kombination dieser Therapie mit der Pneumektomie wird in Erwägung gezogen. (Brit. J. Radiol. **26**. 595—98. Nov. 1953. Nashville, Tenn., Meharry Med. Coll., Cancer Res. Labors.) HUBER. 4160

S. Sugata, Y. Ida und **E. Hata**, *Zwei Seminomfälle mit besonderer Berücksichtigung der Heilwirkung von Radiumemanation auf große metastatische Tumoren.* Bei einem von 2 Fällen von Seminom entwickelte sich nach 4 Monaten ein inoperabler metastat. Tumor, der jedoch nach *Radon*-Behandlung zurückging u. so eine neue Möglichkeit zur etwaigen Heilung von metastat. Hodentumoren eröffnet. — 21 Literaturangaben. (Tokyo Jikeikai med. J. **68**. 39—41. 1/5. 1953. Tokyo [Orig.: japan.]) SCHULER. 4160

Frank C. Combes, Coal tar and cutaneous carcinogenesis in industry. Springfield, Ill.: C. C. Thomas. 1954. (80 S. m. Abb.) $ 2,7 5.

E₂. Enzymologie. Gärung.

Cuno Steger, *Die alkalische Phosphatase in der Schilddrüse, der Nebenniere und der Niere nach Behandlung mit Thiouracil und Natriumthiosulfat.* Nachdem Vf. (Acta Anat **11**. [1950.] 246) an Ratten nach Thiouracilbehandlung eine Verminderung der *alkal. Phosphatase* (I) in den Follikel-Epithelzellen bei gleichzeitiger Vermehrung im Blut finden konnte, stellte er auch nach täglicher Zufuhr von 50 mg Na-Thiosulfat über 7—21 Tage eine Verminderung von I in der Schilddrüse, Nebennierenrinde u. Niere fest. (Arch. Scienze med. **95** (**78**). 272—81. März 1953. Verona, Ist. Ospit., I. Div. Clin.) SPEYER. 4210

Marjorie A. Swanson, *Leberphosphatasen.* 3. Mitt. *„Neutrale" Pyrophosphatase* (2. vgl. C. **1953**. 9516.) Für die zwischen p_H 6 u. 8 akt. *Pyrophosphatase* von Rattenleberhomogenaten wird die Bezeichnung *„neutrale Pyrophosphatase"* vorgeschlagen. Das p_H-Optimum liegt zwischen 7 u. 8, wechselt aber mit der $Mg^{••}$-Konzentration.

Die höchste Aktivität wird bei 0,02 mol. $Mg^{••}$ u. p_H 7,4 gemessen. „*Versen*“ (*Äthylendiamintetraacetat*) aktiviert das Ferment deutlich, wobei es gleichzeitig den Bedarf an $Mg^{••}$ red., aber das p_H-Optimum nicht verändert. Das Ferment ist tagelang bei 0° stabil, bei 37° wird es rasch inaktiviert. *Cystein* u. *Jodessigsäure* schützen vor dieser Inaktivierung, können sie aber nicht rückgängig machen. Die Hemmwrkg. von $Ca^{••}$ u. $F^{•}$ scheint auf der Bldg. von inakt. Komplexen zu beruhen. 90—95% der Fermentaktivität findet sich nach Abzentrifugieren von Zellen, Kernen, Mitochondrien usw. in der überstehenden Fl., aus welcher sie durch mehr als Halbsättigung mit $(NH_4)_2SO_4$ ausgefällt werden kann. Die mögliche Beziehung der Pyrophosphatase zur „lösl. Adenosintriphosphatase“ wird diskutiert. (J. biol. Chemistry **194.** 685—93. Febr. 1952. Winston-Salem, N. C., Bowman Gray School of Med., Dep. of Biochem.) RUPPERT. 4210

M. H. Ross und **J. O. Ely,** *Die Änderung des Magnesiumbedarfes für optimale Aktivierung der alkalischen Phosphatase.* Früher wurde festgestellt, daß sich bei Erniedrigung der Konz. des Substrates (*Na-β-Glycerophosphat*; I) das p_H-Optimum der *alkal. Phosphatase* des Rattendarmes erniedrigt (vgl. J. biol. Chemistry **192.** [1951.] 561). Jetzt wird gezeigt, daß bei Verminderung der Konz. an I um das 2000fache der Bedarf an Mg nur um das 3fache vermindert wird. Bei sehr niedrigen I-Konzz. wirkt eine Mg-Menge, die größer als die zur optimalen Aktivierung erforderliche Menge ist, hemmend. (J. Franklin Inst. **257.** 143—44. Febr. 1954. Philadelphia, Pa., Franklin Inst.) HESSE. 4210

T. F. Dixon und **H. R. Perkins,** *Citronensäure und Knochenstoffwechsel.* Schrifttumsüberblick über die Beziehungen zwischen *Calcium* (I) u. *Citronensäure* (II) u. der Verkalkung der Knochen; Hinweis, daß I u. II einen lösl. Komplex bilden (nichtionisierter, diffusibler Teil des I im Blutserum); theoret. Folgerung, daß die Calcifizierung von der Konz. der II in der die Knochengewebe umgebenden Fl. abhängig ist. Es werden Verss. mit den im Knochengewebe anwesenden, auf den II-Cyclus einflußnehmenden Enzymsyst. (Citrogenase, Aconitase, Isocitrodehydrogenase) durchgeführt u. die Effekte von II auf die in vitro-Calcifizierung von Tibiaschnitten von rachit. Ratten studiert. Rachit. Ratten werden die Tibiae herauspräpariert, davon sagittale Schnitte hergestellt u. dieselben in einer geeigneten Nährlsg. mit/ohne II u. Mg bei 37° inkubiert; danach Prüfung derselben nach Behandeln mit Ag–NO_3-Lsg. auf das Verh. im Licht; Kontrollverss. mit n. Tibiaschnitten. Zu den Enzymverss. werden als Ausgangssubstanz benutzt für *Aconitase* Knochengewebe, für *Citrogenase* bzw. *Isocitrodehydrogenase* Nieren-, Leber- u. Knochengewebe. Die Wrkg. der Citrogenase (Bldg. von II aus Oxalacetat u. Acetat) wird nach STERN u. OCHOA ermittelt (C. **1952.** 696), diejenige der Aconitase nach JOHNSON (Biochem. J. **33.** [1939.] 1046), diejenige der Isocitrodehydrogenase nach FOLLIS u. BERTHRONG (Bull. Johns Hopkins Hosp. **85.** [1949.] 281) mittels Methylenblaus bzw. Triphenyltetrazoliums; Best. der *alkal. Phosphatase* nach SHINOWARA, JONES u. REINHART (J. biol. Chemistry **142** [1942.] 921), der II colorimetr. nach WEIL-MALHERBE u. BONE (C. **1950.** II. 682). Aus den Ergebnissen wird abgeleitet, daß in Knochengewebe von Ratten, verglichen mit Nieren- u. Lebergewebe, die Aktivität der Citrogenase u. der Aconitase viel größer ist als diejenige der Isocitrodehydrogenase. Im Knochen besteht deshalb die Möglichkeit zur Verwirklichung einer lokal erhöhten Konz. an II. In Verknüpfung mit I-Phosphat kann auf diese Weise durch II das I komplex in Lsg. gehalten werden, wodurch die Ablagerung an I im Knochen gesteigert wird; umgekehrt kann erhöhte Konz. an II die Calcifizierung bei hypertrophem Rattenknorpel in vitro beeinträchtigen, indem bereits deponiertes I wieder in Lsg. geht. Die Enzymaktivität ist in den Geweben der Meta- u. der Epiphyse größer als in der Rindenschicht; der Geh. der Knochen an II ist der Stoffwechseltätigkeit umgekehrt proportional. (Biochem. J. **52.** 260—65. Okt. 1952. London, Inst. of Orthopaedics.) TÄUFEL. 4230

Vicente Peg Juarrero und **Gabriel Guillén,** *Bestimmung der Amylase in Blut und Urin.* Best. der *Amylase* (I)-Aktivität in Blut u. Urin. Als Substrat dient an Watte adsorbierte Kartoffelstärke (unbeschränkt haltbar), die mit Pufferlsg. getränkt wird. Die Rk. wird nach 10 Min. Inkubation bei 38° mit $CuSO_4$ gestoppt. Fällung der Proteine mit Na-Wolframat. Best. des reduzierenden Zuckers nach FOLIN-WU. Eine I-Einheit entspricht für Serum 1 mg, für Urin 1 g reduzierenden Zuckers. Als durchschnittliche Werte geben Vff. 55 E./100 cm³ Serum u. ca. 2 E./Liter Urin an. Eine Erhöhung der I-Aktivität kann für diagnost. Zwecke erst gewertet werden, wenn die Werte über 200 (Serum) bzw. 4 E. (Urin) liegen. (Clín. y Lab. **57.** 199—207. März 1954. Zaragoza, Fac. de Med., Labor. de Fisiol y Bioq.) HANS THIELE. 4210

Antoine Jullien und **André-Pierre Jullien,** *Über eine Veränderung der experimentellen Entzündungsreaktion bei cephalopoden Mollusken durch vorherige Anwendung eines*

Diffusionsfaktors, der Hyaluronidase. Verss. am Tintenfisch zeigten, daß die durch Injektion von 0,5—1,0 ml verd. *Formaldehyd* (**I**)-Lsg. hervorgerufene starke Gewebsentzündung mit nachfolgender Nekrose durch eine 22 Std. vor der I-Applikation an derselben Stelle vorgenommene Injektion von 1 ml einer *Hyaluronidase*-Lsg. verhindert wird. Es kommt dagegen zu einer Auswanderung von Chromatophoren in einem größeren Umkreis der Injektionsstelle u. zur Entw. eines Hautschadens, der dem nach Applikation von cancerogenen Stoffen, wie Dibenzanthracen, beobachteten sehr ähnlich ist. (C. R. hebd. Séances Acad. Sci. **238.** 298—300. 11/1. 1954.) KRUSEN. 4210

B. S. Luh und **H. J. Phaff,** *Eigenschaften der Hefepolygalakturonase.* (Vgl. C. **1952.** 3997.) Vff. beschreiben Darst. von partiell gereinigter *Polygalakturonase* (**I**) aus der Hefe *Saccharomyces fragilis* (2,03 I-E./mg) frei von *Pektinesterase* (**II**). Der Anfangsgrad der Pektinsäure (**III**)-hydrolyse ist ca. 158mal so groß wie der der Pektin (**IV**)-hydrolyse. Oberhalb von 0,00147 I-E./mg ist die Geschwindigkeit der **III**-Hydrolyse proportional der **I**-Konzentration. Optimales p_H für **I** 4,4, markante **I**-Hemmung nur durch HNO_2. **I** ist sehr gering verunreinigt durch andere Hydrolasen im Vgl. zu anderen Pilz-**I**-Präpp. u. ist spezif. für **III**. Nach Zusatz von gereinigter Orangen-**II** zu **I** in Ggw. von Mg^{2+} erreicht der Anfangsgrad der **IV**-Hydrolyse den der **III**-Hydrolyse. (Arch. Biochem. Biophysics **48.** 23—37. Jan. 1954. Berkeley, Calif., Univ., Dep. of Food Technol.) BRATFISCH. 4210

B. Csillik und **Gy. Sávay,** *Beiträge zur Histochemie der Aktivität der Cholinesterase im Nervensystem.* Vff. wiesen mit β-Naphthylacetat, das durch *Cholinesterase* (**I**) gespalten wird, stabile **I** in den negativen Ganglien, den meisten sensor. Zellen, den Endplatten der quergestreiften Muskeln, den Hautreceptoren u. den myelinfreien Nervenfasern, labile **I** im Zentralnervensyst., den Markscheiden peripherer Fasern u. in einigen Zellen des Rückenmarks nach. (Acta morphol. Acad. Sci. hung. **4.** 103—09. 1954. Szeged, Univ., Dep. of Anat., u. Dep. of Histol. and Embryol.) ZEMKE. 4210

Gian Pietro Togni, *Pharmakologische und chemische Untersuchungen über die Cholinesterase in der Pansenwand des Rindes.* Die Rk. der Pansenwand des Rindes auf verschied. Gifte wird untersucht. An Hand pharmakolog. u. chem. Ergebnisse wird wahrscheinlich gemacht, daß die Wrkg. von *Physostigmin* u. *Diisopropylfluorphosphat* auf der Hemmung eines der *Cholinesterase* entsprechenden Ferments beruht. *Diparcol, Arecolin* u. *Veratrum-Alkaloide* hemmen zumindest nicht gleich stark. (Schweiz. Arch. Tierheilkunde **96.** 122—27. März 1954. Zürich, Univ., Vet.-Pharmakol. u. Vet.-Chem. Inst.) M. W. ROTHE. 4210

W. N. Aldridge, *Trikresylphosphate und Cholinesterase.* Die Hemmwrkg. von *Tri-o-kresylphosphat* (**I**) auf menschliche Serum-*Cholinesterase* (**II**) u. Rattenserum-*Tributyrinase* beruht auf einer akt. Verunreinigung, wie unter Heranziehung eines Löslichkeitstestes gezeigt werden konnte. Gereinigtes **I** besaß eine sehr geringe in vitro-Wirksamkeit. Die Konst. der wirksamen Substanz ist unbekannt. Sie hemmt menschliche Pseudo-**II** stärker als echte **II**. Injektion von gereinigtem **I** bewirkt bei Kaninchen u. Küken rasche Inaktivierung der Blut-**II**. Dies deutet auf Umwandlung von **I** in eine stärker hemmende Verb. in vivo hin, wofür auch die Bldg. einer derartigen Verb. durch Rattenleberschnitte in vitro spricht. Orale Gaben von *Tri-m-* u. *Tri-p-kresylphosphat* hemmen Kükenserum-**I** nicht u. rufen nur spurenweise Entmyelinisierung des Rückenmarks hervor. (Biochem. J. **56.** 185—89. Febr. 1954. Carshalton, Surrey, Serum Inst., Med. Res. Council Unit of Res. in Toxicol.) K. MAIER. 4210

Tomislav Pinter, Divna Taškovska und **Vinka Karas,** *Die Urease und ihre Aktivatoren als die Inhibitoren der Schwermetallkatalyse.* Die Auffassung, daß die Aktivierung der *Urease* durch Protein- u. Aminosäurelsgg. sowie Gummi arabicum als Folgeerscheinung der Ausschaltung von Schwermetallspuren zu verstehen ist, wird von Vff. durch die Beobachtung bestätigt, daß auch die Schwermetallkatalyse der oxydativen Zers. von Ferrocyanid durch die genannten Aktivatoren gehemmt wird. Auch die Urease selbst verhindert in diesem Sinn die Ferrocyanid-Zerstörung. Titrimetr. Meth. zur Aktivitätsbest. der Urease. (Biochem. Z. **325.** 239—45. 1954. Zagreb, Jugoslawien, Inst. für angew. Chem.) M. W. ROTHE. 4210

J. H. Milstone und **V. K. Milstone,** *Das Fehlen von Lipoidthromboplastin als Cofaktor für Trypsin zur Aktivierung von Proenzymen. Trypsin* (**I**) aktiviert gewisse Proenzyme, z. B. Trypsinogen, Chymotrypsinogen u. Prothrombin (**II**). Hierbei wirkt *Lipoid-Thromboplastin* (**III**) als Cofaktor. Der Mechanismus der komplementären Wrkg. ist unbekannt. Bei Fehlen von **III** werden diese Proenzyme nicht aktiviert. **II** verhält sich unterschiedlich im Testsyst., so daß diese Meth. der Aktivierung ein zusätzliches Charakteristikum für **II**-Fraktionen darstellt. (Yale J. Biol. Med. **26.** 307—12. Febr. 1954. Yale Univ., School of Med., Dep. of Pathol.) BRATFISCH. 4210

G. B. Ansell und **D. Richter,** *Die proteolytische Aktivität von Hirngewebe.* Ratten-, Rinder-, Kaninchen- u. menschliches Gehirn enthält ein akt. *Kathepsin* (I). I grauer Gehirnsubstanz ist wirksamer als das weißer. Die isolierten Kerne von Zellen der Großhirnrinde besitzen ebenfalls I-Aktivität. I ist beim Aufbewahren haltbar. Das p_H-Optimum beträgt 3,5—3,8. 0,002 mol. Cystein, Gluthation, Cyanid oder Jodacetat beeinflussen die I-Aktivität nicht. Eigg. u. die hohe Konz. von I in der grauen Gehirnmasse u. den Zellkernen stimmen mit der Annahme überein, daß I in vivo als *Transpeptidase* wirkt, die Abbau u. Resynth. der Proteine im Gehirn katalysiert. Die Ggw. einer *Polypeptidase* u. einer *Dipeptidase* in Gehirngewebe wurde bestätigt, während sich kein Anhalt für die von TAKASAKA beschriebene „*Gelatinase*" ergab. (Biochim. biophysica Acta [Amsterdam] **13.** 87—91. Jan. 1954. Cardiff, Wales, Whitchurch Hosp.) K. MAIER. 4210

G. B. Ansell und **D. Richter,** *Nachweis einer „neutralen Proteinase" in Gehirngewebe.* Frisches Gehirngewebe (Ratte) enthält eine akt. *Proteinase* (I), die bei kurzer Inkubation bei p_H 7,4 Aminosäuren (II) frei macht. I ist instabil u. wird bereits innerhalb 1—1½ Std. nach dem Tode inaktiv. Papierchromatograph. konnte die Freisetzung von mindestens 9 verschied. II, die nicht aus den in den Gehirngeweben anwesenden Peptiden u. Polypeptiden stammten, nachgewiesen werden. 0,01 mol. Cystein oder KCN inaktivieren I nicht, während 0,01 mol. Jodacetat u. 0,005 mol. $CuSO_4$ nahezu vollständig hemmen. Das Enzymsyst. der weißen Gehirnsubstanz (Kaninchen) ist 75% wirksamer als das der grauen. Die Anfangsaktivität in Rattengehirn entspricht einer Freisetzung von 1,8 γ Amino-N/mg Trockengewicht/Stunde. I unterscheidet sich von *Gehirnkathepsin* hinsichtlich p_H-Optimum, Stabilität, Extrahierbarkeit, Verh. gegenüber Inhibitoren u. Verteilung in der grauen u. weißen Gehirnsubstanz. (Biochim. biophysica Acta [Amsterdam] **13.** 92—97. Jan. 1954. Cardiff, Wales, Whitchurch Hosp., Neuropsychiatric Res. Centre.) K. MAIER. 4210

H. Blaschko und **Jean M. Himms,** *Die enzymatische Oxydation von Aminen bei Decapoden.* Das Enzym *Aminoxydase* (I) wurde in vielen Organen von *Sepia officinalis* u. *Loligo forbesii* nachgewiesen. I oxydiert nicht nur *Tyramin* u. verwandte Verbb., z. B. *p-Oxyphenyläthanolamin* (*Octopamine*) u. *β-Phenyläthylamin,* sondern auch aliphat. Monoamine mittlerer Kettenlänge (etwa C_4—C_{10}, je nach I-Quelle), langkettige Diamine, z. B. *Tridekamethylendiamin,* sowie *Tryptamin* u. *5-Oxytryptamin.* Die Substratspezifität von *Sepia-* u. *Loligo-* ist derjenigen der Säugetier-I sehr ähnlich. In der Leber von *Loligo* wurde *D-Aminosäureoxydase* nachgewiesen. (J. exp. Biology **31.** 1—7. März 1954. Oxford, Univ., Dep. of Pharmacol.; Plymouth, Marine Biol. Labor.) K. MAIER. 4210

R. L. Blakley, *Folsäure als Coenzym der gegenseitigen Umwandlung von Serin und Glykokoll.* Die Umwandlung von *Serin* (I) in *Glykokoll* (II), $CH_2OH \cdot CHNH_2 \cdot COOH \rightleftharpoons CH_2NH_2COOH + HCHO$, wurde durch anaerobe Inkubierung von $^{14}C_{(2)}$-L-I in Ggw. eines lösl. Enzyms (III) aus Taubenleber untersucht, wobei bei Versuchsende Träger-II zugesetzt u. chromatograph. Dinitrophenylderiv. abgetrennt u. gemessen wurde. Bei Verwendung gut dialysierter **III**-Präpp. bewirkte *Folsäure* (**IV**) eine beträchtliche Aktivierung. Der Nachw. des reversiblen Charakters der Rk. gelang durch Inkubierung der $^{14}C_{(2)}$-II u. *L*-I in Ggw. von III, wobei Einbau von ^{14}C in I, vorwiegend in das α-*C*-Atom, erfolgte. Die reversible Rk. katalysierende III-Präpp. wurden ebenfalls durch **IV** u. gekochten Hefe- oder Leberextrakt, maximal durch Zusatz beider, aktiviert. Bei dialysierten III-Präpp. bewirkte **IV** ($1{,}5 \cdot 10^{-4}$ mol.) eine 70fache Aktivitätszunahme. (Biochem. J. **56.** XVII. Febr. 1954. London, Mill Hill, Nat. Inst. for Med.Res.) K. MAIER. 4210

Madeline K. Keech, *Die Wirkung von Kollagenase auf menschliches Hautkollagen. Ein Vergleich zwischen verschiedenen Altersgruppen und von Fällen mit und ohne Kollagenkrankheit.* Klin. Bericht über 75 Fälle aller Altersgruppen. An Unterleibshautstückchen wurde der Betrag der Hydrolyse durch Mikro-KJELDAHL bestimmt. Mit zunehmendem Alter erfolgt Absinken des Hydrolysebetrages, bei Kindern ist er ca. 2 mal so groß. Fälle mit sogenannter Kollagenkrankheit zeigten höhere Durchschnittswerte, deren Unterschiede aber als nicht bedeutsam zu werten sind. An einem Falle mit Dermatomyositis konnte keine Hydrolyse beobachtet werden. (Yale J. Biol. Med. **26.** 295—306. Febr. 1954. Yale Univ., School of Med., Sect. of Preventive Med.) BRATFISCH. 4210

W. J. Pepler und **F. A. Brandt,** *Ein Beitrag zur Natur des elastolytischen Enzyms und der Struktur von Elastin.* Vff. glauben an die Identität von spezif. *Elastase* (I), hergestellt aus Rinderpankreas u. bakterieller *Chondrosulfatase* (II), erhalten aus Pyocyaneus pyocyanea u. Proteus vulgaris. Die Einw. von I oder II auf Gewebsschnitte für kurze Zeit zeigt chondrosulfolyt. Wrkg., nach längerer Einwirkungsdauer

Elastolyse. Nach vorangehender Anfärbung des elast. Gewebes wird bei Einw. von I oder II die elastolyt. Wrkg. gehemmt.

Versuche: *Pankreas-Elastase* aus Pankreaspulver nach WILLSTÄTTER u. WALDSCHMID-LEITZ (Hoppe-Seyler's Z. physiol. Chem. **125.** [1923.] 132). Gebraucht wurde eine 1% ig. wss. Lsg. p_H 8,8, nach 2 Std. Incubation bei 37° p_H 6,6. Das Arbeiten mit Pufferlsgg. ist jedoch nicht notwendig. *Chondrosulfatase* durch Behandlung von *P. vulgaris* u. *Ps. pyocyanea* mit Aceton, 2 Std. Waschen mit Ae./Acetonlsg., dann mit Ae. 2 Std., Filtrieren, Trocknen der Bakterien über Nacht auf Filtrierpapier u. Mörsern. Verwendung von wss. Extrakten. Färbemethoden: WEIGERTs Anfärbung für elast. Gewebe (bas. Fuchsin u. Resorcin) u. VERHOEFFs Hämatoxylin Methode. Zur Anfärbung von metachromat. Substanz wss. Toluidinblau (PEARSE 1953). (Brit. J. exp. Pathol. **35.** 41—45. Febr. 1954. Johannisburg, South African Inst. for Med. Res. Dep. of Pathol.) BRATFISCH. 4210

Eugen Bamann, Elsa Ullmann, Auguste Schuegraf und **Rudolf Boshart,** *Verhalten einiger Samenlipasen bei der Spaltung racemischer Ester.* 1. Mitt. *Über asymmetrische Esterhydrolyse durch pflanzliche Enzyme.* Die *Samenlipasen* von Nigella sativa, Nigella damascena, Ricinus communis u. Chelidonium majus zeigen bei der Hydrolyse von *rac. Mandelsäureester* stereochem. Spezifität. Die Geschwindigkeit der Mandelsäureesterspaltung durch die untersuchten Enzympräpp. ist gegenüber der Tributyrinspaltung gering. Bei Vorbehandlung von entfettetem Chelidoniumsamenpulver mit Phosphatpuffer (p_H 5,2) bei 37° verliert der Enzymkomplex an Wirksamkeit, dagegen verstärkt sich seine opt. Spezifität. Ähnliche Effekte sind auch bei Quellung von Chelidoniumsamen zu beobachten. Die Enzymmenge besitzt lediglich bei Chelidoniumlipase Einfl. auf die spezif. Drehung der isolierten Mandelsäure. Von der Substratkonz. ist das opt. Auswählen unabhängig; Abweichungen bei Chelidoniumsamen dürften nach Vff. auf unterschiedliche Quellung zurückzuführen sein. Toluolzusätze bewirken eine Hemmung der Verseifungsgeschwindigkeit, bei Nigella sativa wird auch das opt. Auswählen beeinflußt. (Biochem. Z. **325.** 170—81. 1954. München, Inst. für Pharmazie u. Lebensmittelchemie.) M. W. ROTHE. 4210

Sam Brody, *Quantitative Untersuchungen über die Nucleinsäuren und die Nucleaseaktivität während der Entwicklung der menschlichen Placenta.* Zusammenfassung u. Diskussion früher veröffentlichter Unterss. des Vf. (C. **1954.** 5559. **4407**; Acta chem. scand. **7.** [1953.] 495. 502. 507.) zur quantitativen Best. von *Pentosenucleinsäure* (P.N.A.) u. *Desoxypentosenucleinsäure* (D.N.A.), sowie der Aktivität von *DNase* u. *PNase.* (Acta obstetr. gynecol. scand., Suppl. **32.** Nr. 6. 1—32. 1953. Stockholm, Karolinska Inst., Dep. of Pathology.) GENEST. 4210

Rémy Richou, Raoul Kourilsky und **Jacqueline Schlaepfer,** *Einfluß von Formaldehyd und gleichzeitiger Wärmeeinwirkung auf die Enzymaktivität der Kulturfiltrate verschiedener Mikroorganismen.* In bei 40° gehaltenen Filtraten von Proteus, Pseudonomas aeruginosa u. Bact. subtilis, die 0,5% *Formaldehyd* enthielten, konnten noch nach 90 u. mehr Tagen eine gelatinolyt. Aktivität festgestellt werden. Bei 60—80° war die Enzymaktivität nach 30 Min. noch kaum beeinflußt. (C. R. hebd. Séances Acad. Sci. **238.** 297—98. 11/1. 1954.) KRUSEN. 4210

W. Radsma und **H. L. Golterman,** *Der Einfluß von Adrenalin und Adrenochrom auf den Sauerstoffverbrauch von Leberhomogenaten. Adrenochrom* (**I**) katalysierte in Konzz. von 0,1—1 γ/cm³ die Oxydation von *Ascorbinaten* mit mol. O_2 in RINGER-KREBS-Lösung. In Konzz. von 10—100 γ/cm³ beeinflußten *Adrenalin* u. **I** den O_2-Verbrauch eines aus verd. Leberhomogenat (Ratte), *Succinat* u. *Ascorbinat* (**II**) (150 γ/cm³) bestehenden Syst. nicht. **I** hemmte in Konzz. von 10—100 γ/cm³ konstant den O_2-Verbrauch eines aus verd. Rattenlerberhomogenat, *Diphosphopyridinucleoteid* (**III**), **II** u. *Lactat* (**IV**) zusammengesetzten Syst. u. stimulierte in gleichen Konzz. konstant den O_2-Verbrauch eines aus verd. Homogenat, **III** u. **IV** bestehenden. Es sind damit 3 Systemarten festgestellt, in denen **I** je nach Ggw. verschied. n. Gewebsmetabolite (als Substrate oder katalysierende Agentien des O_2-Verbrauchs) keine, eine beschleunigende oder eine hemmende Wrkg. ausübt. (Biochim. biophysica Acta [Amsterdam] **13.** 80—86. Jan. 1954. Amsterdam, Municipal Univ., Labor. of Physiol. Chem.) K. MAIER. 4210

E₃. Mikrobiologie. Bakteriologie. Immunologie.

H. Kozukue, *Über die Erzeugung hitzekoagulierbarer Substanzen in Kulturmedien durch gewisse Bakterien.* Des öfteren wurde aus 3%ig. NaCl–Glycerin–Polypepton–Agar (GPA) bei 25° in 2 Wochen durch Leuchtbakterien eine wärmekoagulierbare Substanz (**I**) erzeugt, die aber nicht mit Sicherheit isolierbar war u. nicht zu den Proteinen zu gehören scheint. Nur bei raschem Wachstum (nahe p_H 6,0) u. starkem Leuchten wird I beobachtet, Glycerin fördert deren Bldg., Mannit u. Dextrin in gewissem Grade, Glucose nicht. Eine ähnliche Erscheinung zeigt sich im Falle von B. pyocyaneus, wo die Bldg. blaugrüner Färbung der Bldg. von I entgegengesetzt verläuft (in 0,5%ig. NaCl–GPA). (Tokyo Jikeikai med. J. **67.** 26–30. 7/12. 1952. Tokyo. [Orig.: japan.]) SCHULER. 4320

Maurice Lemoigne, Regina Tinelli und **Paul Brechot,** *Die regulierende Wirkung von Sauerstoff auf die Verwertung von Nitratstickstoff durch strikt aerobe Bakterien. B. subtilis*-Kulturen in einem anorgan. Salze (140 mg Nitrat-*N*/100 cm³) u. Glucose enthaltenden Medium wurden unter wechselnden Bedingungen belüftet. Bei schwacher Belüftung erfolgte schwaches Wachstum bei relativ starker Nitrat-Red., wobei das Verhältnis $N_{red.}/N_{Protein} > 4$ ist, bei besserer Luftzufuhr sehr gutes Wachstum, jedoch ist die Nitrat-Red. noch größer als notwendig ($N_{red.}/N_{Protein} = 3$), bei intensiver Luftzuführung sehr gute Entw., ohne daß merkliche Mengen Nitrit-*N* oder NH_3-*N* nachweisbar sind ($N_{red.}/N_{Protein}$ ca. 1), wobei der nicht in Eiweiß-*N* umgewandelte *N* als Nitrit-*N* erhalten bleibt. O_2-Zufuhr verlangsamt das Wachstum u. hemmt es vollständig, wenn die O_2-Tension das 4fache derjenigen der Luft ausmacht, durch Unterbrechung der Nitratverwertung. O_2 reguliert, außer seiner Funktion als **H**-Acceptor, die Bldg. oder die Tätigkeit des nitritreduzierenden Systems. (C. R. hebd. Séances Acad. Sci. **232.** 899–901. 26/2. 1951.) K. MAIER. 4320

J. Gordon, R. A. Holman und **J. W. McLeod,** *Weitere Beobachtungen über die Bildung von H_2O_2 durch anaerobe Bakterien.* Der direkte Nachw. von H_2O_2 in mit O_2 versetzten Sedimenten von fl. Anaerobierkulturen gelingt meist nicht infolge Maskierung des H_2O_2 durch Nährbodenrückstände bzw. Stoffwechselprodukte. Der indirekte Nachw. (komplette Entfernung aller Nährbodenreste u. Stoffwechselprodd. sowie die Aufschwemmung des Sediments in H_2O_2-freiem dest. W. mit nachfolgender O_2-Behandlung) ergibt regelmäßig positive Resultate. Unterss. an Cl. oedematiens, Cl. welchii u. Cl. sporogenes. (J. Pathol. Bacteriol. **56.** 527–37. Okt. 1953. Leeds, Univ., Dep. of Bacteriol.) ZELLER. 4320

Andrew J. Moyer, *Die Wirkung von Alkoholen auf die mikrobielle Citronensäure-Produktion in Oberflächen- und Submerskulturen.* 1. Mitt. *Wesen der Alkoholwirkung.* Die jüngst entdeckte stimulierende Wrkg. niederer Alkohole (Methanol, A., Isopropanol) auf die *Citronensäure* (**I**)-Produktion durch Aspergillus niger in Oberflächen- wie Submerskulturen wird bes. im Hinblick auf die Wechselwrkg. zum Spurelementengeh. der Nährlsg., zur Anfangsacidität des Mediums u. zur Art u. Menge des eingesetzten Impfmaterials genauer untersucht. — A. u. in stärkerem Maße Methanol erhöhen die **I**-Ausbeute durch A. niger in einem synth. glucosehaltigen Nährmedium (ca. 12% Glucose). Die **I**-Ausbeute wird zusätzlich gesteigert durch Ansäuerung der Nährlsg. mit **I** (z. B.: bei 10 cm³ 0,5 n **I** + 2,5% Methanol in 100 cm³ erscheinen bei 7tägiger Schüttelkultivierung 74,8% der verbrauchten Glucose als **I**). Die Toleranz des Pilzes gegenüber Zn, Mn u. Fe ist in Ggw. der Alkohole beträchtlich erhöht. Die optimale Zus. der Nährlsg. muß für die einzelnen Pilzstämme erst experimentell ermittelt werden. (Appl. Microbiol. **1.** 1–7. Jan. 1953. Peoria, Ill., North. Reg. Res. Labor.) J. KEIL. 4320

Andrew J. Moyer, *Die Wirkung von Alkoholen auf die mikrobielle Citronensäureproduktion in Oberflächen- und Submerskulturen.* 2. Mitt. *Vergärung ungereinigter Kohlenhydrate.* (1. vgl. vorst. Ref.) Die Erkenntnis, daß niedere Alkohole, vor allem *Methanol,* die gärungshemmende Wrkg. gewisser Schwermetallionen weitgehend aufzuheben vermögen (vgl. vorst. Ref.), wird verwertet, um verschied. Kohlenhydrate, wie sie in ihrer natürlichen Quelle zur Verfügung stehen (ungereinigt, jedoch wo nötig durch Nährsalz- u. Zn-Zusätze ergänzt), mittels Aspergillus niger direkt zu vergären (Mais- u. Weizenstärkemaischen, techn. Glucose, Rüben- u. Rohrzuckermelassen). — Bei einer Dosis Methanol in der Menge von $^1/_6$–$^1/_4$ des eingesetzten Zuckers ist die Ausbeute an Citronensäure sowohl in der Oberflächen- als auch in der Submerskultur sehr günstig. — Zuckerkonz. um 12%, Gärdauer 7–9 Tage, Temp. 27 oder 32°. Ausbeute je nach Substrat u. Pilzstamm stark schwankend. Die besten Werte liegen bei 100%, bezogen auf verbrauchten Zucker (Oberflächenkultur) oder bei 70% (Schüttelkultur). (Appl. Microbiol. **1.** 7–13. Jan. 1953. Peoria, Ill., North. Reg. Res. Labor.) J. KEIL. 4320

H. Kozukue, *Untersuchungen über den Einfluß von Uranin auf das Licht von Leuchtbakterien.* Durch Zusatz von *Uranin* (Fluorescin-Na) (**I**) zum Kalk–Agar-Nährboden, am stärksten bei 1 : 2000, wird der unter 500 mμ liegende Bereich der ursprünglichen Strahlung (Maximum bei 485) von Micrococcus physiculus absorbiert, das Maximum unter Schwächung auf die Hälfte nach 535 verschoben. Desgleichen wird das Wachstum gehemmt. Die Verschiebung nach Gelb scheint durch die Anregung der Fluorescenz des I verursacht. — 3 Spektralphotos. (Tokyo Jikeikai med. J. **67.** 31. 7/12. 1952. Tokyo. [Orig.: japan.]) SCHULER. 4320

Ian M. Dawson, Iwo Lominski und **Harold Stern,** *Elektronenmikroskopische Untersuchungen über die Wirkung von Cetyltrimethylammoniumbromid an Staphylococcus aureus.* Die Wrkg. von *Cetyltrimethylammoniumbromid* (I) auf Staphylococcus ist konzentrationsabhängig. Niedere Konzz. (0,003—0,01%) bewirken einen deutlichen Anstieg der Autolyse der Bakterienzellen, mittlere Konzz. (0,01—0,03%) ein Verschwinden der Zellwand, ohne daß jedoch das Cytoplasma aufgelöst wird. Hohe Konzz. (0,1% u. mehr) führen zu einer Zellfixation. Die bactericide Wrkg. von I wird durch Spaltung der Lipoproteinkomplexe in der Zelle erklärt, niedere Konzz. von I lassen eine beschleunigte Autolyse zu, bei höheren dagegen steht die Eiweißdegeneration im Vordergrund (Inaktivierung der Autolyseenzyme u. Fixation). (J. Pathol. Bacteriol. **56.** 513—26. Okt. 1953. Univ. of Glasgow, Dep. of Chem. and Bacteriol.) ZELLER. 4330

F. Tison, *Empfindlichkeit verschiedener Keime und des Kochbacillus gegenüber Isonicotinsäurehydrazid.* Hinweis auf die spezif. Eig. von *Isonicotinsäurehydrazid* (**I**), den Kochbacillus in vitro in einer Konz. von 0,1 γ/cm^3 zu hemmen, während einige grampositive u. gramnegative Bakterienarten selbst bei 100 γ/cm^3 durch **I** nicht gehemmt werden. (Ann. Inst. Pasteur **82.** 760—61. Juni 1952. Haute Savoie, Sanat. de Praz-Coutont.) DOSSMANN. 4330

J. Richter, *Tuberculostatica und Resistenz.* (*Untersuchungen an TbB-Stämmen über die Empfindlichkeit und deren Verminderung.*) Die tuberkulostat. Dosen von *Streptomycin* (**I**), Conteben, PAS, Neoteben (**II**) verhalten sich wie 100 : 10 : 5 : 1. Die höchste Quote resistenter Stämme wurde gegenüber **II** mit 52% gefunden, es folgen PAS mit 31%, Conteben mit 27% u. **I** mit 18%. Resistenz oder verminderte Empfindlichkeit gegenüber **I** tritt fast nur gemeinsam mit diesen Erscheinungen gegenüber anderen Tuberculostaticis auf, dagegen wird sie gegenüber **II** in der Mehrzahl der Fälle isoliert gefunden. (Z. Hyg. Infektionskrankh. **138.** 535—41. 1954. Stade, Staatl. Medizinaluntersuchungsamt.) GERDA SCHULZE. 4330

Takao Suzuki, *Der Einfluß verschiedener chemischer Präparate auf den Sauerstoffverbrauch von Mycobacterium tuberkulosis.* Messung des O_2-Verbrauchs von Tuberkelbacillen BCG mit WARBURG-App. vor u. nach Hinzufügung von *Streptomycin* (**I**), *PAS* (**II**), *Isonicotinsäurehydrazid* (**III**), *Na-Salicylat* (**IV**), *Na-Benzoat* (**V**), *Rhodaminen* (**VI**) u. *Chinon*-Derivv.; **I** u. **II** zeigten in SAUTON-Fl. deutlichere Hemmwrkg. als in physiol. NaCl-Lsg., mit **IV** u. **V** in beiden Medien gleiche Hemmwrkg.; sie ist bes. hoch mit **III**; **VI** B konz. u. **VI** *6GCP* sind etwa gleichwertig **III**; dagegen wurde stimulierende Wrkg. auf die O_2-Aufnahme mit *3-Chlor-4-oxybenzolazoformamid*, *1.4-Benzochinonmonosemicarbazon* u. *2.5-Diäthoxy-1.4-benzochinon* festgestellt. (Sci. Rep. Res. Inst. Tôhoku Univ., Ser. C **5.** 27—34. Juni 1953. Sendai, Japan, Tôhoku Univ., Res. Inst. for Tuberculosis and Leprosy.) DOSSMANN. 4330

Hans-Detlef v. Pentz, *Über den Einfluß einiger physiologischer Faktoren auf die Hemmstoffabsonderung bei Penicillium Link und Trichoderma Tode.* Bei Penicillium u. Trichoderma ist die antibiot. Fähigkeit nur bestimmten Stämmen dieser Gattungen eignen u. steht nicht in Beziehung zu den systemat. Untergruppen der Gattungen. Der von Penicilliumstämmen ausgeschiedene Hemmstoff ist in qualitativer u. quantitativer Hinsicht den einzelnen Bakterienstämmen gegenüber von unterschiedlicher Wirkung. Durch Einw. von Röntgenstrahlen auf keimende Penicilliumkonidien konnte die ausgeschiedene Hemmstoffmenge einiger Stämme verändert werden. 2 inakt. Stämme wurden zu antibiot. Aktivität angeregt. Spezif. Stoffe bestimmter Nährböden besitzen anscheinend bei den betreffenden Stämmen einen Einfl. auf die Quantität des Hemmstoffes. Die soziolog. Verhältnisse scheinen eine gewisse Bedeutung für die Hemmstoffausscheidung der Stämme zu haben. (Zbl. Bakteriol. Parasitenkunde, Infektionskrankh., Hyg., II. Abt. **107.** 506—22. 26/4. 1954. Stuttgart, TH, Botan. Inst.) GERDA SCHULZE. 4340

Hans Lodenkämpfer und **Werner Klein,** *Über die Bildung keimhemmender Wirkstoffe durch die Plocamobakterien und ihre biologische Bedeutung für den Menschen.* In vitro-Verss. über den Bakterienantagonismus in Mischkulturen mit Milchsäurebakterien haben eine p_H-Wrkg. derselben ausgeschlossen, ihr kommt höchstens eine unterstützende Funktion zu. Es wird vielmehr die Bldg. eines antimikrobiellen wachstumshemmenden Wirkstoffes angenommen, der mit dem gleichzeitig gebildeten Acetylcholin nicht ident. ist. Da einige recht anspruchsvolle Plocamobakterien normalerweise auf der menschlichen u. tier. Schleimhaut vorkommen, die die gleichen Aminosäurekomplexe für ihr Wachstum benötigen wie die Schleimhaut selbst, können aus ihrer An- bzw. Abwesenheit pathogenet. Schlußfolgerungen für die Schleimhäute gezogen werden. (Z. Hyg. Infektionskrankh. **138.** 542—53. 1954. Hamburg, Allg. Krankenhaus St. Georg, Bakteriol.-serolog. Inst.) GERDA SCHULZE. 4340

H. R. Garner, Henry Koffler, P. A. Tetrault, Mohammed Fahmy, Mary Virginia Mallett, R. A. Faust, R. L. Phillips und **Nester Bohonos,** *Faktoren, die den Streptomycinertrag bestimmen.* Zum Unterschied. im Verh. des *Streptomyces griseus* Stamm 4, welcher in dem Original-WAKSMAN-Nährmedium die höchsten *Streptomycin* (I)-Ausbeuten liefert (also bei 5 g Pepton, 5 Fleischextrakt, 10 Glucose u. 5 NaCl pro Liter dest. W.), ergibt Stamm E 15—1 höhere I-Gehh., wenn das Medium mit Leitungswasser bereitet u. nur die Hälfte (2,5 g/Liter) Fleischextrakt zugesetzt wird. Offenbar wird durch ein Medium solcher Zus. der diesem Organismus zukommende optimale Mineralsalzspiegel geboten. Diesem entsprechen ungefähr an Fe 1 mg, an Mg 30 u. an Gesamt-P 40 mg pro Liter. (Amer. J. Bot. **40.** 289—96. Mai 1953. Lafayette, Ind., Univ., Dep. of Biolog. Sci. and Agric. Chem.) J. KEIL. 4340

J. B. Gunnison, M. C. Shevsky, J. A. Bruff, V. R. Coleman und **E. Jawetz** (unter techn. Mitarbeit von **D. Groom** und **P. Howard**), *Untersuchungen über antibiotischen Synergismus und Antagonismus: Die in vitro Wirkung von Antibiotica-Kombinationen auf Bakterien, die verschiedene Resistenz gegen einzelne Antibiotica besitzen.* Vff. untersuchten das Verh. von Bakterien, die hochempfindlich gegen Antibiotica der Gruppe I (*Penicillin, Streptomycin, Bacitracin, Neomycin*) waren u. die durch Stoffe der Gruppe I allein rascher abgetötet wurden, als durch Kombinationen von Verbb. der Gruppe I + II (*Chloramphenicol, Aureomycin, Terramycin*). Resistente Varianten aus solchen Kulturen wurden dann der Wrkg. einzelner oder kombinierter Antibiotica ausgesetzt. Dabei wurde beobachtet, daß ein Antibioticapaar, das auf einen antibiot. empfindlichen Stamm antagonist. wirkte, keine synergist. Wrkg. auf resistente Tochtervarianten aus derselben Mutterkultur ausübte. Der Typ einer kombinierten Wrkg. (Synergismus, Indifferenz oder Antagonismus) blieb in einem gegebenen Testsyst. durchweg stabil. Diskussion u. Vgl. der Ergebnisse mit denen anderer Autoren. (J. Bacteriol. **66.** 150—58. Aug. 1953. San Francisco, Calif., Univ. of California, School of Med., Dep. of Microbiol.) GOEBEL. 4340

E. I. Stoltz und **D. J. Hankinson,** *Antibiotica und Milchsäureerreger.* Die bekannte Erscheinung, daß mit Antibioticis behandelte Kühe (gegen Mastitis usw.) Milch liefern, welche zur Herst. von Molkereiprodd. ungeeignet oder schlecht geeignet ist, wird durch Laborverss. exakter ergründet. — Milchsäureerreger u. andere nützliche Milch- u. Käsemikroben (*Streptococcus cremoris, Str. lactis, Leuconostoc, Lactobacillus, Propionibacterium* u. a.) werden mehr oder weniger stark im Wachstum u. im Stoffwechsel gehemmt, wenn die Milch folgende Konzz. an Antibioticis aufweist (pro cm^3): 1,0 oder 0,1 E. *Penicillin*; 5,00, 1,00 oder 0,1 mg *Streptomycin*; 5,00 mg Streptomycin + 1,0 E. Penicillin kombiniert oder 0,1 mg *Streptomycin* + 0,01 E. *Penicillin* kombiniert; 0,50 oder 0,25 μg *Aureomycin* u. 5,0 oder 1,0 mg *Tyrothricin.* (Appl. Microbiol. **1.** 24—29. Jan. 1953. Amherst, Mass., Univ., Dep. of Dairy Industry.) I. KEIL. 4340

William E. Schatten und **Robert F. Parker,** *Die Bewertung der Agarverdünnungsmethode für die Bestimmung der Bakterienempfindlichkeit gegen Antibiotica.* Die Agarverdünnungsmeth. u. die Röhrenverdünnungsmeth. sind klin. gleichwertig. Bei beiden wird der Endpunkt durch die vollständige Wachstumshemmung der Bakterien bestimmt. *Aureomycin*-haltige Platten können 3 Wochen ohne Verlust ihrer Wirksamkeit aufbewahrt werden; Platten, die *Penicillin, Bacitracin, Streptomycin, Chloramphenicol* u. *Terramycin* enthalten, 4 Wochen. Die Agar-Diffusionsmeth. ist nicht gleichwertig. Der Endpunkt wird durch den Durchmesser der Hemmzone nach 24 Std. Incubation bei 37° bestimmt. Die Resultate weichen von denen mit der Röhrenverdünnungsmeth. erhaltenen erheblich ab. (Proc. Soc. exp. Biol. Med. **82.** 574—77. April 1953. Cleveland, O., Univ., Dep. of Surg. and Microbiol.) J. WEINMANN. 4340

Hermann Kölbel, *Die Lichtfilter im Fluorescenzmikroskop zur Darstellung des Mycobacterium tuberculosis.* Es wird eine Meßanordnung zur quantitativen Unters. der Fluorescenz auramingefärbter Tuberkelbazillen (I) beschrieben, bestehend aus Fluorescenzmikroskop mit Bogenlampe, kleinem Spektrographen u. photograph. Verschluß bzw. BECKMANN-Spektrophotometer. Wie an Hand der Lage von Fluorescenz- u. Absorptionsbande der I gezeigt wird, eignen sich gut als Filter zur Aussonderung des erregenden UV das SCHOTT-Filter UG 5 zusammen mit einer $CuSO_4$-Lsg. u. zur Trennung des Emissionslichtes (Maximum 5560 Å) ein „GP"-Okularfilter, das eine dem GG 11 ähnliche Durchlässigkeit, aber nicht dessen störende Eigenfluorescenz besitzt. (Naturwissenschaften **39.** 528. Nov. 1952. Borstel, Tuberkuloseforsch.-Inst.) RUDOLPH. 4350

H. Kozukue, Y. Yokota, H. Kawamura und **Odawara**, *Über eine neue Färbemethode für Mycobacterium tuberculosis in Sputum.* Das Verf. nach ZIEHL-NEELSEN dient zur 1. Anfärbung in der Wärme, nach Waschen mit W. u. 3% HCl–Al. u. wieder W. wird mit dem fluorescierenden *Auramin* (0,2% oder 3—5% Phenol + 0,1% Auramin) 10—20 Sek. behandelt u. mit W. gewaschen, getrocknet u. beobachtet. Damit ist etwa die doppelte Anzahl Tbc-Keime erkennbar, neben einigen (4) anderen Vorzügen im Vgl. zur alten Methode. (Tokyo Jikeikai med. J. **67.** 15—17. 7/12. 1952. Tokyo. [Orig.: japan.].) SCHULER. 4350

H. Kozukue, *Über die Beizwirkung von Alkali auf das Fluorescenzfärbeverfahren von Tuberkelbazillen.* Durch Zusatz von Alkali, am besten *Borax* (I) (gesätt. auf 5fach verd. Lsg.) zu *Auramin* (0,2%, getrennt von I, erst vor Gebrauch 1 : 1 mischen) wird eine Beizwrkg. beim Anfärben von B. tuberculosis erregt, die die Anfärbung, auch im Vgl. zur Phenol–Beizenfärbemeth., verbessert. — 33 Tabellen u. 14 Literaturangaben. (Tokyo Jikeikai med. J. **67.** 45—53. 7/12. 1952. Tokyo. [Orig.: japan.].) SCHULER. 4350

R. Katayama, *Fluorescenzmikroskopische Untersuchung oraler Spirochäten.* 1. Mitt. *Bei Behandlung mit dem Fluorescenzfarbstoff Auramin O.* Für die verbesserte Anfärbung von oralen Spirochäten, z. B. Borelia Vincenti, Treponema microdentium u. macrodentium, bewährte sich am besten 1,5—ca. 2% *Phenol* zu 1 : 6000—1 : 8000 *Auramin*-Lsg. — 2 Mikrophotos. (Tokyo Jikeikai med. J. **67.** 60—64. 7/12. 1952. Tokyo. [Orig.: japan.].) SCHULER. 4350

R. Katayama, *Fluorescenzmikroskopische Untersuchung oraler Spirochäten.* 2. Mitt. *Bei der Behandlung mit dem Fluorescenzfarbstoff Rivanol.* (1. vgl. vorst. Ref.) Für die Fluorescenzfärbung am günstigsten ist bei Beobachtung in Suspension 1500fache Verdünnung von *Rivanol* (I), wobei sogar Kerne u. Geiseln beobachtbar sind. Stärker verd. ist I dem Auramin O etwas unterlegen. (Tokyo Jikeikai med. J. **67.** 65—68. 7/12. 1952. Tokyo. [Orig.: japan.].) SCHULER. 4350

R. Katayama, *Fluorescenzmikroskopische Untersuchung oraler Spirochäten.* 3. Mitt. *Bei Behandlung mit dem Fluorescenzfarbstoff Thioflavin S.* (2. vgl. vorst. Ref.) Der geeignetste Konzentrationsbereich für die Beobachtung in Suspension mit *Thioflavin S* (gelbgrüne u. grüne Fluorescenz, diese noch bei 9000—10000facher Verdünnung) ist 500—2000 x. Die Windung von Treponema microdentium läßt sich bei 4000 x noch erkennen, dsgl. die Kerne u. Geiseln der Spirochäten. (Tokyo Jikeikai med. J. **67.** 69—71. 7/12. 1952. Tokyo. [Orig.: japan.]) SCHULER. 4350

Bernard Siegel, George A. Candela und **Ronald M. Howard**, *Die chromatographische Isolierung der Polysaccharide aus Mycobacterium tuberculosis.* Ein Acetolysat aus einer 10 Wochen alten, filtrierten, eingeengten u. elektrodialysierten Kultur enthielt 12 verschied. Polysaccharide (P.). Ein durch Elektrolyse gewonnener Extrakt aus getrockneten Bakterien lieferte weitere 9 verschied. P. Die hergestellten P.-haltigen Prodd. waren relativ rein, da bei der Elektrodialyse Proteine u. Nucleinsäuren ausfielen. Die chromatograph. Isolierung der einzelnen P. erfolgte in einer Silicagelsäule mit nachfolgender Elution durch Hexan, Chlf., Methylalkohol u. W. in verschied. Kombination u. Konzentration. Die P. wurden mittels UV-Absorption, polarimetr. u. serolog. untersucht, sie verhielten sich verschieden. 19 der 21 P. vermochten Antikörper aus Patientenserum zu binden. (J. Amer. chem. Soc. **76.** 1311—13. 5/3. 1954. Denver, Col., Fitzsimons Army Hosp.) FISCHOEDER. 4350

Earl Usdin, Gerald D. Shockman und **Gerrit Toennies**, *Tetrazoliumbioautographie.* Zur mikrobiol. Best. von papierchromatograph. getrennten Wachstumsfaktoren, die nach dem Verf. von WINSTEN u. EIGEN (Proc. Soc. Exp. Biol. Med. **67.** [1948.] 513) durch direktes Aufbringen eines Nährmediums auf Papier erfolgen kann, empfehlen Vff., durch Beimischung von 2 ml 2%ig. wss. Lsg. von *Triphenyltetrazoliumchlorid* (I) zu 100 ml Nährboden die Wachstumszonen der Organismen besser sichtbar zu machen. I wird durch wachsende Bakterien zu stark gefärbtem Formazan red., wodurch scharfe Abgrenzung u. Ausmessung der Wachstumszonen ermöglicht wird. (Appl. Microbiol. **2.** 29—33. Jan. 1954. Philadelphia, Pa., Lankenau Hosp. Res. Inst., Inst. for Cancer Res.) KRUSEN. 4360

T. H. Chen, S. F. Quan und **K. F. Meyer**, *Immunisierungsversuche gegen Pest.* 2. Mitt. *Die Komplementbindungs-Reaktion.* (1. vgl. BAKER u. Mitarbeiter, C. **1952.** 5433.) Die Komplementbindungs-Rk. mit Fraktion I (s. 1. Mitt., l. c.) als Antigen ist eine zuverlässige Methode zum Nachw. von Antikörpern bei Rekonvalescenten, geimpften Personen sowie bei geimpften Kaninchen u. Affen u. zur Prüfung von Bakterienstämmen u. Impfstoffen. (J. Immunology **68.** 147—57. Febr. 1952. San Francisco, Calif., Univ. of California, George Williams Hooper Foundation.) FISCHOEDER. 4370

John F. McCrea, *Untersuchungen über Influenzavirusreceptorsubstanz und ähnlicher Rezeptorsubstanz. 2. Mitt. Isolierung und Reinigung einer Mucoprotein-Rezeptorsubstanz aus mit Pentan behandeltem Human-Erythrozytenstroma.* (1. vgl. C. **1954.** 6751.) Isolierung einer Influenzavirus-Rezeptorsubstanz aus Human-Erythrozyten (E.) erfolgte durch Schütteln der E. mit Pentan zur Bldg. eines kolloid. Gels, aus dem die akt. Substanz mit 50%ig. A. extrahiert wurde. Es wurde ein stabiles, in W., 95%ig. Phenol u. Diäthylenglycol lösl. Mucoprotein (**I**) erhalten: N 10%, P 0,5%, S 2,6%, red. Zucker 14% u. Hexosamin 9,5%. Chromatographie: 2 Hexosamine (wahrscheinlich Glucosamin u. Galaktosamin), Galaktose, Fucose, u. Aminosäuren; ca. 4% Ae.-lösl. Lipoide wurden nach Säurehydrolyse in Freiheit gesetzt. UV-Spektr. deutet auf Ggw. von Nucleinsäure hin. Elektrophorese: 3 Komponenten; nach Enteiweißung: 2 Komponenten, von denen eine mit der virushemmenden Aktivität gegen LEE-Virus als Indikator in Verbindung steht. Eine 1% ig. **I**-Lsg. hemmte Hämoglutination (H.A.) durch erhitzten LEE-Virus zu einem Titer von 10000. Das Inhibitionsspektr. war: H. LEE > H. MEL > H. PR8 > PR8 > LEE = MEL. Die Fähigkeit, Virus-H.A. zu hemmen, geht verloren, wenn **I** mit aktivem Virus oder mit dem Rezeptorenzym von *V. cholerae* inkubiert wurde. Trypsin hatte keinen Einfl. auf die Verminderung der Anti-H.A.-Aktivität. (Yale J. Biol. Med. **26.** 191—208. Dez. 1953. London, Lister Inst. of Preventive Med.) BRATFISCH. 4374

Maurice Joly, *Veränderung der Teilchen des Tabakmosaikvirus in Lösung. Untersuchung durch Strömungsdoppelbrechung. 2. Mitt. Wirkung verschiedener chemischer Agentien.* (1. vgl. C. **1952.** 7038.) Nach der bereits beschriebenen Meth. wurde der Einfl. von Zusätzen von Natriumdodecylsulfat, Kaliumchlorid, Gelatine, Gummi arabicum u. Colchicin auf die mittlere Teilchenlänge u. den Polymerisationsgrad von Tabakmosaiklsgg. untersucht. Sämtliche Zusätze bewirken eine Dissoziation der großen Teilchen in Bruchstücke u. eine seitliche Agglutination, die durch die Strömung begünstigt wird u. bis zur Fällung führen kann. Der Mechanismus der seitlichen Zusammenballung wird erklärt. Auf den Einfl. der Konz. der Komponenten, des Alters der Lsgg., der Temp. u. des p_H wird eingegangen. (Biochim. biophysica Acta [Amsterdam] **8.** 245—256. März 1952.) WIEDEMANN. 4374

Frances A. Hallman, Joseph B. Michealson, Herbert Blumenthal und **James N. Delamater,** *Untersuchungen über den Kohlenhydratstoffwechsel von Endamoeba histolytica. 1. Mitt. Die Nutzbarmachung von Glucose.* Nach vorliegenden Verss. ist die Energiequelle für E. histolytica nicht in der direkten Nutzbarmachung von extrazellulärer Glucose zu suchen, es scheint vielmehr, daß bisher noch ungeklärte Stoffwechselvorgänge den Erfordernissen an Kohlenhydrat im Kulturmedium gerecht werden. (Amer. J. Hyg. **59.** 128—31. Jan. 1954. Los Angeles, Calif., Univ. of Southern California, School of Med., Dep. of Med. Microbiol., Biochem. and Med., u. Pasadena, Huntington Mem. Hosp., Inst. of Med. Res.) GERDA SCHULZE. 4380

E₄. Pflanzenchemie. Pflanzenphysiologie. Pflanzenpathologie.

L. P. Bresslawetz, *Die Wirkung hoher Dosen von Röntgenstrahlen auf Keime von Farnpflanzen (Dryopteris spinulosum).* Bei Röntgenbestrahlung von 81 Keimlingen mit 1000000 r zeigten 42 Keimlinge in allen (bis zu 5) entwickelten Zellen Chloroplastenschädigungen. Bei 15 Proben war der Inhalt der 1. Zelle geschädigt, bei 8 Proben der Inhalt der 1. u. 2. Zelle. Damit wird der frühere Befund des Vf. (Доклады Академии Наук СССР [Ber. Akad. Wiss. UdSSR] [N. S.] **76.** [1951.] 461) widerlegt, wonach durch Dosen oberhalb 500000 r der Zellzustand stabilisiert wird. (Доклады Академии Наук СССР [Ber. Akad. Wiss. UdSSR] [N. S.] **87.** 143—46. 1/11. 1952. Abt. biol. Wiss. der Akad. der Wiss. der UdSSR, Labor für Biophysik, Isotope u. Strahlungen.) LEBTAG. 4404

D. F. Heath und **P. O. Park,** *Ein irreversibler Cholinesteraseinhibitor im weißen Klee.* Durch vorherige Maceration mit W., Extraktion mit Chlf. sowie Entfernung des Chlorophylls wurden nach der Meth. von MICHEL (J. Lab. clin. Med. **34.** [1949.] 1504) unter Anwendung der Adsorption an Kieselgur (W. u. Chlf./Trichloräthylen 30:70) Eluate erhalten, in denen die *Anticholinesterase* Aktivitätsmessung erfolgte. Die Aktivität wurde ausgedrückt als Vol. der Lsg. in cm³ extrahiert aus 1 kg Klee, die 50%ig. Hemmung in einem Serum nach einer Incubation von 30 Min. bei 25,6° bewirken. Vier unbehandelte Kleeproben ergaben sehr unterschiedliche Werte, 3640, 4550, 640 u. 32, zwei mit akt. Octamethylpyrophosphoramid behandelte 2140 u. 10620. Die Differenzen wurden dadurch erklärt, daß die Esterase an Chlorophyll adsorbiert u. mit diesem entfernt wird. Beim Vgl. des menschlichen Serums mit Erythrocyten vom Menschen u. der Ratte wurde die gleiche Aktivität gefunden. Behandlung mit n-NaOH während 30 Min. bei 15° red. die Anticholinesteraseaktivität auf $^1/_3$. Diese wurde durch 7tägige Aufbewahrung in W. nicht verändert. Die Möglichkeit, daß es sich bei dem Cholinesteraseinhibitor um eine cyanbildende Verb. handelt u. daß durch Klee gegebenenfalls Zeichen einer Anticholinesterasevergiftung auftreten können, wird diskutiert. (Nature [London] **172.** 206. 1/8. 1953. Cambridge, Harston, Pest Control Ltd.) KATHEN. 4420

A. L. Kurssanow, M. W. Turkina und **I. M. Dubinina,** *Anwendung der Isotopenmethode zur Untersuchung der Bewegung der Zucker in den Pflanzen.* Die Unters. des *Zucker* (I)-Geh. der Zuckerrübe zu verschied. Tageszeiten ergab, daß in den Leitgefäßen Menge u. Zus. von I fast unverändert bleiben, während in der Blattspreite der I-Geh. sehr veränderlich ist. Wurde eine 1%ig., durch Kopfdüngung mit $^{14}CO_2$ erhaltene markierte Saccharose (II)-Lsg. in die Blattspreite 80 Tage alter Zuckerrübenpflanzen injiziert, so konnte schon nach 5 Min. II in den Leitgefäßen u. im oberen Teil des Blattstiels nachgewiesen werden, nach 15 Min. in der Basis des Blattstieles. I wanderte mit der Geschwindigkeit 70—80 cm/Std. vom Blatt zur Wurzel, die in 15 Min. erreicht wurde. Verss. mit markierter II u. markiertem einfachem I ergaben, daß I oder ein aus ihm gebildetes Prod. viel rascher wandert als Glucose u. Fructose. Dies wird dadurch bestätigt, daß die Leitgefäße des Blattes mehr II als Monosen enthalten. (Доклады Академии Наук СССР [Ber. Akad. Wiss. UdSSR] [N. S.] **93.** 1115—24. 21/12. 1953. Timirjasew-Inst. für Pflanzenphysiol. der Akad. der Wiss. der UdSSR.) LEBTAG. 4450

E. Gäumann, K. H. Richle, A. Riggenbach und **V. Flück,** *Über die Wirkung von Pyramidon auf pflanzliche Zellen. Pyramidon* (I) wirkt bei der Pflanze nicht wie im tier. Organismus gefäßverengend, sondern, wenn überhaupt, permeabilitätssteigernd. Es erhöht die Saugkraft von Tomatensprossen vorübergehend, wobei weitere I-Gaben keine weitere Rk. auslösen. Die Wirkungsschwelle liegt bei 0,2 mg/kg Lebendgewicht, die Toxizitätsgrenze bei 200 mg/kg (Vergilben der Blätter, blasige Deformationen). I schädigt rote Randen (Beta vulgaris rubra) durch Störung der *Semipermeabilität,* die einen Austritt von *Anthocyan* (II) zur Folge hat (colorimetr. Messung). In Ggw. von I erreicht der II-Austritt bei einer I-Konz. von 10^{-3} mol. ein Maximum, um dann wieder abzufallen. Nach I-Vorbehandlung wird eine Nachwirkung beobachtet, die mit der I-Konz. etwa linear ansteigt, aber unabhängig von der Dauer der Vorbehandlung ist. Vff. versuchen diese Verhältnisse zu deuten, indem sie annehmen, daß die Permeabilität der inneren Plasmagrenzschicht mit steigender I-Konz. irreversibel etwa linear ansteigt, während die des Plasmas u. der äußeren Grenzschicht bis zu einer I-Konz. von 10^{-3} mol. ebenfalls irreversibel ansteigt, bei weiterer Konzentrationserhöhung vermuten sie eine reversible Abdichtung. (Phytopathol. Z. **21.** 279—310. März 1954. Zürich, ETH, Inst. für spez. Bot.) HANS THIELE. 4450

W. W. Wiljams, *Die Biosynthese von Polyprenverbindungen in den Pflanzen.* 1. Mitt. Bei Verss. mit *Nepeta nuda, Mentha* u. *Kok-Saghyz* wurden der Chlorophyll (I)- u. Carotin (II)-Geh. bestimmt, nachdem die Pflanzen im Dunkeln gehalten worden waren. Die etiolierten Pflanzen enthielten nur Spuren von I u. kein II; in Abwesenheit von I wurde also kein II gebildet. Im Gegensatz zu der Annahme, daß sich Phytol (III) durch Zerfall von II bildet, wird daher als näherliegend betrachtet, daß II aus III entsteht, das sich aus I bei dessen fortgesetzter Zers. in den assimilierenden Geweben der Pflanze abspaltet. Danach werden zum Aufbau von 1 Mol. Carotinoid 2 Moll. I unter Freiwerden von 2 Moll. III verbraucht. Wenn diese Annahme zutrifft, muß jede Veränderung der äußeren Bedingungen, von denen die Intensität der I-Anhäufung im Assimilationsgewebe abhängt, sich auch auf die Anhäufung der gelben Pigmente auswirken, was tatsächlich auch beobachtet wurde. Solange in der ersten Periode der Verdunkelung ein Rückgang des I-Geh. nicht erfolgte, konnte eine Abnahme des Carotinoidgeh. beobachtet werden. Wenn dann infolge der Verdunkelung eine Abnahme des I-Geh. erfolgte, nahm der Geh. an Carotinoiden zunächst zu u. ging dann später zurück. Da der Wassergeh. der Pflanze sich bei der Verdunkelung verändern kann, wurde in weiteren Verss. mit Klette, Kürbis u. Tabak die Menge der Pigmente nicht auf die Trockensubstanz, sondern auf die gleiche Blattfläche bezogen. Auch diese Verss. bestätigten die Möglichkeit der Neubldg. von Carotinoiden bei gleichzeitiger Verminderung des Geh. an I in den Blättern, die der Verdunkelung unterworfen waren. (Известия Тимирязевской Сельскохозяйственной Академии [Nachr. Landwirtsch. Timirjasew-Akad.] **1953.** Nr. 3. 195—220.) A. JACOB. 4460

N. M. Ssissakjan, A. A. Krassnowski, Je. Ss. Michailowa und **G. P. Brin,** *Über Zusammenhänge zwischen photochemischen und enzymatischen Prozessen.* Durch Unterss. an 7—8 Tage alten Weizenkeimlingen u. an Bohnenblättern wurde nachgewiesen, daß das *Nicotinamid* (I) eine ungleiche Wrkg. gegenüber Dehydrasen (II) zeigt. Die II-Wrkg.

von *Hexosediphosphat, Glycerophosphat* u. *Glutaminsäure* wird in der Regel am stärksten durch I unterdrückt. Zusatz von Diphosphopyridinnucleotid (III) reaktiviert die durch I unterdrückten II verschieden stark. Die Atmung der Grünlsgg. u. lebenden Blätter wird durch I annähernd gleich stark gehemmt. Zusatz von III hebt die Hemmwrkg. wesentlich auf. Die durch I stark gehemmte photochem. Aktivität der grünen Lsgg. wird durch III nicht wiederhergestellt, ebensowenig die durch I weniger stark unterdrückte Photosynth. der Blätter. Die Hemmung der photochem. Aktivität u. Photosynth. durch I spricht für eine Beteiligung von II an diesen Prozessen. Das Fehlen einer reaktivierenden Wrkg. von III läßt auch eine andere Erklärung zu. (Биохимия [Biochemie] **18.** 725—31. Nov./Dez. 1953. Moskau, Bach-Inst. für Biochem. der Akad. der med. Wiss. der UdSSR.) LEBTAG. 4460

E_5. Tierchemie. Tierphysiologie. Tierpathologie.

C. A. Mawson und **M. I. Fischer,** *Das Vorkommen von Zink in der menschlichen Prostata.* In 7 n. Prostatadrüsen fanden Vff. 598—1265 (im Mittel 859) γ *Zn*/g Trockensubstanz. Während hypertrophierte Drüsen keine signifikanten Abweichungen im *Zn*-Geh. zeigten, wurden in 5 carcinomatösen Prostatageweben 65—399 (190) γ/g gefunden. Die Prostata ist das *Zn*-reichste menschliche Gewebe. (Canad. J. med. Sci. **30.** 336—39. Aug. 1952. Chalk River, Ontario, Nat. Res. Counc., Atomic Energy Project.) KRUSEN. 4510

Ju. B. Filippowitsch, *Die freien Aminosäuren in der Hämolymphe des Eichenspinners.* Die Aminosäuren in der Hämolymphe des Eichenspinners wurden in verschied. Stadien der Entw. u. bei verschied. physiol. Zustand (gefüttert, hungrig usw.) chromatograph. untersucht. Bei Raupen u. Puppen wurden *Alanin, Arginin, Histidin, Cystein, Leucin, Lysin, Tyrosin, Phenylalanin* u. *Tryptophan* festgestellt. Norleucin fehlte in allen Fällen; Glycin, Serin, Glutamin- u. Asparaginsäure konnten nicht einwandfrei nachgewiesen werden. Qualitativ ist die Zus. der Aminosäuren der Hämolymphe in verschied. Stadien der Entw. des Eichenspinners sowie in verschied. physiol. Zustand die gleiche, quantitativ jedoch eine verschiedene. Puppen enthalten viel mehr Prolin als gefütterte Raupen, hungernde Raupen enthalten es noch weniger. Gefütterte Raupen enthalten mehr Tyrosin, Alanin, Phenylalanin, Leucin u. Prolin als hungernde. Die qualitative Zus. der Aminosäuren beim Eichenspinner ist viel mannigfaltiger als beim Seidenspinner. (Доклады Всесоюзной Ордена Ленина, Академии Сельскохозяйственных Наук имени В. И. Ленина [Ber. Allunions landwirtsch. (Lenin-Orden) Lenin-Akad.] **18.** Nr. 9. 36—44. 1953. Moskau, Pädagog. Lenin-Inst.) M. GORDIENKO. 4520

Thomas J. Mende und **Edward L. Chambers,** *Auftreten von Argininphos hat in Echinodermeiern.* In der Ba-lösl., Ae. unlösl. Fraktion des Trichloressigsäureauszugs von Seeigel-(*Strongylocentrotus dröbachiensis*) u. Seestern- (*Asterias forbesii*)-Eiern wird nach der Hydrolyse mit 0,01 n HCl *Arginin* quantitativ nach der von WEBER modifizierten Meth. von SAKAGUSHI bestimmt. *Argininphosphat* wird unter diesen Bedingungen (Spaltungstemp. 37°) in 180 Min. zu 98% hydrolysiert. Die Hydrolyse mit HCl ist hier besser, als die mit *Trichloressigsäure* bei 100°, weil andere phosphorsäureliefernde Komponenten dabei nicht oder nur sehr wenig gespalten werden. *Kreatininphosphat* konnte nicht nachgewiesen werden. In den Seeigeleiern wurde ein Stoff gefunden, der sich sehr ähnlich wie *Glucose-1-phosphat* verhält, aber nicht genau identifiziert wurde. (Arch. Biochem. Biophysics **45.** 105—16. Juli 1953. New York, N. Y., Univ., Dep. of Biol.; Baltimore, Johns Hopkins Univ., School of Med., u. Mass., Woods Hole, Marine Biol. Labor., Lilly Res. Labor.) U. BAUMANN. 4520

William P. Deiss und **Arthur S. Leon,** *Isolierung eines Sulfatesters der Hyaluronsäure aus Herzklappen.* Durch Extraktion mit 0,01 n NaOH, Fällung mit Eisessig u. weitere Reinigung mit Chlf./Amylalkohol sowie mit LLOYDs Reagens wurde ein *Mucopolysaccharidsäureschwefelsäureester* aus Rinderherzklappen isoliert, der von Testes- u. Pneumokokkenhyaluronidase angegriffen wird u. nach den analyt. Daten mit einem aus Cornea isolierten *Hyaluronschwefelsäureester* ident. sein dürfte. (J. biol. Chemistry **206.** 375—80. Jan. 1954. Madison, Wisc., Med. School, Dep. of Med., u. Coll. of Agric., Dep. of Biochem.) GIBIAN. 4520

Marguerite Faure und **Marie-Josèphe Morelec-Coulon,** *Isolierung eines kristallisierten Phosphatids aus dem Rinderherzmuskel. Saures Glycero–Inosito-Phosphatid.* Die Isolierung eines sauren *Glycero–Inosito-Phosphatids* aus dem Rinderherzmuskel wird beschrieben. Es enthält je ein Mol *Stearinsäure*, ungesätt. Fettsäure, *Glycerin, Inosit* u. *Phosphorsäure* mit einer freien Säuregruppe. Zur Isolierung werden die in Aceton unlösl. *Phosphatidsäuren* in Ae. gelöst u. mit 2 Voll. A. gefällt. Der Nd. wird in viel Methanol gelöst u. mit $BaCl_2$ gefällt. Das Ba-Salz wird zu Na-Salz umgesetzt

u. dieses zweimal aus Methanol umkristallisiert. Analysen: Na-Salz P 3,38%, JZ 81, N 0,03%, Osen (ausgedrückt in Glucose) 0,05%, unverseifbar 0%. Ba-Salz: P/Ba 1,95, Freie Säure: Fettsäure/P 2,03, Glycerin/P 0,97, Inosit/Glycerin 1,05. Die Phosphatidsäure ähnelt einer in Weizenkeimen gefundenen, nur daß diese *Palmitinsäure* statt *Stearinsäure* enthält u. eine JZ. von 155 statt 220 hat. Die Säure hat keinerlei serolog. Wirkung. (C. R. hebd. Séances Acad. Sci. **238**. 411—12. 18/1. 1954.)

BAUMANN. 4520

J. C. Forbes, P. D. Camp, W. R. Jordan, O. M. Petterson und **C. Korn**, *Untersuchungen über Serumcholesterinfraktionen.* Die mit Chlf. leicht extrahierbare Fraktion von *Cholesterin* des lyophilisierten Serums wurde im höheren Alter u. bei sozial bessergestellten erhöht gefunden u. war bes. stark bei Myocardinfarkt oder Coronarsklerose vertreten. Ein höherer Fettgeh. der Nahrung wird als Ursache hierfür diskutiert. (Southern med. J. **47**. 226—31. März 1954. Richmond, Va., Dep. of Biochem. and Medic. Med. Coll.)

JORDAN. 4520

Max Bürger, *Die chemischen Alternswandlungen des menschlichen Gehirnes.* Auf der Suche nach gesetzmäßigen Veränderungen der menschlichen Gehirnsubstanz in Abhängigkeit vom Alter wurde gefunden, daß der kalor. Geh. des Gesamtgehirnes, die Sterinfraktion, die Plasmalogene u. Cerebroside Altersabhängigkeit, die Sulfatide u. eine Phosphatidfraktion, die sich durch Niederschlagsbldg. mit methylalkoh. $AgNO_3$ auszeichnet, Geschlechtsabhängigkeit u. der Brennwert der Gesamtlipoide sowie die Gesamtphosphatide Alters- u. Geschlechtsabhängigkeit zeigten. Der Brennwert von Eiweißrückständen aus Gehirnen, die mit Lipoidlösungsmitteln extrahiert worden waren, u. die Ganglioside waren weder alters- noch geschlechtsabhängig. Die geschlechtsgebundenen Differenzen gleichen sich im hohen Alter nahezu aus. Der altersbedingte physiol. Hirnschwund kann im wesentlichen mit einem Verlust an Lipoiden erklärt werden. (Z. Altersforsch. **8**. 1—19. März 1954. Leipzig, Univ., Med. Klinik.)

LEUSCHNER. 4550

H. Ludes, P. Endler und **C. Almaraz**, *Studien zum Altersproblem mit isotopem Kobalt.* Bei Ratten verschied. Alters wurde die Ausflutungszeit nach intravenöser Verabreichung von $^{60}CoCl_2$ bestimmt. Bei alten Tieren wurde im Vgl. mit Jungtieren eine Verzögerung um 34% beobachtet. Analoge Befunde wurden an gut durchbluteten, gesunden u. infolge Quetschung durchblutungsgestörten Oberschenkelmuskeln erhoben. Der gesunde Muskel zeigte deutlich schnellere Aufladung u. Ausflutung. Es werden Erfolgsmöglichkeiten im Rahmen der Herzdiagnostik diskutiert. (Z. Altersforsch. **8**. 31—35. März 1954. Köln, Univ., Med. Klinik.) LEUSCHNER. 4550

Elvin A. Kabat, Deborah Berg, David Rittenberg, Laura Pontecorvo, Maxwell L. Eidinoff und **Leon Hellman**, *Fällung von mit ^{14}C markiertem Dextran durch menschliches Antidextran.* Vff. stellen fest, daß der Hauptanteil (mindestens 60%) von mit ^{14}C markiertem *Dextran* (I) durch einen Antidextranüberschuß, der durch Injektion von je 1 mg verschied. I-Fraktionen bei Versuchspersonen erzeugt werden kann, niedergeschlagen wird. Es wird ferner an Hand von Kontrollverss., bei denen keine Rk. der Fällung aus der Substanz von Blutgruppe A u. Anti-A-Körper mit ^{14}C I beobachtet wird, bewiesen, daß das Präcipitin, das bei den Versuchspersonen als Antwort auf die Injektion geringer Mengen I erzeugt wird, ein spezif. Antikörper des I ist. (J. Amer. chem. Soc. **76**. 564—66. 20/1. 1954. New York, N. Y., Columbia Univ., Dep. of Neurol., Microbiol. and Biochem., Coll. of Phys. and Surgeons., Neurol. Inst., Presbyt. Hosp., Biophys. Sect.; Sloan-Kettering-Inst. for Cancer Res.)

FAHRNLAENDER. 4551

S. H. Yang, *Histochemische Untersuchungen an Rinderschweißdrüsen.* Bei histochem. Unterss. an Schweißdrüsen von Zebu- u. Ayrshire-Kühen konnten weder *Fette*, *Lipoide*, *Glykogen* noch *Fe* nachgewiesen werden. Das läßt darauf schließen, daß die Drüsen keine den menschlichen Schweißdrüsen analoge Funktion haben. Unterss. auf *Desoxyribonucleoprotein* u. *saure Glycerophosphatase*, sowie auf *Cholesterin* u. seine Ester waren ebenfalls negativ. Nachgewiesen wurden *Ribonucleoprotein*, *Arginin* u. *alkal. Phosphatase*. (J. agric. Sci. **42**. 155—57. Jan. u. April 1952. Ayr, Kirkhill, Hannah Dairy Res. Inst.)

BAUMANN. 4555

J. S. Loynes und **C. W. Gowdey**, *Cardiotonische Aktivität einiger Steroide und gallensaurer Salze.* Isolierte Froschherzen wurden durch 45—60 Min. dauernde kontinuierliche Perfusion mit RINGER-Lsg. hypodynam. gemacht u. dann mit Lsgg. von Steroiden perfundiert. Folgende Verstärkungen der Kontraktionsamplituden in % wurden bei Konzz. von 0,01 mg/ml beobachtet: *Cholesterin* 100, *Cholesterinacetat* 70, *Ergosterin* 58, *Sitosterin* 93, *Stigmasterin* 88, *Calciferol* 92, *Terstosteron* 69, *Methyltestosteron* 47, *Äthinyltestosteron* 69, *Östron* 64, *Östradiol* 41, *Pregnenolon* 81, *Pregnandion* 74, *Desoxycorticosteron* 41, *Desoxycorticosteronacetat* 31, *Androstandiol* 26, *Andro-*

steron 7, *Dehydroisoandrosteron* 22 u. *Äthinylöstradiol* 9. Nachfolgende Substanzen riefen in den angegebenen Konzz. (γ/ml) Amplitudenerhöhungen (in %) hervor: *Na-Cholesterylsuccinat* 1 γ/ml, 10%; *Na-Pregnenolonsuccinat* 10, 34; 5, 46; *Na-Testosteronsuccinat* 10, 28; 5, 47; *Na-Dehydroisoandrosteronsuccinat* 10, 56; 5, 45; *Na-Östronsulfat* 10, 24; *Desoxycorticosteron-β-glucosid* 2, 21; *Premarin* 10, 61; 5, 55; 2, 60; 1, 30; *Cholsäure* —, 47; *Desoxycholsäure* —, 100; *Na-Desoxycholat* 200, 5; 100, 19; 50, 18; *Na-Dehydrocholat* 200, 66; 100, 23; 50, 13; *Na-Glykocholat* 100, 49; 50, 48; 25, 64; 10, 31; 5, 11. (Canad. J. med. Sci. **30**. 325—32. Aug. 1952. London, Can., Univ. of Western Ontario, Dep. of Pharmacol.) KRUSEN. 4558

Ray H. Rosenman, Meyer Friedman und **Sanford O. Byers,** *Der Einfluß von verschiedenen Hormonen auf die hepatische Synthese von Cholesterin in Ratten.* (Vgl. auch C. **1954**. 2658.) Die Cholesterinsynth. in der Rattenleber wird durch östrogenes Hormon vermindert u. durch ACTH gesteigert. (Endocrinology **51**. 142—48. Aug. 1952. San Francisco, Calif., Harold Brunn Inst., Mount Zion Hosp.) SCHWEIGER. 4559

Ivar Agrell, *Östradiol und Testosteronpropionat als Mitosehemmer während der Embryogenese.* Vf. beschreibt die Wrkg. von *Östradiol* (**I**) u. *Testosteronpropionat* (**II**) auf die frühe embryonale Entw. des Seeigels (Psammechinus miliaris). **I** verursacht bei Konzz. von $2 \cdot 10^{6-}$ mol. Teilungsstörungen u. hemmt bei Konzz. von 10- bis $40 \cdot 10^{-6}$ mol. die Zellteilung vollständig. Es wirkt auf die Mitose u. die Kernspindel. Die Multipolarität steigt mit steigender Konz. an. Die Wrkg. ähnelt also der des Colchicins u. kann als Stathmokinese oder c-Mitose angesehen werden. Die Wrkg. von **I** ist reversibel. **II** wirkt erst direkt auf das Blastulastadium; es beeinflußt die Mitose u. hat volle Wrkg. in Konzz. größer als $15 \cdot 10^{6}$ molar. **I** u. **II** zeigen deutlich synergist. Wirkungen. (Nature [London] **173**. 172. 23/1. 1954. Lund, Univ. Zoophysiol. Inst.) K. BÖHM. 4559

J. A. Schneider, *Die hormonale Hodeninsuffizienz und ihre Behandlung.* Vf. erörtert Ursachen u. Genese von hormonaler Hodeninsuffizienz (38 Literaturangaben) u. bespricht die Therapie mit *Testoviron* (SCHERING) auch an Hand eigener Krankengeschichten. (Ärztl. Wschr. **7**. 381—85. 25/4. 1952. Berlin, Städt. Humboldt-Krankenhaus, Inn. Abt.) WIEGERSHAUSEN. 4559

M. M. Grattarola, *Natürliche und synthetische Hormone bei der Kastration des Hahnes.* Für die Kastration des Hahnes u. Aufzucht von Hähnchen kann neben der operativen Behandlungsmeth. auch die kostspieligere Applikation von weiblichem Sexualhormon verwandt werden. Hierbei wurden mit *Stilben*-Preßlingen (25 mg) die besten Erfolge erzielt, während andere Präpp. wie *Benzogynästrol, Östron, Östrogenon* u. *Folliculin* (ERBA) geringere Wrkg. hatten. (Ann. Sperimentaz. agrar. [N. S.] **8**. 33—49. 1954. Torino, Ist. Zootecn. e Caseario.) P. G. SCHEURLEN. 4559

C. A. Rossi, L. Montanari, M. Martinelli und **G. Moruzzi,** *Untersuchungen über das im Blut enthaltene ACTH. Aktivität des Ultrafiltrats.* Das im Plasma enthaltene *corticotrope Hormon*, das sich gegenüber dem von der Hypophyse ausgeschiedenen ACTH hinsichtlich seiner Stabilität unterscheidet, konnte von den Vff. mittels Ultrafiltration aus Plasma konzentriert werden. Die Ultrafiltrate waren, gemessen am Ascorbinsäuregeh. der Nebennieren damit behandelter Tiere, stets wirksamer als Plasma allein (40,6 $\pm$ 4,19 gegenüber 31,18 $\pm$ 3,73). Es läßt sich errechnen, daß das im Plasma enthaltene ACTH eine Aktivität von 0,04 E. gegenüber dem in Ultrafiltrat von 0,052 E. besitzt. (Experientia [Basel] **9**. 32—34. 15/1. 1953. Bologna, Univ., Ist. di Chim. biol.) P. G. SCHEURLEN. 4560

Erik Andersson, *Die Wirkung von ACTH auf die Eosinophilen im Blut und im Knochenmark.* Vf. beschreibt bei 6 Patienten das Verh. der Eosinophilen (Eos.) im Blut u. Knochenmark nach *ACTH*-Behandlung. Im Blut fällt die Zahl der Eos. ab, im Knochenmark steigt sie im Laufe der Behandlung an. (Acta allergol. **5**. 52—57. 1952. Copenhagen, Univ., Hosp. Allergy Consult., u. Finsen Inst., Med. Ambul.) K. BÖHM. 4560

Erik Andersson, *Adrenocorticotropes Hormon (ACTH) und Cortison: Ihre Wirkungen auf intradermale Reaktionen. ACTH* u. *Cortison* (**I**) bewirken keine Änderungen der urticariellen Haut-Rkk. oder der Empfindlichkeit auf Histamin. Bei Patienten, die mit **I** behandelt wurden, werden die Haut-Rkk. durch subcutane Adrenalininjektionen deutlich verkleinert. (Acta allergol. **5**. 58—71. 1952. Copenhagen, Univ., Hosp. Allergy Consult.) K. BÖHM. 4560

J. N. Karkun, Amiya B. Kar und **B. Mukerji,** *Untersuchung über die ACTH-ähnliche Wirkung von Melanophorenhormon auf die Nebennierenrinde bei Mäusen.* Injektion von hoch gereinigten *Melanophorenhormon*-Präpp. bewirkte bei Mäusen keine Veränderung der Nebennierenrinde in dem Sinne, wie sie durch die Behandlung mit *ACTH* hervorgerufen wird. (Acta endocrinol. [Copenhagen] **13**. 188—91. Juni 1953. Lucknow, India, Centr. Drug Res. Inst.) v. KEREKJARTO. 4560

Finn Kobbernagel, Per Vestergaard und **Arild Faurbye,** *Die Behandlung von Psychosen mit ACTH.* 15 psychot. Patientinnen wurde über 8—18 Tage eine Dosis von 5—15 I.E. *ACTH* täglich verabreicht. Eine anhaltende Besserung des Zustandes konnte in keinem Fall beobachtet werden. (Acta endocrinol. [Copenhagen] **13.** 162—71. Juni 1953. Roskilde, Denmark, Sct. Hans Hosp.) v. KEREKJARTO. 4560

Holger Brodthagen, *Nebenwirkungen während der ACTH-Behandlung von Hautkrankheiten.* 208 Patienten mit verschied. Hautkrankheiten wurden mit *ACTH* (*Acton*) u. in einzelnen Fällen zusätzlich mit *Cortison* behandelt. Während der Behandlung, die einige Tage bis mehrere Monate dauerte, wurde Kaliumzuschuß gegeben. Dosis am Anfang 100 E. täglich, nach einigen Tagen red. bis zur untersten Wirksamkeitsgrenze. 69% der Patienten zeigten Nebenwirkungen. Die häufigsten waren: Hypertension, „moonface", Euphorie, Sekundärinfektionen, Ödemata u. Glykosurie. (Ugeskr. Laeger **116.** 334—40. 4/3. 1954. København, Finseninst.) GENEST. 4560

A. Giberti und **P. Bianchini,** *ACTH und Nebennierenrindenhormone bei Regeneration der Rattenleber.* Nach partieller Hepatektomie verläuft bei der Ratte das Wachstum des Regenerates unter *Cortison* (I) schneller als bei den Kontrollen. Die Wachstumsbeschleunigung tritt aber nur in den ersten Tagen hervor, während bei längerer Versuchsdauer kein Unterschied festgestellt wird. Große Dosen (2 mg **I** täglich) bewirken eine Fettinfiltration, ebenso *ACTH. Desoxycorticosteron* beschleunigt das Wachstum ebenfalls in den ersten zwei Tagen, hemmt es aber später. (Riv. Ist. sieroterap. ital. **29.** 87—103. Jan./Febr. 1954. Modena, Univ., Ist. di Clin. Chirurg. Generale.) P. G. SCHEURLEN. 4560

J. Dörner, *Ist die auf nervalem Wege ausgelöste Gefäßdilatation nach intravenöser Injektion von Adrenalin und Arterenol die Folge einer Hemmung des Sympathicotonus?* Die an narkotisierten Hunden durchgeführten Durchströmungsmessungen verschied. Gefäßgebiete nach intravenöser u. intraaortaler Injektion von 0,01—1,0 γ/kg *Adrenalin* (**I**) u. *Arterenol* (**II**) ergaben folgende Resultate: Nach intravenöser Zufuhr von **I** u. **II** kommt es nach prim. Dilatation zur Vasoconstriktion (Hinterextremität 0,5 γ/kg), die ebenso lange oder länger anhält als diejenige, welcher keine prim. Dilatation vorausgeht. Injektionen von **I** u. **II** in die Aorta thoracalis descendens u. den oberen Teil der Aorta abdominalis kann zu einer nicht druckpassiven Mehrdurchblutung der Arteria carotis communis führen, die bei Injektion in den unteren Aortenabschnitt ausbleibt. Die Gefäßdilatation nach intravenöser Injektion kommt schon bei Dosen zustande, die keine Hemmung der sympath. Ganglien bewirken. Es wird angenommen, daß die Gefäßerweiterung nach **I** u. **II** durch eine bei Erregung vasodilatator. Nervenfasern frei werdende Substanz (Acetylcholin ?) erfolgt, also nicht reflektor., zentral oder als Folge einer Hemmung sympath. Ganglien bedingt ist. (Naunyn-Schmiedebergs Arch. exp. Pathol. Pharmakol. **221.** 273—85. 1954. Gießen, Pharmakol. Inst. Akad. Med. Forsch. u. Fortbldg., Justus-Liebig-Hochschule.) JORDAN. 4561

J. Dörner, *Zur Frage der Gefäßdilatation nach Adrenalin.* Intravenöse oder lokalarterielle Injektionen von *Adrenalin* (**I**) u. *Arterenol* (**II**) (0,01—1,0 γ/kg) erzeugen bei narkotisierten Hunden verschieden deutbare Arten von Vasodilatation (Hinterextremität): 1. Prim. Dilatation durch **I** u. **II** bei intravenöser Injektion = neurogene Form. 2. Prim. Dilatation durch lokal-intraarterielle Injektion von **I**, die bei **II** fehlt = prim.-lokale Form. 3. Dilatation bei lokal-interarterieller Injektion von **I** u. **II**, der eine Durchblutungsabnahme voraufgeht = überlagerte Form. 4. Wechselnd starke Dilatation nach voraufgehender Vasoconstriktion = reakt. Hyperämie (keine spezif. Wrkg. von **I** oder **II**). Ein Analogieschluß dieser Reaktionstypen auf das Verh. der Coronargefäße wird gezogen. (Naunyn-Schmiedebergs Arch. exp. Pathol. Pharmakol. **221.** 286 bis 298. 1954. Gießen, Justus-Liebig-Hochschule, Akad. Med. Forsch. u. Fortbldg., Pharmakol. Inst.) JORDAN. 4561

J. Fabre und **W. Blanc,** *Der Einfluß von Cortison auf die experimentelle allergische Myocarditis.* Pferdeserum, in 12tägigen Abständen Kaninchen injiziert, ruft eine allerg. Myocarditis hervor, die durch perivasculäre u. interstitielle Leukocyteninfiltrationen, Veränderungen der Kollagensubstanz u. Muskelfasern, sowie Alterationen an den Herzklappen charakterisiert ist. *Cortison* (**I**) drängt die entzündlichen Erscheinungen — außer den Veränderungen an den Muskelfasern u. der Kollagensubstanz — zurück. Die entzündungshemmende Wrkg. des **I** beruht in einer direkten Beeinflussung der Myocarddurchblutung u. Histiocytenproliferation. (Helv. med. Acta **21.** 88—98. März 1954. Genf, Univ., Clin. thérapeut. et Inst. de Pathol.) LEUSCHNER. 4561

Gerhard Piorkowski, *Studien zum Einfluß der Nebennierenrinde auf Kreislauf und Coronarsystem. Behandlung mit Testotrat und Cortineurin sowie ATP Henning.* Die Inkrete des Nebennierenmarkes u. der Nebennierenrinde mit ihren Beziehungen zu

Hypophyse u. Schilddrüse werden als wichtige Faktoren in der Pathogenese vasaler Störungen (funktioneller Hypertonus, Hypotension, coronare u. periphere Durchblutungsstörungen) erkannt u. therapeut. empfohlen. Für *Testotrat*, *Cortineurin* u. *ATP Henning* wird das Therapieschema bei den oben angeführten Erkrankungen angegeben. (Therap. d. Gegenwart **91.** 344—45. Sept. 1952. Badenweiler.) JORDAN. 4561

Victor H. Witten, Alfred B. Amler, Marion B. Sulzberger und **Adolph G. DeSanctis,** *Hydrocortisonsalbe bei der Behandlung des kindlichen Ekzems.* Bericht über gleichzeitig zweiseitige Salbenbehandlung von 30 Kindern mit Ekzem; sie erhielten 2,5%ig. *Hydrocortisonsalbe* (I; MERCK & Co. INC., Rahway, N. J.; hydrocortisone free alcohol ointment) u. als Kontrolle daneben die Salbengrundlage von I aus Wollfett, fl. u. weißem Petrolatum (II). In 18 Fällen sehr gutes Ansprechen auf I, in 7 Fällen gleich gutes Ergebnis mit I u. II, in 5 Fällen weder mit I noch mit II Besserung. Nach Vff. erhält man mit I die besten u. schnellsten Erfolge beim kindlichen Ekzem. (A. M. A. Amer. J. Diseases Children **87.** 298—304. März 1954. New York, N. Y., Univ. Post-Graduate Med. School, Dep. of Dermatol. and Syphil. u. Dep. of Pediatrics, u. Univ.-Bellevue Med. Center, Univ. Hosp.) DOSSMANN. 4561

Dieter Pontius und **Wilhelm Zimmermann,** *Mannit als Eichsubstanz zur Corticoidbestimmung.* Für die Best. der Corticosteroide im Harn nach DAUGHADAY, JAFFE u. WILLIAMS (J. clin. Endocrinol. **8.** [1948.] 166), bei der die $C_{(17)}$-Seitenkette aboxydiert u. als Formaldehyd (I) mit Chromotropsäure colorimetr. bestimmt wird, wird als Eichsubstanz statt Cortison (II) *Mannit* (III) verwendet, der bei der Oxydation 2 Moll. I bildet (3,033 γ III $\rightarrow$ 1 γ I). Der theoret. Umrechnungsfaktor (1 γ III = 3,96 γ II; für das Gemisch von Corticosteroiden aus Harn dient der mittlere Faktor 3,79) stimmt mit den Verss. gut überein. (Klin. Wschr. **32.** 90—91. 15/1. 1954. Trier, Staatl. Medizinal-Untersuchungsamt, endokrinol. Forschungsstelle.) H.-J. KOCH. 4561

M. J. Osborn, I. L. Chaikoff und **J. M. Felts,** *Insulin und das Schicksal der Brenztraubensäure in der diabetischen Leber.* Es wird die Einw. von *$^{14}C_{(2)}$-Brenztraubensäure* (Na-Salz) auf Leberschnitte mit u. ohne *Insulin* behandelter alloxandiabet. Ratten untersucht. Insulintherapie bewirkt ein starkes Absinken der CO_2-Bldg. aus dem zugeführten ^{14}C (32—40% des zugesetzten ^{14}C gingen bei den nichtbehandelten, 6—13% bei den Insulintieren in CO_2 über) zugunsten der Bldg. von Fettsäuren (0,8—8% bei nichtbehandelten, 26—48% bei Insulintieren). (J. biol. Chemistry **193.** 549—55. Dez. 1951. Berkeley, Calif., Univ. of California, School of Med., Div. of Physiol.) REISS. 4564

K. Hellmann und **J. S. Weiner,** *Der Einfluß hoher Temperaturen auf die Ausscheidung antidiuretischer Substanzen im Urin.* Versuchspersonen werden 90 Min. in einem Raum belassen in dem eine Temp. von 38° herrscht. Vor, während u. nach dem Vers. werden Urinproben entnommen u. durch den Test von TAYLER u. WALKER (C. **1952.** 2875) geprüft. Antidiuretica konnten nur in den Proben nachgewiesen werden, die nach dem Verlassen des Raums entnommen wurden. Es wird angenommen, daß der Körper auf einen durch Hitze hervorgerufenen Wasserverlust nach kurzer Zeit durch Ausscheidung von antidiuret. Substanzen reagiert. (J. appl. Physiol. **6.** 194—98. Sept. 1953. Oxford, Univ., Dep. of human. Anat., Med. Res. Counc. Climatic. Unit.) BAUMANN. 4569

Fritz Kubowitz, *Kristallisiertes Hämoglobin des Menschen.* Kurze Beschreibung der *Hämoglobin*-Gewinnung durch Aussalzen mit Ammoniumsulfat ohne nähere Angabe der method. Einzelheiten. (Folia haematol. [Leipzig] **71.** 582—86. 1953. Berlin, Humboldt-Univ., I. Med. Klinik.) MATTHIES. 4572

R. Margaria, *Über die Bindung von CO_2 durch Aminosäuren und Hämoglobin.* Zur Aufklärung der Bindungsart des CO_2 an *Hämoglobin* (I) maß Vf. die Bindungsfähigkeit für CO_2 von verschied. Aminosäuren (Glykokoll, Histidin [II], Serin, Lysin, Tyrosin u. Cystein) bei p_H 8. Keine dieser Verbb. band dabei nennenswerte CO_2-Mengen, auch wenn die betreffende Säure bis zu einer Konz. von 0,1 mol. vorlag. Auch II band trotz des niedrigen p_K seiner NH-Gruppe kein CO_2, so daß die früher angenommene Carbaminbldg. bei der I—CO_2-Bindung sehr unwahrscheinlich erscheint, zumal sich die Dissoziationskonstante der Aminosäuren bei der Peptidbindung (zum I) nicht nennenswert ändert. Da Vf. andrerseits nachwies, daß Phenylhydrazin erhebliche CO_2-Mengen zu binden vermag, so ist es nach seiner Ansicht möglich, daß sich in der Peripherie der I-Molekel freie NH_2-Gruppen finden, die nicht zu Aminosäuren, sondern z. B. zu Aminen gehören u. durch sehr viel niedrigeren p_K in der Lage sind, CO_2 zu binden. Jedoch hält Vf. auch die Möglichkeit nicht für ganz ausgeschlossen, daß die CO_2-Bindung des I auf einem von der Carbamidbindung ganz verschied. Wege erfolgt. (Schweiz. med. Wschr. **82.** 990—93. 27/9. 1952. Milano, Univ., Ist. di Fisiol.) IPPEN. 4572

R. M. Bronstein und **R. W. Lifschitz,** *Der Gehalt an Eiweiß und einigen Mineralstoffen im Blut von Grippekranken.* Unterss. an 71 Grippepatienten (sowohl mit positiver Hämagglutimin-Rk. als auch mit akuten Erkältungskatarrhen der oberen Luftwege) ergaben in gleicher Weise folgende Blutveränderungen: Zu Beginn der Erkrankung u. nach der Wiederherst. ist der Index des Gesamteiweißes n. bei gleichzeitiger Hypalbuminämie u. Überwiegen der Globuline sowie Herabsetzung des Eiweißkoeffizienten. Der während der Grippe erhöhte Fibrinogengeh. sinkt nach der Gesundung in 56% der Fälle ab. Der Globulingeh. ist deutlich erhöht u. kehrt nicht zur Norm zurück. Das selbe ist mit der NaCl-Konz. im Blutserum der Fall, während der K-, Ca- u. Mg-Geh. herabgesetzt ist u. sich nachher normalisiert. Die beschriebenen biochem. Veränderungen im Blut von Grippekranken bleiben somit zum großen Teil noch eine Zeit lang nach der Heilung bestehen. (Медичний Журнал (Киев) [Mediz. J. (Kiew)] **22.** Nr. 1. 67—72. 1952. Kiew, Med. Inst., Lehrstuhl für propädeut. Therapie.)
RENTZ. 4572

Ancel Keys, Flaminio Fidanza, Vicenzo Scardi, Gino Bergami, Margret Haney Keys und **Ferrucio Di Lorenzo,** *Serumcholesterin und andere Charakteristica von klinisch gesunden Personen in Neapel.* Bericht über Unterss. von gesunden Personen im Alter von 20—55 Jahren in Neapel u. Minnesota hinsichtlich *Serumcholesterin* (38,3—40,8 mg/100 ml), Fettleibigkeit u. Elektrokardiogramm. Die Beziehungen zu Atherosklerose u. degenerativen Herzkrankheiten werden diskutiert. (A. M. A. Arch. intern. Med. **93.** 328—36. März 1954. Minnesota, Miss., Univ., School of Public Health, Labor. of Physiol. Hyg.; Neapel, Univ., Med. Fak., Inst. für Physiol., Biochem.)
BRATFISCH. 4574

Ladislaus Róka, *Physiologie und Pathologie der Blutgerinnung.* Übersicht mit schemat. Darstellung. (Mschr. Kinderheilkunde **102.** 85—87. Febr. 1954. Frankfurt/M.)
BRATFISCH. 4574

Fr. Koch, H. E. Schultze und **G. Schwick,** *Antithrombinbestimmung im Blut bei intrakranieller Druckerhöhung.* Die Antithrombinbldg. des Säuglings erreicht erst am Ende des 1. Lebensjahres die Werte Erwachsener. Bei intrakranieller Drucksteigerung verschied. Ätiologie wurde eine Erhöhung der Antithrombinwerte nachgewiesen; hierdurch ließen sich Beziehungen zwischen ZNS u. Leber, gegebenenfalls auch dem Pankreas als wahrscheinlich erkennen. (Mschr. Kinderheilkunde **102.** 87—89. Febr. 1954. Marburg, Behringwerke.) BRATFISCH. 4574

J. M. Beiler, R. Brendel und **Gustav J. Martin,** *Verlängerung der Wirkung von Heparin durch phosphoryliertes Hesperidin.* Verss. an Ratten u. Kaninchen, die Wrkg. von intramuskulär oder intravenös injiziertem *Heparin* (**I**) auf die Blutgerinnung zu verlängern, zeigten, daß dies durch Zusatz von *phosphoryliertem Hesperidin* (**II**) möglich ist. Bes. bei intramuskulärer Anwendung kommt es zu einem gleichmäßigeren Verlauf der **I**-Wrkg. über die beobachtete Zeitspanne. Der durch **II** hervorgerufene Effekt wird auf eine Hemmung der Hyaluronidase zurückgeführt, wobei die dadurch bedingte Erniedrigung der Capillarpermeabilität die Resorption von **I** verzögert. (Amer. J. Pharmacy Sci. support publ. Health **125.** 361—63. Nov. 1953. Philadelphia, Pa., Nat. Drug Company.) LAUER. 4574

A. I. Poleshajewa, *Einfluß der Pektinsäure auf die Gerinnbarkeit des Blutes. Pektinsäure* (**I**), in Form der 3%ig. Lsg. in physiol. NaCl-Lsg. Kaninchen in Dosen von 15—75 mg/kg intravenös, intramuskulär oder subcutan injiziert, bewirkt für 1 bis 1½ Std. eine Zunahme der Gerinnbarkeit des Blutes um 15—50%. Das gleiche ist bei der durch Synanthrin (5—10 mg/kg) hervorgerufenen experimentellen Hämophilie des Kaninchens der Fall. In Verss. an der Maus erwies sich **I** als sehr wenig toxisch. Die sicher tödliche Dosis liegt erst bei 2,5 g/kg intravenös. In Verss. an der Ratte verursachen 0,5 ml der 3%ig. Lsg. bei intramuskulärer oder subcutaner Injektion keinerlei lokale Reizerscheinungen. (Фармакология и Токсикология [Pharmakol. u. Toxikol.] **16.** Nr. 3. 29—33. Mai/Juni 1953. Allunions Wiss. Chem.-Pharmazeut. Ordshonikidse-Forschungsinst., Pharmakol. Abt.) RENTZ. 4574

S.-R. Pirquet, *Das Naphthionin SNS in der Ophthalmologie.* Erfolge in der Blutstillung bei 284 Augenoperationen mit *Naphthionin* (*1-Naphthylamin-4-sulfonsaures Na*) werden beschrieben. (Praxis [Bern] **43.** 321—22. 15/4. 1954. Genève, Univ. Clin. ophthalmol.) ZEMKE. 4574

Martin Taubert und **Ludwig Hoffmann,** *Untersuchungen des Ferritins im Knochenmark bei schwerem Eisenmangelzustand.* Die gegenwärtige Kenntnis des Serum- u. Speicher-Fe wird besprochen (Abb. von Apoferritin aus menschlichem Knochenmark u. Pferdemilz). Die Unters. des Knochenmarks bei einem Fall echter hochgradiger Eisenmangelanämie (infolge Blutspendung) auf *Ferritin* (**I**) vor u. nach Eisenbehandlung ergab, daß auf dem Höhepunkt des Eisenmangels **I** im Knochenmark (Sternalpunktion) nicht nachweisbar war, wohl aber nach Eisentherapie. Bei echter Eisenmangelanämie tritt demnach nicht nur eine Senkung des Serum-Fe-Spiegels ein, sondern es scheint auch eine Verarmung des Knochenmarks an I zu erfolgen. (Ärztl. Forsch. **6.** I/505—08. 10/11. 1952. Gießen, Univ., Med. Poliklinik.) SCHWAIBOLD. 4575

M. Seelemann und **F. Graf v. Baudissin,** *Experimentelle Untersuchungen über die Wirkung von Kupferverbindungen, insbesondere auf das hämatopoetische System.* Bericht über Verss. mit Cu als Spurenelement in Form von $CuSO_4$ (**I**) u. *Ebesal*-HOECHST (**II**) = *Na-Salz* der *Cu-Allylthioharnstoffbenzoesäure*; Verabreichung an Kaninchen zur Best. des Einfl. auf hämatopoet. Syst. u. Körpergewicht; die Wrkg. ist abhängig von der Höhe der Dosis, **II** wirkt günstiger als **I** u. ist außerdem weniger toxisch. Maximale Dosierung **I**: 3—4 mg/kg, **II**: 7—8 mg/kg. (Zbl. Veterinärmed. **1.** 354—65. März 1954. Kiel, Bundesvers.- u. Forschungsanst., Inst. für Milchhygiene.) DOSSMANN. 4575

Clifford V. Harding und **Drusilla Harding,** *Kreuzbefruchtung mit dem Sperma von Arbacia lixula.* Unterss. über den Einfl. von *Glycin*, $NaJO_4$, *Adenosintriphosphat* u. verschied. p_H-Bereichen auf die Kreuzbefruchtung von *Paracentrotus lividus*-Eiern durch Sperma von *Arbacia lixula.* Eine Erklärung für den Mechanismus der Befruchtungsförderung bzw. -hemmung bei diesen Seeigeln kann nicht gegeben werden. (Exp. Cell Res. **3.** 475—84. Juni 1952. Neapel, Italien, Zool. Stat., u. Stockholm, Univ., Wenner-Gren Inst.) LÜPNITZ. 4582

J. Anderson, *Einfluß der p_H-Änderung im Bullensperma auf die Befruchtungsfähigkeit.* Die p_H-Änderung im Bullensperma während der Incubation läßt keine Schlüsse auf mehr oder weniger gute Befruchtungsfähigkeit zu. (J. agric. Sci. **42.** 172—74. Jan. u. April 1952. Kenya, Naivasha, Dep. of Vet. Serv., Exp. Stat.) BAUMANN. 4582

Reed A. Flickinger und **George W. Nace,** *Eine Untersuchung der Proteine während der Entwicklung von Amphibienembryonen.* Serolog. u. elektrophoret. Unterss. ergaben, daß in verschied. Entwicklungsstadien von *Rana temporaria* zumindest 2 neue Proteine auftreten können. Durch Injektion in Kaninchen (intraperitoneal) wurden Antiseren von Oocyten, verschied. Alters, Blastulae, Neurulae u. Schwanzanlagen gewonnen, indem dieses Material lyophilisiert wurde. Es wird angenommen, daß die wirksamen Komponenten dieser Materialien entweder wasserlösl. sind oder dem Zentrifugieren bei 18000 g widerstehen. Die Antisera wurden in Blastomere u. Blastocöle injiziert, oder den embryonalen Nährmedien zugesetzt. Als bes. wirksam erwies sich Antiserum aus den Schwanzanlagen. (Exp. Cell Res. **3.** 393—405. Juni 1952. Brüssel, Univ. Libre, Labor. de Morphol. Animale.) LÜPNITZ. 4583

John Runnström und **Georg Kriszat,** *Animalisierende Wirkung von Jodosobenzoesäure bei der Entwicklung von Seeigeln.* Eier von *Arbacia punctulata* wurden in n. Seewasser (**I**) u. Seewasser mit einem Geh. von $6{,}6 \cdot 10^{-4}$ mol. *Jodosobenzoesäure* (**II**) zur Entw. gebracht. Nach 20 Std. lagen in **I** n. entwickelte Pluteuslarven vor, in **II** kam es zur Entwicklungsverlangsamung: 90% der Larven waren noch von den Membranen umgeben bzw. befanden sich diese ungelöst im Medium, Entodermbldg. war gehemmt; die animale Region nahm noch einen unverhältnismäßig großen Raum ein, sie war durch starke Ausbldg. von Zylinderepithel charakterisiert. Wenn Blastulae nach 6 std. Verweilen in **II** wieder in **I** verbracht wurden, entwickelten sich ca. 45% zu n. Pluteuslarven, der Rest zeigte Entwicklungsstörungen. Es fehlten Analarme, am animalen Pol waren reicher ausgebildete Zellelemente als am vegetativen zu finden. Ähnliche Ergebnisse ergaben Verss. mit *Psammechinus miliaris* in $1{,}3 \cdot 10^{-3}$ mol. Lösung. Es wird angenommen, daß **II** durch Oxydation von SH-Gruppen die Entw. des Entomesoderos hemmt. (Exp. Cell Res. **3.** 497—99. Juni 1952. Stockholm, Univ., Wenner-Gren Inst. for Exp. Biol.) LÜPNITZ. 4583

Yoshiyuki Endo, *Die Rolle der corticalen Granula bei der Bildung der Befruchtungsmembrane bei Eiern Japanischer Seeigel.* 1. Mitt. Beobachtungen, Verss. u. Diskussion über die Bldg. der Befruchtungsmembrane bei Eiern verschied. Seeigelarten (*Strongylocentrotus pulcherrimus, Anthocidaris crassipenna, Mespilia globulus, Pseudocentrotus depressus, Clypeaster japonicus* u. *Peronella lesueuri*). Ca-Ionen spielen eine wesentliche Rolle bei der Umwandlung der Globuline in befruchteten Eiern zu festeren Substanzen, — in Ca-freien Medien erfolgt keine Umbldg. bzw. auch keine Rückbldg. fertiger Membranen. (Exp. Cell Res. **3.** 406—18. Juni 1952. Tokyo, Japan, Metropolitan Univ., Biol. Dep.) LÜPNITZ. 4583

Werner Zöllner, *Kwashiorkor, eine Eiweißmangelkrankheit der Eingeborenen.* (Therap. d. Gegenwart **92.** 331—33. Sept. 1953. Maandagshoek/Südafrika, Missionshosp.) LEUSCHNER. 4585

D. E. Becker, D. E. Ullrey und **S. W. Terrill,** *Ein Vergleich der Kohlenhydrate in einem synthetischen Milchfutter für das Ferkel.* In Fütterungsverss. an Ferkeln wurden zu einem aus vitaminfreien Casein, Maisöl u. Salzen bestehenden Grundfutter Zulagen (56,58%) von verschied. Kohlenhydraten gegeben. Das Wachstum war bei Zulage von Dextrose, Lactose (**I**), Saccharose (**II**), Dextrin oder Maisstärke gleich, doch war die Ausnutzung des Futters bei **I** u. **II** höher als bei den anderen Kohlenhydraten. Nach **II** tritt Diarrhoe auf, die meistens den Tod zur Folge hat. Es wird angenommen, daß junge Ferkel noch nicht über das Enzymsyst. verfügen, um **II** resorbieren zu können. (Arch. Biochem. Biophysics **48**. 178–83. Jan. 1954. Urbana, Ill., Univ., Dep. of Animal Sci.) PATZSCH. 4585

Sam Nordfeldt, *Fütterungsversuche mit Antibioticis und Vitamin B_{12} bei trächtigen und nährenden Sauen mit Ferkeln.* Weder *Bacitracin* noch *Vitamin B_{12}* hatten eine Wrkg. u. erhöhten die Wachstumsrate der Ferkel in den Verss., wenn sie als Futterergänzung angewendet wurden. Bei der Fütterung wurde ein n. schwed. Futter mit tier. Protein (Magermilch, Fischmehl u. a.) verwendet. (Lantmannen **1952**. 3. Nr. 41. Stockholm, Kgl. Lantbrukshögskolan och Statens Lantbruksförsök., Sep.) PATZSCH. 4585

W. A. Alikajew, *Die Organisation der Vitaminernährung des Viehs zwecks Erhaltung des Jungviehs.* Als tägliche Normen für die Ernährung trächtiger Tiere werden (auf 100 kg Lebendgewicht berechnet) angegeben: Kühe u. Stuten 30–40 mg *Carotin* (**I**) oder 15–20000 I.E. *Vitamin A* (**II**), Schafe u. Sauen 20–30 mg **I** oder 10000 bis 15000 **II**. An *Vitamin D* (**III**) in Öllsg. mit 50 000 I.E./cm^3 sind wöchentlich einmal bei Kühen u. Stuten 0,6, bei Schafen 0,08, bei Sauen 0,25 cm^3 zu geben. Das Kolostrum enthält in der Trockensubstanz 6–10 mg **I** u. 17–19 I.E. **II**. Der Tagesbedarf je 100 kg Lebendgewicht ist bei Jungvieh: Kälber u. Fohlen 20–30 mg **I**, 10–15000 I.E. **II** (in den ersten 6 Monaten), u. 0,08 cm^3 **III** wöchentlich; vom 6.–12. Monat 15–20 mg **I**, 7,5–10000 I.E. **II**; Lämmer 15 mg **I**, 7500 I.E. **II** (nach dem Absetzen) u. wöchentlich 0,04 cm^3 **III** in den ersten 4 Monaten, dann 0,08 cm^3; Ferkel (abgesetzt) 25–30 mg **I**, 12,5–15000 I.E. **II**, **III** wie bei den Lämmern. (Ветеринария [Tierheilkunde] **31**. Nr. 1. 46–51. Jan. 1954.) R. K. MÜLLER. 4587

Ss. I. Kamenetzki, B. M. Braginski, L. S. Geichman, N. Ja. Melman und **M. I. Reiderman**, *Über den Gehalt einiger Vitamine im Blut und Harn bei Grippe und akuten Erkältungskatarrhen der oberen Atmungswege.* Vff. stellten an 77 Patienten fest, daß es sowohl bei der Virusgrippe als auch bei akuten Saisonkatarrhen der oberen Luftwege zu Störungen des Vitaminhaushalts infolge tox. Schädigung des Zentralnervensyst. kommt. Untersucht wurde der Geh. an *Vitamin A* im Blutplasma, *Vitamin B_1* u. *C* im Blut u. Harn, *Vitamin B_2* im Harn. Um günstige Bedingungen für den Kampf des Organismus mit der Infektion zu schaffen, wird die Anwendung der Vitamine A, B_1, B_2 u. C empfohlen. (Медичний Журнал (Киев) [Mediz. J. (Kiew)] **22**. Nr. 1. 57–66. 1952. Kiew, Med. Inst., Lehrstuhl für propädeut. Therapie.) RENTZ. 4587

B. M. Grajewskaja, R. Ja. Keilina und **Ss. Je. Manoilow**, *Der Einfluß von Aneurin (Vitamin B_1) auf die Glykogenbildungsfunktion der Rattenleber bei allgemeiner Bestrahlung mit verschiedenen Mengen von Röntgenstrahlen.* Zufuhr von *Vitamin B_1* (**I**) vor der Bestrahlung wirkt günstig auf die Wiederherst. der Glykogenbldg. durch die Leber; erst nach der Bestrahlung zugeführtes **I** ist weniger wirksam. Dosen bis 500 r stören die Oxydationssysteme im Organismus, höhere Dosen (1000, 2000 r) zerstören auch die oxydierbare Substanz. Auch die Synth. von Coferment (Dehydrase) u. die Fähigkeit des **I**, sich mit H_3PO_4 zu verbinden, kann gestört sein. (Вестник Рентгенологии и Радиологии [Nachr. Röntgenol. Radiol.] **1953**. Nr. 6. 22–25. Nov./Dez. Zentr. Röntgenol., Radiolog. u. Krebsinst. des Gesundheitsmin. der UdSSR, Biochem. Abt.) R. K. MÜLLER. 4587

Hellin A. Louhi, Hsi-Hsuan Yü, Betty E. Hawthorne und **Clara A. Storvick** (unter techn. Mitarbeit von **Katherine Ding** und **Betty J. Graves**), *Thiaminstoffwechsel bei Frauen unter kontrollierter Diät.* 1. Mitt. *Die tägliche Thiaminausscheidung im Harn und deren Beziehung zur Kreatininausscheidung.* Bei 8 n. Frauen, die 500 γ *Thiamin* (**I**)/1000 cal erhielten, betrug die tägliche **I**-Ausscheidung im Harn 100–276 γ; bei nur 300 γ **I**/1000 cal betrug die **I**-Ausscheidung 34–109 γ. Die **I**-Ausscheidung, ausgedrückt in % des eingenommenen **I** betrug 10–27,6% bzw. 5,7–18,2%. Die **I**-Ausscheidung, ausgedrückt in γ **I**/g ausgeschiedenes *Kreatinin* (**II**) schwankte zwischen 80–276 bzw. 26–107. Eine Aufnahme von 500 γ **I**/1000 cal wurde für 6 der Versuchspersonen als ausreichend betrachtet; eine Aufnahme von 300 γ **I**/1000 cal wurde für 6 der Versuchspersonen als unzureichend angesehen. Die Rk. von 4 Versuchspersonen auf eine orale 5 mg-**I**-Hydrochloriddosis am letzten Tag der **I**-Mangelperiode zeigt, daß die Gewebe aller Versuchspersonen einen zu niedrigen **I**-Geh. hatten. Die Best. des Verhältnisses γ **I**/g **II** in einzelnen Entleerungen ergab, daß dieses Verhältnis einigermaßen konstant bleibt u. ebenso wie das 24 Std.-Verhältnis zu einer Abschätzung der **I**-Ernährung die-

nen kann. (J. Nutrit. **48.** 297—306. 10/11. 1952. Corvallis, Oregon State Coll., Nutr. Res. Labor., School of Economics, u. Exp. Stat. Dep. of Home Econom.)
K. F. MÜLLER. 4587

Rachel B. Dubé, Elizabeth Cox Johnson, Hsi-Hsuan Yü und **Clara Gr. A. Storvick** (unter techn. Mitarbeit von **Shirley Kosko** und **Sally McFarland**), *Thiaminstoffwechsel bei Frauen unter kontrollierter Diät.* 2. Mitt. *Tägliche Blutthiaminwerte.* (1. vgl. vorst. Ref.) Bei 8 n. Frauen, die ca. 500 γ *Thiamin* (**I**)/1000 cal erhielten, betrug der durchschnittliche **I**-Geh. des Gesamtblutes 3,3—5,4 γ **I**/100 ml; bei Herabsetzung der **I**-Aufnahme auf 300 γ **I**/1000 cal betrug er 2,8—4,6 γ **I**/100 ml. (J. Nutrit. **48.** 307—16. 10/11. 1952.)
K. F. MÜLLER. 4587

Ja. Je. Schapiro, *Über die Ausscheidung von Riboflavin mit dem Harn nach intravenöser Einführung bei Basedow.* Im Harn von BASEDOW-Kranken finden sich bei Zufuhr von 2 mg *Riboflavin* (**I**) mit der Nahrung höchstens Spuren **I**. Die **I**-Ausscheidung ist nach einmaliger intravenöser Zufuhr von 10 mg freiem **I** in den ersten Tagen erhöht; bei täglicher Zufuhr nimmt sie ständig zu. Das Maximum der **I**-Ausscheidung wird in den ersten 4 Std. nach der Injektion beobachtet. Bei erfolgreicher Therapie mit Methylthiouracil geht die Ausscheidung des intravenös injizierten **I** deutlich zurück u. nähert sich der Norm. Auch zusätzliche Eiweißbelastung mit der Kost setzt die **I**-Ausscheidung stark herab. Neben erhöhter **I**-Ausscheidung kann bei BASEDOW Vitamin-B_2-Mangel im Organismus bestehen. (Терапевтический Архив [Therap. Arch.] **25.** Nr. 6. 48—55. Nov./Dez. 1953. Moskau, 1. Med. Inst., Therapeut. Klinik.)
R. K. MÜLLER. 4587

J. R. Beaton, J. L. Beare und **E. W. McHenry,** *Faktoren, welche die Entwicklung der Akrodynie bei Pyridoxinmangelratten beeinflussen.* Ratten, die eine Gelatine als N-Quelle enthaltende Diät erhielten, zeigten keine Akrodynie, wenn dieser Diät *Pyridoxin*(**I**) entzogen u. Desoxypyridoxin zugesetzt ist, sogar dann nicht, wenn die Diät durch Tryptophan, Glutaminsäure (**II**), Methionin u. Histidin ergänzt ist. Ergänzung einer caseinhaltigen Diät durch **II** scheint die Entw. der Akrodynie bei **I**-Mangelratten zu begünstigen. Zusatz von Maisöl zu einer fett- u. **I**-freien Diät hat auf die Geschwindigkeit der Ausbildung der Akrodynie keinen Einfl., scheint jedoch die Ausbldg. eines schweren Stadiums äußerer Mangelmerkmale zu verhindern. Bei allen untersuchten Gruppen war das Auftreten der Akrodynie bei männlichen Tieren häufiger u. von schwererem Ausmaße als bei weiblichen Tieren. — Adrenalectomie scheint das Auftreten der Akrodynie zu verhindern, während Ovarectomie u. Verabreichung von ACTH u. Nebennierendrüsenextrakt ohne Einfl. sind. Verabreichung eines Wachstumshormonpräp. scheint den **I**-Mangelzustand zu verstärken. (J. Nutrit. **48.** 325—34. 10/11. 1952. Toronto, Can., Univ., Dep. of Public Health Nutrit.)
K. F. MÜLLER. 4587

Bruce D. Owen und **John P. Bowland,** *Der Pantothensäuregehalt des Blutes und der Milch von Schweinen, die zusätzliche Mengen des Vitamins erhielten.* Der mikrobiol. (unter Verwendung von *L. arabinosus* als Testorganismus) bestimmte *Pantothensäure*(**I**)-Geh. des Blutes u. der Milch von Schweinen u. des Blutes der Ferkel steht in Beziehung zum **I**-Geh. des Futters. Zusätzliche Mengen von 6 oder 12 mg Ca-Pantothenat pro lb. Futter bewirkten statist. bedeutende Anstiege des **I**-Geh. der Saumilch. Enzymat. Verdauung der Proben unter Verwendung von Mylase P ergab höhere **I**-Werte als Wasserhydrolyse (15 Min. bei 121°) im Blut der Sau u. der Ferkel, jedoch nicht in der Saumilch. (J. Nutrit. **48.** 317—24. 10/11. 1952. Edmonton, Can., Univ. of Alberta, Dep. of Animal Sci.)
K. F. MÜLLER. 4587

H. E. Sauberlich, *Vergleichende Untersuchungen mit natürlichem und synthetischem Citrovorumfaktor.* (Vgl. C. **1949.** E. 1293.) An zahlreichen Vorverss. wurden die geeignetsten Ausgangsmaterialien, Adsorbentien, Elutionsmittel, Lösungsmittelfraktionierungsverff., chromatograph. Methoden u. Fällungsmittel für die Konzentrierung des Faktors festgestellt. Ausgehend von WILSONs Leberpräp. L mit 30000 E. je g wurde in größerem Maßstab eine Isolierung in zahlreichen Stufen (wiederholte Adsorption an Norit, Elution mit ammoniakal. A., Extraktion mit Butylalkohol zur Entfernung von Verunreinigungen u. zur Isolierung des Faktors bei verschied. p_H-Werten, Extraktion mit W., Fällung von Fremdstoffen mit $Ba(OH)_2$, Fällung des Faktors mit $AgNO_3$, wiederholte Adsorption an Norit u. Florisil) durchgeführt, die beschrieben wird. Die so erhaltene Substanz enthielt 1 E. in 0,01—0,02 μg. Durch eine papierchromatograph. Isolierung wurde eine krist. Substanz (Abb.) mit 1 E. in 0,001 μg erhalten. Weitere Isolierungsverss. wurden mit Spinat u. Harn durchgeführt. Einige chem., physikal. u. biol. Eigg. wurden geprüft (UV-Absorption, Verh. bei Chromatographie, Beständigkeit bei chem. Einw.). Natürlicher u. synthet. Citrovorumfaktor erwiesen sich im allg. in ihren Eigg. als ident. (auf die Ähnlichkeit mit Folacin wird hingewiesen). (J. biol. Chemistry **195.** 337—49. März 1952. Auburn, Polytechn. Inst., Agric. Exp. Stat., Dep. of Animal Husbandry and Nutrit.) SCHWAIBOLD. 4587

E. S. Holdsworth, *Die Differenzierung Vitamin B_{12}-aktiver Verbindungen durch Ionophorese und mikrobiologische Testung. Ionophorese.* Da mehrere *Vitamin B_{12}*-ähnliche Substanzen (I) durch Papierchromatographie nicht trennbar sind, wird zur Trennung die Papierionophorese in Verbindung mit der bioautograph. Meth. herangezogen. Die Beweglichkeiten von I in 2nNaOH werden angegeben. Alle I stellten Gemische mehrerer akt. Komponenten dar. (Nature [London] **171.** 148—49. 24/1. 1953. Reading, Univ., Nat. Inst. for Res. in Dairying.) K. MAIER. 4587

John B. Conn und **Thomas G. Wartman,** *Kinetik der Reaktion gewisser Vitamin-B_{12}-Analoge mit Cyanidion.* (Vgl. C. **1954.** 2590.) Vff. stellten fest, daß Oxycobalamin (Vitamin B_{12a}) amperometr. mit *Cyanidion* (I) bei scharfem Endpunkt in Puffern von p_H 8 oder höher titriert werden kann. Einige quantitative Unterss. über die Reaktionsgeschwindigkeit von I mit Oxy- u. Thiocyanatcobalamin werden an Hand von graph. Darstellungen beschrieben. Es wird darauf hingewiesen, daß die Ionenaustausch-Rkk., die vielleicht mit einer reversiblen Oxydation u. Red. von Co verbunden sind, offenbar von Bedeutung für die biol. Funktion von Vitamin B_{12} sind. (Science [Washington] **115.** 72—73. 18/1. 1952. Rahway, Merck & Co., Inc., Res. Labors.) SCHWAIBOLD. 4587

Ralph O. Wallerstein, John W. Harris, Robert F. Schilling und **William B. Castle,** *Beobachtungen über die ätiologische Beziehung von achylia gastrica zu perniciöser Anämie.* 15. Mitt. *Hämatopoietische Wirkungen von gleichzeitiger intravenöser und von gleichzeitiger oder reihenweiser oraler Verabfolgung von Magensaft und Vitamin B_{12}.* Unterss. an 15 Patienten mit perniciöser Anämie zeigten, daß die gleichzeitige tägliche Verabreichung von 1 mg *Vitamin B_{12}* (II; intravenös) u. 10 cm^3 Magensaft (I; *intrinsic, gastric factor*) den hämatopoiet. Effekt merklich erhöhen, jedoch tritt keine wesentliche Erhöhung ein, wenn 1 mg II u. 50 cm^3 I verabreicht werden. Bei sukzessiver Verabfolgung von I u. II ist die Wrkg. größer, wenn I mehrere Std. vor II verabfolgt wurde. Vff. neigen daher zu der Ansicht, daß I lediglich die Assimilation von II fördert. (J. Lab. clin. Med. **41.** 363—75. März 1953. Boston, Mass., City Hosp., 2. and 4. med. Serv. [Harvard], Thorndike Mem. Labor., u. Harvard Med. School, Dep. of Med.) FINDEISEN. 4587

Kleinsorge, *Erfahrungen mit Vitamin B_{12}.* Kompensation der Perniciosa konnte mit 15 γ *Vitamin B_{12}* (I) alle 25 Tage intramuskulär oder subcutan bzw. 6 γ I + 500 mg *Folsäure* peroral täglich erreicht werden. Experimentelle Bleianämie bei Kaninchen, die nach 4 Wochen von selbst ausheilte, konnte durch I-Gaben nach 14—16 Tagen bereits n. Blutwerte zeigen. Das Auftreten der basophilen Tüpfelung konnte durch I vermindert oder vermieden werden. (Folia haematol. [Leipzig] **71.** 420—23. 1953. Jena, Univ., Med. Poliklinik.) MATTHIES. 4587

Ramón Rey Ardid, *Unsere ersten Ergebnisse in der Behandlung verschiedener neurologischer Affektionen mit hohen Dosen Vitamin B_{12}.* Die hauptsächlichste Indikation der Behandlung mit *Vitamin B_{12}* (I) stellt die im Verlauf megaloblastürer Anämien auftretende funiculäre Myelose dar. Tägliche Dosis 20—30 γ I. Mit massiven Dosen von 1000 γ täglich 6 Tage lang wurden gute Erfolge erzielt bei 3 Fällen von Trigeminusneuralgie, bei diabet. Neuritis u. gelegentlich bei tab. Krisen. Keine Erfolge wurden bei multipler Sklerose, progressiver Muskeldystrophie, amyotroph. Lateralsklerose u. bei der FRIEDREICHschen Krankheit beobachtet. Die funiculäre Myelose bei perniciöser Anämie spricht auf massive Dosen sehr gut an. (Clín. y Lab. **57** (**39**). 291—98. April 1954. Zaragoza, Manicomio de Nuestra Señora del Pilar.) P. G. SCHEURLEN. 4587

A. Della Beffa und **R. Laricchia,** *Therapeutische Versuche in der Behandlung nervöser Störungen beim chronischen Alkoholismus mit massiven Dosen Vitamin B_{12}.* *Vitamin B_{12}* wurde zur Behandlung verschied. durch chron. Alkoholismus bedingter nervöser u. psych. Störungen in Dosen von 1000—1500 γ täglich angewandt. Die Wrkg. dieser massiven Dosen soll bei nervösen Störungen günstig sein. Als Maximum wurde eine tägliche Dosis von 4000 γ intravenös verabfolgt. Anwendung teilweise auch intralumbal (1500 γ). (Minerva med. [Torino] **45.** I. 892—97. 31/3. 1954. Milano, Univ., Clin. delle Malattie Nervose.) P. G. SCHEURLEN. 4587

W. J. J. de Sauvage Nolting, *Vitamin C und Schizophrenie.* Zwischen dem Geburtsmonat u. der Schizophrenie scheint ein Zusammenhang zu bestehen. Dieser wird auf ein *Vitamin-C*-Defizit zurückgeführt. In den Winter- u. den ersten Frühjahrsmonaten, in denen die gefundenen Vitamin-C-Werte niedrig liegen, werden vergleichsweise mehr Schizophrene geboren als in den Monaten mit besserer Vitamin-C-Versorgung. (Geneeskund. Gids **31.** 424—25. 1/10. 1953. Den Dolder, Willem Arntsz Hoeve.) PATZSCH. 4587

E. Rominger, *Vitamin-T-Goetsch.* Durch Anwendung von *Vitamin-T*-GOETSCH, dessen Handelspräp. aus Aminosäuren, Vitaminen u. Wirkstoffen besteht (Arginin, Leucin, Isoleucin, Lysin, Methionin, Phenylalanin, Threonin, Tryptophan, Tyrosin, Valin; Vitamin B_1, B_2, B_6, B_{12}, Folsäure, Folinsäure, Nicotinsäureamid, Lactobacillus Bulgaricusfaktor; Desoxyriboside u. Coenzym A), wurde klin. keine signifikante Veränderung im Salz-, Wasser- u. Eiweißhaushalt beobachtet, dagegen in manchen Fällen eine günstige Wrkg. auf Allgemeinbefinden, Appetit u. Gewichtszunahme. Es wird ein therapeut. Vers. bei manchen Fällen von Säuglingsdystrophie empfohlen. Die Wirkungsweise ist noch nicht bekannt. Besprechung der Literatur. (Arch. Kinderheilkunde **148.** 1—4. 1954. Kiel.) BENISCHKE. 4587

W. D. Brown, *Protamin, Chylomikronen und Ausflockung.* Zugabe von 0,2 mg Protamin (I; Clupein, Vitrum Stockholm) zu 1 cm³ Darmsaft bewirkt unmittelbare Ausflockung der *Chylomikronen* (Ch.). Diese steigen zur Oberfläche, die untenstehende Fl. wird klar. Die minimalste I-Menge, die Flockung bewirkt, beträgt 0,05—0,2 mg/cm³ Darmsaft. Der isoelektr. Punkt der n. Ch. liegt zwischen p_H 4,6—4,9. Durch I ausgeflockte Ch. bilden unterhalb p_H 4,7 eine stabile Emulsion, bei Erhöhung des p_H tritt wieder Flockung ein. Auf Grund dieser Beobachtungen ist Vf. der Ansicht, daß das Fett in der Darmlymphe fast völlig in Chylomikronenform während der Fettresorption vorliegt. (Science [Washington] **118.** 46—47. 10/7. 1953. Lund, Schweden, Univ., Dep. of Physiol. Chem.) BRATFISCH. 4594

Irvin H. Strub, William R. Best, C. Frank Consolazio und **Morton I. Grossman,** *Die Nutzbarmachung intravenös injizierter Fructose und von Invertzucker bei gesunden Personen.* Vff. geben 9 gesunden Personen an 3 voneinander getrennten Tagen eine intravenöse Injektion von je 141 g *Glucose* (I), 291 g *Fructose* (II) oder 288 g *Invertzucker* (III; als 10%ig. Lsgg.) Es werden im Durchschnitt folgende Maximalkonzz. an Zucker im Blut festgestellt: 187 mg% nach Injektion von I; 191 mg% von II u. 242 mg% von III. Die Zuckerausscheidung mit dem Urin (in % des injizierten Zuckers) beträgt nach I-Eingabe 2,1%; nach II 6,2% u. nach III 5,0%. Obgleich die Ausscheidung von II mit dem Urin etwas größer ist als die von III, ist II bei der intravenösen Ernährung von Patienten nicht nur als Calorienlieferant, sondern auch wegen seiner deutlichen Wirkungen auf den Stoffwechsel vorzuziehen. (J. clin. Nutrit. **2.** 32—37. Jan./Febr. 1954. Chicago, Ill., Med. Nutrit. Labor.) FAHRNLAENDER. 4596

Marjorie R. Stetten und **de Witt Stetten jr.,** *Eine Untersuchung über die Art und Weise der Glykogenneubildung im lebenden Tier.* Vff. geben Ratten durch intraperitoneale Injektion mit ^{14}C markierter *Glucose* (I)-Lsg. (1 Millimol pro 100 g Körpergewicht) u. isolieren nach verschied. Zeitabschnitten (3—48 Std.) aus der Leber u. dem Tierkörper *Glykogen* (II). Um die ^{14}C-Verteilung im II festzustellen, wird dieses mit Gersten-β-amylase in *Maltose* (III) u. *Grenzdextrin* (IV) gespalten. Es wird gefunden, daß anfänglich die Hauptmenge der ^{14}C in III, gebildet aus den peripheren, unverzweigten Ketten von II, enthalten ist, während nach einem längeren Zeitabschnitt die Radioaktivität von IV die von III übertrifft. Im II des Tierkörpers wird dagegen selbst nach 48 Std. die Hauptmenge ^{14}C in III festgestellt. Bei Hungertieren ist ^{14}C gleichmäßig zwischen III u. IV verteilt. Die Versuchsergebnisse zeigen, daß II sich im Stoffwechsel inhomogen verhält, u. zwar werden die im II-Mol. peripher stehenden I-Ketten rascher erneuert als diejenigen, die mehr zentral gelegen sind. (J. biol. Chemistry **207.** 331—40. März 1954. New York, N. Y., Publ. Health Res. Inst. of the City of New York; Div. of Nutrit. and Physiol.) FAHRNLAENDER. 4596

Lorentz Eldjarn, *Die Umwandlung von Cystinamin in Taurin in Ratten, Kaninchen und beim Menschen.* Beim Abbau von *Cystinamin* (I) tritt über die Stufe des *Mercaptoäthylamins* (II) *Taurin* (III) auf. Die Unterss. wurden mit radioakt. S markiertem I an Mensch, Kaninchen u. Ratte durchgeführt. In der Galle u. im Urin wird auf III, durch Hydrolyse der Taurocholsäure, u. anorgan. akt. S geprüft. Ein bes. gereinigtes, markiertes I-Dihydrochlorid wird in einer physiol. Salzlsg. subcutan gegeben. Bei Ratten in vivo wird der organ. gebundene S als Differenz des anorgan. u. des Gesamtschwefels zu 30% oder in der Leber zu 8,28% als III gefunden. Die Umwandlung in Cystin betrug nur 0,1% des injizierten I. In vitro wurden Leberpräpp. mit I versetzt u. nach 3 Std. 10,28% von I als III bestimmt. Bei Kaninchen findet man nach 2 Tagen 3,7% von I im Urin u. 5,2% in der Galle als III. Im menschlichen Körper werden 18% von I im Urin u. 10% in der Galle als III gefunden, ca. 12% werden als unverändertes I ausgeschieden. Die Umwandlung von I oder Cystin in II ist nicht reversibel. II wird über Sulfon- u. Sulfinderivv. von III weiter abgebaut. (J. biol. Chemistry **206.** 483—90. Jan. 1954. Oslo, Norsk Hydro Inst. for Cancer Res.) LAMPRECHT. 4596

C. A. Elvehjem, *Alimentäre Beziehungen. Tryptophan* (I) kann als der wirksamste Vorläufer für die *Nicotinsäureamid* (II)-Bldg. angesehen werden, zumal sein Geh. in den Nahrungsstoffen im Verhältnis zum II-Geh. hoch liegt. Die verschied. Tiergattungen haben aber eine wechselnde Fähigkeit, I in akt. II-Verbb. umzuformen. Bei Ratten u. Hühnern tritt ein II-Mangel nur auf, wenn gleichzeitig die I-Zufuhr stark eingeschränkt wird. In der Rattenleber wird dann der Geh. an *Pyridinnucleotiden* herabgemindert. Äquimol. Mengen von I u. II bewirken einen gleichartigen Anstieg im Protein-N-Spiegel. (Int. Z. Vitaminforsch. **23.** 299—308. 1952. Madison, Wis., Univ. of Wisconsin, Dep. of Biochem.) NEHRING. 4596

R. Ss. Uschatinskaja, *Der Verlauf einiger physiologischer Prozesse im Insektenorganismus während der Vorbereitungsperiode zur Überwinterung.* Die Best. der Änderung des O_2-Verbrauchs, Körpergewicht, Geh. an W., Fett, Kohlenhydraten u. Eiweiß bei *Pieris brassicae* L., *Laspeyresia pomonella* L., *Pyrrhocoris apterus* L., *Gastroidea viridula* Deg., *Selatosomus* sp., die verschied. systemat., biol. u. ökol. Gruppen angehören, beim Übergang vom akt. Sommer- zum Winterstadium ermöglicht einen Einblick in den Ablauf einiger physiol. Prozesse der vorwinterlichen Periode. Die überwinternden Imaginal- u. Larvenstadien zeigen beim Übergang zur Winterruhe verstärkte Nahrungsaufnahme, vergrößertes Körpergewicht, Anhäufung von Fett- u. in geringerem Maße von Kohlenhydrat sowie Eiweißreserven. Bei beginnender Abkühlung u. bei Erreichung mittlerer Tempp. von 8—9° beobachtet man in Verbindung mit der Abnahme des oxydativen Stoffwechsels u. der Verringerung der Fettreserven sowie des W. eine beträchtliche Zunahme der Glykogenmenge (I). Innerhalb von 2,5—3 Monaten (Herbst) sinkt der Wassergeh. des Insektenorganismus um 1—4%, der Fettgeh. um 17,3—25,3% der Gesamtkonz., während I gegenüber den Sommerwerten um 60,5 bis 207,6% ansteigt. Mit Eintritt der ersten Fröste erfolgt bei der Winterform eine auffallende Zunahme des reduzierenden Materials, wobei der Zuckergeh. gegenüber dem Sommer um 250—513% ansteigt. Durch die angeführten Veränderungen wird die Kältefestigkeit der Insekten erhöht. (Известия Академии Наук СССР, Сери Биологическая [Nachr. Akad. Wiss. UdSSR, biol. Ser.] **1952.** 101—14. Jan./Febr. Akad. der Wiss. der UdSSR, Ssewertzow-Inst. für Tiermorphol., Labor. für Morphol. u. Ökol. der Wirbellosen.) K. MAIER. 4596

F. A. Holton und **Pamela Holton,** *Die vasodilatorische Wirksamkeit von Spinalwurzeln.* In Extrakten der dorsalen (DS.) u. ventralen Spinalwurzeln (VS.) kommt eine unidentifizierte vasodilator. Substanz vor. Die Beobachtungen von HELLAUER u. UMRATH, daß diese Substanz auf die VS. beschränkt ist, wurde nicht bestätigt. Die Substanz ist in Acetontrockenpulvern (AT.) enthalten, ist hitzebeständig bei p_H 7 u. dialysierbar. Durch Kochen mit Mineralsäuren oder Alkali wird sie zerstört. AT. der DS. u. VS. verlieren ihre Wirksamkeit durch enzymat. Einw., wenn sie in NaCl-Lsg. bebrütet werden. Frische DS. behalten ihre Wirksamkeit, wenn sie mit NaCl-Lsg. gemischt u. bebrütet werden; frische VS. verlieren sie aber ebenso schnell wie Acetontrockenpulver. Die Hypothese, daß die gefäßerweiternde Substanz der sensor. Überträger sein soll, wird diskutiert. (J. Physiology **118.** 310—27. 28/11; **116.** 35P. 28/3. 1952. Cambridge, Univ., Molteno Inst. and Physiol. Labor.) K. BÖHM. 4598

E_6. Pharmakologie. Therapie. Toxikologie. Hygiene.

J. Haslauer, *Adrenalininaktivierung durch das Thermalwasser von Badgastein Geprüft am Läwen-Trendelenburgschen Präparat.* Die von WENSE (C. **1952.** 2541) im in vitro-Vers. gefundene Beschleunigung der oxydativen Adrenalininaktivierung durch Gasteiner Thermalwasser wird durch Verss. am biol. Objekt bestätigt; dem Rn-Geh. des Heilwassers kommt dabei nur ein unterstützender Einfl. zu. (Z. Biol. **105.** 371—79. 1953. Innsbruck, Univ., Balneolog. Inst.) HALLER. 4603

A. W. Peirce, *Untersuchungen über die Fluorose des Schafes.* 1. Mitt. *Die Toxizität von fluorhaltigem Wasser für in Hürden gehaltene Schafe.* Schafe zeigten bei unbeschränktem Angebot von Trinkwasser mit 2,5 u. 5 mg *Fluor* (I)/Liter außer einer schwachen Tüpfelung der Schneidezähne keine Schäden (Kriterien: Futteraufnahme, Gewichtszunahme, Wollertrag, Sterblichkeit). Bei 10 mg/Liter war die Sterblichkeit erhöht, der Zusammenhang mit der I-Zufuhr dagegen nicht eindeutig, andere Schäden fehlten. Mit 20 mg/Liter traten zum Teil schwere Gebißschäden auf, im übrigen waren keine signifikanten Abweichungen von der Kontrollgruppe nachweisbar. (Austral. J. agric. Res. **3.** 326—40. Juli 1952. Adelaide, South Australia, Univ., Div. of Biochem. and Gen. Nutrit., C. S. I. R. O.) OELSSNER. 4606

C. W. Gowdey und **J. S. Loynes,** *Akuter experimenteller Herzschaden durch intravenöse Akaziengummiinfusion.* Bei Hunden, denen eine 6%ig. *Akaziengummi*-Lsg. in

0,9%ig. NaCl-Lsg. mit 0,6 ml/kg/Min. bis zu 8 Std. lang intravenös infundiert wurde, traten akute Herzschäden mit Symptomen auf, die denen des klin. kongestiven Herzfehlers entsprachen. (Canad. J. med. Sci. **30.** 314—24. Aug. 1952. London, Can., Univ. of Western Ontario, Dep. of Pharmacol.) KRUSEN. 4608

D. Taverner, *Über die Wirkung von Strychninnitrat auf die Potentiale der Rückenmarkhinterstränge der Katze.* (Acta physiol. scand., Suppl. **29.** Nr. 106. 55—64. 1952. Stockholm, Karolinska Inst., Dep. of Physiol.; Leeds, Gen. Infirmary, Dep. of Med.) ZEMKE. 4608

C. G. Bernhard und **W. Koll,** *Über die Wirkung von Strychnin, Asphyxie und Dial auf die Potentiale des Rückenmarks.* (Acta physiol. scand., Suppl. **29.** Nr. 106. 30—41. 1952. Stockholm, Karolinska Inst., Dep. of Physiol.) ZEMKE. 4608

F. Piacenza und **O. Zierl,** *Erfahrungen mit Hirudoid bei der Behandlung von tuberkulösen Ergüssen der Brust- und Bauchhöhle.* (Tuberkulosearzt **8.** 235—37. April 1954. Heilstätte Wasach der LVA Schwaben.) DOSSMANN. 4609

N. Rist, F. Grumbach, S. Cals und **J. Riebel,** *Das Hydrazid der Isonicotinsäure (INH). Die antituberkulöse Wirksamkeit bei der Maus. Entstehung resistenter Stämme in vitro.* Einen Tag nach der Infektion genügt bei Mäusen eine Dosis von 0,1 mg *INH* (I)/Tag, um das Auftreten mkr. Läsionen zu verhindern. Verss. mit Verabreichung von 1 mg I/Tag über 15 Tage, bei denen die Behandlung erst nach Sichtbarwerden von Läsionen 14 Tage nach der Infektion begann, ergaben Verkleinerung der Läsionen u. merkliche Abnahme der Bacillen. Hinweis, daß es in vitro mit I viel schneller als mit *Streptomycin* gelingt, resistente Stämme zu erhalten. (Ann. Inst. Pasteur **82.** 757—60. Juni 1952. Paris, Inst. Pasteur, Serv. de la Tuberculose.) DOSSMANN. 4610

H. Hörlein, *Ungewöhnliche Liquorzellreaktion bei einem per os mit Isoniazid (Neoteben) behandelten Fall von tuberkulöser Meningitis.* Bei 1 Fall mit tuberkulöser Meningitis, der ausschließlich unter strenger Kontrolle mit *Neoteben* (I) oral behandelt wurde, trat am 5. Behandlungstag eine Krise mit neutrophiler Leukocytose des Liquors, 21000/3 Zellen, auf, danach plötzlicher Umschwung zur Besserung. Im Rahmen des Allgemeinbefundes wird versucht, den Ablauf der I-Wrkg. gegenüber dem Tuberkelbacillus unter Berücksichtigung der Abwehrkräfte des Körpers zu erklären. (Tuberkulosearzt **8.** 227—31. April 1954. Wuppertal-Elberfeld, Städt. Krankenanst.) DOSSMANN. 4610

Norbert Klüken, *Untersuchungen über die Beeinflussung des peripheren Gefäßsystems durch Isonicotinsäurehydrazid.* Vf. untersuchte, ob dem *Isonicotinsäurehydrazid* (I) eine gefäßakt. Wrkg. zukommt. Bei intracutaner Anwendung unterscheidet sich I in seiner Wrkg. auf die Capillaren nicht wesentlich von einer Vergleichslösung. An den Arteriolen besitzt I keine eindeutige Wrkg. auf die Weite des Gefäßlumens. Bei intravenöser Injektion von I ließ sich eine Zunahme der Gefäßlabilität nachweisen. Die Möglichkeiten, wie diese Effekte zustandekommen, werden diskutiert. (Arch. Dermatologie Syphilis **197.** 396—402. 1954. Krefeld.) K. BÖHM. 4610

Gerhard Starzmann, *Zur Behandlung der Nierentuberkulose.* Es wird die Behandlung mit p-Aminosalicylsäure, Conteben u. Dihydrostreptomycin erwähnt. (Dtsch. med. Wschr. **77.** 748—49. 6/6. 1952. Göteborg, Schweden, Sahlgrenska Sjukhuset, Chirurg.-Urolog. Abt.) ZOPFF. 4610

Thomas E. Morgan, Sidney H. Wanzer und **David T. Smith,** *Die Wirkung von Cortison und Streptomycin auf die experimentell herbeigeführte Lungentuberkulose beim Kaninchen.* Bericht über Verss. an 74 Kaninchen, 52 wurden mit einem relativ avirulenten Stamm von M. tuberculosis empfindlich gemacht u. teilweise immunisiert, 22 wurden nicht vorbehandelt. Alle Tiere erhielten eine intratracheale Injektion von 5 mg Rindertuberkelbacillen. Therapie mit *Streptomycin* (I) u. *Cortison* (II), 2 bzw. 20 mg/Tag je allein, ferner mit I + II in beiden Dosierungen. II allein verschlimmert den Ablauf der experimentellen Tuberkulose, jedoch verläuft der Heilungsprozeß bei Verabreichung von kleinen II-Dosen + I gleich günstig wie bei alleiniger I-Therapie. 20 mg II + I bedingt Verschlimmerung trotz I. (J. Bacteriol. **67.** 257—63. März 1954. Durham, N. C., Duke Univ., School of Med., Dep. of Bacteriol.) DOSSMANN. 4611

Sidney H. Wanzer, Thomas E. Morgan und **David T. Smith,** *Die Wirkung von Corticotropin (ACTH) und Streptomycin auf die experimentell herbeigeführte Lungentuberkulose von Kaninchen.* (Vgl. vorst. Ref.) Nach analoger Vorbereitung von 75 Kaninchen, Behandlung allein mit *Streptomycin* (I) bzw. *ACTH* (II) bzw. mit I + II. II in Dosen von 10 E./Tag hatte keinen schädigenden Einfl. auf die Heilung bzw. den günstigen I-Einfl., bei 20 E./Tag allein geringe Verschlechterung gegenüber den Kontrollen, aber keine ungünstige Beeinflussung der I-Therapie. *Cortison* allein wirkt in jeder Dosierung schädlich, während II beim Kaninchen nur in Dosen, die 20 mal über der therapeut. Dosis beim Menschen liegen, nachteilige Folgen bedingt. (J. Bacteriol. **67.** 264—70. März 1954. Durham, N. C., Duke Univ., School of Med., Dep. of Bacteriol.) DOSSMANN. 4611

William W. Waddell jr., Armistead P. Booker, Warren C. Gregory und **Oliver B. Bobbitt,** *Behandlung tuberkulöser Meningitis.* Eingehende Besprechung des Ergebnisses einer Gruppe von 19 Meningitisfällen nach intramuskulärer u. intrathecaler *Streptomycin* (I)-Behandlung + *PAS* (II) u./oder *Promizol.* 11 Todesfälle, 4 Defektheilungen, 4 Fälle in gutem Zustand nach ca. 4 Jahren. Demgegenüber ergab eine 2. Gruppe von 6 Fällen, allerdings mit kürzerer Beobachtungszeit, bessere Erfolge ohne Komplikationen. Sie erhielt I nur intramuskulär + II + *Isoniazid* (III). Der III-Spiegel im Serum lag bei 0,1—4,6 γ/ml, im Liquor bei 0,1—2,2 γ/ml. (A. M. A. Amer. J. Diseases Children **87.** 273—86. März 1954. Charlottesville, Va., Univ. of Virginia, School of Med., Dep. of Pediatrics and Clin. Pathol., u. Univ. of Virginia Hosp.) DOSSMANN. 4611

E. Dissmann, *Über Recidive nach Streptomycinbehandlung der hämatogenen Lungentuberkulose und deren Stellung in der Pathogenese der hämatogenen Streuungen.* (Tuberkulosearzt **8.** 205—10. April 1954. Klagenfurt, Landeskrankenhaus.) DOSSMANN. 4611

R. Langer und **J. Böger,** *Frühergebnisse der Vinactanbehandlung (Viomycin) in der Lungentuberkulose.* (Tuberkulosearzt **8.** 215—19. April 1954. Davos-Dorf, Schweiz, Sanatorium Valbella.) DOSSMANN. 4611

Eugen Fritze und **Ernst Nasse,** *Ergebnisse der Behandlung der Endocarditis lenta mit Penicillin und Streptomycin.* Bei Endocarditis lenta läßt sich mit Penicillin allein nach anfänglicher Beschwerdefreiheit oft keine dauernde Heilung erzielen. Bes. die älteren u. die durch Enterokokkeninfektion hervorgerufenen Erkrankungen neigen zu Recidiven. Die Vff. hatten mit *Penicillin–Streptomycin* (Penicillin 10 10^6 E., Streptomycin 1—3 g täglich) bessere Erfolge u. konnten in 60—80% der Fälle Dauerheilung erzielen. (Dtsch. med. Wschr. **77.** 745—48. 6/6. 1952. Göttingen, Univ., Med. Klin.) ZOPFF. 4611

J. A. McCredie Smith und **J. Smith,** *Die Wirkung von Antibioticis auf Bacterium coli-Infektionen in Verbindung mit geburtshilflichen und gynäkologischen Zuständen. Terramycin und Streptomycin–Terramycin-Kombination.* Durch Austestung von *Aureomycin, Chloromycetin, Streptomycin* (I) u. *Terramycin* (II) gegenüber Bact. coli wurde bei II starke bakteriostat., aber geringe bactericide Wrkg. festgestellt, während bei I darin prakt. kein Unterschied bestand. Vff. betonen die günstige Ergänzung von I u. II bei kombinierter Anwendung. Mit II wurde in vitro geringe Resistenzentw. festgestellt, die nicht auftrat, wenn die Nährböden I + II enthielten. Klin. erwies sich II als ein wirksames Mittel bei Harnwegsinfektionen, mit I + II wurde verstärkte Wrkg. erzielt, so daß die Therapiedauer abgekürzt werden konnte. (J. Obstetr. Gynaecol. Brit. Empire [N. S.] **61.** 145—54. April 1954. Manchester, Univ., Dep. of Obstetr. and Gynaecol., u. Aberdeen, City Hosp.) DOSSMANN. 4611

Siegfried Ortel, Heinz-Dieter Jung und **Hanns Jenne,** *Oralpenicilline bei der Behandlung der Gonorrhöe.* Vff. berichten über orale Penicillinbehandlung der Gonorrhöe (Go.) mit Natriumcitrat u. -phosphat gepuffertem *Oral-Penicillin* (ARZNEIMITTELWERKE DRESDEN, MADAUS). Bei 501 Behandlungen nur 2,2% Recidive. Mit einer Gabe von 500000 I.E. heilten bei der akuten Go. 99,2%, bei der chron. Go. 93,1% aus. (Arch. Dermatologie Syphilis **197.** 422—35. 1954. Greifswald, Univ., Hautklin. u. Hygiene-Inst.) K. BÖHM. 4611

A. Jornet, *Die Hyaluronidase bei Adenitis und tuberkulösen Abszessen.* Anwendung von *Hyaluronidase* in Verbindung mit den gebräuchlichen Antibioticis. Durch Lösung der fibrinösen Wandschichten der Abszesse u. Herabsetzung der Eiterviscosität wird schnelleres Eindringen des Antibioticums ermöglicht. Bisher wurden keine Komplikationen, wie z. B. Ausbreitung der Keime, beobachtet. (Med. clin. [Barcelona] **22** (12). 111—12. Febr. 1954. Barcelona, Hosp. de la Santa Cruz y San Pablo, Esc. de Cirurgia Ortoped. y Osteoart.) HANS THIELE. 4614

G. Caffarena und **F. M. Chiossi,** *Einfluß der Cocarboxylase auf den Stoffwechsel der Ketokörper.* An Säuglingen u. Kleinkindern, die mit einer leicht zu Acidose u. Vermehrung der Ketokörper führenden Kost ernährt wurden, zeigte die *Cocarboxylase* eine günstige Wrkg. auf die Acidose u. die Ausscheidung der Ketokörper. (Minerva med. [Torino] **45.** I. 885—91. 31/3. 1954. Genova, Univ., Ist. di Clin. Pediatrica.) P. G. SCHEURLEN. 4614

Wolfgang O. Zürcher, *Versuche bei funktionellen Störungen des vegetativen Nervensystems mit „Vadonnal" Dr. Gubler. Vadonnal* ist ein vorzügliches gut verträgliches Medikament für die Therapie neurovegetativer Störungen, bes. vagotoner Reizzustände.

Zus.: Extrakte aus Baldrian (0,035), Belladonna (0,005), Aconitum (0,0025), Lobelia (0,0005), Strychnos nux vomica (0,001) sowie Phenobarbital (0,015), Acid. Arsenicosi (0,0003) (mittlere Dosis 2—5 mal täglich 1 Dragée). (Praxis [Bern] **43.** 306—07. 8/4. 1954. Arosa, Sanatorium Florentinum.) K. MAIER. 4620

M. Höchli und **R. Wolfer-Bianchi,** *Über die Behandlung der Pollinose und der Verwendung von Plimasin im Rahmen der Desensibilisierungstherapie.* Vff. berichten über erfolgreiche Behandlung des Heuschnupfens mit Pollacine Parke Davis (Gemisch von Extrakten der Pollen von Phleum pratense u. Dactylis glomerata) zur Desensibilisierung u. bei resistenten Fällen mit Plimasin (Kombination von Pyribenzamin u. Ritalin). (Praxis [Bern] **43.** 326—27. 15/4. 1954. Zürich.) ZEMKE. 4625

Hans Brennecke, *Über eine neuartige Therapie der Urticaria mit „Homburg" 680.* Vf. berichtet über Erfolge mit *Homburg 680* (I; Präp. aus bulgar. Belladonna-Wurzeln; CHEMIEWERK HOMBURG A.-G., Frankfurt/M.) bei urticariellem Hautausschlag u. rät nach seinen Erfahrungen bei Männern zur Anwendung von I bei allerg. Erkrankungen bes. solchen der Haut, wobei der Wirkungsmechanismus, Unterschied der therapeut. Wirksamkeit zwischen den Geschlechtern u. die Dosierung zur Diskussion gestellt werden. (Therap. d. Gegenwart **93.** 155—56. April 1954. Erkenschwick.)
K. BÖHM. 4625

A. Mackenzie, E. A. Pask und **J. G. Robson,** *Die Konzentrationen von Diäthyläther im Blut von intubierten und nicht intubierten Patienten.* Bei Anwendung eines Endotrachealtubus mit aufgeblasener Manschette (Abdichtung der Luftröhre nach außen) genügen geringere Ae.-Konzz. im Blut (im Mittel 17,5 mg/100 ml Nabelvenenblut) zur Aufrechterhaltung einer bestimmten Narkosetiefe als bei Nichtanwendung (im Mittel 37,7) eines solchen Tubus. (Brit. J. Anaesthesia **26.** 111—17. März 1954. Newcastle upon Tyne, Med. School, King's Coll., and Royal Victoria Infirmary.)
LOTHAR BARTH. 4627

George McLoughlin, *Die Schnittflächenblutung an Haut und Unterhautzellgewebe während der Cyclopropannarkose.* Die verstärkte Blutungsneigung an den Schnittflächen der Operationswunde bei *Cyclopropan*-Narkose beruht in den tieferen Narkosestadien hauptsächlich auf einer respirator. Acidose. Die Blutungstendenz unter Cyclopropan ist jedoch auch in flacher Narkose etwas stärker als bei Äther. (Brit. J. Anaesthesia **26.** 84—99. März 1954. Liverpool, United Liverpool Hosp.)
LOTHAR BARTH. 4627

L. Barth, *Untersuchungen über die Wirkungsdauer von Pantocainlösungen mit und ohne Adrenalinzusatz an der Tracheobronchialschleimhaut des Menschen.* Unterss. über die Wirkungsdauer *reiner u. mit Adrenalin vermischter Pantocain*-Lsgg. (**Ia** bzw. **Ib**) an der Tracheobronchialschleimhaut des Menschen ergaben eine statist. gesicherte Anästhesieverlängerung bei **Ib**. Dieser Effekt ist bereits mit einer Adrenalinkonz. von 1 : 40000 erreichbar u. kann durch weitere Konzentrationserhöhung offenbar nicht verstärkt werden. (Fortschr. Gebiete Röntgenstrahlen verein. Röntgenprax. **80.** 396—400. März 1954. Berlin, Dtsch. Akad. der Wiss., Inst. für Med. u. Biol., Geschwulstklinik.)
LOTHAR BARTH. 4627

Friedrich Wegener, *Todesfälle bei Pantocainanästhesie zur Bronchographie.* Es wird über einen Todesfall nach Anästhesie mit *Pantocain* (*p-Butylaminobenzoyldimethylaminoäthanolhydrochlorid*) mit Adrenalinzusatz bei einem 54jährigen Mann mit Lungenleiden berichtet. Vgl. mit den bisher in Deutschland veröffentlichten Fällen. (Dtsch. Z. ges. gerichtl. Med. **41.** 382—99. 1952. Lübeck, Städt. Krankenanstalten.)
LEUSCHNER. 4627

Carlo Rossano, *Ein neues Lokalanästheticum mit Depotwirkung: das Prolucain.* Kasuistik über die Anwendung von *Prolucain* (I; 1% Procain, 5% Butyl-p-aminobenzoat u. verschied. Lösungsmittel) bei 108 Fällen verschied. chirurg. Eingriffe der kleinen Chirurgie. I kann lokal u. epidural angewandt werden. (Minerva Anestesiol. **20.** 167—76. April 1954. Ancona, Ospedale Civile „Umberto I".) P. G. SCHEURLEN. 4627

H. Barth, *Über ein neues injizierbares Kurznarkoticum. „Cito-Eunarcon"* ist eine 5- oder 10%ig. Eunarconlsg. mit einem Zusatz von 4% Diäthyläther. Es zeichnet sich durch flüchtige Wrkg. u. fehlenden Nachschlaf aus u. eignet sich als Kurznarkoticum für kleine chirurg. Eingriffe. Anwendung in über 100 Fällen. (Zbl. Chirurg. **79.** 274—76. 1954. Berlin, Städt. Krankenhaus Moabit, Chirurg. Klinik u. Poliklinik.)
LOTHAR BARTH. 4627

K. Köster, *Narkoseerfahrungen in der Thoraxchirurgie mit einem neuen Thioharnstoffderivat.* Bericht über das Narkoticum *Inactin* (I; Chem. Fabrik PROMONTA GMBH, Hamburg), einem Abkömmling der Thiobarbitursäure = *Na-Salz* des *Äthyl-*

sek.-butylmalonylthioharnstoffes. Erprobung von I bei 62 I–N_2O–O_2-Kombinationsnarkosen in 41 Fällen mit schwerer Lungentuberkulose. Durchschnittlich verwendete I-Menge 0,6—0,8 g, 2 g sollen nach Vf. nicht überschritten werden. Dauer der Eingriffe 0½—2½ Std., die besondere Eignung von I für Thoraxchirurgie wird betont. (Tuberkulosearzt **8.** 223—27. April 1954. Oldenburg-Bremen, Heilstätte Wildeshausen der LVA.) DOSSMANN. 4627

G. Gazzera, G. Passera und **P. A. Cognasso,** *Leberfunktion und Thiobarbituratnarkose.* Durch verschied. Labilitätsproben (TAKATA-Rk., Cd-Rk., Thymoltest, GROSsche Rk. u. a.) wollen Vff. bei psychiatr. Patienten, die mit *Thiobarbituraten* behandelt wurden, eine Veränderung der Leberfunktion beobachtet haben. (Minerva Anestesiol. **20.** 143—48. April 1954. Genova, Univ., Ist. di Anatomia Chirurg.) P. G. SCHEURLEN. 4627

J. A. Chalmers und **C. J. Thornberry,** *N-Allylnormorphin (Lethidron) bei der Behandlung der Asphyxie von Neugeborenen.* Bericht über 8 Fälle mit Asphyxie bei Neugeborenen, offenbar durch *Morphin-* oder *Pethidin*-Injektionen während der Entbindung; Injektion von 0,25—0,5 mg *N-Allylnormorphin = Lethidron* (BURROUGHS WELLCOME & CO.) bewirkte in 7 Fällen sofortiges Einsetzen der Atmung. 1 Versager. (J. Obstetr. Gynaecol. Brit. Empire [N. S.] **61.** 244—47. April 1954. Worcester, Ronkswood Hosp.) DOSSMANN. 4627

M. Je. Raisskina, *Über den Einfluß des Morphins und der Morphin–Hexenal-Narkose auf das Herz des Hundes.* Am Hund kommt es unter der Wrkg. von *Morphin* (I; 10 mg/kg) durch Erhöhung des Vagustonus zur elektrocardiograph. deutlich feststellbaren Verlangsamung des Herzrhythmus (Sinusknoten) u. zu Reizleitungsstörungen, die durch Zufuhr von *Hexenal* (II; 10%ig. intravenös) beseitigt werden. Während der I–II-Narkose führt deshalb auch die elektr. Reizung des Vagus oder Sympathicus nur zu den auch sonst auftretenden charakterist. Rkk. als Zeichen dafür, daß durch die kombinierte Narkose die vegetativen Nerven weder erregt noch gelähmt werden. (Фармакология и Токсикология [Pharmakol. u. Toxikol.] **16.** Nr. 3. 15—21. Mai/Juni 1953. Zentralinst. für Ärztefortbldg., Lehrstuhl für pathol. Physiol.) RENTZ. 4627

P. Barceló, L. Sans Solá und **A. Serra Peralba,** *Einige Betrachtungen über die Behandlung der Gicht mit Butazolidin. Butazolidin* (I) entfaltet bei der Behandlung der akuten u. chron. Gicht schnelle Wirksamkeit, ist sehr bequem in der Anwendung u. in den erforderlichen Dosen nicht toxisch. I wirkt stärker als *Atophan* u. *Colchicin.* Es kann in der Wrkg. mit dem *ACTH* (II) verglichen werden. Bei Absetzen des I treten nicht die vom II her bekannten Verschlimmerungen auf. (Med. clin. [Barcelona] **22** (**12**). 125—28. Febr. 1954. Clin. Med. A., Serv. de Reumatol., Centro Reumatol. de la Jefatura Provinc. de San.) H. THIELE. 4627

W. H. Richter, *Über eine schonende Narkose mit My 301 und Inactin.* Anwendung von *My 301* = 5%ig. Lsg. von *Guajakol-Glycerin-Äther* in 5%ig. Lävuloselsg. (I) in Kombination mit *Inactin,* = *Natriumsalz* des *5-Äthyl-5-[1'-methylpropyl]-malonylthioharnstoffs* (II) bei 137 chirurg. Eingriffen. Der muskelerschlaffende Effekt von I war auch für intraabdominale Operationen ausreichend. II wurde bis zu einer Maximaldosis von 2,7 g verabreicht. (Zbl. Chirurg. **79.** 277—83. 1954. Pinneberg/Holstein, Kreiskrankenhaus.) L. BARTH. 4628

C. A. Sara, S. V. Marshall und **A. P. Balthasar,** „*Laudolissin*", *ein länger wirkendes Muskelrelaxans.* „*Laudolissin*" (I) = *Dekamethylen-bis-[1.2.3.4-tetrahydro-6.7-dimethoxy-1-(3'.4'-dimethoxybenzyl)-2-methylisochinolin]* wird aus N-Methyltetrahydropapaverin synthetisiert u. ist als Bromid, Jodid oder Methosulfat klin. brauchbar. Die 2%ig. Lsg. hat ein p_H von 5,0 u. darf mit Barbituraten nicht gemischt werden (Trübung bis Ausfällung!). I wurde als Muskelrelaxans in 100 Fällen bei verschied. Operationen angewandt u. besitzt eine Wirkungsdauer, welche etwa $^1/_3$ länger ist als die äquipotenter Dosen von d-Tubocurarinchlorid (II). Bis zum Wirkungseintritt vergehen ca. 3—5 Minuten. Ebenso wie bei II wird durch die Kombination von I u. Ae. die Muskelrelaxation verstärkt (Potenzierung). Ferner unterscheidet sich I nicht von II hinsichtlich der Histaminfreisetzung. Prostigmin ist ein wirksames Antidot. (Med. J. Australia **41.** I. 204—06. 6/2. 1954. Sydney, Austral.) L. BARTH. 4628

W. W. Douglas, *Die Wirkung eines ganglienblockierenden Mittels, Hexamethonium, auf die Reaktionsweise der Katzencarotisdrüse auf verschiedene Reizmittel.* An der mit Pentobarbiton anästhesierten Katze wurde die Wrkg. des ganglionblockierenden *Hexamethoniums* (I) auf die zentripetalen Mechanismen der Carotisdrüse (CD.) untersucht. Die Rkk. der CD. auf Nicotin, Lobelin u. Acetylcholin werden durch I abgeschwächt oder aufgehoben, die Rkk. auf Anoxämie oder Cyanide werden durch I nicht beeinflußt, sogar in Dosen, die tiefe Blockierung der autonomen Ganglien verursachen.

Die stimulierende Wrkg. von KCl besteht nach I fort. Die selektive Aufhebung der Rkk. auf Substanzen mit nicotinähnlicher Wrkg. zeigt an, daß diese nicht in einer Synapse auf chemosensor. afferentem Wege wirken. Eine ähnliche Erklärung ergibt sich für ihre stimulierende Wrkg. u. die von K-Ionen. Es wird vermutet, daß die afferenten Impulse, die in der CD. bei O_2-Mangel entstehen, nicht durch Synapsen ähnlich denen von Ganglien im autonomen Nervensyst. übertragen werden. (J. Physiology **118.** 373—83. 28/11. 1952. Mill Hill, London, Nat. Inst. for Med. Res.) K. BÖHM. 4628

Ewart A. Swinyard, David H. Tedeschi und **Louis S. Goodman,** *Einflüsse von Leberschaden und Nephrektomie auf die antikonvulsivische Aktivität von Mysolin und Phenobarbital.* Durch CCl_4 erzeugte Leberschäden an Ratten erhöhen die antikonvulsiv. Wrkg. von *Mysolin* (I) um durchschnittlich 50,7% u. die von *Phenobarbital* (II) um 63,7%. Die Wirkungsdauer von I wird um das 4fache, die von II um das 3fache verlängert. Durch Nephrektomie wird die Wrkg. von I um 47,9% gesteigert, die von II nicht beeinflußt. Nephrektomie verlängert I-Wirkungen um das 4fache, II-Wirkungen nicht. Vf. schließen, daß für den Abbau von I u. für die Ausscheidung von I oder seinen Abbauprodd. Leber u. Niere wichtig sind, während für den Abbau von II in unwirksame Prodd. die Leber entscheidend ist. (J. Amer. pharmac. Assoc., sci. Edit. **43.** 114—16. Febr. 1954. Salt Lake City, Univ. of Utah, Coll. of Pharm. u. Coll. of Med., Dep. of Pharmacol.) H. WUNDERLICH. 4628

F. Braun und **W. Kayser,** *Behandlung der Epilepsie mit „Mysoline“.* Vff. sehen einen Fortschritt in der Therapie der Epilepsie nach unbefriedigender Behandlung von 36 Fällen mit Phenobarbital-, Hydantoin- u. Brompräpp. in der Anwendung von *Mysoline = 5-Phenyl-5-äthylhexahydropyrimidindion-(4.6).* (Schweiz. med. Wschr. **84.** 446—47. 17/4. 1954. Zürich, Anst. für Epileptische.) ZEMKE. 4628

Hans-Werner Koeppe, *Behandlung des Parkinsonismus mit Dibutil.* Vf. beschreibt einen Fall von PARKINSONscher Krankheit, der auf Atropin u. Belladonnapräpp. sowie andere therapeut. Maßnahmen nicht ansprach u. sich allmählich verschlechterte. Auf *Dibutil* (Aminoderiv. des Phenothiazins) als Dauerbehandlung sehr erhebliche Besserung. (Therap. d. Gegenwart **93.** 156—57. April 1954. Halle/Saale, I. Med. Univ.-Klinik.) K. BÖHM. 4628

William L. Proudfit, *Chinidin in der Behandlung von Vorhofarrhythmien.* Therapeut. Übersichtsref. über die Anwendung von *Chinidin* bei Vorhofarrhythmien. Dosierungsvorschläge u. klin. Indikationen. — 6 Literaturangaben. (Cleveland clin. Quart. **21.** 110—16. April 1954. M. D. Dep. of Cardiovascular Disease.) JORDAN. 4630

William C. Holland, Margaret E. Greig und **Clara Elizabeth Dunn,** *Faktoren, welche die Wirkung von Lanatosid C auf den Kaliumgehalt von isolierten, durchströmten Meerschweinchenherzen beeinflussen.* Der bei der Durchströmung des Meerschweinchenherzens mit LOCKE-Lsg. hervorgerufene geringe K-Verlust kann durch kleine *Lanatosid C* (I)-Konzz. ($4 \cdot 10^{-8}$ bis $4 \cdot 10^{-7}$ mol.) verzögert werden, während höhere ($8 \cdot 10^{-7}$ bis $3{,}2 \cdot 10^{-6}$ mol.) ihn erhöhen. Dabei findet ein Ersatz des K durch Na statt. Der durch I hervorgerufene K-Verlust kann durch *Acetylcholin* oder *Eserin* teilweise oder ganz aufgehoben werden, während Ca^{2+} hierauf keinen Einfl. hat. Weitere Verss. zeigen, daß I u. auch *Ouabain* die Acetylcholinesteraseaktivität kompetitiv hemmen. Wie früher gezeigt wurde (vgl. Amer. J. Physiol. **170.** [1952.] 339), beeinflussen Acetylcholin u. seine Spaltprodd. die Permeabilität des Myocardgewebes für K u. Na. Durch diese Ergebnisse lassen sich einige Wirkungen von I auf den Herzmuskel, die sich im EKG ausdrücken u. mit dem Na- u. K-Stoffwechsel zusammenhängen, erklären. (Amer. J. Physiol. **176.** 227—31. Febr. 1954. Nashville, Tenn., Vanderbilt Univ., School of Med., Dep. of Pharmacol.) LAUER. 4630

Hans Werner Schnecko, *Klinischer Beitrag zur Digitoxintherapie. Erfahrungen mit Cristafolin-Ciba. Cristafolin* CIBA, ein Gemisch von *Digitoxin* u. *Gitoxin,* wirkt peroral ausgezeichnet bei der Behandlung der digitalisbedürftigen Herzinsuffizienz. Rund 0,5 mg gelten als Durchschnittsdosis, 0,1—0,2 mg als Dauerdosis. Dabei wurden keine Überdosierungserscheinungen beobachtet. (Med. Klin. **49.** 481—87. 26/3. 1954. Mainz, Univ., Med. Klinik.) JORDAN. 4630

H. Schumann, *Zum Problem und zur praktischen Durchführung der medikamentösen Therapie des Hochdrucks.* Eigene klin. Erfahrungen mit *Nepresol, Serpasil–Regitin, Serpasil, Serpasil–Nepresol, Pendiomid* u. *Phenothiazinen.* Bzgl. pharmakol. Wirkungen oder physiol. Effekte dieser Einzelstoffe keine neuen Ergebnisse. (Die Medizinische **1954.** 498—503. 10/4. Rodenberg/Deister, Kreiskrankenhaus.) JORDAN. 4630

V. Friedberg und **G. Schanz,** *Neue Wege der Behandlung der Schwangerschaftshypertonie.* Die Ganglienblocker *TMD 10, Pendiomid* CIBA u. *CIBA 5968* erwiesen sich in der Therapie der Schwangerschaftshypertonie insofern wirksam, als sie über längere Zeit den Blutdruck senken u. (bes. CIBA 5968) eine Vermehrung der Nierendurchblutung mit Diuresesteigerung herbeiführen. Ähnlich wirkt *CIBA 7441* (*Nepresol*). (Z. Geburtshilfe Gynäkol. **140.** 34—46. 1954. Mainz, Univ., Frauenklinik.) JORDAN. 4630

Wolfgang Benstz, *Zur Klinik und Therapie vegetativer Kreislaufstörungen. Klinisch-elektrocardiographische Untersuchungen mit einem neuartigen Kreislaufstimulans.* Bericht über ein neues Kreislaufstimulans *Micoren comp.* (GEIGY). Pharmakol. neuartiges zentrales Analepticum aus der aliphat. Reihe, das ein Gemisch aus zwei *Alkyliminofettsäuren* darstellt mit dem vorwiegend peripher angreifenden *p-Oxyphenylmethylaminoäthanol* bei 1,5% in der Lösung. Wrkg.: Stimulierung der Cortex u. der vegetativen Zentren u. der Atmungsamplitude, Zunahme der Sauerstoffsättigung des Blutes, der peripheren Durchblutung, des Schlag- u. Minutenvol., Verkürzung der Anspannungszeit, Verlängerung der Austreibungszeit. Indikation: Hypotonie u. hypodynam. Kreislaufinsuffizienz, Schlafmittel- oder Leuchtgasvergiftung. (Die Medizinische **1954.** 510—13. 10/4. Karlsruhe, Städt. Krankenanstalten, I. Med. Klinik.) JORDAN. 4630

Jürgen Schmidt-Voigt, *Therapeutische Erfahrungen mit Carnigen bei orthostatischen Kreislaufstörungen. Carnigen* (HOECHST) wird als bes. geeignet zur Therapie hypotoner orthostat. Kreislaufstörungen befunden. Es ist ein Nucleosidextrakt aus Warmblüterorganen, eingestellt auf konstanten Adenosingeh. (2%) mit *rac. p-Oxyphenylmethylaminopropanolhydrochlorid.* Der Wirkungsort scheint im Arteriolen- u. Venolenbereich zu liegen. (Die Medizinische **1954.** 513—16. 10/4. Eppstein/Taunus, Krankenhaus.) JORDAN. 4630

Oskar Eichler und **Hans Dahm,** *Neuere Arzneimittel. Blutdrucksenkende und gefäßerweiternde Medikamente.* Neben den alten gebräuchlichen Hypertonietherapeuticis der Theominal-, Jodkalium- u. Nitritreihe wird über *Dibenzylin, Priscol, Regitin, Hydergin, Raupina, Sedaraupin, Opilon, Aprescolin, Desencin, Pendiomid, Tetraäthylammoniumbromid, Hexamethoniumjodid, Veratrumalkaloide, Rhodan–Calcium-Diuretin, Antisklerosin, Rhodapurin, Antihyperton, Nitroscleran* u. *Theal* zusammenfassend berichtet, wobei die Dosierungsdauer u. die nötigen pharmakol. Eigg. erwähnt werden. (Therap. d. Gegenwart **93.** 100—05. März 1954. Heidelberg, Univ., Chirurg. Klinik.) JORDAN. 4630

Otto Eggers, *Beobachtungen über die Wirkung eines neuen Cardiodiureticums „Cynosid comp." in der täglichen Praxis. Cynosid* (SCHWABE) enthält Apocynum cannabinum, Convallaria u. Crataegutt u. hat sich bei Herzinsuffizienz bewährt. Es soll vor allem das Auftreten eines Lungenödems verhüten können. Insgesamt wird über 38 Fälle berichtet. Die systolenfördernde Wrkg. soll dem Convallatoxin, die diuret. bes. dem Convallamarin zufallen. (Therap. d. Gegenwart **93.** 112. März 1954. Fockbek/Kr. Rendsburg.) JORDAN. 4630

S. E. Dicker, *Die Wirkung von Diureticis auf neugeborene Ratten und Hunde. Natriumcyanat, Kaliumacetat* u. *Theophyllinnatriumacetat* haben keine diuret. Wrkg., wenn sie neugeborenen Ratten subcutan injiziert werden; *Rohrzucker* (20%, **I**), *Harnstoff* (10%, **II**) u. *NaCl* (5%, **III**) hingegen bewirken Diurese. Die Glomerulusfiltrationsrate (GFR.) steigt mit zunehmendem Alter der Ratten an. **I**, **II** u. **III** lassen die GFR. jugendlicher, nicht aber neugeborener Ratten ansteigen. Die intravenöse Injektion von **I** (1,0/100 g Körpergewicht) bewirkt bei anästhesierten Junghunden eine bemerkenswerte Diurese, die mit dem Alter der Tiere ansteigt. Auch die GFR. hängt vom Alter der Tiere ab. Intravenöse Infusion von **I** läßt bei Junghunden die GFR. ansteigen, bei erwachsenen Hunden bleibt sie unverändert. Das Verh. der Versuchstiere auf somat. wirkende Diuretica wird mit der GFR. in Zusammenhang gebracht. (J. Physiology **118.** 384—94. 28/11. 1952. London, Univ. Coll., Dep. of Pharmacol.) K. BÖHM. 4634

A. Falbriard, *Die Wirkung der Sulfonamidinhibitoren der Kohlensäureanhydrase auf die Niere.* Bestimmte *Sulfonamide* (mit freier Sulfamidgruppe) hemmen spezif. die in der Nierenrinde enthaltene *Kohlensäureanhydrase* (**I**) u. bewirken hierdurch vermehrte *Na-*, *K-* u. *Bicarbonat*-Ausscheidung, Alkalisierung des Urins, Verminderung der titrierbaren Acidität u. des NH_3, Erniedrigung der Alkalireserve u. des Blut-p_H. Das als spezif. **I**-Inhibitor entwickelte *Diamox, 2-Acetylamino-1.3.4-thiadiazol-5-sulfonamid,* erscheint bei verschied. Formen von Wasser- u. Salzretention indiziert. 8 Personen ohne Wasserretention, die 15 mg/kg/Tag erhielten, wiesen eine deutliche Steigerung der *Na*-Ausscheidung ohne wesentliche Veränderung der Chlorausscheidung auf. Die Erhöhung der *K*-Ausscheidung war geringer, aber länger anhaltend. Bei 5 Herzkranken mit Wasserretention bewirkten 2 mal 5 mg/kg/Tag eine Verdoppelung der 24 Std.-Diurese unter Anstieg des Harn-*Na* von 98 auf 448 Milliäquivalent/24 Stunden.

In weiteren 9 von 13 Fällen bei Herzinsuffizienz mit Ödemen u. 4 von 5 Fällen bei Lebercirrhose mit Ascites wurde ebenfalls eine günstige Wrkg. beobachtet. (Praxis [Bern] **43.** 265—69. 1/4. 293—305. 8/4. 1954. Genève, Clin. thérap. univ.)
K. MAIER. 4634

H. R. Vickers, *Die Behandlung ekzematöser Dermatitis.* Für lokale Behandlung schlägt Vf. u. a. vor: feuchte Umschläge mit *Calamine*-Lotion, Salben aus gelbem HgO, rohem Steinkohlenteer, Lanolin u. Vaselin, in resistenten Fällen Bandagen wie *Visco-* oder *Coltapaste* (SMITH AND NEPHEW). (Practitioner **169.** 285—88. Sept. 1952. Sheffield, Roy. Infirmary.) DOSSMANN. 4661

T. P. Merklen, *Warzenbehandlung mit Methionin.* Vf. berichtet über 3 Fälle, bei denen sich *Methionin* (2,0 g bzw. 1,0 g täglich peroral) bei Warzen der Hände bewährte. Innerhalb von 8 Tagen waren die Warzen ohne jede weitere Behandlung verschwunden. (Presse méd. **62.** 8. 2/1. 1954. Abreschviller.) K. BÖHM. 4661

H. Stefan, *Beitrag zur Behandlung psychischer Erkrankungen mit Centramin.* Vf. beschreibt die Anwendung von *Centramin* (*Mg-Ca-Glykokoll-Komplexverb.*) bei Angst- u. Depressionszuständen u. Juckneurosen. Die klin. Beobachtungen lassen keinen Rückschluß auf den Wirkungsmechanismus zu. Auffallend ist der günstige u. rasch einsetzende therapeut. Effekt u. die gute Verträglichkeit auch bei rascher intravenöser Injektion. (Therap. d. Gegenwart **93.** 154—55. April 1954. Köln-Lindenthal.)
K. BÖHM. 4670

B. Glesinger, *Bewertung von Lithium in der Behandlung psychotischer Erregungszustände.* Von 104 Fällen von Schizophrenie, Cyclothymie u. Epilepsie sprachen 73% auf *Li-Citrat* an. Als Komplikationen traten vorübergehende Nierenaffektionen mit Albuminurie u. Hirnintoxikationen auf, gegen die Vf. Cylotropin (40% Hexamethylentetramin, 16% Na-Salicylat, 1% Coffein), $Na_2S_2O_3$, BAL u. NaCl empfiehlt. (Med. J. Australia **41.** I. 277—82. 20/2. 1954. Claremont, Western Australia, Mental Hosp.)
ZEMKE. 4670

A. Pedro-Pons und **J. Pedro-Botet,** *Neue Fortschritte in der Stickstofflosttherapie. Unsere Erfahrung in der Behandlung mit dem Bis-[2-chloräthyl]-β-naphthylamin* (*R. — 48*). Anwendung des *Bis-[2-chloräthyl]-β-naphthylamins* (I) in der Behandlung der HODGKINschen Krankheit (H.K.) u. Krankheiten der blutbildenden Organe. Dosen von 300—400 mg/Tag (ca. 40—50 Tage lang) zeigten gute Resultate bei H.K. u. anderen Erkrankungen. Die Wrkg. wird durch nachfolgende Radiotherapie verstärkt. Geringe Toxizität, nur leichte vorübergehende Leukopenie. Diese Vorteile machen das I dem Stickstofflost überlegen (Ausnahme Leukämien). (Med. clin. [Barcelona] **22** (**12**). 83—93. Febr. 1954. Barcelona, Fac. de Med., Clin. Med. Univ.)
H. THIELE. 4670

A. W. Wassin, *Therapie der Vergiftungen von Vieh mit Natriumchlorid.* Vergiftung der Haustiere mit *NaCl* (I) beobachtet man bei Verfütterung von gesalzenen Produkten. Der I-Geh. in den Darmwänden vergifteter Rinder erreicht 4% (n. 0,8 bis 1,2%). Experimentell durch intravenöse Verabreichung von 5 cm^3 20%ig. I-Lsg. vergiftete Kaninchen können durch subcutane Einführung von 5 cm^3 5%ig. *$CaCl_2$* (II)-Lsg. gerettet werden, u. zwar noch im agonalen Zustand. 8 von 12 mit I vergifteten Kühen konnten durch die gleiche Behandlung (200 cm^3 10%ig. II-Lsg.) gerettet werden. Die Genesung war bereits innerhalb von wenigen Std. abgeschlossen. Bei Schweinen ist die intravenöse Injektion schwierig. Vf. schlägt daher subcutane Injektion von 5%ig. II-Lsg. in 1%ig. Gelatine vor, u. zwar 0,2 g II je kg Körpergewicht. Nekrot. Veränderungen des Gewebes wurden nicht beobachtet, wenn die eingespritzte Menge 50 cm^3 nicht übersteigt. (Ветеринария [Tierheilkunde] **30.** Nr. 9. 45—46. Sept. 1953. Saratow, Wiss. Vet. Forschungs- u. Versuchsstat.) DU MANS. 4675

N. K. Kulagina und **F. B. Schachnowskaja,** *Der Einfluß des funktionellen Zustandes des Nervensystems auf den Verlauf von Bleivergiftungen.* In Verss. an weißen Ratten kommt es während einer chron. *Pb*-Vergiftung (täglich über mehrere Monate 75—250 mg/kg $PbCO_3$ mit der Nahrung), wie mit Hilfe der Prüfung bedingter Reflexe festgestellt wird, zu charakterist. Störungen der höheren Nerventätigkeit, welche der Entw. der Pb-Anämie u. anderer Intoxikationssymptome vorausgehen. Durch Zufuhr von *NaBr* (0,5 g pro Tier täglich mit der Nahrung) wird die Entw. der Pb-Intoxikation aufgehalten, durch *Coffein* (2 mal täglich zu 0,2 ml 0,5%ig. subcutan) beschleunigt, während die Wrkg. von *Urethan* (0,4 ml 10%ig.) in Kombination mit *Amytal-Na* (0,2 ml 2%ig. 2 mal täglich subcutan) etwa in der Mitte liegt. Aus den Verss. wird geschlossen, daß dem funktionellen Zustand des Zentralnervensyst. eine große Bedeutung bei der Entw. der Pb-Intoxikation zukommt. (Фармакология и Токсикология [Pharmakol. u. Toxikol.] **16.** Nr. 4. 51—57. Juli/Aug. 1953. Inst. für Arbeitshyg. u. Berufskrankh. der Akad. der Med. Wiss. der UdSSR, Toxikol. Labor.) RENTZ. 4675

Gg. B. Gruber, *Chronische Leberschädigung durch Vergiftung mit einem Malerfirnis.* Vf. berichtet über eine bei einer 58jährigen Frau aufgetretenen Vergiftung mit einem Malerfirnis, der 0,5% eines Fe-haltigen Sikkativs u. Spuren von Mn u. Pb enthielt. Es wird eine schwere Leberschädigung festgestellt (Lebercirrhose), die sich durch chron. Ikterus bemerkbar machte. Nach dem Tod der Patientin ergab eine histolog. Unters. neben einer Atrophie der Leberzellen u. einer Zunahme von Bindegewebselementen auch patholog. Veränderungen der Milz (Ödem der roten Pulpa) u. Niere (choläm. Nephrose). Durch den Sikkativfirnis wurde ein Verfall des Lebergewebes eingeleitet, der schließlich nach 10 Monate langer Krankheit zum Tode durch Koma aus Leberinsuffizienz führte. (Zbl. allg. Pathol. pathol. Anatom. **91.** 417—21. 22/3. 1954. Göttingen.) FAHRNLAENDER. 4675

Hugo Haar, *Flußsäureverätzung der äußeren Haut und ihre Behandlung.* Vf. beschreibt die bei einer Verätzung mit HF auftretenden Schädigungen der Haut, die anfangs zwar harmlos erscheinen, aber progressiven Charakter tragen. Es wird bei 2 Fällen mit HF-Verätzungen an der Hand eine umfangreiche Flächenausdehnung u. anhaltende Tiefenwrkg. (Blasenbldg., Ödem u. Nekrose des Unterhautzellgewebes) beobachtet, wobei Schmerzen auftreten, die sich bis zur Unerträglichkeit steigern. Diese Wrkg. der HF beruht auf ihrer Lipoidlöslichkeit, so daß sie durch die Hornhaut in die Tiefe eindringen u. das Gewebs-Ca ausfällen kann. Als wirksame Behandlung ist die Ca-Therapie anzusehen: Um- u. Unterspritzung mit Ca-Gluconat, Ca-Bäder u. Ca-Packungen. Dabei wird HF im Gewebe als unlösl., nichttox. CaF_2 ausgefällt. (Med. Klin. **49.** 339—40. 26/2. 1954. Münster/Westf., Chirurg. Klinik u. Poliklinik.) FAHRNLAENDER. 4675

I. Gy. Fazekas und **A. Dósa,** *Histologische Veränderungen bei Arsenobenzoltodesfällen und ihre Bewertung.* Vff. berichten über histolog. Unterss. an Zentralnervensyst. u. Organen bei 6 Personen, die $^3/_4$—5 Std. nach Injektion von *Arsenobenzol* (I) verstarben. Die histolog. Veränderungen am Gehirn, Lunge, Leber, Nieren u. Gefäßsyst. können nicht als spezif. I-Schäden angesehen werden. Es fanden sich aber in den Gefäßwänden der Organe, im RES, den weißen Blutkörperchen, den Leberzellen u. Epithelzellen der gewundenen Nierenkanälchen neben tox. degenerativen Granulationen I-Körnchen. (Arch. Dermatologie Syphilis **197.** 436—48. 1954. Szeged/Ungarn, Univ., Inst. für gerichtliche Med.) K. BÖHM. 4675

Edward A. Moran, *Cyanabspaltende Verbindungen in Pflanzen und ihre Bedeutung für die Landwirtschaft.* Einige zu den Familien der Leguminosen u. Gräser (u. a. Sorghum- u. Pfeilgras, Limabohne) gehörenden Pflanzenarten sind wegen ihres Geh. an *HCN-abspaltenden Verbb.* (I) für pflanzenfressende Tiere gesundheitsschädlich. Dürrezeiten oder Böden mit hohen N-Gehh. fördern die Bldg. der **I** u. erhöhen die Toxizität dieser Pflanzen. HCN wird nachgewiesen, indem über die mit Chlf. benetzten, zerkleinerten Pflanzenteile ein mit Na-Pikratlsg. getränkter Papierstreifen gehalten wird, der sich bei Ggw. von HCN rot färbt. Als mittlere DL. HCN (als lösl. Salz) werden ca. 2 mg/kg Körpergewicht ermittelt. Die tägliche HCN-Toleranzgrenze innerhalb 24 Std. beträgt 15—50 mg/kg. Eine eingetretene HCN-Vergiftung, die sich in Krämpfen, Dyspnoe, erniedrigter Atmungs- u. Pulsfrequenz äußert, läßt sich mit einem $NaNO_2$–$Na_2S_2O_3$-Gemisch bekämpfen, das die vom Darm resorbierte HCN in nichttox. Verbb. überführt. (J. Amer. veterin. med. Assoc. **124.** 91—92. Febr. 1954. Washington, D. C., Bur. of Animal Ind., Patholog. Div.) FAHRNLAENDER. 4675

G. A. Detterer, *Ein Versuch zur Acidose-Anwendung zwecks Verhütung von Vergiftungen durch Alkaloide* (*Chinin*). Von 20 Mäusen, die 0,003 g *Chinin-HCl* (I) intravenös erhalten hatten, starben 10. Verabreichte man 45 Sek. vor der I-Injektion 0,4 ml 0,25%ig. HCl intravenös, so starben nur 3, gab man aber vorher 0,5 ml 5%ig. $NaHCO_3$, so starben 15. Aus den Verss. wird geschlossen, daß die Toxizität von **I** durch die Alkalose gesteigert u. durch die Acidose herabgesetzt wird. (Фармакология и Токсикология [Pharmakol. u. Toxikol.] **16.** Nr. 4. 24—25. Juli/Aug. 1953. Saratow, Med. Inst., Lehrstuhl für Pharmakol.) RENTZ. 4675

Rudolf Wenger, *Schädigungen von Herz und Kreislauf durch Nicotin. Nicotin* fördert die Arteriosklerosebereitschaft, wirkt vasokonstriktor. u. steigert zentral u. peripher den Blutdruck. Es aktiviert die Ausschüttung von Hypophysenhinterlappenhormon u. kann dadurch diuresehemmend wirken. EKG-Veränderungen treten ebenfalls auf. Kreislaufstörungen vegetativer Art u. Coronarsklerose treten nach statist. Berechnungen bes. bei jüngeren Rauchern gehäuft auf. Bes. ungünstig ist der Stimulanseffekt, der im Tierexperiment den Weckeffekt des Pervitins übertrifft u. ein wesentlicher Bestandteil der sogenannten Managerkrankheit ist. (Wiener med. Wschr. **104.** 89—92. 30/1. 1954. Wien, Univ., I. Med. Klinik.) JORDAN. 4675

Charles W. Wilson, John P. Williams und **David H. Miller,** *Die Gefahr einer cholinergischen Krise unter Behandlung der Myasthenia gravis mit Octamethylpyrophosphoramid.* Bericht über einen Fall von Myasthenia gravis, bei dem es nach erfolgloser Therapie mit Prostigmin unter Verabreichung von täglich 20—30 mg *Octamethylpyrophosphoramid* (I) zu einer schweren cholinerg. Krise mit Schwäche, Atemstörungen, starkem Speichel-, Schweiß- u. Tränenfluß kam. I ist ein wirksamer Inhibitor für *Cholinesterase*, das auch als Insekticid verwendet wird; es wirkt nur peripher, also nicht auf die Hirncholinesterase. Die Krise konnte durch 4stündlich 20 mg *Atropin* intravenös u. intramuskulär beherrscht werden. (Ann. intern. Med. **37.** 574—79. Sept. 1952. Richmond, Va., McGuire Vet. Admin. Hosp.) KRUSEN. 4675

W. Braun und **G. Hieronymi,** *Tierexperimentelle Untersuchungen über die innerliche Wirkung eines Gewerbeakne-erzeugenden Chlornaphthalingemisches.* Vff. untersuchten an weißen Ratten das Vergiftungsbild eines als Kabelwachs gebrauchten *Chlornaphthalin*-Gemisches (I), das seiner elementaranalyt. Zus. nach dem *Hexachlornaphthalin* entsprach. Außer den bekannten Leberschädigungen fanden sich auch solche der Nieren u. des Pankreas. Vgl. der Befunde mit den Organbefunden bei chlornaphthalinvergifteten Arbeitern. I oder ein im Körper daraus entstandener Stoff schädigt prim. die Leberzellen, sek. kommt es infolge fortschreitender Leberparenchymnekrosen zu eigenartigen Blutverteilungsstörungen. Es konnte nicht entschieden werden, ob Nieren- u. Pankreasveränderungen als prim. tox. oder sek. bedingt anzusehen sind. (Arch. Dermatologie Syphilis **197.** 449—58. 1954. Heidelberg, Univ.-Hautklinik u. Pathol. Inst.) K. BÖHM. 4675

Giorgio Mancioli, *Chronische Entzündungen der oberen Luftwege bei Zementarbeitern.* Bei Zementarbeitern wurden neben Silicosen chron. hypertrophierende Entzündungen der Nasenschleimhaut, sowie Entzündungen des Rachens u. der Trachea gefunden. (Rass. Med. ind. **23.** 7—16. Jan./Febr. 1954. Milano, Ist. di Med. Ind.) P. G. SCHEURLEN. 4681

H. O. J. Collier, Chemotherapy of infections. Ed. by **B. Lovell.** London: Chapman & H. 1954. (248 S.) 18s.
H. Varley, Practical clinical biochemistry. London: Heinemann Medical Books. 1954. (VII + 551 S.) 42s.

F. Pharmazie. Desinfektion.

S. Börngen, K. Gebler und **F. Hauschild,** *Antihistaminica im Nachtrag zum DAB. 6.* Arzneibuchnamen für N-[β-Diäthylaminoäthyl]-phenothiazinhydrochlorid (*Thiantan, Casantin*), N.N-Dimethyl-N'-benzyl-N'-[α-pyridyl]-äthylendiaminhydrochlorid (*Pyribenzamin, Tripelennamin*) u. 2-[N-Phenyl-N-benzylaminomethyl]-imidazolinhydrochlorid (*Antistin*). (Pharmaz. Zentralhalle Deutschland **92.** 85—87. März 1953. Leipzig, Univ., Pharmakol. Inst.) SCHEIBE. 4750

H. W. Mayer, *Mechanisches Rühren im Apothekenbetrieb.* Beschreibung einer Rührvorr. (5 Abbildungen), die als Anschlußstück zum Stada-Allzweckgerät gedacht ist. (Dtsch. Apotheker-Ztg. **94.** 255—56. 31/3. 1954. Furtwangen, Stadtapotheke.) BARZ. 4758

P. Zabler, *Zur Verwendung des Multimix in der Apotheke.* (Vgl. SIEWERS, C. **1953.** 2965.) Beschreibung des Gerätes u. seiner Anwendungsmöglichkeiten in der Pharmazie. (Pharmaz. Ztg. verein. Apotheker-Ztg. **90.** 218. 15/3. 1954. Delmenhorst.) BARZ. 4758

Oskar Landgren, *p_H-Regelung von Sol. aluminii subacetici.* Durch systemat. Zusatz von Essigsäure zu verschied. Lsgg. von bas. Al-Acetat, 5 Tage Stehenlassen u. Vgl. der Fällungsbefunde mit der colorimetr. p_H-Best. (Bromkresolgrün) ergibt sich, daß schwaches Opalisieren durch eine p_H-Senkung um 0,2 behoben werden kann. Bei p_H 4,6 tritt kein Opalisieren u. keine Fällung mehr ein. (Farmac. Revy **52.** 573—74. 4/9. 1953. Malmö, Apoteket Lejonet.) R. K. MÜLLER. 4790

P. L. Burrin, *Einige dermatologische Grundstoffe.* Im Hinblick auf eine bessere Zusammenarbeit zwischen Apotheker u. Arzt bei der Herst. u. Anwendung dermatolog. Salben u. Pasten werden die einzelnen Salbentypen (Tagescremes, abwaschbare u. W. absorbierende Salben) charakterisiert, die verschied. Grund- u. Zusatzstoffe sowie Rezepte für die einzelnen Arten aufgeführt. Auf die wasserabweisende Wrkg. von Siliconen (z. B. Dimethylpolysiloxane) in Salben wird bes. hingewiesen. (J. Amer. pharmac. Assoc., pract. Pharmacy Edit. **15.** 32—36. Jan. 1954.) SCHULENBURG. 4792

Willard J. Hadley, *Eine abgewandelte Diachylon-Salbengrundlage.* Vf. beschreibt ein Verf. zur Herst. einer $>$ 1 Jahr haltbaren *Pb-Salbengrundlage* aus äquivalenten Mengen NaOH, Ölsäure u. krist. Pb-Acetat. Das n. darin enthaltene W. kann im Vakuum entfernt werden; das so erhaltene weiße Pulver zeigt F. u. E. 60°. Die vom

Hauptanteil an eingeschlossenem W. befreite M. ist mit jeder Salbe oder Salbengrundlage mischbar u. mit den meisten lipo- u. hydrophilen dermatolog. Salben verträglich (Ausnahmen sind angegeben). Mit W. oder Seife sind die Kombinationen abwaschbar. (J. Amer. pharmac. Assoc., pract. Pharmacy Edit. **15.** 44—45. Jan. 1954. Minneapolis, Minn., Univ., Coll. of Pharmacy.) SCHULENBURG. 4792

Harvey Newman und **O. H. Miller,** *Abwaschbare Absorptionsgrundstoffe.* Vff. beschreiben Grundstoffe u. ihre Verarbeitung zu Salben, die neben guter Verträglichkeit mit öligen u. wss. Zusätzen (Medikamenten), Reizlosigkeit für die Haut u. Stabilität noch den Vorzug einer völligen Abwaschbarkeit mit W. aufweisen. Dieser Effekt wird erreicht durch Einarbeitung nicht ionogener Stoffe oder Stoffgemische, die durch summar. oder individuelle hydrophile u n d hydrophobe Wirkungen die Umkehrung der ursprünglich vorliegenden W.-in-Öl-Emulsion in die Öl-in-W.-Emulsion ermöglichen. Stoffe dieser Art sind *Polyoxyäthylenmonostearat* bzw. -trioleat. Die Wasseraufnahme liegt zwischen 50 u. 400%; die Konsistenz ist variierbar. Eignung bes. für Augensalben. (J. Amer. pharmac. Assoc., pract. Pharmacy Edit. **15.** 36—38. Jan. 1954. Los Angeles, Univ. of Southern California.) SCHULENBURG. 4792

Samuel W. Goldstein, *Eine einfache, abwaschbare Salbengrundlage.* Eine leicht abwaschbare, gut verträgliche Salbengrundlage erhält man aus den ionenfreien Substanzen *Polyäthylenglykol* (I) *400* u. *4000* u. dem I *400-Monostearat* als Emulgator. Liegt das I-Gemisch bereits salbenförmig vor, so kann die Grundkomposition sofort ohne Erwärmen hergestellt werden; sie ist leicht verarbeitbar mit Zusatzstoffen. Es werden Angaben über p_H-Werte der Salbe vor u. nach Einarbeitung verschied. Medikamente gemacht. (J. Amer. pharmac. Assoc., pract. Pharmacy Edit. **15.** 41—44. Jan. 1954. Washington, D. C., Amer. Pharmac. Assoc. Labor.) SCHULENBURG. 4792

R. E. Saute und **C. O. Lee,** *Eine neue abwaschbare Salbenkomposition.* Vff. beschreiben eine leicht herstellbare, reizlose, abwaschbare Salbenkomposition, in der das sonst übliche Walfett u. Na-Laurylsulfat durch Stoffe ohne Ionenbldg. u. durch eine emulgierende Kombination von wasser- u. von öllösl. oberflächenakt. Substanzen ersetzt wird. Die Ergebnisse der Prüfung auf Haltbarkeit u. Verträglichkeit mit verschied. Medikamenten bei wechselnden Tempp. werden mitgeteilt. (J. Amer. pharmac. Assoc., pract. Pharmacy Edit. **15.** 39—41. Jan. 1954. Lafayette, Ind., Purdue Univ., School of Pharm.) SCHULENBURG. 4792

Ulisse Gallo, *Mögliche Unverträglichkeiten bei einigen Hämorrhoidalsalben.* Da Antipyrintannat häufig zur Bldg. pechartiger, wasserabstoßender Ndd. führt, wird eine gerbsäurefreie Salbe empfohlen: Rathania- u. Hamamelisextrakt werden gemischt u. mit Zusatz von Pluronic L 62 homogenisiert, dann 1%ig. Adrenalinhydrochloridlsg. + Amyleinhydrochlorid + Antipyrin (3 :0,25 :0,50) zugesetzt u. mit Lanolin u. Vaseline zur Salbe verarbeitet. Die Salbe ist völlig homogen u. reizfrei. (Boll. chim. farmac. **92.** 310—11. Aug. 1953.) R. K. MÜLLER. 4792

M. A. Phillips, *Creme auf Basis quaternärer Ammoniumsalze. Bemerkungen zu ihrer Herstellung.* Mitt. einer Herstellungsvorschrift für eine antisept. Creme auf der Basis eines quaternären Ammoniumsalzes (I) (z. B. Cetyltrimethylammoniumchlorid). Es wird darauf hingewiesen, daß die Reagentien frei von anion., oberflächenakt. Bestandteilen sein müssen, da diese nicht nur gute Emulsionsbldg. verhindern, sondern auch die antisept. Wrkg. von I aufheben würden. Zur Stabilisierung der Emulsion ist Verwendung eines Fettalkoholes notwendig, zur Vermeidung von Schimmelbldg. an der Oberfläche oder am Verpackungsmaterial wird Zusatz einer kleinen Menge von p-Chlor-m-xylenol empfohlen. (Chemist and Druggist **160.** 617. 19/12. 1953.) SPITALER. 4792

—, *Neue Arzneimittel. A-P-Cillin* (WHITE LABORATORIES INC., Kenilworth): Tabletten mit 100000 E. Procainpenicillin G, 2,5 (grain) Acetylsalicylsäure, 2 Phenacetin, 0,5 Coffein u. 25 mg Phenyltoloxaminmonocitrat. Gegen Erkältungen. — *Bristapen Tablets* (BRISTOL LABORATORIES INC., Syracuse): Enthalten 25 mg Bristaminmonocitrat, 100000 E. Procainpenicillin G, 150 (mg) Acetylsalicylsäure, 120 Phenacetin u. 30 Coffein. Bei Erkältungen. — *Cardalin* (IRWIN, NEISLER & CO., Decatur): Tabletten mit 5 (grain) Aminophyllin, 2,5 $Al(OH)_3$ u. 0,5 Aminobenzoesäureäthylester. — *Cenasert* (CENTRAL PHARMACAL CO., Seymour): Vaginaltabletten mit 2 (mg) 9-Aminoacridinhydrochlorid, 3 Phenylmercuriacetat, 1,8 Methylbenzäthoniumchlorid, 12,5 Bernsteinsäure, 2 Chlorophyll u. 0,75 g Lactose. — *Cillorets* (BRISTOL LABORATORIES INC., Syracuse): Lutschtabletten mit 20000 E. Penicillin G-Kalium u. 50 E. Bacitracin. — *Guaiatussin* (WHITE LABORATORIES INC., Kenilworth): Hustensaft. — *Isopto Cetamide* (ALCON LABORATORIES INC., Forth Worth): Augentropfen mit 15% Natriumsulfacetamid, p_H 7,4. — *Martussin MRT* (MARVIN R. THOMP-

SON INC., Stamford): Hustensaft. — *Myadec* (PARKE, DAVIS & CO., Detroit): Polyvitaminpräp. mit Mineralsalzen u. Spurenelementen. — *Natabec Kapseals* (Hersteller wie vorst.): Vitamin-Mineralsalz-Präp. für Schwangere. — *Neocyten* (CENTRAL PHARMACAL CO., Seymour): Darmlösl. Tabletten mit Na-Salicylat u. p-Aminobenzoesäure je 0,25 g, Ascorbinsäure 20 (mg), 0,25 Physostigminsalicylat u. 0,5 Homatropinmethylbromid. Gegen Arthritis, Muskelspasmen. — *Plebilin Plus* (PAUL PLESSNER CO., Detroit): Darmlösl. Kapseln mit Desoxycholsäure 32 (mg), Dehydrocholsäure 50, Malzdiastase 50, Gallensalzen 100, Pankreatin 200. — *Sulfonsol with Penicillin* (NATIONAL DRUG CO., Philadelphia): Enthält neben Penicillin Sulfadiazin, Sulfamerazin u. Sulfamethazin. — *Thaverine* (PITMAN-MOORE CO., Indianapolis): Tabletten mit 30 (mg) Ethaverin u. 325 Theophyllin-Na-Glycinat. Gegen Coronarinsuffizienz. — *Theelandrol* (PARKE, DAVIS & CO., Detroit): Wss. Aufschwemmung, 1 cm^3 = 2 (mg) Theelin u. 20 Testosteron. — *Thyrar* (ARMOUR LABORATORIES, Chicago): Gesamtextrakt aus Rinderthyreoidea. (J. Amer. pharmac. Assoc., pract. Pharmacy Edit. **13.** 839—41. Dez. 1952.) HOTZEL. 4800

—, *Neue Arzneimittel. Acethropan* (FARBWERKE HOECHST AG., Frankfurt/M.): Ampullen zu 10 I.E., Flaschen zu 40 I.E. adrenocorticotropem Hypophysenvorderlappenhormon. — *Lutrogen* (Hersteller wie vorst.): Öl. Lsg. von 20 (mg) Progesteron u. 2 Östradiolbenzoat. Gegen Menstruationsstörungen. — *Topostasin* (HOFFMANN-LA ROCHE AG., Grenzach): Thrombinpräp., Anwendung lokal u. per os. — *Hämocitrat* (OWG-CHEMIE GMBH., Kiel): Citronensaure Salze in Placentarextrakt, bei Thrombose. — *Hämosept* (FARBWERKE HOECHST AG., Frankfurt/M.): 3-Amino-4-oxybenzolarsendichloridhydrochlorid. Wird bei der Anwendung neutralisiert u. als 3-Amino-4-oxybenzolarsenoxyd dem Transfusionsblut zugesetzt, um Übertragung von Lues zu verhindern. — *Omeril* (BAYER, Leverkusen): 3-N-Methyl-9-benzyltetrahydro-γ-carbolin als Salz der Naphthalin-1.5-disulfonsäure, Dragees zu 0,05 g. Antihistaminicum. — *Systral* (ASTA-WERKE AG., Brackwede): Dragees mit 0,02 g β-Dimethylaminoäthyl-[p-chlor-α-methylbenzhydryl]-ätherhydrochlorid (I), Ampullen zu 0,01. Systral-C enthält 0,02 I u. 0,02 Coffein. Antihistaminicum. — *Kolton* (PROMONTA GMBH., Hamburg): Tabletten mit 3 mg N-Methylpiperidyl-4-benzhydryläther-8-chlortheophyllinat. Antihistaminicum. (Apotheker-Ztg. **5.** 138—40. Juni 1953.) HOTZEL. 4800

P. Blaizot und **P. Cuvier,** *Die Industrie des Vitamins A.* Vff. zeigen die wirtschaftliche Bedeutung von *Vitamin A* (I) u. die Grundzüge der industriellen Gewinnung aus Leberölen von Seefischen durch Verseifen der Öle u. Extraktion mit Lösungsm. oder Verseifen der Öle u. Molekulardest. des Unverseifbaren oder durch Molekulardest. der Leberöle u. weitere Konz. im Destillat, Extraktion u. mehrfache Dest. oder partielle Hydrierung zur Beseitigung von Geruch u. Geschmack. Die Grundzüge der Synth. von I aus β-Jonon oder Citral oder Cyclohexanol, Vinylmethylketon u. Acetylen oder aus Carotin aus Palmölen werden gegeben. (Oléagineux **7.** 569—75. Okt. 1952.) DU MONT. 4808

E. M. Stapert, E. B. Ferrer und **L. Stubberfield,** *Die Beständigkeit der Vitamin B_{12}-Aktivität in Leberpräparaten für die Injektion.* Vff. untersuchen die Einw. von Luft, O_2 u. Licht auf die Beständigkeit des *Vitamins B_{12}* in Leberpräpp. bei verschied. Tempp. (5, 24, 40, 47°). Die auf mikrobiol. Wege ermittelte Zers. konnte durch die angewendeten chem. Methoden bestätigt werden. (J. Amer. pharmac. Assoc., sci. Edit. **41.** 587—89. Nov. 1952.) REPPEL. 4808

A. Dobrowsky und **A. Kohl,** *Über die Gewinnung des Sitosterins aus Weintrestern und seine Umwandlung in ein D-Vitamin.* Bericht über die Gewinnung von Traubenkernöl, die aus ihm erfolgende Isolierung von Sitosterin (I) u. dessen Umwandlung in einen vitamin-D-wirksamen Stoff. Aus 4 kg Traubenkernöl ergeben sich ca. 3 g gereinigtes I, das über I-Acetat nach der Bromsuccinimidmeth. in 7-Dehydrositosterin verwandelt wird. Aus diesem wurde durch Bestrahlung mit dem Mg-Funken oder auch durch Quarzlicht in äther. Lsg. (genaue Beschreibung der App. im Original) ein vitamin-D_2-ähnlicher Stoff erhalten, der in biol. Rattenvers. ca. $^3/_4$ der Wrkg. des Vitamins D_2 entsprach. Für eine prakt. Ausnützung des Verf. sind jedoch die Ausbeuten zu gering. (Mitt. chem. Forsch.-Inst. Wirtsch. Österreichs **7.** 132—34. Dez. 1953.) SPITALER. 4808

Nils Diding und **Sven O. Eriksson,** *Zur Pharmazie der Antibiotica.* Überblick über Penicillin (Haltbarkeit in Lsg.; Procainpenicillin u. andere Modifikationen; Ester; perorale u. lokale Anwendung), Streptomycin u. Dihydrostreptomycin, Chloramphenicol, Aureomycin u. Terramycin. — 57 Literaturhinweise. (Farmac. Revy **52.** 613—26. 25/9. 1953.) R. K. MÜLLER. 4810

—, *Apparatur für die Synthese des Chloromycetins.* Beschreibung der Londoner Anlage von PARKE, DAVIS & CO. LTD. Die Herst. geschieht in 4 Etappen, jede davon weist einige Reaktionsstufen auf. Genaue Kontrolle von Temp., p_H u. Druck erfolgt mit den modernsten Apparaten aus emailliertem Material oder rostfreiem Stahl. Die vorletzte Stufe ist die Trennung der d- u. *l*-Isomeren, die letzte eine Esterifizierung. (Chem. Products chem. News **16.** 277—79. Juli 1953.) STEINER. 4810

W. Jones, *Sterilisation durch hochbeschleunigte Elektronen.* Nach einem histor. Überblick über die Entw. des Verf. u. die Einw. hochbeschleunigter Elektronen auf Mikroorganismen wird über prakt. Verss. in Amerika berichtet. (Chemist and Druggist **160.** 189—90. 22/8. 1953. Manchester, Imperial Chemical Industries Ltd.) BOYE. 4832

R. Bontemps, *Trennung und Bestimmung des o-Oxychinolinsulfats und des Sulfanilamidsulfats.* 20 ml der wss. Lsg. der Sulfate des *o-Oxychinolins* (**I**) u. des *Sulfanilamids* (**II**), die ca. 50 mg enthalten soll, werden mit 300 mg Zn-Acetat versetzt u. nach 5 Min. mit 20%ig. NaOH gegen Bromthymolblau neutralisiert. Nach 5 Min. Rühren u. 15 Min. Stehen wird der Nd. durch einen G 4-Tiegel abgesaugt u. 3 mal mit je 5 ml einer filtrierten Lsg. von 300 mg Zn-Acetat in 20 ml W. gewaschen. Best. von **I**: Die Lsg. des Nd. in 25 ml verd. HCl wird mit 11 ml n/10 Bromid–Bromat-Lsg. versetzt. Nach 1 Min. gibt man 1 g KJ hinzu u. titriert mit n/10-Thiosulfatlsg. gegen Stärke. Best. von **II**: Die Lsg. von 50 mg **II** (= Filtrat) in 35 ml W. wird mit 1 ml n-$NaNO_2$ u. 1 ml 10%ig. CH_3COOH versetzt. Nach 5 Min. gibt man 15 ml einer 2%ig. REINECKE-Salzlsg. hinzu. Nach 45 Min. saugt man den Nd. durch einen G 4-Tiegel ab, wäscht ihn 2 mal mit je 5 ml W. u. 2 mal mit je 10 ml Ae. u. wägt nach dem Trocknen (im Exsiccator über H_2SO_4). (J. Pharmac. Belgique [N. S.] **7.** 553—56. Nov./Dez. 1952. Labors. de la Nat. Codex.) K. F. MÜLLER. 4880

A. Bürgin, *Analyse der Antihistaminica.* Um die in pharmazeut. Präpp. enthaltenen Antihistaminica (**I**) von Begleitstoffen zu trennen, wird das von STAS-OTTO entwickelte Verf. vorgeschlagen: Einstellung der wss. Lsg. auf bestimmte p_H-Werte u. Extraktion mit verschied. Lösungsmitteln. Auf diese Weise lassen sich ohne Schwierigkeit andere N-haltige Stoffe, wie Phenacetin, Coffein, Antipyrin, Dimethylaminoantipyrin usw., abtrennen. Zur Identifizierung der isolierten **I** sind Farb-Rkk. wenig geeignet, Mikrofällungs-Rkk. ergeben brauchbarere Werte, am besten geeignet ist jedoch die Überführung der **I** in die Pikrate, deren F. u. n_D (im geschmolzenen Zustand) bestimmt werden sollen. Die für verschied. **I**-Pikrate ermittelten Werte werden mitgeteilt: Pikrat bzw. Dipikrat des N.N-Dimethylaminoäthylbenzhydryläther, F. 135 bis 136°, $n_D^{161-162}$ 1,5897; N.N-Dimethylaminoäthyl-p-methoxybenzhydryläther, F. 113—114°, $n_D^{150-150,5}$ 1,5897; N.N-Dimethyl-N′-[2-pyridyl]-N′-benzyläthylendiamin, F. 185—187°, $n_D^{192-198}$ 1,6231; N.N-Dimethyl-N′-[2-pyridyl]-N′-[p-methoxybenzyl]-äthylendiamin, F. 174—175°, $n_D^{209-210}$ 1,6231; N.N-Dimethyl-N′-[2-pyrimidyl]-N′-[p-methoxybenzyl]-äthylendiamin, F. 147—148°, $n_D^{164,5-165}$ 1,6231; N.N-Dimethyl-N′-phenyl-N′-[2-thenyl]-äthylendiamin, F. 140—141,5°, $n_D^{160,5-161}$ 1,6126; N.N-Dimethyl-N′-[2-pyridyl]-N′-[2-thenyl]-äthylendiamin, F. 168—169°, $n_D^{161-164}$ 1,6483; N.N′-Dimethyl-N′-[2-pyridyl]-N′-2-[5-chlorthenyl]-äthylendiamin, F. 156 bis 158°, $n_D^{154-155}$ 1,6483; N-[2-Dimethylaminopropyl]-phenothiazin, F. 162—162,5°, n_D Zers.; 1-Dimethylamino-3-[2′-pyridyl]-3-phenylpropan, F. 204—205°, n_D^{204} zwischen 1,6126 u. 1,6231; 1-Dimethylamino-3-[2′-pyridyl]-3-[p-chlorphenyl]-propan, F. 201 bis 202°, $n_D^{196-198}$ 1,6231; 1.3.4.9-Tetrahydro-2-methyl-9-phenyl-2-pyridinden, F. 185 bis 188° (Zers.); N-Benzyl-N-phenylaminomethylimidazolin, F. 163—164°, $n_D^{158-159}$ 1,6353. (J. Pharmac. Belgique [N. S.] **8** (**35**). 12—22. Jan./Febr. 1953. Bern, Univ., Labor. de contrôle des méd.) H. P. FIEDLER. 4880

Gábor Vastagh und **Jolán Tuzson,** *Papierchromatographische Trennung der Digitalisglucoside.* Auf 3 verschied. Papiersorten durchgeführte Verss. zur papierchromatograph. Trennung der Digitalisglucoside mit Äthylacetat–Chlf.–W. (10:8:5 bzw. 10:10:5 — es kam jeweils die organ. Phase zur Verwendung) ergaben bei aufsteigender Technik R_F-Werte von 0,972 (bzw. 0,981 u. 0,989) für *Digitoxin,* 0,599 (bzw. 0,624 u. 0,924) für *Gitoxin* u. 0,085 (bzw. 0,104) für die *Digilanide* (**I**). Die **I** konnten im einzelnen nicht getrennt werden. Zur Beseitigung von Verunreinigungen wurde das Papier vor dem Aufbringen der Glucoside mit wassergesätt. Äthylacetat behandelt. Die Flecke wurden nach SVENDSEN u. JENSEN durch Trichloressigsäure (**II**)-Lsg. (in Chlf.) mit anschließendem Erwärmen auf 90—100° u. Betrachten unter der Analysenquarzlampe sichtbar gemacht. Eigenfluorescenz des Papiers wurde durch Einsprühen mit 5% wss. Phenolrot-Lsg. u. 5—6 Min. langes Trocknen bei 80° gelöscht, ehe die **II**-Lsg. aufgesprüht wurde. (Pharmaz. Zentralhalle Deutschland **92.** 88—90. März 1953. Budapest, Staatl. Hygiene-Inst., Chem. Abt.) E. SCHEIBE. 4880

Dr. Willmar Schwabe G. m. b. H. (Erfinder: **Paul Hagedorn**), Karlsruhe, *Isolierung von Inhaltsstoffen aus Weißdorn* durch Extraktion der Beeren mit W.–Methanol, Entfernung des Zuckers durch Vergärung, Eindampfen des gereinigten Extraktes u. Behandlung des Trockenrückstandes mit Acetylierungsmitteln, wie Essigsäureanhydrid. Das Reaktionsprod. schm. nach Umkristallisation aus A. bei 97—99°. (**D. B. P. 908 908** Kl. 30h vom 20/11. 1952, ausg. 12/4. 1954. Anmeldung bekanntgemacht 27/8. 1953.) K. Heinze. 4791

Merck & Co., Inc., Rahway, übert. von: **Karl Pfister III**, Westfield, N. J., und **William J. Leanza**, Staten Island, N. Y., V. St. A., *α-Methylglutaminsäure* (**I**). — *Lävulinsäurehydantoin* (**II**). Aus Lävulinsäure, NaCN u. $(NH_4)_2CO_3$; F. 159—160°. — I: Beim Kochen von II mit NaOH; F. 168—170°. Ist akt. gegen *grampositive* u. *gramnegative Bakterien* u. hindert die *Decarboxylierung von Glutaminsäure* durch *Glutamindecarboxylase*. (**A. P. 2 658 912** vom 28/12. 1951, ausg. 10/11. 1953.) Langer. 4807

Omnium Homœopathique Français (Soc. à r. l.), Seine, Frankreich, *Herstellung von Ferrogluconat, Ferrigluconsäure und ihren Salzen.* Zur Herst. von Fe^{II}-Gluconat läßt man eine Lsg. von reinem $FeSO_4$ oder besser von Mohrschem Salz in 10%ig. Formalin mit einer Lsg. eines Alkalicarbonats reagieren u. digeriert das gebildete $FeCO_3$ bei 60° in einer CH_2O-haltigen Gluconsäurelösung. Das mittels A. gefällte Fe^{II}-Gluconat wäscht man mit A. u. Ae. u. trocknet es bei 50°. — Die Ferrigluconsäure (I), $Fe(OH)_2{-}(CHOH)_5{-}COOH$ (Mol.-Gew. 285), erhält man durch Umsetzen von Ca-Gluconat mit $Fe_2(SO_4)_3$. Die Metallsalze der I bilden sich bei der Einw. der betreffenden Metallcarbonate- oder -hydroxyde unterhalb inrer Zersetzungstemp. auf die I. Die Schwermetallsalze sind nicht hitzebeständig, können aber durch Zusatz von Alkalimetallsalzen stabilisiert werden. — *Therapeutica.* (**F. P. 1 015 555** vom 19/3. 1948, ausg. 15/10. 1952.) Oppermann. 4807

Farbwerke Hoechst Akt.-Ges., vormals Meister Lucius & Brüning (Erfinder: **Heinrich Jensch**), Frankfurt/M., *Basische Phenylhydrazone*, die als *Zwischenprodd. zur Herst. von Arzneimitteln* dienen, entstehen, wenn man diazotierte Aminobenzole, die eine Guanyl-, Guanidino- oder Guanylhydrazonomethylgruppe im Kern enthalten, mit Acetessigsäure oder deren Monoalkylderivv. umsetzt. — *[4-Guanylphenylhydrazono]-aceton.* Man diazotiert p-Aminobenzamidindihydrochlorid u. versetzt mit Acetessigsäure u. Na-Acetat. *Hydrochlorid*, gelbliches Pulver, F. 270°. — Analog: *[3-Guanylphenylhydrazono]-acetonnitrat*, F. 209—210°. — *2-[4-Guanylphenylhydrazono]-butanon-(3)*, F. 199—200°; *Hydrochlorid*, F. 272°. — *2-[3-Guanylphenylhydrazono]-butanon-(3)*, *Hydrochlorid*, F. 268—270°. — *3-[4-Guanylphenylhydrazono]-pentanon-(2)*, F. 113—114°. — *3-[4-Guanylphenylhydrazono]-4-oxohexen-(1)*, *Carbonat*, F. 66—67°. — *α-[4-Guanidinophenylhydrazono]-aceton*, *Hydrochlorid*, F. 278°. — *α-[4-(Guanylhydrazonomethyl)-phenylhydrazono]-aceton*, *Hydrochlorid*, F. 120°. — *α-[3-(Guanylhydrazonomethyl)-phenylhydrazono]-aceton*, *Hydrochlorid*, F. 222°. (**D. B. P. 894 693** Kl. 12q vom 25/7. 1950, ausg. 26/10. 1953.) Langer. 4807

International Minerals & Chemical Corp., New York, N. Y., übert. von: **Bruno Vassel** und **Roger Garst**, Toledo, Ohio, V. St. A., *Guanidinofettsäuren.* Man erhitzt eine α-Aminofettsäure mit Cyanamid in Lsg. bei einem p_H oberhalb 9,0. — *Pharmazeutica. Glykocyamin.* Man behandelt Ca-Cyanamid in W. mit H_2SO_4, filtriert, versetzt das Filtrat mit Glycin, stellt mit NaOH auf p_H 9,4 u. erhitzt auf 95°. (**A. P. 2 654 779** vom 23/12. 1950, ausg. 6/10. 1953.) Langer. 4807

J. R. Geigy Akt.-Ges. (Erfinder: **Emil Girod**, Riehen), Basel, Schweiz, *Bis-tert.-aminoalkoxyalkane und ihre quaternären Ammoniumhalogenide* der Formel **I**, worin R Alkyl mit 1—4 C-Atomen oder 2R mit N einen Heteroring, Hal = Cl, Br oder J, m u. m′ = 2—4, n = mindestens 2, u. m + m′ + n = mindestens 8 bedeuten, dienen zur Beeinflussung des *Muskeltonus* u. wirken zum Teil *muskelrelaxierend*.

$$\underset{R\cdot Hal}{(R)_2N}\cdot(CH_2)_m\cdot O\cdot(CH_2)_n\cdot O\cdot(CH_2)_{m'}\cdot\underset{R\cdot Hal}{N(R)_2} \qquad \text{I}$$

— *1.10-Bis-(2-diäthylaminoäthoxy)-decan.* Aus 1.10-Decandiol, $NaNH_2$ u. Diäthylaminoäthylchlorid, $Kp._{0,035}$ 153—157°; *Dijodäthylat*, F. 103°; *Dibromäthylat* F. 158°. — Analog: *1.4-Bis-(2-dimethylaminoäthoxy)-butan* $Kp._{0,15}$ 86—89°; *Dijodmethylat*, F. 235°. — *1.6-Bis-(4-diäthylaminobutoxy)-hexan*, $Kp._{0,07}$ 157—160°; *Dijodäthylat*, F. 99°. — *1.4-Bis-(3-dimethylaminopropoxy)-butan*, $Kp._{12}$ 155—159°; *Dijodmethylat*, F. 133°. — *1-(2-Diäthylaminoäthoxy)-10-(3-dimethylaminopropoxy)-decan*, $Kp._{0,03}$ 144—149°. — *1-(2-Dime hylaminoäthoxy)-10-(3-diäthylaminopropoxy)-decan*, $Kp._{0,07}$ 153—158°. — *1.10-Bis-(2-pyrrolidinoäthoxy)-decandihydrobromid*, F. 154°; *Dijodäthylat*, F. 79—80°. — *1.10-Bis-(2-trimethylammoniummäthoxy)-decandibromid*, F. 192—193°. — *1.4-Bis-[3-(2′-Methylpiperidino)-propyloxy]-butan*, $Kp._{0,03}$ 157—161°; *Dijodmethylat*, F. 189—190°. — *1.2-Bis-(γ-dimethylaminopropoxy)-äthan*, $Kp._{10}$ 139 bis 144°, *Dijodmethylat*, F. 175°. — *1.3-Bis-(γ-dimethylaminopropoxy)-propan*, $Kp._{10}$

155—161°, *Dijodmethylat*, F. 171°. — *1.4-Bis-(β-diäthylaminoäthoxy)-butan*, $Kp._{0,07}$ 108°, *Dijodäthylat*, F. 184°. — *1.4-Bis-(β-piperidinoäthoxy)-butan*, $Kp._{0,4}$ 163—164°, *Dijodmethylat*, F. 204°, *Dijodäthylat*, F. 150—153°. — *1.4-Bis-(γ-diäthylaminopropoxy)-butan*, $Kp._{0,03}$ 117—118°, *Dijodäthylat*, F. 145—148°. — *1.4-Bis-(δ-dimethylaminobutoxy)-butan*, $Kp._{0,1}$ 128—131°, *Dijodmethylat*, F. 212—213°. — *1.5-Bis-(β-dimethylaminoäthoxy)-pentan*, $Kp._{0,2}$ 103—105°, *Dijodmethylat*, F. 145 bis 146°. — *1.5-Bis-(β-diäthylaminoäthoxy)-pentan*, $Kp._{0,09}$ 119—121°, *Dijodäthylat*, F. 121—124°. — *1.6-Bis-(β-dimethylaminoäthoxy)-hexan*, $Kp._{12}$ 162—164°, *Dijodmethylat*, F. 132°. — *1.6-Bis-(β-diäthylaminoäthoxy)-hexan*, $Kp._{0,02}$ 110—112°, *Dijodäthylat*, F. 119—120°. — *1.6-Bis-(β-morpholinoäthoxy)-hexan*, $Kp._{0,3}$ 203—204°, *Dijodmethylat*, F. 138—139°. — *1.6-Bis-(γ-dimethylaminopropoxy)-hexan*, $Kp._{0,08}$ 119—123°, *Dijodmethylat*, F. 207—209°. — *1.6-Bis-(γ-diäthylaminopropoxy)-hexan*, $Kp._{0,03}$ 133 bis 135°, *Dijodmethylat*, hygroskop., *Dijodäthylat*, hygroskopisch. — *1.6-Bis-(γ-dibutylaminopropoxy)-hexan*, $Kp._{0,04}$ 192—195°, *Dijodäthylat*, F. 126—128°. — *1.6-Bis-(δ-dimethylaminobutoxy)-hexan*, $Kp._{0,08}$ 136—138°, *Dijodmethylat*, F. 180—183°. — *1.6-Bis-(β-dimethylaminoäthoxy)-3-methylhexan*, $Kp._{0,09}$ 114—115°, *Dijodmethylat*, F. 160 bis 161°. — *1.7-Bis-(β-dimethylaminoäthoxy)-heptan*, $Kp._{0,05}$ 138—141°, *Dijodmethylat*, F. 142—145°. — *1.8-Bis-(β-dimethylaminoäthoxy)-octan*, $Kp._{0,05}$ 142—144°, *Dijodmethylat*, F. 135—137°. — *1.8-Bis-(β-diäthylaminoäthoxy)-octan*, $Kp._{0,08}$ 156—158°, *Dijodäthylat*, F. 111—112°. — *1.8-Bis-(γ-diäthylaminopropoxy)-octan*, $Kp._{0,05}$ 163—165°, *Dijodäthylat*, F. 97—98°. — *1.9-Bis-(β-dimethylaminoäthoxy)-nonan*, $Kp._{0,06}$ 148—150°, *Dijodmethylat*, F. 110—111°. — *1.9-Bis-(β-diäthylaminoäthoxy)-nonan*, $Kp._{0,06}$ 154 bis 159°, *Dijodäthylat*, F. 123—125°. — *1.10-Bis-(β-dimethylaminoäthoxy)-decan*, $Kp._{0,04}$ 134—137°, *Dijodmethylat*, F. 151°, *Dijodäthylat*, F. 95°, *Dibrombutylat*, F. 148—149°. — *1.10-Bis-(β-piperidinoäthoxy)-decan*, $Kp._{0,04}$ 159—168°, *Dijodäthylat*, F. 112°. — *1.10-Bis-(β-morpholinoäthoxy)-decan*, $Kp._{0,15}$ 211—215°, *Dijodäthylat*, F. 102°. — *1.10-Bis-(γ-dimethylaminopropoxy)-decan*, $Kp._{0,02}$ 140—144°, *Dijodmethylat*, F. 148 bis 150°. — *1.10-Bis-(γ-diäthylaminopropoxy)-decan*, $Kp._{0,03}$ 164—169°, *Dijodäthylat*, F. 90 bis 91°. — *1.10-Bis-(γ-dibutylaminopropoxy)-decan*, $Kp._{0,09}$ 230—231°, *Dijodäthylat*, F. 86°. — *1.11-Bis-(β-dimethylaminoäthoxy)-undecan*, *Dijodmethylat*. — *1.12-Bis-(γ-diäthylaminopropoxy)-dodecan*, *Dijodäthylat*. — *1.14-Bis-(β-diäthylaminoäthoxy)-tetradecan*, *Dijodäthylat*. — *1.15-Bis-(δ-dimethylaminobutoxy)-pentadecan*, *Dichlormethylat*. — *1.16-Bis-(β-dimethylaminoäthoxy)-hexadecan*, *Dijodäthylat*. — *1.16-Bis-(γ-dimethylaminopropoxy)-hexadecan*, *Dijodmethylat*. — *1.18-Bis-(β-diäthylaminoäthoxy)-octadecan*, *Dibromäthylat*. — *1.20-Bis-(β-dimethylaminoäthoxy)-eikosan*, *Dijodmethylat*. — *1.4-Bis-(β-pyrrolidinoäthoxy)-butan*, *Dichloräthylat*. — *1.6-Bis-(γ-pyrrolidinopropoxy)-hexan*, *Dijodmethylat*. — *1.6-Bis-(β-[2'-methylpiperidino]-äthoxy)-hexan*, *Dijodmethylat*. — *1.6-Bis-(δ-morpholinobutoxy)-hexan*, *Dijodmethylat*. — *1.10-Bis-(γ-pyrrolidinopropoxy)-decan*, *Dibromäthylat*. — *1.12-Bis-(β-pyrrolidinoäthoxy)-dodecan*, *Dijodäthylat*. — *1.16-Bis-(β-piperidinoäthoxy)-hexadecan*, *Dijodmethylat*. (**D.B.P. 841 917** Kl. 12 q vom 5/12. 1950, ausg. 19/6. 1952. Schwz. Prior. 7/12. 1949.) LANGER. 4807

American Home Products Corp., New York, N. Y., übert. von: **William F. Bruce**, Havertown, und **Joseph Seifter**, Willow Grove, Pa., V. St. A., *Substituierte Glycinamide* der Formel I, worin R_1 u. R_2 gemeinsam mit N einen Heteroring bedeuten, dienen teils als *Zwischenprodd.*, teils zeigen sie *anästhet.*, *spasmolyt.*, *analget.*, *sedative* u. andere *pharmakol.* Wirkungen. — *N-Chloracetylpiperidin* (**II**). Aus Chloracetylchlorid u. Piperidin, $Kp._3$ 118—123°. — *(2-Phenäthylaminoacetyl)-piperidin*. Aus II u. 2-Phenyläthylamin, $Kp._3$ 190—195°. — Analog: *N-(2-[3'.4'-Dimethoxyphenyl]-äthylaminoacetyl)-piperidin*. — *N-(2-Methoxy-2-phenyläthylaminoacetyl)-piperidin*. — *N-(1-Methyl-2-phenyläthylaminoacetyl)-piperidin*. — *N-(1-Methyl-2-phenyläthylaminoacetyl)-3-methyl-1.2.3.4-tetrahydroisochinolin*, $Kp._5$ 210°. — *N-(1-Methyl-2-p-oxyphenyläthylaminoacetyl)-piperidin*. — *N-(1-Methyl-2-p-oxyphenyläthylaminoacetyl)-3-methyl-1.2.3.4-tetrahydroisochinolin*. — *N-Benzylaminoactylpiperidin*, $Kp._{0,45}$ 184—190°. — *N-(ω-Phenyl-tert.-butylaminoacetyl)-morpholin*, $Kp._4$ 180 bis 186°. — *N-(1.1-Dimethyl-2-oxy-2-phenyläthylaminoacetyl)-piperidin*. (**A. P. 2 654 754** vom 16/12. 1950, ausg. 6/10. 1953.) LANGER. 4807

$$\text{Aralkyl}\cdot NH\cdot CH_2\cdot CO\cdot N\langle^{R_1}_{R_2}$$

I

United States Industrial Chemicals, Inc., New York, N. Y., übert. von: **Harry Greenberg**, Baltimore, Md., V. St. A., *Konzentrierte Methioninlösungen* unter Verwendung der Na-, Ca- oder Mg-Salze des Methionins als Lösungsvermittler; p_H-Wert der Lsgg. liegt dem Neutralpunkt näher als bei reinem Methionin. — *Injizierbar* u. *hitzebeständig*. (**A. P. 2 556 688** vom 10/12. 1948, ausg. 12/6. 1951.) K. HEINZE. 4807

G. D. Searle & Co., Chicago, übert. von: **Carl Peter Krimmel**, Mundelein, Ill., V. St. A., *N-Dialkylaminoalkyl-α.β-diarylalkanamide* dienen teils als *Zwischenprodd.*,

teils wirken sie *cardiovasculär* u. *diuretisch*. — *N-(β-Diäthylaminoäthyl)-α.β-diphenylbuttersäureamid*. Aus α.β-Diphenylbuttersäurechlorid u. β-Diäthylaminoäthylamin-*Hydrochlorid*, F. 159—161°. — Analog: *N-(γ-Dimethylaminopropyl)-α.β-diphenylbuttersäureamid*, F. 95—100°, *Hydrochlorid*, F. 171—174°. — *N-(γ-Diäthylaminopropyl)-α.β-diphenylbuttersäureamid*. (**A. P. 2 658 076** vom 12/6. 1951, ausg. 3/11. 1953.)
LANGER. 4807

Merck & Co., Inc., Rahway, übert. von: **Earl M. Chamberlin**, Rahway, und **Max Tishler**, Westfield, N. J., V. St. A., *2.2-Diphenyl-3-methyl-4-dimethylaminobutyronitril* (**I**), wirkt *analget*. u. *anästhetisch*. —*p-Toluolsulfonsäure-(1-methyl-2-chloräthylester)* (**II**). Aus p-Toluolsulfonylchlorid u. Propylenchlorhydrin in Pyridin. Hellgelbes Öl, $Kp._{0,5}$ 119—120°. — Analog: *Benzolsulfonsäure-(1-methyl-2-chloräthylester)* (**III**), $Kp._{0,1}$ 105—106°. — *Methansulfonsäure-(1-methyl-2-chloräthylester)* (**IV**), $Kp._{0,41}$ 76,5—77°. — *2.2-Diphenyl-3-methyl-4-chlorbutyronitril* (**V**). Aus Diphenylacetonitril, $NaNH_2$ u. **II**, **III** oder **IV**. $Kp._{0,2}$ 154—160°. — **I**: Aus **V** u. Dimethylamin. *Hydrochlorid*, F. 218—220°. (**A. P. 2 607 794** vom 9/4. 1949, ausg. 19/8. 1952.) LANGER. 4807

Parke, Davis & Co., übert. von: **Marie-Jo Sullivan**, Detroit, Mich., und **Clarence Kenneth Banks**, Westfield, N. J., V. St. A., *p-Azidosalicylsäurederivate* dienen als *Tuberkuloseheilmittel*, bes. in Verb. mit *Streptomycin* u. *Dihydrostreptomycin*. — *p-Azidosalicylsäureäthylester*. Man diazotiert p-Aminosalicylsäureäthylester u. setzt dann mit Hydrazinhydrat um; F. 50—51°. — Analog: *p-Azidosalicylsäure*, F. 193—195°. — *Methylester*, F. 70—71°. — *Isopropylester*, F. 28—30°. (**A. P. 2 633 470** vom 25/1. 1952, ausg. 31/3. 1953.)
LANGER. 4807

Troponwerke Dinklage & Co., Köln (Erfinder: **Fritz Külz†**, Frankfurt/M.), *1-(Oxyphenyl)-2-aminobutane* der Formel $HO \cdot C_6H_4 \cdot CH_2 \cdot CH(C_2H_5) \cdot N(R_1)(R_2)$, worin R_1 u. R_2 = H, Alkyl, Alkylen, Cycloalkyl, Cycloalkylen, Aralkyl oder Aralkylen bedeuten, wirken *analgetisch*. — *1-(p-Oxyphenyl)-2-aminobutan*. Beim Kochen von 1-(p-Methoxyphenyl)-2-aminobutan mit konz. HBr, F. 127—129°; *Hydrochlorid*, F. 162—163°. — Analog: *1-(p-Oxyphenyl)-2-methylaminobutan*, F. 124—125°; *Hydrochlorid*, F. 158 bis 162°. — *1-(p-Oxyphenyl) 2-n-butylaminobutan, Hydrochlorid*, F. 134—135°. — *1-(p-Oxyphenyl)-2-n-amylaminobutanhydrochlorid*, F. 122°. — *1-(p-Oxyphenyl)-2-dimethylaminobutan*, F. 82—90°; *Hydrochlorid*, F. 182—184°. —*1-(p-Oxyphenyl)-2-diäthylaminobutanhydrochlorid*, F. 166—169°. — *1-(p-Oxyphenyl)-2-di-n-butylaminobutanhydrochlorid*, F. 130—131°. — *1-(p-Oxyphenyl)-2-piperidinobutanhydrochlorid*, F. 224—226°. (**D. B. P. 904 536** Kl. 12q vom 29/11. 1942, ausg. 18/2. 1954.) LANGER. 4807

Troponwerke Dinklage & Co., Köln (Erfinder: **Fritz Külz†**, Frankfurt/M.), *1-(Oxyphenyl)-1-oxy-2-aralkylaminoäthane* werden *therapeut*. verwendet. — (*1-p-Oxyphenyl-1-oxy-* = **I**). — *1-(p-Oxyphenyl)-1-oxo-2-benzylaminoäthan* (**II**). Man setzt p-Oxy-ω-chloracetophenon mit NaJ zu p-Oxy-ω-jodacetophenon u. dann mit Benzylamin um; *Hydrochlorid*, F. 234—236°. — **I**-*2-(benzylamino)-äthan*. Aus **II**, H_2 u. Pt-Oxyd. *Hydrochlorid*, F. 162—163°. — Analog: *1-(p-Oxyphenyl)-1-oxo-2-(3′-phenylpropylamino)-äthanhydrochlorid*, F. 237—239°. — **I**-*2-(3′-phenylpropylamino)-äthanhydrochlorid*, F. 157—159°. — *1-(p-Oxyphenyl)-1-oxo-2-(1′-methyl-3′-phenylpropylamino)-äthanhydrochlorid*, F. 233—235°. — **I**-*2-(1′-methyl-3′-phenylpropylamino)-äthanhydrochlorid*, F. 182 bis 183°. — *1-(p-Benzyloxyphenyl)-1-oxo-2-(1′-methyl-3′-phenylpropylamino)-äthanhydrobromid*, F. 205—206°. — **I**-*2-(1′-methyl-3′-phenylpropylamino)-äthanhydrobromid*, F. 169—170°. — *1-(p-Toluolsulfoxyphenyl)-1-oxo-2-(3′-phenylpropylamino)-äthan*. — **I**-*2-(3′-phenylpropylamino)-äthanhydrochlorid*, F. 156—158°. — *1-(p-Benzyloxyphenyl)-1-oxy-2-(1′-methyl-3′-phenylpropylamino)-äthanhydrochlorid*. Aus p-Benzyloxyphenylglyoxal, 1-Phenyl-3-aminobutan, H_2 u. Pt-Oxyd in Methanol. *Hydrochlorid*, F. 149 bis 151°. — **I**-*2-(1′-methyl-3′-phenylpropylamino)-äthanhydrochlorid*, F. 179—182°. (**D. B. B. 894 396** Kl. 12q vom 21/5. 1944, ausg. 26/10. 1953.) LANGER. 4807

Roche Products Ltd., Welwyn Garden City, England, *3-Oxyphenylammoniumverbindungen* (**I**) entstehen beim Quaternisieren von m-Dimethylaminophenol mit einer Äthyl-Anion-Verb. oder von m-Diäthylaminophenol mit einer Methyl-Anion-Verbindung. — *3-Oxyphenyläthyldimethylammoniumbromid* (F. 151—152°), *-jodid* (F. 113 bis 115°), *-chlorid* (F. 162—163°). — *3-Oxyphenylmethyldiäthylammoniumbromid* (F. 167—169°), *-p-toluolsulfonat* (viscose M., hygroskop.). — Verwendung als *Anticuraremittel*. (**E. P. 681 656** vom 15/2. 1951, ausg. 29/10. 1952. A. Prior. 30/3. 1950.) LANGER. 4807

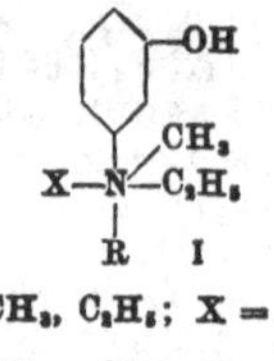

(R = CH_3, C_2H_5; X = Anion)

Cilag Akt.-Ges. (Erfinder: **Hans Suter** und **Ernst Hablicht**), Schaffhausen, Schweiz, *Quaternäre Aminothioäther* der Formel **I** entstehen aus Verbb. der Formel **II** durch Rk.

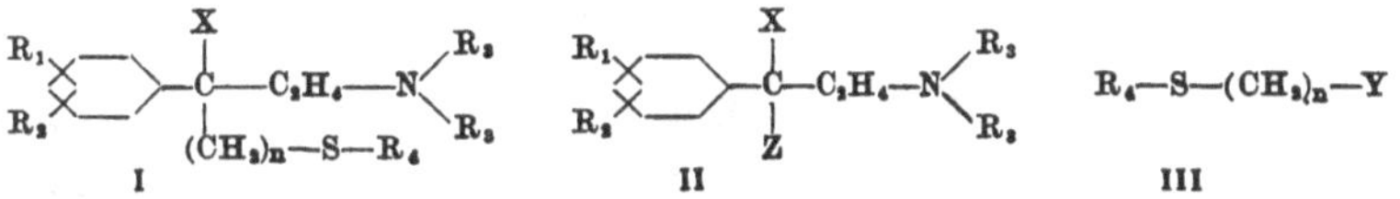

I II III

mit Verbb. der Formel **III**. R_1 u. R_2 = H, Halogen, Oxy- oder Alkoxygruppen, X Cyan oder Acyl, R_3 niedere Alkylreste, R_4 niedere Alkyl- oder Aralkylreste, n = 1 oder 2, Y u. Z leicht abspaltbare reaktionsfähige Reste. — *Spasmolytica* u. *Analgetica*. — *1-Dimethylamino-3-phenyl-3-cyan-5-methylmercaptopentan.* Man setzt 1-Dimethylamino-3-phenyl-3-cyanpropan mit $NaNH_2$ u. 2-Methylmercaptoäthylchlorid um. $Kp._{0,005}$ 132—135°; *Hydrochlorid* F. 197—198°; *Pikrat*, F. 154—155°, *Chormethylat*, F. 109 bis 110°; *Jodmethylat*, F. 188—189°. Entsteht auch aus 1-Phenyl-1-cyan-3-methylmercaptopropan, $NaNH_2$ u. 2-Dimethylaminoäthylbromid. — Analog: *1-Dimethylamino-3-(4'-chlorphenyl)-3-cyan-5-methylmercaptopentan*, $Kp._{0,06}$ 138—143°; *Hydrochlorid*, F. 156—158°; *Chloroplatinat*, F. 115—120°. — *1-Dimethylamino-3-phenyl-3-(2'-methylmercaptoäthyl)-hexanon-(4)*, Öl, $Kp._{0,07}$ 118—123°; *Hydrochlorid*, F. 130—131°. (**D. B. P. 905 244** Kl. 12q vom 21/8. 1951, ausg. 1/3. 1954. Schwz. Priorr. 23/8. 1950 u. 26/7. 1951.) Langer. 4807

Chas. Pfizer & Co., Inc., V. St. A. (Erfinder: **Ellis Vincent Brown** und **Frank Howard Hedger**), *Lokalanästhetica*, dad. gek., daß man ein lösl. Penicillinsalz mit dem Hydrochlorid oder Sulfat eines Esters der p-Aminobenzoesäure (Monocain, Procain (**I**), Dibutylaminopropyl-p-aminobenzoat) reagieren läßt. — Man löst z. B. 2,72 g **I**-Hydrochlorid in 15 cm³ H_2O, versetzt die **I**-Lsg. mit einer Lsg. von 3,6 g Penicillin G-Natrium in 5 cm³ H_2O u. filtriert, wäscht u. trocknet das auskristallisierte Produkt. (**F. P. 1 007 291** vom 31/5. 1948, ausg. 5/5. 1952. A. Prior. 30/6. 1947.) Oppermann. 4807

United Domestic Industries Ltd., London, England, *p-Aminosalicylsäure* (**I**). Man erhitzt m-Aminophenol (**II**) mit K_2CO_3, $KHCO_3$ oder KOH u. CO_2 auf mindestens 75°, kühlt, filtriert von nicht umgesetztem **II** u. $KHCO_3$, versetzt mit H_2SO_4 bis p_H ca. 6, filtriert, erwärmt das Filtrat, fällt **I** mit H_2SO_4 bei p_H 5,1—5, konz. das Filtrat u. führt es wieder in den Prozeß zurück. (**E. P. 693 386** vom 27/11. 1950, ausg. 1/7. 1953.) Langer. 4807

Merck & Co., Inc., Rahway, übert. von: **Robert L. Peck**, Plainfield, N. J., V. St. A., *Herstellung von Tetraoxycyclohexanderivaten* aus Streptomycin. Z. B. wird Streptomycinhydrochlorid 2 Std. bei 120° mit konz. HCl im Bombenrohr erhitzt. Aufarbeitung u. Umsetzung mit Pikrinsäure ergibt Diguanidotetraoxycyclohexan(Streptidin)-pikrat. Kristalle aus Methanol–Ae., F. 280—281° (Zers.). Streptidinhydrochlorid wird in Ggw. von W. mit $Ba(OH)_2$ am Rückfluß 23 Std. unter N gekocht. Abspaltung von CO_2 u. NH_3. Aufarbeitung u. Rk. mit H_2SO_4 ergibt Diaminotetraoxycyclohexan(Streptamin)-sulfat, kein F. — Aus Streptidinhydrochlorid wird durch 1 std. Kochen mit $Ba(OH)_2$ unter N_2 *Dicarbamidotetraoxycyclohexan* als neutrale Verb. (Zers. 290 bis 300°) erhalten. — Beispiele. *Baktericide Wirkung*. (**A. P. 2 557 560** vom 26/2. 1946, ausg. 19/6. 1953.) K. Heinze. 4807

Warner-Hudnut, Inc., übert. von: **Freeman H. McMillan**, New York, und **John A. King**, Manhasset, N. Y., V. St. A., *Amide*. Es werden n-substituierte (2-Pyridyl)- u. (2-Piperidyl)-alkanamide der allg. Formel $R-(CX_2)_n-CO-N\begin{matrix}R'\\R''\end{matrix}$ hergestellt, in der X H oder einen Alkylrest mit bis zu 3 C-Atomen, n eine ganze Zahl zwischen 1—5, R den 2-Pyridyl- oder 2-Piperidylrest, R' H oder einen Alkyl-, Oxalkyl-, Dialkylaminoalkyl-, Aralkyl- oder einen Arylrest u. R'' die gleichen Reste, jedoch nicht H, bedeuten. R' u. R'' können gemeinsam mit den Amid-N auch einen Piperidin- oder Morpholinring bilden. Man erhält diese Amide z. B. durch Umsetzen von niederen Alkylestern von Piperidyl- (**I**) oder Pyridylalkansäuren (**II**) mit prim. oder sek. Aminen. Als **I** dient Methyl-β-(2-piperidyl)-propionat, während als **II** Ester von (2-Pyridyl)-essigsäure oder β-(2-Pyridyl)-propionsäure (**III**) verwendbar sind. — Aus Äthylamin u. **III** → *N-Äthyl-β-(2-pyridyl)-propionamid*, F. 47,5—48,5°; aus Methyl-β-(2-pyridyl)-propionat u. n-Propylamin → *N-(n-Propyl)-β-(2-pyridyl)-propionamid*, $Kp._{0,1}$ 114—115°; aus **III** u. Anilin → *β-(2-Pyridyl)-propionanilid*, F. 109,5—110°. Salze dieser Alkanamide können in einfacher Weise durch Umsetzen mit Methyljodid, Dimethylsulfat, Benzylbromid u. dgl. erhalten werden. Die Amide dienen für *pharmazeut.* Zwecke. Einige der Amide besitzen *analept.* Wirkung. (**A. P. 2 640 055** vom 6/1. 1951, ausg. 26/5. 1953.) Schwechten. 4807

Simon Lyon Ruskin, New York, N. Y., V. St. A., *Arzneimittel* durch Einw. von Sulfonamiden, wie Sulfathiazol, Sulfapyrimidin oder dgl., auf kreislaufwirksame Basen, wie Adrenalin, Ephedrin oder Desoxyephedrin in wss. Lsg. u. in Ggw. von lösl. Ca-Salzen, wie $CaCl_2$. — Verwendung als Spray. — Beispiel. (**E. P. 689 961** vom 27/2. 1948, ausg. 8/4. 1953. A. Prior. 2/3. 1944.) K. Heinze. 4807

Farbenfabriken Bayer Akt.-Ges., Leverkusen (Erfinder: **Hans Henecka,** Wuppertal-Elberfeld), *Herstellung von 3-Oxy-N-methylmorphinanen.* Man gibt eine Lsg. von 25 (g) Cyclohexen-(1)-yl-äthylamin (**I**) in 200 cm^3 n-HCl (**VI**), die mit W. auf 500 cm^3 aufgefüllt wurde, zur Lsg. von 50 p-Methoxyphenylacetaldehyd (**II**)-Bisulfit in 500 cm^3 W., erwärmt unter Rühren auf dem Wasserbad auf 80—90°, gibt nach ca. $1^1/_2$ u. 30 Std. jeweils 20 cm^3 **VI** zu (konstantes p_H der Lsg. ca. 3—4), klärt nach ca. 45 std. Erhitzen durch Schütteln mit Ae., macht die Base mit K_2CO_3-Lsg. frei, nimmt in Ae. auf, wäscht mit W., klärt durch Schütteln mit gesätt. NaCl-Lsg. u. erhält durch Eindampfen u. Umkrist. aus Eisessig 10—15 *1-(p-Methoxybenzyl)-10-oxydekahydroisochinolin* (**III**), F. 152°. Methylierung, z. B. durch Red. in CH_3OH-Lsg. in Ggw. von 1.1 Mol 30%ig. CH_2O Raney-Ni $\rightarrow$ *1-(p-Methoxybenzyl)-N-methyl-10-oxydekahydroisochinolin* (**IV**), Öl, $Kp._{0,01}$ 160—165°. Man löst 20 dieser Verb. in 200 cm^3 HBr (**VII**), läßt 6 Std. sd. dest. **VII**-Überschuß bei 60°/12 mm ab, löst Rückstand in wenig CH_3OH (**VIII**), verd. mit W., fällt mit NH_3, nimmt in Ae. auf, dampft ein, kocht mit wenig **VIII** auf u. erhält 30—40% (ber. auf **IV**) *3-Oxy-N-methylmorphinan* (**V**), F. 251—253° (aus **VIII**). *3-Methoxyverb.*, F. 81—83°; *Hydrochlorid* F. 245—247°; *3-Acetoxyverb.*, $Kp._{0,01}$ 145°.

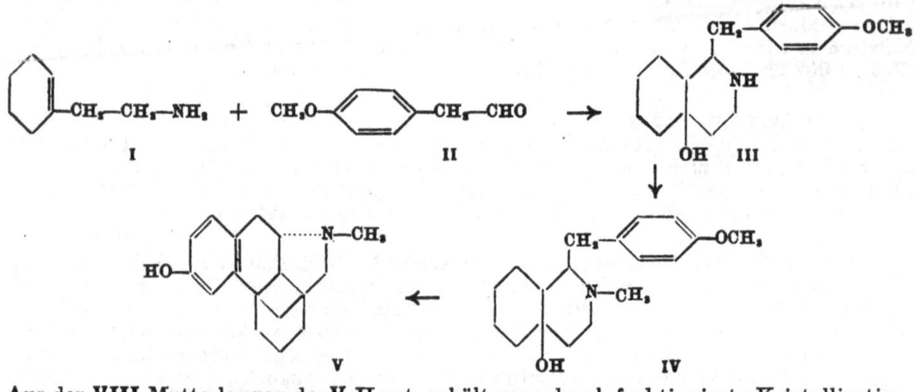

Aus den **VIII**-Mutterlaugen der **V**-Herst. erhält man durch fraktionierte Kristallisation das am C_{14} epimere **V**, F. 198—200°; *Methyläther* F. 97—99°. — Geht man statt von **I** von der entsprechenden 4-Methylverb. aus, erhält man *1-(p-Methoxybenzyl)-7-methyl-10-oxydekahydroisochinolin,* F. 148° (Essigester); *N-Methyl*-Deriv. F. 104° (Ae.–PAe.) $\xrightarrow{HBr}$ *3-Oxy-N.7-dimethylmorphinan,* F. 233—243°. — *Analgetica.* (**D. B. P. 904 176** Kl. 12p vom 31/1. 1952, ausg. 15/2. 1954.) Müller-Meiningen. 4807

Knoll Akt.-Ges. Chemische Fabriken, Ludwigshafen/Rh., *Herstellung von Acylderivaten der Enolform von Codeinon* (**I**) erfolgt durch Rk. von **I** mit fl. Carbonsäureanhydriden, bes. denen der niedermol. Fettsäuren. — Man schüttelt z. B. 3 (g) **I** (F. 180 bis 181°) 2 Tage bei Raumtemp. mit 15 frisch dest. Essigsäureanhydrid (**II**), dampft bei gleicher Temp. im Vakuum **II**-Überschuß ab, verreibt Rückstand mit absol. Ae. u. saugt das *Acetat von* **I**-*Enolacetat* ab. F. 104—105° (aus Essigester). — Man löst die Verb. in wenig eiskaltem W., versetzt mit Bicarbonat, nimmt die Base in wenig peroxydfreiem Ae. auf, trocknet über Na_2SO_4, versetzt mit wenig akt. Kohle u. erhält aus der Lsg. 1,9 **I**-*Enolacetat,* $C_{20}H_{21}O_4N$, F. 133—134° (aus Hexan). — Intensive Halochromie mit konz. HCl (**II**) u. H_2SO_4 (**III**), *Pikrat,* F. 201—203° (aus CH_3OH); orangerote Halochromie mit **II** u. **III**. (**D. B. P. 902 257** Kl. 12p vom 17/7. 1951, ausg. 21/1. 1954.) Müller-Meiningen. 4807

Vitamins Ltd., London, England, *Herstellung trockener, haltbarer, frei fließender Zubereitungen aus öligem Vitamin-A- und -D-Konzentraten* durch sorgfältiges Vermischen der Konzentrate mit trocknem, frischem Mais- oder Hirsemehl u. Verteilen der Mischung in einer größeren Menge des gleichen Mehles. Die Endprodd. mit 100 (I. E.) Vitamin A u. 150 Vitamin D in 1 g sind oxydationsbeständig. (**E. PP. 704 064** u. **704 067** vom 8/9. 1949 u. 19/4. 1950, beide ausg. 7/9. 1950.) K. Heinze. 4809

Carotène Français (S. à R. L.), Seine, Frankreich, *Herstellung von Retinin.* Man erhält es durch Einw. von elektrolyt. gewonnenem MnO_2 auf das im Palmöl enthaltene Carotin. Z. B. löst man 100 cm^3 170 mg Carotin enthaltendes Palmöl in einem Gemisch von 50 cm^3 Bzl. u. 20 cm^3 A. u. versetzt die Lsg. mit 20 g MnO_2 (Reaktionsdauer 20 Min.). Man kann das vom MnO_2 u. vom Lösungsmittelgemisch befreite Palmöl als *Vitamin*-Präp. verwenden. Um das Retinin selbst zu gewinnen, unterwirft man dieses Öl einer Molekulardest. (Temp. 80—100°, Druck ca. $^1/_{1000}$ mm Hg). (**F. P. 1 037 817** vom 29/5. 1951, ausg. 23/9. 1953.) OPPERMANN. 4809

Institut National de la Recherche Agronomique, Frankreich (Erfinder: **Jean Guérillot-Vinet** und **Lucien Guyot**), *Antibiotische Substanz.* Man extrahiert trockenes Mycel von Giberella baccata ca. 12 Std. mit Äther. Das nach dem Verdampfen des Ae. zurückbleibende gelbe Öl reinigt man, in Ae. gelöst, durch Chromatographie mit Tonerde u. eluiert die antibiot. Substanz mit einem polaren Lösungsm. (z. B. Methanol). Das antibiot. Prod. kristallisiert aus der mit W. verd., abgekühlten Methanollsg. in farblosen Kristallen von der ungefähren Zus. $C_{28}H_{48}O_6N_2$ (F. 135°). (**F. P. 1 021 824** vom 1/4. 1950, ausg. 24/2. 1953.) OPPERMANN. 4811

Rhein-Chemie G. m. b. H. (Erfinder: **Carl Josef Müller** und **Roman Muschawek**), Heidelberg, *Herstellung von Salzen der Ester aus N-substituierten Aminoalkoholen und substituierter oder unsubstituierter p-Aminobenzoesäure.* Man setzt die Ester mit Flavanolen, deren Glykosiden oder Sulfonsäuren um, bes. in Lösungsmitteln gelöst oder in geschmolzenem Zustand. Beispiel: Verb. aus *Hesperidin* u. *p-Aminobenzoyldiäthylaminoäthanol.* — *Lokalanästhetica.* (**D. B. P. 907 056** Kl. 12q vom 7/7. 1951, ausg. 22/3. 1954.) FABEL. 4815

Théodore R. Rhein, Frankreich, *Zahnpflegemittel,* bes. zur Verhütung der Caries, enthaltend als wirksamen Bestandteil anorgan. oder organ. Amine aliphat. oder cycl. Struktur in Verb. mit Stoffen, wie Na-Silicat, Na_3PO_4, NH_3 oder Alkalisalzen, wobei übermäßige Alkalität durch Na-Salicylat oder Na-Borat gemildert werden kann. Diese Mittel können als wss. Lsgg., alkoh. Lsgg. oder als Pasten auf die befallenen Stellen der Zähne aufgebracht werden u. als Schutz einen Lacküberzug aus Natur- oder Kunstharz erhalten. (**F. P. 975 765** vom 2/12. 1948, ausg. 9/3. 1951.) WITTHOLZ. 4823

Anciens Établissements Ferber, Frankreich, *Zahnpflegemittel.* Das Mittel enthält als Wirkstoff einen Ester des ricinusölsulfosauren Na. Als Alkoholkomponente können Methyl-, Äthyl-, Propyl-, Isopropyl-, Butyl- u. Isobutylalkohol verwendet werden. Vorteilhaft verwendet man einen Ester aus vorst. genannten Alkoholen, bei dem das an die Sulfogruppe gebundene Na durch den Triäthanolaminrest ersetzt ist. Das Prod. zeichnet sich durch besondere Kalkfestigkeit aus. (**F. P. 980 316** vom 25/1. 1943, ausg. 10/5. 1951.) WITTHOLZ. 4823

Bernard Karsenty, Frankreich, *Antiseptische Mittel,* bestehend aus 45% Allyl-4-methoxy-2-oxybenzol, dem z. B. noch folgende Substanzen zugesetzt werden: 15% Methyl-3-isopropyl-6-oxybenzol, Carvacrol, Pinen, Cymol oder Thymol, 10% Terpineol oder 5% Harz, 4,5% Borneol oder 3,5% Geraniol oder 1% Nerol oder Linalool oder Spuren Cumarin, 6% Linalylacetat, 1% Citronellal oder Valeraldehyd, 8% Methylheptanon, Amylalkohol, Sesquiterpen oder Citronellylacetat. — Zur Desinfektion von Räumen mischt man z. B. 5% antisept. Mittel (I) mit 85% Vinylchlorid, 5% CO_2, 5% Bindemittel oder 10% **I**, 80% „Freon", 5% Bindemittel, 5% Parfum. (**F. P. 980 104** vom 10/12. 1948, ausg. 8/5. 1951.) OPPERMANN. 4833

British Drug Houses Ltd., London, England, *Chlorbenzylphenole* erhält man durch Rk. der entsprechenden Chloroxybenzophenone mit amalgiertem Zn (**I**) u. HCl (**II**) in Alkohollösung. — Man erhitzt z. B. 48 g 2-Chlor-5-methoxybenzoesäure unter Rückfluß mit 30 (cm^3) $SOCl_2$, 50 absol. A. u. 0,5 Pyridin 1 Std. u. erhält durch Dest. 44 g *2-Chlor-5-methoxybenzoylchlorid* ($Kp._7$ 160°), dessen Lsg. in 45 Bzl. 45 g $AlCl_3$ zugesetzt werden. Man erhitzt 12 Std. unter Rückfluß, zers. mit Eis u. **II**, extrahiert mit Ae., wäscht mit Bicarbonatlsg. u. extrahiert mit Ätzalkali, durch Ansäuern u. Extrahieren mit Ae. erhält man *2-Chlor-5-oxybenzophenon,* $Kp._3$ 220°; F. 98—99° (aus Ae.-PAe.). 5 g dieser Verb., gelöst in 30 techn. CH_3OH (**III**), („methylatet spirit") werden langsam zur sd. Lsg. von 15 g **I** u. 30 konz. **II** gegeben u. 8—12 Std. unter Rückfluß erhitzt, anschließend **III** abdest., Rückstand mit Ae. extrahiert u. *4-Chlor-3-benzylphenol* erhalten. $Kp._3$ 150—160°; F. 53—54°. — 2.6-Dichlor-3-oxybenzophenon (F. 150°) **I**+**II** *2.4-Dichlor-3-benzylphenol,* $Kp._2$ 160—170°. — *Bactericide.* (**E. P. 694 780** vom 18/4. 1950, ausg. 29/7. 1953.) MÜLLER-MEININGEN. 4833

Colgate-Palmolive-Peet Co., Jersey City, N. J., V. St. A., *Keimtötender Puder,* der außer einer reizlosen Pudergrundlage, wie Al- oder Mg-Stearat, Talkum, Kaolin, ZnO u./oder Stärke, halogeniertes Dioxydiphenylmethan, z. B. 2.2'-Dioxy-3.5.6-

3'.5'.6'-hexachlordiphenylmethan, u. ein Haftmittel, wie Propylenglykolmonostearat, Diäthylenglykolmonostearat, Glycerindilaurat, Äthylenglykolmonostearat oder -laurat enthält. — Beispiele. (**E. P. 697 278** vom 25/3. 1952, ausg. 16/9. 1953. A. Prior. 17/8. 1951.) K. Heinze. 4833

Ciba Akt.-Ges., Basel, Schweiz, *Herstellung von neuen Quecksilberverbindungen.* Aus Äthyl-Hg-Bromid u. p-Mercaptodimethylanilin entsteht das p-Äthylmercurithiodimethylanilin, welches mit Dimethylsulfat das *p-Äthylmercurithiophenyltrimethylammoniummethosulfat*, F. 140—141°, bildet. — Mit Diäthylsulfat wird das entsprechende *p-Äthylmercurithiophenyldimethyläthylammoniumäthosulfat* als gelbliches Öl gewonnen. — Aus p-Äthylmercurithiodimethylanilin u. p-Toluolsulfonsäuremethylester wird das *p-Äthylmercurithiophenyltrimethylammonium-p-toluolsulfonat* erhalten. — Äthylmercurithioäthyldimethylamin mit Dimethylsulfat umgesetzt liefert das *Äthylmercurithioäthyltrimethylammoniummethosulfat*, welches ein in W. gut lösl. Öl ist. — n-Propylmercurithioäthyldimethylamin u. Dimethylsulfat ergeben das *n-Propylmercurithioäthyltrimethylammoniummethosulfat*, ebenfalls ein wasserlösl. Öl. — *Desinfektionsmittel.* — Vgl. Oe. P. 166 904; C. **1951.** I. 521, Oe. P. 164 792; C. **1949.** E. 1894, Schwed. P. 125 305; C. **1949.** E. 1535, Schwz. P. 257 397; C. **1949.** E. 1753. (**Schwz. PP. 257 579** vom 4/8. 1944, ausg. 1/4. 1949, **265 755, 265 756, 265 757, 265 758** u. **265 759** vom 4/8. 1944, ausg. 16/3. 1950 [Zusatzpatente].) M. F. Müller. 4833

G. Analyse. Laboratorium.

R. Spöndlin, *Das Verflüssigungsgerät für Wasserstoff und Helium in Bellevue.* Kurze Beschreibung des Geräts, das pro Std. 6 Liter H_2 u. 7 Liter He nach Vorkühlung mit H_2 verflüssigt. (J. Physique Radium **14.** 47 S. Dez. 1953.) Kirschstein. 5006

Albert Lacaze und **Jean Peretti,** *Untersuchung von Kohlewiderständen zur Messung sehr tiefer Temperaturen.* Das Widerstandsthermometer besteht aus einer dünnen Graphitschicht, die durch Absetzen aus einer koll. Lsg. in Isopropylalkohol auf einem keram. Körper gebildet wird. Sie wird gegen Adsorption durch einen Polystyrol-Film geschützt. Andere Dispersionsmittel u. Schutzfilme führten zu keinen brauchbaren Ergebnissen. Bei Belastungen bis 2 mA zeigt das Thermometer im Bereich des fl. H_2 auf 0,001° genau an. (J. Physique Radium **14.** 350—51. Mai 1953. Grenoble, Labor. du C. N. R. S.) Kirschstein. 5016

Ralph H. Müller und **Hans J. Stolten,** *Die Verwendung von Thermistoren zur genauen Messung von kleinen Temperaturdifferenzen. Thermometrische Bestimmung von Molekulargewichten.* Vff. beschreiben einen Thermistor mit Anzeigegerät, der geeignet ist, kleinste Temperaturänderungen reproduzierbar sicher zu messen. Als Anwendungsbeispiel wird eine Mol.-Gew.-Best. beschrieben, bei der zugleich Gefäße mit Lösungsmittel u. mit Lsg. einer mit Lösungsmittel gesätt. Atmosphäre ausgesetzt werden u. die sich einstellende Temperaturdifferenz gemessen wird. (Analytic. Chem. **25.** 1103 bis 1106. Juli 1953. New York, N. Y., Univ., Washington Square Coll. of Arts and Science.) Moslé. 5016

Lawrence J. Milch, *Die 2-Kanal-Ultrazentrifugenzelle.* Vf. gibt eine neuartige 2teilige Ultrazentrifugenzelle an, die gleichzeitige Unters. von Salz- u. Proteinlsg. erlaubt. (Lab. Invest. **2.** 441—46. Nov./Dez. 1953. Randolph Field, Tex., USAF School of Aviat. Med.) Krusen. 5036

Felix Chayes, *Zur Verteidigung der zweiten Dezimale.* Vf. weist an Hand theoret. u. prakt. Beispiele darauf hin, daß ein zu starkes Abrunden von Zahlenangaben, z. B. bei Analysen u. Modalanalysen von Mineralien u. Gesteinen vermieden werden muß, damit der Leser einen Einblick in die genauen Verhältnisse bekommt. (Amer. Mineralogist **38.** 784—93. Sept./Okt. 1953. Washington, D. C., Geophys. Labor.) Hiller. 5050

James A. Brown und **Max M. Marsh,** *Automatische Messung der Lichtabsorption und Fluorescenz auf Papierchromatogrammen.* Es wird eine App. beschrieben, die es erlaubt, Papierchromatogramme direkt durch Messen der Absorption bzw. Durchlässigkeit u. der Fluorescenz auszuwerten. Die Streifen werden von der Basis bis zur Lösungsfront durchgemessen, die Meßwerte automat. auf einem Diagramm aufgezeichnet. Das Gerät arbeitet mit stabilisierter Lichtquelle u. einem Monochromator wie im Beckman-Spektralphotometer. Eine Vorr. mit Interferenzfiltern ermöglicht das Messen von Fluorescenzen auf Papierchromatogrammen. Für Absorptionsmessungen wird zunächst der leere Streifen photometr. als Diagramm aufgenommen, dann nochmals nach dem Chromatographieren. Das Diagramm zeigt den Verlauf der Kurve Durchlässigkeit/Streifenlänge. Bei den Fluorescenzmessungen trifft Licht die Photo-

zelle nur, wenn eine Fluorescenzzone das Strahlenbündel passiert, während der Streifen durchläuft. Man erhält auf dem Diagramm die Emissionswerte entlang dem Streifen. Hier ist es notwendig, gegen eine Eichprobe zu messen. An Chromatogrammen mit *Pyridoxinhydrochlorid* u. *Riboflavin* wird das Arbeiten des Gerätes gezeigt. (Analytic. Chem. **25.** 1865—69. Dez. 1953. Indianapolis, Ind., Eli Lilly and Co.)
Endrass. 5062

H. S. Gutowsky, L. H. Meyer und **R. E. McClure,** *Apparat für kernmagnetische Resonanz.* Es wird ein App. zur Messung von Resonanzverschiebungen u. zur Beobachtung der Formen breiter Linien beschrieben, bei dem ein hohes Auflösungsvermögen erreicht wird: Schmale, komplexe Resonanzlinien, deren Komponenten nur einen Abstand von etwa einem Milligauß haben, werden durch Anwendung eines homogenen magnet. Feldes bei Verwendung kleiner Proben u. einer langsamen Modulierung aufgelöst. Breite Absorptionslinienformen werden durch ein Syst. registriert, welches einen Oscillator, einen Verstärker, ein registrierendes Potentiometer sowie eine elektron. Kontrolle zur Änderung des angelegten magnet. Feldes linear mit der Zeit enthält. (Rev. sci. Instruments **24.** 644—52. Aug. 1953. Urbana, Ill., Univ., Noyes Chem. Labor.)
Gottfried. 5063

Barbara Irvin und **F. B. Breazeale,** *Die Anpassung des Norelco-Großwinkelspektrometers zur Messung der Röntgenbeugung von Fasern.* Um das „Norelco"-Großwinkelspektrometer zur quantitativen Messung der radialen u. azimuthalen Intensitätsverteilung speziell von gedehnten Kunstseidereifengarnen verwenden zu können, brachten die Vff. an dem App. einige Änderungen an, die ausführlich beschrieben werden. Es handelt sich hierbei in der Hauptsache um eine Änderung des Schlitzsyst., um statt konvergenter divergente Strahlung zu erhalten, sowie um eine Vorr. zur Drehung u. Orientierung der Fäden. Ein Vgl. der automat. registrierten Intensitätskurve mit der Photometerkurve einer photograph. Aufnahme ergab eine befriedigende Übereinstimmung. (Rev. sci. Instruments **24.** 627—31. Aug. 1953. Enka, N. C., Amer. Enka Corp., Res. Dep.)
Gottfried. 5064

Slobodan Končar-Djurdjević, *Von der Möglichkeit einer Anwendung der Adsorption beim Colorimetrieren verdünnter Lösungen.* (Vorl. Mitt.) Um den Empfindlichkeitsbereich colorimetr. Bestimmungen über ihre äußerste Grenze (um 10^{-5}%) auszuweiten, wird vorgeschlagen, Filme aus geeigneten Adsorbentien (oder Ionenaustauschern) anzufertigen, indem man solche Stoffe in Lsgg. adhäsiver organ. Verbb. (Cellulosenitrat, synthet. Kautschuk usw.) in feinster Zerteilung suspendiert oder entsprechende filmartige Oberflächen mehrfach mit solchen Emulsionen bespritzt. Die zu untersuchenden Lsgg. brauchen dann nicht zwecks Konzentrierung eingedampft zu werden, sondern werden durch die erhaltenen 0,1 mm dünnen Filter filtriert. Unter gleichen Bedingungen werden Vergleichslsgg. durch gleichermaßen hergestellte Filme filtriert (z. B. durch ein 1 m langes Rohr von 6—8 mm Durchmesser). Der zu colorimetrierende Stoff konzentriert sich auf diese Weise auf den Filmen von selber u. ermöglicht eine anschließende colorimetr. Best. durch Vgl. mit den Ergebnissen bei den Standardlösungen. (Гласник Хемиског Друштва Београд [Ber. chem. Ges. Belgrad] **17.** 127—29. 1952. Belgrad, TH, Technolog. Fakultät, Inst. für anorgan. chem. Technol.)
v. Wilpert. 5065

Eksakustodian Dobrocvetov, *Neues Verfahren zur Titerstellung von Chromat- und Bichromatlösungen mit metallischem Silber.* 200 ml 10%ig. H_2SO_4 wurden mit 15 ml $K_2Cr_2O_7$-Lsg. (4,904 g/Liter) u. einem reinen Ag-Blech von 36 cm² Fläche versetzt u. 3 Std. gekocht. Es hatten sich 0,1620 g Ag gelöst (nach der Titerstellung mit $Na_2S_2O_3$ hätten sich 0,1618 g Ag lösen sollen). Diese Art Titerstellung soll der mit $Na_2S_2O_3$ (jodometr. gestellt) nicht nachstehen. (Гласник Хемиског Друштва Београд [Ber. chem. Ges. Belgrad] **17.** 89—91. 1952. Belgrad, TH, Chem.-Techn. Inst.)
v. Wilpert. 5066

K. V. Grove-Rasmussen, *Standardisierung der p_H-Skala. Eine Übersicht.* Zusammenfassende Darst. auf Grund der Literatur: Standard von Sørensen-Clark; neue Standardisierungsgrundlagen; prakt. p_H-Skala; Feststellung des p_H der Standardlsgg.; einige Standardwerte; Diffusionspotential; Anknüpfung der prakt. p_H-Skala an die H^+-Aktivität; Standard für Glaselektroden u. für die Colorimetrie. — 28 Literaturhinweise. (Dansk Tidsskr. Farmaci **27.** 221—36. Okt. 1953. Bispebjerg hospitals apotek.)
R. K. Müller. 5066

F. D. Kriworutschko, *Bestimmung von Chlor in der atmosphärischen Luft.* 5—10 Liter Cl_2-haltige Luft läßt man mit einer Geschwindigkeit von 2,5 Liter/Min. solange durch ein Saugröhrchen nach Richter, gefüllt mit 2 cm³ 0,000055 n Methylorange-Lsg. (I) + 0,1 cm³ 0,05 n H_2SO_4, streichen, bis sich die Farbintensität der Lsg. scharf ändert. Die Lsg. wird colorimetr. mit einer selbst hergestellten Skala obiger Zus., enthaltend 0,0003—0,0042 mg Cl_2 (als Ca-Hypochlorit zugesetzt) in 6 Stufen verglichen. — Cl_2-Konzz. von 0,0003—0,03 mg in sauren I gehorchen dem LAMBERT-BEERschen Gesetz; optimales $p_H = 3$. — 1 cm^3 I wird von 0,0022 mg Cl_2 vollständig entfärbt. 0,03 mg Cl_2/m^3 lassen sich so z. B. in 10 Min. nachweisen. — Das Meßprinzip stammt von MENSCHIKOW. (Гигиена и Санитария [Hyg. u. Sanitätswesen] **1953.** Nr. 3. 53 bis 54. März. Wiss. Erisman-Sanitäts-Forschungsinst.) MÜLLER-MULOT. 5088

J. Haslam, S. M. A. Whettem und **W. W. Soppet,** *Die Bestimmung von α-Chloracrylsäuremethylester in der Atmosphäre.* Zur Best. von *α-Chloracrylsäuremethylester* (**I**) in der Atmosphäre wurde eine colorimetr. u. eine titrimetr. Meth. ausgearbeitet. Die colorimetr. Meth., die für Konzz. von 0,5—25 mg I/m^3 Luft (= 0,1—5 p.p.m.) geeignet ist, beruht darauf, daß man ein bekanntes Luftvol. mit einer Geschwindigkeit von 1,5 Liter/Min. durch eine 0,001 n $KMnO_4$-Lsg. leitet u. die entstehende orangegelbe Farbe mit der von Lsgg. bekannter I-Mengen in 0,001 n $KMnO_4$-Lsg. vergleicht oder mit Hilfe des LOVIBOND-Tintometers auswertet. Die titrimetr. Meth., die für Konzz. von 25—100 mg I/m^3 Luft (= 5—20 p.p.m.) geeignet ist, beruht darauf, daß man ein bekanntes Luftvol. durch eine 0,02 n $KMnO_4$-Lsg. leitet u. das verbrauchte $KMnO_4$ bestimmt. Dies geschieht durch Zugabe einer überschüssigen 0,02 n K-Oxalatlsg. u. deren Rücktitration mit 0,02 n $KMnO_4$-Lösung. (Analyst **76.** 628—34. Nov. 1951. Welwyn Garden City, Imp. Chem. Ind. Ltd., Plastics Div.) K. F. MÜLLER. 5088

a) Elemente und anorganische Verbindungen

C. Mahr und **H. Otterbein,** *Eine neue Methode zur Bestimmung von Chlorid in Halogenidgemischen.* (Vgl. C. **1953.** 1061.) Vff. diskutieren die bekannten Cl^--Bestimmungen neben Halogen u. Pseudohalogenen u. beschreiben folgenden Analysengang, mit dem 1—25 mg Cl^- neben 50fachem Überschuß an Br^- u. neben J^-, SCN^- u. CN^- zu bestimmen sind. Ba, Pb, Mn, Mg, Hg, Cr, große Mengen Bi u. (bei Ggw. von CN^-) Co u. Fe, sowie PO_4^{3-}, Acetat, $Fe(CN)_6^{4-}$, BrO_3^-, JO_3^- u. ClO_3^- (in Ggw. von red. Substanzen) u. SCN^- (in Ggw. von Br^- u. J^-) stören. 15 ml der Cl^-, $Br^-(SCN^-)$ u. ClO_3^--haltigen Lsg. werden in einem 100 ml Destillationskölbchen mit 20%ig. H_2SO_4 versetzt, so daß die Lsg. 0,6—1,5 n an H^+ ist. Für je 35 mg Br^- werden 0,2 bis 0,3 g u. für je 35 mg SCN^- 0,8—1 g $Ce(SO_4)_2 \cdot 4\,H_2O$ (I) zugegeben. Durch diese Lsg. wird Wasserdampf geleitet. Nach 5 Min. Sieden werden 1—2 ml 60%ig. H_2SO_4 zugegeben u. überschüssiges I mit 3%ig. H_2O_2 reduziert. In dieser Lsg. wird Cl^- potentiometr. mit 0,05 oder 0,1 n $AgNO_3$-Lsg. titriert. — Sind außerdem J^- u. CN^- vorhanden, wird die Lsg. zuerst mit 2—3 ml 20%ig. H_2SO_4 angesäuert, für je 200 mg J^- mit 1 ml einer 5 f $NaNO_2$-Lsg. versetzt u. 5 Min. Wasserdampf durchgeleitet. Anschließend wird wie oben gearbeitet. (Z. analyt. Chem. **140.** 261—66. 1953. Marburg/Lahn, Univ., Chem. Inst.) MOSLE. G 247

R. J. Winterton, *Untersuchung über drei für den Kaliumnachweis vorgeschlagene Reagentien.* Vf. untersucht die Empfindlichkeit u. Spezifität des K-Nachw. mit *Natriumcobaltithiosulfat* (I), *Natriumcalciumferrocyanid* (II) u. *Natriumuranylchromat* (III) u. findet Grenzkonzz. von $1:3{,}33 \cdot 10^2$, $1:1{,}25 \cdot 10^3$, $1:1{,}25 \cdot 10^3$. — **I** gibt mit Rb^+, **II** mit Rb^+, Cs^+, NH_4^+ u. **III** mit Rb^+, Cs^+ u. Ba^{2+} Niederschläge. Die Empfindlichkeit von **I** u. **III** wird in Ggw. der 10fachen Menge Li^+ oder NH_4^+, von **II** der 10fachen Menge Li^+ nicht beeinträchtigt. (Analytica chim. Acta [Amsterdam] **8.** 1—5. Jan. 1953. Coventry, Techn. Coll.) BRAASCH. G 275

Bojan Zaletel, *Polarographische Bestimmung des Cadmiums in Zinkkonzentraten und anderen Zinkpräparaten mit hohem Eisengehalt.* Das Verf. wurde an Zn-Erzkonzentraten entwickelt, die 13% Fe, 49% Zn u. geringe Mengen (0,1—0,5%) Cu, Cd u. Pb enthielten. Störendes Fe muß entfernt oder red. werden. Befriedigende Ergebnisse wurden erzielt, wenn 1 g Konzentrat in 10 ml konz. HCl u. 30 Tropfen konz. HNO_3 gelöst, 2 mal mit HCl trocken gedampft u. das Fe mit 5 ml 10%ig. $NH_2OH \cdot HCl$-Lsg. bis zur Entfärbung red. wird. Nach kurzem Erhitzen wird abgekühlt, 2 ml 1%ig. Gelatinelsg. zugesetzt, zur Marke aufgefüllt u. nach dem Verf. der 2 maligen Zugabe (0,5 u. 1 ml Standard-Cd-Lsg.) polarographiert. Dauer 5 Std., die bei Serienbestimmungen auf 20 Min./Best. red. werden kann. Hindurchleiten von H_2 ist nicht erforderlich; mittlerer relativer Fehler ±2%. (Гласник Хемиског Друштва Београд [Ber. chem. Ges. Belgrad] **17.** 93—100. 1952. Belgrad, Metallurg. Inst.) v. WILPERT. G 289

Ekkehard Gastinger, *Über die quantitative Bestimmung von Gallium neben Aluminium und Zink mittels Cupferron.* (Vgl. C. **1954.** 2454.) Auf Grund der Arbeit von SCHERRER (J. Res. nat. Bur. Standards **15.** [1935.] 585) wird die Ga-Fällung mit *Cupferron* (**I**) neben Al u. Zn untersucht. Die H_2SO_4-Konz. soll zwischen 2 u. 0,1 n liegen, je nach dem Ga-Gehalt. Ein zu großer Überschuß von I muß vermieden werden. Die Zugabe von *Weinsäure* (II) ist für die Ga-Best. ohne Einfl. (Mol-Verhältnis Ga zu **II** = 1 : 36). Ga_2O_3 ist nach ½std. Glühen bei 500° nicht mehr hygroskopisch. Verss., Ga neben Al im Verhältnis 1 : 1 bis 1 : 312 u. neben Zn im Verhältnis 1 : 11 bis 1 : 412 mit I zu bestimmen, ergaben zufriedenstellende Werte. (Z. analyt. Chem. **140.** 244—51. 1953. Paris, Westinghouse-Ges., Chem. Labor.) MOSLÉ. G 295

Ekkehard Gastinger, *Über eine quantitative Bestimmungsmethode von Gallium in technischen Aluminiumlegierungen.* (Vgl. vorst. Ref.) 25 g Al-Legierung, deren ungefähre Zus. bekannt ist, werden in wenig 5 n HCl gelöst. Dann werden 50 ml konz. HCl zugegeben u. 1 Std. auf dem Wasserbad unter Durchleiten von N_2 erwärmt. Die Lsg. wird von dem Unlöslichen (Cu u. Si) abzentrifugiert, der Rückstand mit 0,1 n HCl gewaschen u. die Lsg. + Waschwasser auf 500 ml mit W. aufgefüllt. 200 ml dieser Lsg. werden auf 5,5—6,5 n HCl eingestellt (Best. der freien Säure nach KÜCHLER bzw. CRAIG mit NaF, K-Oxalat u. NaCl). Das Vol. soll höchstens 450 ml betragen. Die Lsg. wird mit 200 ml, dann 2 mal mit 50 ml HCl-haltigem Ae. ausgeschüttelt. Der Ae. enthält alles Ga u. wenig Al, Zn u. Fe u. wird nach Zusatz von 100 ml W. abdestilliert. Der Rückstand wird mit H_2O_2 oxydiert, mit H_2SO_4 abgeraucht, mit 100 ml 2 n H_2SO_4 aufgenommen u. Cu elektrolyt. abgetrennt. Die Lsg. wird auf 0° abgekühlt u. Ga, Fe mit Cupferron gefällt u. sofort durch ein gehärtetes Filter abfiltriert. Der Nd. wird verglüht, mit 8 g NaOH im Ag-Tiegel aufgeschlossen u. nach Lösen in 100 ml W. vom $Fe(OH)_3$ abfiltriert. Im Filtrat u. Waschwasser wird Ga mit 8-Oxychinolin nach GEILMANN u. WRIGGE (Z. analyt. Chem. **98.** [1934.] 431) bestimmt. Testanalysen werden mitgeteilt. (Z. analyt. Chem. **140.** 252—55. 1953.) MOSLÉ. G 295

Richard E. Honig, *Massenspektrometrische Analyse von Germanium.* Vf. hat eine Meth. entwickelt, um Verunreinigungen in Ge, das für Transistoren bestimmt ist, im Bereich des mol. Konzentrationsverhältnisses zwischen 10^{-5} u. ca. 10^{-8} massenspektrometr. zu bestimmen. Vor der eigentlichen Analyse werden die Verunreinigungen durch Schmelzen u. fraktioniertes Erstarren in einem Teil der Probe angereichert. Zur Analyse wird die Probe in den Elektronenstrom der Ionenquelle eines Massenspektrometers verdampft. Eine Integration der Ionenströme über die Zeit der totalen Verdampfung der Probe liefert Konzentrationsschätzungen. Bei Analysen von EAGLE-PICHER-Ge wurden geringe Mengen von *As, P, Sb, Sn, Pb, Fe* u. *Cd* gefunden. Durch Eichaufnahmen an Ge, Sn u. Pb wurde gezeigt, daß diese Elemente der 4. Gruppe zum Teil in mol. Form verdampfen, während As vorwiegend als As_4 u. As_2 auftritt. (Analytic. Chem. **25.** 1530—35. Okt. 1953. Princeton, N. J., RCA Labor.) CONRAD. G 326

J. G. McMaster, *Sauerstoffbestimmung in Blei.* Als Bemerkung zu der Arbeit von BARTELD u. HOFMANN (C. **1953.** 1220) wird mitgeteilt, daß 200 g-Proben von den 1000° heißen Pb-Schachtofenabstichen entnommen wurden. Eine n. Regulusmulde wurde weit unter die Oberfläche des Pb-Stromes eingetaucht u. sofort in kaltem W. abgeschreckt. Die Proben wiesen eine merkliche Konz. von O_2 in den Oberflächenschichten auf, während der Kern wesentlich weniger O_2 enthielt. (Z. Erzbergbau Metallhüttenwes. **5.** 363—64. Sept. 1952. Port Pirie, Südaustralien.) HOCHSTEIN. G 328

J. Beydon und **C. Fisher,** *Die Bestimmung von Tantal-, Niob- und Titanoxyde in ihren Mischungen mittels Radioaktivität.* Die Oxyde von Ta, Nb u. Ti können in ihren Mischungen mit Hilfe von radioakt. Spuren bestimmt werden. Es werden 2 Methoden untersucht: 1. Durch Bestrahlen der Mischung mit langsamen Neutronen u. Messung der Aktivität des gebildeten ^{182}Ta kann Tantal bis ca. 10% in an diesem Element armen Mischungen bestimmt werden. 2. Zu der zu bestimmenden Lsg. wird radioakt. ^{95}Nb von bekannter spezif. Aktivität zugegeben, dann wird Tantal mit Tannin bei p_H 3,8 ausgefällt; dabei fällt auch ein Teil des Nb aus. Das restliche Nb wird darauf bei einem etwas höheren p_H in dem Filtrat ausgefällt. Durch Messung der Aktivität der zwei Fraktionen wird die Aufteilung bestimmt. Titan wird colorimetr. nach Glühen der in Lsg. zurückgebliebenen Oxyde bestimmt. — Die 2. Meth. ist eine Verbesserung des bekannten Verf. der Abtrennung dieser Oxyde mit Tannin. (Analytica chim. Acta [Amsterdam] **8.** 538—45. Juni 1953. Gif-sur-Yvette, Commissariat à l'énergie atomique, Dép. de chim. appliquée.) GEDSCHOLD. G 332

Franz Wever, Walter Koch und **Gert Wiethoff,** *Flammenspektralanalytische Untersuchung von Schwermetallen, besonders zur Bestimmung der Ferritzusammensetzung in Stählen.* Bei der elektrolyt. Isolierung der Carbide in Cr–Mn-Stählen kann auch die Zus. des im Citratelektrolyt gelösten Ferrits mittels eines flammenspektrochem. Verf.

ermittelt werden. Die Elemente Fe, Cr u. Mn werden in Ggw. der großen Überschüsse an Alkalisalzen, wie sie aus dem Elektrolyt stammen, mit hoher Genauigkeit bestimmt. Die durch die Zus. des Elektrolyten u. durch die Legierungselemente des Stahls sowie durch die Zus. der Verbrennungsgase der Flamme bedingten Einfll. auf die Intensität des Flammenspektr. wurden untersucht. (Arch. Eisenhüttenwes. **24.** 383—91. Sept./Okt. 1953. Düsseldorf, Max-Planck-Inst. für Eisenforschung.)
Hochstein. G 354

Paul Klinger, *Beiträge zur Eisenhüttenchemie.* (Vgl. C. **1953.** 1535.) Überblick über das 1. Halbjahr 1952 mit Angabe von 51 Schrifttumsstellen bzgl. Analysentechnik. (Stahl u. Eisen **73.** 1665—68. 3/12.; 1737—41. 17/12. 1953.) Habbel. G 354

Bojan Zaletel, *Polarographische Bestimmung von Ni und Co in Erzen.* Es wurde die Trennung für Erze mit ca. 5% Fe, 0,70—0,05% Ni u. 0,20—0,02% Co ausgearbeitet, wobei die Ni-Welle in Pyridinlsg. aufgenommen wird; sie tritt bei —0,78 V gegen die n. Elektrode, die Co-Welle erst bei —1,07 V auf; beide Wellen werden hernach summar. in NH_3-Lsg. aufgenommen u. Co aus der Differenz bestimmt. —a) Pyridinverf.: 2 g Erz werden in 1 Teil konz. HCl + 3 Teilen konz. HNO_3 gelöst, 2mal mit HCl trocken gedampft, in 2 ml konz. HCl u. 20—30 ml W. gelöst, 5 ml Pyridin u. 2 ml 0,5%ig. Gelatinelsg. zugesetzt, zur Marke 100 ml aufgefüllt u. nach 10 Min. Hindurchleiten von H_2 nach dem Verf. der 2maligen Zusätze (5 ml Lsg. + 1 ml Ni; + 1 ml Co-Lsg. sowie ohne Zusätze) die Ni-Welle aufgenommen. b) NH_3-Verf.: Nach Auflösen der Einwaage (2 g), Eindampfen u. Auflösen in verd. HCl werden 40—50 ml eines 1:1-Gemisches von je 2nNH_4Cl u. NH_3, sodann 2 ml 0,5%ig. Gelatinelsg. u. 4ml n-Na_2SO_3-Lsg. zugegeben, gekühlt, aufgefüllt u. wie vorher (Zusätze!) polarographiert. Bei diesem kombinierten Verf. halten sich die relativen Fehler in annehmbaren Grenzen: Ni um 2,5%, Co um 1%. (Гласник Хемиског Друштва Београд [Ber. chem. Ges. Belgrad] **17.** 101—08. 1952. Belgrad, Metallurg. Inst.)
v. Wilpert. G 356

Dušan Živanović, *Colorimetrische Bestimmung des Nickels mit dem photoelektrischen Klett-Summerson-Colorimeter.* Es wird empfohlen, 0,2 g Erz in 15—20 ml Salpeter-Salzsäure (3:1) zu lösen, zur Trockne einzudampfen, man löst dann in 5 ml konz. HCl u. füllt auf 100 ml auf, filtriert u. gibt zu 10 ml des Filtrats der Reihe nach: 5 ml 20%ig. Weinsäure, 5 ml gesätt. Br-Wasser, 10 ml konz. NH_3 (d 0,9), 2 ml Acetat-Pufferlsg. (p_H ca. 4,5), 2 ml 1%ig. Gelatinelsg. u. 5 ml 1%ig. alkoh. Gelatinelsg.; dann wird wieder auf 100 ml aufgefüllt. Endlich wird in einem 10 ml-Reagensglas mit dem Klett-Summerson-Colorimeter photometriert, wobei als günstigstes Filter ein Blaufilter Nr. 42 verwendet wird. Die Vorschrift ist für 0,5—4% Ni die geeignete; Bei höherem Ni-Geh. (mehr als 400—500 Skalenteile) ist entsprechend zu verdünnen. (Гласник Хемиског Друштва Београд [Ber. chem. Ges. Belgrad] **17.** 119—25. 1952. Belgrad, Metallurg. Inst.) v. Wilpert. G 356

L. A. Goedbloed, *Bemerkung zu einer multiplen Tüpfelprobe für Kupfer, Kobalt und Nickel.* Die Schaeffersche Meth. (C. **1953.** 7884) wird insofern vereinfacht, indem Fe(III) u. Cu(II) mit einer 10%ig. Na_2SO_3-Lsg. red. werden u. ein Tropfen dieser Lsg. auf das getränkte Filterpapier gebracht wird. Bei Ggw. von Fe(III) bildet sich eine dünne rotbraune Linie. Co gibt sich durch die blaue u. Cu durch eine grüne Farbe der Ringe zu erkennen. (Chemist-Analyst **42.** 43. Juni 1953. S. Porcupine, Ontario, Paymaster Consolidated Mines.) Moslé. G 358

b) Organische Verbindungen.

Joseph Unterzaucher, *Direkte Mikrobestimmung des Sauerstoffs in organischen Substanzen mittels der jodometrischen Methode ohne Blindwert.* Eingehende Beschreibung der von Vf. schon früher bekanntgegebenen Meth. (C. **1954.** 6296) der direkten jodometr. O-Best. in organ. Substanzen. Die auftretenden Fehlerquellen werden besprochen u. bes. auf die notwendige hohe Reinheit der HJ_3O_8 hingewiesen, für die eine Darstellungsmeth. angegeben wird. (Bull. Soc. chim. France, Mém. [5] **20.** C 71—C 77. Nov./Dez. 1953. Leverkusen, Farbenfabriken Bayer Akt.-Ges., Labor. für organ. analyt. Chemie.)
Fretzdorff. 5352

H. W. Harvey, *Mikrobestimmung von Stickstoff in organischen Stoffen ohne Destillation.* Zur Best. von 5—30 γ-Mengen N in organ. Material wird eine Meth. beschrieben, bei der das nach Aufschluß der Probe mit H_2SO_4 u. H_2O_2 in Ggw. eines Hg-Katalysators entstandene $(NH_4)_2SO_4$ nicht in Form von NH_3 abdest. wird. Das $(NH_4)_2SO_4$ wird bei Raumtemp. u. p_H 8,5—9,6 mit überschüssigem NaOBr behandelt, dessen Überschuß jodometr. bestimmt wird. Nitrit, Cu u. andere Schwermetalle stören. Mit *Acetanilid* (I) als Testsubstanz wurde die gute Genauigkeit der Meth. nachgewiesen. — Ausführung: Die Probe (z. B. 10—40 γ I) wird in einem Pyrexröhrchen (16×125 mm) mit 0,2 ml eines Gemisches von konz. H_2SO_4 u. 0,4%ig. $HgCl_2$-Lsg. (1 : 1) u. 2 Tropfen H_2O_2 zunächst langsam, dann bis zum Auftreten von H_2SO_4-Dämpfen aufgeschlossen (ca. 15 Min.; heterocycl. Verbb. >15 Min.). Nach dem Abkühlen gibt man 2 ml W. hinzu u. versetzt dann mit einer genau bekannten, überschüssigen Menge (1—2 ml) einer 0,0075 nNaOBr-Lsg. u. so viel Pufferlsg. (40 g KOH + 6 g Borsäure in 100 ml W.), daß Thymolphthalein nach Blau umschlägt (ca. 0,78 ml). Nach 15—30 Sek. gibt man 3 Tropfen einer 50%ig. KJ-Lsg. u. ca. 1 ml Essigsäure (2 : 1) hinzu u. titriert das frei gewordene J mit einer 0,002 n$Na_2S_2O_3$-Lsg. gegen Stärke. 1 ml 0,002 n$Na_2S_2O_3$-Lsg. entspricht 9,33 γ N. (Analyst **76.** 657—60. Nov. 1951. Plymouth, Marine Biolog. Assoc.) K. F. MÜLLER. 5352

R. C. Vasisth und **M. S. Muthana,** *Eine neue Methode zur Trennung organischer Verbindungen.* Es wurde eine Meth. zur Trennung organ. Verbb. durch fraktionierte Kristallisation auf Filtrierpapier entwickelt. Zunächst wird das Substanzgemisch in einem in einer offenen Schale befindlichen flüchtigen Lösungsm. gelöst; das untere Ende eines vertikal aufgehängten Filtrierpapierstreifens (2×8 inch) taucht in die Lsg. ein. Man läßt das Lösungsm. verdunsten, bis sich ca. 0,5 g des Substanzgemisches am Ende des Papierstreifens abgeschieden haben. Dann ersetzt man die Schale durch eine Schale mit einem reinen Lösungsm. oder -gemisch, bringt das Ganze unter eine Glasglocke, die unten eine Öffnung hat, u. läßt die Lsgg. aufsteigen, wobei im Laufe der nächsten Std. eine der beiden Verbb. unter Ausbldg. einer Zone aufwärts wandert u. sich in krist. Form abscheidet. Nach vollendeter Trennung wird der Papierstreifen auseinandergeschnitten. Auf diese Weise gelang die Abtrennung einer gelben kristallinen Verb. vom F. 179—180° aus dem Acetonextrakt von *Canarium strictum Roxb.*, die sich durch Umkristallisieren oder Chromatographie an Al_2O_3 oder $CaSO_4$ nicht reinigen ließ. Folgende Gemische ließen sich trennen: *Phenanthren–Anthracen, Naphthalin–Biphenyl, α- u. β-Naphthol, Hydrochinon–Resorcin.* (Nature [London] **172.** 862—63. 7/11. 1953. Bangalore, Ind. Inst. of Science, u. Kharagpur, Ind. Inst. of Technology.) K. F. MÜLLER. 5364

A. Ss. Chodak, *Über die Bestimmung geringer Konzentrationen an Äthylalkohol.* Vf. beschreibt eine einfache App., mit der bis zu 0,1 cm³ A. in rohem, auch festem, gegebenenfalls mit Wein- oder Oxalsäure angesäuertem Ausgangsmaterial nach Übertreiben der A.-haltigen Dämpfe als Borsäureäthylester nachweisbar ist. Die Vorlage enthält eine durch Glaspulver überdeckte Schicht aus Borsäure (oder Borax) + konz. H_2SO_4 u. eine Einleitungscapillare. Der Nachw. von A. in Atemluft u. Blut erfolgt analog, in letzterem Falle unter Zusatz von Pikrinsäurelösung. Oxydation der Dämpfe im Steigrohr mit 1 Tropfen H_2SO_4-saurer $K_2Cr_2O_7$- oder $KMnO_4$-Lsg. (Grün- bzw. Entfärbung). Die Rk. ist unspezifisch. (Аптечное Дело [Apotheken] **2.** Nr. 2. 69—71. März/April 1953. Brjansk.) MÜLLER-MULOT. G 550

H. W. Hodgson und **J. H. Glover,** *Die Bestimmung von Alkohol, Äther und Wasser in ternären Gemischen.* Mit Hilfe eines Eichdiagramms lassen sich beliebige tern. Gemische aus *Alkohol, Aether* u. *W.* mit einer Genauigkeit von 0,2% analysieren. Die Kurven des Eichdiagramms (Abb.) werden aus Kp.-Bestimmungen u. Trübungspunkt-Titrationen erhalten. Zur Kp.-Best. wurde ein modifiziertes J-Rohr (Abb.) entwickelt. Die Trübungspunkt-Titrationen wurden in der Weise ausgeführt, daß 10 g Probegemisch mit 10 ml einer 1%ig. alkoh. Dibutylphthalatlsg. ($D^{15,5}_{15,5}$ 0,8070 ±0,0002) bei 20 ± 1° versetzt wurden u. diese Lsg. mit W. bis zum Auftreten einer bleibenden Opalscenz (Ausfällung des Phthalats) titriert wurde. (Analyst **76.** 635—43. Nov. 1951. London, Brit. Oxygen Comp. Ltd., Res. and Developm. Dep., Analyt. Labor.) K. F. MÜLLER. G 550

A. M. Smith und **A. H. Agiza,** *Die titrimetrische Bestimmung des bei der Ninhydrinreaktion von Aminosäuren in Freiheit gesetzten Kohlendioxyds.* Der α-Amino-N einzelner Aminosäuren oder von Aminosäuregemischen kann durch Titration des bei der Ninhydrin-Rk. entstandenen CO_2 genau bestimmt werden. Zu diesem Zweck wurde eine einfache App. (Abb.) entwickelt. Bei 22 untersuchten Aminosäuren (1—2 ml einer 150 γ α-Amino-N enthaltenden Lsg.) trat eine quantitative Rk. mit Ninhydrin (97—102% wiedergefundene Menge) bei 6—7 Min. Erwärmen im Wasserbad, p_H 4,7 (100 mg fester Citratpuffer [Gemisch aus 17,65 g Trinatriumcitrat + 8,40 g Citronensäure]) u. 50 mg Ninhydrin pro ml Aminosäurelsg. ein. (Analyst **76.** 619—23. Nov. 1951. Edinburgh, Coll. of Agriculture.) K. F. MÜLLER. G 950

A. M. Smith und **A. H. Agiza,** *Die colorimetrische Bestimmung von Aminosäuren durch die Ninhydrinreaktion.* Die bei der Rk. zwischen Aminosäuren u. Ninhydrin entstehende Färbung wird zur Grundlage einer colorimetr. Aminosäurebest. gemacht,

durch die Mengen mit 5—25 γ Amino-N mit einer Reproduzierbarkeit von 1—3% erfaßt werden können. Die Farbstärke der Ninhydrin-Rk. ist für die üblichen Aminosäuren nicht gleich; für jede einzelne Aminosäure werden jedoch geradlinige u. reproduzierbare Eichkurven erhalten. Die Meth. ermöglicht die Best. der durch 2-dimensionale Papierchromatographie getrennten Aminosäuren von Proteinhydrolysaten. — Ausführung: 1—2 ml Aminosäurelsg. (mit 5—20 γ Amino-N), die gegebenenfalls mit NaOH neutralisiert ist, wird mit 1 ml Pufferlsg. (21,008 g Citronensäure in 200 ml W. u. 200 ml n NaOH werden mit W. zu 500 ml verd.) versetzt (mit 2 ml, wenn die Lsg. neutralisiert werden mußte); dann gibt man 1 bzw. 2 ml Ninhydrinlsg. (550 mg in 100 ml obigen Citratpuffers) hinzu, bringt die Lsg. in ein Wasserbad u. fügt noch 1 ml einer Lsg. von 0,5 g $SnCl_2$ in 250 ml Citratpuffer hinzu. Man erhitzt weitere 15 Min., läßt dann im Dunkeln 10 Min. abkühlen u. füllt mit gesätt. NaCl-Lsg. zu 10 ml auf. Dann schüttelt man den Farbstoff mit 4—5 ml n-Butanol aus, stellt das Vol. der wss. Phase durch Zugabe von W., das mit Butanol gesättigt ist, auf 10 ml u. das Vol. der Butanolschicht auf 5 ml durch Zugabe von Butanol ein. Die Extinktion der gefärbten Lsg. wird bei *Prolin* u. *Oxyprolin* unter Verwendung eines Violettfilters (maximale Durchlässigkeit bei 460 mμ), bei den übrigen Aminosäuren unter Verwendung eines Gelbfilters (maximale Durchlässigkeit bei 570 mμ) gemessen. Bei *Cystin* ist die doppelte Ninhydrinmenge notwendig. *Cystein* (oder *Cystin*) wird vor der Ninhydrin-Rk. durch Oxydation mit alkal. Hypobromitlsg. zu Cysteinsäure oxydiert. (Analyst **76.** 623—27. Nov. 1951. Edinburgh, Coll. of Agriculture.)
K. F. MÜLLER. G 950

M. R. Heinrich, Virginia C. Dewey und **G. W. Kidder,** *Ionenaustauschchromatographie der Pteroylglutaminsäure und des Aminopterins. Pteroylglutaminsäure (Folsäure)* (**I**), die ca. 20% der *4-Aminopteroylglutaminsäure* (*Aminopterin*) (**II**) als Verunreinigung enthält, wird von **II** auf Säulen mittels *Dowex-1-chlorid* getrennt, wenn man die mit NH_4OH auf p_H 8—9 eingestellte verunreinigte Lsg. der **I** chromatographiert u. **II** mit 0,005 n HCl u. **I** mit 0,05 n HCl eluiert. Eine Entaminierung der **II** findet auf der Säule nicht statt. (J. Amer. chem. Soc. **75.** 5425—26. 5/11. 1953. Amherst, Mass., Amherst Coll., Biol. Labor.) E. BRINCKMANN. G 3550

Sanshiro Kume, Tai Yamamoto, Kiyoteru Otozai und **Shouzow Fukushima,** *Chromatographische Analyse hochmolekularer Substanzen.* 1. Mitt. *Papierchromatographie der Polyäthylenoxyde.* Polyäthylenoxyde verhältnismäßig niederen Mol.-Gew., hier *Carbowax 1000* (**I**), *Carbowax 4000* (**II**) u. *Carbowax 6000* (**III**) werden aufsteigend bei 25 $\pm$ 0,1° mittels Butanol/W./A. (100 : 100 : x) getrennt. Die R_f-Werte für x von 0—70 werden angegeben. Bei x = 35 erhält man für **I**: 0,67—68; **II**: 0,45—46; **III**: 0,25—28. Da bei dieser Lösungsmittelzus. eine lineare Abhängigkeit des R_f-Wertes vom mittleren Mol.-Gew. besteht, erscheint die Meth. zur Ermittlung des mittleren Mol.-Gew. geeignet. Beim Besprühen mit $^1/_{30}$% alkoh. Fluoresceinlsg. erscheinen die Flecke weiß auf gelbem Hintergrund. Nachweisgrenze 0,5 μg in 0,5 μl wss. Lösung. App. wird angegeben. Da sich bis x = 40 die Phasen noch trennen, wird bis zu dieser Grenze die obere Phase zum Chromatographieren benutzt. (Bull. chem. Soc. Japan **26.** 93—96. Febr. 1953. Osaka, Osaka Univ., Fac. of Sci. [Orig.: engl.])
E. BRINCKMANN. G 4010

J. Hardwicke, *Elektrophoretische Bestimmung von Serumproteinen auf Filterpapier.* Das beschriebene Verf. zur Best. von Serumproteinen beruht auf der elektrophoret. Trennung der auf Filterpapierstreifen gebrachten Proteinlsg., ihre anschließende Anfärbung mit Bromphenolblau, getrennte Eluierung der einzelnen Proteinfraktionen mittels 2%ig. Na_2CO_3-Lsg. in 50%ig. Methanol u. photometr. Best. der Eluate. Vf. untersucht die Reproduzierbarkeit des Verf., die optimalen Bedingungen des Waschens u. Anfärbens u. gibt als erzielbare Genauigkeit der Meth. $\pm$6% — bezogen auf Gesamtprotein — an. (Biochem. J. **57.** 166—71. Mai 1954. Birmingham, Univ., Dep. of Exp. Pathol.) MOISAR. G 4070

c) Bestandteile von Pflanzen und Tieren.

A. Peters, *Silberimprägnierung von Nervenfasern.* Verss. am Spinalstrang u. Ischiasnerv beim Frosch lassen daran denken, daß die Silberimprägnierung von Nervenfasern hauptsächlich mit der Vereinigung von Histidingruppen mit dem Metall zusammenhängen könnte. Die Mitt. von GRASSMANN u. KUSCH (Hoppe-Seyler's Z. physiol. Chem. **290.** [1952.] 216) werden dadurch bestätigt. (Nature [London] **171.** 613. 4/4. 1953. Bristol, Univ., Dep. of Zoology.) FRESENIUS. 5661

Gordon Johansen und **K. Linderstrøm-Lang,** *Freisetzung, Diffusion und Fällung von Phosphat im Gomoritest.* Auf Grund von Röntgenstruktur- u. elektronenmkr. Unterss.

durch CARLSEN, JENSEN u. JOHANSEN u. in Verbindung mit einer Abhandlung von GOMORI u. BENDITT (C. **1953.** 9517) wird die Frage der Freisetzung, Diffusion u. Präcipitation von *Calciumphosphat* im GOMORI-Test erneut diskutiert. Trotz verschied. Modifikationsverss. zur Fällung von Ca-Phosphat, halten Vff. es für notwendig, für den Nachw. der Phosphatverteilung in Einzelzellen nach GOMORI, vorher genaue experimentelle Unterss. anzustellen, ehe der Test als Routinemeth. in die Hände der Cytologen gegeben wird. (J. Histochem. Cytochem. **1.** 442—46. Nov. 1953. Kopenhagen, Carlsberg Labor.) GOEBEL. 5661

Raymonde Lagrange und **Thérèse Pobeguin,** *Qualitative spektrographische Analyse einiger Kalkgerüste von Lebewesen. Vergleichstafel.* Spektralaufnahmen (2300—5900 Å, Bogen zwischen C-Elektroden) einer großen Anzahl tier. u. pflanzlicher Kalkgerüste zeigen folgende, teils allg., teils für die Herkunft spezif. auftretende Spurenbeimengungen: *Mg, Sr, Al, Fe, Mn, Ti, Pb, Sn, Cu* u. *Ba.* Art u. Menge der Fremdstoffe werden für die verschied. biolog. Kalksorten zusammengestellt. Aus Spektralaufnahmen von vergleichweise ausgeführten $CaCO_3$-Fällungen (Ca-Chlorid oder -Acetat mit Carbonaten von Na, K oder NH_4) ist zu entnehmen, daß ein Einbau von Fremdstoffen aus den Reagentien stärker erfolgt, wenn das $CaCO_3$ koll. gefällt wird, u. daß das Kation des lösl. Carbonats stets in einer Menge von ca. 10^{-3} im Nd. enthalten ist. (C. R. hebd. Séances Acad. Sci. **237.** 151—53. 15/7. 1953.) RUDOLPH. 5664

A. J. van Duuren, *Papierchromatographische Bestimmung organischer Säuren in pflanzlichem Material.* Mittels Ae. aus pflanzlichem Material extrahierte Säuren werden mit $4\,n\,H_2SO$ auf p_H 1 eingestellt u. mit n-Propanol/A./NH_3-$(NH_4)_2CO_3$-Puffer (je 1,6n) (10 : 60 : 30) auf WHATMAN Nr. 1-Papier getrennt. Zur Entfernung von Säureverunreinigungen wird das Papier vor dem Chromatographieren mit obigem Lösungsm. in der Laufrichtung extrahiert u. die in 3 cm Abstand von der Basislinie aufgebrachten Flecke von 10 μl Säurelsg. werden aufsteigend chromatographiert. Nach $^1/_2$—$^3/_4$std. Trocknen bei 115° wird mit 4%ig. alkoh. Formaldehydlsg. besprüht, getrocknet u. die Säuren werden dann durch Besprühen mit 0,3%ig. KJ-Lsg. u. 0,2%ig. KJO_3-Lsg. in 0,2%ig. Stärkelsg. als blaue Flecke auf weißem Hintergrund erkannt. Nachweisgrenze 0,01 n-Lösungen. Folgende R_f-Werte wurden erhalten: *Oxalsäure* 0,0; *Citronensäure* 0,09—0,11; *Weinsäure* 0,21; *Malonsäure* 0,26; *Äpfelsäure* 0,31; *Bernsteinsäure* 0,40—41; *Milchsäure* 0,73. (Recueil Trav. chim. Pays-Bas **72.** 889—92. Sept./Okt. 1953. Bergen op Zoom, Inst. voor rat. suikerprod.) E. BRINCKMANN. 5666

d) Medizinische und toxikologische Analyse.

Friedrich Bahner, *Bestimmung von Acetessigsäure in 0,1 cm³ Blut.* Acetessigsäure wird aus 0,1 cm³ Blut in einem Mikrokonvektionsapp. durch eine wärmebeschleunigte Mikrodiffusion zersetzt u. in alkal. Lsg. als Disalicylaceton photometr. durch Absorptionsmessung bei einem Filterschwerpunkt von 490—510 mμ bestimmt. Etwa vorhandenes freies Aceton wird vorher entfernt. Es wird bei künstlicher Beleuchtung u. in N_2 gearbeitet. Soll *β-Oxybuttersäure* bestimmt werden, so ist vorheriges Enteiweißen erforderlich. (Biochem. Z. **323.** 318—26. 1952. Edinburgh, Univ., Clinical Endocrinol. Res. Unit.) FRESENIUS. 5727

Friedrich Bahner, *Die Reaktion des Acetons mit Salicylaldehyd.* Es wurde die Beeinflussung der Rk. zwischen Aceton u. Salicylaldehyd (I) durch die Konzz. der beteiligten Stoffe sowie durch die Temp. bei der Acetessigsäurebest. im Blut (vgl. vorst. Ref.) untersucht. Die Extinktionen von I u. von Disalicylaceton (II) ändern sich durch Belichtung u. Einw. von Luft-O_2 stark. Eine Temperaturkorrekturkurve für II wird aufgestellt. (Biochem. Z. **323.** 327—37. 1952.) FRESENIUS. 5727

Roland Herrmann, *Flammenphotometrische Ultramikroanalyse von Na, K und Ca im Serum.* Die früher beschriebene Meth. zur Mikrobest. von Na, K u. Ca (C. **1953.** 4920) wird ausgebaut. Das Serum wird 1 : 100 verd., so daß der Serumbedarf für eine gleichzeitige Best. der 3 Elektrolyte nur 0,005 cm³ beträgt. Es wird wieder nach der Li-Leitlinienmeth. gearbeitet. Die Empfindlichkeit der früher beschriebenen Strahlungsempfänger wird vermehrt durch Einschaltung 10mal höherer Ableitwiderstände oder durch Heraufsetzen der Spannungen an den einzelnen Stufen der Photoelektronenvervielfacher. Als Filter werden Metallinterferenzfilter in Kombination mit Farbfiltern verwendet. Das Arbeiten mit den erforderlichen Pipetten von 0,495 bzw. 0,005 cm³ sowie das Verdünnen dieser Serummenge wird beschrieben. Das Verf. arbeitet mit einem mittleren Fehler von ±0,7 bis ±2,3%. (Z. ges. exp. Med. **122.** 84—89. 1953. Gießen, Justus-Liebig-Hochschule, Hautklinik.) FRESENIUS. 5728

C. v. Holt, K. D. Voigt und **K. Gaede,** *Papierelektrophorese von Eiweißkörpern bei erhöhter Spannung.* Eine zu quantitativer Auswertung geeignete papierelektrophoret.

Trennung von Serumeiweißkörpern wird innerhalb von 2 Std. bei 350 V in einer neu konstruierten App. erreicht. Der verwendete Puffer besteht aus 8,82 g *Na-Diäthylarbiturat*, 4,68 g Na-Acetat·2 H_2O, 80,8 cm^3 n/10-Essigsäure, gelöst mit dest. W. auf 2000 cm^3. Dieser Puffer hat das p_H 8,5, die Ionenstärke $\mu = 0,045$ u. die Leitfähigkeit $\varkappa = 0,00226\ Ohm^{-1}\cdot cm^{-1}$. (Biochem. Z. **323**. 345—54. 1952. Hamburg, Univ., Physiol.-chem. Inst.) FRESENIUS. 5728

S. Baar und **J. P. Bull,** *Störung der Zuckerchromatographie von Urin durch Salze.* *Lactose* (I) zeigt in Urin bei Verwendung von n-Butanol/A./W. (5,7 : 1,57 : 2,73) 1 % NH_3 enthaltend als Entwickler niederere R_f-Werte als wss. Lsgg. der I. Niederere R_f-Werte erhält man auch bei der Verwendung von n-Butanol/W./Eisessig (4 : 5 : 1) als Entwickler u. wenn man 0,1 mol. Na_2SO_4- oder Na_3PO_4-Lsgg. der I verwendet. Ähnliche Verringerungen der Rf-Werte treten auch bei *Maltose*, *Galaktose* u. *Dextrose* auf, wenn sie als 0,1 mol. Na_2SO_4-Lsgg. vorliegen. Vff. schlagen deshalb n-Propanol/Essigester/W. (7 : 1 : 2) als neutralen Entwickler für obige Zucker enthaltende biol., nicht entsalzbare Materialien vor, da dann die den wss. Lsgg. entsprechenden R_f-Werte erhalten werden. (Nature [London] **172**. 414—15. 29/8. 1953. Birmingham, Birmingham Accident Hosp.) E. BRINCKMANN. 5732

J. Breinlich, *Der chemische Nachweis von insekticiden Pflanzenschutzmitteln mit Nitrophenolstruktur (E 605 und ähnliche).* Mitt. der an einem Fall von *E 605*-Vergiftung erprobten Nachweis- u. Bestimmungsverff. für Insekticide mit *Nitrophenol*-(I)-Struktur: Blut oder sonstige Körper-Fll. oder mit Seesand verriebene Organe werden mit der gleichen Menge 20%ig. Trichloressigsäure (II) versetzt, filtriert u. 5 ml klares Filtrat, mit 0,3 ml 33%ig. NaOH versetzt, 30—40 Min. in ein sd. Wasserbad verbracht. Nach rascher Abkühlung erfolgt Messung der gelben Färbung, die dem BEERschen Gesetz gehorcht, im Photometer bei 400—420 mμ. Auswertung mittels Eichkurve, die mit entsprechendem Insekticid aufgestellt wurde. — Weiterhin kann im II-Filtrat die Nitroverb. mit HCl u. Zn red., diazotiert u. nach Kupplung mit N-[*1-Naphthyl*]-äthylendiaminhydrochlorid photometr. bestimmt werden. — Bei Erhitzen des I-Filtrates mit HCl oder HNO_3 tritt Mercaptangeruch auf. — Nach Erhitzen des II-Filtrates mit HNO_3–H_2O_2 kann Sulfat oder Phosphat nachgewiesen werden. — Zum chem. Nachw. wird das I-Filtrat mit Ae. mehrmals ausgeschüttelt, der Ae.-Rückstand mit 2 n alkoh. NaOH 4 Std. unter Rückfluß erhitzt, nach Zusatz von etwas Kohle 15—30 Min. Wasserdampf durchgeblasen u. filtriert. Das nach dem Einengen u. Abkühlen erhaltene Kristallisat von I-Na wird abgesaugt, mit 2 n alkoh. NaOH gewaschen, in heißem W. gelöst u. nach Zusatz von HCl mit Ae. ausgeschüttelt. Von den erhaltenen Kristallen wird im Mikroschmelzpunktsapp. der F. bestimmt (113°). — Das isolierte I kann auch benzoyliert werden, F. von Benzoyl-I 141—142°. — Zur Gewinnung eines insekticiden Extraktes, z. B. aus Mageninhalt, wird dieser verd., alkal. gemacht u. mit 10%ig. Na_2WO_4-Lsg. geschüttelt. Das angesäuerte Filtrat wird mit Ae. ausgeschüttelt u. der Rückstand mit Fliegen getestet. (Samml. Vergiftungsfällen Arch. Toxikol. **14**. 366—72. 1953. Braunschweig.) KRUSEN. 5764

Friedrich Menken, Wanne-Eickel, *Diagnostizieren von Krebs*, gek. durch die Verwendung von Acridinorange als selektiv wirkendem Anfärbemittel für Krebsgewebe. (**D. B. P. 901 333** Kl. 30h vom 3/1. 1952, ausg. 11/1. 1954.) E. PETERSEN. 5662

Wilhelm Fresenius und **Gerhart Jander,** Hrsg. Handbuch der analytischen Chemie. T. 3. Berlin, Göttingen, Heidelberg: Springer. 1953. 3. Quantitative Bestimmungs- u. Trennungsmethoden. Bd. 5a. β. Elemente der fünften Hauptgruppe. Phosphor. Bearb. v. **Robert Klement.** Bestimmung der Phosphorsäure im biologischen Material. Von **Konrad Lang.** (XIII + 370 S. m. 32 Abb.) DM 72,—. 8bγ. Elemente der achten Nebengruppe. 3. Platinmetalle. Platin. Palladium. Rhodium. Iridium. Ruthenium. Osmium. Bearb. von **Georg Bauer, Wilhelm Geibel.** Spektrochemische Bestimmung des Platins. Von **Hans Oberländer.** (XIII + 118 S. m. Abb.) DM 24,—.

Maurice Huybrechts, Robert Chandelle et **Charles Vandael,** Chimie analytique appliquée à la métallurgie. 3e éd. Paris: Masson. 1953. (469 S. m. Abb.) fr. 2800,—.

H. Angewandte Chemie.

I. Allgemeine chemische Technologie.

O. Niezoldi, *Werkstofffragen im chemischen Apparatebau.* Zeitliche Entw. der der chem. Technik zur Verfügung stehenden metall. Werkstoffe u. ihre Eigenschaften. Cu, Al, Fe u. deren Legierungen. (Chemiker-Ztg. **77**. 613—17. 20/9. 1953.) F. HEINRICH. 5804

Heinz Roehrich, *Grundsätzliches zum Mischen und Lösen mit schnellaufenden Maschinen.* 3. Mitt. (2. vgl. C. **1953**. 8430; vgl. auch C. **1953**. 1258.) Es wird eine

Formel zur Errechnung der Lösezeit angegeben, aus der die große Bedeutung der Körnung u. der Rührerleistung hervorgeht. Zur Ermittlung der letzteren werden verschied. Methoden beschrieben. (Pharmaz. Ind. **15.** 61—64. Febr. 1953.) WALLIS. 5822

Robert R. White, *Destillation von quaternären Mischungen.* Rechner. Grundlage mit Diagrammen für Dest. u. Rektifikation von Vierkomponenten-Gemischen, bei festgelegten Verhältnissen von übergehender Fraktion zum Rücklauf u. Zus. des Prod. im Kolonnenboden ebenfalls als Funktion des Rücklaufes. (Petroleum Processing **8.** 704—09. Mai 1953. Univ. of Michigan, Dep. of Chem. and Metallurg. Engng.) K. O. MÜLLER. 5864

Robert R. White, *Destillation und Rektifikation von Vielkomponenten-Systemen.* In Fortsetzung seiner Arbeit (vgl. vorst. Ref.) bringt Vf. die rechner. Ableitung für Vierergemische u. weitet sein Syst. auf Vielkomponenten-Gemische aus. (Petroleum Processing **8.** 892—96. Juni 1953. Univ. of Michigan, Dep. of Chem. and Metallurg. Engng.) K. O. MÜLLER. 5864

D. P. Murch, *Vergleichbare Schütthöhen von Füllkörpersäulen.* Auf Grund zahlenmäßiger Auswertung zahlreicher Verss. gibt der Vf. eine empir. Gleichung zur Berechnung der einem theoret. Boden entsprechenden Schütthöhe von Füllkörpersäulen in Abhängigkeit vom Durchsatz, Kolonnendurchmesser, Schüttgut, Schütthöhe u. den physikal. Eigg. der zu trennenden Stoffe. Die Gleichung enthält drei empir. Konstanten, von denen zwei nur von der Form u. Größe der verwendeten Füllkörper abhängen, während die dritte versuchsmäßig bestimmt werden muß. Die Abweichungen zwischen den Versuchswerten u. der Formel liegen bei den meisten Verss. unter 10%. (Ind. Engng. Chem. **45.** 2616—21. Dez. 1953. Delawanna, N. J. Givaudan Corp.) BLAUHUT. 5864

A. J. Young, *Kontrolle chemischer Prozesse.* 3. Mitt. (1. u. 2. vgl. C. **1954.** 4685.) Es werden folgende Begriffe erläutert: Geschwindigkeits- u. Übertragungsverzug, zweistufige Kontrolle mit zwei abwechselnd durchgeführten Kontrollvorgängen, Selbstregulierung, potentieller Wert u. potentielle Abweichung. (Instruments **26.** 411—13. 450. 452. März 1953. London, I. C. I. Ltd., Techn. Dep.) STEINER. 5888

Technicom S. A., Tanger, Tangerzone, *Inlösungbringen von Kolloiden.* Durch Konz. u. Trocknung koll. Lsgg. erhaltene Kolloidstoffe, z. B. Dextrin, werden unter Zufügung einer Cellulosesubstanz oder -verb., z. B. Johannesbrotmehl, Methylcellulose oder Carboxymethylcellulose, in Mengen von 2—3% in Lsg. gebracht. (**Schwz. P. 294 680** vom 18/4. 1952, ausg. 1/2. 1954.) MATTHAES. 5825

Hans P. Kaufmann, Münster, Westf., *Herstellung von Kolloiden, die Saponine als Schutzkolloid enthalten.* Als Lösungsm. wird Formamid verwendet, in dem die bekannten Rkk. zur Herst. der anorgan. Kolloide (koll. Ag, Au, NiS, S) in Ggw. der gelösten Schutzkolloide (Saponine oder andere in Formamid lösl. Kolloide, wie Eiweiß oder Stärke) vorgenommen werden. Durch Aceton oder Ae. können die Kolloidgemische leicht ausgefällt werden. — Die Prodd. dienen zur Herst. von Heilmitteln oder Schädlingsbekämpfungsmitteln. (**D. R. P. 755 701** Kl. 12g vom 21/4. 1937, ausg. 6/7. 1953.) MATTHAES. 5825

Farbenfabriken Bayer, Leverkusen, *Anionenaustauscher.* Wasserunlösl. Kondensationsprodd. aus prim. aromat. Aminen bzw. Aminophenolen u. Aldehyden, bei denen die Aminogruppen der für die Harzbldg. benutzten aromat. Basen oder der kondensierten Harze teilweise mit additionsfähige Cyangruppen enthaltenden Verbb., wie Cyanamid oder Cyanguanidin, umgesetzt sind, werden als Anionenaustauscher verwendet. Wegen ihres verstärkten alkal. Charakters nehmen die Prodd. größere Mengen von Anionen auf als die einfachen Kondensationsprodukte. (**D. B. P. 888 538** Kl. 12g vom 4/9. 1936, ausg. 3/9. 1953.) MATTHAES. 5827

Maatschappij voor Kolenbewerking, Stamicarbon N. V., Holland, *Trennen von Stoffen ungleicher Dichte und Korngröße.* Mittels einer Hilfs-Fl., wie einer organ. schweren Fl., einer Salzlsg. oder einer Emulsion mit einer D. zwischen der der zu trennenden Stoffe, wird durch Waschen oder Zentrifugieren der leichtere Teil schwimmend abgeschieden u. der schwerere niedergeschlagen. Die schwereren Teile werden einem weiteren gleichen Trennungsverf. zugeführt. — Zeichnung. (**F. P. 1 022 959** vom 3/8. 1950, ausg. 24/12. 1952. Holl. Prior. 4/8. 1949.) HOLM. 5829

Enzinger-Union-Werke Akt.-Ges., Mannheim, *Filtrieren von Flüssigkeiten* unter Benutzung von Anschwemm- u. Massefiltern, dad. gek., daß unmittelbar aufeinanderfolgend mittels Anschwemmfilter (z. B. Kieselgur als Anschwemmasse) eine Vorfiltration u. mittels Massefilter (z. B. Haderfasern als M.) eine Nachfiltration in Schalenfiltern mit nach Größe u. Form in beiden Filterarten unter sich gleichen Schalenmänteln u. Dichtungen vorgenommen werden. (**Schwz. P. 292 400** vom 23/10. 1950, ausg. 2/11. 1953. D. Prior. 7/5. 1949.) DEMMLER. 5831

Phillips Petroleum Co., übert. von: **John H. Widdowson** und **Howard R. Sailors,** Bartlesville, Okla., V. St. A., *Zerlegen von Gasgemischen.* Gasgemische mit Bestandteilen von unterschiedlicher Adsorptionsfähigkeit werden zunächst durch Kontakt mit einem Adsorbens, z. B. Aktivkohle, durch Einhalten bestimmter Bedingungen, z. B. Regeln der Gasgeschwindigkeit, Temp. oder Druck, von den leicht zu adsorbierenden Anteilen befreit, worauf in einer 2. Zone die schwerer adsorbierbaren Anteile, z. B. durch Überleiten über das stärker zerkleinerte Adsorbens entfernt werden. Die Adsorbentien werden im Kreislauf bewegt u. kehren jeweils nach Abtreiben der adsorbierten Gase durch Erhitzen u. Abkühlen in die gleiche Adsorptionszone zurück. — Zeichnung. (**A. P. 2 636 574** vom 21/12. 1950, ausg. 28/4. 1953.) LÜTTGEN. 5849

Metallgesellschaft Akt.-Ges. (Erfinder: **Friedrich Wilhelm Hoss, Adam Arras** und **Werner Möbus**), Frankfurt/M., *Elektrische Vorbehandlung von mechanisch durch Waschen von Schwebeteilchen* (I) *zu reinigenden Gasen.* Die I werden zwecks Erhöhung ihrer Affinität zur Wasch-Fl. der kurzzeitigen, ihre Abscheidung ausschließende Einw. eines sprühenden elektrostat. Feldes ausgesetzt, indem an Stelle des bisher üblichen Elektrofilters nur eine elektr. Aufladevorr. vor die Gaswaschung geschaltet wird. (**D. B. P. 876 836** Kl. 12e vom 1/2. 1941, ausg. 18/5. 1953.) HEINSEN. 5851

Otto Reich und **Julius Vignati,** Wien, Österreich, *Aufspeichern und Entnehmen von verflüssigten Gasen,* bes. für Gasfeuerzeuge. An Hand von verschied. Verss. wurde festgestellt, daß bei entsprechender Wahl der Füllkörpermasse (I), z. B. Bimsstein, die Anordnung eines bes., die I umgebenden Behälters nicht erforderlich ist, da schon ein dünner Überzug, z. B. aus Lacken, die nach außen mündenden Poren verschließt. Dadurch kann der fl. oder komprimierte Brennstoff druckdicht aufbewahrt werden. (**Schwz. P. 284 796** vom 26/6. 1950, ausg. 1/12. 1952. Oe. Prior. 15/7. 1949.) NEBELSIEK. 5857

VEB Farbenfabrik Wolfen, Wolfen (Erfinder: **Karl Brodersen** und **Matthias Quaedvlieg,** Dessau), *Entschäumungsmittel,* bestehend aus einer Mischung von Sulfamiden, Sulfoacylamiden oder Disulfimiden, wie sie aus den durch Sulfochlorierung langkettigr Paraffin-KW-stoffe, gegebenenfalls unter Bestrahlung mit kurzwelligem Licht, erhältlichen Sulfochloriden durch Behandlung mit NH_3 oder dessen organ. Abkömmlingen u. gegebenenfalls durch nachfolgende Acylierung gewonnen werden mit durch Oxydationvon Paraffinen oder ähnlichen höheren Teerölfraktionen in bekannter Weise erhältlichen Produkten. (**D. P.** [**DDR**] **1 107** Kl. 12a vom 18/12. 1942, ausg. 9/1. 1953 [Wirtschaftspatent].) M. F. MÜLLER. 5865

Socony-Vacuum Oil Co., Inc., New York, N. Y., übert. von: **William R. Middleton,** Wenonah, N. J., V. St. A., *Tellur-Katalysator.* Der Katalysator, der auch auf einem Trägerstoff, wie SiO_2 oder geschmolzenem Al, aufgebracht sein kann, enthält 1—40, bes. 5—35 (Mol.-%) eines Metalloxydes der 6. Gruppe des Period. Syst. mit einem At.-Gew. von wenigstens 96; z. B. 5—10 Mo_2O_3 oder 25—35 U_2O_3 u. ein Te-Oxyd. Überführung von Methyl- u. Methylengruppen mit O_2 oder O_2-haltigen Gasen in Carbonylgruppen, z. B. von Propylen in Acrolein. (**A. P. 2 653 138** vom 7/12. 1950, ausg. 22/9. 1953.) MATHAES. 5905

III. Elektrotechnik.

E. I. du Pont de Nemours & Co., Wilmington, Del. (Erfinder: **Harry Ross Young,** Havertown, und **Philip Francis Sanders,** Lima, Pa.), V. St. A., *Überziehen von Trägern mit Polytetrafluoräthylen* (I) oder dessen Mischpolymeren, z. B. mit C_2H_4, Vinylchlorid oder Vinylidenchlorid. Der hitzebeständige Träger, z. B. *Glasgewebe,* wird mit einer wss. Suspension von I dick überzogen, das W. verdampft, der Träger heiß kalandert u. schließlich bis mindestens zum Schmelzen des I erhitzt. — Beispiel: Verdampfen des W. bei 149—205°, Vereinigen der I-Teilchen bei 282—293°, Kalandern bei 135—149° u. Schmelzen für 1 Min. bei 370—430°. — *Isolation elektr. Leiter.* (**D. B. P. 840 073** Kl. 75c vom 7/4. 1950, ausg. 10/7. 1952. A. Prior. 9/4. 1949.) E. WEISS. 5957

N. V. Philips' Gloeilampenfabrieken, Eindhoven, Holland (Erfinder: **C. K. Gravley, H. C. Page** und **H. G. Baerwald**), *Gegen Biegung und Torsion elektromechanisch empfindliche Umformkörper aus keramischem dielektrischem Material.* Die Körper sollen die bei Verbiegung oder Torsion auftretende mechan. Energie in elektr. umwandeln oder umgekehrt. Die Körper sind schalenartig aus verschied. Metatitanaten mit verschied. piezoelektr. Eigg. hergestellt. Davon kann eines elektr. leitend sein. — Z. B. stellt man einen Körper aus $BaTiO_3$ her u. die nächste Schicht aus der gleichen M., deren Eigg. jedoch durch Zusatz von $SrTiO_3$ verändert sind. (**Schwed. P. 137 924** vom 27/12. 1949, ausg. 4/11. 1952. A. Prior. 28/12. 1948.) JÜRGEN SCHMIDT. 5957

Yardney International Corp., übert. von: **Michel N. Yardney** und **Martin E. Kagan**, New York, N. Y., V. St. A., *Separatoren für Silber-Zink-Akkumulatoren.* Das pulverförmige ZnO der negativen Elektrode wird vollständig mit porösem Papier umgeben, während das gesinterte Ag- oder Cd-Pulver der positiven Elektrode von einer Cellophanfolie (**I**) umhüllt ist, um welche wiederum eine gestreckte Folie aus Polyvinylalkohol (**II**) beutelförmig gelegt wird, wobei die überlappenden Enden der letzteren Folie mit Hilfe von Hitze verklebt werden. **II** schützt die **I** vor der Einw. der positiven Elektrode beim elektrochem. Prozeß. — An Stelle von **II** können mit bifunktionellen Aldehyden, Alkoholen oder Säuren umgesetzte **II** verwendet werden. (**A. P. 2 635 127** vom 5/5. 1951, ausg. 14/4. 1953.) LAASS. 5971

Edward B. Gregg, San Francisco, übert. von: **James A. Maize**, Redwood City, Calif., V. St. A., *Erzeugung von elektrischem Strom durch Wärme oder Licht.* Es wird eine Vorr. verwendet, deren negative Elektrode aus einem Zn-Becher besteht, in den eine ZnO–NaOH-Paste eingefüllt ist. Als positive Elektrode, die in der Mitte der Paste steht, dient ein Ag-Stab, um den ein Papierblatt, welches mit Ag_2O bepudert ist, gerollt wird. Zur Aktivierung wird ein Strom von ca. 0,1 A u. 2 V 24 Std. hindurchgeschickt. Bei Erwärmung auf 70° liefert die Vorr. 0,1 A bei 0,75—1,0 V Spannung. An Stelle des Ag_2O können PbO_2, SeO_2, Bi_2O_3 oder Hg_2O oder folgende Zusammenstellungen verwendet werden: Bi_2O_3–PbO_2, MnO–Ag_2O, CdO–PbO_2, Fe_2O_3–PbO_2, Fe_2O_3–NiO_2, CuO–PbO_2, $ZnCl_2$–, CdO– oder ZnJ_2–Ag_2O, CuS–PbS, Fe_2S_3–CuS u. CdS–Ag_2S. — Ein photoelektr. Generator wird hergestellt aus einer Ag-Platte, auf die eine dünne Schicht aus SeO_2, darauf eine aus ZnO u. dann eine sehr dünne Ag-Schicht aufgebracht sind. — Vorr. als Oscillator. (**A. P. 2 622 116** vom 13/5. 1950, ausg. 16/12. 1952.) LAASS. 5971

Pertrix Union G. m. b. H., Deutschland, *Stromsammler mit bipolaren Zellen.* Zur Verhütung von vorzeitigem Spannungsabfall u. von Steigerung des inneren Widerstandes durch Korrosion der Zellenränder bei Ggw. von Luft wird das Paket der fertigen Zellen im Vakuum mit Wachs, Paraffin oder Lack beschichtet. — Zeichnung. (**F. P. 1 027 746** vom 16/11. 1950, ausg. 15/3. 1953. D. Prior. 16/11. 1949.) B. SCHMIDT. 5971

United States of America, übert. von: **Wallace G. Stone**, Oak Ridge, Tenn., V. St. A., *Zur Unterdrückung von Überspannungen in Hochspannungsleitungen* werden diese durch ringförmig geschlossene, mit einer ionisierbaren Gasfüllung u. etwas $RaCl_2$ versehene Entladungsröhren hindurchgeführt, in denen beim Auftreten von Stoßspannungen dämpfende elektrodenlose Kurzschluß-Ringentladungen induziert werden. (**A. P. 2 644 913** vom 16/8. 1949, ausg. 7/7. 1953.) KESSEL. 5975

United States of America, übert. von: **James M. Benade**, **William P. Jesse**, Chicago, Ill., und **Edmund E. Goodale**, Hiram, O., V. St. A., *Als Widerstand wirkende Gasentladungsstrecke.* Eine der Elektroden besteht aus radioakt. Material (z. B. U) u. bewirkt eine konstante Ionisation der z. B. aus Ar bestehenden Gasfüllung. (**A. P. 2 629 837** vom 27/6. 1945, ausg. 24/2. 1953.) KESSEL. 5975

Ilford Ltd. (Erfinder: **Frank Forster Renwick** und **Hardwicke Slingsby Tasker**), Ilford, England, *Fluorescenzschirm.* Die Leuchtmasse besteht aus Mischkristallen von reinstem $BaSO_4$ u. $PbSO_4$, außerdem kann sie Mischkristalle aus reinstem $CaSO_4$ u. $SrSO_4$ enthalten. Der Geh. an $PbSO_4$ soll 2—20% der gesamten Kristalle betragen. Die aufgetragene Schicht wird oberhalb 600° nachbehandelt. (**D. B. P. 881 903** Kl. 57b vom 21/5. 1941, ausg. 6/7. 1953.) KALIX. 5975

Süddeutsche Telephon-Apparate-, Kabel- und Drahtwerke Akt.-Ges. TEKADE (Erfinder: **Hans Merkel** und **Walter Weinmann**), Nürnberg, *Trockengleichrichter.* Auf eine Al-Trägerelektrode, die eine Al_2O_3-Sperrschicht von genau dosierter Dicke u. Porosität trägt, wird eine PbO_2-Halbleiterschicht elektrolyt. aufgebracht u. mit einer Gegenelektrode aus Pb (oder durch anod. Oxydation mit PbO_2 bedecktem Pb) versehen. (**D. B. P. 887 680** Kl. 21g vom 3/2. 1950, ausg. 27/8. 1953.) KESSEL. 5977

IV. Wasser. Abwasser.

Hans Kölzow, *Neues Verfahren zur einwandfreien Dichtung von Abwasserrohren.* Beschreibung des auf Grundlage eines mit Weichmachern plastifizierten Kittes hergestellten BFZ-TOK-Bandes zur Dichtung von Betonfalzrohren. Die M. des aus einer Bitumen–Gummi–Kunststoff–Asbest-Kombination hergestellten Bandes besitzt eine Plastizitätsspanne von 140° (—30 bis +110°). (Bitumen, Teere, Asphalte, Peche verwandte Stoffe **4**. 347—49. Dez. 1953.) F. HEINRICH. 6010

Rolf Eliassen und **James C. Lamb III**, *Mechanismus der Korrosion der inneren Oberflächen von Wasserrohren.* Allg. Einführung in die elektrochem. Theorie der Korrosion. Der Mechanismus der Wasserrohrkorrosion ist sehr komplexer Natur. (J. Amer. Water Works Assoc. **45.** 1281—94. Dez. 1953. Cambridge, Mass., Massachusetts Inst. of Technol.) SPINDLER. 6010

J. Kenneth Fraser, *Filtern durch Diatomeenerde im Staate New York.* Besprechung von Anlage u. Betriebserfahrungen einer Aushilfswassergewinnung von 4,6 m^3/Min. aus dem Tupper-Lake, bei der Filterung durch Kieselgur mit 80 Liter/m^2/Min. Trübung des W., nicht aber seine Farbe beseitigte u. sich bes. bei dem nur zeitweiligen Betriebe bewährte. Rückspülung war nach 87 Std. nötig. Eine kleinere Anlage für Dauerbetrieb am Lake Champlain mit der halben Filterbelastung bewährte sich ebenfalls. (J. Amer. Water Works Assoc. **46.** 151—59. Febr. 1954. Albany, N. Y., Barker & Wheeler, Engrs.) MÜHLMEISTER. 6016

L. Streicher, A. E. Bowers und **R. E. Briggs**, *Entsalzung von Wasser durch elektrolytische und Ionenaustauschverfahren.* Bericht über Verss. im Laboratoriums- oder Betriebsversuchsmaßstab mit W. verschied., zum Teil hohen Salzgeh. u. Härte, durch Kombination von Zwei- u. Mehrkammerelektrolysen mit anschließenden Ionenaustauschern (I) W. gewünschter Reinheit zu erhalten. Einschaltung von Pufferzellen ermöglichte höhere Konz. im sauren Anolyt u. bas. Katholyt, so daß diese zur Regenerierung von I verwendet werden konnten. Einzelheiten in 9 Tabellen u. 8 Figuren. (Ind. Engng. Chem. **45.** 2394—2401. Nov. 1953. La Verne u. San Dimas, Calif.) MÜHLMEISTER. 6020

Sidney W. Wells, *Schwefelwasserstoff in kleinen Wasserversorgungen.* H_2S, aus im Boden vorhandenen Sulfiden oder durch Bakterientätigkeit entstanden, bewirkte bei der Versorgung kleiner Häusergruppen mit artes. W. Ungenießbarkeit u. Schädigung der Installation. Beseitigung durch Belüftung mit fein verteilter Preßluft in 20 Min. oder durch atmosphär. Rieselung über Holzgitterböden mit darunterliegendem Becken in 1—2 Stunden. Anschließende Chlorung wird empfohlen. Einzelheiten in 4 Tabellen. (J. Amer. Water Works Assoc. **46.** 160—70. Febr. 1954. Jacksonville, Fla., State Board of Health.) MÜHLMEISTER. 6024

K. S. Watson, *Behandlung zusammengesetzter Abwässer der Metallbearbeitung.* Die metallhaltigen (I), cyanidhaltigen (II) Spülwässer u. Beizwässer (III) werden in getrennten Rohrsystemen gesammelt u. behandelt. Cr in I wird mit $FeSO_4$ von sechs- zu dreiwertigem red. u. sodann alle Metalle mit CaO ausgefällt. II wird in Wechseltanks von 757 m^3 mit CaO auf p_H 8,5 eingestellt u. mit Cl 3:1 versetzt, 3 Std. durch Pumpen umgewälzt, 30 Min. gerührt u. 4 Std. absitzen gelassen, die klare Fl. dekantiert. III wird neutralisiert. Die Schlämme der 3 Systeme werden vereinigt u. nach nochmaligem Dekantieren mit rotierenden Vakuumfiltern entwässert, der Rückstand hat 42% Feststoffgehalt. (Sewage ind. Wastes **26.** 182—96. Febr. 1954. Erie, Pa., Gen. Electric Co.) MÜHLMEISTER. 6042

A. F. Saitzewa, *Experimentelle Untersuchungen zur hygienischen Begründung der höchstzulässigen Bleikonzentration im Wasserbecken.* Die nach GOST (Allunions-Standard) 2874—45 zugelassene *Pb*-Konz. von 0,1 mg *Pb*/Liter im Leitungstrinkwasser wird durch Verss. für richtig befunden. Sie ist zugleich Grenzkonz. des schädlichen *Pb*-Einfl. auf den natürlichen Selbstreinigungsprozeß des Leitungswassers. Ein Beigeschmack im Trinkwasser wird erst bei Konzz. von 100—200 mg/Liter wahrnehmbar. Verss. an weißen Ratten, die täglich 6 Monate lang per os mit 0,05; 0,5; 5 mg *Pb*/kg gefüttert wurden ($PbNO_3$-Lsg.), zeigten, daß bei einer Dosis von 0,05 mg *Pb* keine Veränderungen in den physiol. Funktionen eintraten; andererseits waren jedoch ab 0,05 mg *Pb* Veränderungen der nach PAWLOW getesteten bedingt reflektor. Tätigkeiten des höheren Nervensyst. (Großhirnhemisphärenrinde) feststellbar, für das der Schwellenwert bei 0,005 mg Pb/kg Ratte liegt. (Гигиена и Санитария [Hyg. u. Sanitätswes.] **1953.** Nr. 3. 7—11. März. Moskau, 1. Med. Inst., Lehrstuhl für kommunal. Hyg.) MÜLLER-MULOT. 6060

G. Noisette, *p_H und r_H von Abwässern.* Best. von *BSB* u. O_2-Geh. lassen Geschwindigkeit u. Stufen des Abbaus der organ. Substanz nicht genau erkennen. Anaerobe Prozesse beginnen bereits, wenn noch freier O_2 vorhanden ist, Oxydationsprozesse schöpfen aus O_2-Reserven in Form von Nitraten u. Nitriten. Dieses u. die lange Dauer der BSB-Best. lassen eine schnellere zusätzliche Meth. bei der Abwasserunters. erwünscht erscheinen. Nach der Elektronentheorie entspricht die (aerobe) Oxydation einem Verlust an Elektronen (I), die (anaerobe) Red. einem Gewinn an I, ihr Gleichgewicht ist bestimmt durch das Oxydo-Red.-Potential, das von den anwesenden oxydierenden u. reduzierenden Stoffen, dem p_H u. der Temp. abhängig ist u.

mittels Pt oder Au-Elektrode gemessen werden kann als E_h. Die Reduktionskraft r_H ist $E_h/29 + 2\,p_H$ u. bezogen auf die HgCl–KCl-Elektrode $= A \pm E/29 + 2\,p_H$, für reines W. von p_H 7 u. E_h + 400 mV beträgt sie 27,6. E kann sowohl colorimetr. durch Indicatoren als auch elektrometr. bestimmt werden; die Methoden u. ihre Anwendung bei Nachw. von Vegetationsansammlungen in den Sielen u. Pumpstationen, Überwachung der Klär-, Belebtschlamm-, Faulraum- u. Tropfkörperanlagen, der Chlorung u. der Anwesenheit von sechswertigem Cr werden im einzelnen beschrieben. Auch gibt Vf. Ratschläge zur Anwendung der verschied. einmaligen u. laufenden Bestimmungsmethoden des p_H je nach Bedingungen, Temp. u. Anspruch an Genauigkeit. (Eau **41**. 61–67. April 1954. Nancy, Stat. de Rech. Hydrolog.)

MÜHLMEISTER. 6068

Friedrich Köppe, Die Abwasserreinigung und der Bau von Reinigungsanlagen. Leipzig: Fachbuchverl. 1953. (83 S. m. 63 Bildern.) DM 3,—.

V. Anorganische Industrie.

S. Leszczyński, *Korrosionsprobleme in der Sodafabrik.* Überblick über die korrodierende Wrkg. folgender Agentien: NH_3-haltige Fll., Kalkmilch, Kalkofengase, NaOH, $CaCl_2$, sowie über die Möglichkeiten zu ihrer Verhütung. (Przemysł chem. **7** (**30**). 151–55. März 1951.) v. WILPERT. H 274

A. M. Ginstling und **M. I. Muratowa**, *Einfluß von Soda auf den Sinterprozeß der Kalk–Nephelin-Charge bei gemäßigten Temperaturen.* Schon sehr geringe Mengen Soda (1,25–2,5%) genügen, um, in die Kalk–Nephelin-Charge eingeführt, deren Sintern im Temperaturgebiet 800–1000° wesentlich zu beschleunigen. Die Auslaugbarkeit des Al_2O_3 erreicht bei 1std. Sintern bei 950° ohne Durchmischung bei 1,25% Sodazusatz 75–80%, bei 1std. Sintern bei 1000° in Ggw. von 4% Soda 90%, bei 6% Soda 98%. Die Alkalioxyde sind unter diesen Bedingungen zu ca. 80% auslaugbar. Das Reaktionsgemisch erweicht nicht u. hängt nicht an Tiegelwänden u.-boden an. (Журнал Прикладной Химии [J. angew. Chem.] **26**. Nr. 6. 640–44. Juni 1953.)

R. K. MÜLLER. H 294

American Cyanamid Co., New York, N. Y., V. St. A., *Gewinnung von $CaCN_2$* durch Rk. von CaC_2 mit N_2 in Ggw. von Flußspat. Man erhitzt z. B. ein Gemisch von 58 (Teilen) CaO, 42,5 Koks u. 1,8 Flußspat im elektr. Ofen auf ca. 1800° zum Schmelzen. Das nach dem Abkühlen erhaltene Prod., das zu 91,3% aus CaC_2 besteht, wird feingemahlen u. bei ca. 1100° der Einw. von N_2 ausgesetzt. (**Schwz. P. 289 068** vom 12/2. 1951, ausg. 16/6. 1953.) NEBELSIEK. H 243

Monsanto Chemical Co., St. Louis, Mo., übert. von: **Henry A. Walter**, Longmeadow, Mass., V. St. A., *Kalkstickstoff.* Man läßt 230 (Teile) CaO mit 450 Harnstoff u. 68 $CaCl_2$ (alle wasserfrei) bei ca. 870° 1 Std. lang reagieren u. erhält ein relativ weißes Produkt. (**A. P. 2 632 687** vom 30/9. 1948, ausg. 24/3. 1953.)

NEBELSIEK. H 243

Soc. An. des Manufactures des Glaces et Produits Chimiques de Saint-Gobain, Chauny & Cirey, Paris (Erfinder: **Marcel-Jean Viard**, Bois-Colombes), Frankreich, *Gewinnen von SO_2 aus Gasgemischen* durch Lösen des SO_2 in Glykolsulfit. (**D. B. P. 867 241** Kl. 12i vom 3/1. 1951, ausg. 16/2. 1953. F. Prior. 3/1. 1950.) ZÜRN. H 253

I. G. Farbenindustrie, Frankfurt/M. (Erfinder: **Philipp Osswald**, Hofheim, Taunus), *Extraktion von Sulfurylamid* aus anorgan. Rohstoffen, z. B. aus Reaktionsprodd. von SO_3 u. NH_3, im Gegenstrom mit CH_3OH unter Gewinnung einer mindestens 8%ig. Lösung. Die W. u. CH_3OH enthaltende Lsg. wird so weit eingeengt, daß beim Abkühlen nur ein Teil, z. B. die Hälfte $SO_2(NH_2)_2$, auskristallisiert. Die zurückbleibende Mutterlauge wird zurückgeführt. Verfahrensschema. (**D. R. P. 762 724**, Kl. 12i vom 24/11. 1942, ausg. 30/11. 1953.) ZÜRN. H 253

Badische Anilin- & Soda-Fabrik Akt.-Ges., Ludwigshafen/Rh., *Herstellung von Kaliumpersulfat* durch Elektrolyse von $(NH_4)_2SO_4$-Lsgg. u. Rk. der erhaltenen $(NH_4)_2S_2O_8$-Lsg. mit K_2SO_4 u. Rückführung der von dem abgeschiedenen $K_2S_2O_8$ abgetrennten Lsg. in die Elektrolyse, dad. gek., daß man auf 1 (Mol) $(NH_4)_2S_2O_8$ weniger als 1, aber mehr als 0,6 K_2SO_4 anwendet u. die Abscheidung des $K_2S_2O_8$ durch Abkühlung fördert. (**D. B. P. 867 386** Kl. 12i vom 3/4. 1942, ausg. 16/2. 1953.)

ZÜRN. H 253

Monsanto Chemical Co., St. Louis, Mo., übert. von: **Henry S. Trail**, Quincy, Mass., V. St. A., *Herstellung von SiO_2-Sol aus SiO_2-Gel.* Ein Gemisch aus einem neutralen SiO_2-Gel, das frei von Salzen u. Elektrolyten ist, u. einem alkal. reagierenden SiO_2-Sol wird in einem Autoklaven auf über 125° erhitzt u. dabei das Sieden verhindert. Das Gemisch soll mehr als 0,25 (Mol) Sol/1 Gel enthalten, u. in dem Sol sollen wenigstens

0,005 freie bas. Verbb. (berechnet als NaOH)/l Gel vorhanden sein. (**A. P. 2572578** vom 31/12. 1948, ausg. 23/10. 1951.) Zürn. H 261

Alfons Zieren, Niedermarsberg, *Herstellung von Natriumhydroxyd und Schwefelsäure durch Reduktion von Glaubersalz.* Na_2SO_4 wird zu Na_2S red., das Na_2S auf ca. 5—10 mm Korngröße zerkleinert, in einer 1. Stufe bei ca. 200—250° u. dann in einer 2. Stufe bei ca. 400—500° kontinuierlich im Gegenstrom der Reaktionsteilnehmer mit CO_2 u. Wasserdampf carbonisiert, worauf das gebildete Na_2CO_3 kaustifiziert u. der H_2S auf H_2SO_4 verarbeitet wird. Die Carbonisierung wird in einem Etagenofen durchgeführt, wobei in die 1. Stufe kühles CO_2–Wasserdampf-Gemisch oder gekühltes H_2S-haltiges Ofenabgas eingeführt wird. Man kommt mit einer einzigen Filtration aus (**D. B. P. 905 367** Kl. 121 vom 21/4. 1942, ausg. 1/3. 1954.) Karst. H 274

Werkspoor N. V., Amsterdam, übert. von: **László Váhl**, Muiderberg, Holland, *Kristallisieren von Natriumcarbonat.* Filtrierte gesätt. Lsgg. von Na_2CO_3 werden mit höchstens 5 (%), bes. ca. 0,05—0,4, Na-, NH_4- oder Triäthanolaminalginat versetzt u. unterhalb 31,4° zur Kristallisation gebracht. Man erhält $Na_2CO_3 \cdot 10 H_2O$, dessen Kristallform sich von der üblichen wesentlich unterscheidet u. mit NaCl nicht verwechselt werden kann. — Vorrichtung. (**A. P. 2 642 342** vom 20/4. 1951, ausg. 16/6. 1953. Holl. Prior. 24/4. 1950.) Karst. H 274

International Minerals & Chemical Corp., Chicago, Ill., V. St. A. (Erfinder: **Charles H. Fuchsman**), *Herstellung von Kaliumchlorid.* Wss., 18—20%ig. KCl-Lsgg., die Pb u. wasserunlösl. adsorbierende Verunreinigungen enthalten, werden zum Sieden erhitzt, durch Zusatz von NaOH, KOH, NH_3, $Ca(OH)_2$ oder $Ba(OH)_2$ auf ein p_H von 8,0—11,0 eingestellt u. nach Entfernung der festen Verunreinigungen aus den heißen alkal. Lsgg. wird bis zur Sättigung bei höheren Tempp. eingedampft. Die Lsgg. werden dann gekühlt u. zur Kristallisation gebracht. Die abgetrennte M. besteht aus gereinigtem, Pb-freiem KCl. Das Verf. ist bes. zur Reinigung von KCl geeignet, das bei der Schaumflotation von Kalirohsalzen, z. B. Sylvinit, erhalten wurde u. mehr als p.p.m. (Teile/1000000) Pb enthält. (**E. P. 686 498** vom 1/3. 1951, ausg. 28/1. 1953.) Karst. H 275

Beryllium Corp., übert. von: **Henry C. Kawecki**, Temple, Pa., V. St. A., *Gewinnung von Berylliumoxyd* durch Rk. von $Be(OH)_2$ mit $CH_3 \cdot COOH$ unter Bldg. von bas. Be-Acetat (**I**). Dieses trocknet man u. dest. bei 330—350°. Dabei werden die in dem Prod. enthaltenen Fe- u. Al-Acetate zers., u. die **I**-Dämpfe werden in Ggw. von O_2 zu BeO hoher Reinheit verbrannt. (**A. P. 2 647 821** vom 28/2. 1947, ausg. 4/8. 1953.) Nebelsiek. H 281

Beryllium Corp., Reading, übert. von: **Henry C. Kawecki**, Temple, Pa., V. St. A., *Gewinnung von Berylliumfluorid* durch Rk. von bas. Be-Acetat u. NH_4F. Das gebildete Gemisch aus BeF_4, $NH_4 \cdot OOC \cdot CH_3$, $NH_4 \cdot OH$ u. W. wird auf 200—500° erhitzt, wobei sich außer BeF_2 alles zers. u. verflüchtigt. (**A. P. 2647818** vom 28/2. 1947, ausg. 4/8. 1953.) Nebelsiek. H 281

Beryllium Corp., Reading, übert. von: **Henry C. Kawecki**, Temple, Pa., V. St. A., *Gewinnung von Bariumberylliumfluorid.* Man säuert sowohl eine $BaCl_2$-Lsg. als auch eine Na_2BeF_4-Lsg. bis zum p_H 4—5 an u. mischt die beiden Lsgg. bei 80—90° unter Zufügen einer NaF-Lösung. $BaBeF_4$ fällt aus. (**A. P. 2 647 817** vom 19/1. 1946, ausg. 4/8. 1953.) Nebelsiek. H 281

Philip Carey Mfg. Co., Cincinnati, O., übert. von: **George M. Armstrong** und **H. Albert Cook**, Plymouth, Mass., V. St. A., *Reinigen von Magnesia.* Man setzt der bei der bekannten MgO-Herst. (Pattinson-Verf.) anfallenden $Mg(HCO_3)_2$-Lsg., die ca. 3—3,5 $Mg(HCO_3)_2$ u. außerdem lösl. Salze des Fe u. Mn enthält, wasserunlösl. bas. Mg-Carbonat $[3 MgCO_3 \cdot Mg(OH)_2 \cdot 3 H_2O]$ zu u. trennt die gereinigte Lsg. von dem Schlamm ab. (**A. P. 2 631 923** vom 31/3. 1949, ausg. 17/3. 1953.) Nebelsiek. H 282

Sylvester & Co., übert. von: **Robert A. Schoenlaub**, Cleveland, O., V. St. A., *Gewinnung von Magnesia.* Dolomit wird zusammen mit Fe_2O_3 u. SiO_2 bei 3400° F gebrannt. Das entstandene Prod. aus Magnesia u. Tricalciumsilicat wird zwecks Überführung des letzteren in Dicalciumsilicat auf 3450° F erhitzt, u. zum Schluß wird MgO abgetrennt. (**A. P. 2 636 809** vom 27/3. 1948, ausg. 28/4. 1953.) Nebelsiek. H 282

Parker Halversen Co., Niles, Mich., übert. von: **Roy A. Halversen**, Cleveland Heights, O., V. St. A., *Gewinnung von Al_2O_3.* Man leitet Wasserdampf durch fl. Al-Amalgam bei $>100°$ unter Bldg. von Al_2O_3 von einer Teilchengröße $< 5\ \mu$. (**A. P. 2 643 935** vom 1/4. 1948, ausg. 30/6. 1953.) Nebelsiek. H 294

Sherritt Gordon Mines Ltd., Toronto, Ontario, übert. von: **Frank Arthur Forward**, Vancouver, British Columbia, Can., *Gewinnung von Co- und Ni-Ammonsulfat.* Man stellt durch Erhitzen eine ammoniakal. $CoSO_4$–$NiSO_4$-Lsg. auf ein p_H von 8—7,1 ein, kühlt die Lsg. auf <135° F ab u. fügt H_2SO_4 bis zum p_H von 4 zu. Die dabei ausfallenden Co- u. Ni-Ammonsulfate werden abgetrennt. (**A. P. 2 647 820** vom 16/7. 1951, ausg. 4/8. 1953. Can. Prior. 6/11. 1948.) NEBELSIEK. H 355

Bureau D'Etudes Minières Nord-Africain, Seine, Frankreich, *Herstellung von synthetischem Korund.* Z. B. werden ca. 1500 (kg) Bauxit mit einem Fe-Oxydgeh. von ca. 18—25% in Stücken von ca. 5 cm³ u. 300 Anthrazitkoks im Innern eines kegelstumpfartigen Ofens in wechselnden Lagen so eingebracht, daß immer eine Lage Bauxit zwischen zwei Lagen Koks zu liegen kommt. Auf jede Bauxitlage legt man einige kg eines Flußmittels, z. B. aus NaCl, KCl, $MgCl_2$, Aktivkohle, dessen Zus. sich verschiedenartig nach der Zus. des Bauxits richtet. Man erhitzt auf 1000—1200° während 8 Stunden. In der letzten Spanne wird noch ein heißer Luftstrom unter die Schmelze geblasen, unter dessen Einw. die Temp. bis ca. 1600° erhöht wird. Nach Erwärmung bei dieser Temp. während einer begrenzten Zeit wird die Schmelze aus dem Ofen abgestochen. (**F. P. 1 027 945** vom 21/9. 1950, ausg. 18/5. 1953.) BEWERSDORF. 6151

VI. Silicatchemie. Baustoffe.

Kozo Ishino, *Über besondere Erscheinungen, die beim Anlegen von Gleichstrom an flüssige Glasschmelzen auftreten.* Beim Durchgang von Gleichstrom durch eine *Glas*-Schmelze der Zus. 1000 (Gewichtsteile) Quarzsand + 315 Na_2CO_3: + 150 Kalk + 20 $NaNO_3$ + 10 As_2O_3, (95% ig.) + 3 MnO_2 (75% ig.) + 0,035 CoO von ca. 1200° (23—110 V u. 9—50 A) treten an der Anode Dämpfe von *Na* u. *As* auf, die Kathode aus künstlichem Graphit wird unter erheblicher Verschmutzung des Glasflusses rasch zerstört. Außerdem zeigen sich im ganzen Schmelztrog Blasen. Fe, Cr u. Ca bewegen sich zur Anode, so daß nach einiger Zeit Kathode u. Anode verschied. Zus. zeigen, was spektralanalyt. nachgeprüft wird. (J. ceram. Assoc., Japan [Yogyo Kyokai Shi] **61.** 112—14. 28/3. 1953. Nagoya, Inst. Technol. [Orig.: japan.]) SCHULER. 6174

Taro Moriya und **Teruo Sakaino,** *Über die Festphasen-Reaktion im System Na_2CO_3–SiO_2.* 2. Mitt. *Einflüsse der Teilchengrößenverteilung von Quarzsand und der Größe der Probe auf die Reaktionsgeschwindigkeit in fester Phase im System Na_2CO_3–SiO_2.* (1. vgl. C. **1954.** 6566.) Zur Beurteilung des Einfl. der Teilchengröße der Quarzsandkörner auf die Reaktionsgeschwindigkeit [nach $-\log(1 - Fx) = kt$, vgl. 1. Mitt.] wurden 6 Größenordnungen von 2,48—115 μ Durchmesser untersucht u. k u. F bestimmt. Für kleine Teilchen wird F klein, k groß. Dagegen wächst F mit der Größe der Probe, k wird kleiner. — 4 Tabellen, 2 Diagramme. (J. ceram. Assoc., Japan [Yogyo Kyokai Shi] **61.** 199—202. 28/5. 1953. Tokyo, TH. [Orig.: japan.]) SCHULER. 6206

M. Bernadet, *Zu weiche Fayencen. Möglichkeiten der Verbesserung durch Glaszusatz.* Beschreibung der Fehlerursachen. Vorschläge zur Behebung: durch Masseänderung, Brand, Engoben u. Glasur. (Silicates ind. **17.** 217—18. Juni/Juli. 258—61. Aug./Sept. 303—305. Okt. 1952.) SCHÜTZ. 6212

Dwight G. Moore, Mary A. Mason und **William N. Harrison,** *Relative Bedeutung verschiedener Ursachen der Wasserstoffaufnahme in Stahl für Fehler beim Emaillieren.* Ident. mit der C. **1952.** 5635 referierten Arbeit. (Nat. Advisory Committee Aeronaut., Rep. **1953.** Nr. 1120. 1—12.) MARKHOFF. 6212

Yoichi Shiraki, *Untersuchungen über das System Ton–Wasser.* 10. Mitt. 1. Teil. *Einfluß von Alkali und Säure auf die Schlickerviscosität sowie über p_H-Viscosität-Hysterese.* (9. vgl. C. **1954.** 6086.) Der Zusammenhang zwischen p_H u. Fließzeit (bzw. Viscosität) wird bei Schlickern von 14 Arten japan. Kaolin (einschließlich Zettlitzer u. einem korean.) graph. in Hysteresiskurven dargestellt u. erörtert. (J. ceram. Assoc., Japan [Yogyo Kyokai Shi] **61.** Nr. 686 (8) 365—68. 1953. Tokyo, Inst. of Technol. [Orig.: japan.]) SCHULER. 6216

Toshiyoshi Yamauchi und **Suzuo Ueda,** *Grundlegende Untersuchungen über den feuerfesten Ton von Iwate.* Die Sorte A (weich) der 3 Arten harten *Feuertons* von Iwate wurde chem., röntgenograph., mit Wärmewaage, elektronenmkr. u. mkr. untersucht u. kann als *Kaolinit* angesprochen werden. (J. ceram. Assoc., Japan [Yogyo Kyokai Shi] **61.** 104—07. 28/3. 1953. Tokyo, TH. [Orig.: japan.]) SCHULER. 6216

W. W. Gontscharow und **Ss. I. Makarytschewa,** *Bewertung der Aktivität des technischen gebrannten Magnesits bei der Hydratation.* Es wird ein Schnellverf. beschrieben, bei welchem Magnesitpulver nach dem Ausglühen bei 850° unter Wasserzusatz angefeuchtet wird; darauf werden aus den Pulvern Zylinder von 40—42 mm Höhe bei 100—600 kg/cm² Druck gepreßt, in einen Trockenofen gebracht, in welchem sie unter langsamem Ansteigen (1½ Std.) bei 50,75 u. 90° 4—5 Std. getrocknet werden; währenddessen wird die Ausdehnung der Zylinder jede ¼ Std. gemessen. — Es wurden sehr unterschiedliche Ausdehnungen beobachtet. In der Mehrzahl der Fälle konnte eine direkte Beziehung zwischen Ausdehnung u. Geh. an freiem CaO beobachtet werden. Eine sehr starke Ausdehnung wiesen alle Proben auf, die einen Dolomitzusatz enthielten, dessen Einfl. jenen des eigentlichen gebrannten Magnesits bei weitem übertrifft. Am geeignetsten sind Zylinder aus 50 + 25 + 25% der Fraktionen 1—0,2 mm; 0,2—0,06 mm; <0,06 mm; Preßdruck 600 kg/cm²; Trocknen bei 95° (5 Std.). (Огнеупоры [Feuerfeste Mater.] **17.** 458—65. Okt. 1952. Leningrad, Inst. für feuerfeste Materialien.) v. WILPERT. 6218

R. Kiyoura und **T. Sata,** *Feuerfeste Materialien für die Erzeugung von Schmelzphosphatdüngern.* 2. Mitt. *Korrosionsprüfung gegen verschiedene Phosphate.* (1. vgl. J. ceram. Assoc., Japan [Yogyo Kyokai Shi] **59.** [1951.] 530.) Die Eignung von 12 verschied. typ. feuerfesten Materialien wurde durch Beobachtung des Erweichungspunktes von Schmelzkegeln aus Mischungen mit entsprechenden Phosphaten u. durch Korrosionsverss. mit Tiegeln geprüft. MgO-haltige Materialien sind beständiger als solche ohne MgO. Eine Zus., die der für Ca-Mg-Phosphatdünger nahekommt, z. B. CaO/MgO = 0,75, ist am günstigsten, bes. auch für P_2O_5-reiche Rohphosphate. (J. ceram. Assoc., Japan [Yogyo Kyokai Shi] **62.** 121—24. 1954. Tokyo, TH. [Orig.: japan.]) SCHULER. 6218

Taro Tanaka, *Über die Bromoformmethode zur Bestimmung der Glasanteile in Schlacken und die Beziehung zwischen der Kristallisationswärme und dem Festigkeitswert des aus der Schlacke hergestellten Mischzements.* 3. Mitt. *Untersuchungen über die latenten hydraulischen Eigenschaften granulierter Hochofenschlacke.* Der Geh. an glasiger Substanz wurde nach dem Verf. von PARKER bestimmt u. danach die Kristallisationswärme H (cal/g) der glasigen Substanz berechnet. Für gemischten Zement aus 0,8 Gewichtsteilen Schlacke + 0,2 Gewichtsteile Portlandzement wurde die Beziehung $(B + C) = 174\ (H - 56{,}0)^{0{,}31}$ gefunden, worin B u. C Biege- u. Druckfestigkeit in kg/cm² (für Mörtelproben nach dem Verf. der JIS R 5210) bedeuten. (J. ceram. Assoc., Japan [Yogyo Kyokai Shi] **61.** 219—21. 28/5. 1953. Onoda Zementwerke. [Orig.: japan., Auszug: engl.]) SCHULER. 6222

Peter Lippold, *Säureschutz von Massiv- und Stahlbetonbauwerken.* Überblick über die Probleme, die bei der Erstellung von Bauwerken auftauchen, die durch chem. Angriffe gefährdet sind u. über die zu ergreifenden Schutzmaßnahmen. (Technik **8.** 691—700. Okt. 1953.) K. SEIDEL. 6224

Soc. An. des Manufactures des Glaces et Produits Chimiques de Saint-Gobain, Chauny & Cirey, Frankreich, *Herstellung von Glas im Elektroschmelzofen.* Man erwärmt den Glassatz durch Flammengase, die in entgegengesetzter Richtung wie das Einsatzmaterial geführt werden u. den Ofen an der Einsatzstelle mit verhältnismäßig geringer Temp. verlassen, aber ein Zusammenfritten des Einsatzes bewirken. Die geschmolzene M. wird weiter durch Elektroden aufgeheizt, wobei die Temp. so weit erhöht wird, daß eine Homogenisierung durch Konvektionsströme erreicht wird. (**Dän. P. 74 766** vom 13/9. 1948, ausg. 29/9. 1952. F. Prior. 27/7. 1944.) JÜRGEN SCHMIDT. 6175

E. I. du Pont de Nemours & Co., V. St. A. (Erfinder: **Christian Clemmensen Jessen**), *Bindemittel für Dekorationsglasfarben.* Man erhitzt bei einer Temp. zwischen 100 u. 150° eine Mischung aus 27,78 (Teilen) Stearinsäure, 55,56 weißem Wachs u. 5,55 Äthylcellulose, bis eine homogene Mischung erhalten wird. Dann rührt man in die M. 11,11 Lecithin ein. Die erkaltete Mischung wird fest. Es können dann bei 100—150° 1 dieser M. mit 4 üblichem Farbstoff verrührt werden. Diese Farbmasse kann dann zwischen 48,9 u. 100° auf die entsprechenden Oberflächen aufgebracht werden u. wird nach dem Abkühlen wieder fest. (**F. P. 1 013 384** vom 1/3. 1950, ausg. 18/7. 1952. A. Prior. 2/3. 1949.) BEWERSDORF. 6189

Carborundum Co., übert. von: **John Ch. McMullen,** Niagara Falls, N. Y., V. St. A., *Schwerschmelzbare Glaswolle,* bestehend aus Al_2O_3 u. SiO_2 mit einem Zuschlag von weniger als 10% Bor- u. Alkalioxyd insgesamt. Für die Rohmasse ist folgende Zus. angegeben: 45—55 (Teile) Al_2O_3, 55—45 SiO_2, 1—5 Boroxyd, 0,5—5 Na_2CO_3. Hitzebeständig bis 1400°. (**Can. P. 488 856** vom 12/1. 1950, ausg. 16/12. 1952. A. Prior. 23/2. 1949.) WITTHOLZ. 6201

Poor & Co., Chicago, übert. von: **Allan E. Chester,** Highland Park, Ill., V. St. A., *Vorbehandlung von Eisenoberflächen vor dem Emaillieren.* Die Oberfläche wird mit einer dünnen Schicht von *Sb, As* oder *Bi* elektrolyt. überzogen u. läßt sich dann mit haftmetalloxydfreien Emails überziehen. Die Abscheidung der Metallschicht erfolgt mit asymm. Wechselstrom von 25—60 Perioden bei einer Stromdichte von 2—15 A/sq.ft.

(0,2—1,5 A/dm²) in 8 Sek. bis 1,5 Minuten. — Abbildungen. (**A. P. 2 615 836** vom 27/9. 1944, ausg. 28/10. 1952.) MARKHOFF. 6213

Soc. An. Manufactures de Carrelages Céramiques, Nord, Frankreich (Erfinder: **Emile Chenel**), *Herstellung einer brauchbaren keramischen Paste.* Z. B. stellt man zunächst eine keram. Gießmasse her, die sehr feinen, fetten Ton enthält (I). Dann vermischt man pulverförmige Magerungsstoffe (magere Tone, Sand, Feldspat usw.) trocken gut miteinander. (II). Durch inniges Vermischen von I u. II wird eine geeignete keram. M. erhalten, die nicht erst eine Filterpresse zu durchlaufen braucht. (**F. P. 1 030 926** vom 12/1. 1951, ausg. 18/6. 1953.) BEWERSDORF. 6217

Veitscher Magnesitwerke Akt.-Ges., Wien, Österreich, *Herstellung von hochfeuerfesten, mehr als 35 Vol.-% Porosität aufweisenden basischen Isoliersteinen zur Auskleidung von Öfen.* Z. B. werden 55 (Gewichtsteile) Chromerz der Feinheit 0—1,7 mm mit 45 Rohmagnesit der Feinheit 1,7—4,5 mm zuerst trocken, sodann mit einem der üblichen Kaltbindemittel, z. B. Zellpech, gemischt. Die M. wird mit einer geeigneten Bindelsg., z. B. 3 einer $MgSO_4$-Lsg. von 26° Bé, versetzt u. unter Anwendung eines 200—1000 kg/cm³ betragenden Preßdruckes zu Steinen verpreßt. Nach Trocknung des entschalten Steines wird bei 1600° gebrannt. Die mittlere Wärmeleitfähigkeit solcher Steine beträgt 0,9 kcal/mh°, bei einer Porigkeit von ca. 50 Vol.-%. (**Oe. P. 175 535** vom 28/5. 1951, ausg. 25/7. 1953.) BEWERSDORF. 6219

Akt.-Ges. für Unternehmungen der Eisen- und Stahlindustrie, Essen (Erfinder: **Walter Dawihl,** Saarbrücken, und **Karl Schröter,** Berlin-Charlottenburg), *Schneidwerkzeug.* Aus einem gesinterten, sehr feinkörnigen Pulvergemisch eines sehr harten Carbid- oder Boridkorns u. einer silicat. Bindemasse werden Werkzeuge hergestellt, mit denen Körper aus Isolierstoffen aller Art, auch Kohle, bearbeitet werden können. Die harten Metallboride u. -carbide, z. B. SiC, TiC, sollen eine Korngröße von nur 0,001—0,002 mm besitzen. Statt eines einzigen Carbids oder Borids können auch Gemische derselben verwendet werden. (**D. B. P. 874 725** Kl. 80b vom 22/6. 1937, ausg. 27/4. 1953.) REINHART. 6221

Farbenfabriken Bayer, Leverkusen (Erfinder: **Hans Kühne,** Lindau, Bodensee), *Verwertung von gediegenen Schwefel enthaltendem Gipsgestein.* Das zerkleinerte Gestein wird mit überhitztem Wasserdampf bei Tempp. von ca. 180—250° oder mit möglichst O_2-freien Verbrennungsgasen behandelt. Der S wird vom Wasserdampf oder den Verbrennungsgasen getrennt u. das so behandelte Gestein nach dem MÜLLER-KÜHNE-Gips-Schwefelsäure-Zementverf. unter Einleiten der bei der Gewinnung des S anfallenden S-haltigen Abgase auf SO_2 u. *Zement* verarbeitet. (**D. B. P. 885 373** Kl. 80b vom 22/4. 1951, ausg. 3/8. 1953.) HANS HOFFMANN. 6223

Rheinische Kalksteinwerke G. m. b. H. (Erfinder: **Albrecht Dümmler †**), Wülfrath, Rhld., *Herstellung von Gipsschlackenzement.* Einer granulierten Hochofenschlacke werden ca. 25% Gips, geringe Mengen (ca. 2%) $CaCl_2$ u. ca. 2% Weißkalk zugesetzt, worauf sämtliche Stoffe nach inniger Vermischung so fein gemahlen werden, daß auf dem 4900-Maschensieb ein Rückstand von ca. 1% verbleibt. (**D. B. P. 878 621** Kl. 80b vom 1/2. 1944, ausg. 5/6. 1953.) HANS HOFFMANN. 6223

Jean Raoul Marchal, Meuse, und **Therese Paillier,** Seine-et-Oise, Frankreich, *Herstellung von Baukörpern unter Benutzung einer geringen Menge Mörtelanmachewasser.* Z. B. mischt man 100 (Gewichtsteile) Gips mit 24 W. u. rührt in den Gipsmörtel 0,1 eines Phosphates als Abbindeverzögerer u. 0,1 eines nichtschäumenden Netzmittels, z. B. Sulforicinolat, ein. Der Mörtel ist in Pressen oder durch Vibrieren gut verarbeitbar. (**F. P. 1 016 475** vom 19/4. 1950, ausg. 13/11. 1952.) BEWERSDORF. 6227

Shawinigan Chemicals Ltd., Canada, *Herstellung von Kalksteinen aus Acetylenabfallkalk.* Carbidkalkschlamm allein oder in inniger Vermischung mit Zuschlagstoffen wird im elektr. Muffelofen bei Tempp. zwischen 550 u. 650° calciniert. Die Brennatmosphäre darf nur so viel CO_2 enthalten, wie in der Luft enthalten ist. Das erhaltene Prod. wird bei einem Druck von 1050 kg/cm² u. bei einer Temp. von 500° zu Formlingen komprimiert. Die so hergestellten Formlinge weisen eine gute Stoß- u. Schleiffestigkeit auf. (**F. P. 1 013 581** vom 1/2. 1950, ausg. 30/7. 1952. Can. Prior. 8/2. 1949.) BEWERSDORF. 6229

Carlo Gabri, Le moderne industrie de gesso, della calce e del cemento. Manuele pratico. Torino: G. Lavagnolo. 1953. (200 S. m. Abb. u. 1 Taf.) L. 1100,—.

VII. Agrikulturchemie. Schädlingsbekämpfung.

Reijo Heinonen, *Über die Feuchtigkeitsverhältnisse der Krume finnischer Böden.* In 129 für die finn. Bodenarten repräsentativen Wiesenböden wurden die Wasserkapazität u. die Capillaritätsverhältnisse untersucht. Der Einfl. der Korngröße, des

Humusgeh. u. der Bodenstruktur auf die Wasserkapazität werden eingehend behandelt u. statist. dargestellt. Die Untersuchungsmethoden werden eingehend beschrieben. (Maatalouskoelaitoksen Maatutkimusosasto, agrogeol. Julkaisuja **62.** 1—82. 1954.) Beckmann. 6302

W. H. Gardner, *Synthetische Bodenverbesserungsmittel und ihre Anwendung.* Bericht über Erfahrungen mit synthet. Bodenverbesserungsmitteln auf der Basis von hydrolysiertem Polyacrylsäurenitril u. Vinylacetat–Maleinsäure. (Proc. annu. Meeting Washington State horticult Assoc. **48.** 115—22. Dez. 1952. Wenatchee, Wash., Tree Fruit Exp. Stat.) Grimme. 6304

G. R. Moss, H. A. Browning und **T. F. Southon,** *Synthetische Bodenverbesserungsmittel.* Nach den Versuchsergebnissen eignet sich *Krilium* (1 Teil/1000 Teile Boden) nur zur Verbesserung von Böden mit hohem Tongeh., auf sandigen u. lehmigen Böden zeigte sich keine Wirkung. (New Zealand J. Agric. **88.** 67—69. 15/1. 1954. Palmerston North, Dep. of Agric., Seed Testig Stat., u. Rukuhia, Dep. of Agric., Soil Res. Stat.) Rang. 6304

R. L. Fox, R. A. Olson und **A. P. Mazurak,** *Beständigkeit des Ammonium-Ions und sein Einfluß auf die physikalischen und chemischen Bodeneigenschaften.* NH_4NO_3 wurde auf einem sauren, stark tonhaltigen Boden mit geringem Geh. an organ. Substanz u. nutzbarem P_2O_5 im November aufgebracht. Eine Anfang April untersuchte Bodenprobe enthielt noch den gesamten NH_4^+-N in der Oberkrume, nach weiteren 2 Monaten noch etwa die Hälfte. Die lange NH_4^+-Haltbarkeit bedingte einen Entflokkungsvorgang u. eine Bodenverkrustung. Die Aprilprobe zeigte eine p_H-Steigerung, Mitte Juni wurde ein Ansteigen von austauschbarem H^+, eine Abnahme von p_H u. austauschbarem Ca^{2+} u. Na^+ festgestellt, steigend mit der Höhe der Salpetergabe. Der Einfluß von NH_4^+ auf austauschbares K^+ u. Mg^{2+} war gering, dagegen nahm die Wasseraufnahme ab. Vff. warnen vor der NH_4NO_3-Düngung auf stark bindigen Böden mit wenig organ. Substanz, wenn die klimat. Faktoren für eine schnelle Nitrifikation ungünstig sind. (Agronomy J. **44.** 509—13. Okt. 1952. Lincoln, Nebr., Nebraska Agricult. Exp. Stat.) Grimme. 6304

J. E. Bell, *Anwendung von Stickstoff auf Grünland in der Provinz Auckland.* N-Gaben wirken auf Grünland mit hohem Bestand an Raygras ertragsteigernd, bes. wenn sie im Juli angewendet werden u. milde, feuchte Witterung zu erwarten ist. $(NH_4)_2SO_4$, „Nitrolime" u. „Nitrochalk" (Gemische von NH_4NO_3 mit Kalk) zeigten nur geringe Wirkungsunterschiede. (New Zealand J. Agric. **88.** 171—73. 15/2. 1954. Auckland, Dep. of Agric.) Rang. 6304

W. F. Skworzow, *Der Einfluß verschiedener Kalkungszeiten auf den Ernteertrag mehrjähriger Gräser.* Frühzeitige Gaben von Kalk (a) waren besser als späte Gaben (nach der Aussaat; b). Die maximale Ertragssteigerung im 1. Nutzungsjahre (16,9 dz/ha Heu) wurde bei a bei einer Gabe von 2 t/ha Kalk erzielt; bei b betrug der Mehrertrag bei dieser Gabe nur 5,9 dz/ha Heu. Im 2. Nutzungsjahr war die Wrkg. von b etwas besser als im 1., jedoch blieben die bei b erzielten Mehrerträge noch immer unter denen von a. (Доклады Всесоюзной ордена Ленина Академии Сельскохозяйственных Наук имени В. И. Ленина [Ber. Allunions landwirtsch. (Lenin-Orden) Lenin-Akad.] **18.** Nr. 9. 22—25. 1953. Allunions-Wiss. Forschungsinst. für Düngung, Agrotechnik u. Agrobodenkunde, Zentrale Versuchsstat.) M. Gordienko. 6304

L. W. Kolessnik, *Der Einfluß der Düngung auf die Entwicklung der überwinternden Augen der Weinrebe.* Die Bldg. generativer Organe in den überwinternden Augen der Weinrebe wird in beträchtlichem Maße durch die Ernährungsbedingungen des Weinstocks während der Vegetationsperiode beeinflußt, bes. durch P_2O_5. Die Bldg. von Blütenknospen erfolgt wesentlich besser, wenn eine mineral. Volldüngung verabfolgt worden ist. (Агробиология [Agrobiologie] **1953.** Nr. 6. 123—26. Nov./Dez. Kischinew, Landw. Frunse-Inst.) A. Jacob. 6304

A. N. Kodenko und **N. P. Jerygina,** *Der Einfluß der Nachdüngung auf die Intensität der Photosynthese und den Ertrag der Weinrebe.* Nachdüngung mit 15 kg/ha *NPK* in 3000 Liter W. 10 Tage vor der Blüte u. dann nach Beendigung der Blüte bewirkte eine Intensivierung der Photosynth. im Laufe der gesamten Vegetationsperiode, wobei sich der Weinertrag um 13,1 dz/ha (23%) erhöhte. (Виноделие и Виноградарство СССР [Weinbereit. Weinbau UdSSR] **13.** Nr. 8. 41—42. Aug. 1953. Inst., „Magaratsch".) M. Gordienko. 6304.)

I. Ss. Kudaschew, *Nesterartiges Einbringen von Düngemitteln zur Ricinuspflanze.* Auf dem carbonatarmen vorkaukas. Tschernosem mit unbeständiger Feuchtigkeit erwies sich das nesterartige (in Mengen von 0,5 dz/ha) u. tiefe, beiderseits der Reihen ausgeführte Einbringen der granulierten organ.-mineral. Düngung (1 dz/ha)

als optimal. Am wirksamsten war die granulierte Düngung mit 50% Stallmist, 35% Superphosphat u. 15% Asche. Das Superphosphat kann bis 30% durch Asche ersetzt werden. Die Nester dürfen nicht mehr als 3 cm vom Saatgut entfernt liegen. (Доклады Всесоюзной ордена Ленина Академии Сельскохозяйственных Наук имени В. И. Ленина [Ber. Allunions landwirtsch. (Lenin-Orden) Lenin-Akad.] **18.** Nr. 9. 26—32. 1953. Allunions Wiss. Forschungsinst. für Soja u. Ricinuspflanze.)
M. GORDIENKO. 6304

N. M. Lasarew und **W. N. Kondratjew,** *Die Anwendung des bakteriellen Düngemittels AMB bei der Anzucht von Setzlingen auf Torf und in Torfhumusanzuchttöpfen.* Der *Bakteriendünger AMB* (I) ist Torf von Niederungs- oder Übergangsmoor, in dem durch Zusatz von Kalk u. Impfung bei zweckmäßiger Anfeuchtung, Belüftung u. Temp. eine intensive Mikroorganismentätigkeit hervorgerufen wird. Zur Herst. von I setzt man auf 1 t Torf 100 kg Kalk u. 1 kg Mutterkultur von I zu, welche große Mengen der nützlichen Bodenbakterien enthält. Im Freiland verabfolgt man 250—500 kg I je ha bei der Bodenbearbeitung. Für Töpfe zur Anzucht von Pflanzen bewährte sich ein Zusatz von 1 Teil I auf 6 Teile Torf. (Доклады Всесоюзной ордена Ленина Академии Сельскохозяйственных Наук имени В. И. Ленина [Ber. Allunions landwirtsch. (Lenin-Orden) Lenin-Akad.] **19.** Nr. 1. 20—24. 1954. Allunions Wiss. Forschungsinst. für landw. Mikrobiol.)
A. JACOB. 6304

Georgette Vindard, Philippe Daste und **Robert Longchamp,** *Vergleich der Wirkung des Na-Salzes von 2-Methyl-4-chlorphenoxyacetat (MCPA) auf die Entwicklung von Azotobacter in verschiedenen Böden.* Die Wrkg. des Unkrautbekämpfungsmittels MCPA (I) auf den Azotobactergeh. des Bodens zeigte bei zwei Feldern verschied. Ergebnisse. Bei beiden wurde I sowohl als Spray als auch als Staub verwendet. 3 Wochen später wurde der Azotobactergeh. der Versuchsfelder u. eines unbehandelten Feldes ermittelt. Während auf dem Ca-reichen Feld beide Anwendungsarten den Azotobactergeh. nicht beeinflußten, ergab sich auf dem Ca-ärmeren, das an sich einen höheren Azotobactergeh. aufweist, bei Spray-Anwendung eine Abnahme um 30%. — Eine Erklärung für dieses Verh. könnte in der verschied. Empfindlichkeit verschied. Azotobacterrassen, in der verschied. physikal.-chem. Beschaffenheit des Bodens, welche die Wirkungsweise von I verändert (z. B. durch Fixation durch Humuskolloide) oder in der Zerstörung des I durch die örtliche Mikroflora gefunden werden. (C. R. hebd. Séances Acad. Sci. **235.** 1048—49. 3/11. 1952.)
FRÜHWALD. 6306

N. SS. Awdonin und **Ju. A. Chudjakowa,** *Granulierter Azotobacter.* Bei der üblichen Einbringung von *Azotobacter* (Az.) in einen sauren Rasenpodsolboden geht er rasch zugrunde, bedingt durch die saure Rk. des Bodens, die Ggw. von viel beweglichem Al, den Mangel an P u. organ. Stoffen u. die Ggw. von anpassungsfähigeren Mikroorganismen. Zwecks Schaffung günstiger Verhältnisse für Az. wird der Boden gekalkt, mit der gleichen Menge Humus sowie mit 0,1—1% neutralisiertem Superphosphat versetzt. Zweckmäßig ist ein Zusatz von Stroh oder Sägemehl. Das Gemisch wird mit Az. oder mit einer an Az. angereicherten Erde infiziert. Hieraus werden Körner von 0,5—4 cm Durchmesser hergestellt. Zwecks Erzielung eines günstigen p_H werden die Körner mit einer $CaCO_3$-Hülle (1—3 Gew.-%) umgeben. Durch Einbringung der so gewonnenen Körner wird der Ertrag von Kartoffeln im Feldvers. um 21—24% erhöht. (Микробиология [Mikrobiologie] **22.** Nr. 4. 431—38. Juli/Aug. 1953. Moskau, Lomonossow-Univ., Lehrstuhl für Bodenbiol., Agrobiostat.)
LEBTAG. 6306

F. Kersting, *Zur Frage der Wirkung wuchsstoffhaltiger Unkrautbekämpfungsmittel auf Trifolium pratense L. und Trifolium repens L.* Trifolium pratense (a) u. Tr. repens (b) wurden auf ihr Verh. gegenüber verschied. Dosierungen u. Anwendungsterminen eines *2.4-D*-Aminsalzes (I), *MCPA*-Mittels (II) u. *2.4-D–2.4.5-T*-Mischesterpräp. (III) geprüft. Die Schadwrkg. des II war im Vgl. zu I u. III bei a deutlich geringer als bei b. III war bei a u. b am wirksamsten. Auf Anwendung zu verschied. Terminen reagierten a u. b nicht gleichsinnig. Bei a traten mittelabhängige Unterschiede in der Rk. auf. (Nachrichtenbl. dtsch. Pflanzenschutzdienstes [Braunschweig] **6.** 59—62. April 1954. Landw. Kammer Westfalen-Lippe, Pflanzenschutzamt.)
RANG. 6312

L. J. Audus, *Schicksal von Natrium-2.4-dichlorphenoxyäthylsulfat im Boden.* Na-2.4-Dichlorphenoxyäthylsulfat kann in relativ hohen Konzz. als phytotox. Spritzmittel angewendet werden. Seine Wrkg. ist an der Pflanze nur beschränkt. Kommt es aber in den Boden, so erleidet es bald eine chem. Umsetzung. Wie aus Unterss. von Bodenperfusaten hervorgeht, bildet sich 2.4-D, welche stark herbicid wirkt. (Nature [London] **170.** 886—87. 22/11. 1952. London, Bedford Univ., Bedford Dep.)
GRIMME. 6312

J. Barthelet, *Der Nelkenmehltau. Peronospora dianthicola nov. sp.* Es werden zur Bekämpfung Spritzungen mit Bordeauxbrühe, der als Haftmittel Casein zugesetzt ist, empfohlen. (Ann. Inst. nat. Rech. agronom., Sér. C **4.** 173—83. April/Mai/Juni 1953. Antibes, Stat. de Botanique et de Phytopathol.) GRIMME. 6312

Roderick Sprague, *Spritzversuche gegen Mehltau auf der Obstversuchsstation im Jahre 1952.* Bericht über Erfolge mit *Na-Polysulfid*-Lsgg. als Sprays (Konz. 3 lb./gals.) bei Bekämpfung von bes. Apfelmehltau. Anwendungsvorschriften. (Proc. annu. Meeting Washington State horticult. Assoc. **48.** 27—30. Dez. 1952. Wenatchee, Wash., Tree Fruit Exp. Stat.) GRIMME. 6312

Roderick Sprague, *Spritzversuche und Beobachtungen bei der Bekämpfung des Apfelschorfs in Nordzentral-Washington im Jahre 1952.* Bericht über die Wirksamkeit der Cu-Spritzmittel *Cray 341* u. *Ferbam* sowie *Orthocide 406* als Schorffungicide. (Proc. annu. Meeting Washington State horticult. Assoc. **48.** 31—33. Dez. 1952. Wenatchee, Wash., Tree Fruit Exp. Stat.) GRIMME. 6312

L. P. Batjer und **B. L. Rogers,** *Was ist das beste Spritzmittel gegen vorzeitiges Abfallen von Äpfeln und Birnen?* Gute Erfolge gaben Spritzungen mit *NAA* (Naphthylessigsäure), *2.4.5-T-P* (2.4.5-Trichlorphenoxypropionsäure) u. *2.4-D* (2.4-Dichlorphenoxyessigsäure). Angaben über Konzz. u. Anwendungszeit für verschied. Apfel- u. Birnensorten. (Proc. annu. Meeting Washington State horticult. Assoc. **48.** 175—77. Dez. 1952. Wenatchee, Wash., U. S. D. A.) GRIMME. 6312

M. O. Nolan, Howard W. Bond und **Elizabeth R. Mann,** *Ergebnisse von Laboratoriumsuntersuchungen chemischer Verbindungen auf molluscicide Wirksamkeit.* 1. Mitt. *Phenole und verwandte Verbindungen.* Mit Schnecken (Australorbis glabratus) als Testorganismen wurde die molluscicide Wirksamkeit von ca. 1800 Verbb. geprüft, wovon über folgende, den Phenolen verwandte Verbb. berichtet wird (Zahlenangaben beziehen sich auf die Mortalität in % bei 24std. Anwendung ihrer 10°/$_{00}$ig. Lsg.; keine Zahlenangabe bei unwirksamen Verbb.): Phenole: *2-Methyl-*, *3-Methyl-*, *4-Methyl-*, *2.4-Dimethyl-*, *2.5-Dimethyl-*, *2.6-Dimethyl-*, *3.4-Dimethyl-*, *3-Äthyl-*, *4-Äthyl-*, *2.3.5-Trimethyl-*, *2.3.6-Trimethyl-*, *2.4.6-Trimethyl-*, *3.4.5-Trimethyl-*, *3-Äthyl-5-methyl-*, *2-Isopropyl-*, *4-Isopropyl-*, *2.3.5.6-Tetramethyl-*, *5-Isopropyl-2-methyl-*, *2-Isopropyl-5-methyl-*, *4-tert.-Butyl-*, *2-tert.-Butyl-4-methyl-* (20; 70), *2-tert.-Butyl-5-methyl-* (20), *2-tert.-Butyl-6-methyl-*, *2-Amyl-* (10), *4-tert.-Amyl-*, *6-tert.-Butyl-2.4-dimethyl-*, *2-Amyl-5-methyl-* (0; 40), *6-tert.-Butyl-2-isopropyl-*, *2.4-Di-sek.-butyl-* (80), *4-tert.-Octyl-* (100), *2.4-Di-tert.-butyl-5-methyl-* (90), *2.4-Di-tert.-butyl-6-methyl-*, *2.6-Di-tert.-butyl-4-methyl-*, *4-Nonyl-* (40; 70), *2.4-Dimethyl-6-octyl-*, *2.4-Di-sek.-amyl-* (80), *2.4-Di-tert.-amyl-* (10), *2.4-Di-tert.-butyl-6-isopropyl-*, *2.4-Diamyl-5-methyl-* (50), *2.6-Di-tert.-butyl-4-sek.-butyl-*, *2.4.6-Tri-tert.-butyl-*, *x-Dodecyl-* (20), *3-Pentadecyl-*, *2.6-Dioctyl-4-methyl-*, *2-Allyl-*, *2-Allyl-6-methyl-*, *3-Pentadecadienyl-*, *2-Cyclohexyl-* (80), *4-Cyclohexyl-* (70), *2-Isobornyl-* (100), *2-Isobornyl-4-methyl-* (100), *2-Isobornyl-4.6-dimethyl-*, *2.6-Diisobornyl-4-methyl-*, *2-Oxymethyl-*, *4-Carboxymethyl-*, *2.4.6-Tris-[dimethylaminomethyl]-*, *2-Dimethylaminomethyl-4-octyl-*, *2.4.6-Tris-[4′-morpholinylmethyl]-phenol*, sowie *L-Tyrosin*, *L-Tyrosinäthylester*, *Salicylidenaceton*, *5-[2′-Oxybenzyliden]-2-thiohydantoin*, *2-Oxybenzylidenanilin* u. *2-Oxybenzyliden-4-phenetidin*. — Halogenphenole: *2-*, *3-* u. *4-Brom-*, *2-*, *3-* u. *4-Chlor-*, *2-*, *3-* u. *4-Fluor-*, *2-Jod-*, *4-Thiocyan-* (40), *2.4-Dibrom-* (60), *2.5-Dibrom-* (100), *2.6-Dibrom-* (100), *2.4-Dichlor-*, *2.5-Dichlor-*, *2.6-Dichlor-*, *2.4.6-Tribrom-* (100), *2.3.6-Trichlor-* (50), *2.4.5-Trichlor-* (100), *2.4.6-Trichlor-* (100), *2.4.6-Trijod-* (100), *2.3.4.6-Tetrachlor-* (100), *Pentabrom-* (100), *Pentachlor-* (100), *4-Brom-2.6-dichlor-* (90), *2.6-Dibrom-4-chlor-* (100), *4-Chlor-2.6-dijod-* (100), *3-Brom-2.4.5.6-tetrachlor-* (100) u. *3.5-Dibrom-2.4.6-trichlorphenol* (100). — Nitroamino- u. Nitrosophenole: *2-*, *3-* u. *4-Nitro-*, *2.4-Dinitro-*, *2.6-Dinitro-*, *2.4.6-Trinitro-*, *4-Nitroso-*, *2-* u. *3-Amino-*, *4-Amino-* (70; 100), *2-Amino-4-nitro-*, *2-Amino-4.6-dinitro-*, *2-Acetylamino-*, *4-Acetylamino-*, *N-Acetyl-2-methylamino-*, *N-Acetyl-4-methylamino-*, *3-Diäthylamino-*, *4-Di-[β-oxyäthyl]-amino-* (60), *4-Phenylamino-* (30), *4-Benzylamino-* (70), *4-β-Naphthylamino-* (90) u. *4-Benzylidenaminophenol* (20), ferner *4-Aminophenolhydrochlorid* (30), *2.4-Diaminophenoldihydrochlorid*, *2.4.6-Triaminophenoltrihydrochlorid*, *4-Oxycarbanilsäureisopropylester*, *4-Methylaminophenolsulfat* (100), *4-Dimethylaminophenolsulfat* (90), *4-Dimethylaminophenoloxalat* (60) u. *4-Oxyphenylglycin* (70). — Alkylhalogenphenole: *2-Chlor-4-methyl-*, *2-Chlor-6-methyl-*, *4-Chlor-2-methyl-*, *4-Chlor-3-methyl-*, *2-Chlor-3.5-dimethyl-*, *4-Chlor-2.6-dimethyl-*, *2-* u. *6-Chlor-3.4-dimethyl-*, *2-Chlor-4-äthyl-* (10), *2-* u. *6-Chlor-3-äthyl-*, *2-Chlor-4-isopropyl-*, *2-Chlor-6-isopropyl-*, *3-Chlor-4-isopropyl-* *4-Chlor-2-isopropyl-* (80), *4-Chlor-3-isopropyl-*, *2-Chlor-4-tert.-butyl-* (10), *2-Chlor-3-isopropyl-6-methyl-*, *4-Chlor-2-isopropyl-5-methyl-* (60), *4-Chlor-3-isopropyl-5-methyl-* (60), *4-Chlor-5-isopropyl-2-methyl-* (50), *3-Chlor-4-tert.-amyl-* (30), *2-Chlor-6-amyl-*, *2-Chlor-4-tert.-butyl-6-methyl-*, *2-Chlor-6-tert.-butyl-4-methyl-*, *4-Chlor-2-amyl-* (60), *4-Chlor-2-tert.-butyl-5-methyl-* (50), *4-Chlor-2-tert.-butyl-6-methyl-*, *2-* u. *6-Chlor-4-tert.-butyl-3-methyl-*, *2-Chlor-4.6-diisopropyl-*, *2-Chlor-4-octyl-* (100), *4-Chlor-2.6-di-tert.-*

butyl-, *2-Chlor-4-nonyl-* (10), *2-Chlor-4.6 di-tert.-butyl-3-methyl-*, *2-Chlor-4.6-diamyl-*, *2-Chlor-4.6-di-tert.-amyl-*, *4-Chlor-3-pentadecyl-*, *2-Chlor-4-cyclohexyl-* (90),*2- Chlor-6-cyclohexyl-*, *4-Chlor-2-cyclohexyl-* (100), *4-Chlor-3.5-dimethyl-2-[4'-morpholinylmethyl]-*, *4-Chlor-3.5-dimethyl-2-[1'-piperidylmethyl]-*, *4-Brom-3.5-dimethyl-*, *2-Brom-4-tert.-butyl-* (90), *4-Jod-2-isopropyl-5-methyl-*, *4-Thiocyan-2-methyl-* (0; 30), *4-Thiocyan-3-methyl-* (20), *4-Thiocyan-2.6-dimethyl-* (20), *4-Thiocyan-3.5-dimethyl-* (80), *4-Thiocyan-2-äthyl-* (70; 80), *4-Thiocyan-3-äthyl-* (60), *4-Thiocyan-2-isopropyl-* (80), *4-Thiocyan-2-isopropyl-5-methyl-*, *4-Thiocyan-2-amyl-* (90; 100), *4-Thiocyan-2-tert.-butyl-5-methyl-* (100), *4-Thiocyan-2-tert.-butyl-6-methyl-* (20), *2.4-Dibrom-6-methyl-* (10), *2.6-Dibrom-4-methyl-*, *2.6-Dibrom-4-tert.-butyl-* (70), *2.4-Dichlor-5-methyl-* (50),*2.4-Dichlor-6-methyl-*, *2.6-Dichlor-4-methyl-*, *2.4-*, *2.6-* u. *4.6-Dichlor-3-methyl-*, *2.4-Dichlor-3.5-dimethyl-* (20), *2.5-*, *2.6-* u. *5.6-Dichlor-3.4-dimethyl-*, *2.4-Dichlor-3-äthyl-* (80), *2.6-Dichlor-4-äthyl-* (20), *2.4-Dichlor-6-isopropyl-* (10), *2.6-Dichlor-4-isopropyl-* (60), *2.4-Dichlor-6-isopropyl-3-methyl-*, *2.6-Dichlor-4-tert.-butyl-* (80), *2.3-* u. *2.5-Dichlor-4.6-diäthyl-* *2.4-*, *2.6-* u. *4.6-Dichlor-3-isopropyl-5-methyl-* (80), *2.4-Dichlor-6-tert.-butyl-3-methyl-*, *2.4-Dichlor-6-amyl-*, *2.3-* u. *2.5-Dichlor-6-tert.-butyl-4-methyl-*, *2.6-Dichlor-4-tert.-amyl-* (100), *2.3-* u. *2.5-Dichlor-4.6-diisopropyl-*, *2.4-Dichlor-3-isopropyl-6-tert.-butyl-*, *2.6-Dichlor-4-octyl-* (100), *2.6-Dichlor-4-nonyl-* (40), *2.4-* u. *2.6-Dichlor-3-pentadecyl-*, *2.4-Dichlor-6-cyclohexyl-* (80), *2.6-Dichlor-4-cyclohexyl-* (70), *2.4-Dijod-6-methyl-* (50), *2.4.6-Trichlor-3.5-dimethyl-* (90), *2.3.4.5-Tetrabrom-6-methyl-* (100), *2.3.4.6-Tetrachlor-5-methylphenol* (100) sowie *3.5-Dijod-L-tyrosin* u. *5-Brom-2-oxybenzylalkohol*. — Alkylnitro- u. Alkylaminophenole: *2-Nitro-5-methyl-*, *2-Nitro-6-methyl-*, *4-Nitro-2-methyl-*, *4-Nitro-3-methyl-*, *2-Nitro-3.5-dimethyl-*, *2-Nitro-4.5-dimethyl-*, *2-Nitro-4.6-dimethyl-*, *4-Nitro-2.6-dimethyl-* (40), *2-Nitro-5-äthyl-*, *4-Nitro-3-äthyl-*, *2-Nitro-5-isopropyl-* (20), *2-Nitro-5-pentadecyl-*, *4-Nitro-3-pentadecyl-*, *2.4-Dinitro-5-methyl-*, *2.4-Dinitro-6-methyl-* (50), *2.4-Dinitro-3.5-dimethyl-* (30), *2.4-Dinitro-3.6-dimethyl-* (60), *2.4-Dinitro-5-äthyl-*, *2.4-Dinitro-3-methyl-5-äthyl-* (100), *2.4-Dinitro-6-isopropyl-* (100), *2.4-Dinitro-3-methyl-6-isopropyl-* (90; 100), *2.4-Dinitro-6-sek.-butyl-* (100), *2.4-Dinitro-3-methyl-6-tert.-butyl-* (100), *2.4-Dinitro-6-sek.-amyl-* (100), *2.4-Dinitro-3-pentadecyl-*, *2.4-Dinitro-5-pentadecyl-*, *2.4-Dinitro-6-cyclohexyl-* (100) u. dessen *-Dicyclohexylaminsalz* (100), *2.6-Dinitro-4-methyl-* (30), *2.6-Dinitro-3.4-dimethyl-* (10), *2.6-Dinitro-4-äthyl-*, *2.6-Dinitro-4-isopropyl-* (20), *2.6-Dinitro-4-tert.-butyl-* (40), *2.6-Dinitro-4-sek.-amyl-* (100), *2.6-Dinitro-4-tert.-amyl-* (50), *2.6-Dinitro-4-cyclohexyl-* (90), *2.4.6-Trinitro-3-methyl-*, *2.4.6-Trinitro-3-äthyl-*, *2.4.6-Trinitro-3-pentadecyl-*, *4-Nitroso-2-methyl-* (60), *4-Nitroso-3-methyl-*, *4-Nitroso-3.5-dimethyl-*, *4-Nitroso-3-äthyl-*, *4-Nitroso-2-isopropyl-5-methyl-* (30; 50), *4-Nitroso-5-isopropyl-2-methyl-*, *4-Nitroso-2-tert.-butyl-5-methyl-* (50), *4-Nitroso-2-tert.-butyl-6-methyl-*, *4-Nitroso-2-tert.-butyl-6-isopropyl-* (10), *4-Nitroso-3-pentadecyl-*, *4-Amino-3-pentadecylphenol*. — Halogenierte Nitrophenole: *2-Chlor-4-nitro-* (70), *2-Chlor-4.6-dinitro-*, *4-Chlor-2.6-dinitro-*, *2.6-Dibrom-4-nitro-* (100), *2.6-Dichlor-4-nitro-* (100), *2.6-Dibrom-4-amino-* (10), *3.4.6-Trichlor-2-nitro-* (80), *4-Chlor-2-nitro-3-methylphenol*. — Phenol-aldehyde, -ketone u. deren Derivv.: *Salicylaldehyd*, *3-Oxy-*, *4-Oxy-*, *2-Oxy-5-brombenz-* (60), *2-Oxy-5-methyl-*, *2-Oxy-5-nitro-* (20), *2-Oxy-5-methyl-*, *2-Oxy-5-nitrobenzaldehyd* (20), sowie *2-* u. *4-Oxybenzaldehydoxim*, *2-* u. *3-Oxyacetophenon*, *2-* u. *4-Oxypropiophenon* u. *4-Oxybenzophenon*. — Aromat. Oxysäuren, deren Ester u. Amide: *2-*, *3-* u. *4-Oxybenzoesäure*, *Methyl-*, *Isopropyl-*, *n-Butyl-*, *Isoamyl-*, *Phenyl-* u. *Benzyl-2-oxybenzoat*, *2-Oxybenzamid*, *N-Phenyl-* (10), *N-2'-Tolyl-2-oxybenzamid* (60), *3-Oxy-2-anthranilid*, *2-Oxy-5-brom-*, *2-Oxy-3.5-dichlor-*, *2-Oxy-3.5-dijod-* (10), *2-Oxy-3-nitro-*, *2-Oxy-5-nitro-*, *2-Oxy-3.5-dinitro-*, *2-Oxy-3-methyl-*, *2-Oxy-3-pentadecadienyl-*, *2-Oxy-6-pentadecylbenzoesäure*, *Methyl-*, *Äthyl-*, *n-Propyl-4-oxybenzoat*, *3.5-Dijod-4-oxybenzoesäure*, *3-Oxyphthalsäure*. — Sulfonsäuren: *Phenol-4-sulfonsäure*, deren *Amid*, *2-Amino-* u. *2-Äthyl-Verb.*, *4.5-Dimethylphenol-4-sulfonsäure* (10), *3-Äthylphenol-x-sulfonsäure* *4-Äthyl*,*-4-tert.-Butylphenol-2-sulfonsäure*, *Diäthylphenolsulfonsäure*, *6-tert.-Butyl-2-methylphenol-*, *2-Amylphenol-4-sulfonsäure*, *4-tert.-Amylphenol-*, *4-Octylphenol-2-sulfonsäure*, *3-Pentadecyl-*, *2-Cyclohexylphenol-4-sulfonsäure*, *4-Cyclohexylphenol-2-sulfonsäure* (10). — *2-Oxy-5-sulfonbenzoesäure*. — *4-Oxyphenylarsonsäure*. — Alkoxyphenole: *2-*, *3-* u. *4-Methoxy-*, *2-Äthoxy-*, *4-Benzyloxyphenol*, *4-Oxyphenoxyessigsäure*, *β-Chlor-β-formyl-α-[3-oxyphenoxy]-acrylsäure*, *2-Methoxy-4-methyl-*, *2-Methoxy-4-allyl-*, *2-Methoxy-4-propenyl-*, *2-Methoxy-4-n-propyl-*, *2-Methoxy-4-oxymethyl-* u. *2-Methoxy-4-acetylphenol*, *4-Oxy-3-methoxyphenylessigsäure*, *Gallussäuredimethyläther*, *4-Oxy-3-methoxyzimtsäure*, *4-Oxy-3-methoxybenzalaceton*, *2-* u. *4-Oxy-3-methoxybenzaldehyd*, *4-Oxy-3-methoxybenzoesäure*, *3-Methoxy-4-brom-*, *2.6-Dimethoxy-3.4.5-tribrom-* (20), *4-Methoxy-2-allyl-*, *4-Methoxy-2.6-diallyl-*, *4-Methoxy-2.6-di-tert.-butyl-*, *2-Äthoxy-6-allyl-* u. *2-Äthoxy-6-propenylphenol*, *4-Oxy-3-äthoxybenzaldehyd*, *4-Äthoxysalicylsäure*, *4-Äthoxy-2.6-di-tert.-butylphenol*. — Brenzcatechine:

Brenzcatechin, 4-tert.-Butyl- (70) u. *Tetrachlorbrenzcatechin* (80), *3.4-Dioxyzimtsäure.* — Resorcine: *Resorcin, 4-n-Hexyl-* (100), *5-Pentadecyl-, 5-Pentadecadienyl-, 4-Chlor-, 2-Nitro-, 2-Nitro-5-methyl-, 2.4-Dinitro-* u. *2.4.6-Tribromresorcin* (20), *2.4-Dioxybenzoesäure, 2.4-Dioxyacetophenon, 2.4-Dioxybenzaldehydoxim.* — Hydrochinone: *Hydrochinon, Allyl-* (70), *2.5-Di-tert.-Butyl-* (100), *Octyl-* (50), *2.5-Bis-[2.3.4.6-tetramethylphenyl]-, Brom-* (0; 60; 90), *Chlor-* (100), *Tetrabrom-* u. *Tetrachlorhydrochinon.* — Polyoxybenzole: *Pyrogallol, Phloroglucin, Gallussäureäthylester, Methylphloroglucin* u. *Tetraoxy-4-phenylendiamindihydrochlorid, Resorcinmonoacetat, 3.5-Dinitrohydrochinonmonoacetat.* — Thiophenole: *Thiophenol* (60), *2-Methyl-* (10), *4-Methyl-* (80) u. *2.4.6-Trichlorthiophenol.* — Phenylphenole: *2-Phenylphenol, 4-* (90) u. *6-Chlor-* (10), *4.6-Dichlor-* (100), *x.4.6-Trichlor-* (100), *4-Nitro-* (100), *6-Nitro-* (90) u. *4.6-Dinitro-2-phenylphenol* (100). *2-Phenylphenol-6-carbonsäure, 4-Phenylphenol, 2-Brom-* (50) u. *2-Chlor-4-phenylphenol* (60), *4-Phenylphenol-2-carbonsäure, 3-* u. *4-Phenylbrenzcatechin* u. *2-Phenylhydrochinon* (10). — Bis-phenole: *4.4′-Dioxy-, 4.4′-Dioxy-3.3′-dimethyl-* (60), *4.4′-Dioxy-2.2′-dipropyl-* (50), *x.x′-Dioxyoktachlor-* (100), *4.4′-Dioxy-3.3′-diallyl-5.5′-bis-[diäthylaminomethyl]-biphenyl, 1.8-* u. *1.9-Bis-[4′-oxyphenyl]-pentadecan.* — Benzylphenole: *2-Benzylphenol* (80), *4-* (60) u. *6-Methyl-* (30) u. *4.6-Dinitro-2-benzylphenol* (100), *2-[2′-Brombenzyl]-* (90), *2-[3′-Brombenzyl]-* (100), *2-[4′-Brombenzyl]-* (100), *2-[2′-Chlorbenzyl]-* (100), *2-[3′-Chlorbenzyl]-* (80) u. *2-[4′-Chlorbenzyl]-4-methylphenol* (100), *2-[2′-Brombenzyl]-* (100), *2-[3′-Brombenzyl]-* (50), *2-[4′-Brombenzyl]-* (60), *2-[2′-Chlorbenzyl]-* (90), *2-[3′-Chlorbenzyl]-* (30) u. *2-[4′-Chlorbenzyl-6-methylphenol* (80), *2-[α-Phenyläthyl]-phenol* (80), *2-[α-Phenyläthyl]-4-methylphenol* (20), *2-[α-Methylbenzyl]-4.6-dinitrophenol* (100), *4-Benzylphenol, 4-Benzyl-* (50; 100), *4-[2′-Brombenzyl]-* (100), *4-[3′-Brombenzyl]-* (70), *4-[4′-Brombenzyl]-* (100), *4-[2′-Chlorbenzyl]-* (100), *4-[3′-Chlorbenzyl]-* (100) u. *4-[4′-Chlorbenzyl]-2-methylphenol* (100), *4-[α-Phenyläthyl]-phenol* (40), *4-[α-Methylbenzyl]-2.6-dinitrophenol* (60), *4-[α.α-Dimethylbenzyl]-phenol* (90; 100), *4-Triphenylmethylphenol* u. *4-Hydrindylphenol* (100). — Methylen-bis-phenole: *Bis-[2-oxy-3-tert.-butyl-5-methylphenyl]-, Bis-[2-oxy-3-methyl-5-isooctylphenyl]-, Bis-[2-oxy-5-chlorphenyl]-* (100), *Bis-[2-oxy-3-brom-5-chlorphenyl]-* (90; 100), *Bis-[2-oxy-3.5.6-trichlorphenyl]-* (100) u. *Bis-[2-oxy-5-chlor-3-isopropylphenyl]-methan* (100), *1.1-Bis-[2′-oxy-3′-tert.-butyl-5′-methylphenyl]-äthan, 2.2-Bis-[2′-oxy-3′-tert.-butyl-5′-methylphenyl]-propan, 2.2-Bis-[4′-oxyphenyl]-butan* (70; 80), *1.1-Bis-[2′-oxy-3′-tert.-butyl-5′-methylphenyl]-isobutan, 2.2-Bis-[2′-oxy-3′-tert.-butyl-5′-methylphenyl]-butan, Bis-[2-oxy-3-tert.-butyl-5-methylphenyl]-phenylmethan, 1.1-Bis-[2′-oxy-3′-tert.-butyl-5′-methylphenyl]-cyclohexan, 2.2-Bis-[4′-oxyphenyl]-propan* (20), *2.2-Bis-[4′-oxy-3′-nitrophenyl]-propan* (90), *Bis-[2-oxy-3.5-dichlorphenyl]-sulfid* (100), *Bis-[2-oxy-5-tert.-butylphenyl]-sulfid* (60), *2.4′-* u. *4.4′-Dioxydiphenylsulfon, 4.4′-Dioxystilben, 2.4′-* u. *4.4′-Dioxybenzophenon, 5.5′-Dibromsalicil* (90). — Phenylazophenole: *4-Benzolazo-2-* u. *-3-methylphenol* (50 bzw. 70), *4-[4′-Benzolazosulfonsäure]-3-pentadecylphenol* (100), *4-Nitrobenzolazosalicylsäure, 4-Benzolazoresorcin* (10), *4-[3′-Nitrobenzolazo]-resorcin* (50), *4-[4′-Nitrobenzolazo]-5-methylresorcin* (30). — Naphthole: *1-Naphthol, 2.4-Dichlor-1-naphthol* (50), *4-Nitroso-1-naphthol* (100), *2.4-Dinitro-1-naphthol* (100), *2.4-Dinitro-1-naphthol-7-sulfonsäure, 5-Amino-1-naphthol, 4-Amino-2-methyl-1-naphtholhydrochlorid, 1-Naphthol-4-* u. *-5-sulfonsäure, 1-Oxy-2-naphthoesäure* (20), *Phenyl-1-oxy-2-naphthoat, 1-Naphthol-4-chlor-2-carbonsäure* (80), *2-Naphthol, 6-Brom-2-naphthol, 1.3.6-Tribrom-2-naphthol* (10), *1-Amino-2-naphtholhydrochlorid* (90), *1-Nitroso-2-naphthol* (100), *1-Nitroso-2-naphthol-3.6-disulfonsäure, 2-Naphthol-6-, -7-* u. *-8-sulfonsäure, 2-Naphthol-6.8-disulfonsäure, 2-Oxy-1-naphthaldehyd* (30), *2-Oxy-3-naphthoesäure, 2-Naphthol-3-carboxyl-6-sulfonsäure, cis-* u. *trans-Dekahydro-2-naphthol, 1.2.3.4-Tetrahydro-6-oxy-4-[4′-oxy-3′-methoxyphenyl]-3-oxymethyl-7-methoxy-2-naphthamid, 1.1′-Bis-β-naphthol* (0; 30), *Orange II, Sudan III, Sudan IV, 1.5-, 2.3-* u. *2.7-Dioxynaphthalin, 1.8-Dioxynaphthalin-3.6-disulfonsäure* u. *1.8-Dioxynaphthalin-4-nitrobenzolazo-3.6-disulfonsäure.* — Chinone: *1.4-Benzochinon* (80), *Chinhydron* (80), *2.5-* u. *2.6-Dichlor-* (10 u. 10), *2.5-Difluor-* (10), *Tetrabrom-, Tetrachlor-1.4-benzochinon* (40), *2.5-Dichlor-3.6-dioxy-, 2.6-Dimethoxy-* (70), *2.5-Dioctyl-1.4-benzochinon, 1.4-Benzochinonchlorimid* (100), *2.6-Dichlor-1.4-benzochinonchlorimid* (30), *Hexachlorphenol* (80), *1.2-Naphthochinon* (90), *3-Chlor-* (30), *4-Amino-, 6-Oxy-* (80), *7-Methoxy-1.2-naphthochinon, 1.2-Naphthochinon-4-sulfonsäure, 1.4-Naphthochinon, 2-Brom-* (100), *6-Chlor-* (100), *2.3-Dichlor-* (50), *2-Chlor-3-oxy-1.4-naphthochinon, 1.4-Naphthochinon-2-sulfonsäure, 2-Methyl-* (100), *2-Methyl-3-oxy-, 2-Methyl-3-methoxy-1.4-naphthochinon, 2-Methyl-1.4-naphthochinon-6-carbonsäure, 2-Methyl-6-acetyl-* (100), *2-Methyl-6-propionyl-* (100), *2-Methyl-6-n-butyryl-* (90), *2-Methyl-6-n-caproyl-* (90), *2-Methyl-6-succinyl-, 2-Methyl-3-n-propylthio-* (90), *2-Methyl-3-isopropylthio-* (90), *2-Methyl-3-n-butylthio-* (100), *2-Methyl-3-äthylthio-6-n-butyryl-1.4-naphthochinon* (90), *Methyl-S-[2-methyl-1.4-naphthochinonyl-(3)]-*

thioacetat (90), *2-Äthylthio-* (100), *2-Isopropylthio-* (100), *2-n-Amylthio-*, *2-Phenylthio-*, *2.2'-Tolylthio-* (70), *2.3-Bis-[propylthio]-* (60), *2.3-Bis-[benzylthio]-*, *2-Isoamyl-3-oxy-* (70), *2-Pentadecyl-3-oxy-*, *2-[3'-(p-Chlorphenyl)-propyl]-3-oxy-* (100), *2-[4'-Cyclohexylbutyl]-3-oxy-1.4-naphthochinon*, *2-[1.4-Naphthachinonyl]-decansäure*, *Methyl-2-[1.4-naphtochinonyl]-decanoat*, *Indophenol*, *Anthrachinon*, *1-* u. *2-Aminoanthrachinon*, *1-Methylamino-*(90), *1-Acetyl-*, *2-Methyl-*, *2-Methyl-4.5-dioxy-*, *1.2-Dioxy-*, *1.4-Dioxy-*, *1.2.4-Trioxy*(70), *1.2-Dioxy-3-nitroanthrachinon* (40), *Anthrachinon-2-sulfonsäure*, *Anthrachinon-2.7-disulfonsäure*, *1-Nitroanthrachinon-5-sulfonsäure*, *1.2.3.4-Tetrahydroanthrachinon*, *Phenanthrenchinon* (90), *2-Oxyphenanthrenchinon* (30), *Methylphenanthrenchinon-3-carbonat*, *1.2-Benzanthrachinon*, *5-Oxy-2-oxymethyl-1.4-pyron*, *2-* u. *8-Oxychinolin*, *4-Methyl-*, *4.8-Dimethyl-*, *4-Methyl-6-methoxy-2-oxychinolin*, *5.7-Dibrom-*, *5.7-Dichlor-2-methyl-* (10), *5.7-Dinitro-8-oxychinolin*, *7-Jod-8-oxychinolin-5-sulfonsäure*, *Äthyl-4-oxy-7-nitrochinolin-3-carbonat*, *8-Oxychinoliniumsalicylat*, *2.6-Diamino-4-oxypyrimidinsulfat*, *2.6-Diamino-5-nitroso-4-oxypyrimidin*, *2.5.6-Triamino-4-oxypyrimidinsulfat*, *6-Imino-5-isonitrosohydrouracil*, *Benzoxazindion-(2.4)-Na-Deriv.*, *7-Oxy-6-methoxychinoxalin*, *4-Oxy-5-methoxyphenanthrolin-3-carbonsäure*, *3-Oxy-1-phenylpyridiniumchlorid*. — *2-Oxy-* (100) u. *4-Oxyphenylmercurichlorid* (100), *2.4-Dichlormercuriphenol* (100), *4-Oxyphenylmercurithiocyanat* (100), *Metaphen* (100), *Mercurochrom* (90), *Salvarsan*, *Neosalvarsan*. — *Fluorescein*, *Tetrajodfluorescein*, *Phenolphthalein*, *Phenolsulfonphthalein*, *Tetranitrophenolsulfonphthalein*, *o-Kresolsulfonphthalein*, *Dibrom-o-* u. *Tetrabrom-m-kresolsulfonphthalein*, *Thymolsulfonphthalein*, *Aurin*, *Rose Bengal*, *Brillant Yellow*, *Evansblue*. — *2.4.6-Tribromanisol*, *Pentachloranisol*, *Rutin*, *2-* u. *4-Isopropylcyclohexanol*, *x.x.x-Trimethylcyclohexanol*, *cis-* u. *trans-2-Phenylcyclohexanol*, *α-Conidendrol*, *4.α-Dioxy-α-toluolphosphonsäure*, *Inosit*, *Bicyclohexyldiol-(1.1')*, *Cumarin*, *4-Methyl-6-methoxy-*, *3-Acetyl-4-oxy-* u. *6-Chlorcumarin*, *Dicumarol*, *5-* (30) u. *6-Oxy-2-ketobenzothiozol* (90), *6-Chlor-4-methyl-3-thianaphthenol*, *4-Oxy-2.5-dimethyl-3.4-diphenyl-2-cyclopentenon-(1)*, *5.5-Dimethyldihydroresorcin*, *Benzoin*, *2.2.4-Trimethyl-1.2.4-benzopyranol-(6)*, *3-Oxy-2-anthrocsäure*. — Die *Cu-Salze* folgender Verbb.: *Phenol* (100), *2.3.5-Trimethyl-* (100), *2-Chlor-* (90; 100), *2.4-Dibrom-* (40; 80), *2.4-Dichlor-* (60; 80), *2.4.6-Tribrom-* (80; 90; 100), *2.4.5-Trichlor-* (100), *2.4.6-Trichlor-*(90; 100), *2.4.6-Trijod-* (100), *2.3.4.6-Tetrachlor-* (100), *Pentabrom-* (30; 100), *Pentachlor-* (100), *2.4-Diamino-* (0; 80), *4-Chlor-3.5-dimethyl-* (100), *4-Chlor-2-isopropyl-5-methyl-* (100), *2.4-Dibrom-6-methyl-* (60; 80; 100), *2.4-Dichlor-5-methyl-* (100), *2.4.6-Trichlor-3.5-dimethyl-* (100) u. *2.3.4.6-Tetrachlor-5-methylphenol* (90; 100), *Methyl-2-* (100) u. *Methyl-4-oxybenzoat* (90), *n-Propyl-4-oxybenzoat* (100), *4-Methoxyphenol* (100), *Tetrachlorhydrochinon* (10; 80; 100), *2-Phenylphenol-6-carbonsäure* (100), *x.x-Dioxyoktachlorbiphenyl* (100), *2.4-Dichlor-1-naphthol* (90), *2-Naphthol* (100), *8-Oxychinolin* (90; 100), *Dimethyldihydroresorcin* (100), ferner die *Ba-*, *Cd-*, *Co-*, *Pb-*, *Hg-*, *Ni-* u. *Zn-Salze* des *Pentachlorphenols* (jedesmal 100). Einige dieser Verbb. wurden auch noch in größeren Verdünnungen geprüft. Dabei erwiesen sich in $2^0/_{00}$ig. Lsgg. noch bes. wirksam: 2.4-Dinitro-6-sek.-butyl- u. -amylphenol, Dicyclohexylamin-Salz von 2.4-Dinitro-6-cyclohexylphenol, in $1^0/_{00}$ig. Lsgg. 2-Phenyl-4.6-dinitrophenol, Bis-[2-oxy-5-chlor-3-isopropylphenyl]-methan, 2- u. 4-Oxyphenylmercurichlorid u. 4-Oxyphenylmercurithiocyanat, sowie in $0{,}5^0/_{00}$ig. Lsg. Bis-[2-oxy-3.5.6-trichlorphenyl]-methan. Die Beziehungen zwischen molluscicider Wrkg. u. chem. Konst. werden besprochen. (Amer. J. trop. Med. Hyg. **2.** 716—52. Juli 1953. Bethesda, Md., Nat. Inst. of Health, Nat. Microbiol. Inst.) P. LOCH. 6312

M. Raucourt, G. Viel und **J. Chevrel,** *Untersuchung der Bestäubungen vom Flugzeug aus.* 1. Mitt. *Untersuchung der Staubverteilung.* Bericht über Verss. mit *Ca-Arsenat*, *SPC*, *HCH*, *DDT* u. *Parathion.* (Ann. Inst. nat. Rech. agronom., Sér. C **4**, 227—56. April/Mai/Juni 1953. Versailles, Labor. de Phytopharm.) GRIMME. 6312

Karlheinz Küthe, *Der Einfluß der Spritztropfengröße auf den Erfolg einer Schädlingsbekämpfung.* Verbrennungsschäden an Kulturpflanzen treten trotz Erhöhung der Konz. von Spritzbrühen nicht auf, wenn gleichzeitig die Tropfengröße so verkleinert wird, daß die auf die Blattflächeneinheit gelangende Wirkstoff (I)-Menge dieselbe bleibt oder kleiner wird. Die Wahrscheinlichkeit der Giftwrkg. wird durch Anwendung kleiner Tropfen (feinere I-Verteilung) vergrößert, die Dauerwrkg. durch Anwendung größerer Tropfen (I-Ablagerung in jeweils größeren Portionen) verbessert. Die im allg. optimale Tropfengröße liegt beim Spritzen von 100—200 Liter/ha bei 200—300 μ. Bei der Unkrautbekämpfung mit Ätzmitteln müssen größere Tropfen angewendet werden. (Nachrichtenbl. dtsch. Pflanzenschutzdienstes [Braunschweig] **6.** 51—54. April 1954. Darmstadt, Biol. Bundesanst., Inst. für Kartoffelkäferforsch. u. Bekämpfung.) RANG. 6312

H. Goossen und **L. Eue,** *Die Verteilung und Regenbeständigkeit von Spritz- und Spritzbrühbelägen im Kartoffelbestand.* (Vorl. Mitt.) Es wurden an Fiederblättchen von mit verschied. Spritz- u. Sprühgeräten behandelten Kartoffeln der Cu-Geh. in Cu-Spritzbelägen colorimetr. bestimmt. Bei Ausbringung gleicher Wirkstoff (**I**)-u. Flüssigkeitsmengen wird im Sprühverf. eine gleichmäßigere **I**-Verteilung auf oberen u. mittleren Staudenpartien erreicht als im Spritzverfahren. Mit Abnahme der angewendeten Flüssigkeitsmengen — bei gleichbleibenden **I**-Mengen — verkleinert sich auch die auf der Flächeneinheit abgelagerte **I**-Menge infolge höheren Anteils an schwebenden Teilchen. Kleintropfiger **I**-Belag ist im allg. regenbeständiger als großtropfiger. (Nachrichtenbl. dtsch. Pflanzenschutzdienstes [Braunschweig] **6.** 54—57. April 1954. Münster/Westf., Landw.-Kammer Westfalen-Lippe, Pflanzenschutzamt.) RANG. 6312

A. W. Wojewodin, *Gleichzeitige Anwendung von Herbiciden und Insekticiden bei der Behandlung von Getreidekulturen.* Eine kombinierte Anwendung von Herbiciden u. Insekticiden zur gleichzeitigen Bekämpfung der Schädlinge, Unkräuter u. Pflanzenkrankheiten erscheint als zweckmäßig beim Spritzen, dagegen nicht immer beim Bestäuben. Ackersenf starb nach Spritzen mit einem Gemisch aus *2.4-D* (2—3 kg/ha), 20 kg/ha *Hexachlorcyclohexan* (**I**) u. 10%ig. *koll.* S (100 Liter/ha) am 10.—15. Tage ab, beim Bestäuben dagegen erst am 35.—40. Tage. Larven von *Lema melanopus* starben beim Bestäuben u. auch beim Spritzen am 5. Tage ab. Beim Spritzen blieben die Pflanzen 25—30 Tage für die Larven toxisch. Die durch Spritzen mit einzelnen Präpp. oder mit dem Gemisch erzielte Ertragssteigerung stellte sich auf 2,5—4,5 dz/ha. In Trockengebieten ist 2.4-D-Staub ungeeignet. (Доклады Всесоюзной ордена Ленина Академии Сельскохозяйственных Наук имени В. И. Ленина [Ber. Allunions landwirtsch. (Lenin-Orden) Lenin-Akad.] **18.** Nr. 9. 33—35. 1953. Allunions Wiss. Forschungsinst. für Pflanzenschutz.) M. GORDIENKO. 6312

P. K. Sen Gupta, *Vorläufige Beobachtungen über die Wirksamkeit von Methylbromid als Begasungsmittel für Äpfel und gegen Trockenfruchtschädlinge.* Eine Versuchsbegasungskammer wird an Hand einer Zeichnung beschrieben. Die Verss. wurden ausgeführt mit 2 Äpfelsorten (Kulu u. „Kandahari"). Die Früchte vertrugen CH_3Br-Raumkonzz. von 3 lbs./1000 c.ft. ohne sichtbaren Schaden. Versuchstemp. 100° F. Letale Raumkonz. von CH_3Br für Oryzaephilus sucinamensis (Larve u. Imago) ist 1 lbs./1000 c.ft. in 1½ Std. oder 1,5 lbs./c.ft. in 1 Std. bei 80—90° F. Für Triboleum castaneum-Adulten u. -Larven liegt die letale Konz. u. die Einwirkungsdauer höher, bei 1,5 lbs./1000 c.ft. für 2 Stunden. Je niedriger die Temp., desto höher die letale Dosis oder Einwirkungsdauer. (Indian J. agric. Sci. **21.** 67—76. März 1951. New Delhi, Ind.-Agric. Res. Isat.) GRIMME. 6312

W. E. de Mol van Oud Loosdrecht, *Die Kohlen-Sauerstoff-Druckmethode zur Bekämpfung der Großen Narzissenfliege* (*Lampetia equestris F.*). Durch N_2, O_2 bzw. CO_2 allein wurde die Made der Großen Narzissenfliege bei einem Druck von 1 atü nicht getötet, wohl aber durch Anwendung einer Mischung von CO_2 u. O_2. Am wirksamsten war ein Gemisch aus 20% CO_2 u. 80% O_2 bei einem Druck von 12 atü u. einer Einwirkungsdauer von 24 Stunden. Durch 48std. Behandlung wurde die Made immer getötet, auch wenn sie vollständig ausgewachsen war. (Z. angew. Entomol. **35.** 319—38. Dez. 1953. Amsterdam.) WINIKER. 6312

A. Endrigkeit, *Die Bekämpfung der Kohlfliege* (*Chortophila brassicae Bché*). Zusammenfassender Überblick. — 45 Literaturhinweise. (Z. Pflanzenkrankh. [Pflanzenpathol.] Pflanzenschutz. **60.** 593—99. 1953. Wesselburen/Holst.) WINIKER. 6312

E. König, *Bekämpfung des Buchenrotschwanzes im Pfälzer Wald mittels Hubschrauber. Forstriton* (Hexapräp.) erzielte bei einmaliger Anwendung nur eine Abtötung von 50—60% (wobei ein sehr ungünstiger Wettereinfl. zu berücksichtigen ist). Zweimal verspritzt wurde bei günstigen Wetterverhältnissen nach der zweiten Begiftung eine Abtötung von ca. 99% erreicht. Reine *DDT*-Mittel bewirkten bei der zweiten Begiftung 100%ig. Abtötung. Die Fraßgifte *Fundal, Holfidal* u. *Phenothiazin* sowie das Mischpräp. *Toxol* befriedigten nicht. (Forstarchiv **25.** 87—94. 15/4. 1954. Ringingen, Forstschutzstelle Südwest.) WINIKER. 6312

E. Häfliger, *Neue Beiträge zur Bekämpfung der Kirschenfliege* (*Rhagoletis cerasi L.*). In geschlossenen Gemeinschaftsaktionen wurden *DDT—Parathion* (**I**)-*Kombinationspräpp.* mit *DDT*-Spritzpulver angewandt. Eine einzige Behandlung mit Kombinationspräpp. hatte hierbei den gleichen durchschlagenden Erfolg wie 2 vorbeugende Behandlungen mit DDT. Bei der Behandlung von Einzelbäumen waren die Kombinationspräpp. dem **I** überlegen. In Laborverss. wurde festgestellt, daß **I** u. [2-Isopropyl-4-methylpyrimidyl-(6)]-diäthylthiophosphat (*Diazinon*) bereits in einer Konz. von 2 g/100 Liter Spritzbrühe Kirschfliegenmaden aller Entwicklungsstadien abtöten. In Freilandverss.

unterbanden beide Präpp., bes. in Emulsionsform, die Entw. von Eiern, die bis mehrere Tage nach der Behandlung abgelegt werden. (Z. Pflanzenkrankh. [Pflanzenpathol.] Pflanzenschutz. **60.** 246—60. 1953. Basel, J. R. Geigy AG.) WINIKER. 6312

Gerhard Schuhmann, *Untersuchungen über die Einwirkung von Phosphorsäureestern auf Fruchtschädlinge im Steinobst (Rhagoletis cerasi L., Laspeyresia funebrana Tr., Hoplocampa minuta Christ. und Hoplocampa flava L.)* 0,03% *E 605 forte* (I) vernichtet bei gründlicher Behandlung sämtliche Larvenstadien von Rhagoletis cerasi L. Die absol. I-Rückstände bei der Kirschenernte (Anwendung von I 10—14 Tage vorher) sind so gering, daß keine gesundheitliche Gefahr besteht. *Systox* u. *OMPA* verhindern eine Vermadung durch abgelegte Eier. Eine Wirkungsverlängerung von 20 Tage im Vgl. zu I besteht nur bei höherem Mittelaufwand. Fragen der Giftigkeit für den Menschen bedürfen noch einer Klärung. — I (0,03%) vernichtet 93% der ersten 4 Raupenstadien von Laspeyresia funebrana T.; das 5. Raupenstadium bleibt ungeschädigt (0,05% I). Die Versuchsergebnisse deuten darauf hin, daß I in der Gasphase durch den Fraßgang auf die Larven wirkt. — Fast erwachsene Larven von Hoplocampa minuta u. H. flava wurden in Freilandverss. mit 0,03% I zu 64—97% vernichtet. Jüngere Larven wurden restlos getötet. Auch hier scheint I als Gas zu wirken. (Höfchen-Briefe **6.** 239—89. 1953. Heidelberg, Biol. Bundesanst., Inst. für Obst- u. Gemüsebau.) WINIKER. 6312

A. E. Michelbacher und **O. G. Bacon,** *Apfelwickler bei Walnüssen.* Bei den Bekämpfungsverss. waren Sprays mit 50%ig. benetzbaren DDT-Pulver (7,5—8 lbs./acre) mit Zusatz von Ölemulsion am wirksamsten. (Calif. Agric. **6.** 5. 14. Febr. 1952. Berkeley, Calif., Univ. of California, Coll. of Agric.) RANG. 6312

S. Erlich, *Bekämpfung von Aphodius Howitti, Hope, mit neueren Insekticiden.* Bei Bekämpfungsverss. zeigten sich *Lindan* (I) u. *DDT* (2 oz./acre im Herbst) gegen den Grünlandschädling gleich wirksam. Anwendung erfolgt im Gemisch mit Superphosphat oder als Staub. *BHC* war weniger wirksam als I. (J. Dep. Agric., Victoria **52.** 134—44. März 1954. Biol. Branch.) RANG. 6312

P. A. Kljuschkin, *Die Anwendung von Hexachloran zur Vernichtung von Lema melanopus L.* Im Vgl. zu allen untersuchten Bekämpfungsmitteln (DDT, $CaAsO_4$, Na_2SiF_6) war 12%ig. Hexachloranstaub am wirksamsten. Das Bestäuben der befallenen Saaten kann in jedem Stadium des Auftretens des Schädlings erfolgen, am günstigsten während des massenweisen Auftretens der Käfer vor der Eierablage. (Достижения Науки и Передового Опыта в Сельском Хозяйстве [Errungenschaften Wiss. u. fortschr. Erfahrung Landwirtsch.] **1953.** Nr. 2. 77—79. Febr. Krimer staatl. Komplexe landw. Versuchsstat.) A. JACOB. 6312

R. Mathlein, *Einige Bekämpfungsversuche mit „aktiviertem Pyrethrum" gegen Schädlingsinsekten in Getreidelagern.* Verss. ergaben, daß mit dem Pyrethrum-Piperonylbutoxyd-Präp. „*Pybuthrin Grain Dust*" eine wirksame Bekämpfung von Getreideschädlingen möglich ist, wenn das Getreide mit ca. 2—2,5% des Präp. sorgfältig durchmischt wird. Als resistent erwies sich nur der Käfer *Tribolium castaneum.* (Statens Växtskyddsanst., Växtskyddsnotiser **1953.** 23—27. Juni.) BECKMANN. 6312

Carl Johansen, *Mäusebekämpfung mit Toxaphen in Obstgärten in Yakima und im Wenatcheccal.* Toxaphen zeitigte bei der Feldmäusebekämpfung sehr gute Erfolge, wenn auch örtlich gewisse Feldschläge vorkamen. (Proc. annu. Meeting Washington State horticult. Assoc. **48.** 80—82. Dez. 1952. Prosser, Wash.) GRIMME. 6312

Kenneth R. Keller, Robert A. Magee und **A. Irving Dow,** *Ein Versuch der Bewertung von Hopfenböden nach dem Gehalt an organischer Substanz und nach dem p_H-Wert.* Krit. Nachprüfung der Methoden zur Best. von p_H u. Geh. an organ. Substanz an Hopfenböden der Staaten Oregon u. Washington. Genaue Angaben über Probenahme u. Untersuchung. (Agronomy J. **44.** 537—40. Okt. 1952. Pullman, Ore., Agric. Exp. Stat.) GRIMME. 6324

Ellsworth Shaw und **L. A. Dean,** *Verwendung von Dithizon als Extraktionsmittel zur Bestimmung des Nährstoffzinks im Boden.* Die n. Methoden zur Zn-Best. geben bei neutralen u. Kalkböden keine eindeutigen Werte. Vff. geben eine allg. gültige Arbeitsweise: 25 cm^3 NH_4-Acetatlsg. u. 25 cm^3 Dithizon-CCl_4-Lsg. werden gemischt u. nach Zugabe von 2,5 g Feinboden (18-Maschen-Sieb) wird 1 Std. lang mechan. geschüttelt. Nach dem Absetzen zentrifugiert man die CCl_4-Suspension möglichst klar. 10 cm^3 der Lsg. werden im Schütteltrichter mit 50 cm^3 0,02 n HCl 3 Min. lang ausgeschüttelt, in der sauren Lsg. bestimmt man Zn: Nach Zugabe von 1 Tropfen Phenolphthaleinindicator, 5 cm^3 NH_4-Citratpuffer, 1,1 cm^3 n-NH_4OH, 5 cm^3 Carbamatlsg. u. 10 cm^3 Dithizonreagens schüttelt man 5 Min., führt die organ. Phase in einen anderen Scheidetrichter über u. schüttelt mit 25 cm^3 0,01 n NH_4OH-Lsg. 3 Min. lang. 5 cm^3 der organ.

Phase werden nach Zugabe von 25 cm³ CCl_4 bei λ 5350 Å colorimetriert. Vgl. mit gleich behandelten Lsgg. bekannten Zn-Gehaltes. — Die Zn-Ausnutzung durch die Pflanzen hängt beträchtlich vom p_H des Bodens ab. (Soil Sci. **73.** 341—47. Mai 1952. U. S. Dep. of Agric.) GRIMME. 6324

H. Zeumer, *Methoden zur Prüfung von Pflanzenschutz- und Vorratsschutzmitteln. Die Bestimmung der Schwebefähigkeit von Spritzsuspensionen.* Die Arbeitsweise nach der Meth. von HENGL u. RECKENDORFER (vgl. Fortschr. der Landwirtsch. **2.** [1927.] 686) wird beschrieben. Die erhaltenen Mindestwerte entsprechen den Normen für die Schwebefähigkeit, gemessen nach der Zylindermethode. (Nachrichtenbl. dtsch. Pflanzenschutzdienstes [Braunschweig] **6.** 57—58. April 1954. Braunschweig, Biol. Bundesanst. für Land- u. Forstwirtsch., Inst. für chem. Mittelprüfung.) RANG. 6328

Bernard J. Kerley, Jr., Pecos, Tex., V. St. A., *Körnung von Düngemitteln.* Feinzerkleinerte Düngemittel, bes. *Superphosphate,* werden auf eine geneigte Oberfläche aufgebracht u. dort mit Tropfen von W. oder Düngemittellsgg., z. B. wss. KNO_3-Lsg., auf dem oberen Teil der geneigten Fläche behandelt, wobei sich durch Abrollen der Tropfen auf dem feinzerteilten Material Düngemittelkörner bilden, deren Größe durch die Größe der Wassertropfen oder durch die Neigung der Fläche bestimmt wird. — Vorrichtung. (**A. P. 2 627 457** vom 28/3. 1951, ausg. 3/2. 1953.) KARST. 6271

Torfforschung G. m. b. H., Oldenburg, Oldbg. (Erfinder: **Anton Fruhstorfer** und **Max Gordon,** Bad Zwischenahn), *Behandlung von Düngemitteln* nach D.B.P. 859 740, wobei dem aus stäubenden Düngemitteln u. Torfmehl bestehenden Gemisch W. im Überschuß zugegeben u. die M. unter Bldg. von kleinen Körnern u. Kügelchen mechan. gerührt wird, worauf die gewonnenen Granalien unter Erhaltung ihrer Form in Trommel- oder Röhrentrocknern getrocknet werden. — Beispiel: Gemisch aus ca. 95 (%) *Superphosphat,* 5 Torfmehl u. 25—28 W., das große Widerstandsfähigkeit gegen Witterungseinflüsse beim Lagern besitzt. (**D. B. P. 883 608** Kl. 16 vom 4/7. 1951, ausg. 20/7. 1953. **Zusatz zu D. B. P. 859 740; C. 1953. 4433.**) KARST. 6283

Montecatini Società Generale per l'Industria Mineraria e Chimica (Erfinder: **M. Alvaro Mancinelli**), Mailand, Italien, *Herstellung von Diammoniumphosphat.* $Ca_3(PO_4)_2$ enthaltende Prodd., z. B. Phosphorite, Knochen, werden mit H_2SO_4 aufgeschlossen, die lösl. Anteile extrahiert u. die festen Rückstände abgetrennt, worauf diese Rückstände in wss. Aufschlämmung mit H_2SO_4 umgesetzt u. die gebildeten lösl. Stoffe extrahiert werden, wobei die so erhaltene Lsg. zur Extraktion der ersten H_2SO_4-Phosphat-Aufschlußmischung verwendet wird. In den ersten Extrakt wird NH_3 eingeleitet, die Fällung wird abgetrennt u. aus der Lsg. nach Eindampfen u. weiterem Einleiten von NH_3 $(NH_4)_2HPO_4$ auskristallisiert. Aus P_2O_5-armen Rohphosphaten werden hohe Ausbeuten an $(NH_4)_2HPO_4$ erhalten. — Vorrichtung. (**Schwz. P. 290 306** vom 3/8. 1950, ausg. 1/8. 1953.) KARST. 6285

Robert D. Pike, Greenwich, Conn., V. St. A., *Herstellung von konzentrierten Düngemitteln durch Basenaustausch.* In Serien von druckfesten Behältern werden alkal. $NaNO_3$-Lsgg. unter Druck bei ca. 200° durch Schichten von zerkleinertem, an K_2O angereichertem *Wyomingit* (**I**) unter Rühren geleitet. Durch Basenaustausch werden KNO_3—$NaNO_3$-Lsgg. mit einem K : Na-Geh. von ca. 5 : 1 erhalten, die nach Neutralisation u. gegebenenfalls Auskristallisation von KNO_3 eingedampft u. in Trockentrommeln zu KNO_3–$NaNO_3$-Düngemitteln verarbeitet werden. Bei Behandlung von **I** mit NaH_2PO_4-Lsgg. (p_H ca. 7,0) werden die erhaltenen KH_2PO_4–NaH_2PO_4-Lsgg. (K : Na = 5—4 : 1) durch Zusatz von H_3PO_4 auf p_H 4,4—6,0 gebracht, eingedampft u. auf nichthygroskop. Düngemittel mit ca. 53,4 (%) wasserlösl. P_2O_5, 28,3 K_2O u. 4,7 Na_2O verarbeitet. — Vorrichtung. (**A. P. 2 642 355** vom 29/8. 1950, ausg. 16/6. 1953.) KARST. 6285

Imperial Chemical Industries Ltd., London (Erfinder: **John Gillies,** Ardrossan, und **John Rowe,** Irvine), England, *Räuchermasse zur Schädlingsbekämpfung,* enthaltend den insekticiden oder fungiciden Wirkstoff, sowie ein selbstzersetzliches, durch Vermahlen von NH_4NO_3 in Holzkohle in Ggw. von W. gebildetes Reaktionsgemisch. Letzteres besteht zweckmäßig aus trockenen Körnern u. ist in ausreichender Menge vorhanden, um eine bei örtlicher Erhitzung sich durch die ganze M. fortpflanzende exotherme Rk. zu gewährleisten. — Beispiel: 30 (Gewichtsteile) NH_4NO_3, 13 Holzkohle, 2 KNO_3, 10 Tonerde, 45 Hexachlorcyclohexan. Die M. wird geformt, mit einem Zunder versehen, der aus mit KNO_3 imprägnierter Holzmasse besteht. Die nach der Zündung sich selbst unterhaltende Rk. verläuft bei einer Temp. von ca. 570°. (**D. B. P. 859 235** Kl. 45 l vom 3/3. 1949, ausg. 11/12. 1952. E. Prior. 3/3. 1948.) DUTTENHÖFER. 6313

Globus-Werke Fritz Schulz jr. (Erfinder: **Alfred Hahn**), Neuburg/Donau, *Fungicide Mittel*, bestehend aus Lsgg. von S in einem oder mehreren Halogenbenzolen, z. B. für die Konservierung von Holz, Papierwaren, Celluloseerzeugnissen, Kunstleder, Korkmatrix, Filzen u. Textilien. (**D. B. P. 858 787** Kl. 451 vom 31/10. 1950, ausg. 8/12. 1952.) DUTTENHÖFER. 6313

VIII. Metallurgie. Metallographie. Metallverarbeitung.

W. I. Klassen und **R. S. Erenburg,** *Flotierbarkeit von Mineralkörnern verschiedener Größe in Abhängigkeit von der Dichte der Flotationssuspension.* Die Flotierbarkeit von Mineralien verschied. Körnung ist abhängig von der Art der angewandten Suspension. In dünnfl. Suspensionen wird das grobe Korn besser mitgerissen, u. umgekehrt verbessert sich die Flotierbarkeit der feinen Kornfraktionen bei gesteigerter D. der Suspension. (Доклады Академии Наук СССР [Ber. Akad. Wiss. UdSSR] [N. S.] **79.** 855—57. 11/8. 1951.) v. MICKWITZ. 6362

Philip A. Gaebe, *Praktische Überlegungen zur Herdzustellung von Siemens-Martin-Öfen.* (Blast Furnace Steel Plant **39.** 1338—46. Nov. 1951. Kaiser Steel Corp.) K. STEIN. 6370

Erwin Plöckinger und **Harald Straube,** *Beitrag zur Reaktionskinetik metallurgischer Umsetzungen.* Die Zusammenhänge zwischen Gleichgewichtslage einer Rk., gek. durch die Gleichgewichtskonst. bzw. durch das Verteilungsverhältnis des reagierenden Elementes unter gegebenen Bedingungen von Zus., Temp. u. Druck in den beteiligten Phasen mit dem mengenmäßigen Umsatz werden aufgezeigt. Durch die Aufteilung des Gesamtumsatzes zwischen zwei Phasen in einzelne zeitlich aufeinanderfolgende u. getrennte Arbeitsabschnitte ergeben sich zum Teil stark voneinander verschiedene Endlagen der Umsetzung, die für die Aufteilung in jeweils gleich große Teilmengen einen optimalen Wert erreichen. Auf die sich daraus ergebenden Beeinflußmöglichkeiten metallurg. Rkk. zwischen *Stahlbad* u. *Schlacke* wird an Hand der Beispiele des Ausbringens (bzw. der Verluste) an *Mn* u. *Cr* hingewiesen. Darüber hinaus gelten diese Überlegungen u. Ableitungen ganz allg. für alle Umsetzungen in heterogenen Systemen, für deren rechner. Behandlung grundsätzlich die abgeleiteten Formeln Anwendung finden können. (Radex-Rdsch. **1953.** Heft 6. 3—7. Juli.) RUMPF. 6380

Otto Eckart, *Der Bentonit als Formsandbinder.* Beim *Bentonit* handelt es sich um einen Ton, der dem Mineral *Montmorillonit* zuzurechnen ist. An der Oberfläche der Schichtebenen u. im Gitter sitzen austauschfähige gebundene Kationen; ihre Best. u. die des Sedimentvol. u. des ENSLIN-Wertes werden angegeben. Der Einfl. des Wassergeh. auf die Grünfestigkeit sowie die Trockenfestigkeit der Ton–Sand-Gemische werden behandelt. (Giesserei **39.** 529—33. 2/10. 1952. Heufeld/Obb.) BÜLTMANN. 6382

A. Wittmoser, *Beitrag zur Frage der Kristallisation des Gußeisens mit Kugelgraphit.* (Vgl. C. **1953.** 7171.) Die zur Bldg. von Kugelgraphit im Gußeisen bestehenden Auffassungen werden eingeteilt in 1. indirekte Bldg. aus dem Zementitzerfall, 2. indirekte Entstehung aus der Schmelze u. 3. indirekte Bldg. aus dem übersättigten Mischkristall. Zu den Fragen, ob die direkte Ausscheidung des Kugelgraphits aus der Schmelze nachgewiesen werden kann u. ob die Möglichkeit einer Übersättigung des Austenits an C bewiesen werden kann, wird krit. Stellung genommen. Zur Prüfung wurde die relative Lage der Graphitkugeln zu den Seigerungszonen mit abnehmendem C-Geh. (bis auf 1,1% C) untersucht. Das Ergebnis der Gefügebeobachtung scheint die Hypothese der Bldg. von Kugelgraphit aus dem an C übersättigten Mischkristall zu stützen. Bei der Unters. des Einfl. des *Si*-Geh. in den Grenzen von 2,8—0,2% auf die Kugelgraphitbldg. wurde festgestellt, daß auch bei geringsten Si-Anteilen einwandfreie Graphitkugeln erhalten werden. Aus der Beobachtung der Gefügeausbldg. der Schmelzen u. der dazugehörenden Abkühlungskurven ergab sich, daß nach einem *Mg*-Zusatz in eutekt. Gußeisen die charakterist. Veränderung der Abkühlungskurven, das Auftreten von prim. Mischkristallbereichen u. die Kugelgraphitbldg. eng miteinander verknüpft sind. Durch den Mg-Zusatz wird nicht ein Legierungseffekt hervorgerufen, sondern der Erstarrungsvorgang des Gußeisens ganz grundsätzlich geändert. — Diskussion. (Giesserei **40.** 8—16. 8/1. 75—85. 5/2. 1953. Gelsenkirchen, Eisenwerke Gelsenkirchen Akt.-Ges.) HOCHSTEIN. 6404

J. R. Chegwidden, *Einfluß der Transportzeit auf die Erhitzung im Tiefofen.* Die Zeit vom Abstich des SIEMENS-MARTIN-Ofens bis zum Einsetzen in den Tiefofen wird als Transportzeit bezeichnet. Untersucht werden 4,5 t-Blöcke aus halbberuhigtem Stahl. Durch ein in die Mitte der Kokille eingehängtes Thermoelement wird der Beginn der Erstarrung in der Mitte des Blockes festgestellt, die nach 60 Min. einsetzt. Abkühlungskurven im Kern u. außen für Blöcke mit u. ohne Kokille. Die starke Abkühlung der Blöcke nach dem Ziehen der Kokillen macht einen schnellen Transport in die Tiefröfen notwendig. Zahlentafel über den Einfl. der Transportzeit auf die Temp. der Blöcke, die Aufheizzeit im Tiefofen u. den Wärmeverbrauch. (Iron Steel Engr. **28.** Nr. 12. 53—58. Dez. 1951. Bethlehem, Bethlehem Steel Co.) K. STEIN. 6408

Bo Kalling, *Verbesserung des Thomasstahles bei den Eisen- und Stahlwerken Domnarvet.* (Vgl. C. **1953.** 7909.) Durch eine Entschwefelung des Roheisens mit feingemahlenem gebranntem Kalk im Drehofen oder in einer drehbaren Transportpfanne zwischen Hochofen u. Mischer oder zwischen Mischer u. Konverter wird ein beinahe S-freies Roheisen auch bei hohen prim. S-Gehh. erzielt. Es werden Verss. mit Verwendung von an O_2 angereicherter Luft, eines Gemisches von O_2 u. CO_2 u. von reinem O_2 beschrieben. Bei letzterem Verf. war der Eisenverlust in der Schlacke sehr gering u. die beim O_2-Frischen auftretende Rauchentw. scheint vermieden werden zu können. Der THOMAS-Stahl erhält eine viel geringere Sprödbruchneigung, wenn der C-Geh. des fertigen Stahles unter 0,015% erniedrigt wird. Die notwendige Härte des Stahles kann in diesem Falle durch einen P-Geh. bis auf wenigstens 0,15% erreicht werden. Auch können höhere N_2-Gehh. als in n. Stählen mit der gleichen Übergangstemp. vertragen werden. (Stahl u. Eisen **73.** 1446—52. 5/11. 1953. Domnarvet, Schweden.)
HOCHSTEIN. 6408

Ja. R. Rausin und **Sch. R. Shelesnjakowa,** *Über eine Methode der Alterung von gehärtetem Stahl.* Aus Unterss. über die Maßänderungen des Konstruktionsstückes nach der Härtung infolge Alterung u. Umwandlung des Restaustenits geht hervor, daß nach mehrfachem abwechselndem Erhitzen u. Ablöschen die Summe der Maßänderungen die gleiche ist wie nach einer einmaligen Tiefabkühlung auf —70° u. Anlassen auf 150°. (Вестник Машиностроения [Nachr. Maschinenbau] **31.** Nr. 11. 37—39. Nov. 1951.)
VOLLENBRUCK. 6408

T. M. Elsesser, O. M. Sidebottom und **H. T. Corten,** *Der Einfluß der Alterung auf den Bauschinger-Effekt bei bleibend verformten Balken.* In Konstruktionsteilen wird häufig die der Elastizitätsgrenze entsprechende Belastung überschritten. Die bleibende Verformung mag der Größe nach etwa der Reckung bei der Autofrettage in dickwandigen Zylindern entsprechen. Die Erhöhung der Elastizitätsgrenzenbelastung ist durch die aus der bleibenden Verformung herrührende Restspannung gegeben. Sie wird aber verringert durch die durch den BAUSCHINGER-Effekt bei der Entlastung auftretende plast. Verformung. Es wurde versucht, den BAUSCHINGER-Effekt durch Alterung unter Belastung aufzuheben. Dies gelang bei einem niedrig gekohlten Stahl, doch konnte bei einem Schienenstahl der Effekt nicht ganz aufgehoben werden. (Trans. Amer. Soc. mechan. Engr. **74.** 1291—96. Nov. 1952. Urbana, Ill., Univ.)
DEUTSCH. 6408

G. H. Dion, *Die magnetischen Eigenschaften von Stählen und deren Zusammenhang mit dem Gefüge. Anwendung bei einer zerstörungsfreien Prüfungsmethode.* Überblick über die zwischen den beobachtbaren magnet. Erscheinungen an Stählen u. der Struktur bestehenden Beziehungen. (Metallurgia ital. **45.** 1—12. Jan. 1953. Paris, Labor. de Phys. appl.) RUMPF. 6408

Georges Vidal und **Pierre Lanusse,** *Vergleichender Einfluß von Zug- und Druckbeanspruchungen auf die magnetischen Eigenschaften von weichem Stahl.* Untersucht wird an weichem Stahl die Abhängigkeit der Induktion unter verschied. äußeren Feldstärken bei Zug- u. Druckspannung bis zu 12 kg/mm². Die Induktionsänderungen mit der Spannung waren vollkommen reversibel. Bei kleineren Induktionen bis zu ca. 10000 Gauß erniedrigen die Druckspannungen die Induktion. Die Zugspannungen erhöhen die Induktion zunächst bis zu einem flachen Maximum bei 5000—8000 Gauß u. erniedrigen sie wieder bei weiterer Steigerung der Spannungen (VILLARI-Punkt). Bei hohen Induktionen wird die Spannungsabhängigkeit zunehmend geringer. Diese Ergebnisse entsprechen den derzeitigen theoret. Vorstellungen u. stellen keinerlei Anomalie dar. (C. R. hebd. Séances Acad. Sci. **237.** 902—04. 19/10. 1953.) FAHLENBRACH. 6410

Åke Josefsson und **Erik Nygren,** *Schlagzähigkeitseigenschaften bei Weichstählen mit variierendem Aluminiumgehalt.* An Weichstählen (0,15 u. 0,18 C) mit verschied. Al-Geh. wird mit der CHARPY-Schlagprobe die Zähigkeit bei verschied. Tempp. mit u. ohne Recken u. Wärmealterung untersucht. Als Maß der Zähigkeit dient die Umschlagtemp. zu sprödem Bruch. Durch einen genügenden Al-Zusatz bei geeigneter Warmbehandlung wird Kornverfeinerung u. dadurch Erhöhung der Zähigkeit erzielt. Auch bei gleichbleibender Kornfeinheit wirkt Al zähigkeitserhöhend. Auch bis zu den höchsten untersuchten Al-Gehh. (ca. 0,3% säurelösl. Al), scheint die Verschiebung der Umschlagstemp. nach niedrigeren Tempp. sich fortzusetzen; die Erhöhung der Zähigkeit dürfte also auch unabhängig von der N- u. O-Bindung, vielleicht durch Verminderung der C-Löslichkeit des Ferrits, durch Al beeinflußt werden. (Jernkontorets Ann. **137.** 69—99. 1953.) R. K. MÜLLER. 6410

D. H. Lloyd, *Die Herstellung und das mechanische Polieren von nichtrostenden Stahlblechen.* Überblick über Herst., Festigkeitseigg., Korrosionsbeständigkeit, Wärmebehandlung, Beizen u. mechan. Polieren. (Sheet Metal Ind. **30.** 767—74. 784. Sept. 1953. Fisher and Ludlow Ltd.) HOCHSTEIN. 6410

Nello Collari, *Eigenschaften von Baustählen niedrigen Kohlenstoffgehalts mit Phosphor und Kupfer als Legierungsbestandteile.* 1. Mitt. *Mechanische Eigenschaften.* Es werden die mechan. Eigg. von 40 Stählen niedrigen C-Geh. mit bis zu 0,204% P u. mit bis zu 1,15% Cu untersucht. Dabei wird eine eindeutige Verbesserung der stat. Festigkeit aufgezeigt, ohne daß gleichzeitig die Kerbzähigkeit derart abnähme, daß von einer „angeborenen" Sprödigkeit gesprochen werden müßte. Hervorzuheben ist das gute Alterungsverhalten der Stähle. Angaben zur Verhinderung von Seigerungen des P werden gemacht. — 23 Literaturangaben. (Metallurgia ital. **45.** 13—21. Jan. 1953. Rom. Univ., Ist. di Metallurgia.) RUMPF. 6410

G. Porro, *Aktuelles aus dem Gebiet der Kupfererzeugung.* Zusammenfassender Bericht. (Metallurgia ital. **45.** 405—24. Nov. 1953.) RUMPF. 6432

Mars G. Fontana, *Eine neue Hochtemperaturlegierung für industrielle Anwendung bis zu Temperaturen von 2200° F.* Eigg. u. Verwendung von *NA 22 H* [ca. 25 (%) *Cr*, 50 *Ni*, 5 *W* u. 0,50 *C*]. (Ind. Engng. Chem. **45.** 95A—96A. 101A. Sept. 1953.) GEHLEN-KELLER. 6434

H. Hug, G. Siebel und **P. Buser,** *Untersuchungen über das Wesen der Zipfelbildung bei Reinaluminium-Strangguß.* Untersucht wird der Einfl. der Gieß- u. Verarbeitungsbedingungen auf die Zipfelbldg. von 99,3% Reinaluminiumblechen u. -bändern aus Stranggußbarren. Während Gießtemp. u. Kokillenart nicht von Einfl. sind, zeigte sich eine Abhängigkeit der Zipfelhöhe u. -lage von der Warmwalztemp. u. vom Kaltverformungsgrad. (Metall **6.** 579—86. Okt. 1952. Neuhausen u. Singen.) HOCHSTEIN. 6446

Aurel Berghezan, *Einfluß geringer Kaltverformung auf die Härtung fester Lösungen von Aluminium.* Zu den Verss. wurden Al-Legierungen mit 8% Zn u. solche mit 4% Cu herangezogen. Die Proben wurden durch Ziehen um 3, 6 u. 10% kaltverformt u. bei verschied. Tempp. von 20—150° angelassen; dann wurden ihre Eigg. mit der CHEVENARD-Mikromaschine untersucht. Dabei ergab sich, daß geringe Kaltverformung durch Ziehen oder Biegen die Vergütbarkeit von übersätt. festen Lsgg. des Al durch natürliche Alterung teilweise vernichten kann. Dieses Ergebnis, das mit der allg. Ansicht, eine Kaltverformung beschleunige die Härtung, in Widerspruch steht, läßt den Schluß zu, daß es wahrscheinlich eine einzige Kaltverformung gibt, nach der sich diese Beschleunigung einstellen kann. (C. R. hebd. Séances Acad. Sci. **232.** 1560—62. 23/4. 1951.) APEL. 6446

Marcel Lamourdedieu, *Kontinuierliche Wärmebehandlung von Aluminiumlegierungen des Duralumin-Typs.* U.a. werden die Festigkeitseigg. von mit verschied. Geschwindigkeiten kontinuierlich durch einen Ofen durchgezogenen Bändern aus der Al-Legierung *24 S Alclad* mit 4,31 (%) *Cu*, 1,48 *Mg*, 0,56 *Mn*, 0,5 *Fe*, 0,14 *Si*, Rest *Al* angegeben. (J. Inst. Metals. **80.** 335—39. Febr. 1952. Paris, Soc. Centrale des Alliages Légers.) HOCHSTEIN. 6446

F. A. Forward, J. Halpern und **E. Peters,** *Untersuchungen über die Carbonatauslaugung von Uranerzen.* 1. Mitt. *Beschreibung des Druck–Auslaugeverfahrens und seiner Anwendung auf Pechblende.* Das Verf. beruht auf der Auslaugung niedrigprozentiger Erze mit Carbonatlsg. bei Ggw. von O_2 unter Druck u. ist bes. für carbonatreiche Erze, die nicht mit Säure verarbeitet werden können, geeignet. Das U_3O_8 geht hierbei in das komplexe Ion $UO_2(CO_3)_3^{4-}$ (I) über, dessen Alkalisalze in W. leicht lösl. sind. Mit Anhäufung der OH^- u. I kommt es zur Verlangsamung des Prozesses unter Bldg. von Na_2UO_4, was aber durch Zuführung von HCO_3^- verhindert wird. Auf 1 (g) U_3O_8 sind 0,02 O_2, 0,38 Na_2CO_3, 0,60 $NaHCO_3$ erforderlich. Pyrit u. andere Sulfide begünstigen die Rk. durch Regenerierung von HCO_3^-. Nur 0,114 g S sind hierzu auf jedes g U_3O_8 erforderlich. Ungünstig sind SiO_2 wegen Filtrationserschwerung u. $CaO + MgO$ wegen Carbonatverbrauch. Die Verss. wurden in einem innenbeheizten Rührautoklaven aus säurebeständigem Stahl ausgeführt. Das Erz wurde fein gemahlen u. mit Na_2CO_3 u. W. angeteigt, der O_2 unter konst. Druck gehalten. Die Sodalsg. enthielt 50 g/Liter, der O_2-Partialdruck betrug 2 at, die Temp. 100°. Die Ausbeute schwankte zwischen 92% u. 99%, die Extraktionsdauer zwischen 3 (bei 0,12% U_3O_8) u. 20 Std. (bei 10,4% ig. Erz). Ohne O_2 erfolgt keine Extraktion. Über 115° geht zuviel SiO_2 in Lösung. Die Dichte der Trübe ist unwesentlich. Die Auslaug-Fl. kann wiederverwendet werden.

Röstung des Erzes erniedrigt die Auflösegeschwindigkeit beträchtlich. (Canad. Mining metallurg. Bull. **46.** 634—40. Okt. 1953. Vancouver, Univ. of Brit. Columbia, Dep. of Mining & Metallurgy.) STEINER. 6448

E. Peters und **J. Halpern,** *Untersuchungen über die Carbonatauslaugung von Uranerzen.* 2. Mitt. *Kinetik der Lösung von Pechblende.* (1. vgl. vorst. Ref.) Für die Verss. wurde eine bes. hochprozentige Pechblende (I) (62,4 [%] U_3O_8, 19,4 SiO_2, 11,4 Pb, 0,62 S, 3,4 CaO) u. die in der 1. Mitt. beschriebene App. verwendet. Die Auflösungsgeschwindigkeit (II) ist der Oberflächengröße von I u. der Quadratwurzel des O_2-Drucks proportional. Zur Auflsg. von U_3O_8 sind CO_3^{2-} u. HCO_3^- zwar erforderlich, doch beeinflussen sie II nicht, denn eine Erhöhung der Na_2CO_3- oder $NaHCO_3$-Konz. über 30 g/Liter ist ohne Wirkung. Die Salze verhindern aber Rück- u. Neben-Rk., wie Hydrolyse u. Wiederfällung. II wird durch den Transport der Reaktionsteilnehmer zur I-Oberfläche u. durch Diffusion der Reaktionsprodd. von I nicht beeinflußt, was sich aus der Art der Abhängigkeit der II von den Reaktionsteilnehmern u. Reaktionsprodd. u. aus der unerwartet hohen Aktivierungsenergie von ca. 12000 cal/Mol ergibt. Die II ist gleich $d[U_3O_8]/dt = K \cdot A \cdot [O_2]^{1/2}$ exp. (—12300/1,98 T), wobei A = Oberfläche von I, $[O_2]$ = Partialdruck des O_2, T = absol. Temp., K = Konstante. Bei Lsgg. mit Konz. von mehr als 30 (g/Liter) Na_2CO_3 u. $NaHCO_3$ ist II bei 100° u. 4 at. O_2 0,112 mg$\cdot U_3O_8 \cdot cm^{-2} \cdot min^{-1}$, was einem K-Werte von 8,9·10 mg $U_3O_8 \cdot cm^{-2} \cdot at^{-1/2} \cdot min^{-1}$ entspricht. (Canad. Mining metallurg. Bull. **46.** 640—44. Okt. 1953.) STEINER. 6448

F. A. Forward und **J. Halpern,** *Untersuchungen über die Carbonatauslaugung von Uranerzen.* 3. Mitt. *Fällung des Urans aus den Carbonatlösungen durch Reduktion mit Wasserstoff.* (2. vgl. vorst. Ref.) Das Verf. beruht auf der Unfähigkeit von U(IV)-Komplexen, Carbonate zu bilden, u. auf der Unlöslichkeit der U(IV)-Verbb. in Carbonatlösungen. $UO_2(CO_3)_3^-$ mit H_2 unter Druck u. in der Hitze behandelt, gibt UO_2. Das Verf. wurde zunächst mit synthet. Lsgg. erprobt u. dann mit Erz in einer Versuchsanlage bei 120° u. 8 at ausgeführt. Die Anfangskonz. an CO_3^{2-} bzw. HCO_3^- ist für die Ausfällung des UO_2 ohne Bedeutung, sie erfolgt stets bis auf 0,01 g/Liter. Das schwarze krist. UO_2 ist 92%ig, seine Gitterkonstante 5,38 Å. Die Trennung des *UO_2* vom *Ni* erfolgt durch Absieben oder auf mechan. Wege. Auf 1 (Gewichtsteil) U_3O_8 sind zur Ausfällung 0,007 H_2 u. 0,75 Na_2CO_3 erforderlich. Die Vergiftung des Ni ist selbst bei techn. Lsgg. nur gering, Wiederverwendung daher stets möglich. Auch die erschöpften Carbonatlsgg. können wiederverwendet werden. Die zur Ausfällung erforderliche Zeit ist der U-Konz. proportional. UO_2 scheint als Promotor zu wirken, da die Rk. bei Verwendung frischen Ni nur langsam einsetzt. Ohne Katalysator erfolgt keine Fällung. (Canad. Mining metallurg. Bull. **46.** 645—48. Okt. 1953.) STEINER. 6448

Josef Leuser und **Ewald Wagner,** *Über den Einfluß verschiedenartiger Wärmebehandlung auf die Eigenschaften von Schmuckgold. Ag–Au–Cu-Legierungen,* die bei langsamer Abkühlung aushärten würden, lassen sich durch Abschrecken im weichen Zustand erhalten. Die Aufspaltung des homogenen Mischkristalls durch längeres Anlassen senkt die Härte weiter u. erhöht die Geschmeidigkeit. Für harte, 12- u. 14-karätige Legierungen empfiehlt sich die Zerfallsglühung (2std. Anlassen bei 500°), weil sie Formgebungen ermöglicht, die nach dem Abschrecken nur schwer ausführbar sind. Zur Rekristallisation einer 14karätigen Legierung genügt ein 2std. Glühen bei 500°. Entmischte Legierungen neigen mehr zum Anlaufen als homogene. Dieser Nachteil läßt sich durch eine Schlußglühung bei 750° beheben. Zahlreiche Legierungen des Syst. Ag–Au–Cu können ausgehärtet werden; die Aushärtung vermag die mit der Kaltverformung verbundene Verfestigung zu überlagern. (Z. Metallkunde **44.** 282—86. Juli 1953. Pforzheim, Degussa, Metallograph. Labor.) WESLY. 6458

Otto Loebich, *Platinhaltige Goldlegierungen in der Zahntechnik.* Alle Au-haltigen Werkstoffe für die Zahntechnik werden heute auch mit *Pt-Metallen* legiert. Das Pt-haltige Dental-Au, das ursprünglich als Sparlegierung gedacht war, hat sich dank seiner guten mechan. u. chem. Eigg. alle Anwendungsgebiete der Zahntechnik erobert. (Z. Metallkunde **44.** 295—98. Juli 1953. Pforzheim, Degussa, Metallograph. Labor.) WESLY. 6458

P. Grodzinski, *Die Feststellung richtungsabhängiger Eigenschaften durch die Härteprüfung.* Im Anschluß an einen Überblick über die Entw. wird über neuere Unterss. mit der vierseitigen Diamantpyramide, dem Meißelschneiden-Diamanten u. dem doppelkon. Rädchen aus gesintertem Carbid an kaltgewalztem Cu u. Stahlblech sowie an Cu-Einkristallen u. Mineralien berichtet. — 15 Schrifttumsangaben. (Sheet Metal Ind. **29.** 908—14. Okt. 1952.) PAHL. 6480

J. Culmann, *Apparat zur Messung der Druckfestigkeit bei hoher Temperatur (bis 1800°).* Beschreibung. (Métaux **28.** 141—42. März 1953.) RUMPF. 6480

A. Tenot, *Amsler-Apparatur für Ermüdungsversuche in der Hitze mittels elektromagnetischer, hochfrequenter Pulsatore (Vibrophore).* Beschreibung der Apparatur. (Métaux **28.** 135—40. März 1953.) RUMPF. 6480

Ivan H. Ots, *Zerstörungsfreie Werkstoffprüfung mit Ultraschall.* Einführung in das Gebiet des Ultraschalles u. Überblick über dessen Anwendung in der zerstörungsfreien Werkstoffprüfung. (Électronique **1953.** Nr. 78. 5—9. Mai. Nr. 79. 15—22. Juni.) FALKENHAGEN. 6480

Raffaello Zoja, *Über die Methoden der metallographischen Kontrolle in Stahlwerken.* Zusammenfassender Vortrag. (Metallurgia ital. **45.** Nr. 11. Atti Notizie 8. 339—40. Nov. 1953. Aosta.) RUMPF. 6482

Herbert R. Isenburger, *Verwendung von γ-Strahlern für industrielle Radiographie.* Gegenüberstellung der Vor- u. Nachteile der Radiographie mit Isotopen u. Röntgenstrahlen. — Belichtungstabelle für Aufnahmen an Stahl mit ^{60}Co u. ^{192}Ir. (Bei Verwendung von Calciumwolframatschirmen in Verbindung mit Spezialfiltern kann die Belichtungszeit beträchtlich abgekürzt werden.) — Zusammenstellung der Eigg. der bekannten γ-strahlenden Isotopen. (Amer. Foundryman **24.** Nr. 6. 46—48. Dez. 1953. Califon, N. J., St. John X-Ray Laboratory.) SCHAAL. 6484

Georges Ambrosino und **Pierre Pindrus,** *Zerstörungsfreie Untersuchung von Altmetallgegenständen.* An Stelle der chem. Analyse werden Altmetalle nach Methoden der Kernphysik untersucht. Es werden Verff. der qualitativen Analyse mittels Neutronen u. der quantitativen Analyse mittels γ-Strahlen u. der Radiographie mittels γ-Strahlen beschrieben. — Schrifttumsangaben. (Rev. Métallurgie **50.** 136—38. Febr. 1953.) APEL. 6484

Ferdinand Bernhard Schmetz und **Ernst-Günther Haase,** *Die technische Entwicklung der Nadelherstellung.* (Stahl u. Eisen **73.** 908—14. 2/7. 1953. Herzogenrath.) HOCHSTEIN. 6490

P. O. Strandell und **A. Leufvén,** *Berechnung des Walzdrucks beim Kaltwalzen von Bandstahl.* Eine vereinfachte Berechnungsmeth. wird durch Einführung des neuen Walzdruckkoeff. k_r erreicht, der eine Funktion des Dickeverhältnisses, d. h. des Quotienten h_f/D (h_f = Banddicke vor dem Stich, D = Arbeitswalzendurchmesser), ist. — 13 Literaturangaben. (Jernkontorets Ann. **137.** 100—14. 1953.) R. K. MÜLLER. 6490

Karl Heinrich Muhr und **Anton Pomp,** *Das Glühen von kaltgewalztem Bandstahl mit geringem Kohlenstoffgehalt im Durchziehofen.* Bandstähle von verschied. Erschmelzungsart wurden nach verschied. Kaltwalzgraden, Glühtempp., Glühzeiten u. Abkühlungsgeschwindigkeiten untersucht. Die Verss. im Durchziehofen wurden durch Glühungen im Salzbadofen erweitert. Die geglühten Bänder wurden auf Zugfestigkeit, Tiefziehfähigkeit u. Gefügeausbldg. geprüft. Bei einem Vgl. mit dem Topfglühverf. zeigen die Ergebnisse der Durchziehglühung bei allen Stählen eine höhere Streckgrenze u. größere Zugfestigkeit bei geringeren Tiefungswerten u. schlechteren Tiefzieheigenschaften. Die im Durchziehofen geglühten Bänder haben die gleichen Festigkeitseigg. wie Bänder, die im Topfofen geglüht u. bei geringen Verformungen nachgewalzt sind. (Stahl u. Eisen **73.** 885—94. 2/7. 1953. Düsseldorf-Reisholz u. Aachen, TH.) HOCHSTEIN. 6492

Lee Wilson, *Glühen von Bandringen.* Erörtert wird der Einfl. der Bandringgröße u. -form im Einstapelglühverf. auf den Wärmeverbrauch, die bessere Regelbarkeit u. höhere Güte des in Haubenöfen geglühten Bandmaterials. (Iron Steel Engr. **29.** Nr. 2. 66—72. Febr. 1952.) HOCHSTEIN. 6492

Jaques Pomey, François Goutel, André Verragen und **René le Roux,** *Zwei neue Vorgänge der Härtung und der Oberflächenvorspannungen durch Carbonitrierung von Stahlteilen.* Die carbonitrierten Stücke werden bei einer Temp. gehalten, die zwischen dem A_1-Punkt eines eutektoiden C-Stahles u. den niedrigeren Tempp. liegen, die den umkehrbaren Gleichgewichtsbedingungen der Fe–C–N-Legierungen entsprechen. In diesem Gebiet ist der Kern im bei Raumtemp. stabilen α-Zustand, während sich noch die Oberflächenschichten im zur Martensitbldg. geeigneten γ-Zustand befinden. Der Kern kann während der Carbonitrierung im γ- oder α-Zustand sein. (C. R. hebd. Séances Acad. Sci. **231.** 148—50. 10/7. 1950.) HOCHSTEIN. 6492

Jean Duflot, *Einfluß der Wärmebehandlung, Kaltverformung und Oberflächenbeschaffenheit auf die kathodische Wasserstoffaufnahme des Eisens.* Unterss. an *Armco*-Eisen mit 0,025 (%) C, 0,05 Si, 0,03 Mn, 0,007 P, 0,026 S, 0,10 Cu u. 0,02 Ni über den Einfl. eines Glühens bis 70 Std. in H_2 bei 920°, der Korngrenzen (Korngrößen), einer Kaltverformung bis 60%, von Fehlererscheinungen im Gefüge u. der Oberflächenbeschaffenheit auf die elektrolyt. H_2-Aufnahme in H_2SO_4. Der aufgenommene H_2 wird analyt. ermittelt. Die Unterss. zeigen u. a., daß mit steigender Verformung u. zunehmender Korngröße die H_2-Aufnahme abnimmt. — Schrifttumsangaben. (Rev. Métallurgie **49.** 35—50. Jan. 1952.) HOCHSTEIN. 6492

N. A. Polossuchin, *Die Untersuchung der Festigkeit gaspreßgeschweißter Verbindungen.* Die Nähte gaspreßgeschweißter Stahlrohre mit Wanddicken von 6,3 mm bei 508 mm Rohrdurchmesser wurden metallograph. u. mechan. untersucht. Die Güte der ca. 0,045 mm breiten Schweißnähte ist weitgehend von der Schweißausführung abhängig. Die Naht war entweder: 1. hell (entkohlt), 2. wenig entkohlt, 3. zusammengewachsene Kristalle, 4. leicht aufgekohlt. Die besten plast. Eigg. wiesen die Biegeproben von 3 u. 4 auf. Seigerungszonen u. Zeilenstruktur sowie grobe Ferritanlagerungen an Schlackeneinschlüsse führten beim Biegevers. zu vorzeitigen Anrissen. (Вестник Машиностроения [Nachr. Maschinenbau] **31.** Nr. **11.** 19—24. Nov. 1951.)
VOLLENBRUCK. 6506

H. S. Blumberg und **I. A. Rohrig,** *Örtliche Carbidausscheidung und Entkohlung an Schweißverbindungen.* Unterss. an einem Stahl mit 1,25% *Cr* u. 0,5% *Mo* (ASTM A-158, P11) über die örtlichen Carbidausscheidungen u. Entkohlungserscheinungen bei Schweißverbindungen zeigen, daß bei etwa gleichem C-, Cr- u. Mo-Geh. von Grund- u. Schweißmetall keine Carbidausscheidung eintritt, wenn die Temp. bei der Wärmebehandlung nach dem Schweißen die der unteren krit. Temp. nicht überschreitet; ist der Mo- u. Cr-Geh. im Schweißmetall merklich höher als im Grundmetall, so tritt bei einer späteren Wärmebehandlung bei 1300° F u. mehr eine schwache Carbidausscheidung u. Entkohlung ein, die am stärksten wird, wenn von Tempp. oberhalb der oberen krit. Temp. langsam abgekühlt wird. Luftkühlung kann hier Abhilfe schaffen. (Combustion [New York] **24.** Nr. 9. 36—41. März 1953. M. W. Kellog Co., Jersey City, N. J., The Detroit Edison Co., Detroit, Mich.)
RUMPF. 6506

H. W. Perry, *Flammenplattierung.* Teile aus *Eisen, Stahl, Al, Cu, Messing, Mg* oder *Ti* werden zur Erhöhung des Verschleißwiderstandes mit dem Sauerstoffbrenner auf ca. 205° erhitzt u. mit einem aus 92% *W + C* u. 8% *Co* bestehenden Material verkittet. Wegen der geringen Temp. tritt eine Kristallvermischung sowie ein Verziehen der behandelten Gegenstände nicht ein. Die Oberfläche der behandelten Teile ist gegen Stoß- u. Reibungsbeanspruchung gleich gut widerstandsfähig. Angaben über erzielbare Schichtdicken u. Ergebnisse von Verschleißprüfungen. (Metal Ind. [London] **81.** 421 bis 422. 28/11. 1952.)
HOCHSTEIN. 6508

John L. Everhart, *Naßabstrahlen als Reinigungs- und Nachbehandlung.* Eine Suspension von feinzerteiltem Schleifmaterial in einer geeigneten Fl. wird auf die zu behandelnde Oberfläche aufgespritzt. Das Verf. ist als Vorbehandlung vor dem Aufbringen von Metallüberzügen auf Metalloberflächen, zum Entrosten, Entzundern u. dgl. geeignet. — Abbildungen. (Materials and Methods **35.** Nr. 4. 98—100. April 1952.)
MARKHOFF. 6510

L. R. Eastman, *Herstellung von Poliermitteln.* Allg. Richtlinien. (Plating **39.** 47. Jan. 1952.)
ARNDT. 6510

L. Matteoli und **L. Nava,** *Experimenteller Beitrag zum elektrolytischen Polieren von Prüflingen zur metallographischen Untersuchung von Weichmetallen.* Es werden Vorschriften zum elektrolyt. Polieren von *Sn, Pb* u. *Zn* ausgearbeitet, wobei es gelingt, die durch die mechan. Bearbeitung der Prüflinge hervorgerufenen Strukturänderungen zu eliminieren. — 11 Literaturzitate. (Metallurgia ital. **45.** Nr. 11. Atti Notizie **8.** 333—38. Nov. 1953.)
RUMPF. 6514

Elias Schore, *Galvanoplastische Herstellung von Prägeplatten und Platten zur Erzeugung körniger Oberflächen.* Überblick. (Metal Finishing **52.** 74—76. Jan. 1954. Wechawken, N. J., Neo Reviewer Printing Co.)
MARKHOFF. 6514

Bernard E. Bunce, *Elektrolytische Überzüge auf Aluminium. Die anodische Vorbehandlung in Phosphorsäure.* Berichtet wird über prakt. Erfahrungen mit dem Verf. der ALUMINUM CO. OF AMERICA bei dem Lsgg. von ca. 354 g/Liter H_3PO_4 von 90° F (18° C) als Elektrolyt verwendet werden, um durch anod. Behandlung das Al mit einer Oxydschicht zu versehen, auf der dann elektrolyt. festhaftende Metallüberzüge abgeschieden werden können. Vor der Oxydation ist eine gründliche Reinigung der Oberfläche auf mechan. u. chem. Wege erforderlich. (Metal Finishing **52.** 70—73, 76. Jan. 1954.)
MARKHOFF. 6514

W. W. Skortschelletti und **W. Je. Pisskorski,** *Untersuchung der wichtigsten Faktoren, die auf den Prozeß des Rostens von Präzisionsstahlerzeugnissen bei der Fabrikation einwirken.* 1. Mitt. Die erhöhte Rostgefährdung von Stahlwaren im Sommer wird in erster Linie auf die größere relative Luftfeuchtigkeit u. die erhöhte Temp. zurückgeführt. Das Entstehen von Rostherden wird durch Verunreinigung der Luft mit CO_2 u. bes. mit SO_2 stark begünstigt. Es werden 2 Rostschutzverff. empfohlen: 1. 10 Min. Waschen mit 80° heißer 2%ig. NaOH (I), dann 30 Min. mit 20%ig. $Na_2Cr_2O_7$-Lsg., schließlich 20 Min. Waschen mit kaltem Leitungswasser, 5 Min. mit sd. W. u. Trocknen bei 80°; 2. Anod. Behandlung mit 10%ig. I unter starker O_2-Entw. an der Oberfläche

der Probe bei anod. Stromdichte von ca. 1 Amp/dm². Durch diese Maßnahmen wird der schädliche Einfl. von adsorbiertem SO_2 wesentlich vermindert. (Журнал Прикладной Химии [J. angew. Chem.] **26.** Nr. 7. 730—35. Juli 1953.)
R. K. MÜLLER. 6538

Morris Cohen, *Auslegung und Bedeutung von Metallpotentialen in wässerigen Lösungen.* Ausführliche Beschreibung der Zusammenhänge zwischen Potentialbldg. u. Elektrodenreaktionen. Das gemessene Potential ist ein Mischpotential der an der Oberfläche vor sich gehenden Elektrodenreaktionen. Beispiele für die Beeinflussung des Fe-Potentials durch Zusätze u. Oberflächenbehandlung. — 17 Literaturzitate. (Corrosion [Houston] **9.** 372—76. Okt. 1953. Ottawa, Can., Nat. Res. Coucil, Div. appl. Chem.) SPINDLER. 6538

W. L. Pinner, *Fortschrittsbericht über die Entwicklung eines neuen Korrosions-Kurzzeitversuchs.* Es wird berichtet über Verss. zur Vermeidung der Unstimmigkeiten des n. Salzsprühvers. mit der Praxis bei der Prüfung galvan. Überzüge. (Plating **40.** 1376—78 u. 1383. Dez. 1953. Detroit, Mich., Houdaille-Hershey Corp.) SPINDLER. 6540

Deutsche Edelstahlwerke Akt.-Ges., Krefeld (Erfinder: **Gerhard Seulen,** Remscheid-Hasten, und **Hermann Kuhlbars,** Wuppertal-Elberfeld), *Vermeidung des Querverzuges beim fortschreitenden einseitigen Oberflächenhärten langgestreckter Werkstücke wie Platten, Bleche oder dergleichen.* Beim Erwärmen der Werkstücke von der Rückseite her u. nachfolgendem Abkühlen unter Verwendung einer Tastrollensteuerung wird die der Werkstückrückseite zugeführte Wärmemenge derart verändert, daß sie bei zunehmendem Hohlwerden in der Querrichtung erhöht oder bei zunehmendem Balligwerden verringert wird. — Abbildung. (**D. B. P. 896 656** Kl. 18c vom 13/3. 1942, ausg. 12/11. 1953.) HOCHSTEIN. 6411

Allgemeine Elektricitäts-Gesellschaft, Berlin-Grunewald (Erfinder: **Richards H. Harrington,** Schenectady, N. Y., V. St. A.), *Lagermetalle* bestehen aus 1—50 (%) *Pb*, bis 6 *Cr* u. *Be* zusammen oder bis 7 *Co* u. *Be* zusammen, wobei das Be nicht mehr als 1 beträgt, Rest *Cu* mit der Maßgabe, daß das Verhältnis Be + Cr zu Cu jeweils 1:200 u. das Verhältnis Be + Co zu Cu jeweils 3:97 beträgt. Zur Verbesserung der Lagereigg. werden die Legierungen ½—1 Std. auf 750—900° erwärmt, in W. abgeschreckt, 5 Std. auf 500° angelassen u. an der Luft abgekühlt. (**D. R. P. 760 530** Kl. 40b vom 10/7. 1940, ausg. 14/12. 1953. A. Prior. 11/7. 1939.) GÖTZE. 6433

American Electro Metal Corp., Yonkers, N. Y., übert. von: **Richard P. Seelig,** Elmhurst, V. St. A., *Herstellung eines stromlinienförmigen Gegenstandes auf pulvermetallurgischem Wege.* Bei der Herst. von Turbinenschaufeln oder ähnlich geformten Gegenständen auf pulvermetallurg. Wege wird zunächst das Metallpulver zu einem porigen Gegenstand vorverdichtet, dessen Breite geringer als die des Endgegenstandes u. dessen Dicke der Leitkante größer als die Dicke der Hinterkante ist, wobei die Dicke des Mittelteiles größer als die der beiden Kanten ist. Dieser porige Vorpreßling wird zur Festigkeitserhöhung bei hoher Temp. gesintert u. anschließend durch Druck unter einer seitlichen Verschiebung der gesinterten Pulvermasse der Hinterkante in die Endform gepreßt. Der so geformte Sinterpreßling wird darauf mit einem Einsickermetall von niedrigerem F. als der des Sintermetalls versehen, wodurch Dichtigkeit u. Festigkeit noch erhöht werden. Bei der Herst. solcher Gegenstände aus reinem Eisenpulver mit Zusatz von 0,25—0,4% C (Ruß) wird als Einsickermetall eine Cu-Legierung verwendet. Der so hergestellte Sintergegenstand wird auf 840° erhitzt, in Öl abgeschreckt, ½ Std. bei 680° angelassen u. nochmals in Öl abgeschreckt u. an Luft ganz abgekühlt. — Abbildungen. (**A. P. 2 653 377** vom 2/9. 1947, ausg. 29/9. 1953.) HOCHSTEIN. 6475

Glacier Metal Co. Ltd., Alperton, Middl., England (Erfinder: **Phil Prince Love**), *Aufbringen von Bremsbelägen.* Auf das Grundmetall wird, gegebenenfalls nach vorherigem Abscheiden eines elektrolyt. Cu-Überzuges, eine Schicht aus einem Metallpulver, z. B. *Cu-*, *Sn-*, *Fe-* oder *Pb*-Pulver, mit 3—10% *Graphit* aufgebracht u. in reduzierender oder neutraler Atmosphäre aufgesintert. Dabei soll der Graphitgeh. an der Oberfläche der Schicht ein Maximum, an der Auflagefläche auf dem Grundmetall ein Minimum betragen oder im letzteren Fall ganz wegfallen. (**E. P. 697 660** vom 4/7. 1950, ausg. 30/9. 1953.) VIER. 6475

Vereinigte Deutsche Metallwerke Akt.-Ges., Frankfurt/M.-Heddernheim (Erfinder: **Otto-Herrmann Hummel,** Frankfurt/M.), *Herstellung verschleißfester Lagermetallgefüge.* Auf einen Stützkörper, z. B. aus *Stahl*, werden pulverförmige Metalle oder Legierungen aufgepreßt u. die Sinterung unter einem Anfangsdruck vorgenommen, der weniger groß ist als der vorausgegangene Verdichtungsdruck, wobei mit zunehmender Erhitzung der Anfangsdruck allmählich so weit herabgesetzt wird, daß ein Platzwechsel der Gefügebestandteile untereinander vermieden wird. So wird z. B. bei *Bronzen* aus 80 (%) *Cu* u. 20 *Pb* ein nichtdendrit., völlig ungerichtetes u. gleichmäßig verteiltes feines Gefüge erzielt. — Vorr. zur Durchführung des Verfahrens. (**D. B. P. 895 220** Kl. 40b vom 14/7. 1942, ausg. 2/11. 1953.) GÖTZE. 6475

Vereinigte Deutsche Metallwerke Akt.-Ges., Frankfurt/M.-Heddernheim (Erfinder: **Herbert Schulze,** Altena/Westf.), *Heizleiterwerkstoff.* Verwendet wird eine durch Pressen u. Sintern hergestellte Legierung mit 5—30 (%) *Cr,* 0,1—11,5 *Al,* Rest *Eisen,* bzw. an Stelle von Al 0,1—10 *Si* u. gegebenenfalls noch 1—10 *Ni,Co, W* oder *Mo* als Heizleiterwerkstoff mit erhöhter Lebensdauer u. Hitzebeständigkeit gegenüber den auf dem Schmelzwege hergestellten Legierungen. (**D.B.P. 896 507** Kl. 18d vom 7/2. 1940, ausg. 12/11. 1953.) HOCHSTEIN. 6475

Pierre Schlup, Schweiz, *Salz zur Herstellung von Metallbeizlösungen* besteht aus einem Gemisch von sauren Salzen, bes. *sauren Sulfaten, Mono-, Bi-* oder *Triphosphaten,* mit oberflächenakt. Salzen, wie *Arylalkylsulfonaten.* Das in W. aufgelöste Salz löst nur die Oxyde. (**F. P. 1 045 653** vom 30/3. 1951, ausg. 30/11. 1953.) MARKHOFF. 6513

Republic Steel Corp., übert. von: **Ralph M. Drews,** Cleveland, und **Harold L. Farling,** Garfield Heights, O., V. St. A., *Beizen von Eisen.* Die zu beizenden Gegenstände werden auf ca. 300° F (149° C) erhitzt in das Beizbad gebracht, das auf 180—210° F (82—99° C) gehalten wird. Die Beizzeit wird auf etwa die Hälfte gegenüber den üblichen Beizverff. reduziert. — Abbildung. (**A. P. 2 653 115** vom 14/10. 1948, ausg. 22/9. 1953.) MARKHOFF. 6513

Dow Chemical Co., übert. von: **John Easly** und **Harry E. Swayze,** Midland, Mich., V. St. A., *Ätzmittel für Metalle, wie Magnesiumlegierungen,* besteht aus einem Gemisch einer gesätt. aliphat. Säure mit 5—26 C-Atomen, wie *Palmitin-* oder *Stearinsäure,* u. HNO_3, z. B. aus 99,1 (Gewichtsteilen) einer 7%ig. HNO_3-Lsg. u. 0,9 Palmitinsäure. Temp. ca. 90°. Behandlungsdauer 30 Sekunden. Das Mittel dient z. B. zum Ätzen von Druckplatten aus einer Legierung aus 3 (%) Al, 1 Zn, 0,2 Mn u. Rest Mg. (**A. P. 2 640 763** vom 2/2. 1951, ausg. 2/6. 1953.) MARKHOFF. 6513

Federal Telephone and Radio Corp., New York, N. Y., übert. von: **Mortimer C. Bloom** und **Joshua P. Levy,** Boston, Mass., V. St. A., *Entfernen von organischen Verunreinigungen aus elektrolytischen Bädern zur Selenabscheidung.* Den schwefelsauren SeO_2 enthaltenden Lsgg. wird Se in feinverteiltem Zustand zugesetzt u. das Bad dann auf 100° während 12 Std. bis zu 6 Tagen erhitzt. Die organ. Stoffe werden von den Se-Teilchen adsorbiert. (**A. P. 2 649 410** vom 10/6. 1948, ausg. 18/8. 1953.) MARKHOFF. 6513

Victoreen Instrument Co., Cleveland, übert. von: **Virginia Terhune,** East Cleveland, O., V. St. A., *Ätzen und Polieren von Aluminium.* Die Gegenstände werden in einer heißen Lsg. von Alkalihydroxyd behandelt, in der Cu_2O oder CuO dispergiert ist. Bei einer Temp. von 92—100° erhält man eine glänzende Oberfläche, auf der auch galvan. Überzüge gut haften. (**A. P. 2 657 981** vom 31/1. 1950, ausg. 3/11. 1953.) MARKHOFF. 6513

Beech Aircraft Corp., übert. von: **Roscoe D. Howard** und **Robert E. Samuelson,** Wichita, Kans., V. St. A., *Ätzlösung für Aluminium* besteht aus 20 gal (90 Liter) HNO_3 von 42° Bé, 3 gal (13,5 Liter) *HF*-Lsg. mit 48—52% HF, 9,3 lbs (4,2 kg) $B(OH)_3$ u. soviel *W.*, daß 100 gal (454 Liter) Gesamtlsg. entstehen. Das Mittel dient bes. zur Vorbehandlung von Al-Legierungen vor dem elektr. Schweißen. (**A. P. 2 637 634** vom 12/2. 1952, ausg. 5/5. 1953.) MARKHOFF. 6513

Carlo Sonnino et Fabrique d'emballages métalliques Soc. An. Fribourg, Fribourg, Schweiz, *Elektrolytisches Polieren von Aluminium und seinen Legierungen.* Die Gegenstände werden zusammen mit einer Gegenelektrode, z. B. aus nichtrostendem Stahl, in einem Elektrolyten, z. B. aus 92 (%) H_2SO_4, 5 HNO_3, 1 *Ameisensäure* u. 2 W. mit einem Zusatz von 3‰ MnO_2 u. 2‰ $Zr(NO_3)_2$, getaucht u. außerhalb des Bades über einen regelbaren Widerstand kurzgeschlossen. Bei einer Stromdichte von 2,5 Amp/dm² erhält man in 40 Sek. eine gute Politur. — Abbildungen. (**Schwz. P. 291 520** vom 12/6. 1951, ausg. 16/9. 1953.) MARKHOFF. 6515

C. Lorenz Akt.-Ges., Stuttgart-Zuffenhausen (Erfinder: **Walter Nielsch,** Eßlingen/Neckar, **Alfred Gaebel,** Denkendorf/Filder, und **Willy Knebel,** Berlin-Neukölln), *Überziehen von Drähten und Bändern im Durchzugsverfahren mittels Elektrophorese.* Die Vorbehandlung der zu überziehenden Drähte oder Bänder, die elektrophoret. Abscheidung selbst sowie das Trocknen, Sintern der aufgebrachten Schicht wird in einem fortlaufenden Arbeitsgang vorgenommen. Das Absetzen des Überzugsstoffes im Bade wird durch ständiges Rühren verhindert. Man kann auf diese Weise Emissionsmassen, z. B.

Mischungen aus $BaCO_3$, $SrCO_3$ u. $CaCO_3$, ferner gepulverte Glasfritte oder Salze, wie *Pb-Borat*, als Überzug abscheiden. Die Schichten werden sehr gleichmäßig. — Abbildung. (**D. B. P. 899 889** Kl. 48a vom 6/2. 1942, ausg. 17/12. 1953.) MARKHOFF. 6515

Mecano Spezialartikel für Kraftfahrzeuge Hans Sickinger, Lemgo/Lippe (Erfinder: **Bert L. Quarnstrom** und **Raymund Hobrock,** Detroit, V. St. A.), *Oberflächenbehandlung von mit Metallen zu überziehenden Metallrohren.* Vor dem Überziehen von Metallrohren durch Aufschmelzen des als Draht oder Streifen in das Rohr eingelegten Überzugsmetalles wird auf die zu überziehende Oberfläche eine mit Metalloxyden vermischte Na_2SiO_3-Lsg. aufgetragen u. aufgetrocknet. Beim Aufschmelzen des Überzugsmetalls verteilt sich dieses gleichmäßig auf dem Grundmetall. (**D. B. P. 904 371** Kl. 48d vom 26/2. 1939, ausg. 18/2. 1954.) MARKHOFF. 6517

Erwin Müller-Bralitz, Mariental-Horst über Helmstedt, *Leitendmachen von Nichtleitern vor der Galvanisierung.* Die Oberfläche wird mit einer leicht fließenden, verdunstenden u. erstarrenden Fl. behandelt, in welcher ein Metallstaub, z. B. Cu-Schliff, fein verteilt ist. Der Fl. wird noch ein filmbildendes Material, wie Harz, Kunstharz, Wasserglas oder dgl., in geringer Menge zugesetzt. Es bildet sich eine dünne Metallschicht, die den Strom leitet. Z. B. verwendet man eine Lsg. aus 1 Liter Spiritus, 100 (g) Schellack, 30 venetian. Terpentin u. 1 kg Cu-Staub. — Abbildung. (**D. B. P. 904 615** Kl. 48a vom 2/10. 1951, ausg. 22/2. 1954.) MARKHOFF. 6517

Siemens-Schuckertwerke Akt.-Ges., Berlin und Erlangen (Erfinder: **Friedrich Schmidt,** Erlangen), *Verbessern des Haftens von metallischen Überzügen.* Der Überzug wird erwärmt, so daß eine Diffusion in die Grundlage eintritt. Zur Begrenzung der Erhitzung werden die nicht überzogenen Teile gekühlt. — Abbildung. (**D. B. P. 904 845** Kl. 48a vom 24/11. 1951, ausg. 22/2. 1954.) MARKHOFF. 6517

Tainton Co., übert. von: **Erith T. Clayton,** Baltimore, Md., V. St. A., *Metallüberzüge durch Rollfaßbehandlung.* Den Metallpulvern wird eine organ. Fl., wie *Xylol, Naphtha* oder andere KW-stoffe, mit einer geringen Menge Schmiermittel zugesetzt. Die Behandlung wird bei Temp. von 10—65° vorgenommen. (**A. P. 2 640 001** vom 21/1. 1948, ausg. 26/5. 1953.) VIER. 6517

Deutsche Edelstahlwerke Akt.-Ges., Deutschland, *Aufbringen einer metallischen Auflage auf Metallkörper, z. B. Ventilkegel.* Der aufzubringende Werkstoff, z. B. ein verschleißfester *Stahl,* wird in Form eines Draht-, Blech- oder Sinterringes auf den Körper aufgelegt u. mittels einer Induktionsspule in reduzierender Atmosphäre auf Schweißtemp. erhitzt u. niedergeschmolzen. (**F. P. 1 032 400** vom 13/2. 1951, ausg. 1/7. 1953. D. Prior. 17/2. 1950.) VIER. 6517

Lloyd B. Portzer und **William C. Leitenberger,** Cleveland, O., V. St. A., *Galvanisches Erzeugen glänzender Nickelüberzüge.* Dem üblichen Ni-Salz-Elektrolyten wird als Glanzzusatz eine Verb. zugegeben, die durch Red. eines Triphenylmethan-Farbstoffes, wie Fuchsin, Pararosanilin (I), Methylviolett, Anilinblau, Aurin, mit Zn-Pulver u. HCl erhalten wird, z. B. durch Einw. von 450 (g) **I**, 120 Zn-Pulver, 200 HCl, 450 $Na_2S_2O_4$ u. 13 gal W. aufeinander. Bes. eignen sich Triphenylmethan-Farbstoffe, die eine auxochrome Gruppe enthalten u. durch die Red. in die Leukoverb. übergeführt werden. Die Leukoverbb. werden durch den Zusatz von $Na_2S_2O_4$ gegen die Reoxydation durch den O_2 der Luft geschützt. (**A. P. 2 637 687** vom 31/5. 1951, ausg. 5/5. 1953.) MARKHOFF. 6521

Wagner Brothers, Inc., Detroit, übert. von: **Harold George Donnelly,** Dearborn, Mich., V. St. A., *Galvanisches Glanznickelbad* besteht aus den üblichen Ni-Salzen, einer Puffersubstanz u. organ. Verb., die einen Isothioharnstoff-Kern enthält, an deren S-Atom eine weitere organ. Gruppe hängt, z. B. *β-Isothioharnstoffpropionsäure.* (**A. P. 2 648 627** vom 24/5. 1950, ausg. 11/8. 1953.) MARKHOFF. 6521

G. Brinton Jack, Jr., New York, übert. von: **Gerald J. Horvitz,** Woodmere, N. Y., V. St. A., *Herstellen eines phosphorhaltigen Nickelüberzuges auf Eisen.* Auf die Oberfläche wird das Gemisch eines Ni-Oxyds u. eines NH_4-Phosphats aufgebracht u. auf ca. 1000° erhitzt. Der sich dabei bildende P-haltige Ni-Überzug ist korrosionsbeständig auch gegen heiße 5%ig. H_2SO_4 u. gegen HNO_3 vom spezif. Gewicht von 1,2. Die Ni-Oxyde können auch zum Teil durch Co-Oxyde ersetzt werden. (**A. P. 2 633 631** vom 4/10. 1948, ausg. 7/4. 1953.) VIER. 6521

Vereinigte Aluminium-Werke Akt.-Ges., Berlin und Bonn (Erfinder: **Heinrich Neunzig,** Gindorf bei Grevenbroich), *Erzeugen klarer und farbloser Schutzschichten auf Aluminium und seinen Legierungen.* Die Oberfläche der Gegenstände wird nach einer mechan. Vorbehandlung zunächst chem. geglänzt u. anschließend chem. oxydiert.

Zum Glänzen dient eine Lsg. von 1,6—2,7 (gMol/Liter) HNO_3, 1,8—3,5 $NH_4^{\cdot}$ u. 3,5 bis 7 HF, zum Oxydieren eine Lsg. von 0,47 Na_2CO_3, 0,047 $Na_2CrO_4^{\cdot}$ u. 0,0008 Na_2SiO_3. (**D. B. P. 887 141** Kl. 48d vom 14/9. 1951, ausg. 1/3. 1954.) MARKHOFF. 6531

Carlo Bechi, Ossidazione anodica dell'alluminio e delle sue leghe. Udine: Doretti. 1954. (19 S.)

Hanns Benninghoff, Elektrolytisches Polieren der Metalle in der Industrie. Saulgau/Württb.: Leuze. 1953. (XXXIV + 146 S. m. 37 Abb. auf 25 Taf. m. 24 Tab.) DM 17,50.

IX. Organische Industrie.

Standard Oil Development Co., Del., übert. von: **William M. Drout, Jr.,** Linden, N. J., V. St. A., *Trennen organischer Verbindungen* erfolgt mittels der extraktiven Dest., wobei die in dem Extraktionsmittel (I) lösl. Verbb. als Bodenprod. mit Teilen von I erhalten u. in einer Fraktionierkolonne rein gewonnen werden können. Die in I unlösl. Verbb. gewinnt man als azeotrop. Kopfdestillat.; man trennt nach Kondensation durch Schichten u. wäscht die organ. Verbb. mit I. Die wss. Schicht u. das Waschwasser gelangen in die Extraktionskolonne. — Zeichnung. (**A. P. 2 610 141** vom 1/4. 1949, ausg. 9/9. 1952.) G. KÖNIG. 6561

N. V. de Bataafsche Petroleum Mij., Haag, Holland, *O-haltige, in Wasser lösliche organische Verbindungen* mit verschied. polaren Charakter trennt man durch Behandeln der Mischung mit 2 Fll., die im Gegenstrom zueinander geführt werden. Das eine Lösungsm. (I) kann, ganz oder teilweise, aus organ. Stoffen bestehen, die 2 oder mehr polare Gruppen enthalten oder aus einem Gemisch von Stoffen mit einer u. mehreren polaren Gruppen zusammengesetzt sein. Das 2. Lösungsm. kann ganz oder teilweise aus einem oder mehreren KW-stoffen, deren Kpp. von den zu trennenden Bestandteilen verschied. ist. Als I sind z. B. geeignet: Glykole, Glykoläther, Chlorhydrine, Oxynitroverbb., wie o-Nitrophenol. (**E. P. 664 205** vom 30/6. 1949, ausg. 2/1. 1952. Holl. Prior. 26/7. 1948.) G. KÖNIG. 6599

Standard Oil Development Co., Del., übert. von: **Clinton H. Holder,** Cranford, N. J., V. St. A., *Gewinnung von Kohlenwasserstoffen* durch Zers. von feinverteilten Metallcarbiden mit Wasserdampf, wobei ein Schwebezustand der Carbide durch am Boden der Reaktionskolonne eingeleitetes Trägergas oder -dampf, z. B. Wasserdampf, aufrechterhalten wird. Aus CaC_2 erhält man C_2H_2 bei 400° (F) u. n. Druck. Erhöht man die Temp. auf 900—1300° u. den Druck auf mehr als 200 lbs./sq.in., entsteht auch *Benzol.* Leitet man in das Trägergas Bzl. ein, so reagiert nascierendes C_2H_2 damit, u. es entsteht *Styrol.* Bei Zugabe von C_2H_4 enthält das Reaktionsprod. *Butadien.* — Zeichnung. (**A. P. 2 595 255** vom 26/12. 1946, ausg. 6/5. 1952.) G. KÖNIG. H 500

Minnesota Mining & Mfg. Co., St. Paul, übert. von: **Joseph H. Simons** und **Thomas I. Brice,** State College, Pa., V. St. A., *Organische Verbindungen der allgemeinen Formel* $C_nF_{2n+1}J$ oder $C_nF_{2n-1}J$, erhält man bei der Rk. von JF_5 oder anderen Polyfluorjodverbb. mit perfluorierten Olefinen bei 175—250° in der gasförmigen oder fl. Phase. Bei cycl. Verbb. kann das F-Atom in der Seitenkette oder an dem Ringkohlenstoffatom stehen. Es werden hergestellt: C_2F_5J, Kp. 8°; C_3F_7J, Kp. 39°; C_4F_9J, Kp. 67°; $c-C_6F_{11}C_2F_4J$, Kp. 152°; $c-C_4F_7J$, Kp. 63°; $c-C_6F_{11}J$, Kp. 112°; $c-C_6F_{10}J\cdot CF_3$, Kp. 137° (c = cycl.). (**A. P. 2 614 131** vom 22/8. 1949, ausg. 14/10. 1952.) G. KÖNIG. H 500

Standard Oil Development Co., Del., übert. von: **John I. Owen** und **Simpson D. Summerford,** Baton Rouge, La., V. St. A., *CO-Hydrierung zu hochmolekularen Kohlenwasserstoffen* erfolgt bei 625—725° F u. 400—600 lbs./sq.in. in Ggw. eines Fe-Fe_2O_3 oder Fe_3O_4 in K-Verbb. enthaltenden Katalysators, wobei der O-Geh. vorteilhaft zwischen 20 u. 35% auf reines Fe betragen soll. — Zeichnung. (**A. P. 2 610 975** vom 12/5. 1948, ausg. 16/9. 1952.) G. KÖNIG. H 500

Jefferson Chemical Co., Inc., New York, N. Y., übert. von: **Napoleon A. Agapetus,** Port Neches, **Robert Repp Reese,** Austin, Tex., und **Loren P. Scoville,** Crestwood, N. Y., V. St. A., *Reines Äthylendichlorid* (I) gewinnt man aus rohem I, das W., Dichlordiäthyläther u. höhersd. chlorierte Verbb. enthält, durch Waschen mit W. oder alkal. Lsgg. u. anschließende Dest. bei n. Druck u. 200—260° F unter Zugabe geringer Mengen an W., wobei ein W.-I-Azeotrop übergeht. Man trennt W. durch Schichten, I leitet man in die Kolonne. Aus dem Bodenprod. dest. man 60—80% des vorhandenen I ab, den Destillationsrückstand dest. man bei höheren Tempp. (275—350° F u. n. Druck), bis ein Rückstand von 3—20% verbleibt. — Zeichnung. (**A. P. 2 589 212** vom 8/11. 1949, ausg. 18/3. 1952.) G. KÖNIG. H 520

Standard Oil Development Co., Elizabeth, N. J., V. St. A., *Reinigen von in Wasser unlöslichen Alkoholen* mit höchstens 20 C-Atomen erfolgt durch Abdestillieren der niedrigsd. Verunreinigungen mit anschließender Behandlung des getoppten A. oder der Alkoholmischung in der fl. Phase mit einer wss. Lsg. von Ätzalkali u. Durchleiten eines O_2-haltigen Gases. Nach Abtrennen der wss. Lsg. wird der A., gegebenenfalls unter vermindertem Druck, abdestilliert. — Zeichnung. (**E. P. 681 296** vom 22/3. 1950, ausg. 22/10. 1952. A. Prior. 31/12. 1949.) G. König. H 550

Standard Oil Development Co., Del., übert. von: **Salvatore G. Gallo**, Roselle, N. J., V. St. A., *Gewinnen von vorzugsweise öllöslichen aliphatischen Alkoholen* aus Mischungen mit KW-stoffen durch Extraktion der Mischungen mittels eines wasserhaltigen aliphat. Alkohols (Methanol, A., Propylenglykol) mit anschließender Extraktion der wasserhaltigen, die Alkohole enthaltenden Bodenprodd. mit einem leichtsd. KW-stoff (Heptan), wobei das wasserhaltige Lösungsm. als Bodenprod. anfällt u. in die 1. Extraktionsstufe gelangt. Aus dem KW-stoff–Alkoholraffinat treibt man die KW-stoffe ab u. führt sie in die 2. Extraktionsstufe zurück. — Zeichnung. (**A. P. 2 610 977** vom 6/12. 1947, ausg. 16/9. 1952.) G. König. H 550

E. I. du Pont de Nemours & Co., übert. von: **Richard E. Brooks** und **Ralph C. Schreyer**, Wilmington, Del., V. St. A., *Alkohole* erhält man bei der Oxosynth. in Ggw. eines Esters einer gesätt. organ. Carbonsäure u. eines in der Reaktionsmischung lösl. Katalysators bei Tempp. $>250^0$ (max. 375^0) u. höherem Druck (325—5000 at), wobei das mol. Verhältnis $CO:H_2$ zwischen 1:3 u. 3:1 liegen kann. Der neben den Alkoholen sich bildende Ester ergibt durch Umesterung in Ggw. eines Katalysators den Alkohol u. den eingesetzten Ester. — Man erhält z. B. aus Diisobutylen, Methylformiat, CO u. H_2 (1:1) in Ggw. von Co-Acetat bei 293^0 u. 700 at eine Mischung aus stark verzweigtem Nonylformiat u. *Nonylalkohol.* Der Ameisensäureester ergibt mit Methanol in Ggw. einer anorgan. Säure, Nonylalkohol u. Methylformiat. (**A. P. 2 644 844** vom 25/1. 1950, ausg. 7/7. 1953.) G. König H 560

Dow Chemical Co., Midland, Mich., V. St. A., *Chlormethylmethyläther* (**I**) erhält man aus äquimol. Mengen Methanol u. CH_2O unter Einleiten von HCl bei 0—60^0 bis zur Sättigung. Man trennt die organ. Phase, enthaltend reines **I** ($D._{25}$ 1,073), von der wss. Phase. Diese wird bei n. Druck dest. u. das Kopfdestillat in einer Mischung von Methanol u. CH_2O aufgefangen u. mit HCl behandelt, wobei **I** entsteht. — Zeichnung. (**E. P. 685 095** vom 8/3. 1951, ausg. 31/12. 1952. A. Prior. 7/6. 1950.) G. König. H 560

Devoe & Raynolds Co., Inc., Louisville, übert. von: **John D. Zech**, Anchorage, Ky., V. St. A., *Halogenhaltige Polyäther von Alkylenoxyden* der Formel **I** erhält man durch partielles Dehalogenieren von Polyhalogenhydrinäthern in nichtwss. Phase mittels alkal. wirkenden Stoffen, bes. der Aluminate der Alkalien, wie Na_3AlO_3, $Na_2Al_2O_4 \cdot xH_2O$, $K_2Al_2O_4$; Zinkate der Alkalimetalle u. Silicate der Alkalimetalle, wasserfreier oder wasserhaltiger Ortho-, Meta-, Di-, Tri-, Sesquisilicate, bes. $Na_2SiO_3 \cdot 5\,H_2O$, Na_4SiO_4 u. Na_2SiO_3. Reaktionstemp. liegt zwischen —25 u. 125^0. Inerte organ. Lösungsmittel können Anwendung finden. In **I** steht **R** für Rest eines mehrwertigen Alkohols, der noch OH-Gruppen enthalten kann; $x \geqq 1$, y ist größer als 1, $z \geqq 1$, u. $x + z \geqq 2$. Verwendung zur Herst. von Zwischenprodd. durch Verestern, Veräthern, zur Herst. von Aminen, Amiden, Mercaptanen, wobei plast. Massen, Harze, Netzmittel, Farbstoffe, Insekticide, pharmazeut. Prodd. entstehen. (**A. P. 2 581 464** vom 16/9. 1947, ausg. 8/1. 1952.) G. König. H 580

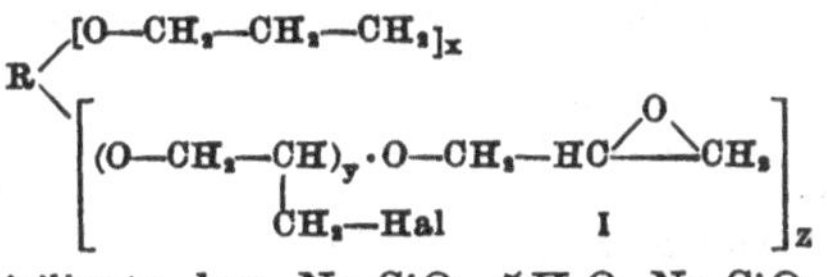

Ethyl Corp., New York, N. Y., übert. von: **James B. Hinkamp**, Detroit, **Roy Sugimoto** und **Harry R. Dittmar**, Royal Oak, Mich., V. St. A., *Salpetersäureester von einwertigen Alkoholen*, bes. Amylalkoholen, erhält man mittels einer 20—33% HNO_3, 60—68% H_2SO_4 u. 7—14% W. enthaltenden Mischung bei 0—20^0. Ein bis 13% NHO_3 betragender Überschuß ist vorteilhaft. Als Ausgangsstoffe werden prim. Alkohole bevorzugt. Der Geh. an sek. Alkoholen kann bis 20% u. der an tert. 1% betragen. (**A. P. 2 618 650** vom 24/6. 1950, ausg. 18/11. 1952.) G. König. H 590

„Shell" Refining & Marketing Co. Ltd., London, und **Leslie Newton Goldsbrough**, Cheshire, England, *Kontinuierliche Hydrolyse von Mono-* (**I**) *und Dialkylsulfaten* (**II**) in wss. H_2SO_4-Lsg., erfolgt in mehreren kaskadenartig angeordneten Gefäßen, wobei im 1. Gefäß, gegebenenfalls nach Zusatz von W., durch Einleiten von Wasserdampf eine Hydrolyse von **I** stattfindet. **II** bleibt unverändert. Das Gemisch gelangt in das 2. Gefäß u. durch Wasserdampf wird **II** hydrolysiert. Gleichzeitig wird erhaltener Alkohol mit W. abgetrieben. Man kann zur vollständigen Umsetzung noch ein 3. Gefäß einschalten. Dest. Alkohol wird kondensiert u. mit Ätznatron behandelt; durch Schichten werden die rohen Alkohole getrennt. — Zeichnung. (**E. P. 668 538** vom 2/11. 1948, ausg. 19/3. 1952.) G. König. H 590

Chemische Werke Hüls G. m. b. H. (Erfinder: **Walter Franke** und **Karl Heinz Seemann**), Marl, *Ungesättigte Acetale* entstehen durch Rk. von Diacetylen (I) mit 2 (Mol) einer aliphat. oder cycloaliphat. Oxyverb. in Ggw. bas. wirkender Mittel bei mindestens 90°. Man kann auch die durch Rk. von I mit 1 einer Oxyverb. nach D. R. P. 601 822; C. **1935.** I. 2256, erhaltenen Äther der Acetylenreihe oder die vorst. gewonnenen Acetale in Ggw. bas. wirkender Mittel bei erhöhter Temp. mit 1 der Oxyverb. umsetzen. Durch Einleiten von I in eine Lsg. aus Na + A. bei 95° bildet sich *1-Äthoxybutin-3-en-1-(Äthoxyvinylacetylen)*, Kp.$_{50}$ 60—66°, u. *Butin-2-al-1-diäthylacetal*, $CH_3C\equiv CCH(OC_2H_5)_2$, Kp.$_{50}$ 88°. — *3-Äthoxybuten-2-al-1-diäthylacetal*, $CH_3C(OC_2H_5)=CH\cdot CH(OC_2H_5)_2$, Kp.$_{20}$ 90—91°. — *Butin-2-al-1-di-n-butylacetal*, $CH_3C\equiv CCH(OC_4H_9)_2$, Kp.$_3$ 78—85°. — *3-n-Butoxybuten-2-al-1-di-n-butylacetal*, $CH_3C(OC_4H_9)_2=CHCH\cdot(OC_4H_9)$, Kp.$_3$ 120—125°. — *Butin-2-al-1-glykolacetal*, Kp.$_{15}$ 50—52°. — *Butin-2-al-1-di-(β-methoxyäthyl)-acetal*, Kp.$_5$ 108—112°. — *1-Cyclohexyloxybutin-3-en-1*, Kp.$_{15}$ 100 bis 102°. — *Butin-2-al-1-dicyclohexylacetal*, Kp.$_{12}$ 165—167°. — *Butin-2-al-1-dimethylacetal*, Kp.$_{15}$ 42—45°. — *Butin-2-al-1-äthylcyclohexylacetal*, Kp.$_{20}$ 132—135°. Höchster genannter Ertrag 78%. Verwendung als *Lösungsm.* oder *Zwischenprodd.* z. B. zur Herst. von *Aldehyden* in bekannter Weise. (**D. B. P. 871 006** Kl. 12o vom 5/8. 1942, ausg. 19/3. 1953.) KRAUSS. H 660

N. V. de Bataafsche Petroleum Mij., Haag, Holland, *Reines Acrolein* (I) *und Methacrolein* (II) gewinnt man aus einer Mischung, die noch gesätt. Carbonylverbb. gleicher C-Atomzahl u. gleichen Siedebereichs enthält, durch extraktive Dest. bei Tempp. $<35°$ unter vermindertem Druck u. in Ggw. solcher Mengen W., daß die fl. Phase gewahrt bleibt. I u. II gehen als Kopfdestillat über. — Zeichnung. (**E. P. 664 414** vom 7/1. 1949, ausg. 9/1. 1952. A. Prior. 9/1. 1948.) G. KÖNIG. H 670

Houdry Process Corp., Wilmington, Del., übert. von: **George R. Bond, Jr.**, Paulsboro, N. J., V. St. A., *Acetophenon.* Eine α-methylstyrolhaltige KW-stoff-Fraktion wird mit N_2O_4 zum Styrolnitrosat (I) oxydiert. Nach der Entfernung der nicht umgesetzten KW-stoffe durch Wasserdampfdest. wird der Rückstand mit dem zweifachen Vol. 10%ig. NaOH mit Wasserdampf destilliert. (**A. P. 2 542 985** vom 31/1. 1947, ausg. 27/2. 1951.)

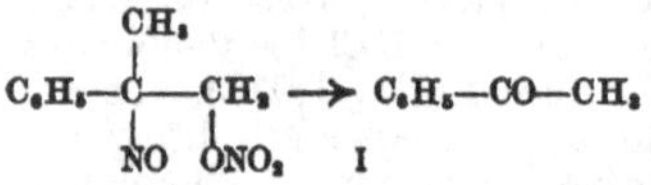

KRAUSS. H 710

Badische Anilin- & Soda-Fabrik Akt.-Ges. (Erfinder: **Walter Reppe**, Ludwigshafen/Rh., und **Nikolaus von Kutepow**, Karlsruhe), *Carbonsäuren und deren Ester* erhält man nach dem Verf. des Hauptpatents durch Rk. von Alkoholen (I) mit CO, wenn man in Ggw. von anderen inerten Lösungsmitteln als von aromat. KW-stoffen, deren krit. Temp. über der Reaktionstemp. liegt, arbeitet. Man unterdrückt so die Bldg. von Äthern aus den I. (**D. B. P. 899 798** Kl. 12o vom 24/6. 1951, ausg. 17/12. 1953. **Zusatz zu D. B. P. 893 499; C. 1954. 3106.**) MÜLLER-MEININGEN. H 800

Usines de Melle, Melle, Frankreich, *Hydrolyse von Methylacetat und Trennung von CH_3COOH und CH_3OH* erfolgt in Ggw. von 0,3—2, bes. 1—1,2 (Teilen), W. je 1 Essigsäure (II) bei 48—140° u. 1—10 at innerhalb 10—45 Min. in Ggw. von 0,05—2% einer starken Säure, z. B. H_2SO_4. Die erhaltene Mischung aus Methylacetat (I), Methanol (III) u. W. wird unter Rückfluß derart dest., daß I u. III abdest., worauf aus dem Destillat III mit W. gewaschen u. II aus dem Destillationsrückstand durch Lösungsmittelextraktion, z. B. mit 10—25% Cyclohexan enthaltendem III, u. anschließender Abdest. von Lösungsm. u. W. isoliert wird. — Vorr., Zeichnung. (**E. P. 687 902** vom 26/4. 1951, ausg. 25/2. 1953. F. Prior. 27/4. 1950.) MÜLLER-MEININGEN. H 810

Ciba Ltd., Basel, übert. von: **Willy Mueller**, Riehen, Schweiz, *Acetessigsäureamide* erhält man durch Kondensation von Diketen (I) mit Ammonium- oder Alkylamincarbonaten, -bicarbonaten oder -carbamaten bei ca. 0—30°. — Ammoniumbicarbonat gibt mit I in W. bei 10—15° *Acetessigsäureamid.* Die Lsg. kann direkt mit Phenylhydrazinhydrochlorid zu 1-Phenyl-3-methyl-5-pyrazolon, F. 126°, bei 60—65° umgesetzt werden. I + Monomethylamincarbonat (aus Monomethylamin + CO_2) → *Acetessigsäuremonomethylamid.* — *Acetessigsäuremonoäthylamid.* Zwischenprodukte (**A. P. 2 615 917** vom 30/7. 1951, ausg. 28/10. 1952.) KRAUSS. H 810

Abraham Brothman, New York, N. Y., V. St. A., *Methacrylsäuremethylester* (I). Das Lactid oder/u. das lineare Polykondensationsprod. von α-Oxyisobuttersäure wird mit 5—15 Mol Methylacetat auf 110—210° in Ggw. eines sauren Katalysators (H_3BO_3, NH_4HSO_4) u. der entstandene α-Acetoxyisobuttersäureester dann auf 400—600° erhitzt, wodurch I u. Essigsäure entsteht. (**E. P. 671 077** vom 7/11. 1949, ausg. 30/4. 1952. A. Prior. 6/11. 1948.) KRAUSS. H 810

Phillips Petroleum Co., übert. von: **John A. Mahan** und **Stanley D. Turk**, Bartlesville, O., V. St. A., *Acetonitril* erhält man durch Rk. von 1 Mol eines Paraffin-KW-stoffs

C_3—C_5, z. B. Propan, mit 0,3—5 NH_3 bei 800—1000° F u. 1—250 lbs./sq.in. bei einer Kontaktzeit von 0,5—10 Sek. an Co-Molybdat Al-, Si-, Ti- oder Zr-Oxyd-Trägerkatalysatoren. (**A. P. 2 642 454** vom 23/11. 1949, ausg. 16/6. 1953.)
MÜLLER-MEININGEN. H 810

Eastman Kodak Co., Rochester, N. Y., übert. von: **Hugh I. Hagemeyer, Jr.** und **David C. Hull**, Kingsport, Tenn., V. St. A., *Aldehydester* erhält man aus ungesätt. Estern nach der Oxosynth. in Ggw. eines carbonylbildenden Katalysators, bes. Co mit Th_2O_3 u. MgO versetzt, bei 120—200° u. 40—400 at. Vorteilhaft wird der Katalysator in Suspension oder Lsg. angewandt. — Der Äthylester der Crotonsäure ergibt *γ-Formyläthylbutyrat*, $Kp._7$ 85—90°. — Acrylsäureäthylester liefert ein Gemisch von *α-Formyläthylpropionat*, $Kp._{10}$ 48—52°, u. *β-Formyläthylpropionat*, $Kp._{10}$ 81—84°. — Aus dem Maleinsäurediäthylester erhält man *α-Formyldiäthylsuccinat*, $Kp._{1-2}$ 114 bis 119°. Es werden ferner hergestellt: *isomere Diformyläthylcapronate* (im Orig.: *sorbate*), $Kp._{20}$ 135—167°; *γ-Formyl-α-äthyläthylbutyrat* u. *α-Formylmethyldimethylsuccinat*, $Kp._{12}$ 145—151°. Durch Oxydation erhält man die entsprechenden Halbester von Dicarbonsäuren, die zur Herst. von Plastifikatoren, linearen Polyestern u. Polyamiden Verwendung finden. (**A. P. 2 610 203** vom 13/12. 1949, ausg. 9/9. 1952.) G. KÖNIG. H 860

United States Rubber Co., New York, N. Y., übert. von: **Elbert C. Ladd**, Passaic, N. J., V. St. A., *Alkylester aus Di-(β-cyanäthyl)-phosphonessigsäure und Di-(β-cyanäthyl)-phosphonacetonitril* der Formel $(R-O-)_2P(=O)C(A)(CH_2CH_2CN)_2$, wobei R = Alkyl u. A = —CN oder —COOR, erhält man bei der Rk. von 2 (Mol) Acrylnitril mit 1 eines Esters der Phosphonessigsäure oder des Phosphonacetonitrils, vorteilhaft bei 25—75° unter Temperaturkontrolle. Lösungsmittel können anwesend sein. Die Rk. wird durch Erhitzen (100—150°) beendet. Vorteilhaft ist der Zusatz alkal. wirkender Katalysatoren. — 0,2 des Diäthylesters von Phosphonacetonitril $(C_2H_5O)_2-P(=O)CH_2\cdot CN$, $Kp._3$ 127—131°, n_D^{20} 1,319 mit 0,4 Acrylnitril in Ggw. von tert. Butanol als Lösungsm. u. Trimethylammoniumhydroxyd ergeben bei 35—50° *den Diäthylester des Di-(β-cyanäthyl)-phosphonacetonitrils* $[(C_2H_5O)_2POC(CN)\cdot(CH_2CH_2\cdot CN)_2]$, F. 75—76°; $(C_2H_5O)_2\cdot P(=O)CH_2COOC_2H_5$ u. Acrylnitril geben den *Triäthylester der Di-(β-cyanäthyl)-phosphonessigsäure* $[(C_2H_5O)_2\cdot P(=O)C\cdot(CH_2\cdot CH_2CN)_2COOC_2H_5]$. Verwendung als Plastifizierungs- u. Lösungsm., z. B. für Polyvinylchlorid, Mischpolymerisat aus Butadien u. Acrylnitril; als Feuerschutzmittel u. Zwischenprodukt. (**A. P. 2 632 019** vom 30/3. 1951, ausg. 17/5. 1953.) G. KÖNIG. H 980

Lever Brothers & Unilever Ltd., Port Sunlight, England (Erfinder: **Reginald Furness** und **Alan Dalton Scott**), *Sulfonierung von Arylalkylkohlenwasserstoffen mit wenigstens 6—18 C-Atomen im Alkylrest* erfolgt in fl. Phase mit einer Mischung aus SO_3-Dampf u. einem inerten Gas, zweckmäßig bei 40—60° u. bes. in Ggw. von 10% H_2SO_4 oder H_3PO_4. — Dodecyltoluole werden mit SO_3-Luftgemisch (15% SO_3-Geh.) bei 26—59° behandelt. Nach dem Neutralisieren mit NaOH erhält man eine Paste mit 31,1% Sulfonat u. 1,83% Polysulfonat. Umwandlungsgrad 98,8%. In einem weiteren Beispiel werden Dodecylbenzole sulfoniert. Das Verf. ist auch kontinuierlich durchführbar. (**E. P. 669 899** vom 16/2. 1949, ausg. 9/4. 1952.) KRAUSS. H 1090

Badische Anilin- & Soda-Fabrik Akt.-Ges. (Erfinder: **Wolfgang Ritter** und **Joseph Schmidt**), Ludwigshafen/Rh., *Benzonitril* (**V**) erhält man durch Überleiten eines Gemisches aus Phthalsäureanhydrid (**I**)-Dampf u. NH_3 (**II**) bei ca. 300—450° über Al-Oxyd (**III**), das Schwermetallzusätze enthält. — Man tränkt z. B. 2500 Gewichtsteile **III**-Preßlinge mit einer heißen Lsg. von 900 Zn-Acetat (**IV**) in 750 W., trocknet 8—10 Std. bei 100°, erhitzt 4—5 Std., bes. im **II**-Strom, auf 400°, leitet dann durch den Katalysator bei 350—420° je Std. 60 **I**, das in einem auf 300° vorgeheizten Strom von 1000 Liter **II** je Std. verdampft wurde u. erhält **V** in 70—80% Ausbeute. Statt **IV** kann man auch Co-Acetat oder ein Gemisch beider verwenden. (**D. B. P. 899 800** Kl. 12o vom 26/1. 1951, ausg. 17/12. 1953. **Zusatz zu D. B. P. 893 500; C. 1954. 2709.**)
MÜLLER-MEININGEN. H 1210

Standard Oil Development Co., übert. von: **Charles A. Cohen**, Roselle Park, und **Fred Knoth, Jr.**, Sayreville, N. J., V. St. A., *Reinigung von Estern* mit einem Kp. > 150°, die aus Dicarbonsäuren, wie Phthalsäure, u. bes. C_8-„Oxo"-Alkoholen, wie Isooctylalkohol oder 2-Äthylhexanol, in Ggw. eines sauren Katalysators unter Abdest. des Reaktionswassers erhalten wurden, erfolgt durch Behandeln mit einer feinverteilten hitzeaktivierten Erde einer Teilchengröße von 20—325 μ (Wassergeh. 6—10%) u. anschließende Vakuumdestillation. (**A. P. 2 642 389** vom 30/12. 1950, ausg. 16/6. 1953.) MÜLLER-MEININGEN. H 1220

E. I. du Pont de Nemours & Co., Wilmington, Del., übert. von: **Robert Morris Cavanaugh, Carl Bruno Flack** und **Robert Howard Weir**, Woodbury, N. J., V. St. A., *Iso-*

phthalsäure erhält man durch Rk. von m-Dialkylbenzolen (I), deren einzelne Alkylgruppen nicht mehr als 3 C enthalten, z. B. m-Xylol, m-Diisopropylbenzol, m-Cymol, m-Diäthylbenzol, mit HNO_3 (II) der Anfangskonz. 5—35%, wobei auf 1 (Teil) I 2—10 II (100%ig.) treffen, bei 225—280° unter Eigendruck, gegebenenfalls unter Einleitung eines O_2-haltigen Gases. (**A. P. 2 647 141** vom 29/12. 1949, ausg. 28/7. 1953.) MÜLLER-MEININGEN. H 1220

E. I. du Pont de Nemours & Co., Wilmington, Del., übert. von: **Lawton Arthur Burrows**, Mendenhall, Pa., **Robert Morris Cavanaugh** und **Wesley Michael Nagle**, Woodbury, N. J., V. St. A., *Terephthalsäure* erhält man im einstufigen Verf. durch Rk. von p-Dialkylbenzolen (I), wie p-Xylol oder p-Cymol, mit HNO_3 (II) der Anfangskonz. 5—60%, wobei auf 1 (Teil) I 1—10 100%ig. II treffen u. man gegebenenfalls ein O_2-haltiges Gas einleitet. — Zeichnung. (**A. P. 2 636 899** vom 29/1. 1951, ausg. 28/4. 1953.) MÜLLER-MEININGEN. H 1220

E. I. du Pont de Nemours & Co., Wilmington, Del., übert. von: **Lawrence Arthur Auspos**, Tonawanda, N. Y., und **Jane Bowen Dempster**, Woodbury, N. J., V. St. A., *Terephthalsäureglykolester* erhält man durch Rk. von Glykolen der allg. Zus. $HO-(CH_2)_n-OH$ (n = 2—10) mit niedermol. Dialkylestern (I) der Terephthalsäure (Alkyl nicht > 4C) bei Tempp. nicht über 265° in Ggw. von 0,001—0,05% (berechnet auf I) Ce-Metall oder von Ce-Oxyden. (**A. P. 2 643 989** vom 20/9. 1949, ausg. 30/6. 1953.) MÜLLER-MEININGEN. H 1220

Koppers Co., Inc., übert. von: **Ben Bennett Corson** und **George Arthur Webb**, Pittsburgh, Pa., V. St. A., *Herstellung eines calcinierten Katalysators aus natürlichen Carbonaten* für die Umwandlung von Äthylbenzol in *Styrol* bei 650° bei Kontaktzeiten von ca. 1 Sek. u. Überschuß an Dampf. Körniger, Fe-haltiger Kalk (Dolomit mit z. B. 6—12% SiO_2, 4,6% Al_2O_3, 1,2—12% $FeCO_3$ bzw. Fe_2O_3, 42% $CaCO_3$ u. 28% $MgCO_3$) wird bei 600—650° bis zur Gewichtskonstanz calciniert, das CO_2 durch Dampf oder hydrierbare KW-stoffe verdrängt, bis sich auf jedem Korn C ablagert. (**A. P. 2 614 996** vom 31/12. 1943, ausg. 21/10. 1952.) STEIL. H 1410

Monsanto Chemical Co., St. Louis, Mo., übert. von: **Rudolph L. Heider**, Dayton, O., V. St. A., *Silber–Silberoxydkatalysator auf geschmolzenem Berylliumoxyd* zur Herst. von *Äthylenoxyd* aus Äthylen. Auf geschmolzenes, körniges, bei 300° getrocknetes Berylliumoxyd wird bei n. Temp. eine 25 Gew.-%ig. Ag-Salzlsg. ($AgNO_3$) derart aufgesprüht, daß der fertige Katalysator 5—25 Gew.-% Ag enthält. Die imprägnierte M. wird getrocknet u. bei 275—300° 5 Std. reduziert. (**A. P. 2 606 160** vom 20/3. 1948, ausg. 5/8. 1952.) STEIL. H 3030

Universal Oil Products Co., übert. von: **Herman Pines**, Chicago, und **Jerome A. Vesely**, Evanston, Ill., V. St. A., *Herstellung von Chloralkyl- und Bromalkylthiophenen.* Man läßt ein Dien (Butadien, Isopren, 2-Methyl-1.3-pentadien, 3-Äthyl-1.3-heptadien, 2-Methyl-1.3-cyclohexadien), ein Thiophen u. HCl oder HBr in Ggw. eines Katalysators, z. B. H_3PO_4, bei z. B. 5—25°, aufeinander einwirken. Hergestellt wird z. B. *Chlorpentylthiophen*, Kp.$_{1,5}$ 65°. (**A. P. 2 625 553** vom 30/10. 1947, ausg. 13/1. 1953.) FABEL. H 3071

Rohm & Haas Co., übert. von: **Stanley P. Rowland**, Philadelphia, Pa., V. St. A., *Herstellung aromatischer Imidoester* der Formel I (R^1, R^2, R^3, R^4, R^5 = einwertiger organ. Rest ohne OH- u. NH_2-Gruppen, R^2, R^3, R^4, R^5 auch = H; X = O oder S, Z = C_6H_4 oder $C_{10}H_6$) z. B. *β-Phthalimidoäthylester* (II) *der Ölsäure*, dad. gek., daß man mol. Mengen Phthalsäure- oder Naphthasäureanhydrid u. ein Azolin, z. B. 2-Heptadecenyloxazolin, in einem inerten Lösungsm., z. B. Dioxan, auf 20—300° bes. 50—250°, erhitzt. Analog: *β-Phthalimidoisopropylester* (III) *der Linolensäure*, II *der Thiolinolensäure*, II *der Laurinsäure* u. III *der Stearinsäure*. *Pflanzenwuchsmittel*, *Mineralölzusätze*, *Weichmacher für Kunststoffe*. (**A. P. 2 547 542** vom 29/11. 1949, ausg. 3/4. 1951.) LÜTTGEN. H 3081

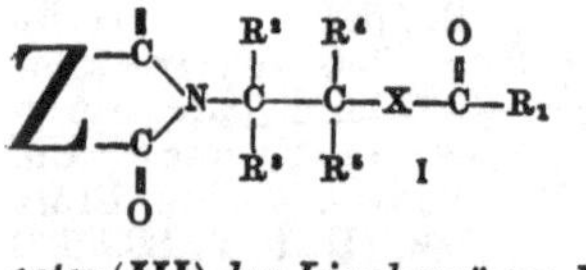

Rohm & Haas Co., übert. von: **Stanley P. Rowland**, Philadelphia, Pa., V. St. A., *Herstellung von Bis-phthalimidoestern der Formel* I (y = 4—8, X = O oder S, Z = Phenylen- oder Naphthylenrest, R^2, R^3, R^4, R^5 = H, Alkyl-, Aryl-, Aralkyl-, Alkaryl- oder Cycloalkylrest), z. B. *Bis-phthalimidoisopropylester* (II) *der Adipinsäure* (III), dad. gek., daß man 2 (Mol) Phthalsäure- oder

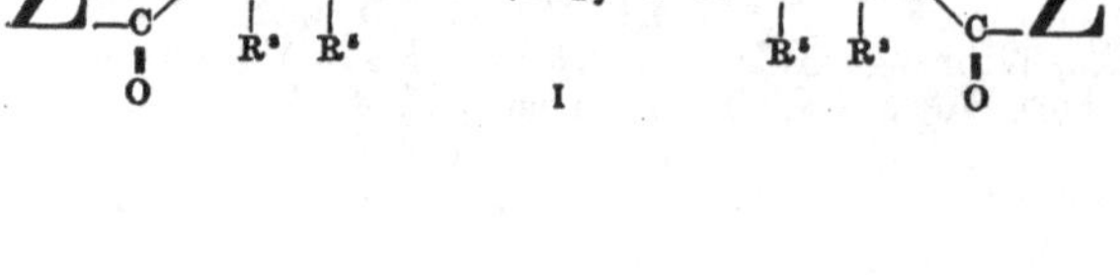

Naphthalsäureanhydrid mit 1 eines Bis-azolins, z. B. 1.4-Tetramethylen-bis-2-(5-methyloxazolin), auf 20—300°, bes. 50—250°, erhitzt. Analog: II der Sebacinsäure, *der Pimelinsäure, Bis-naphthalimidoisopropylester der* III, *Bis-β-phthalimido-α-phenyläthylester der Sebacinsäure, Bis-tetrachlorphthalimidoisopropylester der Azelainsäure. Pflanzenwuchsmittel, Weichmacher für Kunstharze, Zusatz für Schmieröle.* (**A. P. 2 547 495** vom 28/12. 1949, ausg. 3/4. 1951.) LÜTTGEN. H 3081

X. Färberei. Organische Farbstoffe.

Kurt Joss, *Über die Veränderung von Küpen- und Naphtholfärbungen beim nachträglichen Seifen.* Nach einem allg. Überblick über den Stand der Forschung wird die Herst. der zu untersuchenden Naphthol- u. Küpenfärbungen, die Nachbehandlungen dieser Färbungen sowie der Nachw. der Veränderung der Naphthol- u. Küpenfärbungen durch die Nachbehandlung besprochen. Abschließend werden die Versuchsergebnisse eingehend diskutiert. Im allg. kann gesagt werden, daß die Küpenfärbungen bei der Nachbehandlung die gleichen Veränderungen wie die Naphtholfärbungen erleiden. Die Küpenfärbungen verändern sich in der Regel aber bedeutend langsamer als die Naphtholfärbungen. (SVF Fachorgan Textilveredlung **8.** 393—98. Sept.; 444—51. Okt.; 497—504. Nov.; 548—55. Dez. 1953.) P. ECKERT. 7002

H. G. Fröhlich, *Zur Kenntnis der Färbevorgänge. 6. Mitt. Die Aufnahme von sauren Chromkomplexfarbstoffen durch modifizierte Proteinfasern.* (5. vgl. C. **1954.** 2275.) Verwendet wurden die Farbstoffe: Palatinechtgelb ELN, -echtbordo BN, -rosa BN u. -blau GGN. Das Gleichgewicht wurde bei 95° nach 2½—3 Std. erreicht. Gefärbt wurden Wolle, Seide, Ardil u. Zeinfasern. Die genauen Versuchsbedingungen werden angeführt. Wie aus den Ergebnissen (Diagramme) ersichtlich ist, nimmt mit fallenden p_H-Werten die Farbstoffaufnahme, je nach Faser u. Farbstoff, verschieden stark zu. Wie die Ermittlung der Wasserechtheiten zeigt, findet auch bei den Chromkomplexfarbstoffen eine Verschlechterung statt, wenn die Aminogruppen blockiert werden. In diesem Zusammenhang wird auf die Tatsache eines zweiten Maximum im p_H-Bereich von 6—7 hingewiesen. Dieses zweite Maximum, das beim Färben mit 0,2%ig. Farbstofflsgg. nicht auftritt, wird auf eine „Gerb-Rk." der Proteinfasern mit dem Chromkomplexfarbstoff zurückgeführt. Die Versuchsergebnisse werden eingehend diskutiert. (Z. ges. Textilind. **55.** 1267—73. 5/11. 1953.) P. ECKERT. 7020

W. Je. Rosstowzew, *Über die sogenannte „optimale" Färbetemperatur.* Beim Färben von Cellulosefasern mit Direktfarbstoffen gibt es entgegen manchen Angaben keine konstante optimale Temperatur. Sie steigt bei kürzerer Färbedauer u. bei höherer Konz. neutraler Elektrolyte im Färbebad. Bei gegebener Färbedauer soll man das Optimum an Farbaufnahme durch entsprechende Konz. des Elektrolyts zu erreichen suchen. (Текстильная Промышленность [Textil-Ind.] **14.** Nr. 1. 38—39. Jan. 1954.) STSCHERBINA. 7020

A. J. Hall, *Wasserunlösliche Azofarben für vereinfachte Färbeprozesse.* Wasserunlösl. (Küpen-, S-, Azo-) Farbstoffe haben, wenn einmal vom Gewebe aufgenommen, den Vorzug der besseren Echtheit als wasserlösliche. Um die Anwendung der Azofarbstoffe zu vereinfachen (Vermeidung des umständlichen Kupplungsprozesses), wurden für den Färbevorgang temporärlösl. Azofarbstoffe entwickelt, u. zwar nach 3 Methoden: 1. Das diazotierte Amin wird in einer nichtakt. Form (stabile Form des Anti-Diazotates durch Behandlung des Diazoniumchlorids mit Alkali) geliefert. Durch Zugabe von HCl erhält es seine Fähigkeit mit einem Naphthol AS zu kuppeln zurück. Antidiazotate sind in den Rapidechtfarbstoffen enthalten. 2. Das diazotierte Amin wird durch Verb. mit einem schwachen Amin stabilisiert. Durch Behandlung mit HCl wird der Stabilisator abgespalten u. nimmt nicht an der Kupplung teil: Rapidogenfarbstoffe. 3. Das Diazoniumchlorid wird in das stabile Diazosulfonat übergeführt, welches leicht beim Erwärmen das kupplungsfähige wasserlösl. Sulfit bildet: Neocotonefarbstoffe der C. I. B. A. Bei allen 3 Methoden wird die stabilisierte Verb. vor Anwendung mit einem Naphthol gemischt. In der Weiterentw. sind Farbstoffe durch Variation sowohl des Ringsyst. als auch der lösl. machenden Gruppe hergestellt worden (Beispiele werden angegeben), die nicht nur für Echtfärbungen der Cellulosefaser, sondern auch für Wolle anwendbar sind. (Skinner's Silk Rayon Rec. **28.** 54—56. Jan. 1954.) SCHOENMANN. 7020

F. Gund, *Erfahrungen hinsichtlich des Einflusses von Knitterfestappreturen auf Färbungen.* Da durch die Knitterfestappretur (Carbamid-, Melaminharz) Färbungen häufig im Farbton u. in der Lichtechtheit verändert werden, wurde eine Reihe von Farbstoffen diesbzgl. einer Prüfung unterzogen, deren Ergebnis tabellar. zusammengefaßt wird. Ein weiterer Hinweis zur Bügelechtheit. (Z. ges. Textilind. **55.** 236—42. 5/3. 1953.) SCHOENMANN. 7020

P. L. Meunier, J. F. Laucius, J. A. Brooks und **R. J. Thomas,** *Entwicklungen auf dem Gebiet des Färbens der „Orlon" Acrylnitrilfaser.* Die Flocke „*Orlon*" Typ 42 (I) unterscheidet sich von dem entsprechenden Typ 41 nur hinsichtlich der besseren Anfärbbarkeit. I besitzt eine größere Affinität gegenüber sauren Farbstoffen, bes. bei Anwendung der Kupfer–Ionen-Methode. Ferner zieht die Faser infolge des geringeren Einfl. der Wärmevorbehandlung auf die Affinität gleichmäßiger auf. Es werden 5 Färbemethoden für I beschrieben, einschließlich der Kupfer–Ionen-Meth. für saure Farbstoffe, das Färben mit Acetat- u. bas. Farbstoffen, das Stückfärben sowie das Färben von Mischgespinsten aus I mit Wolle u. Zellwolle. (Amer. Dyestuff Reporter **42.** P 470—73. 20/7. 1953. E. I. du Pont de Nemours & Co., Inc.) P. ECKERT. 7020

—, *Neuere Entwicklungen auf dem Gebiet des Färbens und Druckens von Textilien.* Nach einigen Ausführungen über die Wirtschaftlichkeit verschied. Färbeverff. wird das Pad-Stram-Verf., das Färben von Cellulosefasern mit Küpenfarbstoffen behandelt u. dann auf die Wrkg. des Heißseifens eingegangen. Besprochen wird ferner die Überwachung des p_H-Wertes beim Metachromfärben. Im Anschluß hieran werden Angaben über die Verwendung kationakt. Hilfsmittel gemacht, sowie Hinweise über das Färben wasserdicht ausgerüsteter Gewebe gegeben. Ferner äußert sich Vf. über die Verwendung von Diammoniumphosphat, von Isocyanaten u. von Verdickungsmitteln in Druckpasten. Abschließend werden kurz die opt. Aufheller besprochen. (Textile Recorder **71.** Nr. 851. 88—91. Febr. 1954.) P. ECKERT. 7020

R. Haller, *Über die Einwirkung von Sauerstoff auf Kohlenhydrate.* Es wurde versucht, die beim Ätzdruck auf gefärbter Cellulose beobachtete Oxycellulosebldg. zu klären, für die der Zustand des aus den verschied. Oxydationsmitteln frei gemachten O_2 verantwortlich gemacht wird. Verss., die den Konzentrationsverhältnissen der Praxis angeglichen wurden, lassen darauf schließen, daß die Bldg. von Oxycellulose durch Anwendung von Druck bei Anwesenheit von Alkalien begünstigt wird. $NaClO_2$ zeigte eine sehr viel geringere Einw. als Hypochlorit bzgl. der Oxycellulosebildung. Stärke wird durch $NaClO_2$ in die lösl. Form umgewandelt; Traganth behält das Quellungsvermögen bei, läßt sich aber nicht mehr in die homogene, viscose Form überführen; Gummi wird in seiner Viscosität vermindert. Erfolgreich waren Verss. mit $NaClO_2$ zur Ätzung von Acetatseide, die mit anthrachinoiden Cibacetfarbstoffen gefärbt war. Als ein für die Textilveredlung möglicherweise anwendbares Oxydationsmittel wird das Chloramin genannt (regeneriert Küpenfarbstoff aus angesäuerten Indigosollsgg.). Ein weiteres Oxydationsmittel ist Natriumbromür-Bromat, welches bei der Entw. von Indigosolen gute Resultate gezeigt hat. Es wird noch auf eine besondere Wrkg. des Aktivins hingewiesen, welches durch Metallsalze ($FeCl_3$) Indigo glatt zu Isatin oxydiert, allerdings wird beim Ätzdruck Oxycellulose gebildet. (Z. ges. Textilind. **55.** 228—33. 5/3. 1953.) SCHOENMANN. 7022

Hachiro Hiyama, Akiyoshi Ito und **Jintaro Matsumoto,** *Indophenole für Schwefelfarben.* 6. Mitt. *Umwandlungen des o-Toluidinindophenols.* Die Veränderungen, die *o-Toluidinindophenol* (I) beim Erhitzen u. in H_2SO_4 zeigt, sind im wesentlichen den bei Carbazolindophenol u. Diphenylaminindophenol beobachteten, auf Kondensation beruhenden ähnlich. Die Ggw. von oxydations- u. reduktionsempfindlichem unverändertem *p-Nitrosophenol* ist unter allen Umständen bei der Schwefelfarbenherst. aus I zu vermeiden. Bei der Darst. von I muß mit ca. 83%ig. H_2SO_4 bei 12—13° 6 Std. behandelt werden, das trockne Prod. aus Acetonlsg. durch Entfernung des Lösungsm. im Vakuum ausgeschieden u. im Vakuum getrocknet werden. F. 130°, Hydrierwert u. Mol.-Gew. entsprechen dann der Theorie. (J. chem. Soc. Japan, ind. Chem. Sect. [Kōgyō Kagaku Zassi] **55.** 102—03. Febr. 1952. Osaka. [Orig.: japan.]) SCHULER. 7070

Masanobu Miyoshi, *Untersuchung über die färbenden Bestandteile von „Yamakariyasu".* 2. Mitt. *Die Farbentwicklungsreaktion zwischen der Färbekomponente und dem Auszug aus Camelliablätterasche.* (1. vgl. J. chem. Soc. Japan, pure Chem. Sect. [Nippon Kagaku Zassi] **72.** [1951.] 705.) Mit *Yamakariyasu* eingefärbte Seide wird durch Behandlung mit dem Auszug aus der Blätterasche (I) von *Camellia japonica* (Tsubaki) goldgelb, was sich hauptsächlich auf das in der I vorhandene *K* u. *Ca* zurückführen ließ. Optimales p_H für den Entwickler 9,6—10,0. (J. chem. Soc. Japan, pure Chem. Sect. [Nippon Kagaku Zassi] **73.** 857—59. Dez. 1952. Fukushima, Sakura Seibo-Gakuin. [Orig.: japan.]) SCHULER. 7082

Soc. An. de Matières Colorantes et Produits Chimiques Francolor, Frankreich (Erfinder: **Eugène Labbé, Robert Lantz, Daniel Guigou** und **Juliette Blum**), *Verbesse-*

rung des Ätzbeizens von Trisazofarbstoffen auf Geweben aus Cellulose-, tierischen oder synthetischen Fasern. Man setzt dem zur Herst. der Farbbäder oder für spätere Behandlungen der Gewebe verwendeten W., wenn es Cu-haltig ist, Substanzen zu, die mit dem Cu komplexe Verbb. bilden. Es werden z. B. genannt: Na-Dimethyl- u. Na-Diäthyldithiocarbamat, lösl. Cyanide (z. B. KCN), Kastanien-, Eichen- oder synthet. Tannin, 8-Oxychinolin, 2-Mercaptobenzothiazol, 2-Mercaptobenzimidazol, Na-Isopropylxanthat, die Farbstoffe der Farbstofftabellen von SCHULTZ (7. Ausgabe, 1. Band; Nr. 232 bis 234, 240, 510, 676, 742 u. 1109). (**F.P. 1 012 609** vom 20/12. 1949, ausg. 15/7. 1952.) OPPERMANN. 7007

Soc. An. de Matières Colorantes et Produits Chimiques Francolor, Frankreich (Erfinder: **Jean Coupat**), *Färben von Halbwolle* in einem sauren Bade, das gleichzeitig saure u. substantive Farbstoffe u. Sulfitierungsprodd. von Thioderivv. von Phenolen enthält, wie sie nach D. R. P. 406 675 erhältlich sind. — Man mischt z. B. 63 (Teile) Diazolechtgelb B, 12 Citronin 3 J extra (SCHULTZ, Farbstofftabellen, 7. Auflage Nr. 935 bzw. 182) u. 25 „Despoline RL", löst 3 dieses haltbaren Präp. in 300 kochendem W., setzt die Lsg. einem Bade aus 2700 W., 20 Na_2SO_4 u. 2,5 H_2SO_4 66° Bé zu u. färbt 100 Gewebe aus 50% Wolle u. 50% Viscoseseide unter Steigerung der Temp. von 40° bis zum Kochen. Beide Fasern sind gleichmäßig gefärbt. — Weitere Beispiele. (**F. P. 1 005 772** vom 22/9. 1947, ausg. 15/4. 1952.) HOPPE. 7021

Soc. Rhodiaceta, Seine, Frankreich (Erfinder: **Jean Rampin**), *Färben von Polyacrylnitril* in Form von Fäden oder Gewebe, indem man sie in einem ersten Bad mit einem Entwickler u. einer nicht diazotierten Base u. dann in einem zweiten Bad mit HNO_2 behandelt; das erste Bad hat eine Temp. von 80—100°, das zweite von 40—70°. — Man gibt zu einer Paste aus 3 kg β-Naphthol u. 2,25 kg o-Aminoazotoluol mit einem Amid eines sulfonierten Aminoalkohols 2,1 Liter NaOH (36° Bé), rührt bei 60°, gießt in 1000 Liter W. von 70° mit 0,5 Liter gleicher NaOH u. 0,3 kg Na-Alkylnaphthalinsulfonat, bringt 20 kg ungequollene Polyacrylnitrilfäden in das Bad, steigert in 30 Min. zum Sieden, gibt 10 kg Na_2SO_4 zu, kocht weiter, spült u. bringt 1 Std. in ein Bad aus 2 kg $NaNO_2$, 5 Liter H_2SO_4 (66° Bé) u. 0,2 kg Alkylnaphthalinsulfonat. (**F. P. 1 028 934** vom 6/11. 1950, ausg. 28/5. 1953.) PANKOW. 7021

Allied Chemical & Dye Corp., New York (Erfinder: **Jean George Kern,** Orchard Park), N. Y., V. St. A., *Diazoaminoverbindungen* (I), die für *Färberei* u. *Farbdruckerei* geeignet sind, entstehen durch Kuppeln von Aryldiazoniumverbb. mit dem Alkalisalz einer N-monosubstituierten Asparaginsäure. — Beispiele für I: diazotiertes *m-Chloranilin, 4-Chlor-2-aminoanisol, 4-Benzoylamino-2.5-diäthoxyanilin, 4-Chlor-2-aminotoluol, Dianisidin, 2-Amino-4-chlortoluol, 2-Amino-4-nitrotoluol, 1-Methyl-4-chlor-2-aminobenzol* u. *3-Chlor-1-aminobenzol* wird mit den Na-Salzen von *N-Methyl-, 2-Oxyäthyl-, Butyl-, Phenyl-, Cyclohexyl-, Dodecyl-, Octadecyl-, Pyridyl-* oder *Kerylasparaginsäure* (Keryl = Rest eines KW-stoff-Gemisches mit ca. 10—15 C-Atomen pro Mol. aus Korosin) gekuppelt. (**D. B. P. 906 809** Kl. 12q vom 16/9. 1950, ausg. 18/3. 1954. A. Prior. 19/6. 1948.) LANGER. 7021

General Aniline & Film Corp., New York, N. Y. (Erfinder: **Clemens Streck,** Loudonville, N. Y.), V. St. A., *Kontinuierliches Färben und Drucken von Cellulosefaserstoffen,* nach welchem das Material mit einer wss. Lsg. einer Kupplungskomponente, bestehend aus Metallkomplexverbb. von o-Carboxy- u. o-Oxyarylazoresorcinen, die in komplexer Bindung ein Metall eines At.-Gew. zwischen 58 u. 64, aber keine weiteren sauren, salzbildenden Substituenten enthalten, imprägniert u. durch Kupplung mit einem aromat. Diazoniumsalz, das keine sauren salzbildenden Substituenten enthält, ein Azofarbstoff auf dem imprägnierten Stoff entwickelt wird, dad. gek., daß das gefärbte Material nach der Entw. des Azofarbstoffes zwecks Neutralisation des von dem Farbstoff gebundenen Alkalimetalls mit einer sauren Lsg. behandelt wird, deren Säuregrad mindestens einem p_H-Wert von 2 oder weniger als 2, jedoch höchstens dem einer 1%ig. Mineralsäure entspricht, u. dann die Säure wieder aus dem Material entfernt wird. Als Kupplungskomponente kann eine Kupferkomplexverb. eines o-Carboxy- oder Oxyarylazoresorcins oder eine komplexe Cu-Verb. von 5-Chlor-2-oxyphenylazoresorcin benutzt werden. (**D. B. P. 909 451** Kl. 8 m vom 8/12. 1849, ausg. 22/4. 1951. Anmeldung bekanntgemacht 22/2. 1951. A. Prior. 7/12. 1948.) v. SCHILLER. 7023

Farbwerke Hoechst Akt.-Ges., vormals Meister Lucius & Brüning (Erfinder: **Franz Nestelberger, Herbert Bestian** und **Hans Heyna**), Frankfurt/M., *Verfahren zum Drucken* mit Pigmenten im Hoch-, Tief- oder Flachdruck auf Textilgut, dad. gek., daß man die Pigmente in nichtwss. Druckpasten zusammen mit Äthyleniminverbb. (I), die mindestens 2 Äthyleniminreste (II) enthalten, oder deren Derivv., die an Stelle der II andere α,β-Alkyleniminreste enthalten, auf das Textilgut aufbringt u. die Drucke einer Wärmebehandlung unterwirft. Die Druckpasten können noch wasserunlösl. organ. Lösungs- oder Verdünnungsmittel enthalten. — Beispiel für I: Benzol-1.4-(N'.N'-äthylenharnstoff). (**D. B. P. 907 409** Kl. 8n vom 12/9. 1944, ausg. 25/3. 1954.) v. SCHILLER. 7023

Hermann Rath, Tübingen, *Verbesserung der Echtheitseigenschaften von Färbungen und Drucken mit Schwefelfarbstoffen.* Man behandelt die Färbungen u. Drucke im red. Zustand, also vor der Oxydation, mit bifunktionellen Substanzen von der Art der Alkyl-, Aryl- oder Aralkyldihalogenide, z. B. Äthylendichlorid oder -dibromid, oder mit aus diesen hergestellten quaternären Ammonium- oder Pyridiniumverbb., z. B. dem Dipyridiniumsalz des 9.10-Bis-[brommethyl]-anthracens oder N.N'-1.4-Buten-(2)-bis-[dimethylphenylammoniumchlorid]. (**D. B. P. 907 643** Kl. 8m vom 14/7. 1951, ausg. 29/3. 1954.) v. SCHILLER. 7029

Cassella Farbwerke Mainkur Akt.-Ges. (Erfinder: **Richard Fleischhauer** und **Adolf Müller**), Frankfurt/M., *1-Arylamino-5-oxynaphthalin-7-sulfonsäuren* dienen als *Zwischenprodd.* für *Azofarbstoffe.* Man erhitzt 1-Amino-5-oxynaphthalin-7-sulfonsäure oder 1.5-Dioxynaphthalin-7-sulfonsäure oder deren Salze mit prim. aromat. Aminen u. Sulfiten in Wasser. — *1-Phenylamino-5-oxynaphthalin-7-sulfonsäure.* Aus 1-Amino-5-oxynaphthalin-7-sulfonsaurem Na, $NaHSO_3$ u. Anilin in W. bei 130—133° im Autoklaven. — Analog: *1-(4'-Methoxyphenylamino)-*, *1-(4'-Methylphenylamino)-*, *1-(2'-Methylphenylamino)-*, *1-(3'-Methylphenylamino)-*, *1-(4'-Phenoxyphenylamino)-*, *1-(1'-Naphthylamino)-*, *1-(4'-Oxy-3'-carboxyphenylamino)-*, *1-[4-(4'-Oxy-3'-carboxyanilino)-carboylanilino]-*, *1-(3'-Carboxyphenylamino)-*, *1-(4'-Aminodiphenylamino)-*, *1-(4'-Phenylaminophenylamino)-5-oxynaphthalin-7-sulfonsäure*, *1-(5'-Oxy-7'-sulfo-1'-naphthylamino)-benzol-4-thioglykolsäure* u. *N-(4-Amino-2-sulfophenyl)-N'-(5-oxy-7-sulfonaphthyl-1)-p-phenylendiamin.* (**D. B. P. 907 177** Kl. 12q vom 14/6. 1940, ausg. 22/3. 1954.) LANGER. 7053

Ciba Akt.-Ges., Basel, Schweiz, *Azofarbstoff.* Man kuppelt 2 (Mol) diazotiertes 1-Oxy-2-aminobenzol-5-carbonsäurephenylamid (F. 223—227°) mit 1 der Verb. der Formel I in alkal., bes. $Ca(OH)_2$-haltigem Medium. Der Farbstoff färbt ein- oder zweibadig nachgekupfert, rotstichig violett, wasch- u. lichtecht. (**Schwz. P. 289 687** vom 14/7. 1950, ausg. 1/7. 1953.) SIEVERS. 7055

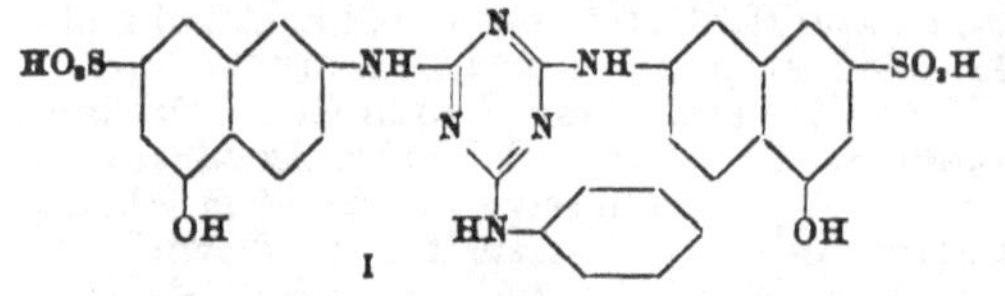

I

Farbenfabriken Bayer Akt.-Ges. (Erfinder: **Heinz-Werner Schwechten**), Leverkusen, *Herstellung von 2-(1'.4'-Diamino-2'-anthrachinonyl)-1.3.4-oxdiazolen.* Man nitriert 2-(1'-Amino-2'-anthrachinonyl)-1.3.4-oxdiazole mit konz. HNO_3 (45° Bé) u. red. das Nitrierungsprod. in bekannter Weise. — Beispiel: der Farbstoff **I** (Patent 825 111, Beispiel 4) wird in die blaue Diaminoverb. **II** übergeführt, die bei ihrer Acylierung, z. B. mit C_6H_5COCl, in chlorechte, blaue *Küpenfarbstoffe* übergeht. (**D. B. P. 911 493** Kl. 12p vom 8/5. 1952, ausg. 17/5. 1954. Anmeldung bekanntgemacht 8/10. 1953.) BRÖSAMLE. 7059

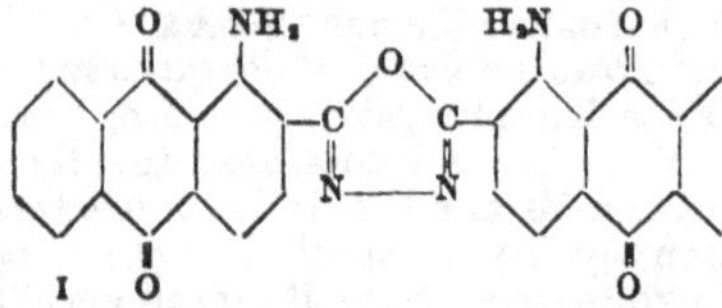

I

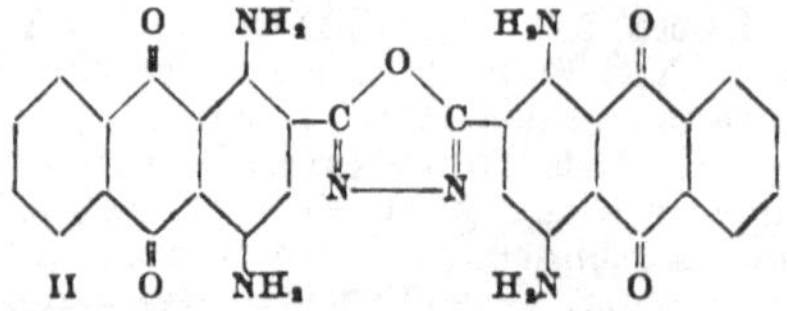

II

XIa. Farben. Anstriche. Lacke. Naturharze.

J. P. Gibbons, *Methylglucosid — ein neuer technischer Polyalkohol für Schutzüberzüge.* Von den vier OH-Gruppen des Methyl-α-D-glucosids (**I**) sind zwei leichter veresterbar als die beiden anderen. Mit Leinölfettsäure (**II**) läßt sich **I** bei Ggw. von 0,5% PbO u. 1% Anthrachinon (**III**) (berechnet auf Fettsäure) verestern. Die Ester sind nur schwach gefärbt, ihre SZ. niedrig. Sie bilden besser trocknende, wasser- u. alkalibeständigere u. härtere Filme als bei Veresterung von **II** mit Glycerin oder Pentaerythrit (**IV**) entstehen. Auch mit Bakeliten u. Estern von **I** hergestellte Lacke sind von guter Beschaffenheit. Verestert man 30—32% Harzsäuren enthaltendes Tallöl mit **I** u. PbO + **III** so erhält man Filme, die rascher trocknen u. härter sind als bei Veresterung mit **IV** gewonnene. (Amer. Paint J. **37.** Nr. 31. 70. 72. 74. 78. 79. 80. 82. 20/4. 1953. New York, N. Y., Corn Products Refining Co., Mellon Inst.) STEINER. 7096

D. Lesser, *Absorptionsmittel für ultraviolette Strahlen in Möbellacken.* Durch Zusatz von 0,5% *Uvinul 400* bzw. *490* (berechnet auf Festbestandteile; Zus. nicht angegeben) zum Lack läßt sich das Nachdunkeln natürlichen oder chem. gebleichten Holzes verhindern. Die Verwendung dieser UV-Absorber verbessert aber nicht die Farbbeständigkeit des Lackfilms u. verhindert auch nicht die Verfärbung von Hölzern, die am Sonnenlicht ausbleichen. (Amer. Paint J. **37.** Nr. 29. 76—78. 6/4. 1953. Wilmington, Del., Hercules Powder Co.) Steiner. 7096

A. R. Hempel, H. W. Lasch, G. Schurr und **M. Van Loo,** *Washprimer für Magnesium.* Es wird empfohlen, den von der amerikan. Luftwaffe verwendeten Washprimer (Alkydharzkomponente + Säurekomponente), der Blasenbldg. der Al-Anstriche hervorrufen kann, für techn. Zwecke durch Verwendung 25%ig. H_3PO_4 (statt 85%ig.), 24std. Stehenlassen der gemischten Komponenten vor Gebrauch u. durch Ersatz des $ZnCrO_4$ durch Chromphosphat zu verbessern. (Amer. Paint J. **37.** Nr. **22.** 76—78. 80. 82. 84. 16/2. 1953. Chicago, Ill.) Steiner. 7106

G. M. Babcock und **F. B. Rethwisch,** *Reflexionsvermögen von Aluminiumpigmenten und -anstrichfarben.* Bericht über Unterss. an handelsüblichen Al-Pasten u. daraus hergestellten Anstrichen. (Paint, Oil chem. Rev. **115.** Nr. **24.** 53. **20/11. 1952.**) Scheifele. 7106

F. B. Rethwisch, G. M. Babcock und **E. C. Riggs,** *Reflexionsvermögen von Aluminiumpigmenten und -anstrichfarben.* **2.** Mitt. (1. vgl. vorst. Ref.) Zur Unters. gelangte die Reflexionsfähigkeit grober u. feiner Al-Bronze u. Al-Pasten bei Anwendung in einem Bindemittel von mittlerem Ölgehalt. Resultate: Gröbere Sorten zeigen höhere Gesamtreflexionsfähigkeit als feinere. Polierte Al-Bronzen besitzen höhere Reflexionswerte als die entsprechenden Al-Pasten. Mit zunehmender Feinheit nimmt die „Weiße" ab u. die Spiegelreflexion zu. Die gröberen Sorten sind dort einzusetzen, wo größere Helligkeit u. größtes Reflexionsvermögen gewünscht werden. (Paint, Oil chem. Rev. **116.** Nr. **24.** **22**—24. 19/11. 1953. Louisville, Ky., Reynolds Metal Co.) Scheifele. 7106

W. A. Henson und **R. L. Wise,** *Verhütung des Ausblühens bei Latexfarben.* Auf feuchtem Verputz u. Mauern weisen *Latexfarben* oft Ausblühungen von Na_2SO_4 in wasserfreier oder krist. hydrat. Form auf. Durch Zugabe von K-Salzen, am besten $K_5P_3O_{10}$ kann das Ausblühen unter Bldg. von in merklicher Größe nicht krist. Doppelverbb. von der Art des *Glaserits* ($KNaSO_4$) verhindert werden. (Amer. Paint J. **37.** Nr. 31. 28. 30. 31. 34. 20/4. 1953. Midland, Mich., Dow Chemical Co., Coatings Techn. Serv.) Steiner. 7106

J. R. Panek, J. S. Jorczak und **H. Colon,** *Lufttrocknende Polysulfidkautschukanstrichfarben.* Unter Verwendung des fl. Polysulfidpolymeren *Thiokol LP-2* lassen sich lufttrocknende Anstrichfarben herstellen, die bei Filmdicken bis zu 40 mils in einigen Tagen an der Luft erhärten, hohe Oxydationsbeständigkeit aufweisen u. bis zu Tempp. von —65° F elast. bleiben. Auch zeigen die Filme hohe Kautschukelastizität (Dehnung bis zu 450%) u. Lösungsmittelbeständigkeit. Sie eignen sich bes. für Schutzanstriche im Flugzeugbau. Bei Dehnung der Filme sinkt der elektr. Widerstand ab, wodurch sie für Elektronengeräte besondere Bedeutung gewinnen. (Paint, Oil chem. Rev. **116.** Nr. 24. 30—34. 43. 19/11. 1953. Trenton, N. J., Thiokol Corp.) Scheifele. 7106

John C. Moore, *Gründe, warum Anstriche nicht den erwarteten Ansprüchen genügen.* Mit 22 Abbildungen werden die Ursachen durch Feuchtigkeit bedingter Außenanstrichschäden an Holz- u. Steingebäuden erläutert u. Maßnahmen zu ihrer Verhütung angegeben. (Amer. Paint J. **38.** Nr. 18. 70. 72. 74. 76. 78. 80. 81. 84. 86. 88. 89—93. 18/1. 1954. Washington, D. C., National Paint, Varnish and Lacquer Assoc.) Steiner. 7106

Imperial Chemical Industries Ltd., London, England, *Behandeln von trocknenden Ölen mit SO_2.* Eine Dispersion aus vorher erhitztem Öl u. SO_2 wird kontinuierlich durch ein erhitztes Rohr geleitet. Nach erfolgter Rk. wird das Öl bei vermindertem Druck vom SO_2 befreit. (**Schwz. P. 279 635** vom 24/11. 1949, ausg. 17/3. 1952. E. Prior. 30/11. 1948.) Nebelsiek. 7097

Rheinpreußen Akt.-Ges. für Bergbau und Chemie, Homberg/Niederrh. (Erfinder: **Helmut Wiedmann,** Burgstall, Kr. Backnang, **Walter Grimme** und **Friedrich Josten,** Utfort, Kr. Moers), *Herstellung von hellen, leichtlöslichen Kunstharzen.* Ein aliphat. Keton, wie *Methyläthylketon,* wird zunächst mit *CH_2O* alkal. kondensiert; darauf wird neutralisiert oder schwach angesäuert u. gegebenenfalls das Vorkondensationsprod. bei p_H 7 oder darunter einem Reifungsprozeß bei 20—60° unterworfen. Anschließend werden die nicht umgesetzten Reaktionsteilnehmer abdest. bis zu einer Temp., bei der Wasserabspaltung aus dem Reaktionsprod. prakt. noch nicht eintritt. Die so erhaltenen Ketoalkohole werden bei p_H 8—11 u. erhöhter Temp. weiterkondensiert. Schwach gelbstichiges Harz, das in W. emulgiert, neutralisiert, gewaschen u. im Vakuum getrocknet wird. Härte u. Erweichungspunkt werden durch eine Wärmenachbehandlung zwischen 60 u. 120° eingestellt. Annähernd farblose Prodd., lösl. in Bzl., Toluol, Alkoholen, Estern u. Äthern; *Lackharze.* (**D. B. P. 890 866** Kl. 39c vom 13/7. 1941, ausg. 24/9. 1953.) HERBST. 7097

Rubber Stichting, Delft (Erfinder: **Gerrit Jan Van Amerongen,** Delft, **Jacob Leendert Poldervaart,** Hengelo, und **Albert Schreuder,** Nijverdal), Holland, *Herstellen von löslichem Chlorkautschuk* (I). Unlösl. I u. eine wss. Dispersion eines anorgan. Hypochlorits werden in einer organ. Chlorierungs-Fl., z. B. CCl_4 oder C_6H_5Cl, dispergiert u. zur Rk. gebracht, gegebenenfalls unter Einleiten von Cl_2. Der abgeschiedene I ist lösl. in aromat. u. chlorierten KW-stoffen, Estern u. Ketonen. Das Hypochlorit kann man während der Rk. entstehen lassen. — Verwendung für *Farben* u. *Lacke.* (**D. B. P. 907 125** Kl. 39b vom 16/1. 1952, ausg. 22/3. 1954. Anmeldung bekanntgemacht 16/7. 1953. Holl. Prior. 19/2. 1951.) OVERBECK. 7097

Hercules Powder Co., Wilmington, Del., V. St. A., *Herstellung von Harzsäurevinylestern.* Harzsäuren (**I**) werden durch Hydrieren oder Dehydrieren stabilisiert, die Reaktionsprodd. mit mindestens 3 (Mol) eines gesätt. niedermol. Fettsäurevinylesters, z. B. Vinylacetat, je 1 **I** in Ggw. eines Cd-, Zn- oder Hg-Salzes einer starken Säure, z. B. H_2SO_4, umgesetzt u. das Reaktionsprod. durch Hochvakuumdest. isoliert. Es läßt sich in Ggw. eines Peroxyds, von UV-Licht, Diacetyl oder Aceton oder durch Erhitzen auf mindestens 200° polymerisieren. — Herst. von *Schutzüberzügen, Lacken,* Druckfarben. (**E. P. 686 050** vom 3/11. 1950, ausg. 14/1. 1953. A. Priorr. 8/11. 1949, 18/2. u. 16/9. 1950.) MÜLLER-MEININGEN. 7107

Hercules Powder Co., Wilmington, übert. von: **Joseph Wayne Kneisley,** Marshallton, Del., V. St. A., *Härtbares Überzugs- und Imprägniermittel,* bestehend aus einer wss. Lsg. eines Vorkondensates aus einem mehrbas. Alkohol u. Maleinsäure (**I**) bzw. deren Anhydrid, wobei eine COOH-Gruppe verestert sein soll u. die SZ. die in einem Diagramm abgebildeten Werte bei wechselnden Werten von OH-:COOH-Gruppen aufweisen soll. — Z. B. werden 490 (g) I-Anhydrid, 155 Äthylenglykol u. 786 Pentaerythrit in CO_2-Atmosphäre unter Rückfluß erhitzt. Das OH/COOH-Verhältnis beträgt 2,63. Man setzt 537 W. zu u. erhitzt 9 Std. auf 150°, bis sich die SZ. 36 eingestellt hat. Die aus der wss. Lsg. des Prod. aufgetrockneten Filme härten bei 200° in 12 bis 15 Min. aus. (**A. P. 2 646 410** vom 3/5. 1949, ausg. 21/7. 1953.) MÖLLERING. 7107

General Electric Co., New York, übert. von: **Earl W. Balis** und **Lester B. Bronk,** Schenectady, N. Y., V. St. A., *Runzellacke.* Man überzieht die zu behandelnde Oberfläche mit einem ölmodifizierten Alkyd- oder Phenolaldehydharz, das restliche OH-Gruppen enthält, erhitzt auf 100—175° u. läßt auf die noch heiße, klebrige Fläche dampfförmiges Organohalogensilan, z. B. Methyldichlorsilan, einwirken. (**A. P. 2 551 233** vom 26/1. 1949, ausg. 1/5. 1951.) NEBELSIEK. 7107

Cosmocaod Plastics Ltd., übert. von: **Robert Heinrich Sturm,** Enfield, England, *Überzüge, Farb- oder Drucklacke* für Filme oder Gegenstände aus hitzehärtbaren Harzen. Bei p_H 5,5—6 werden 2,5 (Mol) CH_2O, 0,4 Cyclohexanon, Cyclopentanon oder Methylcyclohexanon mit 1 Phenol unter Zusatz von soviel Harnstoff oder Melamin, daß 1 Amid auf 2—6 CH_2O entfällt, in 1—2 Std. bei 80—85° kondensiert, wobei frei werdendes W. unter Vakuum abdest. u. danach das Prod. in einem tern. Gemisch aus W., Bzl. u. Äthylenglykolmonobutyläther gelöst u. mit organ. Sulfonsäuren, Oxal-, Salicyl- oder Milchsäure, auf p_H 4,2—4,5 eingestellt wird. — 2 Diagramme. (**A. P. 2 640 043** vom 20/12. 1949, ausg. 26/5. 1953. E. Prior. 29/5. 1946.) MÖLLERING. 7107

Harold Garton Emblem, St. Helens, England, **Clifford Shaw,** Johannesburg, Transvaal, Südafrikanische Union, und **William Edwin Langrish-Smith,** Burwash Common, England, *Überzüge, Filme* usw. lassen sich mittels eines Gemisches aus 1 (Mol) $(C_2H_5O)_4Si$ (**I**), 1—1,5 W. u. ca. 4% (bezogen auf **I**) Dicyclohexylamin (**II**) herstellen. Statt **II** kann man auch Piperidin, Äthanolamin, Diäthanolamin oder Triäthylamin verwenden. (**A. P. 2 660 538** vom 28/8. 1950, ausg. 24/11. 1953. E. Prior. 9/4. 1947.) BRÖSAMLE. 7107

Courtaulds Ltd., London, und **Charles Ford,** Coventry, England, *Oberflächenverzierung.* Man löst 1 (Gewichtsteil) eines durchsichtigen, filmbildenden Materials, z. B. Celluloseacetat, in 5—15 Aceton oder einem anderen flüchtigen Lösungsm. u. trägt in diese Lsg. ein oder mehrere nichtmetall. Farbpigmente, z. B. TiO_2, ein. Die gewonnene pigmenthaltige Dispersion bringt man in gleichmäßig dicker Schicht auf eine glatte

Unterlage auf u. dampft das Lösungsm. ab. Dadurch tritt Runzelbldg. ein mit Wellenbergen u. -tälern. In den Tälern sammeln sich die Pigmente an. — Zeichnung. (**E. P. 638 774** vom 23/2. 1948, ausg. 14/6. 1950.) NEBELSIEK. 7107

General Motors Corp., Detroit, Mich., übert. von: **Vance W. Tolle** und **Paul E. Ludy**, Dayton, O., V. St. A., *Spritzlackierung von elektrisch nichtleitenden Körpern im elektrostatischen Feld.* Die Körper, z. B. Steuerräder mit Metalleinlagen, aus Kautschuk oder Kunststoffen, z. B. Butadien–Styrol-Mischpolymerisaten, werden auf 150—250° F erwärmt u. dann im elektr. Feld gespritzt, wobei der Lack auf 85—120° F erwärmt sein kann. Den Kunststoffen können 1—2 Gew.-% leitende Stoffe, z. B. Ruß, Metallpulver oder dgl., zugesetzt werden. (**A. P. 2 555 519** vom 11/3. 1947, ausg. 5/6. 1951.) LAASS. 7107

American Chemical Paint Co., Ambler, Pa., übert. von: **Harry I. Benzing**, Devon, Pa., V. St. A., *Ammoniumchromatspülung für mit Phosphat überzogene Metalloberflächen.* Vor dem Auftragen von *Deckanstrichen* auf Fe- u. Zn-Oberflächen erfolgt eine Vorbehandlung durch Bldg. eines kristallinen Phosphatüberzuges, der mit einer Lsg., die auf 100 Gallone 1—40 Unzen CrO_3 u. soviel NH_3 enthält, daß Anwesenheit von freier $H_2Cr_2O_7$ ausgeschlossen ist, gespült u. anschließend getrocknet wird. (**A. P. 2 634 225** vom 21/6. 1950, ausg. 7/4. 1953.) REICHELT. 7107

Bernard & Co., Frankreich, *Korrosionsschutz für Metalle durch Lacküberzüge.* Den aufzubringenden Lacklsgg. wird die Lsg. des Salzes eines gegenüber dem zu überziehenden Metall elektropositiven Metalls zugesetzt, das sich auf der Metalloberfläche abscheidet. Die Lsg. des Metallsalzes kann z. B. enthalten 4 (%) des Metallsalzes [z. B. eines Phosphates, Acetates, Chlorides], 3 einer starken u. 2 einer schwachen Säure u. 91 A., 25 dieser Lsg. werden 50 eines wärmehärtbaren Harzes u. 25 eines geeigneten Lösungsm. zugesetzt. (**F. P. 1 013 021** vom 18/2. 1950, ausg. 22/7. 1952.) VIEK. 7107

Axel Viggo Blom, Grundlagen der Anstrichwissenschaft. Basel, Stuttgart: Birkhäuser. 1954. (385 S. m. Abb.) fr. 44,70.

XIb. Plaste (Kunstharze. Plastische Massen).

L. M. Pessin, *Organische Hochpolymere als Grundlage der plastischen Massen.* Allg. über die plast. Massen auf Grundlage Hochpolymerer aus Bitumen, natürlichen u. Erdölasphalten sowie aus Harzen. (Химия в школе [Chem. Schule] **1953.** Nr. 6. 3—15. Nov./Dez.) LEBTAG. 7170

Kurt Brandenburger, *Die Hochfrequenzvorwärmung in der Kunststoffindustrie.* Allg. Ausführungen. (Plastverarbeiter **5.** 164—65. Juni 1954.) WINIKER. 7170

E. Gemmer, *Arbeitskniffe beim Flammenspritzen und Wirbelsintern von Kunststoffen.* (Plastverarbeiter **5.** 174—78. Juni 1954.) WINIKER. 7170

H. Mertz, *Das Verschweißen von Plasticfolien.* Allg. Ausführungen. (Plastverarbeiter. **5.** 166—71. Juni 1954.) WINIKER. 7170

Fritz Stastny, *Styropor — ein neuartiger, poröser Kunststoff.* In Fortsetzung der C. **1954.** 6841 referierten Arbeit werden weitere Bearbeitungsverff., Eigg. u. Anwendungsgebiete von *Styropor, körnig* behandelt. (Kunststoffe **44.** P41—46. Mai 1954. Ludwigshafen/Rh., BASF, Kunststoff-Rohstoff-Labor.) WINIKER. 7172

Paul Nowak und **Erich Rickling**, *Wärmehärtbare Silicone in der Elektroindustrie.* Verss. mit *Methylphenylsiliconharzen* der Typen A (Mischsiliconharz mit einem Verhältnis von Methyl- zu Phenylgruppen wie 1,0:0,65) u. B (Siliconharz mit sehr geringem Anteil an Phenylgruppen) ergaben, daß die Harze der Type A bzgl. Lebensdauer bei erhöhter Wärmebeanspruchung bestimmte Vorteile (höhere Festigkeit u. Zähigkeit sowie höhere Abriebfestigkeit) gegenüber anders substituierten Siliconharzen aufweisen. Sie eignen sich daher bes. zur Herst. von hochwärmebeanspruchten Elektroisolierstoffen. (Kunststoffe **44.** 191—97. Mai 1954. Kassel, AEG, Chem. Zentrallabor.) WINIKER. 7198

Wilfried Voigt, *Vorrichtung zur Messung der Klebefestigkeit von Kunststoff-Folien.* Beschreibung eines pneumat. Kraftmessers zur Messung der Klebefestigkeit von Kunststoff-Folien, mit dem Kraftunterschiede bis zu 1 g registriert werden können. — 2 Abbildungen. (Kunststoffe **44.** 199. Mai 1954. Mainz-Wiesbaden.) WINIKER. 7210

Badische Anilin- & Soda-Fabrik Akt.-Ges., Ludwigshafen/Rh. (Erfinder: **Karl Craemer**, Heidelberg), *Verbesserung der Eigenschaften von filmbildenden Stoffen,* bes. Vinylharzen, polymeren Dienen, Mischpolymerisaten, Polyamiden, Polyurethanen, Pheno- u. Aminoplasten sowie Cellulosederivv., denen man vor der Formgebung reaktionsfähige Stoffe mit mindestens zwei Alkyleniminogruppen (Brenztraubensäureester mit mindestens 2 Mol 1.2-Alkylenimin, mindestens 2 Äthyleniminreste enthaltendes Hexamethylen-, m'-Phenylen-, Toluylen- oder Chlorphenylendiisocyanat, Alkylenimide von Polycarbonsäuren oder Polysulfonsäuren) zugibt u. vor, während oder nach der Formgebung erhitzt. Filme, Folien, Bodenbelag, Lacke u. dergleichen. (**D. B. P. 901 844** Kl. 39b vom 24/3. 1942, ausg. 14/1. 1954.) Salzmann. 7171

American Viscose Corp., Philadelphia, Pa., V. St. A., *Fäden, Folien, Röhren* u. dgl. aus wss. Dispersionen von hydrophilen Kolloiden, z. B. von *Celluloseäthern* in Alkalilauge, *Alginaten* in Stannaten oder Zinkaten, von *Cellulosexanthogenat, Cuproxam-Cellulose, xanthogenierten Celluloseäthern, gummi arabicum, Stärke, Agar-Agar, Gelatine, Lecithin, Polyvinylalkohol* u. *Aminoplasten*. Als Fällmittel dienen wss. Bäder mit einem Geh. von z. B. 15 (%) H_3PO_4 u. 30 NaH_2PO_4 (bzw. 5—27 NaOH) von 25°. Man erhält reißfeste, zähe klare Verpackungsfilme. (**Schwz. P. 294 344** vom 7/11. 1950, ausg. 16/1. 1954. A. Prior. 16/11. 1949.) Salzmann. 7171

Farbenfabriken Bayer Akt.-Ges., Leverkusen, *Herstellung von Fluorolefinen*. Paraffine, die wenigstens 1 F-Atom u. wenigstens 1 Cl-Atom an 2 benachbarten C-Atomen im Mol. enthalten, werden in alkoh. Medium mit Alkali–Amalgam behandelt. Es werden so aus 1.2.2-Trichlor-2-fluoräthan *2-Chlor-2-fluoräthylen*, aus Tetrafluordichloräthan *Tetrafluoräthylen*, aus Trifluortrichloräthan *Chlortrifluoräthylen* erhalten. Als Amalgam wird zweckmäßig die Kathoden-Fl. der Hg-Alkalichloridelektrolyse verwendet. Die Verfahrensprodd. sind wichtig für die Herst. von *Kunststoffen*. (**E. P. 681 067** vom 5/3. 1951, ausg. 15/10. 1952. D. Priorr. 3/3., 25/5. u. 7/12. 1950.) R. Herbst. 7173

M. W. Kellogg Co., Del., übert. von: **William T. Miller**, Ithaca, N. Y., V. St. A., *Herstellung von festem Polytrifluoräthylen*. Gesätt. Perhalogen-KW-stoffe (Trichlortrifluoräthan) werden in Ggw. eines Lösungsm. (Methylalkohol) bei Tempp. von 0—156° durch Rk. mit halogenentziehenden Mitteln (Zn-Staub) in Perhalogenolefine überführt. Das entstandene Trifluorchloräthylen wird durch fraktionierte Dest. von den Lösungsmitteln u. nicht umgesetzten Ausgangsmaterialien getrennt, welche wieder in den Reaktionsprozeß zurückgeführt werden. Durch den Zusatz von P_2O_5-haltigen Verbb. werden O-haltige Verbb. entfernt. Dann wird das Perhalogenolefin mit Katalysatoren (0,01—0,15% Trichloracetylperoxyd), zweckmäßig in Trichlorfluormethan (I) gelöst, bei —20 bis +20° zu festen Polymerisaten umgesetzt. Nicht umgesetzte Monomere u. I werden abdest. u. in den Prozeß zurückgeführt. (**A. P. 2 579 437** vom 13/3. 1948, ausg. 18/12. 1951.) Seiz. 7173

A. Boake Roberts & Co. Ltd., übert. von: **Ernest Joseph Lush**, London, England, *Dihydrodypnon* (I), F. 72°, Kp.$_2$ 170° bzw. Dihydrodypnol (II) erhält man durch Hydrierung von Acetophenon in einem schnellen H_2-Strom bei 180—190° unter Steigerung der Temp. auf 250° bei n. Druck in Ggw. eines feinverteilten Ni-Katalysators bzw. unter anschließender Erniedrigung der Temp. auf 70—100°. I ($C_6H_5CH_2CH_2CH_2COC_6H_5$) dient als *Weichmacher* für Polyvinylchlorid, -acetat, Polystyrol u. Celluloseacetat. II (1-Oxy-1.3-diphenylbutan) ist I in seinen Eigg. als *Weichmacher*, da fl., noch überlegen. (**A. P. 2 504 558** vom 10/5. 1948, ausg. 18/4. 1950. E. Prior. 15/5. 1947.) Krauss. 7173

General Electric Co., New York, übert. von: **Roland K. Griffith**, Schenectady, und **Henry C. Nelson**, Averill Park, V. St. A., *Plastifiziertes Polyvinylchlorid* als *Isoliermittel* für elektr. Leiter. Wetter- u. ölbeständige, bei niedriger Temp. noch wirksame fl. Weichmacher sind die Ester aus gesätt. aliphat. 2wertigen, 3 u. mehr C-Atome aufweisenden Alkoholen u. gesätt. aliphat. 2bas. Carbonsäuren, deren Kette an den Enden durch einen gesätt. aliphat. 1wertigen Alkohol (A., Propanol, Hexanol, Nonylalkohol, Dodecanol u. dgl.) abgeschlossen ist. — Beispiel: Ester aus Adipinsäure, Propylenglykol u. Isooctylalkohol. Auch Chlorparaffin, Chlorkautschuk, Neopren, Cellulosederivv., Alkydharze u. Aminoplaste können damit plastifiziert werden. (**A. P. 2 617 779** vom 28/5. 1949, ausg. 11/11. 1952.) Salzmann. 7173

Eastman Kodak Co., übert. von: **George P. Waugh** und **William O. Kenyon**, Rochester, N. Y., V. St. A., *Kontinuierliche Herstellung von Polyvinylalkohol*, bes. für *photograph. Emulsionen*. Eine Lsg. von Polyvinylacetat in wasserfreiem A. wird laufend mit einer Lsg. von NaOH, KOH oder LiOH in wasserfreiem A. gemischt, worauf die Mischung in noch fl. Zustand auf ein Förderband gebracht wird u. nach der doppelten Zeit, die zur Gelbldg. erforderlich ist, u. vor Eintritt der Synerese in ein Waschgefäß gebracht wird, in dem es 1 Std. nach Eintritt der Synerese unterhalb der Lösungstemp. des Gels mit W. gewaschen wird. Auch CH_3OH ist geeignet. — Abbildung. (**A. P. 2 642 419** vom 31/1. 1950, ausg. 16/6. 1953.) Möllering. 7173

Eastman Kodak Co., übert. von: **William O. Kenyon, George P. Waugh** und **Erle W. Tylor**, Rochester, N. Y., V. St. A., *Hochreiner und vollständig hydrolysierter Poly-*

vinylalkohol, bes. für *photograph. Emulsionen.* Zu einer Lsg. von Polyvinylacetat in CH_3OH wird unter kräftigem Rühren HCl oder H_2SO_4 zugesetzt. Das erhaltene Gel wird bei <50° mit W. von Nebenprodd. u. Säure freigewaschen. (**A. P. 2 642 420** vom 2/7. 1948, ausg. 16/6. 1953.) MÖLLERING. 7173

General Aniline & Film Corp., New York, N. Y., V. St. A, *Massepolymerisation von α-Chloracrylsäuremethylester* zu transparenten, farblosen u. lichtbeständigen *Hartharzen* erfolgt in Abwesenheit von O_2 bei Tempp. < −10, zweckmäßig < −30° in Ggw. von z. B. Benzoylperoxyd oder Einw. von UV-Licht. (**E. P. 696 994** vom 17/12. 1951, ausg. 9/9. 1953. A. Prior. 30/12. 1950.) MÖLLERING. 7173

Lonza Elektrizitätswerke & Chemische Fabriken Akt.-Ges., Basel, Schweiz, *Vergüten von gewölbten Gläsern* aus organ. Stoffen, bes. Polymethacrylsäureestern, bes. Uhrgläsern. Das Glas wird in einen soviel kleineren Rahmen, als seiner Größe entspricht, eingespannt, daß es dadurch fehlerhaft wird. Danach wird es vorübergehend auf der konvexen Seite auf eine so hohe Temp. erwärmt, daß es durch diese Behandlung wieder fehlerfrei wird. — Z. B. zieht man es 1 Sek. durch die kleine Flamme eines Bunsenbrenners u. kühlt es sofort durch Einlegen in Wasser. (**Schwz. P. 280 065** vom 16/9. 1949, ausg. 1/4. 1952.) NEBELSIEK. 7173

Reinhard Staeger, Bürgli, Brienz, Schweiz, *Herstellung von blasenfreien Gegenständen aus hochmolekularen Polymerisaten und niedriger molekularen polymerisierbaren Stoffen.* Man befeuchtet die gegebenenfalls zerkleinerten hochmol. Polymerisate kurze Zeit mit polymerisierbaren monomeren Stoffen, z. B. *Polymethacrylatpulver* mit monomerem Methacrylat, so daß die einzelnen Körner benetzt sind, knetet die M., gegebenenfalls nach Zusatz eines Polymerisationskatalysators, sofort zu einem Teig, komprimiert zum Austreiben der Luft u. polymerisiert im verdichteten Zustand. (**Dän. P. 74 386** vom 11/9. 1948, ausg. 30/6. 1952. Schwz. Prior. 16/1. 1943.) JÜRGEN SCHMIDT. 7173

American Cyanamid Co., New York, N. Y., übert. von: **John A. Price**, Stamford, **Walter M. Thomas** und **John J. Padbury**, Springdale, Conn., V. St. A., *Acrylnitrilmischpolymere.* Mischpolymere aus 90—98,5 (%) Acrylnitril (I) u. 1,5—10 Monoallylamin (**II**) oder 85—98,5 **I**, 1,5—15 **II** u. 1,5—7,5 Methylacrylat sind durch Emulsionspolymerisation in üblicher Weise erhältlich u. eignen sich zur Herst. von *Kunstfasern, Anstrich-* u. *Imprägniermitteln, Klebstoffen* u. *Preßmassen.* (**A. P. 2 626 946** vom 12/12. 1950, ausg. 27/1. 1953.) LÜTTGEN. 7173

General Tire & Rubber Co., Akron, übert. von: **Guido Herman Stempel**, Cuyahoga Falls, O., V. St. A., *3.4-Dichlor-α-methylstyrol* entsteht durch Alkylierung von o-Dichlorbenzol mit Propylen, Isopropanol oder Isopropylchlorid in Ggw. eines Alkylierungsmittels ($AlCl_3$) u. Dehydrierung des gebildeten 3.4-Dichlorisopropylbenzols mit überhitztem Dampf, z. B. bei 560—625°, oder in Ggw. eines Dehydrierungskatalysators (ZnO, Al_2O_3–ZnO, Cr-Oxyd oder Mischungen mit Mg-Oxyd, CaO u. KOH). — *Zwischenprodd. für Mischpolymerisate.* (**E. P. 652 618** vom 21/10. 1947, ausg. 25/4. 1951. A. Priorr. 6/11. 1946 u. 9/10. 1947.) KRAUSS. 7173

Dow Chemical Co., Midland, Mich., V. St. A., *Kontinuierliche Herstellung von Polystyrol.* Styrol wird in einem senkrechten Vorpolymerisator bei 80—120°, bes. 95°, vor- u. in einer Förderschnecke unter plötzlicher Temperaturerhöhung auf 120° — zweckmäßig in 4 Abschnitten bei 120, 130, 150 u. 180° — auspolymerisiert, wobei O_2 abwesend sein soll. Dabei dient das Prod. als Schmiermittel. Zweckmäßig verwendet man als Wärmeträger das eutekt. Gemisch aus 73,5 (%) Diphenyloxyd u. 26,5 Diphenyl. — 7 Abbildungen. (**E. P. 683 329** vom 25/8. 1950, ausg. 26/11. 1952.) MÖLLERING. 7173

Ges. für Teerverwertung m. b. H. (Erfinder: **Christian Seidler** und **Hans Wille**), Duisburg, *Herstellung von Kunstharzen aus Phenolen* (**I**) *und Aldehyden* (**II**). Die **I** werden in Ggw. von Carbazol (**III**) bzw. Mol.-Verbb. zwischen **I** u. **III** mit **II**, bes. CH_2O, kondensiert. Für **III** können auch carbazolhaltige Anthracenrückstände verwendet werden, wobei das Mengenverhältnis von **III** (in dem Rückstand): **I** nicht <1 : 2 sein soll; das so erhaltene Kondensationsprod. ist durch Lösungsmittel, z. B. Anilin, von den nichtangegriffenen Anthracen-KW-stoffen zu trennen. — Z. B. werden 162 (Teile) Kresol DAB_4 mit 40,4% Geh. an m-Kresol u. 251 techn. **III** (98%ig.) mit 210 CH_2O (37%ig.) unter Zusatz von 21 Volumenteilen NH_3 (25%ig.) 6 Std. kondensiert. Danach wird die wss. Schicht abgetrennt u. das Harz entwässert. Man erhält 439 klares, springhartes, hellbraunes Harz vom Erweichungspunkt 75°, lösl. in den gebräuchlichen Lacklösemitteln. Die verfahrensgemäßen Harze können auch zur Herst. von Preßmassen Verwendung finden. (**D. B. P. 891 021** Kl. 39c vom 12/7. 1942, ausg. 24/9. 1953.) HERBST. 7177

Allgemeine Elektricitäts-Ges., Berlin (Erfinder: **Gaetano F. D'Alelio**, Mt. Lebanon, Pa., V. St. A.), *Herstellung von modifizierten hellfarbigen Phenolharzen*, dad. gek., daß die Kondensation in Ggw. von Diamiden der Malonsäure, Maleinsäure oder Itaconsäure oder von Vorkondensationsprodd. dieser Diamide mit CH_2O durchgeführt wird. — Z. B. wird eine Mischung aus 94 (Teilen) Phenol, 242 CH_2O (37,1%) u. 0,68 NaOH, gelöst in 15 W., 45 Min. erhitzt, worauf 128 Itaconsäurediamid hinzugegeben werden u. darauf noch ca. 3 Min. erhitzt wird. Der erhaltene Harzsirup kann nach Hinzufügen einer geringen Menge Citronensäure für Preßzwecke verwendet werden. Die Verfahrensprodd. können mit Farb- u. Füllstoffen, Weichmachern, Gleitmitteln u. dgl. versetzt werden. (**D. B. P. 899 416** Kl. 39c vom 15/1. 1941, ausg. 11/1. 1954. A. Prior. 14/2. 1940.) HERBST. 7177

Imperial Paper & Color Corp., Glens Falls, N. Y., übert. von: **Raymond W. James**, Lexington, und **Wilbur B. Pings**, Cohasset, Mass., V. St. A., *Herstellung von Harnstoff-Formaldehyd-Harzen.* Man erhält wasserlösl., kationakt. sehr stabile Harze durch Rk. von 1 (Mol) Harnstoff mit 2—3 CH_2O oder CH_3CHO u. $^1/_3$—$^2/_3$ wasserlösl. aliphat. prim. oder sek. Aminen oder nichtsubstituierten hydroxylierten tert. aliphat. oder heterocycl. Aminen, bes. Triäthanolamin, Einstellen des p_H-Wertes der Reaktionsmischung auf 0,5—2,5 mit starker anorgan. Säure u. unmittelbar folgende Neutralisation auf p_H-Wert 5,0—7,0. Die Prodd. sind über lange Zeit wasserlösl. u. stabil u. ohne Zusatz von Härtern zu vollkommen in W. unlösl. Harzen härtbar. *Bindemittel für Textildruckfarben*, zum *Versteifen* u. *Knitterfestmachen von Textilien*, zur Herst. *wasserfester Papiere, Antischrumpfmittel für Wolle.* (**A. P. 2 626 251** vom 25/8. 1948, ausg. 20/1. 1953.) LÜTTGEN. 7181

DEHYDAG Deutsche Hydrierwerke G. m. b. H., Düsseldorf, *Gelatinierungs-, Quellungs- und Weichmachungsmittel für synthetische, lineare, hochmolekulare Stoffe*, bes. *Polyamide, Polyurethane* u. *Polyharnstoffe*, bestehend aus solchen aromat. Oxysulfonen, die durch einen mehrwertigen Alkohol veräthert sind u. wenigstens 1 freie OH-Gruppe aufweisen. — Beispiele: p-Oxydiphenylsulfon-6-oxyhexyläther; p-Oxyphenylbenzylsulfon-7-oxyheptyläther; p-Oxy-m-methyldiphenylsulfon-3-oxypropyläther; p,p'-Dioxydiphenylsulfondi-6-oxyhexyläther; 4-Oxybutyl-p-ω-oxyhexylphenyläthersulfon; p.p'-Dioxydiphenylsulfondiglycerinäther; p,p'-Dioxydiphenylsulfondi-3-chlor-2-oxy-1-propyläther; p-Oxyphenylmethylsulfon-6-oxyhexyläther u. p-Oxyphenyl-n-butylsulfon-2-oxyhexyläther. Man erhält so klare Filme von hoher Festigkeit, guter Geschmeidigkeit u. Weichheit sowie guter Lichtbeständigkeit. (**D. B. P. 907 825** Kl. 39b vom 25/6. 1944, ausg. 29/3. 1954. Anmeldung bekanntgemacht 23/4. 1953. **Zusatz zu D. B. P. 901 347; C. 1954. 6361.**) HERBST. 7181

Farbenfabriken Bayer (Erfinder: **Erwin Windemuth, Otto Bayer** und **Wilhelm Bunge**), Leverkusen, *Geformte Massen.* Lineare Polyester, die reaktionsfähigen H an N_2 gebunden enthalten, werden mit polyfunktionellen Isocyanaten unter gleichzeitiger oder vorausgehender Formgebung umgesetzt, wobei bei der Rk. ein Überschuß der Isocyanatgruppen (I) über die reaktionsfähigen Endgruppen des Polyesters vorhanden sein muß u. die Zahl der reaktionsfähigen H-Atome u. der I so aufeinander abgestimmt wird, daß nicht mehr schmelzbare vernetzte Umsetzungsprodd. entstehen. — Beispiel: 100 (Teile) eines aus 1314 Adipinsäure, 614 Äthylenglykol u. 39 Hexamethylendiamin hergestellten Polyesters vermischt man in geschmolzenem Zustand mit 15 Toluylendiisocyanat. Bei 110° vollzieht sich eine Teilumsetzung, die anschließend beim Walzen u. Pressen bei 170° vollendet wird; Festigkeit 145 kg/cm², Dehnung 529%. Erhöht man den Aminzusatz im Polyester, so erhält man *lederartige* Produkte. Herst. von Filmen, Lacken, Überzügen, Fäden, Imprägnierungen, Klebungen u. dergleichen. (**D. B. P. 884 571** Kl. 39b vom 5/10. 1943, ausg. 11/1. 1954.) SALZMANN. 7181

Jacques Perlès, Seine, Frankreich, *Schutzüberzüge auf Metallfolien* aus plast. Massen, bes. lösl. *Polyamiden.* Man überzieht das Metall mit einer heißen Lsg. von 1 kg Polyamid in 6—10 Liter A., wobei die Ränder der Folie noch zusätzlich mit einem Celluloseleim versehen werden können. Herst. von Verpackungsmaterial aus solchen Folien. (**F. P. 1 044 879** vom 27/10. 1951, ausg. 23/11. 1953.) PANKOW. 7181

Distillers Co. Ltd., Edinburgh, übert. von: **John Noel Milne, Donald Faulkner**, Epsom, und **Charles Edward Hollis**, Ewell, England, *p-Vinylbenzamid enthaltende Polymerisate.* Das durch Oxydation von p-Cyanstyrol mit H_2O_2 oder durch Rk. von p-Vinylbenzoesäure mit Thionylchlorid unter SO_2- u. HCl-Abspaltung erhältliche p-Vinylbenzamid (I) (F. 169—170°) polymerisiert allein oder im Gemisch mit CH_2O oder Methylolverbb. zu Harzen, die zu Überzügen, Filmen oder Fäden verformbar sind. — Wird I 2 Std. auf 180° erwärmt, erhält man ein bei $>200°$ schm. Harz. — 90 (Teile) Styrol u. 10 I werden 5 Min. in Ggw. von 1 Propylbenzolhydroperoxyd auf 150° erwärmt. Die klare Lsg. polymerisiert in 18 Std. bei 100° zu einem farblosen Harz. (**A. P. 2 650 210** vom 1/8. 1950, ausg. 25/8. 1953. E. Prior. 25/8. 1949.) MÖLLERING. 7181

Minnesota Mining & Mfg. Co., St. Paul, Minn., übert. von: **George Wesley Pedlow, Jr.**, Easton, Pa., und **Carl Shelley Miner, Jr.**, Winnetka, Ill., V. St. A., *Hydrolysebeständige Polysiloxane* erhält man durch Hydrolyse von Polychlorsilanen (I), die Reste von tert. Alkoholen enthalten, mit W. in nichtsaurem Medium u. Erhitzen der Hydrolyseprodukte. Die Hydrolyse erfolgt zweckmäßig bei Ggw. einer als Säureacceptor wirkenden Base, wie Pyridin. Als I kommen in Frage: tert.-Butoxytrichlorsilan, tert.-Amoxytrichlorsilan, Di-tert.-butoxydichlorsilan, Di-tert.-amoxydichlorsilan, Bis-(dichlor-tert.-butoxy)-dichlorsilan, n-Butoxy-tert.-butoxydichlorsilan, Äthoxy-tert.-butoxydichlorsilan. (**A. P. 2 566 364** vom 15/6. 1946, ausg. 4/9. 1951.) BRÖSAMLE. 7189

Wacker-Chemie G. m. b. H., München, übert. von: **Siegfried Nitsche**, Burghausen, *Lösliche Siliconharze* erhält man aus Halogenalkylsilanen, die 2 Halogene auf 1 Si enthalten. Sie werden durch partielle Rk. mit Methanol oder A. u. partielle Hydrolyse der Prodd. gewonnen. Anschließend löst man das Hydrolysat in einem mit W. nicht mischbaren Lösungsm. (Toluol), hydrolysiert mit W. vollständig, trennt die wss. Phase von der gelösten Siloxanphase, entfernt das Lösungsm. u. polymerisiert das Harz in Ggw. von Chinolin in der Wärme. (**A. P. 2 647 880** vom 19/4. 1950, ausg. 4/8. 1953. D. Prior. 25/5. 1949.) G. KÖNIG. 7189

Aktiebolaget Isoflex, Stockholm, Schweden (Erfinder: **T. M. Elfving**), *Mehrschichtige Folie, besonders für Wärmeisolierung*, ist eine Al-Folie, die frei von Oxyden sein soll u. auf beiden Seiten mit einem Polystyrol überzogen ist, dessen Wasserabsorption = Null ist. — *Verpackungsmaterial.* (**Schwed. P. 137 557** vom 26/10. 1948, ausg. 7/10. 1952.) JÜRGEN SCHMIDT. 7205

Süddeutsche Kalkstickstoffwerke Akt.-Ges., Trostberg, *Herstellung von Harzen aus Dicyandiamid* (I). I mit einem Zusatz $<$20% einer Verb., die den F. erniedrigt, wird unter Durchleiten von NH_3 auf 170—190° erwärmt, worauf das Prod. mit einem Aldehyd oder der Aminoverb. eines Aldehydes kondensiert wird. — I mit einem Zusatz von 20 (%) Harnstoff — oder 15 Thioharnstoff — wird unter Durchleiten von NH_3 auf 185° erhitzt, worauf das Prod. bei p_H 8—9 u. bei 70° mit CH_2O — oder mit einer $NCNH_2$–CH_2O-Verb. — zu einem Harz kondensiert wird. Nach Zusatz von Füllmitteln eignet sich das Harz als *Preßmasse.* (**E. P. 694 806** vom 14/12. 1950, ausg. 29/7. 1953. D. Prior. 3/2. 1950.) MÖLLERING. 7205

Jihočeské Papírny, národní podnik (Erfinder: **K. S. Nitsche**), Český Krumlov, Tschechoslowakei, *Herstellung von Preßmassen.* Man befreit den bei der Gewinnung von Tallöl abfallenden Schlamm von Mineralsäuren u. führt die wasserlösl. oder im W. quellbaren Stoffe in solche wasserunlösl. Stoffe über, die in der Wärme plast. werden. Diesen setzt man noch Tallöl, Fette, Weichmacher u. gefärbte Füllstoffe zu. Man erhält z. B. eine hochwertige Preßmasse durch einfaches Vermahlen von trockenem Tallölschlamm u. Kiesabbrand, einem Abfallprod. der Zellstoffherstellung. (**Schwz. P. 280 841** vom 14/4. 1949, ausg. 16/5. 1952. Tschech. Prior. 16/4. 1948.) NEBELSIEK. 7205

XII. Kautschuk. Guttapercha. Balata.

E. Stalinsky, *Thermoplastizierung von Kautschuk mittels Heißdampf.* Der in Stücke von ca. 10 cm Dicke geschnittene Kautschuk (I) wird im Autoklaven mit Heißdampf auf 155° erhitzt (Dauer: 20—30 Min.) u. dann 1—6 Std. bei einer Temp. von 155—165° belassen. Der so plastizierte I ist nicht klebrig u. kann ohne Schwierigkeiten gelagert bzw. verarbeitet werden. Die Thermoplastizierung selbst verläuft einheitlicher als beim Heißluftverfahren. Ein nachteiliger Einfl. auf die Eigg. der Vulkanisate wurde nicht festgestellt. (Rev. gén. Caoutchouc **31.** 95—97. Febr. 1954.) WINIKER. 7222

Manfred Wick und **Wolf Dietz**, *Verarbeitung und Anwendung von Siliconkautschuk.* Zusammenfassender Überblick. (Vgl. C. **1954.** 6845.) (Kunststoffe **44.** 200—04. Mai 1954. München, Wacker-Chemie GmbH., Silicon-Labor.) WINIKER. 7224

Ignacio Puig, *Der Methylsiliconkautschuk. — Seine großen Anwendungsmöglichkeiten.* Kurzer Überblick über Herst., Eigg. u. Anwendungen von Methylsiliconkautschuk. (Goma [2] **2.** 6—8. Mai 1954.) WINIKER. 7224

Robert Delattre, *Redoxvorgänge und Färbung von Latex.* (Vortrag.) Die für Kautschuk verwendbaren Farbstoffe sind nicht immer auch für Latex (I) geeignet. So werden rote organ. Pigmente (meist Azofarbstoffe) oft durch von Mikroorganismen gebildete reduzierende Substanzen entfärbt. Vf. empfiehlt daher Zusatz gärungshemmender Stoffe (sowohl zum I als auch zu den üblichen Dickungsmitteln, die sich oft als gute Nährböden für Mikroorganismen erweisen), vollständige Trocknung der aus I hergestellten Artikel sowie Einstellung eines die Bldg. reduzierender Substanzen nicht begünstigenden p_H u. Wahl eines bes. widerstandsfähigen Farbstoffs (z. B. Thioindigofarbstoffe). — In wss. PVC-Dispersionen finden ebenfalls Redox-Rkk. statt (selbst nach vollständigem Verdampfen des W.). Als bes. geeigneter Farbstoff erwies sich *Rubis Vulcafixe B* (Ca-Salz eines sulfonierten u. carboxylierten Azofarbstoffs). (Rev. gén. Caoutchouc **31**. 119—22. Febr. 1954.) Winiker. 7226

Ernst A. Hauser, *Kautschuk- und Kunststoffverstärker.* Nach Ausführungen zur Bedeutung der Verstärkung von Kautschuk (**I**) u. Kunststoffen (**II**) werden die mit Ruß als Verstärker erzielten Ergebnisse diskutiert u. mit der in der niedermol. **I**-Fraktion stattfindenden Adsorption erklärt (2 elektronenmkr. Aufnahmen). Hinweise zur Verwendung von Verstärkern in **II** (bes. aminbehandelte Bentonite). — 6 Literaturhinweise. (Kautschuk u. Gummi **7**. Nr. 1. WT 13—14. Jan. 1954. Cambridge, Mass., Inst. of Technol.) Winiker. 7226

Aurel Meyer-Möllenhoff, *Struktur und Feinheit natürlicher kieselsäurehaltiger Füllstoffe im Vergleich zu Kaolinen und Kreiden.* (Vortrag.) Die natürlichen kieselsäurehaltigen Füllstoffe *Silitin N* (**I**), *Silitin Z* (**II**) u. *Silikolloid* (**III**) werden durch spezielle Aufbereitungsmethoden aus dem gleichen Rohstoff gewonnen wie *Neuburger kieselsaure Kreide*, stellen jedoch noch feinerkörnige Prodd. dar. Röntgenaufnahmen (Debye-Verf.) u. den Ergebnissen der rationellen Analyse zufolge besteht **I** zu 70—75% aus Quarz u. zu 25—30% aus Kaolinit. Bei **II** u. **III** ist dieses Verhältnis nur unwesentlich verschoben. Dieser Befund wurde durch elektronenmkr. Aufnahmen bestätigt. Infolge der Auflockerung der Kaolinitagglomerate von **I**, **II** u. **III** durch die Kieselsäure ist wahrscheinlich die wirksame Oberfläche dieser Prodd. größer als die der Kaoline. Darauf sowie auf die Rauhigkeit der Kieselsäure im Vgl. zu Kaolinit u. auf die Kornfeinheit lassen sich vermutlich auch die besonderen Eigg., die diese Prodd. Kautschukmischungen verleihen u. die sehr verschieden von den durch feinste Kaoline verursachten sind, zurückführen. (Kautschuk u. Gummi **7**. Nr. 2. WT 26—34. Febr. 1954. Neuburg/Donau, Firma Franz Hoffmann & Söhne, Betriebslabor.) Winiker. 7226

C. P. Pinazzi und **M. Billuart**, *Schutz von Naturkautschuk gegen Atmosphärilien. 1. Mitt. Wirkung von Nickeldibutyldithiocarbamat allein und zusammen mit anderen schützenden Agentien.* Mit Zn-Diäthyldithiocarbamat aus Latex hergestellte Vulkanisate mit einem Geh. von 1—1,5% *Ni-Dibutyldithiocarbamat* (**I**) wiesen eine ausgezeichnete Beständigkeit gegenüber Sonnenlicht u. Atmosphärilien auf. Zusätzliche Verwendung anderer Schutzmittel, *4-Methyl-2.6-di-tert.-butylphenol* (**II**), *p-Benzyloxyphenol, Phenyl-β-naphthylamin, Reaktionsprod. aus Aceton u. Anilin, Disalicylaläthylendiamin, Dinaphthyl-p-phenylendiamin* (**III**), *Diphenyl-p-phenylendiamin* (**IV**), ergab keine Verbesserung der Lichtbeständigkeit, sondern erwies sich eher als ungünstig, außer in bezug auf Erhaltung der mechan. Eigg. (bes. bei Mitverwendung von **II** u. **III**). Die natürliche Alterung im Dunkeln u. bei Zimmertemp. während 24 Monaten war ausgezeichnet im Gegensatz zu den Ergebnissen bei der beschleunigten Alterung (Sauerstoffbombe u. Geer-Ofen). In mit Mercaptobenzothiazol aus gewalztem Kautschuk hergestellten Vulkanisaten bewirkte **I** allein keinen Schutz gegen Sonnenlicht- u. Atmosphärilieneinw., vielmehr wurde eine Verschlechterung der Widerstandsfähigkeit gegen natürliche u. beschleunigte Alterung beobachtet. Zusatz von **IV** gewährte guten Schutz gegen Sonnenlicht- u. Atmosphärilieneinw.; die Beständigkeit bei natürlicher Alterung war befriedigend. Noch mehr als bei den aus Latex hergestellten Vulkanisaten wurde bei den nur **I** sowie den **I** u. **IV** enthaltenden Vulkanisaten aus gewalztem Kautschuk eine schlechte beschleunigte Alterung festgestellt. Der Nachteil der also bei derartigen Mischungen vorhandenen größeren Hitzeempfindlichkeit kann gegebenenfalls durch Verwendung geeigneter Füllstoffe (bestimmte Rußarten) ausgeglichen werden. (Rev. gén. Caoutchouc **31**. 123—31. Febr. 1954.) Winiker. 7226

—, *Die Verwendung von Hycar 2007 zur Fabrikation heller Sohlen.* Für helle Sohlen wird folgende Mischung empfohlen: 100 (Teile) Kautschuk, 30 *Hycar 2007* (**I**, Butadien–Styrol-Mischpolymerisat), 100 Kaolin, 50 Kreide, 5 ZnO, 1,5 Benzothiazyldisulfid, 0,25 Diphenylguanidin, 2,5 S, 7 Mineralöl, 1 Stearinsäure, 1 Phenyl-β-naphthylamin. Vulkanisation: 10 Min. bei 154°. An Mischungsbeispielen wird der Einfl. steigender **I**-Mengen auf nicht- bzw. rußgefüllte Naturkautschukmischungen gezeigt. (Rev. gén. Caoutchouc **31**. 100—01. Febr. 1954.) Winiker. 7230

K. Jehle, *Über die Entwicklung und den Einsatz von Perlon für Reifen und andere Gummiwaren.* (Vortrag.) Nach Ausführungen über die bisherige u. zukünftige Entw. der Einlagematerialien auf dem Reifensektor behandelt Vf. die physikal. Eigg. der Polyamide u. neue Prüfverff. (Festigkeitsprüfung, Knickprüfung, Walkbiegeprüfung, Sägeermüdungsprüfung, Prüfung der Stoßbeanspruchung u. Prüfungen bei hohen Lastwechselzahlen). Abschließend werden weitere Einsatzmöglichkeiten für Perlon (Förderbänder, Keilriemen, Treibriemen, gummierte Gewebe) gestreift. (Kautschuk u. Gummi **7**. Nr. 1. WT 8—12. Jan. 1954.) Winiker. 7230

I. Dane, *Über die Entwicklung und den Einsatz von Perlon für Reifen und andere Gummiwaren.* (*Korref.*) Stellungnahme zu den Ausführungen von JEHLE (vgl. vorst. Ref.). Hinweis auf Schwierigkeiten bei der Verwendung von Perlon in Reifen (hohe Dehnung, Schrumpfung bei der Vulkanisation) nebst Bemerkungen zum Wärmehaushalt im Reifen sowie zu den neuen Prüfmethoden (Sägeermüdung u. Walkermüdung). (Kautschuk u. Gummi **7.** Nr. 1. WT 12. Jan. 1954. Leverkusen.) WINIKER. 7230

P. Kainradl und **F. Händler,** *Erwärmung und Zerstörung von Vulkanisaten bei dynamischer Beanspruchung.* (Vortrag.) Die Reihung verschied. Mischungen aus Naturkautschuk (**I**) oder synthet. Kautschuk (**II**) hinsichtlich ihrer Temperaturerhöhung bei dynam. Beanspruchung ist von den Prüfbedingungen abhängig. So ergibt sich oft eine Umkehrung der Reihenfolge der Mischungen, wenn dieselben statt bei konstanter Deformation bei konstanter Wechsellast verglichen werden. Dasselbe gilt für die Laufzeit verschied. Mischungen bis zur Zerstörung. Da die Abhängigkeit der dynam. Eigg. von der Temp. u. der Größe der Beanspruchung bei verschied. Mischungen unterschiedlich ist, hängt die Reihung von Mischungen nicht nur von der Art, sondern auch von der Größe der Beanspruchung ab. Aus den Messungen der dynam. Eigg. bei Raumtemp. lassen sich keine sicheren Schlüsse auf die Temperaturerhöhung im gesamten Erwärmungsbereich bis zur Zerstörung ziehen. Bei dynam. Beanspruchungen ohne wesentliche Temperaturerhöhung können ebenfalls Änderungen der dynam. Eigg. eintreten. Im allg. entsprechen Temperaturerhöhungen des stationären Zustandes u. Laufzeiten einander, doch wurde festgestellt, daß verschied. Mischungen bei gleichen Temperaturerhöhungen verschieden lange Laufzeiten haben können. Bei einer gleichen Laufzeit von 100 Min. wurden **I**-Mischungen mit akt. Rußen bei höheren Tempp. (170—185°) zerstört als die Grundmischung ohne Füllstoff (ca. 160°). Die **II**-Mischungen erwärmten sich stärker (190—220°). Bei gleicher mechan. Beanspruchung ist die Art der Zerstörung sehr verschieden. **I**-Mischungen mit Zinkweiß oder SRF-Rußen sowie alle **II**-Mischungen reißen, ohne eine wesentliche therm. Zers. zu zeigen, bei der Zerstörung vom Probezentrum aus auf. **I**-Mischungen mit akt. Rußen oder Aerosil hingegen weisen im Probenzentrum einen deutlichen Wärmeabbau auf. Aus diesen Versuchsergebnissen ist zu schließen, daß mehrere chem. Zerstörungs-Rkk. mit verschied. Temperaturkoeffizienten nebeneinander stattfinden u. daß zu dem Wärmeangriff ein unmittelbarer mechan. Angriff der äußeren Kräfte in verschied. Größe hinzukommt. — 22 Literaturhinweise. (Kautschuk u. Gummi **7.** Nr. 1. WT 1—7. Jan. WT 34—42. Febr. 1954. Wien.) WINIKER. 7230

Standard Oil Development Co., übert. von: **William J. Sparks,** Westfield, und **Joseph F. Nelson,** Clark, Township, N. J., V. St. A., *Polymerisation von Isobutylen-Diolefin-Gemischen.* Die Polymerisation mit FRIEDEL-CRAFTS-Katalysatoren wird bei —40 bis —164° in Ggw. von 0,001—15%, bes. 1—10% Monoolefinen, bes. 1- oder 2-Buten durchgeführt, wodurch das Mol.-Gew. des Polymerisates in bestimmten Grenzen gehalten werden kann. — Diagramm. (**A. P. 2 625 538** vom 8/6. 1951, ausg. 13/1. 1953.) LÜTTGEN. 7225

Usines de Melle, Saint-Léger-lès-Melle (Erfinder: **Henri Martin Guinot,** Versailles, und **Ramond Buret,** Melle), Frankreich, *Herstellen von synthetischem Kautschuk* durch Emulsionspolymerisation oder -mischpolymerisation von Diolefinen unter Zusatz von gesätt. Verbb., die eine aktivierte Methylengruppe $R—CH_2—R'$ enthalten. R u./oder $R' = —CN$, $—CO_2C_2H_5$, $—COCH_3$, $—C_6H_5$ oder —Cl. Genannt sind Methylenchlorid, Malonsäurediäthylester, Benzylcyanid, Äthylcyanacetat, Acetessigsäureäthylester u. Acetylaceton. (**D. B. P. 906 755** Kl. 39c vom 7/7. 1942, ausg. 18/3. 1954. F. Priorr. 22/8. u. 25/10. 1941.) OVERBECK. 7225

Standard Oil Development Co., übert. von: **William J. Sparks** und **Robert M. Thomas,** Westfield, N. J., V. St. A., *Herstellung kautschukähnlicher Tripolymere.* Man mischpolymerisiert 70—99 (%) eines Monoolefins mit 4—6 C-Atomen, bes. 90—98 Isobutylen, 0,5—30 eines Cyclodiens, bes. 1—10 Cyclopentadien, u. 0,1—5, bes. 0,2—3 Divinylbenzol in Lsg. bei —70 bis —110° in Ggw. von FRIEDEL-CRAFTS-Katalysatoren. Die Prodd. sind mit S vulkanisierbar. (**A. P. 2 626 940** vom 23/8. 1951, ausg. 27/1. 1953.) LÜTTGEN. 7225

Bata, národní podnik, Zlin, übert. von: **Stanislav Landa,** Most, und **Oldřich Němeček,** Usti n/L, Tschechoslowakei, *Aufarbeitung der Rückstände bei der Herstellung von 2-Chlorbutadien-1.3* (**I**). Die wss.-öligen Rückstände, die bei der Herst. von **I** aus Vinylacetylen u. HCl in Ggw. von Cu-Katalysatoren anfallen, werden mit Naphthalin erhitzt, bis sich oben eine ölige u. unten eine wss. Schicht, die die Cu-Salze (**II**) enthält, abgesetzt hat. Aus dieser werden die **II** wiedergewonnen. Die ölige Schicht wird mit W. gewaschen u. mit $ZnCl_2$. $AlCl_3$ oder $FeCl_3$ auf ca. 85° erhitzt u. ergibt ein Kondensationsprod., das als *Weichmacher für Kautschuk* geeignet ist. (**A. P. 2 605 166** vom 30/12. 1946, ausg. 29/7. 1952. D. Prior. 9/4. 1943.) DERSIN. 7227

American Cyanamid Co., New York, N. Y., V. St. A. (Erfinder: **A. R. Davis** und **F. A. V. Sullivan**), *Herabsetzung der normalen Oxydationsgeschwindigkeit von Kautschukmassen ohne Erhöhung der Neigung zur Verfärbung unter Lichteinfluß.* Man setzt als Oxydationsverzögerer 2.2-Methylen-bis-[4.6-dialkylphenol] der allg. Formel I, in der R_1 ein Alkylrest mit 1—2 C-Atomen u. R_2 einen tert. Alkylrest mit 4—8 C-Atomen darstellen. Der tert. Substituent ist direkt an den Phenolring gebunden. Geeignet sind z. B. Verbb., die als tert. Alkylgruppe tert. Butylgruppen enthalten. (**Schwed. P. 137 514** vom 20/5. 1950, ausg. 7/10. 1952. A. Prior. 25/7. 1949). JÜRGEN SCHMIDT. 7227

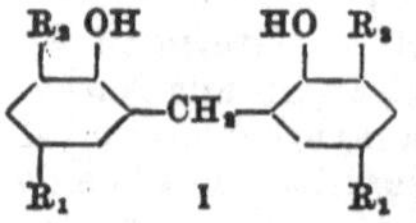

E. I. du Pont de Nemours & Co., übert. von: **Paul A. Sanders,** Wilmington, und **John R. Vincent,** Newport, Del., V. St. A., *Stabilisieren von Butadien-Elastomeren gegen den Einfluß von Licht.* Polymere von 1,3-Butadien (I) oder Mischpolymere aus mindestens 50% I u. Vinylverbb. erhalten einen Zusatz von 0,05—10% Ni-Salz einer Dialkyldithiocarbaminsäure, bes. *Ni-Dibutyldithiocarbamat.* (**A. P. 2 628 952** vom 27/7. 1948, ausg. 17/2. 1953.) LÜTTGEN. 7227

United States Rubber Co., New York, N. Y., übert. von: **Lester C. Kulp** und **Edward C. van Buskirk,** South Bend, Ind., und **Byron A. Hunter,** Oxford, Conn., V. St. A., *Blähmittel für Schwammkautschuk,* bestehend aus $H_2N \cdot NH_2$, seinem Hydrat, seinen Salzen mit Carbonsäuren oder anorgan. Säuren, Hydrazindithiocarbazinat, -benzolsulfonat, -toluolsulfonat, -carbazinat oder -carbamat. 0,1—5% werden getrennt vom S eingemischt. (**A. P. 2 621 161** vom 23/2. 1950, ausg. 9/12. 1952.) OVERBECK. 7227

Monsanto Chemical Co., St. Louis, Mo., übert. von: **Earl W. Gluesenkamp,** Centerville, O., V. St. A., *Blähmittel für Kautschuk,* bestehend aus einer Verb. der Formel (R'')(R')N—CO—NH—R—COOH, wobei R = zweiwertiger aliphat. oder araliphat. KW-stoffrest mit $\leqq$ 10 C-Atomen u. R' u. R'' = Aryl-, Alkyl-, Aralkyl-Alkaryl- oder Cycloalkylrest mit $\leqq$ 10 C-Atomen, z. B. N-(N'.N'-Diphenylcarbamyl)-leucin, N-(N'.N'-Dimethylcarbamyl)-glycin, N-(N'.N'-Dibenzylcarbamyl)-alanin oder N-(N'.N'-Di-p-äthylphenylcarbamyl)-valin. Es werden 1—30% der Verbb. zugesetzt, die sich bei der Vulkanisation in CO_2 u. ein lineares Polyamid zers., das verstärkend wirkt. Darst. durch Rk. eines sek. Amins mit $COCl_2$ in Ggw. von z. B. Pyridin u. weitere Rk. des gebildeten Carbamylchlorids mit dem gasbildenden Mittel in z. B. Aceton, Trocknen, Filtrieren, Ansäuern u. Extrahieren mit Äther. (**A. P. 2 572 568** vom 20/8. 1949, ausg. 23/10. 1951.) OVERBECK. 7227

Monsanto Chemical Co., St. Louis, übert. von: **Earl W. Gluesenkamp,** Centerville, O., V. St. A., *Blähmittel für Kautschuk,* bestehend aus einem N-Carboxyaminosäureanhydrid der Formel I, wobei R', R'' u. R''' = Alkyl- oder Arylgruppen, oder der Formel II, wobei R = H, Alkyl- oder Arylgruppen. — Beispiele: Anhydride von N-Carboxyvalin oder -tyrosin, Glycin, Alanin, Valin, Leucin, Norleucin, Isoleucin, Isovalin oder ähnliche synthet. Verbb., deren Herst. angegeben ist. Die Verbb. spalten in der Wärme CO_2 ab u. polymerisieren dabei. (**A. P. 2 610 157** vom 24/9. 1948, ausg. 9/9. 1952.) OVERBECK. 7227

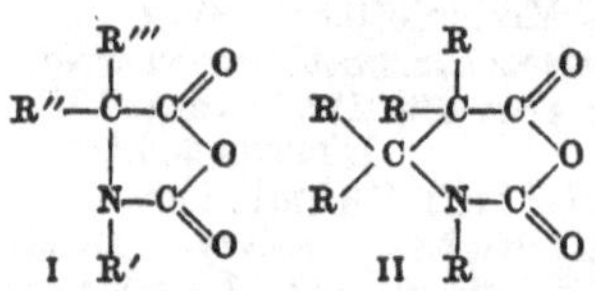

United States Rubber Co., New York, N. Y., übert. von: **Charles F. Eckert,** Westwood, N. J., V. St. A., *Verschäumen von natürlicher oder künstlicher Kautschukmilch* bei 0—30° durch Zusatz von H_2O_2, einer dieses zers. Katalase u. geringer Mengen NH_2OH, das die Zers. steuert. (**A. P. 2 617 840** vom 10/6. 1950, ausg. 11/11. 1952.) OVERBECK. 7231

United States Rubber Co., New York, N. Y., übert. von: **Roswell H. Ewart,** Bloomfield, N. J., V. St. A., *Herstellen von Schaumkautschuk.* Kautschukmilch, deren Geh. an NH_3 auf < 0,2% vermindert wurde, wird vermischt mit 0,5—5 (% des Kautschuks) Alkalistearat, 2—8 ZnO u. 1—20 (% des ZnO) Alkalisulfid, darauf zu Schaum geschlagen, gegebenenfalls mit 0,5—5 (% des Kautschuks) Alkalisilicofluorid versetzt, dann verformt, gelatiniert u. vulkanisiert. (**A. P. 2 621 217** vom 24/6. 1949, ausg. 9/12. 1952.) OVERBECK. 7231

Raymond Chauvet, Seine, und **Pierre Moussaud,** Seine-et-Oise, Frankreich, *Herstellung von porösen Profilschnüren aus Kautschuk.* Man mischt je 15 kg folgender beiden Mischungen: 25 (kg) Smoked Sheets, 3 dunkler Faktis, 12 Frantex A, 4 Frantex B, 1,2 ZnO, 0,33 Ureka (Vulkanisationsbeschleuniger), 0,36 Stearinsäure, 0,24 Vaselinöl, 0,65 S, 0,2 Alterungsschutzmittel M. C., 3,6 Lithopone u. 15 Smoked Sheets, 5 dunkler Faktis, 0,225 Stearinsäure, 0,2 Paraffin, 0,375 S, 0,15 Ureka, 0,15 Alterungsschutzmittel M. C. u. 8 Schlämmkreide u. gibt zu der erhaltenen Mischung 0,5 rektifiziertes

Petroleum, 0,25 Vaselinöl, 0,5 Utapore, 0,04 Mercaptobenzothiazol u. 0,25 Alterungsschutzmittel M. C. Utapore ist eine Mischung aus $NaHCO_3$, Vaselinöl u. $(NH_4)_2CO_3$. Die Mischung wird aus der Strangpresse zu den gewünschten Profilen in verkleinerter Form gespritzt u. bei einfachen Profilen frei geheizt, sonst in langen, mit einem Schlitz versehenen, der Form des gewünschten Profils entsprechenden Hülsen. (**F. P. 1 039 755** vom 11/7. 1951, ausg. 9/10. 1953.) PANKOW. 7231

XIV. Zucker. Kohlenhydrate. Stärke.

D. S. Mikkelsen, R. B. Griffith und **D. Ririe,** *Ansprechen von Zuckerrüben auf Behandlung mit Maleinhydrazid.* Bei extrem üppigem vegetativem Wachstum u. später Reife von Zückerrüben konnte durch Maleinhydrazidblattsprays das Blattwachstum herabgesetzt werden zugunsten besserer Rübenausbldg. u. Zuckerausbeute. (Agronomy J. **44.** 533—36. Okt. 1952. Davis, Col., California Agric. Exp. Stat. Div. of Agron.) GRIMME. 7406

M. B. Martinez und **M. A. Lugo-López,** *Einfluß von Untergrundbearbeitung und -düngung auf Zuckerrohrproduktion und Infiltrationsfähigkeit des Bodens.* Vff. prüften die Unterschiede im Zuckerrohrertrag auf schweren Tonböden bei verschied. Bodenbehandlung u. Düngung. Bei Untergrundbearbeitung u. Einbringung der halben Menge des aufgewandten Düngers in den Boden ergaben sich höhere Erträge als bei Ausstreuen des gesamten Düngers auf die Bodenoberfläche. Außerdem ließ sich eine wesentliche Steigerung der Durchlässigkeit bei dieser Bodenbehandlung erreichen (Ergebnisse in Tabellen). (Soil Sci. **75.** 307—15. April 1953. Puerto Rico, Univ., Agric. Exp. Stat.) KNÖPKE. 7440

George Samuels, Pablo Landrau jr. und **Bernardo G. Capo,** *Das Ansprechen von Zuckerrohr in Puerto Rico auf verschiedene Stickstoffquellen.* Nach Düngeverss. mit $(NH_4)_2SO_4$, $NaNO_3$, Harnstoff u. Kalkstickstoff ergab sich aus den erzielten Ernten an M. u. Zucker, daß wenigstens für die Verhältnisse von Puerto Rico $(NH_4)_2SO_4$ die beste N-Quelle für Zuckerrohr darstellt. (J. Agric. Univ. Puerto Rico **36.** 230—39. Juli 1952.) GRIMME. 7440

George Samuels und **Pablo Landrau jr.,** *Das Ansprechen von Zuckerrohr auf Düngemittel.* 1. Mitt. *Versuche in Arecibo 1944 bis 1950.* Bericht über Düngungsverss. bei Zuckerrohr mit N, P u. K einzeln oder im harmon. Gemisch. Hierbei zeigte sich, daß N den größten Einfl. auf die Zuckerbldg. u. den Zuckerertrag hat, während P u. K nicht direkt stimulierend auf die Zuckerbldg. wirken; der Ertragsrückgang bei Weglassen eines der 3 Elemente betrug im Mittel 33% für N, 3% für P u. 9% für K. (J. Agric. Univ. Puerto Rico **36.** 203—29. Juli 1952. Rio Piedras, P. R., Agric. Exp. Stat., Univ. of Puerto Rico.) GRIMME. 7440

Pablo Landrau jr. und **George Samuels,** *Die Verwertung von Zuckerrohrabfällen.* 1. Mitt. *Ernteertrag und ökonomische Überlegungen.* Die Verwertung von Zuckerrohrabfällen zur Düngung der Zuckerrohrfelder (Unterpflügen oder Unterbringung der Asche der verbrannten Abfälle) wirkt auf die Dauer ungünstig auf die Zuckerausbeute. Am besten ist die reihenweise Aufbringung der unbehandelten Abfälle auf den Acker. (J. Agric. Univ. Puerto Rico **36.** 240—45. Juli 1952.) GRIMME. 7440

M. A. Lugo-López, P. Landrau jr. und **G. Samuels,** *Die Verwertung von Zuckerrohrabfällen.* 2. Mitt. *Wirkungen verschiedener Anwendungsweisen auf die Bodeneigenschaften* (1. vgl. vorst. Ref.) Wenn Zuckerrohrabfälle direkt zur Düngung der Felder benutzt werden, so bleibt das C/N-Verhältnis im Boden ziemlich konstant, während es durch das Unterbringen der Asche der verbrannten Abfälle ungünstig verschoben wird. Weniger deutlich werden die physikal. Eigg. des Bodens durch die unterschiedliche Anwendung der Abfälle beeinflußt. (J. Agric. Univ. Puerto Rico **36.** 246—54. Juli 1952.) GRIMME. 7440

M. A. Lugo-López und **R. Grant,** *Vorernte-Blattsprays von Zuckerrohr mit 2.4-D.* Zur Steigerung des Zuckerertrages wurden wiederholte Sprays verschied Konzz. (10, 20 u. 30 lbs./acre) des Na-Salzes von *2,4-D* (Dichlorphenoxyessigsäure) 10, 20 bzw. 30 Tage vor der Ernte angewandt. Ein deutlicher Einfl. auf den Zuckerertrag wurde nicht beobachtet. (J. Agric. Univ. Puerto Rico **36.** 187—93. Juli 1952. Rio Piedras, P. R., Agric. Exp. Stat., Univ. of Puerto Rico.) GRIMME. 7440

XV. Gärungsindustrie.

Hans-Joachim Schmidt, *Die Verarbeitung der diesjährigen Malze in der Brauerei.* Bericht über Erfahrungen bei der Verarbeitung von Malzen des Gerstenjahrgangs 1953 (deutsche Provenienz). (Brauwelt, Ausg. B **1954.** 470—73. 23/4. Nürnberg, Bayer. Landesgewerbeanst., Versuchsanst. für Bierbrauerei.) WINIKER. 7540

Lars Ljangdahl und **Evald Sandegren,** *Aminosäuren in Gerste, Malz, Würze und Bier. Quantitative Analysen der freien Aminosäuren.* (Vgl. C. **1951.** I. 2977.) In einem Säurehydrolysat von Gerste (I) wurden die Aminosäuren (II) chromatograph. mit Hilfe von Stärkesäulen getrennt, wobei 16 II (darunter am meisten Glutaminsäure, Arginin, Glykokoll u. Prolin) u. wechselnde Mengen NH_3 gefunden wurden, zusammen entsprechend 72% des Gesamt-N der Gerste; nicht gefunden wurde γ-Aminobuttersäure (III); Methionin u. Tryptophan waren zerstört. — Die durch Extraktion erhaltenen Gemische freier II wurden mit Hilfe des Ionenaustauschers Dowex 50 getrennt, da Stärke sich als ungeeignet erwies. Die freien bas. II, III u. NH_3 wurden in wss. Extrakten von I u. Malz bestimmt, deren Enzyme durch Kochen mit A. inaktiviert waren. In I wurden nur sehr wenig freie II gefunden. Im Verlauf des Mälzens bilden sich bedeutende Mengen freier II, darunter auch III. — Würze, gehopfte Würze, Bier u. nach Zusatz von Glucose wiedervergorenes Bier wurden vor der Best. der freien bas. II, III u. NH_3 mit A. gefällt. Der Geh. an bas. II sinkt beim Kochen der Würze, vermutlich wegen Melanoidinbldg., desgleichen im Verlauf der Gärung u. verschwindet bei wiederholter Gärung fast ganz. Durch das Kochen der Würze wird der Geh. an III u. NH_3 kaum beeinflußt. Der Geh. an III steigt bei der ersten Gärung u. sinkt bei der zweiten. (Svensk Bryggeritidskr. **69.** 127—40. April 1954. Stockholm, AB. Stockholms Bryggerier.) BECKMANN. 7550

Fernand de Leuze, *Über den Ursprung der vergorenen Getränke.* Bemerkungen zu der Geschichte der alkoh. Getränke, bes. des Bieres. (Petit J. Brasseur **62.** 213—16. 2/4. 1954.) KIELHÖFER. 7550

Albert Vossen, *Champagner-Gueuze.* Beschreibung der Champagnerherst., sodann Angaben über die Bereitung u. die Geschichte von Gueuze, eines moussierenden belg. Starkbieres (Cambic) in Flaschen. (Fermentatio [Gand] **1954.** 3—24.) KIELHÖFER. 7550

Alma Rastelli, *Untersuchungen über die Gärung mit Saccharomyces unter dem Einfluß des Aktivators T.* Unter dem Einfl. des Aktivators wird die Vergärung der Glucose im Traubenmost begünstigt, aber nicht die der Lävulose, so daß während der Gärung das Verhältnis Lävulose zu Glucose ansteigt. (Chimica [Milano] [N. S.] **7.** 57—59. Febr. 1952.) GERBER. 7554

P. Galzy, *Die lypohilisierten Hefen.* Die Gefriertrocknung der bei der Weinbereitung verwendeten Reinhefen erfolgt in der Weise, daß die Reinhefekultur durch CO_2-Schnee tiefgekühlt wird u. alsdann unter Aufrechterhaltung einer Temp. von weniger als —40° das W. durch Sublimation im Vakuum entfernt wird. Vor der Verwendung ist eine Regeneration der Hefekultur in einer Nährlsg. mit Zucker u. Nährsalzen erforderlich, u. zwar unter asept. Bedingungen. Deshalb ist der Gebrauch derartiger Kulturen in der Kellereipraxis im allg. nicht zu empfehlen. (Progr. agric. viticole **141** (**71**). 150—53. 7-14/3. 1954.) KIELHÖFER. 7554

Gino Florenzano, *Experimentalbeitrag zur Kenntnis der hautbildenden Weinhefen in bezug auf die Bereitung von Sherry-Wein und auf andere gärungstechnische Anwendungen.* Beschreibung des im Weinbaugebiet von Jerez de la Frontera in Südspanien angewendeten Verf. zur Bereitung von Sherry-Wein. Unterss. über die Eigg. der hautbildenden Jerez-Hefen. Einfl. verschied. Faktoren auf die Hautbldg.: p_H-Wert, verschied. organ. Säuren, bes. Essigsäure u. ihre Veränderung dabei, SO_2, Tannin. Systemat. Stellung der Jerez-Hefen. Veränderungen in der Zus. des Weines infolge der biochem. Wrkg. der hautbildenden Hefen während ihrer aeroben Phase. Anwendung hautbildender Hefen in anderen Weinbauländern zur Gewinnung von Spezialweinen vom Sherry-Typ. Benutzung hautbildender Hefen für andere oenolog. Zwecke: Verminderung der flüchtigen Säure im Wein. Einfl. auf den r_H-Wert u. den Glutahiongeh. der Hefezellen. — 40 Literaturzitate. (Agric. ital. **52** ([N. S.] **7**). 25—45. Febr./März. 177—99. Aug./Sept. 216—31. Okt. 1952. **53** ([N. S.] **8**). 63—69. März 1953. Florenz, Univ., Ist. di Microbiol. Agraria e Tecnica.) KIELHÖFER. 7554

E. Nègre, *Besondere Arten der Weinbereitung. Süße Weißweine und besondere Schaumweine.* Vf. beschreibt zunächst das von ihm empfohlene Verf. zur Gewinnung süßer Weißweine: Durch wiederholtes Lüften u. Filtrieren (oder auch Zentrifugieren) während der Gärung werden dem Wein die Hefenährstoffe weitgehend entzogen, u. es gelingt dadurch trotz hohen Zuckergeh. u. geringerem A.-Geh. auch mit wenig SO_2 Nachgärungen zu verhindern. — Einige Hinweise zur Gewinnung der Clairette de Die, eines abweichend von der Methode champenois gewonnenen spontanen süßen Schaumweines mit Muskataroma. (Progr. agric. viticole **141** (**71**). 107—14. 21-28/2. 1954.) KIELHÖFER. 7554

G. Marteau, *Was versteht man unter der Acidität eines Weines?* Für den Praktiker bestimmte Darlegungen über die verschied. Säuren des Weines, die Best. des Säuregeh., die flüchtige u. nichtflüchtige Säure, die p_H-Zahl. (Progr. agric. viticole **139** (**70**). 350—54. 7-14/6. 383—86. 21-28/6. 1953.) KIELHÖFER. 7554

M. Vitagliano, *Die mineralischen Bestandteile des Weines. 1. Mitt. Die Chloride.* Es wurden 74 Weinproben authent. Herkunft (Jschia, Capri, Lipari u. einige adriat. u. tyrrhen. Ufergebiete) der Jahrgänge 1946—49 auf ihren Chlorgeh. untersucht. Derselbe (als NaCl) liegt zwischen 0,04—0,28‰; die hohen Werte wurden bei Weinen aus salzhaltigen Ufergebieten gefunden. (Ann. Fac. Agrar. Portici Univ. Napoli [3] **18.** 18—25. 1949/50. Neapel-Portici, Univ., Ist. di Ind. Agrar.) KIELHÖFER. 7554

H. W. Berg, *Sortenempfindlichkeit von Weißweinen gegenüber dem Braunwerden.* 1. Mitt. *Ultraviolettabsorption der Weine.* Von 19 Traubensorten wird von jeweils mehreren Proben verschied. Reifegrades der Saft auf gleiche Weise gewonnen u. zu Wein vergoren. Hierbei wird die UV-Absorption mittels des BECKMANN-Quarzspektrophotometers der Gerbstoffgeh. (nach LOEWENTHAL) bestimmt. Die Absorptionskurven zeigen im Gebiet von 260—280 mμ entweder ein Maximum oder Minimum u. oft auch noch im Gebiet 315—325 mμ ein zweites Maximum. Zwischen dem Gerbstoffgeh. u. der UV-Absorption bei 265 mμ wurde eine signifikante Beziehung festgestellt, ebenso auch zwischen letzterer u. der Neigung zum Braunwerden beim Erhitzen. Das Erhitzen bewirkte bei 240—297 mμ eine Zunahme, bei 298—340 mμ ein Gleichbleiben, eine Zunahme oder eine Abnahme der UV-Absorption. (Food Res. **18.** 399—406. Juli/Aug. 1953. Davis, Calif., Univ., Dep. of Viticult.) KIELHÖFER. 7554

H. W. Berg, *Sortenempfindlichkeit von Weißweinen gegenüber dem Braunwerden.* 2. Mitt. *Beschleunigte Lagerungsprüfungen.* (1. vgl. vorst. Ref.) Es soll festgestellt werden, ob eine Korrelation zwischen der Traubensorte u. der Neigung der daraus gewonnenen Weine während der Lagerung ihre Farbe zu vertiefen, besteht. Hierzu wurden nach der 1. Mitt. (vgl. vorst. Ref.) selbstgewonnene Weine aus 19 kaliforn. Traubensorten benutzt. Die Beschleunigung der Lagerungsvorgänge wurde dadurch bewirkt, daß die Weinproben in nur teilweise gefüllten aber verschlossenen Flaschen während 7 Tagen auf 48,9° erhitzt wurden. Vorher u. nachher wurde mittels eines COLEMAN-Spektrophotometers die opt. Dichte bei 425 mμ bestimmt. Die stärkste Farbvertiefung zeigte die Sorte „Weißer Burgunder“ (Pinot blanc) die geringste die Sorte „Gray Riesling“, wobei zwischen den einzelnen Proben der gleichen Sorte beträchtliche Unterschiede bestanden. Eine Korrelation zwischen dem Braunwerden u. dem p_H-Wert, Säuregeh. u. Tanningeh. ließ sich nicht feststellen. Weitere Angaben über den Einfl. der Herkunft u. des Jahrganges. (Food Res. **18.** 407—10. Juli/Aug. 1953.) KIELHÖFER. 7554

H. Lüthi, *Das Zähwerden, eine merkwürdige Krankheit unserer Weine.* Es wird über die Ergebnisse der an der Eidgen. Versuchsanst. in Wädenswil in den letzten Jahren durchgeführten Verss. zur Aufklärung der Ursache dieser Weinkrankheit berichtet (vgl. C. **1950.** I. 353). Angaben, wie sie sich in der Praxis vermeiden läßt. (Schweiz. Weinztg. **61.** 409—15. 10/6. 1953.) KIELHÖFER. 7554

A. Ss. Lenschin, *Klärung von Apfelweinen.* Die *Apfelweine* von Chakassien lassen sich nur schwer klären. Vf. führte Klärverss. mit Gelatine, Eiweiß u. Albumin (**I**) durch. Am geeignetsten war **I**. Man verd. die 10—15%ig. wss. **I**-Lsg. mit der 10fachen Menge Wein u. setzt sie dem Wein zu. Nach 6 Tagen ist die Klärung beendet. Bei hohen Gaben (0,7—1 g/Liter) wird allerdings die Farbe stark verändert. (Виноделие и Виноградарство СССР [Weinbereit. Weinbau UdSSR] **13.** Nr. 9. 19—21. Sept. 1953. Abakansk, Pädagog. u. Lehrerinst.) ECKE. 7556

J. Kottász, *Vertreibung der Kohlensäure aus kohlensäurehaltigen Getränken durch Zentrifugieren.* Die bei der Unters. kohlensäurehaltiger Getränke, z. B. *Bier, Champagner,* erforderliche Entfernung der Kohlensäure kann bequem mittels einer Laboratoriumszentrifuge entfernt werden (Zimmertemp., 1500—2000 Umdrehungen/Min.). Die Meth. liefert Resultate, die mit denen der erheblich zeitraubenderen Schüttelmeth. übereinstimmen. (Z. Lebensmittel-Unters. u. -Forsch. **98.** 106—07. Febr. 1954. Budapest, Städt. Anst. für Chem. u. Lebenmittelunters.) WINIKER. 7606

G. A. Baker und **M. A. Amerine,** *Organoleptische Bewertung von Wein, bezogen auf die analytischen Daten.* Die Unterss. haben den Zweck, bei 2 kaliforn. Weintypen (13 Proben Cabernet u. 17 Proben Riesling) festzustellen, inwieweit die organolept. Beurteilung durch 5 geübte Probierer in Beziehung gesetzt werden kann zu der chem. Zus., so daß letztere die organolept. Beurteilung ersetzen kann. Diese erfolgte getrennt nach verschied. Eigg. der Weine, sowie auch allg. nach ihrer Qualität, jeweils mittels eines 10teiligen Punktsystems. Analyt. wurden ermittelt; Alkohol, Säure p_H-Wert, Tannin, flüchtige Säure, SO_2, Aldehyd u. Farbe. Hinsichtlich der zahlreichen Einzelfeststellungen wird auf das Original verwiesen. Insgesamt hat sich ergeben, daß trotz der vielen Fehlermöglichkeiten eine verhältnismäßig gute Korrelation zwischen den organolept. u. den aus den analyt. Daten berechneten Punktzahlen besteht. (Food Res. **18.** 381—89. Juli/Aug. 1953. Davis, Calif., Univ.) KIELHÖFER. 7606

Research Corp., New York, N. Y., übert. von: **Kenneth J. Goering,** Bozeman, Mont., und **Victor C. Bruski,** Linden, N. J., V. St. A., *Konzentrieren von amylolytischen Enzymen.* Der fl., vom Mycel befreite Teil einer submersen Schimmelpilzkultur (Aspergillus oryzae oder niger) wird mit einem geringeren Teil des Pilzmycels bei p_H ~ 5 behandelt, wodurch die α-Amylase durch das Mycel aus der Fl. adsorbiert wird, das Mycel von der Fl. abgetrennt u. die α-Amylase aus dem Mycel mit einer wss. Lsg. (Boratpuffer u. NaCl) vom p_H 8,5 ausgezogen wird. (**A. P. 2 651 593** vom 5/9. 1951, ausg. 8/9. 1953.) KETTNER. 7509

XVI. Nahrungs-, Genuß- und Futtermittel.

Friedrich Kiermeier und **Erich Coduro,** *Der Einfluß des Wassergehaltes auf Enzymreaktionen in wasserarmen Lebensmitteln.* Zusammenfassender Überblick. Behandelt werden: Enzym (I)-Rkk. im wasserarmen Milieu, Einfl. des Wassergeh. auf I-Rkk. in Lebensmitteln, I-Aktivität in getrockneten u. gefrorenen Lebensmitteln, Bedeutung der relativen Luftfeuchtigkeit. — 102 Literaturhinweise. (Z. Lebensmitteluntera. u. -Forsch. **98.** 119—29. Febr. 1954. München, Dtsch. Forschungsanst. für Lebensmittelchem.) WINIKER. 7630

J. Schormüller, *Fermentativ bedingte Reifungsvorgänge.* Vf. sieht die fermentativen Reifungsvorgänge in Lebensmitteln als „Fließgleichgewichte" an, in denen ein steter Wechsel an Einzelkomponenten stattfindet. Im einzelnen werden besprochen: die Wrkg. von absichtlichen oder unerwünschten Fremdzusätzen (Mineralsalze, Schwermetalle, Antibiotica) auf die fermentativen Reifungsvorgänge u. deren Beeinflussung durch p_H-Wert, Temp., Reifungsalter u. Vorliegen aerober oder anaerober Bedingungen. Schließlich werden chem. Umsetzungen im Verlauf der Reifung u. die Bedeutung natürlich vorhandener Wuchs- u. Hemmfaktoren für den Ablauf der Reifungsvorgänge erwähnt. (Dtsch. Lebensmittel-Rdsch. **50.** 24—26. Jan. 37—44. Febr. 1954. Berlin-Charlottenburg, Techn. Univ., Inst. für Lebensmittelchem. u. -technol.) KRUSEN. 7630

Mustafa Uluöz und **W. Schäfer,** *Zur Kenntnis der türkischen Durumweizen.* Von hohen Besatzanteilen abgesehen steht die Qualität türk. Durumweizen hinter der nordamerikan. Sorten kaum zurück. Zus., Mahl- u. Backverss., Eignung für Teigwarenfabrikation. (Getreide u. Mehl **3.** 73—76. Okt. 1953. Ankara, Univ.; Detmold, Bundesanst. für Getreideverarbeitung.) M. W. Rothe. 7664

J. D. Geerdes und **R. H. Harris,** *Charakterisierung von Hard Red Spring-Weizen und Durum-Weizen an Hand einiger physikalisch-chemischer Eigenschaften.* Wasseraufnahmevermögen u. Sedimentationswert von Hard Red Spring-Weizenprotein sind größer als bei Durum-Weizenprotein. Auch bei Viscositätsmessungen ergaben sich grundsätzliche Unterschiede. (Cereal Chem. **29.** 132—41. März 1952. Fargo, North Dakota, North Dakota Agricultural Exp. Stat.) M. W. ROTHE. 7664

J. Flechsig, *Über Schmachtkorn.* Schmachtkornbldg. kann klimat. bedingt sein, aber auch durch Krankheiten u. tier. Schädlinge hervorgerufen werden. Schmachtkorn verringert den Ertrag u. die Mehlausbeute, auch wird die Mehlqualität verringert. In Tabellen sind die Verhältnisse bei heimischem u. Importweizen in bezug auf Korngröße u. 1000-Korngewicht, Aschen- u. Schalenanteil, Stärke- u. Eiweißgeh. aufgezeigt. (Getreide u. Mehl **2.** 112—15. Okt. 1952. Detmold, Bundesanstalt für Getreideverarbeitung.) GRIMME. 7664

H. Dörner, *Neuere Untersuchungen über Veränderungen des Mehles bei der Lagerung.* Die Verss. ergaben folgendes: Im Mehlfett bleiben Jod- u. Verseifungszahlen prakt. konstant, SZ. nimmt bei der Lagerzeit zu. Das bedeutet eine Fetthydrolyse. Die Säuregrade extrahierter Mehle erleiden prakt. keine Veränderung. Der Feuchtklebergeh. nimmt bei der Lagerung ab, nicht aber im extrahierten Mehl. Dagegen steigen die Quellzahlen der n. u. extrahierten Mehle bei der Lagerung an. Dabei zeigen die Farinogramme eine vergrößerte Bandbreite. Aus den Ergebnissen u. Extensogrammen ist zu folgern, daß die chem. Veränderungen des Mehlfettes bei der Mehllagerung nicht von ausschlaggebender Bedeutung für die Mehlveränderung sind, da sich die entfetteten Mehle auch noch ändern. (Getreide u. Mehl **2.** 109—12. Okt. 1952. Detmold, Bundesanstalt für Getreideverarbeitung.) GRIMME. 7670

R. H. Hariis, L. D. Sibbitt und **O. J. Banasik,** *Der Einfluß von Kartoffelmehl auf die Brotqualität und deren Veränderung mit zunehmendem Alter.* Kartoffelmehlzusätze verbessern Wasserbindungsvermögen u. Brotvol., verschlechtern jedoch Krumenstruktur u. Farbe. Verschied. nachteilige Veränderungen der Brotkrume während der Lagerung werden durch Kartoffelmehl ebenso wie durch Polyoxyäthylenmonostearat verzögert. (Cereal Chem. **29.** 123—31. März 1952. Fargo, N. D., North Dakota Agricultural Exp. Stat.) M. W. ROTHE. 7674

J. J. A. Bester, *Gaslagerung von „Bon Chrétien"-Birnen.* Noch nach 5monatiger Gaskaltlagerung (5 bzw. 10% CO_2, 31° F) zeigten „Bon-Chrétien"-Birnen sehr gute Qualität u. reiften n. aus, während bei der gleichen Temp. in Luft gelagerte Früchte sich nur 2 Monate lang hielten. Die gasgelagerten Birnen reiften etwas langsamer aus, was bei dem höheren CO_2-Geh. bes. deutlich war. (Farming South Africa **29.** 147—50. Febr. 1954. Stellenbosch, West. Province Fruit Res. Stat.). KRUSEN. 7688

E. L. Adriaens und **O. Hestermans-Medard,** *Bemerkungen zur chemischen Zusammensetzung von geröstetem, nicht geröstetem und mit Wasser gekochtem Maniok.* Bericht über an zahlreichen Proben von Maniok durchgeführte Bestimmungen von Asche, N, Fett, Cellulose, NH_3 u. Säure. — Tabellar. Wiedergabe u. Diskussion der Ergebnisse. (Bull. agric. Congo belge **45.** 1—26. Febr. 1954.) KRUSEN. 7696

M. Dupaigne, *Kälteanwendung und Fruchtsäfte.* Allg. Ausführungen. (Ind. agric. aliment. **71.** 47—49. Jan. 1954. Paris, Inst. des Fruits et Agrumes coloniaux.) KRUSEN. 7706

Hans Schmalfuß, *Über gedunkelten Vanillinzucker.* Vanillinzucker in Beuteln, die neben einem mit Hirschhornsalz zubereiteten Gebäck gelagert wurden, zeigte eine graue Farbe, die Beutel selbst hatten sich äußerlich schwarz verfärbt, wahrscheinlich infolge Einw. von feuchtem NH_3, welches aus dem Gebäck abgegeben wird. Saccharose fördert die Verfärbung. Wärme u. Feuchtigkeit wirken ebenso fördernd. Bei einem NH_3-Geh. von 3 mg/780 cm³ Luftraum ist die Dunkelung nach $6^1/_2$ Std. sichtbar. (Dtsch. Lebensmittel-Rdsch. **48.** 230—32. Nov. 1952. Hamburg.) FRESENIUS. 7712

M. Bolli, *Über die Reifung der Blätter der Tabaksorte V. Bright.* Es wurde festgestellt, daß mangelhafte Ausreifung u. Durchbräunung der Tabakblätter stets aus einem gewissen Mangel an Ascorbinsäure herrühren. Durch Besprühung der frisch geernteten Blätter mit 1—2%ig. Ascorbinsäurelsg. läßt sich der Mangel beheben. (Tabacco **57.** 399—407. Dez. 1953.) GRIMME. 7734

C. L. Cutting, *Veränderungen des p_H und die Pufferungskapazität von Fisch während des Verderbens.* Die Pufferungskapazität von frischem u. auf Eis lagerndem Fischfleisch wird für mehrere Fischarten ermittelt. Die Ergebnisse zeigen, daß eine Beurteilungsgrundlage für den Frischezustand daraus nicht abgeleitet werden kann. — 46 Literaturangaben. (J. Sci. Food Agric. **4.** 597—603. 4/12. 1953. Aberdeen, Torry Research Station.) FRESENIUS. 7752

Ju. A. Rawitsch-Schtscherbo und **L. P. Kriworutschenko,** *Zur Frage der Staphylokokkenvergiftungen durch Fischkonserven in Öl.* Die Unters. von Staphylokokkenvergiftungen bei Fischkonserven ergab, daß das Tunköl den Hauptherd für die Entw. der Bakterien darbot. Nach Einführung von allwöchentlichem Waschen u. Desinfizieren der Ölzuleitungsröhren sowie sorgfältiger Kontrolle der Erhitzung (80—90°) des Öls wurden nur noch wenige Kokken gefunden. Die sorgfältige Überwachung ist bei diesen Kokken bes. notwendig, da das Staphylokokken-Enterotoxin sehr widerstandsfähig gegen hohe Tempp. ist. (Гигиена и Санитария [Hyg. u. Sanitätswes.] **1953.** Nr. 7. 54—56. Juli. Leningrad, Allunions Wiss. Forschungs-Inst. für Fischwirtschaft u. Ozeanographie.) v. WILPERT. 7752

Leo S. Jensen und **W. J. Stadelman,** *Der Einfluß häufigen Temperaturwechsels auf den Eierqualitätsverlust während kurzer Lagerzeit.* Als beste Lagertemp. für Frischeier wurden 36° F festgestellt. Tempp. bis 55° F wurden noch vertragen, während bei 72° F schon nach 2 Wochen eine Qualitätsverminderung eintrat. (Poultry Sci. **30.** 788 bis 789. Sept. 1951. Pullman, Dep. of Poultry Ausbandry, State Coll. of Washington.) GRIMME. 7754

Hans Graber, *Die Bedeutung der Euterinfektion und der Melkkontamination für die Keimzahl und die Haltbarkeit der Milch.* Es wurde festgestellt, daß die Vermehrung von aus dem Euter stammenden oder beim Melken aus Verschmutzung oder Stalluft in die Milch gelangenden Keimen während mehrerer Std. nach dem Melken prakt. unbedeutend ist. Nur bei einer Aufbewahrungstemp. von 38° trat 4—5 Std. nach dem Melken eine rasche Zunahme der Keimzahl ein. Eine hohe Keimzahl in frisch gemolkener Milch ist somit fast ausschließlich durch aus den Milchgeräten stammenden Bakterien bedingt. (Schweiz. Milchztg. **80.** 81—88. 25/6. 89—96. 2/7. 1954.) WINIKER. 7756

J. Auclair, *Bactericide Substanzen und das Bakterienwachstum stimulierende Faktoren in Milch.* Rohe Kuhmilch enthält 2 aus dem Serum mit Aceton fällbare Substanzen, *Lactenin 1* u. *Lactenin 2,* die das Wachstum bestimmter Bakterien hem-

men. Sie sind in annähernd konstanter Konz. nachweisbar u. auch gegen den Mastitiserreger Streptococcus agalacticae, nicht aber gegen andere mastitiserregende Streptokokken u. Staphylokokken wirksam. Obschon thermolabil, bleiben sie nach n. Pasteurisierung (30 Min. bei 63,5° oder 15 Sek. bei 71—72°) noch aktiv. Die für die Käserei unerwünschten Lactienine können durch 20 Min. dauernde Erhitzung auf 80° oder die Verwendung resistenter Organismen ausgeschaltet werden. (Ind. laitière [N. S.] **1954.** 40—42. Febr. Jouy-en-Josas, Stat. Centr. de Microbiol. et Rech. lait.)
KRUSEN. 7756

Helge Gyllenberg, Marjatta Rossander und **Paavo Roine,** *Der Gehalt der Milch an Ascorbinsäure und Dehydroascorbinsäure unter verschiedenen Behandlungs- und Aufbewahrungsbedingungen.* Für die Best. der Dehydroascorbinsäure (I) durch Red. zu Ascorbinsäure (II) mit einer Zellsuspension von *Escherichia coli* (III) nach GUNSALUS u. HAND (C. **1943.** I. 1792) sind nicht alle Stämme von III geeignet. Die Kulturen sollen höchstens 24 Std. alt sein, die Zellsuspensionen höchstens eine Woche. Das p_H-Optimum liegt bei 5,9—6,0. Die Lsgg. müssen vergärbaren Zucker u. Phosphatpuffer enthalten. Spuren von Cu wirken hemmend, Fe verstärkt die Wrkg. von Cu. Die optimale Inkubationszeit beträgt 20 Min., darüberhinaus erfolgt Reoxydation von II zu I. — Frisch gemolkene Milch enthält nur II. Diffuses Tageslicht bewirkt merkliche Oxydation zu I, direkte Sonnenbestrahlung einen raschen Abfall des Geh. an I u. Gesamt-Vitamin C (IV). Schütteln mit Luft beschleunigt die Oxydation der II. Der Geh. der Milch an IV ist fast unabhängig von der Jahreszeit; der Geh. an II ist im Sommer niedriger als im Herbst u. Winter. Bei der Lagerung der Milch bei 0° wird II zu I oxydiert; bei 18° verschwindet I, während die Verluste von II gering sind. Bei der Behandlung der Milch in Molkereien tritt nur ein unbedeutender Verlust an IV u. eine geringfügige Oxydation von II zu I ein. (Maataloustieteellinen Aikakauskirja [J. sci. agric. Soc. Finland] **25.** 99—112. 1953. Helsinki, Yliopiston ravintokemian laitos.)
BECKMANN. 7756

C. W. England, *Gute Buttermilch.* Prakt. Ratschläge zur Herst. guter Buttermilch unter bes. Hinweis auf die Bedeutung der Kulturbereitung. (Milk Plant Monthly **43.** Nr. 3. 19—22. 36. 50—51. März 1954. Washington, D. C., Stephens Diary Ind.)
KRUSEN. 7756

Trendtel, *Zur Frage der D-Vitaminierung der Milch durch an Milcheiweiß gebundenes Vitamin D.* Zur Anreicherung von Konsummilch mit *Vitamin D* (I) empfiehlt Vf. das milch- u. wasserlösl. Präp. *Vilakmin D* (an Milcheiweiß gebundenes *Vitamin* D_2 oder D_3; CHEM. WERKE ALBERT, Wiesbaden-Biebrich). Die gleichmäßige Verteilung in der Milch, Haltbarkeit in Flaschenmilch u. geringe Verluste bei Pasteurisierung u. Sterilisierung (5—10%) wurden nachgewiesen. Bei Milchentrahmung verblieb die I-Aktivität in der Magermilch bzw. in der Buttermilch nach Butterung. (Molkerei-Ztg. **8.** 455—56. 22/4. 1954. Hannover.) KRUSEN. 7756

Bruno Wauschkuhn, *Zusammenhänge zwischen Vitamin D und der Verkäsbarkeit der Milch.* Vf. bespricht zunächst die Notwendigkeit einer zweckmäßigen Versorgung des lactierenden u. tragenden Milchviehs mit Ca u. P im richtigen Verhältnis u. mit *Vitamin D* (I) u. berichtet über Verss., durch Verfütterung von *Vitkas F 200* (II; an Milcheiweiß gebundenes I) die Verkäsbarkeit der Milch von Rindern, die unter ungünstigen Boden- u. Fütterungsbedingungen gehalten wurden, zu verbessern. Es wurden täglich 50 g II je Tier gegeben u. in einigen Fällen wurde dad. eine Verbesserung der Verkäsbarkeit auf Camembert u. Tilsiter Käse von wenig käsereitauglicher Milch erzielt. (Molkerei- u. Käserei-Ztg. **5.** 709—12. 27/5. 1954. Hameln/Weser, Milchwirtsch. Lehr- u. Untersuchungsanst.) KRUSEN. 7756

Maurice Beau, *Über die Herstellung von Casein.* Vf. weist darauf hin, daß zur Erzielung guter *Casein*-Qualität u. gleichzeitig größerer Produktionsrentabilität der Quark langsam u. gründlich von der Molke durch Abtropfen befreit u. gewaschen u. anschließend durch schnelles Auspressen getrocknet werden muß, wobei eine Temp. von 65° keinesfalls überschritten werden darf. Im übrigen wird zum Waschen des Quarks die kontinuierliche Meth. empfohlen. (Ind. laitière [N. S.] **1954.** 71—73. April.)
KRUSEN. 7760

Ray W. Mykleby und **Ben M. Zakariasen,** *Größere Ausbeuten an „Cottage"-Käse durch mit Trockenmilch angereicherte Magermilch.* Durch Zugabe von Trockenmagermilch zu Milch, die zur „Cottage"-Käserei verwendet werden soll, kann die Quarkausbeute von 1,42—1,45 pounds je pound fettfreier Milchtrockensubstanz auf 2,29 bis 2,38 pounds erhöht werden. Wird die Milch auf über 10,4% Trockensubstanz angereichert, so sinkt die Ausbeute wieder ab. Durch den Zusatz wird die Verarbeitung erleichtert u. die Qualität des fertigen Käses gesteigert. (Milk Dealer **43.** Nr. 5. 45—46. 80. Febr. 1954. Minneapolis, Minn., Land O'Lakes Creameries, Inc.) KRUSEN.0776

A. de Vuyst, M. Vanbelle und **W. Vervack,** *Untersuchung über Zusammensetzung und Erfolg der Zuckerrübenkopfsilagen in der Provinz Brabant.* Die durch hohen p_H-Wert, Buttersäuregärung u. NH_3-Bldg. gekennzeichnete schlechte Silage von Zuckerrübenköpfen mit Pulpe kann verbessert werden durch schnelle Silierung nach der Ernte, Häckselung des Materials, Luftaustreiben durch Festtreten, Verhinderung des Eindringens von W. u. Verwendung von Silagemitteln. (Agricultura [Louvain] **1.** 201—17. Dez. 1953. Louvain, Univ., Centre de Rech. Zootechn.) KRUSEN. 7782

T. L. Dodsworth, *Grassilage für Rinder.* Fütterungsverss. an Kälbern mit einer Mischung von Grassilage (**I**), gequetschtem Hafer, Heu u. Stroh bzw. Rüben (**II**) statt **I** ergaben, daß eine Silage aus Gras im „Vorheustadium" eine langsamere Gewichtszunahme bedingt als **II**, wenn 60—70 lb. **I** für 100 lb **II** gerechnet werden. Wegen der Fasernatur einer solchen **I** kann nicht mehr verfüttert werden. (Scott. Agric. **31.** 124—29. Winter 1951/52. North of Scotland Coll. of Agriculture.) FRESENIUS. 7782

T. L. Dodsworth, R. T. P. Allan und **W. H. M'K. Campbell,** *Grassilage für Rinder.* (Vgl. vorst. Ref.) In Fütterungsverss. an Rindern wird Grassilage mit hohem Eiweißgeh. (**I**) mit solcher von mittlerem Eiweißgeh. (**II**) u. mit Rüben (**III**) u. Stroh verglichen. **I**, aus Gras im vollen Stadium der Blattentwicklung, ist zur Mast **II** u. **III** überlegen u. erzwingt raschere Gewichtszunahme. Wird daher bevorzugt mit **I** gefüttert, so muß der Schnitt im genannten Entwicklungsstadium des Grases erfolgen. (Scott. Agric. **31.** 219—24. Frühling 1952. North of Scotland Coll. of Agriculture.) FRESENIUS. 7782

J. Weits, *Der Antivitamin-D-Faktor in Rauhfutter.* Vf. gelang auf chromatograph. Wege aus Gras u. Heu die Trennung von *Vitamin D* (**I**) u. rachitogenem Faktor (**II**) u. damit die Best. des tatsächlichen **I**-Gehaltes. Während in einigen Proben von feldgetrocknetem Heu die antirachit. Aktivität dem tatsächlichen **I**-Geh. entsprach, wurde bei künstlich getrocknetem Heu **II** stets in der α- u. β-Carotin enthaltenden Grasfettfraktion gefunden. Dies unterstützt die Ansicht anderer Autoren, wonach **II** Carotin selbst sei; jedoch konnte der vollständige Nachw. noch nicht erbracht werden. (Netherl. J. agric. Sci. **2.** 32—36. Febr. 1954. Wageningen, Holland, Univ., Agric. Coll., Labor. of Animal Physiol.) KRUSEN. 7782

E. Hoff-Jörgensen, J. Moustgaard und **P. Möller,** *Der Gehalt an B-Vitaminen in einigen gewöhnlichen dänischen Futterstoffen.* (*Die Anwendung eines verbesserten Mediums für Vitaminbestimmungen mit L. casei.*) *Riboflavin, Niacin, Pantothensäure, Biotin und Folsäure* werden mikrobiol. mit Lactobacillus casei durch alkalimetr. Titration der gebildeten Milchsäure gegen Bromthymolblau bestimmt. Genaue Arbeitsvorschriften für die mikrobiol. Verss. sowie für die Extraktion der Vitamine aus Pflanzenmaterial sind angegeben. Der Geh. einer Reihe pflanzlicher Erzeugnisse an den genannten Vitaminen sowie an B_6 u. Thiamin wird mitgeteilt. (Acta Agric. scand. **2.** 305—11. 1952. Copenhagen, Univ., Dep. of Biochem. and Royal Agricult., u. Veter. College, Dep. of Vet. Physiology.) FRESENIUS. 7786

A. Mariakulandai, *Eine Bemerkung über Reisstrohbehandlung zur Verbesserung der Futterqualität.* Durch Behandlung von Reisstroh mit der 8fachen Menge W. oder 1,40%ig. Alkali konnte der Geh. an K u. Oxalsäure um 50 bzw. 70% herabgesetzt werden. (Madras agric. J. **41.** 16—17. Jan. 1954. Coimbatore, Agric. Res. Inst.) KRUSEN. 7786

Allan Frölich, *Orientierende Versuche über die Verfütterung von schwedischem Rapsmehl an Geflügel.* Unbehandeltes Rapsmehl (**I**) kann in Mengen bis 6%, mit A. von Senföl befreites **I** bis mindestens 12% statt Sojamehl oder Ölkuchen ohne Schaden an Küken verfüttert werden. Bei Leghennen verursachen 7% **I** anscheinend einen Rückgang der Legetätigkeit. (Kungl. Lantbrukshögskolan Statens Lantbruksförsök, Statens Husdjursförsök, Särtryck och Förhandsmedd. Nr. **92.** 1—7. 1952.) BECKMANN. 7786

G. H. Bendix und **W. C. Stammer,** *Einiges über die Kontrollmethoden in der Konservenindustrie.* Besprechung der Verff. zur Unters. bzw. Best. von Sprayrückständen, Metallspuren, Vitaminen, Feuchtigkeit u. des Leerraumgases in den Dosen. — 19 Literaturangaben. (Advances in Chem. Ser. **1950.** Nr. 3. 68—73. 13/9. Chicago, Ill., Continental Can Comp., Inc.) FRESENIUS. 7790

Karl Philippi, *Nachweis von Apfelmark in Marmeladen und Konfitüren.* 100 g Marmelade werden in 500 ml W. heiß gelöst, filtriert u. das Filtrat wird zur Entfernung der Zucker mit frischer Hefe vergoren. Nach Filtration wird die Lsg. mit 40—50 ml 10%ig. Lsg. von „Panzym Ingelheim„ bei 37° 2 Std. behandelt, mit 5 g Tierkohle aufgekocht u. filtriert. Filtrat in 2 gleichen Teilen auf je 20—25 ml eindampfen, mit doppeltem Vol. konz. HCl u. mit o-Chlorbenzylaldehyd versetzen u. etwa gebildete Abscheidung nach dem Verf. von LITTERSCHEID (Z. Unters. Lebensmittel **62.** [1931.] 653) weiterverarbeiten. Bei Anwesenheit größerer Mengen von Apfelmark ist so *Sorbit* nachweisbar. (Dtsch. Lebensmittel-Rdsch. **50.** 51—52. Febr. 1954. Wuppertal, Chem. Nahrungsmitteluntersuchungsamt.) KRUSEN. 7814

J. Richter, *Über eine photometrische Bestimmung von Coffein in Kaffeeaufgüssen.* Nach Abtrennung der übrigen Bestandteile des Kaffeeaufgusses wird *Coffein* (**I**) mit 0,1 n Jodlsg. aus saurem Medium als **I**-Perjodid (**II**, $C_8H_{10}O_2N_4 \cdot HJ \cdot J_4$) gefällt. **II** wird isoliert, in CH_3OH unter Zers. gelöst u. die gelbe Lsg. im PULFRICH-Photometer gemessen. Der Mindestgeh. an **I** muß 5 mg% betragen. Zucker, Milch u. Kaffee-Ersatz stören nicht. (Z. Lebensmittel-Unters. u. -Forsch. **98.** 107—10. Febr. 1954. Leipzig, Karl-Marx-Univ., Pharmazeut. Inst.) WINIKER. 7828

Karl Fleischmann, *Läßt sich Penicillin in der Milch nachweisen?* Nach eigenen Verss. empfiehlt Vf. folgendes Verf. zum Nachw. von *Penicillin* (**I**) in Milch: In Reagensgläsern werden je 20 ml der kurz aufgekochten Verdachtproben u. Vergleichsproben von einwandfreier Milch mit 1 ml Joghurt versetzt, heftig geschüttelt u. 2 Std. bei 42 bis 44° inkubiert. Tritt zwischen den Verdachtproben u. den Kontrollen eine Differenz von mindestens 5 Säuregraden auf, u. verhält sich eine mit Penicillinase versetzte Verdachtprobe gleich den Kontrollen, so ist die Anwesenheit von **I** in der Milch nachgewiesen. Noch 0,02 I.E./ml Milch sind nachweisbar. (Dtsch. Molkerei-Ztg. **75.** 534—36. 22/4. 1954. München, Milchwirtschaftl. Untersuchungsanstalt.) KRUSEN. 7856

Johan Ernst Nyrop, Hellerup, Dänemark, *Verhütung der Oxydation von Lebensmitteln* durch Zusatz einer kleinen Menge leicht oxydierbarer organ. Phosphate, die durch Phosphorylierung fermentierbarer Kohlenhydrate mittels Hefeenzymen u. in Ggw. von anorgan. Phosphaten u. phosphoriger Säure gewonnen werden. Als organ. Phosphate kommen z. B. in Betracht: Hexose-, Pentose- oder Triose-Phosphate. (**E. P. 640 241** vom 3/1. 1946, ausg. 19/7. 1950. Dän. Prior. 15/1. 1945.) MAASS. 7635

United States of America, übert. von: **Edwin P. Jones** und **John C. Cowan,** Peoria, Ill., V. St. A., *Lecithinpräparate* von guter Haltbarkeit u. Dispergierbarkeit in Wasser. Roh-Sojalecithin wird in organ. Lösungsmitteln, z. B. Hexan oder Bzl., gelöst u. bei 50—95° mit aromat. oder aliphat. Mono- oder Diisocyanaten, z. B. Phenylisocyanat, so lange zur Rk. gebracht, bis der Geruch nach Isocyanat verschwunden ist. Das Reaktionsprod. wird vom Lösungsm. befreit u. gekühlt. (**A. P. 2 636 889** vom 24/7. 1951, ausg. 28/4. 1953.) KRANZ. 7647

United States of America, übert. von: **Richard L. Slotter,** Peoria, Ill., und **Joseph A. Delap,** Bartlesville, Okla., V. St. A., *Gewinnung von Trockenweizenkleber,* bes. zur Verwendung in *Backmehlen.* Feuchtkleber wird durch feine Schlitze zu dünnen Lamellen gepreßt, auf einem siebartigen Transportband im Tunnelofen mit Heißluft von 150—200° F in 9—12 Min. auf einen Wassergeh. von 4—7% getrocknet u. in Hammermühlen vermahlen. (**A. P. 2 631 379** vom 30/9. 1947, ausg. 17/3. 1953.) KRANZ. 7671

Richard N. Ball und **Edward Van Dellen,** Visalia, Calif., V. St. A., *Behandlung von Oliven.* Zur Erzielung einer gleichmäßigen dunklen Farbe werden die Oliven in einem mit zentralem aufrechtstehendem Saugrohr versehenen Behälter in einer Na_2CO_3-Lsg., dann mit Waschwasser unter dauernder Durchspülung u. Umwälzung mit eingepreßter Luft mehrmals abwechselnd, dann mit einer NaCl-Lsg. behandelt u. durch Einleiten von Dampf pasteurisiert. — Vorrichtung. (**A. P. 2 630 749** vom 18/10. 1948, ausg. 10/3. 1953.) KRANZ. 7689

Wm. I. Stange Co., übert. von: **Harry R. Ansel,** Chicago, Ill., V. St. A., *Gewürzpräparat.* Gewürze, z. B. Pfeffer, werden zusammen mit einer Fl., z. B. Propylenglykol oder Stärkesirup, auf gekühlten Walzen zu einer feinen Paste vermahlen. (**A. P. 2 636 824** vom 25/3. 1952, ausg. 28/4. 1953.) KRANZ. 7715

Quaker Oats Co., Chicago, übert. von: **Ernest L. Washburn,** Wilmette, Ill., V. St. A., *Fraktionieren von Haferöl.* Man behandelt das Öl mit einer Ae.–CH_3OH-Mischung (**I**), trennt die sich bildende obere Schicht ab, verdampft die **I**, gibt unter Kühlung Aceton (**II**) zu, trennt das Unlösl. ab u. verdampft das **II.** Der gewonnene Extrakt besitzt gute Emulgiereigg. u. eignet sich zur Verwendung an Stelle von Lecithin in der Lebensmittelindustrie, bes. zur *Modifikation der Viscosität von Schokolade.* (**A. P. 2 636 888** vom 15/2. 1950, ausg. 28/4. 1953.) LÜTTGEN. 7727

N. V. Lijempf, Leenwarden, Holland, *Verhindern der nachträglichen Ausscheidung von die Qualität beeinträchtigenden, größeren Lactosekristallen in lactosehaltigen Produkten, besonders Kondensmilch.* Man setzt dem Prod. eine so große Zahl von sehr kleinen Impfkristallen zu, daß die sich ausscheidenden Kristalle keine den Genuß beeinträchtigende Größe annehmen können. (**Schwz. P. 284 787** vom 11/3. 1950, ausg. 1/12. 1952. Holl. Prior. 16/3. 1949.) MAASS. 7757

Nederlandse Organisatie voor Toegepast-Natuurwetenschappelijk Onderzoek ten Behoeve van de Voeding, Den Haag, Holland, *Herstellung von Butter ohne Entwicklung von fischigem Geschmack bei kalter Lagerung,* indem man der Butter in einer beliebigen Verfahrensstufe eine Dialkyldithiocarbaminsäure oder ihre Salze in Mengen von nicht mehr als 0,02 Gew.-% einverleibt. (**E. P. 680 889** vom 18/6. 1951, ausg. 15/10. 1952. Holl. Prior. 21/6. 1950.) MAASS. 7759

XVII. Fette. Seifen. Wasch- u. Reinigungsmittel. Wachse. Bohnermassen usw.

M. M. Piskur, *Jährlicher Literaturüberblick auf dem Gebiet der Fette, Öle und Seifen.* 2. Mitt. (1. vgl. C. **1953.** 1263.) (J. Amer. Oil Chemists' Soc. **29.** 180—97. Mai 1952.) P. ECKERT. 7870

Pedro Cattaneo, Germaine K. de Sutton und **German A. Robles,** *Chemische Zusammensetzung des Samenöls von „Ammi visnaga Lamb".* Aus den feingemahlenen Samen dieser in Argentinien häufigen Umbellifere werden mit PAe. 6,7% nichttrocknendes Öl extrahiert; $D.^{22}{}_4$ 0,9377, VZ. 200,8, JZ. (HANUŠ) 100,1, AZ. 7,0, SZ. 2,7 REICHERT-MEISSL-Zahl 13,7 (weitere Eigg. in Tabelle). Durch Verseifen mit alkoh. KOH nach HILDITCH werden 7,9% Unverseifbares u. 84,16% Säuren (mittleres Mol.-Gew. 283,5, JZ. 100,7, VZ. 197,9) erhalten u. letztere nach TWITCHELL mittels der Pb-Salze in A. in feste u. fl. Säuren zerlegt (feste Säuren JZ. 86,2, mittleres Mol.-Gew. 284,0, fl. 116,2, 282,8). Diese werden — feste u. fl. getrennt — nach HILDITCH in die Methylester umgewandelt, die bei 0,5 mm dest. werden. Die ersten Fraktionen der „fl." Ester sind durch einen krist. Stoff von Phenolcharakter, zwischen 74 u. 90° unscharf schm., verunreinigt, der von der alkal. Spaltung der in den Samen vorkommenden Chromone herrührt (vgl. SPÄTH, GRUBER, C. **1941.** II. 2566 u. früher) u. durch Ausschütteln mit $^n/_{20}$ NaOH entfernt wird. Für jede Fraktion werden mittlere Mol.-Gewichte, JZ., VZ. u. — für die „festen" Fraktionen — Rhodanzahl bestimmt, u. es wird folgende Zus. der gebundenen Fettsäuren im Öl ermittelt: *Myristin-* 0,1%, *Palmitin-* 4,8, *Stearin-* 1,6, *Arachin-* 0,4, *Behen-* 0,7; *Linolsäure* 18,6 u. gesamte Octadecenylsäuren 73,8%. Unter letzteren sind *Ölsäure* u. *Petroselinsäure* verstanden, die getrennt nicht genau bestimmt werden konnten, da ein kleiner Teil der Petroselinsäure der Trennung nach TWITCHELL entgeht u. sich in den fl. Säuren findet; doch ist das Vorliegen von 44% Petroselinsäure in den festen Säuren gesichert. Sie wird aus alkoh. Lsg. der in Frage kommenden Fraktionen mit LiOH isoliert u. mittels Pb-Salzes in A. von verunreinigender Linolsäure getrennt u. durch F. (30°) u. JZ. (89,5) identifiziert; außerdem wird sie durch $KMnO_4$-Oxydation in *6.7-Dioxystearinsäure* übergeführt. Die Linolsäure wird durch Umwandlung in *9.10.12.13-Tetrabromstearinsäure* (F. 112—114°) nachgewiesen. (An. Asoc. quím. argent. **39.** 145—58. Sept. 1951. Buenos Aires, Univ., Catedra de Bromatologia, Facultad de Ciencias Exactas, Fis. y Nat.; Direccion Nacional de Quim., Labor. Central.) v. DECHEND. 7894

A. M. Goldowski und **Ju. P. Matzuk,** *Volumenänderung des Preßmaterials in Schneckenpressen.* Bei der Verarbeitung von Baumwollsaat verhielt sich das Vol. (m^3/Std.) des den verschied. Pressen zugeführten Gutes zu dem Vol. des die Pressen verlassenden bei einmaliger Pressung wie 3,49—4,41:1, bei der Vorpressung wie 2,81—2,96:1. (Маслобойно-Жировая Промышленность [Öl- u. Fett-Ind.] **18.** Nr. 6. 10—11. Juni 1953. Allunions Wiss. Forschungsinst. für Fette.) SCHMEISS. 7894

Ss. Rotterdamskaja, *Über die Dauer der Fettlagerung.* Das gelegentliche Grünwerden von *Hammeltalg* wird durch Rk. des darin enthaltenen *Carotins* mit ungesätt. Fettsäuren verursacht. Vf. diskutiert die Abhängigkeit dieses Vorganges von Kristallisationsprozessen im Fett, speziell unter den Gewinnungs- u. Lagerungsbedingungen in kleineren Betrieben. (Мясная Индустрия СССР [Fleisch-Ind. UdSSR] **24.** Nr. 4. 46—47. Juli/Aug. 1953.) SCHMEISS. 7896

Ss. W. Popow, *Ein elektrisches Verfahren zur Tranerhitzung in Röstöfen.* Zur Ausschaltung der Nachteile, die mit den in der Tranindustrie üblichen dampfbeheizten App. verbunden sind, wird ein mit 380/220 V betriebener Ofen vorgeschlagen. (Рыбное Хозяйство [Fischerei-Wirtsch.] **28.** Nr. 3. 18—19. März 1952.) SCHMEISS. 7898

Arnulf Purr, *Über die oxydative Verderbsbereitschaft von Speisefetten und fetthaltigen Lebensmitteln und ihre Bedeutung für die Haltbarkeitsbeurteilung.* 2. Mitt. *Versuche zur Frage der Festlegung der Peroxydzahl 10 als Maß zur Haltbarkeitsbeurteilung von Fetten und Ölen.* (1. vgl. C. **1954.** 6376.) Auf Grund reaktionskinet. Unterss. wurde bewiesen, daß bei den bisher untersuchten Ölproben die Bldg. des Primärperoxydes bis zur Erzielung der Peroxydzahl 10 nach einem einheitlichen Schema erfolgt, sofern die Öle unter Versuchsbedingungen des erwähnten Halbmikroverf. zur Best. der Oxydationsbereitschaft im Temperaturbereich zwischen 25 u. 102° unter Zugrundelegung der zum begrenzenden Faktor festgelegten Peroxydzahl 10 als Vergleichsbasis geprüft werden. Bei abfallenden Reaktionstempp. steigen die Zeitwerte bis zur Erzielung der Peroxydzahl 10 logarithm. an. Die als Vergleichsbasis festgelegte Peroxydzahl 20 ergibt Zeitwerte, die kein einheitliches Schema erkennen ließen. Es wird gefolgert, daß die Peroxydzahlen 3 u. 10 festzulegen sind als Maße zur Bewertung des Zustandes der Frische (3) oder zur Best. der Oxydationsbereitschaft (10) von Fetten zwecks Voraussage der Lagerfestigkeit. Diese Festlegung läßt noch keine allg. bindenden Schlußfolgerungen zu, da den Einfll. des Milieus (endogene u. exogene Faktoren) nur in bedingter Weise Rechnung getragen wird u. da das Phänomen der Geschmacksumkehrung nicht berücksichtigt wurde. (Fette u. Seifen, Anstrichmittel **55.** 317—20. Mai 1953. München, Inst. für Lebensmitteltechnologie u. Verpackung.) BOYE. 7900

A. M. Sharski, *Über die Desodorierung gehärteter Fette unter Verwendung von Citronensäure im Charkower Fettkombinat.* Kurzer Hinweis auf die durch *Citronensäure*-Zusatz erreichbare Qualitätsverbesserung der gedämpften Fette u. der daraus hergestellten *Margarine.* Bei ungenügend hohem Vakuum u. bei ungenügend heißem Dampf bleibt der Zusatz von Citronensäure unwirksam. (Маслобойно Жировая Промышленность [Öl- u. Fett-Ind.] **18.** Nr. 6. 30. Juni 1953. Charkow, Fettkombinat.) SCHMEISS. 7902

L. Ivanovszky, *Chemie und Technologie der Wachse.* 2. Mitt. *Chemie, Physik und Analyse.* (1. vgl. C. **1952.** 7277.) Kurze Besprechung der neuesten Anschauungen über die Struktur der Kettenmoll. der n. u. verzweigten Paraffine, der Alkohol-, Ester- u. Carboxylderivv., der Bindungskräfte (homopol. u. VAN DER WAALSschen Kräfte), der theoret. Grundlagen der FF. u. der Löslichkeit (Bldg. von Gelen, Gelpasten u. Pastengele) u. der Zurückhaltung von Lösungsmitteln, Analysenfehler durch Ggw. anderer Stoffe, moderne Methoden in der Analyse u. Anführung einzelner Verfahren. (Soap, Perfum. Cosmet. **24.** 1107—12. Nov. 1951.) GRAU. 7910

Heinz Zilske, *Trocknungstechnische Probleme innerhalb der Seifenindustrie.* Es werden an Hand von Bildmaterial die verschied. Trocknungsarten in der Seifenindustrie, Heißlufttrocknung (Horden-, Bandtrockner), Walzen-, Zerstäubungs- u. Vakuumtrocknung beschrieben, wobei auf die Vorteile u. Nachteile der einzelnen Systeme eingegangen wird. (Fette u. Seifen, Anstrichmittel **55.** 892—96. Dez. 1953.) GERD RICHTER. 7912

H. Hadorn und **R. Jungkunz,** *Weitere Untersuchungen über die Squalenzahl.* 4. Mitt. Vff. vergleichen die von ihnen angegebene Meth. der Best. des Squalengeh. für Olivenöl (Mitt. Gebiete Lebensmittelunters. Hyg. **40.** [1949.] 61; **40.** [1949.] 202; Pharmac. Acta Helvetiae **23.** [1948.] 361) mit der Meth. von FITELSON (J. Assoc. off. agric. Chemists **26.** [1943.] 499), nach der etwas höhere Werte gefunden werden, was auf Verwendung verschied. JZ.-Methoden zurückzuführen ist. Die mittlere Squalenzahl der Olivenöle des Handels, die an sich in weiten Grenzen schwankt, kann mit 300 angenommen werden. (Mitt. Gebiete Lebensmittelunters. Hyg. [Bern] **41.** 435—43. 1950. Basel, Laboratorium VSK.) ——————— LIEBNER. 7932

Pittsburgh Plate Glass Co., Allegheny County, Pa., übert. von: **Stewart W. Gloyer,** Milwaukee, Wis., V. St. A., *Fraktionieren fetter Öle.* Die Zerlegung von Ölen in gesätt. u. ungesätt. Anteile mit Hilfe eines polaren Lösungsm. erfolgt in einem rotierenden App., an dessen Peripherie das Öl u. an dessen Achse das Lösungsm. eingeführt wird. Bei Anwendung mehrerer App. erfolgt teilweise Rückführung der Fraktionen. — Zeichnung. (**A. P. 2 646 439** vom 24/9. 1948, ausg. 21/7. 1953.) LÜTTGEN. 7875

United States of America, übert. von: **Arthur W. Schwab** und **Herbert J. Dutton,** Peoria, Ill., V. St. A., *Antioxydantien für Fette und fette Öle.* Man verwendet Ester einer 3wertigen Oxysäure, bes. *β-Stearoxytricarballylsäure* u. *Palmitoxytricarballylsäure.* (**A. P. 2 636 887** vom 31/12. 1948, ausg. 28/4. 1953.) LÜTTGEN. 7877

Aktiebolaget Separator, Stockholm, übert. von: **Svante F. N. Bierke,** Lidings, Schweden, *Raffinieren fetter Öle.* Öl wird mit W. bei 70° unter dauernder Bewegung durch eine Reaktionszone geführt, in einem Zentrifugalseparator (**I**) von dem ölreichen W. getrennt, entgast, unter Druck mit einem Neutralisiermittel 2—5 Sek. gemischt u. in einem hermet. **I** der Soapstock abgetrennt. Das Verf. wird kontinuierlich durchgeführt, die Durchlaufzeit des Öls soll ca. 40 Sek. insgesamt betragen. — Schema. (**A. P. 2 657 224** vom 9/9. 1950, ausg. 27/10. 1953. Schwed. Prior. 29/9. 1949.) LÜTTGEN. 7895

N. V. Octrooien Mij. Activit, Holland, *Reinigen von Glycerin mittels Ionenaustauschern aus Kunstharzen.* Man verd. stark braunes Glycerin (Aschegeh. von 1,44%) bis auf 30%, filtriert durch Kieselgur, versetzt mit 0,5% NH_3 oder 0,1% NaOH, erhitzt

15 Min. auf 80°, filtriert u. behandelt das Filtrat nach Abkühlen auf ca. 20° nacheinander mit einem Kationenaustauscher („I mac C_{11}“) u. einem Anionenaustauscher („I mac A_{13}“). Nach Eindampfen bis auf 90° ist das Glycerin nur schwach gefärbt u. ist frei von Asche u. reduzierenden Bestandteilen. (**F. P. 1 033 783** vom 9/3. 1951, ausg. 15/7. 1953. Holl. Prior. 11/3. 1950.) RIEPE. 7909

Joseph G. Spitzer, Yonkers, **Irving Reich,** Brooklyn, und **Norman Fine,** Mount Vernon, N. Y., V. St. A., *Seife für Schaumzerstäuber.* Man benutzt halogenierte Alkane mit nicht über 2 C-Atomen, die F-Atome enthalten u. deren Dampfdruck 5—300 lbs./sq.in. bei 70° beträgt, in einer Menge von 0,2—0,0125 g/Mol. auf 100 g des Prod. als Treibmittel, bes. 1.2-Dichlor-1.1.2.2-tetrafluoräthan u. Dichlordifluormethan. — Zeichnung. (**A. P. 2 655 480** vom 2/11. 1949, ausg. 13/10. 1953.) LÜTTGEN. 7911

Process Chemicals Co., übert. von: **Morris Katzman,** Los Angeles, Calif., V. St. A., *Kondensationsprodukte* erhält man durch Umsetzung eines Oxyalkylamins mit einer höhermol. Fettsäure u. anschließend mit einer mehrbas. Carbonsäure der Formel R–O–X–H (R = hydrophober KW-stoffrest, Alkyl, Alkaryl, Aryl, X = anorgan. Säurerest). — Der aus Laurylalkohol u. $ClSO_3H$ bei 25—40° erhaltene Laurylschwefelsäureester wird mit einer vorher auf 150—160° erhitzten u. auf 40—50° abgekühlten Mischung aus Cocosnußöl u. Diäthanolamin (**I**) auf 100° erwärmt. Man erhält eine halbviscose, braune Fl.; 0,1% davon erniedrigen die Oberflächenspannung des W. unter 27 Dyn/cm². Ferner werden umgesetzt: Laurinsäure + **I** + Laurylschwefelsäureester. — An Stelle von Laurylalkohol kann auch Decyl- oder Oleylalkohol verwendet werden, an Stelle von Laurinsäure Dodecylsulfonsäure. — Ölsäure + Monoäthanolamin + Isopropylnaphthalinsulfonsäure. — Cocosnußölfettsäuren + **I** + Dodecylphosphorsäureester oder Oleylpyrophosphorsäureester oder Monolaurinmonosulfonessigsäureester. — Polyoxyäthylenglykolmonamin + Laurinsäure + (Sulfophthalsäureanhydrid + Diäthylenglykolmonomyristat). Verwendung als *Emulgier-, Dispergier-, Netz-* u. *Schaummittel.* (**A. P. 2 599 391** vom 29/11. 1950, ausg. 3/6. 1952.) KRAUSS. 7913

Soc. des Laboratoires de Recherches pour ApplicationsIndustrielles (Solar), Frankreich, *Dispergier-, Netz-, Reinigungs- und Imprägniermittel.* Fettsäureester, wie Triolein, Trilaurin, Tristearin oder ähnliche, werden, gegebenenfalls in Ggw. eines Katalysators, z. B. Alkali-, Erdalkali-, Mg- oder Zinkoxyd, 2—5 Std. bei 140—250° mit 10—50% Oxyalkylaminen erhitzt u. das Reaktionsprod. anschließend sulfoniert. Die Prodd. besitzen gutes Schaum- u. Reinigungsvermögen. (**F. P. 999 911** vom 29/1. 1946, ausg. 6/2. 1952.) WITTHOLZ. 7913

Atlantic Refining Co., Philadelphia, übert. von: **Kenneth M. Thompson,** Aldan, Pa., V. St. A., *Alkylarylsulfonate.* Man sulfoniert eine Mischung aus 95—75% Monoalkylaryl-KW-stoffen mit 9—15 C-Atomen im Alkyl u. 5—25% Alkylaryl-KW-stoffen, die im wesentlichen aus Xylolen oder Äthylbenzol bestehen, u. neutralisiert die Sulfonsäuren mit Alkalien, NH_4 oder Aminen. — *Reinigungsmittel.* (**A. P. 2 615 847** vom 27/1. 1950, ausg. 28/10. 1952.) KRAUSS. 7913

Krupp Kohlechemie G. m. b. H., Wanne-Eickel (Erfinder: **Hans Weghofer,** Rio de Janeiro, Brasilien), *Sulfoxydation sauerstoffhaltiger Derivate gesättigter, aliphatischer oder cycloaliphatischer Kohlenwasserstoffe* erfolgt mit $SO_2 + O_2$ oder Luft in Ggw. geringer Halogenmengen als Katalysator bei n., vermindertem oder erhöhtem Druck in Ggw. von mindestens ca. 5 (%), bes. bis 20 W. oder Wasserdampf. Zweckmäßig wird die Rk. abgebrochen, wenn ca. 20—50 der Ausgangsstoffe umgesetzt sind. Man erhält helle, fast weiße Sulfoxydationsprodd., die sich auf *Wasch-* u. *Textilhilfsmittel* mit hoher capillarakt. Wrkg. verarbeiten lassen. — Amylalkohol → *Na-Oxypentansulfonat.* (**D. B. P. 872 942** Kl. 12o vom 2/10. 1948, ausg. 9/4. 1953. F. Prior. 27/6. 1947.) KRAUSS. 7913

Vereinigte Glanzstoff-Fabriken Akt.-Ges., Wuppertal-Elberfeld (Erfinder: **Elmar Profft,** Magdeburg), *Capillaraktive Substanzen von Amincharakter* erhält man durch Kondensation aliphat. Mono- oder Polynitroverbb. mit Aminoalkoholen oder deren Derivv., in denen höchstens 1 H-Atom am Stickstoff durch Alkyl oder Aryl ersetzt ist, zweckmäßig in Ggw. kleiner Mengen alkal. Katalysatoren. — 80 (g) Nitrooctan, 31 Monoäthanolamin u. etwas wasserfreies K_2CO_3 werden unter N_2 6 Std. auf 140 bis 145° erhitzt. Das ölige Reaktionsprod. ist HCl-lösl. u. stellt in wss. Lsg. einen guten Schäumer u. Netzer dar. (**D. B. P. 889 450** Kl. 12q vom 27/2. 1943, ausg. 10/9. 1953. **Zusatz zu D. B. P. 841 000; C. 1952. 6956.**) LIPPOLD. 7913

Böhme Fettchemie G. m. b. H. (Erfinder: **Rudi Heyden,** Düsseldorf, und **Johann Heinrich Helberger,** Ciudad de Tucuman, Argentinien), *Sulfonate.* Sultone werden mit Salzen organ. Verbb. mit mindestens einer Carboxylgruppe umgesetzt; z. B. K-Acetat, Na-Laurinat, -Palmitat u. -Oleat mit dem Sulton der Oxybutansulfonsäure. — *Netz-*

Reinigungs- u. *Dispergiermittel.* (**D. B. P. 894 116** Kl. 12o vom 15/10. 1940, ausg. 22/10. 1953.) KRAUSS. 7913

Fritz Hoermann von und zu Guttenberg, Frankfurt/M., *Sauerstoffbleichmittel.* Man steigert die Bleichwrkg. durch Zugabe von 1 (Mol) Alkalithiosulfat oder -trithionat auf ca. 2 H_2O_2 oder äquivalente Mengen anderer O_2-abspaltender Stoffe, wie Perborate oder Percarbonate. (**D. B. P. 905 011** Kl. 8i vom 25/8. 1951, ausg. 25/2. 1954.) LÜTTGEN. 7913

VEB Fettchemie und Fewa-Werk, Karl-Marx-Stadt (Erfinder: **Fritz Stoll,** Niederwiesa, und **Hans Markert,** Rabenstein), *Herstellung von wasserfesten Formstücken aus synthetischen Waschmitteln.* In die M. werden 5—10 Teile Sorel-Zement eingearbeitet, bestehend aus $MgCl_2$ bzw. $MgSO_4$ u. MgO (Magnesia usta). — Es werden 50,0 (Teile) Fettalkoholsulfonat-Pulver, 6,5 MgO, 3,5 $MgSO_4$, 5,0 Paraffin u. 30,0 Glaubersalz in einem Knetwerk unter Zugabe von 5 W. bei 40° zu einer homogenen M. verarbeitet. Diese wird piliert u. in der Strompresse verformt. Wasserbeständige Formstücke. (**D. P. [DDR] 1 902** Kl. 23e vom 21/6. 1949, ausg. 3/12. 1953 [Wirtschaftspatent].) M. F. MÜLLER. 7913

VEB Fettchemie- und Fewa-Werk (Erfinder: **Hans Markert**), Chemnitz, *Waschmittel in Blattform,* bestehend aus Fettalkoholsulfonaten u. Alkalisalzen der Alginsäure. (**D. P. [DDR] 1 937** Kl. 30h vom 19/1. 1943, ausg. 16/10. 1952 [Wirtschaftspatent].) M. F. MÜLLER. 7913

N. V. de Bataafsche Petroleum Mij., Den Haag, Holland, *Waschmittel.* Um bes. trockene, pulverisierte oder schuppige Prodd. zu bekommen, bringt man wss. Lsgg. von oberflächenakt. Salzen der Schwefelsäureester von höheren Alkoholen, die durch Oxosynth. gewonnen sind, in dünner Schicht auf Walzentrockner u. dgl. auf. Dabei setzt man an sich sulfathaltigen Prodd. bis zu ca. 125% Alkalisulfat, z. B. Na_2SO_4, zu. (**E. P. 641 455** vom 10/12. 1947, ausg. 9/8. 1950. Holl. Prior. 20/12. 1946.) NEBELSIEK. 7913

Procter & Gamble Co., Cincinnati, O., V. St. A., übert. von: **Ronald A. Henry,** *Oberflächenaktive Sulfonsäuren* der Formel $R-COOC_nH_{2n}CO-N(X)(Y)$ (RCO = Acyl einer gesätt. Fettsäure, n = höchstens 5, X = H, Alkyl mit höchstens 4 C-Atomen, Y = sulfoniertes Aryl, Aralkyl, Alkaryl mit höchstens 10 C-Atomen). — Eine gesätt., aliphat. Monooxymonocarbonsäure mit höchstens 6 C-Atomen, deren Anhydrid oder Ester wird mit einem Amin HN(X, Y) erhitzt, das gebildete Oxyamid mit einer gesätt. Fettsäure, deren Anhydrid, Ester oder Säurechlorid acyliert u. das Esteramid anschließend sulfoniert. — Methanol + Oxyessigsäure → Oxyessigsäuremethylester + Anilin bei 135—150° → N-Phenyloxyacetamid + Lauroylchlorid in Pyridin–Bzl. → N-Phenyloxyacetamidlaurat + 60%ig. Oleum in Äthylendichlorid → $C_{11}H_{23}COO\cdot CH_2CONHC_6H_4SO_3Na$. — $C_{11}H_{23}COOCH_2CON(CH_3)C_6H_4SO_3Na$. — $C_{11}H_{23}COOCH_2\cdot CON(C_2H_5)C_6H_4SO_3Na$. — *Netz-, Wasch-,* u. *Reinigungsmittel.* (**E. P. 687 949** vom 20/4. 1950, ausg. 25/2. 1953. A. Prior. 8/9. 1949.) KRAUSS. 7913

Monsanto Chemical Co., St. Louis, Mo., V. St. A., *Polyglykoläther des 3.5.5-Trimethyl-1-hexanols* erhält man aus 1 (Mol) des entsprechenden Alkohols u. 1—20 Äthylenoxyd in Ggw. eines alkal. wirkenden Katalysators (0,5—2 Gew.-%). Organ. Ester der Äther sind Plastifizierungsmittel, die Äther sind *Netz-* u. *Reinigungsmittel.* (**E. P. 690 564** vom 15/6. 1950, ausg. 22/4. 1953. A. Prior. 15/7. 1949.) G. KÖNIG. 7913

Soc. Générale d'Applications Thérapeutiques „Théraplix", Frankreich, *Herstellung von Toilettenseife,* dad. gek., daß man zerkleinerte Gallenblasen von Schlachtvieh (Rindern, Hammeln usw.) mit Ae. extrahiert u. die so gewonnene Fettsubstanz auf bekannte Weise verseift. (**F. P. 981 235** vom 18/3. 1943, ausg. 23/5. 1951.) OPPERMANN. 7913

Soc. Française de Produits Ménagers et d'Hygiène Générale, Frankreich, *Wasch- und Reinigungsmittel für Textilien,* bes. für Wolle, bestehend aus einem sulfonierten Fettsäureamid, einem Alkylarylsulfonat oder Laurylschwefelsäureester, ferner aus einem Weichmachungsmittel, z. B. abgebauten Eiweißstoffen, u. einem sauren Farbstoff für neutrale Bäder, wie Brillantrot foulon 2 B, Rot foulon B, Rot solide pour Drap GR, Blau acide brilland G, Alizarin saphir CR oder CB. Man verwendet ein enthärtetes W., welches nach dem Permutitverf. oder mit Na-Metaphosphat enthärtet worden ist. (**F. P. 1 002 869** vom 19/12. 1949, ausg. 11/3. 1952.) M. F. MÜLLER. 7913

Établissements Fournier-Ferrier, Frankreich (Erfinder: **Alexandre Hirschmann**), *Reinigungs-, Netz- und schaumbildende Mittel,* dad. gek., daß man mehr als 3 Mol Äthylenoxyd (**I**) mit Amiden, hergestellt aus Fettsäuren u. Oxyaminen (**II**) bei Tempp. oberhalb 150° oder durch Einw. von Säurechloriden auf **II** bei niedrigeren Tempp., kondensiert. Man kondensiert z. B. 280 g Ölsäure mit 125 g p-Aminobenzylalkohol bei 180—200° u. das Reaktionsprod. sofort mit 12—16 Mol I bei 110—120° in Ggw. von 0,8—1,0% Katalysator (z. B. H_2SO_4, H_3BO_3, H_3PO_4, NaOH, K_2CO_3, Harnstoff. Anilin, $AlCl_3$, $ZnCl_2$). Das Endprod. hat die Zus. $C_{17}H_{33}CONHC_6H_4(OCH_2CH_2)_nOH$; n = größer als 3. (**F. P. 1 007 215** vom 8/3. 1948, ausg. 5/5. 1952.) OPPERMANN. 7913

Produits Chimiques de la Montagne Noire, Frankreich, *Mittel zum Reinigen und gleichzeitigen Bläuen von Textilien und für kosmetische Zwecke*, z. B. zum Shampooinieren u. für Zahnpasten. Es besteht aus einem opt. Bläuungsmittel, z. B. „Uvitex"-Ciba, das gegebenenfalls in Cyclohexanol gelöst wird, u. aus einem Reinigungsmittel, z. B. dem NH_4-Salz des Laurylschwefelsäureesters oder anderen Fettalkoholsulfonaten, Arylalkylsulfonaten oder den Reaktionsprodd. von Äthylenoxyd auf Fettsäuren oder Fettalkohole. (**F. P. 1 011 623** vom 8/2. 1950, ausg. 25/6. 1952.) M. F. MÜLLER. 7913

Colgate-Palmolive-Peet Co., V. St. A., *Waschmittelkompositionen* bestehen aus waschakt. Synthetica, welche alkylierte aromat. oder acylierte aliphat. Sulfate oder Sulfonate mit ca. 8—22 C-Atomen enthalten, aus Polyphosphaten der Formel $M_5P_3O_{10}$ (worin M ein Alkali oder NH_4 ist) u. aus einem geringen Anteil eines höhermol. Amids von der Formel R·CO·N(X)(Y), worin R·CO ein Fettsäureradikal mit ca. 10 bis 20 C-Atomen u. X u. Y H oder ein Alkylradikal mit 1—5 (vorzugsweise 2) C-Atomen bedeuten. Beispiel: 30 (Gew.-%) Na-Salz des H_2SO_4-Esters von Cocosölfettsäuremonoglycerid, 50 $Na_5P_3O_{10}$, 3 Na-Silicat, 3 Na_2CO_3, 2 Palmitoyläthanolamid, 12 Na_2SO_4. (**F. P. 1 029 692** vom 6/12. 1950, ausg. 4/6. 1953.) RIEPE. 7913

Colgate-Palmolive-Peet Co., V. St. A., *Waschmittelkompositionen* bestehen aus anionakt. Synthetica, welche alkylierte aromat. oder acylierte aliphat. Sulfate oder Sulfonate mit ca. 8—22 C-Atomen enthalten, aus einem geringen Anteil (bis zu je 10%) eines Fettalkohols mit 12—18 C-Atomen u. eines höhermol. Amids von der Formel R·CO·N(X)(Y), worin R·CO ein Fettsäureradikal mit 10—20 C-Atomen u. X u. Y H oder ein Alkylradikal mit 1—5 (vorzugsweise 2) C-Atomen bedeuten. — Z. B. werden 2 (Teile) Cetylalkohol u. 1 Myristinsäureamid in 97 Na-Salz sulfonierter Fettsäuremonoglyceride einverleibt. Diese Waschmittelkombinationen zeichnen sich durch erhöhte u. stabile Schaumbldg. u. bessere Reinigungskraft aus. (**F. P. 1 029 693** vom 6/12. 1950, ausg. 4/6. 1953.) RIEPE. 7913

Colgate-Palmolive-Peet Co., V. St. A. (Erfinder: **Peter T. Vitale** und **Ralph Spencer Leonard**), *Synthetica enthaltende flüssige Waschmittelkompositionen* durch Zusatz eines Dialkanolamids höherer Fettsäuren (I) zum anionakt. Waschmittel vom Sulfat- oder Sulfonattyp (II). I entspricht der allg. Formel R·CO·N(R')(R''), worin R·CO ein Fettsäureradikal mit 10—14 C-Atomen (z. B. der Caprin-, Laurin-, Myristinsäure) u. R' u. R'' ident. oder verschied. Alkanolgruppen mit bis zu 5 C-Atomen darstellen. II sollen vorzugsweise Ammonium-, Mono-, Di- oder Triäthanolaminsalze von aliphat. oder cycl. Sulfaten oder Sulfonaten sein. Das Mengenverhältnis von I:II schwankt von 1:10 bis 2:1, vorzugsweise von 1:7 bis 1:1. — Beispiel: 50 (%) NH_4-Salze von Fettsäuremonoglyceridsulfaten, welche aus Cocosöl hergestellt sind, 10 Myristyl- u. Lauryldiäthanolamid (1:1), 15 W. u. 25 Äthylenglykol. (**F. P. 1 035 745** vom 3/3. 1951, ausg. 28/8. 1953. A. Prior. 3/5. 1950.) RIEPE. 7913

Colgate-Palmolive-Peet Co., Jersey City, N. J., V. St. A., *Neutralisation saurer Sulfonierungsprodukte*. Man mischt ein Neutralisationsmittel mit einem aus 2 Phasen bestehenden Flüssigkeitsträger, der ein inertes, organ. Lösungsm. für das neutralisierte Sulfonat u. die wss. Lsg. eines anorgan. Salzes enthält, gibt das saure Sulfonierungsprod. unter Rühren zu u. trennt nach der Neutralisation die sich bildenden Schichten. — Neutralisiert werden die durch Sulfonierung von Cocosölmonoglyceriden mit Oleum, Dodecylalkohol u. Alkylbenzolen mit H_2SO_4 gewonnenen Sulfonierungsprodukte. — *Wasch-, Emulgier-, Netz-* u. *Schaummittel*. (**E. P. 698 779** vom 29/12. 1950, ausg. 8/7. 1953. Can. Prior. 10/1. 1950.) KRAUSS. 7913

Colgate-Palmolive-Peet Co., übert. von: **Peter Tamburo Vitale** und **Muriel Eileen Liftin**, Jersey City, N. J., V. St. A., *Reinigungsmittel*, bestehend aus oberflächenakt., einen SO_3H-Rest enthaltenden Verbb., einem höheren aliphat. Alkohol u. einem Amid, z. B. Alkylbenzolsulfonat, Myristinsäureamid, Palmitoyläthanolamid u. Cetylalkohol oder 1.2-Hexadecandiol. (**E. P. 704 391** vom 28/11. 1950, ausg. 24/2. 1954. **Schwz. P. 295 365** vom 8/1. 1951, ausg. 1/3. 1954. **Belg. P. 501 971** vom 17/3. 1951, ausg. 20/6. 1952.) LÜTTGEN. 7913

Hubert Grünow, Seine, Frankreich, *Albuminabbau* mit aromat. Sulfonsäuren, die vorteilhaft aliphat. Seitenketten am Kern enthalten, z. B. Benzol-, Naphthalin-, Tetralin-, Dodecylbenzol-, Diisobutylnaphthalinsulfonsäure, Naphthalindisulfonsäure. Die Sulfonsäuren können von der Herst. her H_2SO_4 enthalten. Man suspendiert das Albuminmaterial (Haut, Leder, Leim, Pflanzenreste von der Ölfabrikation, Galalith,

Fischabfälle) in der 3—6fachen Wassermenge, gibt die Sulfonsäure zu u. erhitzt, auch unter Druck, mehrere Std., neutralisiert, filtriert u. dampft ein. Das Verseifungsprod. kann mit Chloriden höherer Fettsäuren, Harz- oder Naphthensäuren, wie Laurinsäurechlorid, kondensiert werden. Verwendung der Prodd. als *Netzmittel.* (**F. P. 1 037 146** vom 16/5. 1951, ausg. 15/9. 1953.) PANKOW. 7913

Lever Brothers & Unilever Ltd., England (Erfinder: **Louis Herbert Libby**), *Reinigungsmittel.* Sie bestehen zu ca. 10—20 (Gew.-%) aus einem Gemisch von 50—85 Alkylarylsulfonat (z. B. Phenylpolypropylennatriumsulfonat [I]) u. 15—50 eines aliphat. Amidoalkylidensulfonats (z. B. Natriumpalmitylmethyltaurin [II], Natriummyristylmethyltaurin, Palmitylmethylamidopropylidennatriumsulfonat). Außerdem enthalten sie 0,1—10 eines Alkylolamids (z. B. Monoäthanolamid oder Monoisopropanolamid der Myristin- oder der Palmitinsäure). Ein solches Reinigungsmittel hat z. B. die Zus. 20 (%) eines Gemisches von I u. II, 48 Tetranatriumpyrophosphat, 6 Na-Silicat, 6 Na_2CO_3, 10 Na_2SO_4 u. 10 Wasser. (**F. P. 1 040 675** vom 6/4. 1951, ausg. 16/10. 1953. A. Prior. 7/4. 1950.) OPPERMANN. 7913

Soc. Belge de l'Azote et des Produits Chimiques du Marly (Soc. An.), Belgien, *Reinigend, schaumbildend und emulgierend wirkende Mittel zur Herstellung von Toiletten- und Schönheitsmitteln.* Man erhält sie durch Neutralisation eines sauren Sulfats eines aliphat. gesätt. oder ungesätt. Alkohols mit 8—18 C-Atomen (bes. des sauren Sulfats des Laurylalkohols) mit einer anorgan. Base (z. B. Oxyd, Hydroxyd oder Carbonat von Mg, Zn, Al, Cu, Ag, Bi) oder einer organ. Base (z. B. Hexamethylentetramin, Glykokoll, 8-Oxychinolin, Pilocarpin) oder einem Salz dieser Metalle oder der organ. Basen oder durch doppelte Umsetzung eines Alkohol–Alkali-, Alkohol–NH_4- oder Alkohol–Mg-Doppelsulfates oder eines Doppelsulfates eines Alkohols u. einer organ. Base mit einem Salz einer organ. Base. — Z. B. tropft man 120 g Chlorsulfonsäure auf 184 g Laurylalkohol, gießt die erhaltene M. in eine Suspension von 55 g MgO in 900 cm^3 W. u. verrührt das Ganze bis zur vollständigen Neutralisation. Das p_H stellt man gegebenenfalls durch Zusatz einer Base oder von H_2SO_4 nach Bedarf ein u. filtriert. Man erhält eine ca. 20%ig. Lsg. von Mg-Lauryldoppelsulfat. (**F. P. 1 040 746** vom 25/4. 1951, ausg. 19/10. 1953. Belg. Priorr. 5/5., 6/10. u. 1/12. 1950.) OPPERMANN. 7913

J. S. Vallernaud (Erfinder: **Emile Bauer**), Valence-sur-Rhône, Frankreich, *Herstellung von Morpholinen* der Formel I, in welcher R ein am N gebundener Rest ist. R_1 u. R_2 sind H oder eine CH_3-Gruppe. Man geht aus von substituierten Aminoalkoholen der allg. Formel II, worin R_3 ein Rest mit mindestens 12 C-Atomen ist. R_4 u. R_5 sind organ. Reste mit 1—3 C-Atomen, die eine Alkoholgruppe endständig erhalten. Die Aminoalkohole werden auf Tempp. erhitzt, welche weit über denjenigen Tempp. liegen, bei welchen eine Veresterung eintritt. Die Bldg. des Morpholinringes erfolgt in Abwesenheit von Kondensationsmitteln.

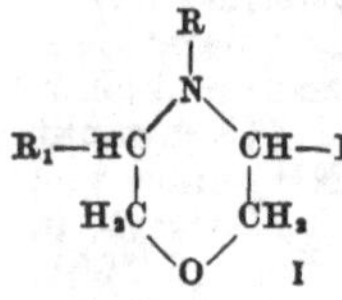

I

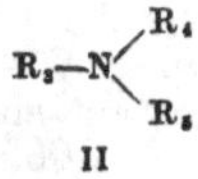

II

Gegebenenfalls werden die gebildeten Morpholine mit niedermol. Fettsäuren, wie Ameisen- oder Essigsäure, in Salze übergeführt. — Als Ausgangsbasen werden Diäthanolamin, Triäthanolamin oder Propanolamine verwendet, welche mit Säuren, wie Laurin-, Stearin-, Palmitin-, Öl- oder Abietinsäure, durch Erhitzen amidiert bzw. verestert werden. Die so erhaltenen Ester oder Amide geben beim Erhitzen bei 180—280° die Morpholinverbb. unter Abspaltung von Wasser. — Ölsäuretriäthanolaminester wird auf 230 bis 260° erhitzt. Die dabei entstandene Morpholinverb. wird mit Ameisen- oder Essigsäure in das Salz übergeführt. Man erhält *Emulgiermittel.* Das sulfonierte Kondensationsprod. ist als Na-Salz ein hochwertiges *Reinigungs-* u. *Dispergiermittel.* — Ricinolsäuretriäthanolaminester liefert beim Erhitzen unter H_2O-Abspaltung eine Morpholinverb., welche als essigsaures Salz eine gutes *Netz-, Dispergier-, Egalisier-* u. *Weichmachungsvermögen* besitzt. — Die Morpholinbase wird mit 10% Trichloräthylen vermischt u. mit H_2SO_4 (66° Bé) sulfoniert. Das Na-Salz besitzt ein gutes Netzvermögen u. ist beständig gegen Härtebildner. — Die aus dem Laurinsäuremethylester u. Triäthanolamin bei 230—260° gebildete Morpholinverb. wird mit Dimethylsulfat quaterniert. Das erhaltene Prod. ist ein hochwertiges Reinigungs- u. Emulgierungsmittel. — Der Elaidinsäuretriäthanolaminester wird in Form des Salzes einer organ. Säure sulfoniert oder quaterniert. Man erhält ein capillarakt. Mittel. Durch Erhitzen des Elaidinsäuretriäthanolaminesters auf 230—260° verwandelt sich der Ester in ein Morpholinderiv., welches als Salz, Sulfonierungs- oder Quaternierungsprod. verbesserte capillarakt. Eigg. besitzt. (**Oe. P. 174 919** vom 3/8. 1949, ausg. 26/5. 1953.) M. F. MÜLLER. 7913

XVIIIa. Holz. Cellulose. Zellstoff. Papier. Papierdruck. Celluloid. Linoleum.

Sven Fahlgren, *Sieben mit dem Vibrotor.* Beschreibung des Vibrotors u. dessen Arbeitsweise, mit dem auch Stoffe höherer Konsistenz gesiebt werden können. (Pulp Paper Mag. Canada **55.** Nr. 3. 217—18. 223. 1954. Bird Machine Co.) H. BECKER. 7956

R. D. Litchfield, *Erfahrung mit flüssigem Schwefeldioxyd bei der Säureherstellung.* Das SO_2 wird aus den Abgasen beim Schmelzen von Ni–Cu-Erzkonzentraten mit O_2 gewonnen, die einen Geh. von über 75% SO_2 haben. Vorteile des Verf. sind: Leichte Handhabung u. die Möglichkeit, die Anlage in 5 Min. anlaufen u. aufhören zu lassen. Nachteilig ist der Verlust des warmen W. aus den JENSSEN-Kühlern, so daß das W. zur Säureherst. mit Dampf erhitzt werden muß, u. die Bldg. von Sulfaten, die aber durch Verdünnen des SO_2 mit Inertgas oder Abgas aus dem letzten Säureturm statt mit Luft verringert werden kann. (Pulp Paper Mag. Canada **55.** Nr. 3. 247—52. 1954. Abitibi Power & Paber Co. Ltd., Smooth Rock Fibre Div.) H. BECKER. 7962

Jaakko O. Murto, *Über das Sortieren von Sulfitzellstoff.* Im Labor. u. Betrieb wurden mit ungebleichtem Sulfitzellstoff Verss. über die Herkunft der Verunreinigungen, über die Sortierbedingungen u. über den Einfl. der Entrindung auf die Reinheit des Zellstoffs ausgeführt. Eine wirksame Entfernung der Äste aus dem ungebleichten Zellstoff vor dessen Aufschlagen gestattet weniger intensive Feinsortierung, bes. wenn der Zellstoff gebleicht u. nochmals sortiert wird. (Paperi ja Puu **35.** 229—32. 20/5. 1953. Helsinki, Projekt.-Abt. der Metex, früher Oy Keskuslabor.) BORCHERS. 7962

Kōsaku Asada, *Untersuchungen über die Herstellung von Acetylcellulose.* 13. Mitt. *Falsche Löslichkeit, Zusammensetzung von Faseralterungsbädern, Mechanismus der Faseralterung, dielektrische Eigenschaft gealterter Produkte.* (12. vgl. C. **1954.** 6378.) Einige *Faseracetate* (I) haben die Eig. der „falschen Löslichkeit", welche von der Uneinheitlichkeit der chem. Struktur der micellaren Teilchen herrührt. Ameisensäurebäder sind am wirksamsten für die Faseralterung zur Erzielung einheitlicher I, Temperaturanstieg u. Konz. des Bads beschleunigen die Alterung, welche durch Zusätze von NH_4-Oxalat beherrscht werden kann. Um die Einheitlichkeit der gealterten I zu prüfen, wird die „wiederholte Löslichkeit" in Aceton untersucht. Unter der Annahme, daß die Alterungsgeschwindigkeit für jede der 6 Acetylgruppen in $C_{12}H_{14}O_4(CH_3COO)_6$ einer monomol. Rk. folgt, ergeben sich in Vers. u. Rechnung übereinstimmend zwei Geschwindigkeitskonstanten. Die dielektr. Eigg. der Acetonlsgg. des gealterten I unterscheiden sich nicht von den in einem dispersen Bad erzeugten Acetaten. Der elektr. Widerstand von Acetonlsgg. gealterter I erreicht bei 55% Acetyl sein Maximum, solche aus dispersen Bädern haben das Maximum bei 53—55%. (J. Soc. Textile Cellulose Ind., Japan [Sen-i Gakkaishi] **9.** 439—44. Sept. 1953. Nagoya, Ind. Res. Inst. [Orig.: japan., Auszug: engl.]) SCHULER. 7970

—, *Flachsschäben — ein Austauschrohstoff für die Pappenindustrie.* Von den Flachsschäben wurden die aus der Bastfaserspinnerei kommenden sogenannten Mischschäben labormäßig auf ihre papierfabrikator. Eignung als Austauschrohstoff für Faserholz untersucht. Sie erwiesen sich für die Pappenindustrie u. bei Aufschluß mit Monosulfit auch für geringwertigere Papiersorten brauchbar. Fortsetzung folgt. (Papier u. Druck **1.** Zellstoff u. Papier. 163—69. Nov. 1953. Heidenau, Sa., Inst. für Zellstoff u. Papier.) F. HEINRICH. 7974

R. T. Wetmore, *Mahlen von Fabrikationsabfällen für Zeitungspapier.* Überblick über Anlage u. Kraftbedarf eines Refiners zum Mahlen von Schliffüberlauf, Splittern u. Sulfitknoten zu einem Zeitungspapier mit etwas besseren Festigkeitswerten als aus regulärem Holzschliff. (Pulp Paper Mag. Canada **55.** Nr. 3. 175—78. 1954. Ontario Paper Co. Ltd.) H. BECKER. 7976

Harvey B. Berg, *Natriumaluminat, ein nichtfaseriger Rohstoff.* Angaben über prakt. Erfahrungen mit Na-Aluminat bei der Leimung u. beim Einarbeiten von Füllstoffen in den Papierstoff. (Pulp Paper Mag. Canada **55.** Nr. 3. 187—89. 1954. Nat. Aluminium Corp.) H. BECKER. 7978

W. H. Birchard, *Anwendung der Kolloidchemie bei der Pappenherstellung.* Es wird in diesem Zusammenhang die Herst. der Harzleimsuspension, die Leimung, das Färben mit organ. Farbstoffen, die Mahlung u. das Einarbeiten mineral. Pigmente u. Füllstoffe beschrieben. (Pulp Paper Mag. Canada **55.** Nr. 3. 244—46. 1954. Fraser Cos. Ltd.) H. BECKER. 7978

M. Bouttemy, *Beitrag zur Untersuchung der Carboxymethylcellulosen.* 2. Mitt. *Analyse und Substitutionsgrad.* (1. vgl. PACAULT u. BOUTTEMY, C. **1951.** I. 2524.) Es wird eine allg. Analysenmeth. für Carboxymethylcellulose (I)-salze u. eine weitere zur Best. des Substitutionsgrades durch Verwendung des Ag-Salzes, das die Bestimmungsgenauigkeit erhöht, vorgeschlagen. — Prinzip: Bei der Oxydation von I, $C_6H_{10}O_5(CH-COOM)\delta$, mit Bichromat (II) werden 0,1375 g des Celluloseanteils, $C_6H_{10}O_5$ u. 0,2326 g des Radikals ($CH-COO^-$) durch je 1 g II oxydiert; die Rk. ist dabei folgende: $(CH-COO^-\delta) + {}^5/_2\delta O \rightarrow 2\delta CO_2 + {}^1/_2\delta H_2O$. Wenn μ das Gew. der CH—COOM-Gruppe ist, dann ist die Menge Q an I mit dem Substitutionsgrad δ u. Metall M, die durch 1 g II oxydiert wird, durch folgende Gleichung gegeben: $Q = 162 + \mu\delta/(162/0{,}1375) + (57\delta/0{,}2326)$. Die Gleichung kann zur direkten quantitativen Best. einer I u. zur indirekten Messung des Substitutionsgrades ausgewertet werden; Q wird experimentell bestimmt u. der entsprechende Wert für δ auf der Kurve $Q = f(\delta)$ (Diagramm) abgelesen. — Die Fehlergrenze bei der quantitativen I-Best. liegt unter 2%, wenn die volumetr. Best. des II mit 1% gegeben ist. Wird für δ das Ag-Salz ($\mu = 165$) an Stelle des Na-Salzes ($\mu = 80$) gewählt, dann beträgt die Fehlergrenze der Best. 5% (bei Na 10%). — Quantitative I-Best.: Organ. oxydierbare Substanzen, wie Na-Glykolat, müssen vorher entfernt werden. In neutralem mineral. Milieu (NaCl oder Na_2SO_4) oder alkal. (NaOH, KOH) gibt die I-Best. sehr gute Resultate. — In Anlehnung an die Cellulosebestimmungsmeth. von BRAY u. ANDREWS (Ind. Engng. Chem. **15.** [1923.] 377) werden 0,05 g Prod. von bekanntem δ oder 1 Vol. einer I-Lsg. mit etwa der erwähnten Menge 30 Min. mit 20 cm³ W., 10 cm³ n-II u. 10 cm³ konz. H_2SO_4 unter Rückfluß gekocht. Nach Abkühlung wird verd. u. der II-Überschuß mit ammoniakal. 0,1 n $FeSO_4$ zurücktitriert. Durch Multiplikation der verbrauchten II-Menge mit Q wird direkt das Gewicht von I in der Probe erhalten. — Prüfung der Meth. mit 4 Na-I- u. 6 Cu-I-Proben ($\delta = 0{,}55$) (Tabellen); für beide Salze wird $Q_{Na} = 0{,}157$, $Q_{Cu} = 0{,}161$ gefunden. — Substitutionsgrad einer I aus dem Ag-Salz: Der Wert Q wird durch genaue Wägung von 80 mg reiner u. trockener I u. Best. mit II wie beschrieben bestimmt. — Herstellungsmeth. des Ag-Salzes, nach welcher reproduzierbare Resultate erhalten werden können: Das reine Na-Salz wird 30 Min. mit einem Überschuß von 0,1 n $AgNO_3$ geschüttelt, abgesaugt u. die Ag-I mit dest. W. bis zum Verschwinden des $AgNO_3$, hierauf mit A., dann mit Ae. gewaschen u. bei 105° zu konstantem Gewicht getrocknet. Dabei tritt starke Schwarzfärbung ein, die jedoch bei der Analyse mit II nicht stört. 2 Tabellen mit Untersuchungsergebnissen an I mit dem δ 0,61 u. 0,52. — Die vorgeschlagene δ-Bestimmungsmeth. dauert durch die Herst. des Ag-Salzes etwas länger als die durch Calcination, sie ist jedoch bei kleinen I-Mengen vorteilhafter. (Bull. Soc. chim. France, Mém. [5] **19.** 343—44. März/April 1952. Sorbonne, Labor. de Chim. Générale Magnétochim.) ROTTER. 8008

A. Pacault, M. Bouttemy und **O. Tanaevsky,** *Beitrag zur Untersuchung der Carboxymethylcellulosen.* 3. Mitt. *Abbau des Substitutionsgrades und Abbau der Kettenlänge.* (2. vgl. vorst. Ref.) Unter Anwendung der vorst. beschriebenen Bestimmungsmethoden für Carboxymethylcellulosen (I) u. ihren Substitutionsgrad δ wird der Grad der Decarboxymethylierung u. Depolymerisierung mit H_2SO_4 untersucht. Sie wirkt in entsprechender Konz. bereits in der Kälte stark auf die I ein. — Eine Na-I ($\delta = 0{,}55$) wird bei n. Temp. mit H_2SO_4 verschied. Konz. in einem Becherglas verschieden lange Zeit in einfachem Kontakt gelassen. Danach werden die Prodd. mit W. bis zur neutralen Rk. gewaschen u. ihr δ wird nach der acidimetr. Meth. (C. **1951.** I. 2524) bestimmt (Diagramme): Die Einwirkungsdauer wie auch die Säurekonz. sind von starkem Einfl.; eine 20 n H_2SO_4 (63%ig.) zeigt z. B. nach 1 Std. geringe Abbauwrkg., nach 5 Std. ist jedoch das Maximum fast erreicht. Konzz. unter 5 n sind bis zu 55 Std. prakt. ohne Abbauwirkung. — Die I-Waschwässer enthalten nur Spuren Prod., das noch durch Bichromat oxydiert werden könnte. Im Lauf der Decarboxymethylierung bis zu einem Grad von 0,10 nähert sich die Konstante Q langsam dem Wert für Cellulose (0,138). — Der Polymerisationsgrad, der durch die Viscosität in einer Cupriäthylendiaminlsg. angezeigt wird, wird in gleicher Weise wie oben hinsichtlich Säurekonz. u. Einwirkungsdauer geprüft. Die 2 Kurven für die spezif. Viscosität $\eta_{sp.}$ in Abhängigkeit von der Säurekonz. zeigen deren Verminderung an, die sowohl durch Abbau des Substitutions- als auch des Polymerisationsgrades hervorgerufen sein kann. Auf eine fast vollständig decarboxymethylierte Probe kann die SCHULZsche Formel angewandt werden. Der Polymerisationsgrad einer „regenerierten" I liegt immer deutlich unter dem einer solchen vor der H_2SO_4-Behandlung. — Die Hygroskopizität französ., holländ. u. schwed. I wird in 2 Diagrammen wiedergegeben; von NaCl u. Na-Glykolat befreite Prodd. sind bedeutend weniger hygroskop. (Aufnahme von durchschnittlich 15% Feuchtigkeit) als die technischen. (Bull. Soc. chim. France, Mém. [5] **19.** 345—47. März/April. 1952.) ROTTER. 8008

Manol Akt.-Ges., Basel, Schweiz, *Holzimprägnierungsmittel.* Das Mittel nach dem Hauptpatent erhält zusätzlich Chloroform u. Füllstoffe, wie Kalkmilch, Wachs u.

Pech. Um tier. Schädlinge zu vernichten, werden Insekticide, wie Dichlordiphenyltrichloräthan oder Hexachlorcyclohexan, zugegeben. (**Schwz. P. 264 200** vom 30/12. 1947, ausg. 3/1. 1950. **Zusatz zu Schwz. P. 257 725; C. 1949. E. 640.**) HOLM. 7953

Ernst Wortmann, Wiesbaden, *Herstellung von Fäulnisschutzhüllen.* Beim Auftragen einer wss. Salzpaste auf eine Unterlage unter Mitverwendung von Emulgiermitteln nach D. R. P. 752 934 wird als Emulgiermittel seifehaltiges Abfallglycerin verwendet. Beispiel für die Zus. der Paste: 27 (kg) W., 25 Abfallglycerin, 91 Imprägniersalz (90% NaF u. 10% Dinitrophenol), 1 Holzschliff u. 3 Bitumen. Man erreicht eine Verb. der Salzpaste mit der wasserdichten Unterlage, die ausreichend widerstandsfähig ist, um die beim Zusammenrollen u. nachherigen Aufwickeln der Fäulnisschutzhülle auf einen *Holzmast* geschehenden Biegungen ohne Lösen der Paste von der Unterlage zuzulassen. Ein Austrocknen der Paste wird verhindert. (**D. B. P. 905 199** Kl. 38h vom 10/7. 1941, ausg. 1/3. 1954. **Zusatz zu D. R. P. 752 934; C. 1952. 6627.**) KARST. 7953

Soc. An. Office Central de Chauffe Rationelle, Frankreich, *Thermische Weiterverarbeitung der bei der Cellulosegewinnung anfallenden Schwarzlauge.* Die Schwarzlauge wird in die Mitte des Gewölbes einer Verbrennungskammer in so fein zerteiltem Zustande eingestäubt, daß Trocknung erfolgt, bevor die Lauge die Sohle des Herdes erreicht hat. Die Zerstäubervorr. besteht aus einem feststehenden Zuleitungsrohr u. der um dieses kreisenden Düse. Die Abdichtung beider Teile gegeneinander erfolgt durch die Lauge selbst, welche durch Abkühlung im Bereiche des Drehgelenkes so verdeckt wird, daß sie abdichtend wirkt. Die Verbrennungsluft wird durch um 45° gegen die Vertikale geneigte Düsen im unteren Teil der Verbrennungskammer eingeblasen. Im Bereiche der Ofensohle erfolgt die erste, unvollkommene Verbrennung der getrockneten Laugenbestandteile. Die Gase entweichen am Kopf der Verbrennungskammer u. geben, bevor sie in die zur vollständigen Verbrennung bestimmte zweite Verbrennungskammer eintreten, mittels eines Wärmeaustauschers einen Teil ihrer Wärme an die zur Speisung der Düsen in der ersten Verbrennungskammer dienende Luft ab. (**F. P. 1 014 714** vom 16/3. 1950, ausg. 20/8. 1952.) GLAFEY. 7961

British Celanese Ltd., übert. von: **Walter Henry Groombridge, James Wotherspoon Fisher** und **Harold Bates,** London, England, *Hydrolyse von Celluloseestern,* bes. *Cellulosetriacetat.* Man löst den Ester in einer Mischung aus einem aliphat. Alkohol u. einem chlorierten aliphat. KW-stoff, z. B. in einer Mischung aus 85—92 (%) CH_2Cl_2 u. 15—8 CH_3OH, die keine Carbonsäuren enthält. Als Katalysator (**I**) können geringe Mengen einer Mineralsäure (HCl, H_2SO_4) zugesetzt werden. Man hydrolysiert bei 50—150°, stumpft I mit z. B. Na-Acetat ab u. fällt den teilverseiften Ester mit kochendem Wasser. (**E. P. 690 700** vom 31/8. 1949, ausg. 29/4. 1953.) FABEL. 7971

Eastman Kodak Co., Rochester, N. Y., übert. von: **Alan Bell** und **Benjamin Thompson,** Kingsport, Tenn., V. St. A., *Weichmacher für Cellulose* (**I**)-*Ester,* bes. für I-Acetat, -Butyrat u. -Propionat. Man erhitzt z. B. 208 g 2.2-Dimethylpropandiol-1.3 (**II**) mit 580 2-Äthylbuttersäure (**III**) unter Abdest. von 72 W. 12 Std. auf 200—240° u. erhält 500 **II**-bis-**III**-Ester $CH_3-CH_2-CH(C_2H_5)-COO-CH_2-C\cdot(CH_3)_2-CH_2-OOC-CH(C_2H_5)-CH_2-CH_3$, $Kp._{100}$ 65—70°, n_D^{20} 1,4340. — **II**-*bis-2-Äthylhexansäureester,* $CH_3-(CH_2)_3-CH(C_2H_5)-COO-CH_2-C(CH_3)_2-CH_2-OOC$

$$\qquad\qquad\qquad | $$

$$CH_3\cdot(CH_2)_3-(C_2H_5)CH$$

$Kp._{1-2}$ 75°, n_D^{20} 1,4398. (**A. P. 2 654 775** vom 17/9. 1949, ausg. 6/10. 1953.) MÜLLER-MEININGEN. 7971

Hercules Powder Co., übert. von: **William F. Downey,** Wilmington, Del., V. St. A., *Emulsion aus höheren Alkylketenen zum Leimen von Papier.* Es werden wss. Emulsionen von *dimeren Ketenen* mit 6—20, bes. 10 oder 16 C-Atomen des monomeren Ketens verwendet. Als kontinuierliche Phase für die Emulsion dient eine wss. Lsg. eines organ. Verdickungsmittels (Celluloseäther, bes. Carboxymethylcellulose, Stärke). (**A. P. 2 627 477** vom 6/10. 1949, ausg. 3/2. 1953.) G. VOGEL. 7979

Verlassenschaft nach Wilhelm Wohleber, Wien, Österreich, *Saugfähige Fließblätter.* Die Blätter bestehen aus mindestens 70% Schlacken- bzw. Mineralwolle u. einem Zusatz von organ. oder anorgan. Fasern, die jedoch nicht zur Leimung, zur Beschwerung u. zur Füllung der Lücken zwischen den Fasern dienen. (**Oe. P. 177 315** vom 12/9. 1947, ausg. 25/1. 1954.) GLAFEY. 7985

Dow Corning Ltd., London, England, *Nicht klebbares Papier* (**I**). Pappe oder **I,** das nicht an Asphalt, Kautschuk, Kunstharzen oder dgl. haftet, erhält man durch Imprägnieren mit einer mit in W. lösl. Celluloseäthern hergestellten wss. Dispersion eines Methylpolysiloxans der Formel $(CH_3)_aH_bSiO_{\frac{4-a-b}{2}}$ (a = 1—1,5; b = 0,75—1,25 u. a + b = 2—2,25). Die Emulsion soll z. B. 0,1—10 (%) Methylcellulose u. 0,1—20

Siloxan enthalten. — Vgl. hierzu A. P. 2 588 366; C. **1954.** 1154. (**E. P. 693 788** vom 13/3. 1951, ausg. 8/7. 1953. A. Prior. 4/5. 1950.) Mölleringg. 7987

Wacker-Chemie G. m. b. H. (Erfinder: **Hilger Peter Schmitz**), München, *Bindemittel für Wassertiefdruckfarben.* Das Bindemittel besteht aus einer ohne Verwendung flüchtiger Lösungsmittel hergestellten Dispersion wasserfester Polymerer aus Verbb., die im monomeren Zustand nur eine Vinylgruppe enthalten, z. B. Ester, Acetale oder Äther des Polyvinylalkohols oder die Polymeren der Acryl- u. Methacrylsäure. Als Dispergiermittel dienen Polyvinylalkohole u. ihre noch wasserlösl. partiellen Derivv., z. B. ihre partiellen Ester mit einer VZ. 110—140. (**D. B. P. 900 224** Kl. 151 vom 1/7. 1939, ausg. 21/12. 1953.) Laass. 7989

Chemische Werke Albert, Wiesbaden-Biebrich, *Herstellung linoleumartiger Formkörper aus trocknenden oder halbtrocknenden Ölen.* Man versetzt die Öle mit Alkoxosalzen oder ihren Lsgg. u. wandelt sie unter Formgebung in kautschukartige Massen um. — 9,2 (Gewichtsteile) alkali-isomerisiertes Leinöl werden mit 0,8 50%ig. Lsg. von $Co[Al(OC_4H_9)_3]_2$ in Butanol versetzt. Die M. erstarrt bei ca. 140° zu einem weichen Gel. Verarbeitung wie Linoleumzement. Als weiteres Salz ist $Mg[Al(OC_4H_9)_4]_2$ genannt. (**Oe. P. 177 930** vom 28/5. 1952, ausg. 25/3. 1954. D. Prior. 25/7. 1951.) Pankow. 7999

XVIIIb. Textilfasern.

N. D. Malzew und **A. A. Starosskolski,** *Zur Frage der Mercerisation von Garnen.* Entgegen der verbreiteten Ansicht, daß die ungleichmäßige Färbung von Strümpfen aus mercerisiertem Baumwollgarn durch Unregelmäßigkeiten bei der Mercerisation hervorgerufen wird, wiesen Vff. durch Verss. nach, daß weder die Dicke u. D. der Garnschicht beim Mercerisieren noch das ungleichmäßige Abquetschen nach der Behandlung die Ursache der ungleichmäßigen Färbung ist. Zur Beseitigung dieser Erscheinung empfehlen Vff., das Garn vor dem Wirkprozeß zu appretieren. (Текстильная Промышленность [Textil-Ind.] **14.** Nr. 1. 35—37. Jan. 1954.) Stscherbina. 8032

H. Takagi, *Untersuchungen über die Härteeigenschaften von Fasern.* 3. Mitt. *Verfahren zur Bestimmung der Reibung zwischen Fasern.* Ein Verf., die Reibung zwischen den Fasern zu bestimmen u. den Reibungskoeff. zu berechnen, sowie ein App. dazu mit 3 Rollen u. einer Kette usw. (Abb.) wird beschrieben. Es werden ziemlich gleichbleibende Werte erhalten trotz Änderung von Belastung, Zahl der Drillungen im Faden u. Fadendurchmesser. Auch kurze Fasern können leicht untersucht werden. — 7 Skizzen. (J. Soc. Textile Cellulose Ind., Japan [Sen-i Gakkaishi] **9.** 288—91. Juni 1953. Shinshu, Univ. [Orig.: japan.]) Schuler. 8040

W. Fong und **H. P. Lundgren,** *Verhinderung der Schmutzablagerung bei der Reinigung von Textilien durch Proteine und andere makromolekulare Stoffe.* Zur Verhinderung einer erneuten Schmutzablagerung von Ruß auf Baumwollgeweben bei 60° (Launderometer) eignen sich Zusätze von 0,005—0,01% *Gliadin* (**I**), partiell acetyliertem niedrigmol. Polyvinylalkohol u. niedrigmol. Polyvinylpyrrolidon zu wss. alkal. (p_H 10,2) Alkylarylsulfonatwaschmittellsgg. (*Nacconol NRSF*). Die Wrkg. der Proteine (untersucht wurden außer I lösl. Protein aus Federkeratin [extrahiert bei 120° mit 50% wss. A.], Gelatine, Casein, Zein, Rinderserumalbumin, Eialbumin, Lysozym) ist dem Prolingeh. proportional. Die Wrkg. ungeladener synthet. Hochpolymerer (Polyvinylpyrrolidon Optimum Mol.-Gew. 40000, Polyvinylalkohol, Polyäthylenglykol) ist bei einer bestimmten Mol.-Größe optimal. Anion- u. kation. synthet. Polyelektrolyte (Na-Polyacrylat, Copolymeres aus Styrol u. Maleinsäureanhydrid sowie aus Methylvinyläther u. Maleinsäureanhydrid u. Polyvinylhydrogenphthalat) sind im allg. unwirksam. Aus der ausgeprägten negativen Wrkg. von Elektrolyten (NaCl, $CaCl_2$) wird auf die Bedeutung elektrokinet. Effekte geschlossen. Auch der ungünstige Einfl. einer p_H-Erniedrigung (bis 2,0) läßt auf eine Beziehung zum elektr. Potential des Schmutzes u./oder Gewebes schließen. (Textile Res. J. **23.** 769—75. Nov. 1953. Albany, Calif., Western Regional Res. Labors.) Zahn. 8044

Totila Madlung, *Beitrag zur Kontrolle des Röstablaufes und Bestimmung der Röstreife beim Flachs.* Beschreibung eines Verf., welches von individuellen Beurteilungsfehlern unabhängig ist u. das das Fortschreiten der Röste bis zum Punkt der Röstreife zu verfolgen gestattet. In diesem Zusammenhang wurde ein Gerät entwickelt, welches den Abziehwiderstand des Bastes vom Holzkörper auf Registrierpapier aufträgt. Das Gerät sowie dessen Arbeitsweise werden beschrieben. (Faserforsch. u. Textiltechn. **5.** 112—13. März 1954. Dtsch. Akad. der Wiss. zu Berlin, Inst. für Technol. der Fasern in Pirna-Copitz u. Dresden.) P. Eckert. 8050

A. K. Mazumdar und **P. B. Sarkar,** *Authydrolyse von Jutehemicellulose.* Früher war gezeigt worden (SARKAR u. Mitarbeiter, C. **1953.** 3018), daß durch Hydrolyse der Hemicellulose (I) aus Jute mit verd. H_2SO_4 maximal 79,4% reduzierende Zucker, berechnet als Xylose, erhalten werden können. Die theoret. Ausbeute beträgt 85,5%. Da sd. Mineral- u. starke organ. Säuren Xylose zers. u. I sich wie eine mäßig starke organ. Säure verhält, wurde geprüft, ob bei der Rückflußkochung in 0,5% wss. Lsg. eine schonendere Authydrolyse möglich ist. Nach 384 Std. langem Kochen wurden 83,6% Xylose freigesetzt. (Textile Res. J. **23.** 749. Okt. 1953. Calcutta, Indien, Ind. Centr. Jute Committee.) ZAHN. 8052

Joel Lindberg, *Beziehungen zwischen verschiedenen Oberflächeneigenschaften von Wollfasern.* 3. Mitt. *Sorption von Farbstoffen und Säuren in Wolle.* (2. vgl. C. **1954.** 2083.) Wollhaare wurden mit alkoh. Kalilauge 15 Sek. bis 5 Min. behandelt, wodurch nur die Epicuticula angegriffen wird, u. die Geschwindigkeit der Diffusion von Farbstoffen (Eriochromphosphin R [GEIGY], Solochromorange MS [I. C. I.]) u. Säuren (0,001 u. 0,005 n HCl) wurde gemessen. Die Epicuticula reguliert die Diffusionsgeschwindigkeit weitgehend u. ist die wichtigste Barriere für die Diffusion der Cuticula. Die Daten wurden mathemat. analysiert u. abgeleitet, u. es wurde gezeigt, daß die Sperrzone elektr. Natur ist. (Textile Res. J. **23.** 573—84. Aug. 1953. Gothenburg, Inst. angew. Textilforsch.) ZAHN. 8060

J. Lindberg, *Beziehungen zwischen verschiedenen Oberflächeneigenschaften von Wollfasern.* 4. Mitt. *Benetzbarkeit.* (3. vgl. vorst. Ref.) Die Benetzbarkeit oder Oberflächenspannung (gemessen nach SCHUYTEN, WEAVER u. REID) von Wollfasern hängt von der Epicuticula ab u. nimmt nach deren Entfernung von 46 auf 71 zu. Zwischen Reibung, Geschwindigkeit der Diffusion von Farbstoffen u. Säuren u. Oberflächenspannung wurden enge Beziehungen gefunden. Die Oberflächeneigg. der Faser lassen sich ohne Entfernung der Epicuticula verändern, was auf eine Veränderung der mol. Struktur dieser zurückgeführt wird. Die Ergebnisse der 1.—3. Mitt. werden zusammenfassend diskutiert. (Textile Res. J. **23.** 585—88. Aug. 1953.) ZAHN. 8060

T. Yurugi und **T. Kurita,** *Grundlegende Untersuchungen über die Bestimmung der Qualität von Reyonzellstoff.* 3. Mitt. *Bestimmung des Grades der Filtrierbarkeit von Viscose.* a) *Einfluß des Filtermaterials.* Der Vorgang der Verstopfung der Filter ist je nach Filtermedium (Stoff- u. Glasfilter, Spinndüse) verschieden. Bei Spinndüsen gilt $dV/dt = K(N - \alpha V)$, wobei V = Filtratvol., t = Filtrierzeit, N = Zahl der Filteröffnungen, α = Zahl der in der Volumeneinheit Viscose suspendierten Teilchen, K = Konstante. Bei Stoff- oder Glasfiltern: $Kt/2 = 1/V - 1/S_0$, worin S_0 = Fließgeschwindigkeit bei t = 0, k = Konstante. — 7 Skizzen bzw. Kurven. (J. Soc. Textile Cellulose Ind., Japan [Sen-i Gakkaishi] **9.** 112—15. März 1953. [Orig.: japan., Auszug: engl.]) SCHULER. 8074

T. Yurugi und **T. Kurita,** *Grundlegende Untersuchungen über die Bestimmung der Qualität von Reyonzellstoff.* 4. Mitt. *Bestimmung des Grades der Filtrierbarkeit von Viscose.* b) *Einfluß der Herstellungsbedingungen.* (3. vgl. vorst. Ref.) Die Filtrierbarkeit ist stark abhängig von dem Cellulose- u. NaOH-Geh. der *Viscose.* Der Einfl. der Alterung ist verwickelt u. zum Teil vom Filtermedium bestimmt. Die Filtrierbarkeit steigt mit der Alterungszeit. (J. Soc. Textile Cellulose Ind., Japan [Sen-i Gakkaishi] **9.** 115—17. März 1953. [Orig.: japan., Auszug: engl.]) SCHULER. 8074

Silvio Larcher, *Kurze Übersicht über die Ergebnisse der makromolekularen Chemie und synthetischen Fasern.* Überblick über Verwendungsmöglichkeiten der Kunststoffe. Die Theorien der Polymerisation u. Polykondensation werden an Hand von Schemata u. Diagrammen erklärt. (Materie plast. **19.** 100—08. März/April 1953.) SPEYER. 8080

Andreas Hunyar und **Heinz Reinhardt,** *Darstellung und Verhalten von vernetzten Polyacrylnitrilen.* Durch Copolymerisation von Acrylnitril (I) mit Divinylverbb. (p-Divinylbenzol, Dipropenylglykol, Divinylglykol), durch Behandlung in Lsg. oder an der Faser von Copolymerisaten aus **I** u. Acrylsäure mit Diaminen (p-Phenylendiamin, Benzidin, Harnstoff) oder Dioxyverbb. (Hydrochinon) sowie von Polyacrylnitril (**II**) oder dessen Copolymerisaten mit H_2SO_4 u. CH_2O unter Umwandlung von je 2 benachbarten CN-Gruppen in Methylen-bis-amid-Gruppen werden vernetzte Prodd. erhalten, die bei Anwendung entsprechender Konz. des Vernetzers nach hinreichender Zeit u. Temp. in den gebräuchlichen Lösungsmitteln unlösl. sind. Auf diese Weise vernetzte Fasern zeigen Abnahme der Reißfestigkeit, während das elast. Verh. sich nicht verändert. Vernetzungen von **II** mit Peroxyden konnten nicht nachgewiesen werden. — 17 Literaturnachweise. (Faserforsch. u. Textiltechn. **4.** 454—60. Nov. 1953. Teltow-Seehof, Inst. für Faserstoff-Forsch. der Dtsch. Akad. der Wiss. zu Berlin.) H. REICHERT. 8080

E. G. Brown, *Die Analyse der Alginsäure und der Alginate.* An Hand von 48 Literaturzitaten wird ein Überblick über die qualitativen u. quantitativen Bestimmungsmethoden der Alginsäure u. ihrer Salze gegeben. Die angeführten Analysenmethoden sind bes. für die Textilindustrie von Bedeutung. (Ind. Chemist **29.** 157—59. April 1953.)
P. ECKERT. 8112

Farbwerke Hoechst, vormals Meister Lucius & Brüning, Frankfurt/M., *Bleichmittel,* bestehend aus einer Mischung aus festen oder in Lsg. befindlichen Chloriten u. Salzen der Säuren der N-Oxyde, z. B. NaOCl u. $NaNO_3$, gegebenenfalls mit Puffersubstanzen, wie Na-Acetat, NaH_2PO_4, Na_2HPO_4 oder $Na_4P_2O_7$. Die Mischung ist bis 300° stabil. (**Schwz. P. 291 790** vom 14/12. 1950, ausg. 1/10. 1953. D. Priorr. 27/12. 1949, 29/7. u. 31/10. 1950.) SALZMANN. 8027

Farbenfabriken Bayer, Leverkusen, *Wachsähnliche Polyglykoläther.* Auf Alkohole mit 3 u. mehr OH-Gruppen läßt man bei höherer Temp. Äthylenoxyd in Mengen von mehr als 20 Mol pro OH-Gruppe in Ggw. eines alkal. wirkenden Stoffes einwirken. — *Textilhilfsmittel.* (**E.P. 690 855** vom 28/3. 1951, ausg. 15/4. 1953. D. Prior. 5/4. 1950.)
G. KÖNIG. 8029

Charles Maurice Keyworth, Leek, England, *Schlichte und Textilausrüstung.* Man verwendet eine stärkehaltige Paste mit einem Geh. von *Monofettsäureestern* von *Polyglykol* oder *-glycerin.* — Z. B. wird Maisstärke mit einem Zusatz von 10% *Nonaäthylenglykolmonostearat* in W. von 90° verteilt. (**E. P. 699 188** vom 25/10. 1950, ausg. 4/11. 1953.) MÖLLERING. 8033

Bradford Dyers' Association Ltd., Bradford, England (Erfinder: **John Gwynant Evans, James Harry Leach** und **William Salkeld Meals**), *Waschfeste Textilausrüstung.* Man behandelt das Gut mit organ. Isocyanaten in Form von Gasen, Dämpfen oder Lsgg. in organ. Lösungsmitteln oder — nach E. P. 696 030 — von wss. Dispersionen. — Geeignet sind z. B. Phenylisocyanat, Phenylen- oder Hexamethylendiisocyanat (I) oder die als „*Vulcafor V. C. C.*" (I. C. I.) bekannten Gemische. Nach der Imprägnierung wird durch Erhitzen die Rk. der Verbb. mit dem Gut bewirkt. — Baumwollgewebe mit 10—15% Feuchtigkeit wird mit einer 5%ig. I-Lsg. in Xylol imprägniert, abgequetscht, bei 80° getrocknet u. 5 Min. auf 180° erhitzt, worauf man wäscht u. trocknet. (**E. PP. 696 029** u. **696 030** vom 16/12. 1949, ausg. 19/8. 1953.)
MÖLLERING. 8033

Danske Oliemøller OG Sæbefabriker, Aktieselskab, Kopenhagen, Dänemark, *Herstellung von nichtgelatinierenden, viscosen Algenextrakten.* Man senkt die Elektrolytkonz. in gelatinierungsfähigen Algenextrakten durch Dialyse oder Ausfrieren, worauf gegebenenfalls die Extrakte homogenisiert werden. Die Dialyse wird bei ca. 10—20° durchgeführt, z. B. in einem Kunstdarm, wodurch die Extrakte, z. B. aus *Furcellaria fastigiata,* so angereichert werden können, daß der ursprünglich 1,33 (%) betragende Geh. an Trockenstoffen (davon 12,8 Asche) auf 0,97 Trockenstoffe vermindert wird (davon 3,6 Asche). Die Extrakte dienen z. B. als Emulgiermittel u. Stabilisiermittel, bes. für *Appreturen.* (**Dän. P. 74 203** vom 11/5. 1945, ausg. 26/5. 1952.)
JÜRGEN SCHMIDT. 8033

American Cyanamid Co., New York, N. Y., übert. von: **Dale R. Eberhart,** Middlesex, und **Nena K. Barabutes,** New Brunswick, N. J., V. St. A., *Diaminofluorenderivate* der Formel I, worin R niederes Alkyl u. m u. n = 1 u. 2 bedeuten, sind *opt. Bleich-*

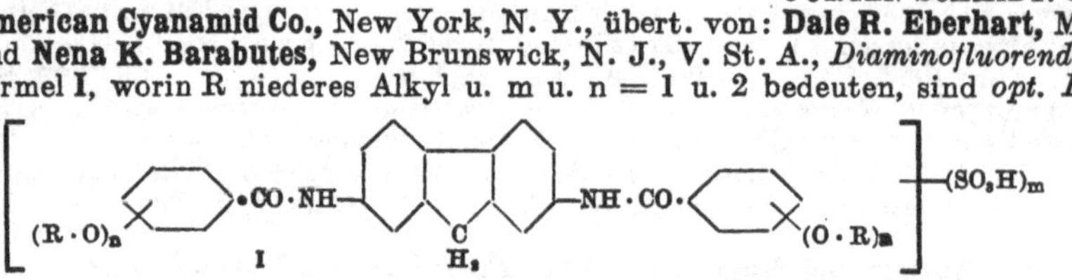

I

mittel. — *2.7-Diaminofluorenmonosulfonsäure-(x)* (**II**). Man erwärmt 2.7-Diaminofluorensulfat mit 7%ig. rauchender H_2SO_4 auf 45—50°. — *2.7-Bis-(2'.4'-dimethoxybenzoylamino)-fluorenmonosulfonsäure-(x).* Man erwärmt 2.4-Dimethoxybenzoesäure mit $SOCl_2$ in Bzl. u. setzt mit **II** in Pyridin um. — Analog: *2.7-Bis-(4'-methoxy-3'-sulfobenzoylamino)-fluoren.* — *2.7-Bis-(2'-äthoxybenzoylamino)-fluorenmonosulfonsäure-(x).* — *2.7-Bis-(2'-äthoxybenzoylamino)-fluorendisulfonsäure-(x.x).* (**A. P. 2 662 913** vom 11/7. 1952, ausg. 15/12. 1953.) LANGER. 8033

Ilford Ltd., England (Erfinder: **John David Kendall** und **George Frank Duffin**), *Optisches Bleichen von Textilien, Papier und Erhöhung der Brillanz von Photographien.* Man setzt ihnen eine geringe Menge eines fluorescierenden Pyrazolins zu. Hierfür eignen sich z. B. 1.3-Diphenylpyrazolin (F. 152°), 1-Phenyl-3-p-bromphenylpyrazolin (F. 130°), 1.5-Diphenyl-3-p-äthoxyphenylpyrazolin (F. 131°) u. bes. die wasserlösl. Verbb., die in 1-Stellung eine Sulfophenylgruppe u. in der 3- u. 5-Stellung eine Phenyl-

oder eine substituierte Phenylgruppe haben, z. B. 1-(p-Sulfophenyl)-3.5-diphenylpyrazolin, 1-p-Sulfophenyl-3-p-methoxyphenyl-5-phenylpyrazolin, 1-p-Sulfophenyl-3.5-di-(methoxyphenyl)-pyrazolin, 1-m-Sulfophenyl-3.5-di-(p-chlorphenyl)-pyrazolin. (**F. P. 1 021 379** vom 2/6. 1950, ausg. 18/2. 1953. E. Prior. 3/6. 1949.) OPPERMANN. 8033

Rheinpreußen Akt.-Ges. für Bergbau und Chemie, Homberg/Ndrh. (Erfinder: **Helmut Wiedmann,** Burgstall), *Textilfasern mit erhöhtem Beladungsvermögen* erhält man durch Behandlung der trocknen Fasern mit gelösten Al-Alkoholaten, z. B. einer 10%ig. Lsg. von Al-Isopropylat in Bzn. oder Al-Butylat in Heptan oder sek.-Butanol. Durch Dämpfen des imprägnierten Gutes wird ein sehr feinteiliges u. sorptiv hochwirksames $Al(OH)_3$ auf den Fasern gebildet, durch das große Mengen Seife, Öle, Paraffine oder dgl. an den Fasern gebunden werden können. Durch Nachbehandlung mit z. B. einer 10%ig. Seifenlsg. erhält man stark wasserabstoßende Produkte. (**D. B. P. 899 787** Kl. 8k vom 4/6. 1941, ausg. 17/12. 1953.) MÖLLERING. 8037

Ciba (Soc. An.), Schweiz, *Herstellung von wasserfesten und waschechten Appreturen.* Man behandelt das Textilgut mit einem wss. Bade, das als wasserabstoßendes Mittel eine Verb. des Methylolmelamins (bei der mindestens ein O-Atom der Methylolgruppen mit einem aliphat. Rest mit 3 C-Atomen verbunden ist), vorzugsweise im Gemisch mit einer lyophoben Substanz, z. B. Paraffin, enthält. Ferner enthält das Bad ein Emulgierungsmittel mit höherem Mol.-Gew. (z. B. Polyvinylalkohol, Methylcellulose, Gelatine, Salze der Carboxyalkylcellulosen), vorzugsweise im Gemisch mit ionakt. oder anderen nicht ionakt. Emulgatoren u. einem sauren oder sauer wirkenden Katalysator (Ameisensäure, HCl, H_3PO_4, $AlCl_3$, NH_4Cl, $ZnCl_2$, $Zn(NO_3)_2$, $MgCl_2$). — 11 Beispiele. (**F. P. 1 023 965** vom 11/8. 1950, ausg. 26/3. 1953. Schwz. Priorr. 11/8. 1949 u. 13/7. 1950.) OPPERMANN. 8037

Böhme Fettchemie G. m. b. H., Düsseldorf, *Wasserabstoßendmachen von Textilien.* Man imprägniert das Gut mit wss. Emulsionen von wachsartigen Stoffen, die mittels koll. $Al(OH)_3$, gegebenenfalls unter Zusatz von Zucker u. Harnstoff, emulgiert sind. (**Schwz. P. 295 020** vom 15/12. 1944, ausg. 16/2. 1954. D. Prior. 24/7. 1944.) MÖLLERING. 8037

I. G. Farbenindustrie Akt.-Ges., Frankfurt/M. (Erfinder: **Heinrich Ulrich, Ernst Plötz** und **Eberhard Nold,** Ludwigshafen/Rh.), *Wasserabstoßende Imprägnierung von Textilien, Papier* oder dgl., bestehend aus einer wss. Dispersion, die neben Paraffinen, Wachsen, Harzen, höhermol. Fettsäuren, Aminen, Alkoholen, Ketonen, Fetten oder Polyvinyl- oder Polyacrylsäureverbb. noch polymere Alkylenimine (oder deren Umwandlungsprodd.) sowie gegebenenfalls Schutzkolloide, Farbstoffe oder dgl. enthält. — Z. B. werden 100 (Teile) polymeres Äthylenimin in 700 W. bei 70° gelöst u. einem bei 90—100° geschmolzenem Gemisch aus 392 Weichparaffin u. 168 Paraffinöl zuemulgiert. Man verd. mit 640 W. u. homogenisiert bei 120 at. Zur Imprägnierung eines Viscosegewebes verwendet man eine 10%ig. wss. Dispersion des Ansatzes. (**D. R. P. 766 083** Kl. 8k vom 26/1. 1940, ausg. 1/2. 1953.) MÖLLERING. 8037

Juan Duarry Serra, Spanien, *Undurchlässigmachen von hohlen Gegenständen aus Gewebe,* z. B. Flaschen, Wasserspielzeug, Ballons. Man imprägniert die Innenseite der Gegenstände, nachdem man ihre Außenseite gegebenenfalls mit einer wss. Na-Silicatlsg. oder Fischleim oder einem ähnlichen Leim überzogen hat, mit einer wss. Kautschukdispersion, die man mit CO_2-Gas koaguliert. Dann erhitzt man die Gegenstände im aufgeblähten Zustand auf 40—50°. Eine solche Kautschukdispersion hat z. B. die Zus.: 1000 (g) 60%ig. Latex, 60 ZnO, 60 Kaolin, 15 Piperidyldithiocarbamat, 6 Antioxydationsmittel, 120 W. u. 2 20%ig. NH_4OH. (**F. P. 1 036 867** vom 8/5. 1951, ausg. 11/9. 1953. Span. Prior. 9/5. 1950.) OPPERMANN. 8037

Karl Rathgeber Fabrik orthopädischer Fußmittel (Erfinder: **Peter Rathgeber**), Heilbronn/Neckar, *Herstellung von Regenbekleidung* aus Textilien mit einem feinporösen Überzug aus Kautschuk oder Kunststoff, der hydrophile Anteile, wie Eiweiß, enthält, wobei diese Anteile hydrophobiert werden; auch können ferner Siliconöle zugesetzt sein. (**D. B. P. 903 741** Kl. 39b vom 29/11. 1951, ausg. 11/2. 1954.) OVERBECK. 8037

Heberlein & Co. Akt.-Ges., Wattwil, Schweiz, *Leinenähnliche Baumwollausrüstung.* Man taucht das Gewebe bei unter 0° 10—30 Sek. in eine wss. NaOH-Lsg. von 10—20, bes. 13—16° Bé, spült mit heißem, mit 1% H_2SO_4 angesäuertem W., trocknet u. kalandert. (**E. P. 699 559** vom 14/2. 1952, ausg. 11/11. 1953. Oe. Prior. 20/3. 1951.) MÖLLERING. 8045

Badische Anilin- & Soda-Fabrik, Ludwigshafen/Rh., *Färben von künstlichen verspinnbaren Stoffen.* Man löst in diesen, z. B. Viscose, Cellulosestern, Polyamiden, Polyacrylnitril u. Polyvinylchlorid, ein Pigment aus einem wasserunlösl. Ester eines Leukoküpenfarbstoffes der Anthrachinonreihe u. einer Monocarbonsäure mit bis zu 7 C-Atomen, z. B. den Essigsäureester des Leukodibenzanthrons. (**E. P. 675 244** vom 31/5. 1950, ausg. 9/7. 1952. D. Prior. 18/6. 1949.) v. Schiller. 8071

Ciba, Soc. An., Schweiz, *Pigmentzubereitung zum Färben von Viscosefäden.* Man stellt eine Mischung aus einem Pigment mit einer Teilchengröße von 1—5 μ, einem Dispergiermittel, einer makromol. Verb., die mit einer Oxysäure, z. B. Glykol- oder Milchsäure, veräthert ist (I), u. W. her. Durch Trocknen der Mischung erhält man die pulverförmige Pigmentzubereitung, welche in trockenem Zustande in der Viscosespinnlsg. dispergiert werden kann. Als Pigment eignen sich z. B. TiO_2, wasserunlösl. Azofarbstoffe, Küpenfarbstoffe, wie Indigo, Thioindigo, Phthalocyanine. Als Dispergiermittel können die Na-Salze der Dinaphthylmethandisulfonsäure, der N-Benzyl-μ-heptadecylbenzimidazoldisulfonsäure, der Dibutylnaphthalinsulfonsäure u. das Kondensationsprod. aus Phenolsulfonsäure, Formaldehyd u. Harnstoff verwendet werden. Als I eignen sich z. B. Cellulose- oder Stärkeglykolate oder -lactate. (**F. P. 1 020 145** vom 13/6. 1950, ausg. 2/2. 1953. Schwz. Priorr. 16/6. 1949 u. 17/5. 1950.) Heyne. 8075

American Viscose Corp., Wilmington, übert. von: **George A. Richter, Jr.,** Springfield, und **Richard H. Braunlich,** West Chester, Pa., V. St. A., *Viscosekunstseide* nach dem Zweibadverfahren. Als Fällbad für Viscose mit einer Viscosität von 65—120 Sek. Kugelfall wird eine 50° warme wss. 11,9 (Gewichtsteile) NaH_2PO_4 bzw. Na_2HPO_4 u. 10 Na_2SO_4 enthaltende Lsg. vom p_H-Wert 1,5—10 verwendet, so daß ein Teil des Alkalis der Spinnlsg. an das Phosphat gebunden wird. Die das Bad nach 3 cm Durchgang verlassenden Fäden nehmen die 10fache Menge Fällbad mit u. gelangen über einen Abstreifer in ein 5 (%) H_2SO_4, 7 H_3PO_4 u. 18 Na_2SO_4 enthaltendes Regenerierungsbad, während dessen Durchgang sie um 125% gestreckt werden. Festigkeit trocken 3,3—4,5 g/den, naß 2—3 g/den; Dehnung trocken u. naß 7—8,5%. — Zeichnung. (**A. P. 2 625 461** vom 2/10. 1950, ausg. 13/1. 1953.) Salzmann. 8075

Chemische Fabrik Theodor Rotta, Mannheim, *Knitterfeste Kunstseidetextilien.* Man behandelt das Gut erst mit begrenzt wirkenden Quellungsmitteln oder mit wss. CH_2O-Lsg. vor, lagert mikrokrist. organ. oder anorgan. Salze ein u. trocknet. — *Viscosegewebe* wird im Foulard mit einer Lsg. von 100 (Teilen) W., 100 $CaCl_2$ u. 60 $ZnCl_2$, die mit Harnstoff abgepuffert ist, begrenzt gequollen, gespült, getrocknet u. bei 60 bis 70° mit einer Lsg. behandelt, die in 100 W., 6,5 Borax u. 2 Talgsulfonat enthält. Anschließend trocknet man in bewegter Luft bei 60°. (**D. B. P. 906 326** Kl. 8k vom 11/6. 1950, ausg. 11/3. 1954.) Möllering. 8075

E. I. du Pont de Nemours & Co., Wilmington, Del. (Erfinder: **Jefferson Adger Stokes,** Richmond, Va.), V. St. A., *An Kautschuk haftende Schlichte für Celluloseseiden,* bestehend aus einer wss. Lsg. einer Aminseife, einem Phenol–Aldehyd-Kondensat u. einem Butadienmischpolymerisat als Haftmittel. Geeignet ist z. B. eine wss. Lsg. mit einem Geh. von 0,5 (%) Resorcin–CH_2O-Kondensat, 1,5 Mischpolymerisat (aus Butadien u. z. B. Vinylpyridin) u. 5 Triäthanolamin- oder Morpholinoleat oder -stearat. (**D. B. P. 907 642** Kl. 8k vom 26/4. 1951, ausg. 29/3. 1954. A. Prior. 12/5. 1950.) Möllering. 8075

British Celanese Ltd., London, England, *Gefärbte und fluorescierende Kunstseiden.* Im UV-Licht fluorescierendes Textilgut erhält man durch Färben von Kunstseiden, deren Spinnmasse feinverteilte anorgan. fluorescierende sowie gegebenenfalls feinverteilte organ. Pigmentfarbstoffe zugesetzt sind. — Zu 400 (Teilen) einer 25%ig. Celluloseacetatspinnmasse gibt man z. B. ein Gemisch aus ZnS u. CaS u. spinnt daraus in üblicher Weise Fäden, die dann mit einem Azofarbstoff gefärbt werden. (**E. P. 669 028** vom 2/5. 1947, ausg. 26/3. 1952. A. Prior. 4/5. 1946.) Möllering. 8077

Antonio Ferretti, Milano, Italien, *Herstellung von Fasern aus Casein.* Man verwendet als Ausgangsmaterial *Casein* aus Magermilch, das bei einem p_H-Wert <4 gefällt wurde; das Casein wird in Alkali gelöst, reifen gelassen u. in ein saures Bad versponnen. Das Bad soll ein Al-Salz u. Na_2SO_4 in solchen Mengen enthalten, daß die D. des Bades wesentlich erhöht wird. Anschließend behandelt man die CH_2O-Fäden in einem Bad, das HCl, Al-Salz u. CH_2O enthält. (**Dän. P. 74 276** vom 27/8. 1936, ausg. 9/6. 1952. It. Prior. 28/8. 1935.) Jürgen Schmidt. 8079

Thüringisches Kunstfaserwerk „Wilhelm Pieck" Schwarza VEB (Erfinder: **Paul Kümmel**), Rudolstadt, Thüringen, *Kräuselung von künstlichen Fäden oder Fasern aus synthetischen linearen Polymeren, besonders Polyamiden oder Polyurethanen.* Man behandelt das Fasergut bei n. oder erhöhter Temp. mit verd. organ. oder anorgan. Säuren, wie Milchsäure, Glykolsäure, CH_3COOH oder HCl, die organ. oder anorgan.

Salze, wie Na-Lactat, NaCl, NH_4Cl, Na_2SO_4, $MgCl_2$, $CaCl_2$, $ZnSO_4$, $ZnCl_2$, $AlCl_3$ oder NaF, gelöst enthalten; z. B. führt man endlose Fäden oder Garne aus Polyamiden oder Polyurethanen ohne Spannung oder in nur teilweise gereckten Zustande durch Bäder dieser Art. Man erhält so ein Fasergut von ganz besonderer feinbogiger Kräuselung mit korkenzieherartigen Windungen. (**D. P. [DDR] 1578** Kl. 29b vom 30/10. 1942, ausg. 26/11. 1952 [Wirtschaftspatent].) RAETZ. 8081

Badische Anilin- & Soda-Fabrik, Ludwigshafen/Rh. (Erfinder: **Friedrich Wilhelm Guthke,** Ludwigshafen/Rh., und **Rudolf Koenig,** Mannheim), *Gerbend wirkende Kondensationsprodukte* erhält man durch stufenweise Umsetzung von Dioxydiarylsulfonen mit CH_2O u. schwefligsauren Salzen. — 4.4'-Dioxydiphenylsulfon wird mit W. mit wasserfreiem Na_2SO_3 u. 30%ig. CH_2O im Rührdruckkessel 4 Std. auf 145—155° erhitzt. Nach Abkühlung auf ca. 100° gibt man nochmals Na_2SO_3, CH_2O u. W. zu, erhitzt 5 Std. auf die gleiche Temp., kühlt nochmals ab u. führt eine gleiche 3. Kondensation durch, wobei mindestens 6 Std. erhitzt wird. Nach der Zerstörung des nicht verbrauchten Na_2SO_3 mit H_2SO_4 + HCOOH unter Erhitzen erhält man eine hellbraune Lsg. mit p_H 3,2, die sich zur Behandlung von *Fasern* oder Gebilden aus *Polyamiden* eignet. Ein weiteres Ausgangsprod. ist 4.4'-Dikresylsulfon. (**D. B. P. 880 301** Kl. 12o vom 22/8. 1951, ausg. 22/6. 1953.) KRAUSS. 8081

Monsanto Chemicals Ltd., London, England (Erfinder: **Harold Garton Emblem**), *Fasern oder Gewebe mit erhöhter Haftfestigkeit* der Fasern aneinander. Man behandelt das Gut mit einer wss. Lsg. von organ. Silicaten, bes. von Äthylsilicat (**I**). — *Nylon*-Strümpfe, die mit einer Lsg. aus 50 (g) W. mit einem Geh. von 0,15 Na-Alginat u. in 50 A. gelöstem **I** behandelt sind, sind maschenfest. (**E. P. 697 451** vom 4/2. 1949, ausg. 23/9. 1953.) MÖLLERING. 8081

Soc. Rhodiacéta, Frankreich (Erfinder: **Ernest B. Benger**), *Appretieren von Geweben aus Superpolyamiden.* Man erhitzt das betreffende Textilgut aus Polyhexamethylenadipamid im trockenen oder feuchten Zustande gleichmäßig kurze Zeit auf eine fast dem Erweichungspunkt des Polyamids gleichkommende Temperatur. — 11 Beispiele. Zeichnung. (**F. P. 1 019 594** vom 10/11. 1947, ausg. 23/1. 1953. A. Prior. 13/2. 1941.) OPPERMANN. 8081

B. F. Goodrich Co., New York, N. Y., übert. von: **Harry Gilbert,** Cuyahoga Falls, und **Floyd F. Miller,** Wadsworth, O., V. St. A., *Herstellung von Mischpolymerisaten mit Vinylidencyanid* (**I**). Das klare fl. monomere **I** mit F. 9—9,7° u. $Kp._1$ 40° eignet sich zur Mischpolymerisation mit Alkylvinylketonen der Formel R—C(O)—C(H)=CH_2 (R = Methyl- bis Decylrest) oder — nach A. P. 2 654 728 — mit Difluordichloräthylen (**II**). Die Polymerisation erfolgt in der M. oder in organ. Lösungsmitteln gelöst bei 20—100° unter Verwendung von Peroxydinitiatoren. — Z. B. wird **I** in Gemisch mit Methylvinylketon in Benzollsg. zu wertvollen Harzen polymerisiert, die — ebenso wie die aus **I** u. **II** polymerisierten Harze — im Schmelz- oder Lösungsspinnverf. zu *Fäden* geformt werden können. (**A. PP. 2 654 724** u. **2 654 728** vom 24/6. 1952, ausg. 6/10. 1953.) MÖLLERING. 8081

B. F. Goodrich Co., New York, N. Y., übert. von: **Earl J. Carlson,** Akron, O., V. St. A., *Zur Mischpolymerisation mit Vinylidencyanid* eignen sich olefin. ungesätt. Carbonsäuren, die eine aktivierte —C=C-Bindung enthalten. Die Polymerisation erfolgt in der M. oder zweckmäßig in organ. Lösungsmitteln, die frei von Verunreinigungen sind. Geeignete Säuren sind (Methyl-) Croton-, Isocrotonsäure, Vinyl- oder Allylessigsäure, Vinylacryl-, Sorbin-, Malein-, Fumar- oder Itaconsäure oder deren Gemische. Die erhaltenen Harze sind aus der Lsg. oder der Schmelze zu *Fäden* verspinnbar. (**A. P. 2 657 197** vom 11/6. 1952, ausg. 27/10. 1953.) MÖLLERING. 8081

E. I. du Pont de Nemours & Co., V. St. A. (Erfinder: **John Cadwallader Richards**), *Polymerisation und Mischpolymerisation von Acrylnitril* in Ggw. eines Perdisulfatkatalysators (Alkali-, Erdalkali-, NH_4-Perdisulfat), eines wasserlösl. Sulfoxyreduktionsmittels ($NaHSO_3$, Na-Metabisulfit, SO_2 u. SO_2 in saurem Medium entwickelnde Stoffe, Na-Hyposulfit, Diäthylsulfit, Formamidinsulfinsäure, p-Toluolsulfinsäure). Man hält das p_H der Reaktionsmischung konstant, zweckmäßig bei 2,5—3,5, arbeitet bei 20—75°, bes. 45°, mit 0,3—0,75%, bes. 0,5%, Katalysator, u. 0,6—1,5%, bes. 1%, Aktivator bis zu 85%ig. Ausbeute. Man erhält Polymere mit einem einheitlichen Mol.-Gew., die sich bes. bei einem Mol.-Gew. von ca. 65000 zum *Trockenspinnen* eignen, während solche von 120000—130000 besser naß versponnen werden. Das Mol.-Gew. durchläuft bei oben genanntem p_H einen Minimalwert, der bei Anwendung von niedrigerem u. höherem p_H steigt. (**F. P. 1 010 232** vom 30/1. 1950, ausg. 9/6. 1952. A. Prior. 9/2. 1949.) PANKOW. 8081

Chemstrand Corp., Del., übert. von: **George E. Ham,** Dayton, O., V. St. A., *Färb- und verspinnbare Mischpolymerisate.* 80—98 (%) Acrylnitril u. 2—20 ungesätt. Glycidyläther werden auf beliebigem Wege, zweckmäßig in Emulsionsform, polymerisiert. Geeignet sind (auch methylierte oder chlorierte) Allylglycidyläther. Die aus dem z. B. in Dimethylacetamid gelöstem Mischpolymerisat gesponnenen *Fäden* sind z. B. in saurer Flotte mit Wollfarbstoffen färbbar. (**A. P. 2 650 151** vom 22/4. 1950, ausg. 25/8. 1953.) MÖLLERING. 8081

Vereinigte Glanzstoff-Fabriken Akt.-Ges., Wuppertal-Elberfeld (Erfinder: **Hans Batzer** und **Hans Holtschmidt**, Freiburg/Br.), *Herstellung von Polyestern*, dad. gek., daß als Säurekomponente 2.5-Dioxyterephthalsäure bzw. deren Derivv., gegebenenfalls neben anderen Dicarbonsäuren, wie Terephthalsäure, verwendet werden. — Z. B. werden 1 (Mol) 2.5-Dioxyterephthalsäuredimethylester, 2 Butandiol (**I**) u. 2% p-Toluolsulfonsäure als Kondensationsmittel 4 Std. erhitzt; der abgespaltene Alkohol u. das überschüssige **I** werden im Vakuum abdestilliert. Die Kondensation wird durch Erhitzen auf 275° im Hochvakuum während 6 Std. zu Ende geführt. Die Ester sind *fadenziehend*. (**D. B. P. 900 495** Kl. 39c vom 17/7. 1951, ausg. 28/12. 1953.) HERBST. 8081

California Research Corp., San Francisco, übert. von: **William G. Toland, Jr.**, Richmond, Calif., V. St. A., *Verspinnbare Polymerisate*, die die wiederkehrende Einheit

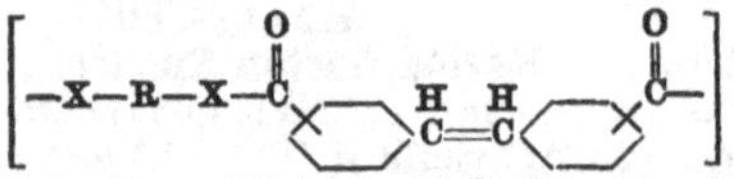

(vgl. nebenst. Formel) (X = —NH— oder —O— R = Alkyl-, Aryl-, Cycloalkyl- oder Aralkylrest mit 2—16 C-Atomen) enthalten, werden durch Polymerisation von Stilbendicarbonsäureverbb. erhalten. — 27 (g) p.p'-Stilbendicarbonsäure (**I**), 62,1 Äthylenglykol (**II**) u. 0,3 konz. H_2SO_4 werden 3 Std. auf 180° u. 2 Std. auf 250° erhitzt. Bei 150° setzt man 62,1 **II** u. 0,2 H_2SO_4 nach u. erhitzt 6 Std. auf 180°. Das Prod. erweicht bei 150° u. läßt sich zu Filmen u. Fäden ziehen. — Der ähnlich polymerisierbare Diäthylester von **I** hat F. 130—131,5°, VZ. 160—162 u. SZ. = Spuren. (**A. P. 2 657 195** vom 25/3. 1950, ausg. 27/10. 1953.) MÖLLERING. 8081

N. V. Onderzoekingsinstituut „Research", Holland, *Herstellung von Fäden aus Polymerisationsprodukten von Dienkohlenwasserstoffen*, z. B. Polybutadien, Naturkautschuk. Man verspinnt die Lsg. solcher Substanzen in Spinnbädern, die anorgan. Säuren oder deren Anhydride (vorzugsweise SO_2) u. Aktivatoren (Peroxyde, Hydroperoxyde) enthalten, u. stabilisiert die frisch gesponnenen Fäden mit einer wss. 0,2—3%ig., 70—90° warmen Lsg. von Thioharnstoff. Das Verstrecken der Fäden kann im Stabilisationsbade oder vor oder nach der Stabilisation in einer Wasserdampfatmosphäre erfolgen. Nach dem Trocknen werden die Fäden nochmals erhitzt. (**F. P. 1 018 789** vom 15/3. 1950, ausg. 13/1. 1953. Holl. Prior. 29/7. 1949.) OPPERMANN. 8081

Louis Diserens, *Neueste Fortschritte und Verfahren in der chemischen Technologie der Textilfasern.* Zweiter Teil *Neue Verfahren in der Technik der chemischen Veredlung der Textilfasern* (*Hilfsmittel in der Textilindustrie*). 2. Band. Basel u. Stuttgart: Verlag Birkhäuser. 1953. (XI + 916 S. m. zahlreich. Tab.) sfr. 118,50; DM 118,50.

(2. Teil, 1. Band vgl. C. **1953**. 3821.) Der vorliegende Band beschäftigt sich mit den verschiedensten Appreturverff. sowie mit den Spezialappreturen. Besprochen werden in diesem Zusammenhang die zum Appretieren u. Ausrüsten von Textilien erforderlichen Produkte. Ferner werden Konservierungs- u. Schutzmittel gegen Mikroorganismen beschrieben, wobei auch der Schutz tier. Fasern gegen Mottenschäden behandelt wird. Ein umfassendes Patentregister (über 3000 Patente) sowie ein alphabet. Sachverzeichnis der im Text u. in den Tabellen erwähnten Prodd. (über 2000) bilden den Abschluß des Buches. Es sei noch bemerkt, daß der Band völlig in sich abgeschlossen ist. Die Literatur ist bis 1951 berücksichtigt. P. ECKERT. 8028

XIX. Brennstoffe. Erdöl. Mineralöle.

H. L. Weisz und **A. A. Orning**, *Reaktionsfähigkeit fester Brennstoffe. — Einfluß des Sauerstoffpartialdruckes.* Die Geschwindigkeit der Temperatursteigerung bei der Oxydation von Brennstoffen ist abhängig von der Reaktionsfähigkeit des betreffenden Brennstoffes u. vom O_2-Partialdruck. Für diese Beziehungen wird eine Formel aufgestellt. (Fuel **32**. 435—40. Okt. 1953. Pittsburgh, Pa., Coal Res. Labor. Carnegie Inst. of Technol.) H. PAETZOLD. 8128

A. E. Lance, *Fortschritt bei der Trennung schwerer Medien in Deutschland.* Fortschrittsbericht über den HUMBOLT-Prozeß u. seine Anwendung bei der Reinigung der *Kohle* von Steinen, Pyrit u. anderem. (Mining Mag. **82**. 265—68. Mai 1950.) WEITBRECHT. 8134

V. F. Parry, *Tieftemperaturverkokung von Kohle und Lignit für industrielle Zwecke.* Kohlen aus tieferen Lagerstätten mit einem Heizwert unterhalb von 14000 Btu/lbs eignen sich für die Tieftemperaturverkokung im Fließbett, während Kohlen aus höheren Lagerstätten, einschließlich Lignit, Verkokungs- u. Zusammenballungserscheinungen zeigen, die die Verkokung schwierig gestalten. Vf. bringt Bilder u. Tabellen von

Versuchsanlagen, in denen getrockneter Lignit u. jüngere Kohlen als Ausgangsprodd. für Gasgeneratoren dienen. Der Koks wird dann, ohne erst abgekühlt zu werden, unter Kesseln verbrannt. (Combustion [New York] **25.** Nr. 9. 38—42. März 1954. U. S. Bur. of Mines.) K. O. MÜLLER. 8140

W. Świętosławski, *Entwicklungswege der kokschemischen Industrie.* Zusammenfassender Vortrag über die moderne Entw. der Kokereichemie u. die Folgerungen aus der Auffassung des Steinkohlenteers als polyazeotropes Gemisch, mit bes. Berücksichtigung der Dest. des Mittelöls. Für die azeotrope Dest. des Naphthalins ist die von den Naphthalinkristallen entfernte Mutterlauge das geeignetste polyazeotrope Mittel. (Przemysł chem. **9** (**32**). 328—32. Juli 1953. Warszawa, Uniw. u. Inst. Chem. ogóln.) R. K. MÜLLER. 8142

—, *Die Vergasung von Kohle — ein Bericht über neuere Versuche.* Es wird ein kurzer Bericht über die Untertagevergasung in verschied. Ländern gegeben. (Mining J. [London] **241.** 218—19. 21/8. 1953.) ROSENDAHL. 8148

Ernst Beier, *Das Reinigen von technischen Gasen.* Übersicht über die wichtigsten im Kokereibetrieb eingeführten Gasreinigungsverff. zur Entfernung von H_2S, Dämpfen organ. Verbb. u. Naphthalin ohne Anspruch auf Vollständigkeit mit Angabe der wichtigsten Betriebsbedingungen. (Bergbau-Rdsch. **5.** 139—45. März 1953.) BLAUHUT. 8164

R. O. King, E. J. Durand und **A. B. Allan,** *Die Oxydation, Zersetzung, Zündung und Detonation von Treibstoffdämpfen und -gasen.* 18. Mitt. *Der Betrieb eines Vergasermotors durch Verdichtungszündung mit Diäthyläther oder Acetaldehyd als Treibstoff.* (17. vgl. C. **1954.** 6140.) Diäthyläther (I) u. Acetaldehyd (II) klopfen stark, wenn sie als Treibstoffe in Vergasermotoren unter n. Temperatur- u. Gemischstärkebedingungen verwendet werden. Die Verss. zeigen jedoch, daß beide Stoffe bei relativ niedrigen Temperaturbedingungen bei jeder zündbaren Gemischstärke bei entsprechend veränderten Verdichtungsverhältnissen verwendet werden können u. daß unter diesen Verhältnissen entweder durch Funken oder Verdichtung gezündet werden kann. Vff. nehmen an, daß die zur Verdichtungszündung benötigten Kerne durch die Nebelteilchen dargestellt werden, die sich bekanntlich in erwärmten Gemischen von Luft mit I oder II vor der explosiven Zündung bilden. (Canad. J. Technol. **29.** 382—90. Aug. 1951. Defence Res. Board Can. u. Univ. Toronto, Dep. of Mech. Engng.) FREIWALD. 8204

H. C. Evans und **J. B. Matthews,** *Größenverteilung und kolloides Verhalten der unlöslichen Bestandteile in gebrauchten Kurbelkastenölen von Otto-Motoren.* Vff. bringen Messungen über die Verteilung der Teilchengröße in typ. gebrauchten Schmierölen aus Kurbelkästen, u. zwar nach einer mikrograph. Meth., einer Sedimentationsmeth. in einem n. Gravitationsfeld u. nach einer Sedimentationsmeth. durch Zentrifugieren. Die erhaltenen gut übereinstimmenden Resultate zeigen, daß die individuellen kohlenartigen Teilchen, die gewöhnlich den Hauptbestandteil der festen Phase in Altölen darstellen, in einem sehr engen Verteilungsbereich liegen. Der durchschnittliche Durchmesser liegt in der Größenordnung von 1 μ. Dies bestätigt die Annahme der Vff., daß die kohlenartigen ölunlösl. Teilchen Rauchpartikel sind, die im Verbrennungsraum entstanden sind. Diese Teilchen besitzen oft die Neigung unter stat. Bedingungen, die durch die Anwesenheit von oberflächenakt. Substanzen angeregt werden, auszuflocken. Sind diese Kräfte gering, dann ist das Ausflocken im Öl weniger schnell als die Zusammenballung der Rauchpartikel im Verbrennungsraum in der Gasphase. Die geringste Menge von dispergierenden Additives, die erforderlich ist, eine komplette Entflockung zu erreichen, scheint die Menge zu sein, die notwendig ist, um eine völlige adsorbierte monomol. Schicht auf der Oberfläche der Partikelchen zu erzielen. Vff. glauben, daß eine Beziehung besteht zwischen der Neigung der Partikel in dem Öl auszuflocken u. der Selbstreinigung von Kurbelkastenölen. Mkr. Bilder, Tabellen, Versuchsergebnisse, Literaturhinweise. (J. Inst. Petroleum **39.** 441—53. Juli 1953. Shell Petroleum Co. Ltd., Thornton Res. Centre.) K. O. MÜLLER. 8220

J. Hughes und **J. B. Matthews,** *Kinetische Untersuchung über die Verschlechterung von Kurbelkastenölen von Otto-Motoren während des Gebrauchs.* Ableitung mathemat. Gleichungen über Ansammlung von ölunlösl. u. öllösl. Oxydationsprodd. u. über Erschöpfung der Additive. Durch Anwendung dieser Gleichungen zeigen Vff. wie eine bessere Erklärung über den Mechanismus der eintretenden Ölverschlechterung gewonnen werden kann. Die Anwendung der Gleichungen auf den Additivzusatz ergibt Hinweise auf die Ursache für dessen Erschöpfung, so daß die Möglichkeit besteht die optimale Konz. von Additives für spezielle Motorbedingungen u. Ölwechselperiode zu ermitteln. Prüfstandsverss. mit Ergebnissen, Ableitung der Gleichungen im Original sowie Diskussionsbeiträge. (J. Inst. Petroleum **39.** 463—86. Juli 1953. Shell Petroleum Co. Ltd., Thornton Res. Centre.) K. O. MÜLLER. 8220

J. B. Matthews, *Die Verschlechterung von Kurbelkastenölen von Otto-Motoren während des Gebrauches.* Vf. bringt die Analysenwerte einer großen Anzahl von gebrauchten Ölen aus dem Kurbelkasten von OTTO-Motoren, die aus Motoren entnommen waren, die sowohl auf der Straße als auch auf dem Prüfstand unter n. Betriebsbedingungen, als auch aus Motoren die unter abnormalen Prüfstandsbedingungen betrieben worden waren. Die analyt. Daten umfassen 1. die wahre Konz. von ölunlösl. Bestandteilen, die durch direkte Filtration durch bakteriolog. Filter erhalten wurden, 2. die Fraktion der ölunlösl., aber in Chlf. lösl. Bestandteile, 3. die Aschenwerte von ungebrauchten, gebrauchten u. filtrierten gebrauchten Ölen u. 4. die Schlammenge, die mit Hilfe von Normal-Benzin aus dem filtrierten gebrauchten Öl ausgefällt wird. Die tabellar. gebrachten Analysenzahlen zeigen nach Ansicht des Vf., daß die ölunlösl. Phase im allg. aus Rußpartikeln besteht, die sich im Verbrennungsraum gebildet haben u. zu einem geringen Teil aus Abrieb- u. Staubteilchen u. solchen Teilen, die Öloxydationsprodd. aus der fl. Phase absorbiert haben. Die chloroformlösl. Fraktion des Ölunlösl. gibt ein Maß des relativ. Beitrags der Öloxydation zu der unlösl. Phase. Nur aus wenig raffinierten Ölen bilden sich unter hohen Tempp. u. guten Verbrennungsbedingungen Oxydationsprodd. in Form von ölunlösl. Stoffen. Das gleiche gilt von naphthenbas. Ölen mittleren V. I., die unter außerordentlich hohen Temperaturbedingungen gefahren werden. Dieser abnormale Typ von ölunlösl. Stoffen kann aber von den unter n. Bedingungen erhaltenen Oxydationsprodd. unter einem starken Mikroskop unterschieden werden. Eine echte Unterscheidung zwischen gebrauchten Ölen aus DIESEL- u. OTTO-Motoren kann nicht getroffen werden, in beiden Fällen hängt der Faktor, der sowohl die Menge als auch die Zus. der ölunlösl. Phase kontrolliert, von dem Wirkungsgrad des Verbrennungsprozesses ab. — Tabellen, Bilder u. Literaturhinweise im Original. (J. Inst. Petroleum **39.** 430—40. Juli 1953. Shell Petroleum Co. Ltd., Thornton Res. Centre.) K. O. MÜLLER. 8220

J. H. T. Brook, J. B. Matthews und **R. P. Taylor,** *Die Rolle, die die Oxydation bei der Verschlechterung von Kurbelkastenölen von Otto-Motoren während des Gebrauchs spielt.* Vff. besprechen zuerst die Bedeutung der Alterungsteste für Schmieröle unter besonderer Berücksichtigung der angewandten katalyt. Bedingungen. Aus den Versuchsergebnissen leiten Vff. ab, daß zwei lackbildende Rkk. im Motor auftreten können. Die erstere ist langsam, ihr Auftreten kann durch O_2-Adsorptionsmessungen an dem Öl vorausgesagt werden, vorausgesetzt, daß geeignete katalyt. Bedingungen gewählt werden. Die zweite ist eine viel schnellere Rk., die aber nur oberhalb einer krit. Temp., die vom Öl abhängig ist, eintritt. Diese kann durch einen Adsorptionsmechanismus kontrolliert werden u. ist für das Kolbenringverkleben, das durch die Öloxydation hervorgerufen wird, verantwortlich. Abgesehen von dem schädlichen Einfl., der durch die Öloxydation hervorgerufen wird, können auch nützliche Resultate erreicht werden, wenn eine bestimmte Klasse von Oxydationsprodd. während des Betriebes in ausreichender Menge gebildet werden. Prüfstandsverss. zeigten, daß diese Oxydationsprodd. eine Schlammablagerung u. die Neigung des Ringsteckens verhindern. (J. Inst. Petroleum **39.** 454 bis 462. Juli 1953. Shell Petroleum Co. Ltd., Thornton Res. Centre.)

K. O. MÜLLER. 8220

Julius Pintsch K. G. (Erfinder: **Karl Hassel**), Berlin, *Speichern von Erdgas, Kokereigas und anderen methanreichen Gasen* unter Verwendung von Lösungsmitteln, bes. für Kraftfahrzeuge. Das Ausgangsgas wird in einen Behälter, der ein aus Propan u. Butan bestehendes Flüssig-Gas-Gemisch enthält, unter Hochdruck, bis zu ca. 200 at, gepreßt, wobei das Flüssig-Gas-Gemisch in einer porösen M. aufgesaugt sein kann. (**D. B. P. 903 498** Kl. 26d vom 2/7. 1942, ausg. 8/2. 1954.) DEMMLER. 8121

Marie Bernard, Seine, Frankreich, *Verbessern der Brennbarkeit der Kohlen.* 18 (Teile) Pyritasche, 40 $CaCO_3$ u. 42 NaCl werden miteinander verrieben. $2^0/_{00}$ der Mischung werden der Kohle zugesetzt. Die Feuerung soll eine geringere Luftzufuhr erfordern. Der Brennstoff ist geeignet zur Herst. von armem Brenngas u. Wassergas. (**F. P. 1 022 131** vom 18/7. 1950, ausg. 10/12. 1952.) HOLM. 8135

Particom, Soc. An., Luxemburg, *Rauchloser Brennstoff.* Der zerkleinerte feste Brennstoff wird mit erweichten, pechartigen Laugenrückständen der Zellstoffabrikation als Bindemittel zu Briketts geformt u. erkalten gelassen. Bei einem Wassergeh. von 5% im Brennstoff genügen 4—5% des Bindemittels. (**F. P. 1 023 148** vom 7/8. 1950, ausg. 24/12. 1952. Belg. Prior. 25/7. 1950.) HOLM. 8137

Badische Anilin- & Soda-Fabrik Akt.-Ges. (Erfinder: **Ferdinand Markert, Willibald Funk,** Ludwigshafen/Rh., und **Franz Duftschmid,** Heidelberg), *Erzeugung von Brenn-*

gas durch Vergasen eines bituminösen Brennstoffes in einem mit Schwelraum (I) versehenen Abstichgaserzeuger (II). Das in I entstehende Schwelgas wird im Kreislauf durch I geführt. Ein Teilstrom davon wird abgezweigt u. mit O_2 u. H_2O-Dampf zusammen in das Unterteil von II eingeführt. (**D. B. P. 895 362** Kl. 24e vom 10/12. 1949, ausg. 2/11. 1953.) v. Huhn. 8149

United Engineers & Constructors, Inc., Philadelphia, übert. von: **Clarence B. Glover**, Springfield, Pa., V. St. A., *Erzeugung von Wassergas mit niedrigem Stickstoffgehalt.* Der Wassergaserzeuger wird üblicherweise heißgeblasen u. hierauf abwechselnd von oben oder unten Dampf eingeführt. Die sowohl beim Heißblasen als auch beim „Gasen" anfallende Wärme der Gase wird im Regenerator gespeichert. Ein Teil der beim Heißblasen gespeicherten Wärme wird zur Überhitzung des oben in den Generator einzuführenden Dampfes benutzt. Die Wärme des beim Auf- u. Abwärtsgasen anfallenden Wassergases wird dann in einem Wärmeaustauscher zur Dampfvorwärmung ausgenutzt. Um nun ein Gas mit niedrigem N_2-Geh. zu erzeugen, öffnet man den oberen Verschluß einer vor dem Regenerator liegenden Abgasleitung kurz vor Ende der Heißblasperiode, schließt die am unteren Ende dieser Leitung angeordnete Sekundär-Luftleitung u. führt Spüldampf in eine zwischen Regenerator u. Wärmeaustauscher liegende Leitung ein, um das Generatorgas aus diesen Leitungen auszuspülen. Die ausgespülten Gase treten dann durch die genannte Abgasleitung nach Hindurchtritt durch den Regenerator aus. Nach Beendigung des Heißblasens wird Dampf von unten in den Generator eingeführt u. das während des nunmehr folgenden „Gasens" gebildete Wassergas durch den Regenerator u. Wärmeaustauscher geleitet. Mittels eines 3-Wegehahnes wird dann auf Abwärtsgasen umgestellt u. das hierbei erzeugte Wassergas unmittelbar nach Passieren einer Vorlage abgezogen. (**A. P. 2 606 827** vom 21/5. 1948, ausg. 12/8. 1952.) W. Hauswald. 8153

Metallgesellschaft Akt.-Ges., Frankfurt/M. (Erfinder: **Hans Werner Groß, Willy Franke**, Neu-Isenburg, und **Oskar Dorschner**, Bad Homburg), *Entgiften von kohlenoxydhaltigen Gasen*, wie Koksofen-, Wasser-, Stadtgas u. dgl. auf einen CO-Geh. $<2\%$ durch katalyt. Hydrierung, dad. gek., daß die Entgiftung in 2 oder mehreren höhere KW-stoffe oder dgl. liefernden Stufen durchgeführt wird, die vorteilhaft mit gleichem oder ähnlichem Kontakt u. unter verschied. Betriebsbedingungen, wie Temp., Druck u./oder Gasbelastung, arbeiten, u. daß in der 1. oder den ersten Stufen die CO-Hydrierung so weit geführt wird, daß der %-Geh. des Gases an CO mindestens im Verhältnis 5 : 2 herabgesetzt wird. (**D. B. P. 907 686** Kl. 26d vom 20/10. 1950, ausg. 29/3. 1954. Anmeldung bekanntgemacht 30/7. 1953.) Demmler. 8157

Power-Gas Corp. Ltd., Stockton-on-Tees, England, *Regenerieren von ammoniakalischen, Cu(I)- und Cu(II)-Salze enthaltenden, für die Absorption von CO unter Druck benutzten Lösungen* durch Entspannen, Erhitzen (z. B. auf 80°), Reduzieren von Cu(II)- zu Cu(I)-Salz u. Oxydieren von restlichem CO zu CO_2 in entsprechenden Behältern, wobei das Verhältnis von Cu(I)- zu Cu(II)-Salz durch direktes Leiten eines Teiles der entspannten, kalten Fl. in das Reduzîer- u./oder das Oxydiergefäß geregelt wird. — Zeichnungen. (**E. P. 680 849** vom 13/7. 1950, ausg. 15/10. 1952.) Demmler. 8157

Dr. C. Otto & Co. G. m. b. H. (Erfinder: **Erich Schön**), Bochum, *Auswaschen von H_2S aus Kohlendestillationsgasen* mittels NH_3–W. in mehreren Stufen, wobei die Konz. des NH_3 in W. in der 1. Stufe so hoch ist, daß NH_3 in das Gas geht, in den nachfolgenden Stufen aber wieder NH_3 ausgewaschen wird, dad. gek., daß auf die 1. Stufe ein NH_3–W. mittlerer Konz. (2—8% bei ca. 20°) aufgegeben u. bei der Wäsche insgesamt so viel NH_3 ausgewaschen wird, als bei der lediglich mittels Erwärmung vorgenommenen Regenerierung der vereinigten Abläufe aller Stufen verlorengeht. — Vorrichtung. (**D. B. P. 891 128** Kl. 26d vom 13/5. 1942, ausg. 24/9. 1953.) Demmler. 8173

Hall Laboratories, Inc., Pittsburgh, übert. von: **Everett Percy Partridge**, Beaver, Pa., V. St. A., *Wässerige Dispersion mineralischer Stoffe*, bes. tonhaltige Bohrspülung. Sie enthält langsam lösl. glasige anhydr. Alkaliphosphate mit einem mol. Verhältnis von Alkalioxyd zu P_2O_5 kleiner als 1 : 1, vorzugsweise zwischen 0,5 : 1 u. 0,9 : 1, bes. Na- oder K-Phosphatgläser. (**D. B. P. 884 342** Kl. 5a vom 24/9. 1950, ausg. 27/7. 1953. A. Prior. 18/1. 1945.) W. Hauswald. 8191

Standard Oil Co., Chicago, Ill., übert. von: **Leonard A. Hays, Jr.**, Hammond, und **Robert B. Selund**, Highland, Ind., V. St. A., *Bleicherdebehandlung von Schmieröldestillaten anschließend an die Propanentparaffinierung.* Die Bleicherde wird bei 100 bis 150° F in einem im Kreise geführten Teil des Fertigprod. suspendiert u. dem von der Entparaffinierung kommenden Propan–Schmieröl-Gemisch zugesetzt. Die Mischung wird auf 200—400° F erwärmt u. das C_3H_8 in einer Hochdruck- (250 Pfund/Quadrat-

zoll) u. einer Niederdruck-(Atmosphärendruck)Stufe abgeschieden. Anschließend wird die Bleicherde abfiltriert. (**A. P. 2 586 947** vom 29/11. 1949, ausg. 26/2. 1952.)
v. HUHN. 8195

Phillips Petroleum Co., übert. von: **Russell K. Simms**, Bartlesville, Okla., V. St. A., *Konstanter BTU-Wert (british thermal units) von Restgasen aus Absorbern.* Man bringt Gasgemische (C_1- bis $> C_5$-KW-stoffe) bei 400—2000 lbs./sq.in. in einer Absorptionszone im Gegenstrom mit einem schwach vorgesätt. Absorptionsöl in Berührung, wobei C_2- u. höhere KW-stoffe absorbiert werden. Nichtabsorbierte Gase entfernt man, desgleichen leitet man das angereicherte Absorptionsöl in eine Überhitzungszone, wo unter Entspannung ein Teil des Methans u. der C_2-KW-stoffe entweicht. Man bringt das angereicherte Absorptionsöl in eine Depropanisierungszone, wo C_3- u. niedrigersd. KW-stoffe entfernt werden. Diese C_3- u. niedrigersd. KW-stoffe werden in ein bewegtes Aktivkohlebett zwecks selektiver Absorption gebracht. Man gewinnt so einen C_2- u. einen C_3-Strom, sowie einen Methanstrom mit C_2-KW-stoffen. Die in dem Methanstrom enthaltenen C_2-KW-stoffe entsprechen der Veränderung des BTU-Wertes der nichtabsorbierten Gase, die aus der Absorptionszone abgezogen wurden, um den BTU-Wert konstant zu halten. Aus der Depropanisierungszone zieht man Absorptionsöl ab, in dem C_4- u. höhersd. KW-stoffe enthalten sind. — Zeichnung. BTU = British thermal unit, brit. Wärmeeinheit, ca. $^1/_4$ Cal.; Faktor: 0,252. (**A. P. 2 600 133** vom 27/10. 1949, ausg. 10/6. 1952.)
UNGER. 8195

Pure Oil Co., übert. von: **George W. Agers**, Chicago, Ill., und **Erskine E. Harton**, Lamarie, Wyo., V. St. A., *Entsäuern von Leichtbenzin.* Man oxydiert die in den wasserhellen KW-stoffen enthaltenen Mercaptane zu Polysulfiden mit einer Alkalilsg., die als Katalysator ein Sulfonat enthält, das die Oxydation der Mercaptane zu Polysulfiden beschleunigt. Es handelt sich um Sulfonate am Naphthochinon, Naphthohydrochinon, sowie Alkyl-, Phenyl- u. Alkoxyderivv. der verschied. Verbindungen. Sie werden in genügender Menge verwendet, um die Oxydation zu beschleunigen. Man bläst das Gemisch mit Luft u. trennt den entsäuerten KW-stoff von dem Gemisch. Er hat dieselbe wasserhelle Farbe wie der unbehandelte, mercaptanhaltige KW-stoff. (**A. P. 2 626 890** vom 18/10. 1949, ausg. 27/1. 1953.)
UNGER. 8195

Edeleanu G. m. b. H., Frankfurt/M. (Erfinder: **Karl Fischer**, Ahrensburg), *Aufarbeitung von vorzugsweise mittels SO_2 entparaffinierten Teeren, insbesondere Braunkohlenschwelteeren oder deren Fraktionen,* dad. gek., daß aus einer Lsg. von festes Paraffin nicht enthaltenden Teeren oder Teerfraktionen in SO_2 die gesätt. Anteile bei Tempp. von ca. —10° oder weniger mit Bzn. oder niedrigersd. gesätt. KW-stoffen oder KW-stoffgemischen im Gegenstrom herausgelöst werden. Dabei wird eine Lsg. in ca. 300 Vol.-% SO_2 mit ca. 300—500 Vol.-% der KW-stoffe behandelt. Die gewonnene Lsg. der gesätt. Anteile können noch mit ca. 10—30 Vol.-% selektiver Lösungsmittel, vorzugsweise SO_2, nachbehandelt werden. — Z. B. wird ein Braunkohlenteerdestillat (I), das 12,8% Paraffin u. 8,8% Kreosot enthält, in einer 3stufigen Gegenstromanlage mit 200 Vol.-% SO_2 bei —10° extrahiert; das paraffinhaltige Raffinat, das dann kreosotfrei ist, wird nach Entfernen der SO_2 mit 200 Vol.-% Bzn. verd. u. bei —30° filtriert. Aus dem Filtrat wird das Bzn. entfernt. Die SO_2-haltige Extraktlsg., die 48,9% des eingesetzten I enthält, wird in einem Turmmischer mit 300 Vol.-% Bzn., bezogen auf das in der SO_2-Lsg. enthaltene Teerdestillat, behandelt. Nach Abtrennen des Bzn. werden aus der Raffinatlsg. 53,3% Raffinat-KW-stoffe mit einem Kreosotgeh. von 0,08% erhalten. Die KW-stoffe werden mit denen aus dem Raffinatfiltrat gewonnenen vermischt u. sind als *Dieselöl* verwendbar; sie weisen hohe Cetenzahlen auf. Die höhersd. Anteile sind als *Schmieröle* geeignet. (**D. B. P. 891 083** Kl. 12r vom 5/7. 1939, ausg. 24/9. 1953.)
HERBST. 8195

Anglo-Iranian Oil Co. Ltd. (Erfinder: **Percy Meyer**), London, England, *Katalytische Entschwefelung von Erdölfraktionen* in Ggw. von H_2, wobei Rohöle oder Mischungen von Rohöldestillaten oder Rückständen in eine erste Kolonne u. die Kopfprodd. daraus in eine katalyt. Selbstraffinationszone eingeführt werden, worauf die raffinierten Prodd. dieser Zone in eine weitere Kolonne zur Abtrennung von H_2 u. H_2S als Kopfprod. u. einer oder mehreren entschwefelten Fraktionen eingeführt werden, wobei die ganze Wasserstoff enthaltende gasförmige Fraktion oder ein Teil u. gegebenenfalls ein Teil der entschwefelten Fraktionen am Boden der ersten Kolonne zurückgeführt werden. — Zeichnung. (**D. B. P. 907 104** Kl. 23b vom 15/4. 1949, ausg. 22/3. 1954. E. Prior. 19/4. 1948.)
UNGER. 8195

Wilkinson High Frequency Ltd., London, England, *Entschwefelung von Ölen mineralischen Ursprungs.* Die Öle werden der Einw. von H_2 u. O_3, die in einem oscillierenden Magnetfeld (I) erzeugt werden, u. einer Mischung von H_2 u. O_2, die durch Elektrolyse eines sauren oder alkal. Elektrolyten erzeugt wurden, ausgesetzt. Man kann den H_2 auch durch Einw. eines I auf Naturgas oder ein anderes KW-stoffgas gewinnen. Man läßt das Gas durch einen röhrenförmigen Reaktionsraum aus feuerfestem elektr. Isoliermaterial strömen, der von einer Drahtspule umwickelt ist u. im Inneren ebenfalls eine Drahtspirale enthält. Die Enden der Spulen sind mit einem Oscillator verbunden, der mit Spannungen von 500—100000 V u. einer Frequenz von 300000—500000 kH/Sek. arbeitet. — Zeichnung. (**E. P. 686 529** vom 21/11. 1949, ausg. 28/1. 1953.) Unger. 8195

N. V. de Bataafsche Petroleum Mij., Holland, *Katalytische Entschwefelung von Kohlenwasserstoffen, insbesondere von olefinhaltigen Spaltbenzinen.* Man behandelt das Bzn. mit H_2 oder einem H_2 enthaltenden Gas oder einer unter den betreffenden Reaktionsbedingungen H_2 bildenden Substanz in Ggw. eines Al_2O_3- oder Bauxitkatalysators, der mit einem Oxyd oder Sulfid eines Metalles der 8. Gruppe (Fe, Co, Ni) u. einem Oxyd oder Sulfid eines Metalles der linken Kolonne der 6. Gruppe (Cr, Mo, W) imprägniert ist u. eine geringe Menge eines Alkalimetallsalzes (KCl, KNO_3) enthält. Zur Erhöhung des Selektionsvermögens des Katalysators erhitzt man ihn in Ggw. von Luft 2—40 Std. auf 700—800°. — Z. B. leitet man ein Spaltbenzin (Kp. 140—200°, S-Geh. 0,55, Bromzahl 27, Maleinsäurezahl 36) in einer Menge von 1 kg/Liter Katalysator u. Std. bei 10 at u. 400—450° mit 250 Litern H_2/kg. Bzn. über einen Katalysator, der 100 (Gewichtsteile) Al_2O_3, 5,5 Mo, 0,8 Co u. 0,4 K enthält. (**F. P. 1 036 720** vom 24/2. 1951, ausg. 10/9. 1953. Holl. Prior. 27/2. 1950.) Oppermann. 8195

Hoesch-Benzin G. m. b. H. (Erfinder: **Christian Ullrich** und **Karl Fortmann**), Dortmund, *Füllen von Kontaktöfen für die Benzinsynthese nach Fischer-Tropsch.* Kohlenstoffabscheidungen, methanbildende Nester u. Unregelmäßigkeiten in der Ofenleistung werden vermieden, wenn die Katalysatoren, z. B. Co–Th–SiO_2-Kontakte, unmittelbar vor dem Einfüllen in den Kontaktofen von dem bei der Herst., dem Transport u. dem Umfüllen gebildeten Staub befreit werden, z. B. durch Verwendung einer Einfüllvorr., die durch ein Schrägsieb in eine Durchlaßkammer u. eine Staubkammer unterteilt ist. — Zeichnungen. (**D. R. P. 754 540** Kl. 12o vom 9/4. 1941, ausg. 21/9. 1953.) Herold. 8201

Phillips Petroleum Co., Del., übert. von: **Bertrand I. Mayland**, Bartlesville, Okla., V. St. A., *Herstellung von Synthesegas.* Naturgas u. O_2 werden bei $>$2700° F verbrannt; die CO, H_2, CO_2, H_2O u. noch Naturgas enthaltenden Reaktionsprodd. werden schnell auf $<$ 2300° F abgekühlt, wobei die Abkühlungstemp. noch ausreichen muß, um durch eingeführtes H_2O u. mittels eines Katalysators z. B. Ni das restliche Naturgas in H_2 u. CO umzusetzen. — Vorrichtung. (**A. P. 2 655 442** vom 23/8. 1948, ausg. 13/10. 1953.) Demmler. 8201

Phillips Petroleum Co., Del., übert. von: **Alfred Clark**, Bartlesville, Okla., V. St. A., *CO-Hydrierung* in 2 Stufen, wobei man in der 1. Stufe die Rk. des Synthesegases bis 70% treibt, die Reaktionsprodd. durch Kühlen u. Waschen mit W. u. anschließend mit einem fl. Absorptionsmittel abscheidet, das CO u. H_2 enthaltende Restgas durch Zugabe von CO auf das Reaktionsverhältnis bringt u. der 2. Stufe zuführt. — Zeichnung. (**A. P. 2 610 200** vom 15/5. 1946, ausg. 9/9. 1952.) G. König. 8201

Standard Oil Development Co., Del., übert. von: **Homer Z. Martin**, Roselle, und **Ivan Mayer**, Summit, N. J., V. St. A., *CO-Hydrierung* erfolgt im Wirbelschichtverf. in mehreren, zu einer Batterie vereinigten Reaktionsgefäßen, die mit Synthesegas der gleichen Zus. beschickt werden; der Katalysator, z. B. alkalisierter Fe-Katalysator, wird jedoch aus einem Reaktionsgefäß in das andere geführt u. gelangt aus dem letzten in einen Regenerierraum. Nach Entfernung der C-Ablagerungen wird red. u. 10—25% des metall. Fe in Eisencarbid übergeführt. Der regenerierte Katalysator gelangt in den 1. Reaktionsraum. — Zeichnung. (**A. P. 2 610 976** vom 28/11. 1947, ausg. 16/9. 1952.) G. König. 8201

Hydrocarbon Research, Inc., New York, N. Y., übert. von: **Frederick W. Sullivan, Jr.**, Madison, N. J., V. St. A., *Katalytische Umwandlung von Kohlenoxyd und Wasserstoff in Kohlenwasserstoffe und deren Oxydationsprodukte* an Katalysatoren der Fe-Gruppe, die in dichtem Wirbelbett zwischen den Wärmeaustauschflächen eines Kühlsyst. angeordnet sind. Da die Aktivität der z. B. aus Fe mit 1—2% K_2O u. 2—3% Al_2O_3 bestehenden Kontaktmasse hoch ist, wird die Wärmeabfuhr erleichtert u. die Ausbeute erhöht, wenn 1 (Vol.) Katalysator mit 0,1—10 (bes. 1—5) inerten Teilchen, wie SiO_2, Glas, Metallpulver, von gleicher Suspendierfähigkeit verd. wird. — Z. B. kann bei Verwendung von Fe-Teilchen unter 200 mesh (65% unter 325 mesh) bei 650° F u. 250 lbs./sq.in. durch Verd. mit dem 4fachen Vol. Cu-Pulver der Gasdurchsatz von 3500 auf 12000 erhöht werden, wobei die Ausbeute an KW-stoffen (C_3 u. höher) von 45 auf

62% steigt u. die CO_2-Erzeugung von 27 auf 17% fällt. (**A. P. 2 626 275** vom 18/2. 1947, ausg. 20/1. 1953.) W. HEROLD. 8201

Shell Development Co., San Francisco, Calif., V. St. A., übert. von: **Joan Henri van der Waals,** Amsterdam, Holland, *Abtrennen sauerstoffhaltiger Verbindungen.* Beim FISCHER-TROPSCH-Verf. u. beim Oxo-Prozeß werden als Nebenprodd. O-haltige Verbb. von verschied. polaren Charakter erhalten, z. B. Säuren, Ester, Ketone (**I**), Aldehyde (**II**), Alkohole (**III**) u. Äther, die — soweit sie nicht wasserlösl. sind — nur schwer getrennt werden können. Erfindungsgemäß werden bes. Gemische aus **I, II** u. **III**, die frei von KW-stoffen desselben Siedebereiches sind, dad. in 2 Fraktionen von verschied. Polarität zerlegt, daß man das Gemisch einer Extraktion mittels zweier gegenläufig fließenden, nicht miteinander mischbaren Fll. unterwirft, von denen eine ein KW-stoff (oder KW-stoff-Gemisch), der außerhalb der Siedegrenzen des zu zerlegenden Gemisches sd., u. die andere eine organ. Verb. mit 2 polaren O-haltigen Substituenten, bes. ein Glykol, wie *Diäthylenglykol* (**IV**), ist. Das Glykol nimmt die höher polaren u. der KW-stoff die weniger polaren Anteile des Gemisches auf. Die relative Löslichkeit der Komponenten in den Extraktionsmitteln ist nicht nur von der Art der polaren Gruppen, sondern auch von der Größe u. Form des KW-stoff-Restes abhängig, so daß eine völlige Trennung in **I** u. **II** einerseits u. **III** andererseits in einem Extraktionsgang nicht möglich ist, bes. nicht bei Gemischen mit weitem Siedebereich. Solche Gemische werden daher vorher in Fraktionen mit einem Siedebereich kleiner als 40° zerlegt. — Aus dem Oxo-Reaktionsprod. von C_6—C_7-Olefinen wird eine von 140—160° sd. Fraktion herausgeschnitten, die aus 40% **II** u. 60% **III** besteht. Diese Fraktion wird der 3. Stufe einer 7stufigen Extraktionskolonne zugeführt, in deren 1. Stufe **IV** (im 7fachen Vol.) u. in deren letzten Stufe ein aromatenfreies Bzn. vom Siedebereich 90—110° (im 12fachen Vol.) eingeleitet wird. Der aus dem Bzn. durch Dest. abgetrennte **II** ist vollkommen frei von **III**, während aus der **IV**-Phase ein Gemisch aus 96,2% **III** u. 3,8% **II** gewonnen wird. (**A. P. 2 658 069** vom 18/7. 1949, ausg. 3/11. 1953. Holl. Prior. 26/7. 1948.) W. HEROLD. 8201

Ruhrchemie Akt.-Ges., Oberhausen, und **Lurgi Gesellschaft für Wärmetechnik m. b. H.**, Frankfurt/M., übert. von: **Walter Rottig, Karl Schenk,** Oberhausen, **Hans Groß** und **Paul Royen,** Frankfurt/M., *Eisen–Wasserglas-Katalysatoren für die Fischer-Tropsch-Synthese* erhält man durch Fällen des $Fe(OH)_3$ aus einer $Fe(NO_3)_3$-Lsg. mittels alkal. Fällungsmitteln. Der Nd. wird bis zu p_H 6,8—7,2 gewaschen, abfiltriert u. bis zu einem maximalen Alkaligeh. von 0,5 (Teilen), als K_2O berechnet, auf 100 Fe-Geh. ausgewaschen. Man suspendiert den Nd. in W. u. versetzt mit 20—25 Alkaliwasserglas auf 100 Fe. Mittels HNO_3 stellt man das Verhältnis $K_2O:SiO_2$ auf 1:4—1:5 ein, trocknet, formt u. red. bei 200—350° bis mindestens 30—50% freies Fe vorliegt. (**A. P. 2 617 774** vom 9/9. 1950, ausg. 11/11. 1952. D. Prior. 13/9. 1949.) G. KÖNIG. 8201

Union Oil Co. of California, übert. von: **Raymond N. Fleck,** Los Angeles, Calif., V. St. A., *Katalytisches Hydroformieren, Hydrieren, Aromatisieren, Desulfurieren, Dehydrieren, Reformieren, Alkylieren, Isomerisieren sowie Spalten von Kohlenwasserstoffen* erfolgt in Ggw. von Katalysatoren, die 3—20% Heteropolysäuren oder deren Metallsalze als katalyt. wirkende Stoffe enthalten u. die auf Metalloxyde, z. B. des Al, Zr, Si, Ti, Mg, Zn, Th aufgebracht sind., Die Rkk. erfolgen bei 800—1500° F u. Drucken von 1400—1500 lbs./sq.inch. Zum Hydroformieren werden bes. die P- u. Si-Molybdänsäuren auf Al_2O_3 bevorzugt, jedoch sind auch die Ti- oder Ge-Molybdänsäuren brauchbar. Von den Salzen sind bes. die Al-, Cr-, Ti-, Be-, Zr-Phosphormolybdate geeignet. Zum Aromatisieren oder Dehydrieren eignen sich die Cr-Molybdänsäure u. deren Salze, Cr-Vanadinsäure, Cr-Siliciummolybdat, Be-Phosphormolybdat, auf Träger, wie MgO, Al_2O_3, aufgebracht. Zum Desulfurieren Co-Verbb., wie z. B. Co-Phosphorwolframat, Co-Phosphormolybdat, Co-Siliciummolybdat, ferner Ni-Borwolframat, Ge-Wolframat. Zum Reformieren bedient man sich bes. V enthaltender Katalysatoren, wie Cr-Phosphorvanadat oder Sn-Phosphorwolframvanadat. Die Herst. der Heteropolysäuren oder deren Salze erfolgt nach bekannten Methoden, die Katalysatoren selbst werden entweder durch einfaches Mischen oder durch Imprägnieren des Trägerstoffes hergestellt. (**A. P. 2 547 380** vom 1/10. 1945, ausg. 3/4. 1951.) G. KÖNIG. 8201

Standard Oil Development Co., Elizabeth, N. J., übert. von: **James A. Dinwiddie** und **Charles J. G. Leesemann,** Baytown, Tex., V. St. A., *Aromatisierungskatalysator.* Der Katalysator besteht (z. B. zu 50—90%) aus Al_2O_3, Al_2O_3 mit möglichst nicht mehr als 5% SiO_2, MgO oder ZrO_2 als Trägermaterial, (z. B. zu 10—50%) einem Molybdat von Be, Mg oder Ca (seltener Sr oder Ba) u. 0,1—10% eines K-Aktivators (K_2O, KOH oder anorg. K-Salz). Ein bevorzugter Katalysator enthält 20% $CaMoO_4$ u. 80% Al_2O_3 mit einem Zusatz von 1,3% K_2CO_3. Er kann hergestellt werden durch Behandeln von Al_2O_3 mit $Ca(NO_3)_2$-Lsg., Eindampfen u. 18std. Trocknen, Versetzen mit einer Lsg.

von $(NH_4)_2MoO_4 + K_2CO_3$ in konz. wss. Ammoniak, Eindampfen, 17std. Trocknen u. Erhitzen. Letzteres wird ausgeführt durch rasches Erhitzen auf 400° F; dann wird alle 15 Min. die Temp. um 100° F gesteigert, bis 700° F erreicht sind, wonach möglichst rasch auf 1000° F erhitzt u. 3 Std. bei dieser Temp. gehalten wird. Die Katalysatoren haben gute Hydroformier- u. Aromatisierwrkg. u. vermeiden Cracken u. Teer- bzw. Koksablagerungen. (**A. P. 2 632 739** vom 12/12. 1949, ausg. 24/3. 1953.)
W. HEROLD. 8201

Koppers Co., Inc., übert. von: **Ben Bennett Corson** und **Joseph E. Nickels**, Pittsburgh, Pa., V. St. A., *Isomerisieren von aromatischen Verbindungen*, welche 2 Substituenten enthalten, von denen einer eine Alkylgruppe u. der andere eine Alkyl- oder Hydroxylgruppe oder der bivalente Rest —CH = CH — CH = CH— ist, welcher mit einem benachbarten C-Atom unter Bldg. eines kondensierten Ringsyst. verbunden ist. Solche Verbb. sind also bes. Alkylphenole, Dialkylbenzole u. Alkylnaphthaline. Zur Isomerisation wird der KW-stoff zusammen mit Wasserdampf durch einen Katalysator geleitet, der als Hauptbestandteil SiO_2 neben Al_2O_3 u. 3—10% einer alkal. Verb. eines Alkalimetalls enthält, z. B. 79—88% SiO_2 + 10—12% Al_2O_3 + 2,5—9% K_2O; statt dessen kann K_2CO_3, bes. in Mengen von ca. 7,5% zugegen sein. Die Temp. beträgt bevorzugt 300—600°, u. das Verf. kann in Dampfphase ausgeübt werden. Vorteilhaft wird aber bei 300—450° u. 300—900 (bes. 300—600) lbs./sq.in. in fl. Phase gearbeitet. Zur Isomerisierung von Äthylnaphthalin (I) wird z. B. ein Gemisch aus α- u. β-I bei 425° in Gasphase an einem Katalysator aus 7,2 (Gewichtsteilen) SiO_2 u. 1 Al_2O_3 u. 7,5% K_2CO_3 umgesetzt, wobei ein Gleichgewicht von 78—82% β- u. 22—18% α-I erhalten wird, aus welchem nach Zusatz von CH_3OH bei —35° bis —40° β-I auskrist. u. von der Mutterlauge, die 51—53% β- u. 49—47% α-I als eutekt. Gleicihgewicht enthält, entfernt. Die Mutterlauge wird nach Abdestillieren des CH_3OH w eder der Isomerisation zugeführt. Statt von den fertigen disubstituierten Aromaten auszugehen, kann man nach dem beschriebenen Verf. die Alkylierung u. Isomerisierung in einem Schritt durchführen. (**A. P. 2 623 911** vom 30/6. 1948, ausg. 30/12. 1952.)
W. HEROLD. 8201

Universal Oil Products Co., Chicago, übert. von: **Charles V. Berger**, Western Springs, Ill., V. St. A., *Umwandeln von Kohlenwasserstoffen*, bes. „straight-run"-Bzn.-Fraktionen (I). Bei dem *Reformieren* von I in Ggw. von H_2 an Pt–Al_2O_3-Kontakten (bes. mit gebundenem Halogen) tritt Temperaturabfall bis zu 200° F auf, je nachdem, wie die endotherme Dehydrierung der Naphthene u. das exotherme Cracken der Paraffine nebeneinander ablaufen. Zur Erzielung von Temperaturkonstanz können den KW-stoffen Olefine zugesetzt werden, die dabei exotherm hydriert werden. Unter den bisher üblichen Bedingungen werden jedoch die Katalysatoren durch die Olefin-Rk. rasch vergiftet. Erfindungsgemäß wird diese Katalysatorschädigung vermieden, wenn bei Drucken über 100 lbs./sq.in. u. Tempp. von 750—1000° F gearbeitet wird. Bevorzugt wird ein Gemisch aus I u. einem olefinhaltigen Crackprod. aus einer KW-stoff-Fraktion im Benzinsiedebereich bei einer Raumgeschwindigkeit von 0,2—40 zusammen mit 0,5—15 Mol H_2 je Mol KW-stoff bei 750—1000° F u. 100—1500 lbs./sq.in. über Al_2O_3-Katalysatoren, die 0,05—1,5% Pt u. weniger als 3% gebundenes F oder Cl enthalten, geleitet. Bei guter Lebensdauer der Katalysatoren erhält man ein Prod. mit hoher Octanzahl, dessen Bromzahl prakt. 0 ist. (**A. P. 2 630 404** vom 17/8. 1949, ausg. 3/3. 1953.)
W. HEROLD. 8201

Universal Oil Products Co., Chicago, übert. von: **Karl T. Hartwig**, Glen Ellyn, Ill., V. St. A., *Reformieren von Kohlenwasserstoffen mit Platin- oder Palladium-Katalysatoren*, die z. B. 0,1—1% Pt oder Pd auf Al_2O_3 neben 0,1—1% gebundenem Halogen, z. B. F, als Aktivator enthalten. Aus den Reaktionsprodd. werden die fl. Anteile abgeschieden u. ein Teil des H_2-reichen Restgases zurückgeführt. Ein Teil der Katalysatorteilchen wird ständig abgezogen u. einer Erhitzungszone zugeführt, wo sie als Suspension durch die heißen Verbrennungsgase (die innerhalb oder außerhalb des Erhitzungsraumes erzeugt sein können) eines weiteren Teiles des Restgases aufgeheizt u. dann in die Reformierzone zurückgeleitet werden. Der Transport der Katalysatorteilchen kann durch die Verbrennungszone oder durch einen dritten Anteil des Restgases erfolgen. Wird die Verbrennung des Restgas-Teilstromes innerhalb der Erhitzungszone durchgeführt, so wird vorteilhaft ein Überschuß an Restgas angewandt. (**A. P. 2 643 214** vom 29/3. 1950, ausg. 23/6. 1953.)
W. HEROLD. 8201

Universal Oil Products Co., Chicago, übert. von: **Vladimir Haensel**, Hinsdale, Ill., V. St. A., *Katalytisches Reformieren* von Benzin-Fraktionen (bes. mit Kp. unter 425° F) an Katalysatoren, welche aus Al_2O_3, Pt (bes. 0,01—1%) u. gebundenem Halogen (bes. 0,1—3% F) bestehen. Bessere Umwandlungsergebnisse u. längere Lebensdauer der Katalysatoren werden erzielt, wenn die Rk. in 2 Stufen durchgeführt wird u. die

1. Stufe Katalysatorteilchen unter $^3/_{32}$ in., die 2. dagegen solche über $^3/_{32}$ in. enthält. Bes. geeignete Katalysatoren werden erhalten durch Fällen einer wss. Lsg. von $AlCl_3 \cdot 6H_2O$ mit NH_4OH, Waschen, Versetzen mit HF- oder HCl-Lsg., Antrocknen (2 bis 24 Std.) bei 200—500° F, Formen u. 2—12 std. Erhitzen auf 800—1400° F, Zufügen der Pt-Salz-Lsg., Trocknen u. Calcinieren bei 600—1000° F. Das Pt-Salz kann (bes. als F-Verb.) dem Katalysator auch vor dem Trocknen zugesetzt werden. Die für die 1. Reformierstufe benutzten Katalysatoren haben bes. eine Teilchengröße von ca. $^1/_{16}$ in. (nicht unter $^1/_{32}$), die für die 2. Stufe $^1/_8$—$^1/_4$ inch. (**A. P. 2 629 683** vom 16/11. 1949, ausg. 24/2. 1953.) W. HEROLD. 8201

Universal Oil Products Co., Chicago, übert. von: **Maurice W. Cox**, Berwyn, Ill., V. St. A., *Reformieren von Kohlenwasserstoffen im Benzinsiedebereich an Platin–Aluminiumhalogenid-Katalysatoren.* Das Cracken der Paraffine u. Aromatisieren der Naphthene in KW-stoff-Fraktionen mit Kp. unter 425° erfolgt in Ggw. von H_2 (z. B. bei 750 bis 1000° F u. 50—1200 lbs./sq.in.) an Katalysatoren, welche aus 0,05—1,5% Pt auf Al_2O_3, das 0,1—3% Halogen (bes. Cl oder F) gebunden enthält, bestehen. Zur Reaktivierung der Katalysatoren im Verlaufe des Reformierverf. bzw. zur Erhaltung der Aktivität werden in die Reaktionszone, z. B. zusammen mit den KW-stoffen, Halogenverbb. (bes. Alkylfluoride oder -chloride, wie $(CH_3)_3 \cdot CCl$) eingeleitet, welche unter Reaktionsbedingungen mit Al_2O_3 reagieren. Hierdurch wird bes. die Crack-Aktivität angeregt. (**A. P. 2 642 384** vom 22/7. 1949, ausg. 16/6. 1953.) W. HEROLD. 8201

Universal Oil Products Co., Chicago, übert. von: **Charles V. Berger**, Western Spring, und **Vladimir Haensel**, Hinsdale, Ill., V. St. A., *Katalytisches Reformieren von Kohlenwasserstoffen*, die aus Paraffine u. Naphthene enthaltenden Fraktionen mit Kp. unter 425° F bestehen, an Katalysatoren, die neben Pt oder Pd eine Crack-Komponente aus SiO_2 mit Oxyden von Al, Zr, Mg oder Th enthalten. Hierbei scheiden sich leicht teerige Ndd. auf den Katalysatoren ab u. erniedrigen deren Wrkg.; würde man zur Wiedererlangung der Wrkg. die Temp. steigern, so würde der Crackeffekt stärker angeregt werden als die eigentliche Reformier-Rk. (z. B. Aromatisieren). Erfindungsgemäß wird der Crackeffekt durch Aufrechterhalten eines kontinuierlichen Wasserdampfdruckes in der Reaktionszone in dem gewünschten Maße (wenigstens in den späteren Reaktionsperioden) unterdrückt. Hierdurch wird gleichzeitig das Unbrauchbarwerden der Katalysatoren durch Niederschlagsbldg. verzögert. Das W. kann unmittelbar in die Reaktionszone oder zusammen mit den KW-stoffen eingeführt werden. Stattdessen ist es auch möglich, unter Reaktionsbedingungen wasserliefernde Stoffe (O_2, Alkohole, H_2O_2, Phenole, CO_2) einzuführen. Die Katalysatoren werden hergestellt durch Eintragen eines aus Wasserglas erzeugten SiO_2-Gels in ein Öl, Auswaschen des Na aus den entstandenen Kügelchen, die dann mit den Metallsalzen imprägniert werden, u. Trocknen bei 350—500° F mit nachfolgendem Calcinieren bei 500—1400° F. Diese Crack-Katalysatoren werden mit ammoniakal. Platinchlorwasserstoffsäure vom p_H 8—10 imprägniert, bei 220—500° F getrocknet u. bei 500—1000° F calciniert. (**A. P. 2 642 385** vom 27/1. 1950, ausg. 16/6. 1953.) W. HEROLD. 8201

Universal Oil Products Co., Chicago, übert. von: **Charles V. Berger**, Western Springs, und **Vladimir Haensel**, Hinsdale, Ill., V. St. A., *Katalytisches Reformieren von Kohlenwasserstoffen.* Für das im A. P. 2 642 385 (vgl. vorst. Ref.) beschriebene Verf. werden Katalysatoren verwandt, welche aus Al_2O_3 mit Pt (bes. 0,05—1,5%) u. gebundenem Halogen, z. B. bis zu 3% F oder Cl, bestehen. (**A. P. 2 642 383** vom 20/5. 1949, ausg. 16/6. 1953.) W. HEROLD. 8201

Atlantic Refining Co., Philadelphia, übert. von: **Robert C. Krug**, Yeadon, Pa., V. St. A., *Polymerisation aliphatischer Monoolefine* (**I**) mit 3—10 C-Atomen, erfolgt in Ggw. von BPO_4 bei 150—600° F u. Drucken von 0—1000 lbs./sq. in. u. einer Geschwindigkeit von 0,5—3 (Vol.) I auf 1 des Katalysators pro Stunde. BPO_4 kann auf Al_2O_3 aufgetragen sein. (**A. P. 2 620 364** vom 14/4. 1948, ausg. 2/12. 1952.) G. KÖNIG. 8201

Standard Oil Development Co., Del., übert. von: **Francis R. Russell**, Mountainside, N. J., V. St. A., *Olefin-Polymerisation in Gegenwart suspendierter, fester Katalysatoren*, bes. H_3PO_4, auf Trägermaterial von 60—200 mesh. Die Polymerisation der (bes. normalerweise gasförmigen) Olefine (**I**), z. B. C_2H_4, C_3H_6 u. C_4H_8, wird in zwei Stufen durchgeführt, von denen die erste den Katalysator als (durch Rühren oder Durchleiten von I bei hinreichender Strömungsgeschwindigkeit erzeugte) Suspension u. die zweite den Katalysator als wenig bewegte dichte Zone bzw. als festes Bett in einer oder mehreren Schichten enthält. In der ersten Stufe kann der Katalysator in einem fl. gesätt. KW-stoff oder gleichmäßig in dem zu polymerisierenden Olefin suspendiert sein. Die Temp. in beiden Zonen liegt zwischen 350 u. 600° F, bevorzugt 400 u. 500° F, der Druck beträgt in der ersten Zone wenigstens 900 lbs./sq.in. u. in der zweiten 100—1000, bes. 900—1000 lbs./sq.inch. Frischer Katalysator wird der zweiten Zone von oben zugeführt, wobei der unten abgezogene verbrauchte Katalysator dem oberen Teil der ersten Zone zugeführt wird. Der aus der ersten Zone unten abgezogene Katalysator wird bevorzugt nicht regeneriert. (**A.P. 2626289** vom 30/3. 1950, ausg. 20/1. 1953.) W. Herold. 8201

Carlo Bechi, Analisi completa del gas illuminante. Udine: Doretti. 1954. (6 S.)

XX. Schieß- und Sprengstoffe. Zündmittel.

Eugen Sänger, *Hypothese zur Pulververbrennung.* Inhaltlich ident. mit der C. **1953.** 9048 ref. Arbeit. (Z. Naturforsch. **5a.** 467—69. Aug. 1950. Courcelle-sur-Yvette (S. & O.), Frankreich.) Freiwald. 8292

G. Allsop und **E. M. Guenault,** *Elektrische Sprengkapseln und Zündmaschinenkonstruktion.* Vff. besprechen die Eigg. der Niederspannungs- u. Hochspannungszündköpfe von Sprengkapseln mit Widerständen von 0,9—1,6 u. 1500 —50000 Ohm, bes. im Hinblick auf das Abfeuern derartiger elektr. Sprengkapseln. Es werden die Anforderungen an die Zündenergie liefernde Energiequelle für die Zündung einer einzelnen Sprengkapsel sowie einer größeren Anzahl derselben dargestellt. Schließlich werden verschied. Energiequellen, wie Magnet- u. Dynamozündmaschine, Trockenbatterie sowie Kondensatorenladung im Hinblick auf ihre Eignung zur Zündung von elektr. Sprengkapseln krit. verglichen. (Colliery Guardian **180.** 801—04. 29/6. 1950.) Freiwald. 8298

W. C. F. Shepherd und **H. C. Grimshaw,** *Sprengungen in Kohlenbergwerken.* Übersicht über die Eigg. der im Bergbau verwendeten Sprengkörper u. Zündkapseln, bes. der neuen Sicherheitssprengstoffe u. die Vorgänge bei der Explosion. (Colliery Guardian **180.** 169—73. 9/2. 201—07. 16/2. 1950. London, Ministry of Fuel and Power, Safety in Mines Res. and Testing Branch.) Wesly. 8304

Hans Hohn und **Erich Fitzer,** *Behälterwerkstoffe für flüssige, auf hochkonzentrierter Salpetersäure aufgebaute Sprengstoffe.* Es werden Versuchsergebnisse über das Verh. von *Fe* u. *Al* gegenüber hochkonz. HNO_3 (Hoko) u. *Boloron 0* (41% m-Dinitrobenzol, Rest HNO_3), beide mit verschied. Wasserzusätzen mitgeteilt. Danach ist techn. Fe mit weniger als 0,1% C für HNO_3 über 96% ungeeignet, kann aber für 70—95%ig. HNO_3 in Sonderfällen verwendet werden. Al mit einem Reinheitsgrad von mindestens 99% ist sowohl gegen höchstkonz. als auch gegen verd. (z. B. 80%) HNO_3 beständig. Gegen *Boloron 0* ist sowohl Fe als auch Al vollkommen beständig. Für Behälter im Produktionsbetrieb, die wiederholt entleert, mit W. gespült u. dann wieder verwendet werden, ist Al vorzuziehen, da bei Al im Gegensatz zu Fe auch stärkste Verdünnung nicht zur vollständigen Aufhebung der Passivität führt. — Schrifttumsangaben. (Berg- u. hüttenmänn. Mh. montan. Hochschule Leoben **98.** 187—93. Sept. 1953. Wien, TH, Inst. für anorgan. Chem. Technologie.) Apel. 8304

Jean Morelle, *Das Problem der Gelbildung bei Ölen.* Das als Verdicker für Benzinbrandbomben verwendete *Napalm* (**I**) besteht aus den Di-Al-Salzen eines Gemenges von 50% Cocosfettsäuren, 25% Olein u. 25% Naphthensäuren. Die Beschaffenheit des meist 1,8% **I** enthaltenden Gels hängt von der Art des verwendeten Mineralöls, von der Geschwindigkeit der Abkühlung u. von der Feuchtigkeit u. der Herstellungsdauer ab (vgl. Licata, C. **1951. II.** 3519 u. C. **1952. 2442.**) (Riv. ital. Essenze, Profumi, Piante officin., Olii veget., Saponi **35.** 524—27. 15/10. 1953.) Steiner. 8308

A. Ebert, *Schädlingsbekämpfungsmittel als Kampfstoffe.* Zusammenstellung von Darstellungsverff., physiol. Wrkg. u. einiger physikal. Konstanten der folgenden, zum Teil als Schädlingsbekämpfungsmittel vorgeschlagenen Stoffe nach der Literatur: β-Fluoräthylalkohol, sein Methylol u. dessen Kondensationsprod. mit Äthylenoxyd; seine Urethane; Dimethylcarbamidsäure-β-fluoräthylester; Monofluoressigsäure; höhere ω-Fluorcarbonsäuren u. ihre Ester; Fluoressigsäure-methylester; -äthyl- bzw. -n-propyl- bzw. -isopropylester bzw. -chlorid, -fluorid (bzw. -amid); Fluoracetonitril; Fluoressigsäure-β-fluoräthylester; Glykolfluorhydrin; Monofluorphosphorsäure-dialkylester, bes. di-isopropyl bzw. di-sek.-butyl bzw. di-cyclohexyl; Monofluorphosphorsäuremethylisopropylester; Monofluorphosphorsäuremethylpinacolester; Fluorphosphorsäure-alkylamide; Bis-(dimethylamino)-phosphorsäurefluorid; Dimethylamino-cyanphosphorsäure-äthylester. (Chimia [Zürich] **7.** 36—40. Basel. 15/2. 1953.) Ahrens. 8316

Karl Eiter, Otto Vogl und **Heribert Michl,** Wien, *Sicherheitssprengstoff,* bestehend aus Metallcyaniden u. Salzen der salpetrigen Säure. — Man verwendet z. B. 47 (Gewichtsteile) $K_4Fe(CN)_6$ u. 53 $NaNO_2$ oder 73 $Hg(CN)_2$ u. 27 $NaNO_2$ oder 28 NaCN u. 72 $Ba(NO_2)_2$. (**Oe. P. 176784** vom 18/12. 1951, ausg. 25/11. 1953.) M. F. Müller. 8305

United States of America, übert. von: **John A. Southern, Lloyd J. Roth,** United States Army, **Francis J. Licata,** West Caldwell, N. J., und **Joseph Cunder,** United States

Army, V. St. A., *Verfestigter Brennstoff für Brandbomben, Granaten und Flammenwerfer.* Man löst in Bzn., das sich in einem Behälter aus Nitrocellulose befindet, ein durch Ausfällen der entsprechenden Na-Seifen mit Alaun hergestelltes Gemisch von 50—75(%) Al-Oleat u. 50—25 Al-Stearat, dem noch 1 eines oxyaromat. Antioxydationsmittels u. 4—10 eines Gemisches von Na-Oleat u. Na-Stearat zugesetzt sind, unter Umschütteln u. läßt das Gemisch durch Stehenlassen gelieren. Man kann ferner noch Ölverdickungsmittel, Korrosionsverhinderer u. die Verbrennungstemp. heraufsetzende Mittel, z. B. Ruß, Holzmehl, entzündbare Metalle u. Nichtmetalle u. Oxydationsmassen zusetzen. (**A. P. 2 570 990** vom 26/4. 1944, ausg. 9/10. 1951.) DERSIN. 8211

XXI. Leder. Gerbstoffe.

F. Stather und **H. Herfeld,** *Vergleichende Untersuchungen über die Geeignetheit verschiedener antiseptischer Mittel für die Rohhautkonservierung, Ledererzeugung und Lederlagerung.* Bei der bakeriolog. Prüfung wird als „Schwellenwert" die Menge eines Konservierungsmittels, in % des verwendeten Nährbodens, bestimmt, die ausreicht, ein Bakterien- oder Schimmelwachstum eben noch zu unterdrücken. Geprüft wurde unter möglichst einheitlichen Bedingungen das Verhalten der Desinfektionsmittel bei der Rohhautkonservierung, bei der Weiche, in den Gerbbrühen u. bei der Lederlagerung. Die Desinfektionsmittel wurden für die einzelnen Verwendungszwecke in bezug auf ihre Brauchbarkeit in der Gerberei klassifiziert u. die zweckmäßigsten Einsatzmengen festgestellt. (Gesammelte Abh. dtsch. Lederinst. Freiberg/Sa. **1953.** Nr. 9. 22—45. Freiberg/Sa., Deutsches Lederinstitut.) STADLER. 8330

J. M. Gillespie, *Untersuchungen an Fellen.* 14. Mitt. *Vergleich der durch Schwöden und Schwitzen erhaltenen Wolle.* Die Ausbeuten an Wolle welche einerseits durch Schwitzen, andererseits durch Schwöden von Schafsfellen erhalten wurden, ergaben in Laborverss., daß ca. 4,8% von der zurückgewonnenen Wolle bei Schwöden mit Chemikalien verlorengeht. Das Schwitzen wurde bei 25° während 40 Std. in einer mit W. gesätt. Atmosphäre ausgeführt. Die Schwödeverss. wurden 1. mit einem techn. Kalk–Na_2S-Brei u. 2. mit einer enzymat. Schwöde bestehend aus Aspergillus oryzae u. Na_2S, $ZnCO_3$ u. Kaolin gemäß RÖHM & HAAS, Darmstadt, ausgeführt. Der p_H-Wert liegt bei 7, die Behandlungsdauer beträgt 18 Std. bei Zimmertemperatur. Die Verss. werden beschrieben u. diskutiert. (Austral. J. appl. Sci. **1.** 480—83. Dez. 1950. Melbourne, Biochem. Unit, Wool Textile Res. Labor., C. S. I. R. O.) H. G. FRÖHLICH. 8334

T. A. Pressley, *Untersuchungen an Fellen.* 15. Mitt. *Die Wiedergewinnung von Wolle von Fellstücken mittels Wasserverdauungsmethoden.* (14. vgl. vorst. Ref.) Die Wasserverdauung von Schaffellstücken (6×12 cm) zwecks Wiedergewinnung der Wolle wurde in Abhängigkeit von der Vorbehandlung der Fellstücke, wie Schwöden, Schwitzen, Hitzevorbehandlung (2 Min. in W. von 80°) untersucht. Hierbei wurde gefunden, daß geschwödete Fellstücke sehr langsam verdaut werden, während das Schwitzen u. die Hitzevorbehandlung die Wasserverdauung stark beschleunigen. Die günstigste Temp. liegt bei 35—40°. Weitere Methoden zur Beschleunigung der Verdauung sind: Schwitzen vor der Hitzebehandlung u. eine 8std. Behandlung nach der Hitzebehandlung mit einem schimmligen Kleieextrakt, der stark an proteolyt. Enzymen angereichert ist. Letztere Meth. wirkt sich günstig auf geschwödete Felle aus. Die erhaltene Wolle ist von guter Qualität. Der noch anhaftende unangenehme Geruch läßt sich leicht durch eine 2 Min. dauernde Behandlung bei 50° in 0,1%ig. Sodalsg. u. anschließendes Spülen bei 45° in W. entfernen. Verss. u. Ergebnisse werden ausführlich beschrieben u. diskutiert. (Austral. J. appl. Sci. **1.** 484—96. Dez. 1950.) H. G. FRÖHLICH. 8334

Margaret E. Maxwell, *Untersuchungen an Fellen.* 16. Mitt. *Ein Überblick über die bakterielle Flora von Schaffellen.* (15. vgl. vorst. Ref.) 42 Muster von Schaffellen u. Wolle aus den USA, Kanada u. England wurden auf ihre Bakterienflora untersucht u. mit den an austral. Fellen erhaltenen Ergebnissen verglichen. Hierbei wurden 83 verschied. Arten von aeroben Bakterien isoliert u. ihr chem. Verh. studiert. Auf trockenen Häuten finden sich dieselben Bakterien wie auf austral. Schaffellen. Das vorherrschende Bakterium aller aus den USA u. Kanada untersuchten Fellen u. Wollen ist eine Gattung der Pseudomonas, während auf den engl. u. austral. Fellen Proteus vulgaris u. eine Gattung Achromobacter vorherrschend ist. Meth. u. Ergebnisse werden ausführlich beschrieben u. diskutiert. (Austral. J. appl. Sci. **1.** 497—513. Dez. 1950.) H. G. FRÖHLICH. 8334

K. H. Gustavson, *Experimentelle Untersuchungen über die Existenz von Chlorohydroxochromkomplexen in basischen Chromchloridlösungen.* Bei Unterss. in bas. Chromchloridlsgg. mit mindestens 10—15 g bis zu 65—100 g Cr/Liter wurde die Existenz von Chlorohydroxochromkomplexen durch Analysen der Lsgg. mittels Kationen- bzw. Anionenaustauscher oder mittels Papierelektrophorese oder mittels Spektrophotometrie bewiesen. Weiter wird der Nachw. auch durch Auswaschverss. (Neutralisation durch Diffusion oder Schütteln mit einer 4%ig. Pyridinlsg.) von mit verschied. bas. Chromchloridlsgg. gegerbten Hautpulvern geführt. Mit dem großen Einfl. der Konz. wird auch die teilweise Verdrängung der Sulfato- durch Chlororeste erklärt, die bei einer Gerbung mit Chromsulfat in Ggw. von NaCl festzustellen ist. (Leder **3.** 293—98. Dez. 1952. Stockholm, Schweden, Garverinaringens Forskningsinstitut.) STADLER. 8336

Gerhard Otto, *Füllend wirkende Chromkomplexe und Kombinationen von Chrom- mit anderen mineralischen Gerbstoffen.* Durch die Verwendung solcher Säuren oder Salze, die in die gerbenden Chromverbb. komplex eingelagert werden, kann einerseits die Geschwindigkeit der Bindung der Chromgerbstoffe gebremst werden, während andererseits die Teilchengröße der gerbenden Chromverbb. erhöht werden kann. Diese an sich gegenteiligen Wirkungen machen es möglich, durch Verwendung verschied. einzelner Maskierungsmittel oder durch entsprechend gewählte Kombinationen entweder ein feinnarbiges, festes, aber zugleich flaches Leder oder ein volles Leder, aber mit gezogenem Narben zu erhalten. Dabei sind Kombinationen von nichtaromat. u. aromat. Maskierungsmitteln besonders vorteilhaft. Für das Füllen der chromgegerbten Leder ist die Behandlung mit maskierenden Substanzen im Pickel (Na-Formiat oder Ca-Formiat u. *Decaltal N*) von besonderer Bedeutung. (Leder **4.** 289—92. 15/12. 1953. Ludwigshafen/Rh., Badische Anilin- & Soda-Fabrik, Anwendungstechnische Abteilung.) STADLER. 8336

K. H. Gustavson, *Ein- und Mehrfachbindung von Chromkomplexen durch Kollagen und das Problem der Querverbindung.* Das bisher bekannte experimentelle Beweismaterial über das Vorhandensein von Querverbindungen bei globularen Eiweißkörpern, bes. Gelatine u. Kollagen, durch gerbend wirkende Stoffe, wie auch das Verhältnis zwischen Ein- u. Mehrfachbindung von Gerbstoffen wird eingehend dargestellt. Die Bindung kation. Chromkomplexe durch Carboxylgruppen des Kollagens kann entweder nur an einer COOH-Gruppe oder gleichzeitig an mehreren Carboxylgruppen stattfinden. Im letzteren Falle kann diese Bindung „intermolekular" oder „intramolekular" sein, wobei nur die letztere, die Querbindung zwischen benachbarten Eiweißmoll., die Voraussetzung für eine Stabilisierung der Kollagenstruktur u. damit für eine Gerbwrkg. ist. Bei Verss. zu dieser Frage mit verd. Gelatinelsgg. wird aus einer Lsg. von bas. Chromchlorid das Chrom von der Gelatine in der Hauptsache monofunktionell, durch eine COOH-Gruppe, gebunden, während aus einer bas. Chromsulfatlsg. ca. 80% einfach u. 20% des Chromkomplexes zweifach gebunden werden. Von Kollagen (Hautpulver) werden ca. 90% des Chromsulfatkomplexes einfach u. nur der Rest mehrfach gebunden. (J. Amer. Leather Chemists Assoc. **48.** 559—78. Sept. 1953. Stockholm, Schweden, Garverinaringens Forskningsinstitut.) STADLER. 8336

W. Graßmann und **P. Stadler,** *Verfahren zur Aufhellung vegetabilisch gegerbter Leder.* Bei den üblichen Verff. der nachträglichen Aufhellung von vegetabil. gegerbten Ledern mit Alkalien u. starken Säuren ist die Gefahr der Schädigung der Hautsubstanz durch das Alkali besonders groß, eine Schädigung durch zurückbleibende nichtflüchtige Säuren ebenfalls gegeben. Es wurde deshalb ein Verf. ausgearbeitet, bei dem das Lösen der Bindung des oberflächlich abgelagerten Gerbstoffs durch Zugabe organ. Lösungsmittel, wie Aceton, Essigester–Methylalkohol usw., erreicht wird. Durch eine solche Kombination mit organ. Lösungsmitteln kann die aufhellende Wrkg. z. B. sauerer Hilfsgerbstoffe ebenso wie die Wrkg. schwacher u. damit ungefährlicher Säuren erheblich verbessert werden. (Leder **3.** 289—93. Dez. 1952. Regensburg, Forschungsstelle für Eiweiß u. Leder in der Max-Planck-Ges.) STADLER. 8336

A. Miekeley, *Füllen von Oberleder mit Harzgerbstoffen.* Bei der Harzgerbung unterscheidet man Verbb., die durch Polymerisation, wie die Vinyl- oder Acrylsäurederivv., u. solche, die durch Kondensation in wasserunlösl. Harze umgewandelt werden. Den letzteren gehören die Novolake, die Di- u. Isocyanate u. die Methylolverbb., die als Melaminharze bezeichnet werden, an. Die mit Melaminharzen gegerbten Leder sind gut gefüllt, lassen sich gut färben u. mit mineral., pflanzlichen oder synthet. Gerbstoffen gut übersetzen. Dem steht aber die große Wasserzügigkeit u. die geringere Reißfestigkeit beim Altern gegenüber. Gute Fülle erreicht man bei einer Vorgerbung mit wenig Melaminharz u. Ausgerbung mit Chrom. Der Velourschliff kann durch die Einlagerung von Melaminharz sehr verbessert werden. Ein anderer Weg, die Lagerungsbeständigkeit zu verbessern, ist die teilweise Veresterung der für die Formaldehydabspaltung verantwortlichen Methylolgruppen. (Leder **4.** 298—303. 15/12. 1953. Frankfurt-Mainkur, Farbwerke Cassella, Ledertechnische Abtlg.) STADLER. 8336

G. Mauthe und **K. Faber,** *Nachgerbung von Oberledern mit organischen Gerbmitteln.* Die Verwendung auch minderer Rohware für Oberleder neben der zunehmenden Anwendung des Klebetrocknens führte dazu, die Verarbeitung der Kalb- u. Rindleder dahin abzuändern, daß der Nachgerbung mit vegetabil., bes. aber synthet. Gerbmitteln eine besondere Rolle zukommt. Die richtige Auswahl der für einen bestimmten Endeffekt geeigneten synthet. Gerbmittel ist wichtig. Ebenso wesentlich ist aber die richtige Abstimmung der Chromgerbung, Entsäuerung, Nachgerbung, Fettung u. Zurichtung. (Leder **4.** 294—98. 15/12. 1953. Leverkusen, Farbwerke Bayer, Ledertechn. Abtlg.) STADLER. 8336

K. Eitel, *Mehrfunktionelle Isocyanate in der Lederindustrie.* Die Chemie u. die Eigg. der mehrfunktionellen Isocyanate u. ihre Anwendungstechnik auf gerber. Probleme wird übersichtlich zusammengefaßt. Durch Variieren der *Desmodur-* u. *Desmophenmarken* u. ihrer Mengenverhältnisse in den Mischungen lassen sich Polyadditionsprodd. mit sehr verschied. Eigg. herstellen. Auf dem Ledergebiet wurde als Einsatzmöglichkeit die Verwendung von Isocyanaten als Gerbmittel, in Kombination mit oxygruppenhaltigen Polyestern u. Fettsäuren als Imprägnierungsmittel u. in Kombination mit oxygruppenhaltigen Polyestern als Lederlacke (*DD*-Lackierung) erprobt. In einem Anhang wird auf die Fehler bei der Verarbeitung u. deren Vermeidung u. auf die physiol. Eigg. der Isocyanate hingewiesen. (Leder **4.** 234—40. Okt. 1953. Leverkusen, Farbwerke Bayer, Ledertechn. Abtlg.) STADLER. 8338

W. Grassmann und **P. Stadler,** *Die Schrumpfung der Brandsohlen unter Schweißeinwirkung.* Zur Prüfung der Schweißbeständigkeit von Brandsohlenledern werden Probestücke in eine alkal., künstliche Schweißlsg. bei 35° eingelegt u. nach 24 Std. anschließend ebensolang bei 40° wieder getrocknet. Durch genaues Messen der Längen der vier Seiten vor u. nach der Behandlung mit der Schweißlsg. u. nach dem Auftrocknen wird die mittlere Längenänderung festgestellt. Durch mehrmaliges Wiederholen dieser Behandlung werden die Bedingungen des prakt. Tragens im Schuh nachgeahmt. Es wird das Verh. verschied. vegetabil. oder synthet. gegerbter Leder gegenüber der Einw. einer Schweißlsg. untersucht u. Verss. durchgeführt, die Schweißbeständigkeit von Brandsohlenledern zu verbessern. Neben der günstigen Einw. einer zusätzlichen Gerbung mit Cr- oder Al-Salzen erwies sich eine Nachbehandlung mit kation. Gerbstoffen als sehr günstig. Die so behandelten Leder schrumpfen kaum mehr u. behalten ihren ursprünglichen Ledercharakter. (Leder **4.** 218—28. Okt. 1953. Regensburg, Forschungsstelle für Eiweiß u. Leder in der Max-Planck-Ges.) STADLER. 8364

A. Brill, *Über das Messen von Leder.* Es werden die verschied. Meßfehler der heute veralteten SAWYER-Maschine aufgezählt u. die ihr gegenüber moderne Stiftenradmeßmaschine beschrieben, deren Arbeitsweise genauer dargestellt wird. (Leder **3.** 299—303. Dez. 1952. Oberursel a. T., Maschinenfabrik Turner.) STADLER. 8368

VEB Fettchemie und Fewa-Werk (Erfinder: **Friedrich Schmitt**), Chemnitz, *Gerben von Pelzfellen* mittels Al-Salzen, wobei den bas. eingestellten Al-Salzen als maskierender Zusatz Abfallsäuregemische, wie sie als Kühlwasser oder Oxydatwaschwasser bei der Fettsäuresynth. durch Paraffinoxydation anfallen, zugesetzt werden. Durch eine Vorgerbung mit Formaldehyd oder eine Nachbehandlung mit Fettalkoholsulfonat werden die erhaltenen Felle weiter verbessert (Erhöhung der Schrumpfungstemp., größere Weichheit). (**D. P. [DDR] 2 157** Kl. 28a vom 25/5. 1943, ausg. 7/10. 1952 [Wirtschaftspatent].) HEYNE. 8337

Eduard Berka, Groß Florian, Steiermark, Österreich, *Gerbverfahren.* Man drückt die als Gerbbrühen zur Anwendung gelangenden Lsgg. von pflanzlichen oder künstlichen Gerbstoffen, bes. Fichten-, Kastanien- oder Mimosenextrakt, in welchen die hochmol. Verbb. durch einen Zusatz von Alkalisalzen, wie NaCl, agglomeriert worden sind, von der Fleischseite her durch die Blößen oder Felle bzw. Pelze, die durch die unter Druck stehende Gerbstofflsg. während des Gerbvorganges im gespannten Zustand gehalten werden, u. steigert im Zuge des Fortschreitens der Gerbung den Druck, unter welchem die Gerbstofflsg. steht, period. oder kontinuierlich, wobei gleichzeitig auch die Temp. u./oder die Konz. der Gerbstofflsg. erhöht werden kann; bes. beginnt man die Gerbung mit Gerbstofflsgg. von 0,7—1,1° Bé u. erhöht ihre Konz. während der Gerbung auf 1,4—3,8° Bé, u. zwar kann man hierbei in einer ersten Stufe der Gerbung die Gerbbrühen mit Elektrolytzusatz anwenden u. in einer oder mehreren weiteren Stufen ohne einen solchen Zusatz arbeiten. Das Vorbehandeln des durch Entkälken u./ oder Pickeln sauergemachten Gerbgutes sowie das Nachbehandeln der gegerbten

Leder, Felle oder Pelze (bei saurem Gut) erfolgt im Rahmen des neuen Verf. mit schwach alkal. Lsgg. (z. B. von Borax oder $Na_2S_2O_3$) zweckmäßig ebenfalls mittels Hindurchdrücken der letzteren durch das Gut von der Fleischseite her. Man erhält auf diese Weise in kurzer Zeit völlig durchgegerbte Häute, Felle oder Pelze ohne Übergerben des Narbens sowie ein gleichmäßig gegerbtes u. haltbares Leder von vorzüglicher Beschaffenheit, Schönheit des Narbens u. gleichmäßiger Aufnahmefähigkeit für Appreturen; erfindungsgemäß hergestelltes Sohlen- oder Riemenleder weist einen geringen Auswaschverlust auf. (**Oe. P. 175 333** vom 3/11. 1949, ausg. 25/6. 1953.) RAETZ. 8337

Friedrich Eisenegger, Ostermundingen, Schweiz, *Beschleunigte Gerbung von tierischen Häuten zu Leder*, dad. gek., daß die Häute in einer bewegten u. entgasten, von Luft- u. Lichtzutritt abgeschlossenen, angewärmten Gerbstoff-Fl. (I) unter einem bestimmten hydrostat. Druck einer fortdauernden beidseitigen Bürstenmassage unterzogen werden u. gleichzeitig der Einw. von Ultraschallwellen (II) ausgesetzt werden; 2. daß die I u. die Häute einer Behandlung mit II ausgesetzt u. dabei auch entgast werden; 3. daß I zwecks Verhinderung von Luft- u. Lichtzutritt mit einer gefärbten, obenauf schwimmenden Ölschicht bedeckt wird; 4. daß die Häute in senkrecht ausgespanntem Zustande zwischen in senkrechten Ebenen angeordneten Ultraschallquellen mechan. durchgezogen werden; 5. daß die Häute einer wechselweisen sich ablösenden Behandlung von temperierten I mit Bürstenmassage ohne Licht- u. Luftabschirmung, Bürstenmassage u. II als auch mit Licht- u. Lufttrockenbädern unterzogen werden. (**Schwz. P. 293 120** vom 7/5. 1951, ausg. 1/12. 1953.) SEIZ. 8337

VEB Fettchemie und Fewa-Werk, Chemnitz (Erfinder: **Rudolf Schiffner, Richard Huttenlocher** und **August Sippel,** Greiz), *Fetten von Leder.* Man verwendet als Lederfettungsmittel, gegebenenfalls in Verb. mit anderen Fetten oder Mineralölen, Sulfinsäuren oder ihre Salze, die durch Red. von sulfochlorierten höhermol. KW-stoffen u. ihren Gemischen, die ca. 12 oder mehr C-Atome im Mol. enthalten, gewonnen werden, z. B. das Ammoniumsalz der *Octadecansulfinsäure* (I). In üblicher Weise hergestellte Chromkalbleder werden nach dem Färben mit 1,75% I u. 0,5% Spindelöl gelikkert. (**D. P. [DDR] 2 154** Kl. 28a vom 22/2. 1944, ausg. 8/10. 1952 [Wirtschaftspatent].) HEYNE. 8341

XXIV. Photographie.

Anthony John Stybel, Bayonne, N. J., V. St. A., *Entfernung der Emulsionsschicht von unbrauchbaren Filmen.* Zunächst wird die Gelatineschicht mit W. von 60—110° F erweicht, dann mit einer Lsg. von 1 lb. Hypochlorit in 1 gal. W. so lange behandelt, bis das gesamte Ag in AgCl umgewandelt ist, anschließend mit einer HClO-Lsg. von 65—100° F. u. am Schluß mit einer Lsg. von 1 lb. Na_2SO_3 in 2 gal. W., wodurch die gesamte Emulsionsschicht abgewaschen wird. (**A. P. 2 572 576** vom 11/6. 1947, ausg. 23/10. 1951.) KALIX. 8601

Gevaert Photoproducten N. V., Mortsel, Belgien (Erfinder: **Ferdinand Leonard Schouteden** und **Jules Edmond Beersmans**), *Viscositätsregelung von Gelatinelösungen.* Den Lsgg. werden 0,5—5%, bes. 1—2% (berechnet vom Trockengewicht der Gelatine), eines Reaktionsprod. aus NH_3 u. einem Polymerisationsprod. aus Styrol (I) u. Maleinsäureanhydrid (II) zugesetzt. — Beispiel: 100 I u. 110 II werden durch Erhitzen auf 80° in Toluol mit 0,1% Benzoylperoxyd polymerisiert, das getrocknete Reaktionsprod. in Aceton gelöst, der auf Zugabe von 2 Mol NH_3 ausfallende Nd. getrocknet u. davon eine 8%ig. wss. Lsg. hergestellt. Hiervon werden 2 cm^3 zu 100 cm^3 einer 8,5%ig. Gelatinelsg. zugesetzt. (**E. P. 676 459** vom 29/12. 1950, ausg. 30/7.1952.) KALIX. 8601

Farbenfabriken Bayer Akt.-Ges., Leverkusen (Erfinder: **Werner Müller,** Köln, und **Carl Berres,** Leverkusen), *Basische Polymethinfarbstoffe. 2-[β-(N-Äthylcarbazolyl-3)-vinyl]-1.3.3-trimethylindoleniniumchlorid* (I). Man erwärmt Formylmethylanilin mit N-Äthylcarbazol u. $POCl_3$ 20 Std. auf 45°, versetzt mit 1.3.3-Trimethyl-2-methylenindolin u. erwärmt 2 Std. auf 110°. — Analog: *2-[β-(N-Methyl-2-phenylindolyl-3)-vinyl]-*, *2-[β-(2-Methyl-4-{N-äthyl-N-β-chloräthylamino}-phenyl)-vinyl]-* u. *2-[γ-{1.3.3-Trimethylindolinyliden-(2)}-α-propenyl]-1.3.3-trimethylindoleniniumchlorid.* (**D. B. P. 865 925** Kl. 22e vom 20/12. 1950, ausg. 5/2. 1953. Anmeldung bekanntgemacht 29/5. 1952.) LANGER. 8605

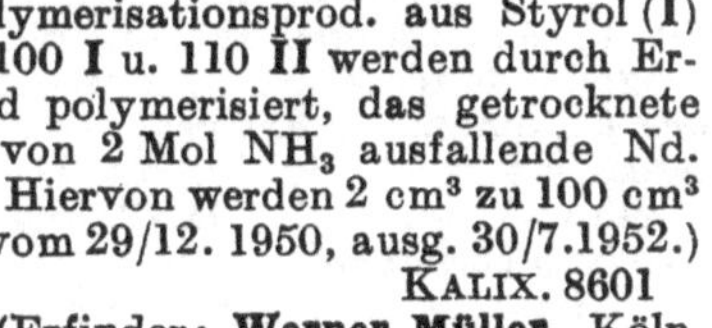

I

Photoproduits Gevaert, Soc. An., Belgien, *Phosphorescierende photographische Bilder.* Zwischen der lichtempfindlichen Schicht u. der phosphorescierenden Schicht wird eine Filterschicht angebracht, welche die Luminescenzstrahlung absorbiert, um

Schleierbldg. in der lichtempfindlichen Schicht zu verhindern. Die Filterschicht, die zweckmäßig blau gefärbt ist, wird durch die Einw. photograph. Bäder entfärbt. (**F. P. 972 201** vom 23/9. 1948, ausg. 26/1. 1951. E. Prior. 8/10. 1947.) WITTHOLZ. 8611

Gevaert Photoproducten N. V., übert. von: **Jacob Joseph Jennen,** Antwerpen, Belgien, *Bindemittelfreie Lichthofschutzschicht.* Die Schichten bestehen aus Reaktionsprodd. von organ. Verbb., die mindestens eine salzbildende OH- oder COOH-Gruppe besitzen, mit bas. Azomethinfarbstoffen, wie sie z. B. durch Kondensation von aromat. oder heterocycl. Aldehyden mit substituierten Anilinen oder Aminen erhältlich sind. Diese Reaktionsprodd. bilden lackartige, zusammenhängende Schichten u. sind in den üblichen photograph. Bädern irreversibel entfärbbar. — Beispiele: Die Salze der Methylendisalicylsäure mit p-Dimethylaminobenzallepidin oder mit p-Oxybenzalchinaldin. (**A. P. 2 620 273** vom 13/5. 1947, ausg. 2/12. 1952. D. Prior. 23/7. 1943.) KALIX. 8613

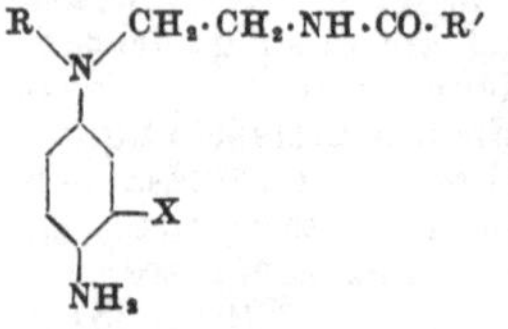

Kodak-Pathé, Frankreich, *Photographische Entwickler.* Man verwendet Verbb. von der nebenst. allg. Formel, worin R u. R′ Alkylgruppen u. X eine Alkyl- oder eine Alkoxygruppe oder H bedeuten. Es werden genannt: 4-Amino-N-äthyl-N-(β-acetamidoäthyl)-anilin, -m-toluidin u. -m-phenetidin. (**F. P. 980 533** vom 8/2. 1949, ausg. 15/5. 1951.) OPPERMANN. 8619

Kodak-Pathé, Frankreich, *Azomethinentwickler.* Man erhält gegen den O_2 der Luft stabile Entwickler durch Umsetzen von weniger stabilen Entwicklern (z. B. p-Aminophenol, p-Phenylendiamin, 2.3-Oxyanilin, 1.2.4-Triaminobenzol, 2-Amino-5-diäthylaminotoluol, 4-Amino-N-äthyl-N-(β-methansulfonamidoäthyl)-anilin) mit einem aliphat. oder aromat. Aldehyd (z. B. o-Sulfobenzaldehyd, 2.4-Dioxybenzaldehyd). Solche Azomethinentwickler sind z. B.: 4-(2′-Sulfobenzalamino)-phenol, 2-Methyl-4-(2′.4′-dioxybenzalamino)-diäthylanilin. (**F. P. 983 022** vom 20/10. 1948, ausg. 18/6. 1951.) OPPERMANN. 8619

N. V. Philips' Gloeilampenfabrieken, Eindhoven, Holland (Erfinder: **R. J. H. Alink** und **P. M. van Alphen**), *Herstellung von photographischen Vergrößerungen mit mindestens dreifacher linearer Vergrößerung.* Man bildet das Orginal auf einem Papier ab, das mit einer Lsg. einer o-Oxydiazoniumverb. u. einem Hg-Salz oder einem Edelmetallsalz lichtempfindlich gemacht ist, anschließend wird das erhaltene latente Bild physikal. entwickelt. Die Übertragung des Orginals auf das Papier erfolgt zweckmäßig unter Bestrahlung mit einer Hochdruckquecksilberlampe. (**Schwed. P. 137 542** vom 19/12. 1946, ausg. 7/10. 1952. Holl. Prior. 23/7. 1946.) JÜRGEN SCHMIDT. 8625

Eastman Kodak Co., übert. von: **Ilmari F. Salminen** und **Charles F. H. Allen,** Rochester, N. Y., V. St. A., *Schutzschicht für entwickelte Farbfilme.* Ein farbig entwickeltes Mehrschichtmaterial, das Gelatineschichten enthält, wird auf der obersten Schicht mit der wss. nichtkoll. Lsg. einer organ. sulfonierten Verb. (**I**) behandelt, die von Gelatine stark absorbiert wird, UV im Bereiche von 300—400 mμ absorbiert u. Licht von $\lambda > 400$ mμ hindurchläßt. Als **I** sind bes. Verbb. der allg. Formel $(Y{-}NH{-}R)_2X$ geeignet, in der X die Gruppe —CH=CH— oder eine einfache Bindung, R eine einkernige sulfonierte Arylgruppe u. Y z. B. eine Benzoyl- oder symm. Triazinylgruppe bezeichnet. — Beispiele: die Na-Sulfonate von Disalicylbenzidid, Disalicyltolidid, Disalicyl-di-o-anisidid, Di-(2′-oxy-4′(oder 3′)-methylbenzoyl)-benzidid; ferner Bis-(4-oxy-3-carboxyphenylsulfonyl)-benzidid, 4.5-Diphenyl-2-imidazolondisulfonsäure (Na-Salz), 4.4′-Di-(phenylcarbamido)-stilben-2.2′-disulfonsäure (Na-Salz) u. 4.4′-Di-(3″.5″-dioxy-symm.-triazinylamino)-stilben-2.2′-disulfonsäure (Na-Salz). Diese Verbb. werden in 1%ig. wss. Lsgg., deren p_H-Wert auf 7—8 eingestellt ist, auf die Schicht aufgetragen u. nach 10 Min. wieder abgespült. (**A. P. 2 632 701** vom 4/5. 1949, ausg. 24/3. 1953.) KALIX. 8631

Herausgeber u. verantwortlich für den Inhalt: Prof. Dr. Maximilian Pflücke, Berlin NW 7, Schiffbauerdamm 19, Fernsprecher: 42 55 71. Redaktion: Chefredakteure Dr. Eugen Klever und Prof. Dr. Maximilian Pflücke. Verlag: Akademie-Verlag GmbH, Berlin W 8, Mohrenstraße 39 (Fernsprecher 20 03 86, Postscheckkonto Berlin 350 21), u. Verlag Chemie GmbH, Weinheim/Bergstraße (Postschekkonto Frankfurt/M. 145314 u. Berlin [West] 7430, Fernsprecher: Weinheim 2017). Bestell- u. Verlags-Nr. dieses Heftes: 1007/125/37. Das Chemische Zentralblatt erscheint wöchentlich.
Satz u. Druck: VEB Leipziger Druckhaus, Leipzig, III/18/203. IX. 54.
Veröffentlicht unter der Lizenznummer 1212 des Amtes für Literatur und Verlagswesen der Deutschen Demokratischen Republik.
Printed in Germany DDR.

FSC
www.fsc.org
MIX
Papier | Fördert gute Waldnutzung
FSC® C083411

Kolibri 360 GmbH
Ferdinand-Jühlke-Straße 7
99095 Erfurt, Deutschland
produktsicherheit@kolibri360.de